Resumo dos Procedimentos para Intervalo de Confiança para Uma Amostra

Caso	Tipo de Problema	Estimativa Pontual	Tipo de Intervalo de Confiança	Intervalo de Confiança $100(1-\alpha)\%$
1.	Média μ, com variância σ^2 conhecida	$\bar{x}$	Bilateral	$\bar{x} - z_{\alpha/2}\sigma/\sqrt{n} \leq \mu \leq \bar{x} + z_{\alpha/2}\sigma/\sqrt{n}$
			Unilateral inferior	$\bar{x} - z_{\alpha}\sigma/\sqrt{n} \leq \mu$
			Unilateral superior	$\mu \leq \bar{x} + z_{\alpha}\sigma/\sqrt{n}$
2.	Média μ de uma distribuição normal com variância σ^2 desconhecida	$\bar{x}$	Bilateral	$\bar{x} - t_{\alpha/2,n-1}s/\sqrt{n} \leq \mu \leq \bar{x} + t_{\alpha/2,n-1}s/\sqrt{n}$
			Unilateral inferior	$\bar{x} - t_{\alpha,n-1}s/\sqrt{n} \leq \mu$
			Unilateral superior	$\mu \leq \bar{x} + t_{\alpha,n-1}s/\sqrt{n}$
3.	Variância σ^2 de uma distribuição normal	s^2	Bilateral	$\dfrac{(n-1)s^2}{\chi^2_{\alpha/2,n-1}} \leq \sigma^2 \leq \dfrac{(n-1)s^2}{\chi^2_{1-\alpha/2,n-1}}$
			Unilateral inferior	$\dfrac{(n-1)s^2}{\chi^2_{\alpha,n-1}} \leq \sigma^2$
			Unilateral superior	$\sigma^2 \leq \dfrac{(n-1)s^2}{\chi^2_{1-\alpha,n-1}}$
4.	Proporção ou parâmetro de uma distribuição binomial p	$\hat{p}$	Bilateral	$\hat{p} - z_{\alpha/2}\sqrt{\dfrac{\hat{p}(1-\hat{p})}{n}} \leq p \leq \hat{p} + z_{\alpha/2}\sqrt{\dfrac{\hat{p}(1-\hat{p})}{n}}$
			Unilateral inferior	$\hat{p} - z_{\alpha}\sqrt{\dfrac{\hat{p}(1-\hat{p})}{n}} \leq p$
			Unilateral superior	$p \leq \hat{p} + z_{\alpha}\sqrt{\dfrac{\hat{p}(1-\hat{p})}{n}}$

O GEN | Grupo Editorial Nacional reúne as editoras Guanabara Koogan, Santos, Roca, AC Farmacêutica, Forense, Método, LTC, E.P.U. e Forense Universitária, que publicam nas áreas científica, técnica e profissional.

Essas empresas, respeitadas no mercado editorial, construíram catálogos inigualáveis, com obras que têm sido decisivas na formação acadêmica e no aperfeiçoamento de várias gerações de profissionais e de estudantes de Administração, Direito, Enfermagem, Engenharia, Fisioterapia, Medicina, Odontologia, Educação Física e muitas outras ciências, tendo se tornado sinônimo de seriedade e respeito.

Nossa missão é prover o melhor conteúdo científico e distribuí-lo de maneira flexível e conveniente, a preços justos, gerando benefícios e servindo a autores, docentes, livreiros, funcionários, colaboradores e acionistas.

Nosso comportamento ético incondicional e nossa responsabilidade social e ambiental são reforçados pela natureza educacional de nossa atividade, sem comprometer o crescimento contínuo e a rentabilidade do grupo.

ESTATÍSTICA APLICADA À ENGENHARIA

Segunda Edição

Douglas C. Montgomery
George C. Runger
Norma Faris Hubele
Arizona State University

Tradução
Verônica Calado, D.Sc.
Departamento de Engenharia Química/
Escola de Química UFRJ

Os autores e a editora empenharam-se para citar adequadamente e dar o devido crédito a todos os detentores dos direitos autorais de qualquer material utilizado neste livro, dispondo-se a possíveis acertos caso, inadvertidamente, a identificação de algum deles tenha sido omitida.

Não é responsabilidade da editora nem dos autores a ocorrência de eventuais perdas ou danos a pessoas ou bens que tenham origem no uso desta publicação.

Apesar dos melhores esforços dos autores, da tradutora, do editor e dos revisores, é inevitável que surjam erros no texto. Assim, são bem-vindas as comunicações de usuários sobre correções ou sugestões referentes ao conteúdo ou ao nível pedagógico que auxiliem o aprimoramento de edições futuras. Os comentários dos leitores podem ser encaminhados à **LTC — Livros Tecnicos e Cientıficos Editora** pelo e-mail ltc@grupogen.com.br.

ENGINEERING STATISTICS, Second Edition
Copyright © 2001, John Wiley & Sons, Inc.
All Rights Reserved. Authorized translation from the English language edition published by John Wiley & Sons, Inc.

Direitos exclusivos para a língua portuguesa
Copyright © 2004 by
LTC — Livros Tecnicos e Cientıficos Editora Ltda.
Uma editora integrante do GEN | Grupo Editorial Nacional

Reservados todos os direitos. É proibida a duplicação ou reprodução deste volume, no todo ou em parte, sob quaisquer formas ou por quaisquer meios (eletrônico, mecânico, gravação, fotocópia, distribuição na internet ou outros), sem permissão expressa da editora.

Travessa do Ouvidor, 11
Rio de Janeiro, RJ — CEP 20040-040
Tels.: 21-3543-0770 / 11-5080-0770
Fax: 21-3543-0896
ltc@grupogen.com.br
www.ltceditora.com.br

Capa: Usada com permissão de John Wiley & Sons, Inc.

CIP-BRASIL. CATALOGAÇÃO-NA-FONTE
SINDICATO NACIONAL DOS EDITORES DE LIVROS, RJ

M791e
2.ed.

Montgomery, Douglas C., 1943-
Estatística aplicada à engenharia / Douglas C. Montgomery, George C. Runger, Norma Faris Hubele ; tradução Verônica Calado. - 2.ed. - [Reimpr.]. - Rio de Janeiro : LTC, 2014.
354p. : 21×28 cm

Tradução de: Engineering statistics
Inclui índice
ISBN 978-85-216-1398-5

1. Engenharia - Métodos estatísticos. 2. Probabilidades. I. Runger, George C. II. Hubele, Norma Faris, 1953- III. Título.

10-5590.   CDD: 620.0072
                  CDU: 62

Para
Meredith, Neil, Colin e Cheryl
Rebecca, Elisa, George e Taylor
Norman e Michelle

Material Suplementar

Este livro conta com materiais suplementares.

O acesso é gratuito, bastando que o leitor se cadastre em http://gen-io.grupogen.com.br.

GEN-IO (GEN | Informação Online) é o repositório de materiais suplementares e de serviços relacionados com livros publicados pelo GEN | Grupo Editorial Nacional, maior conglomerado brasileiro de editoras do ramo científico-técnico-profissional, composto por Guanabara Koogan, Santos, Roca, AC Farmacêutica, Forense, Método, LTC, E.P.U. e Forense Universitária. Os materiais suplementares ficam disponíveis para acesso durante a vigência das edições atuais dos livros a que eles correspondem.

PREFÁCIO

Os engenheiros desenvolvem um papel significante no mundo moderno. Eles são responsáveis pelo planejamento e desenvolvimento da maioria dos produtos que a nossa sociedade usa, assim como pelos processos de fabricação que fazem esses produtos. Os engenheiros estão também envolvidos em muitos aspectos da gerência de empreendimentos e negócios industriais ou organizações de serviços. O treinamento fundamental em engenharia desenvolve habilidades na formulação, na análise e na solução de problemas, que são valiosas em uma ampla faixa de cenários.

A solução de muitos tipos de problemas de engenharia requer uma apreciação da variabilidade e algum entendimento de como usar as ferramentas descritivas e analíticas para lidar com a variabilidade. Estatística é o ramo da matemática aplicada que está preocupada com a variabilidade e seu impacto na tomada de decisão. Este é um livro-texto introdutório para um primeiro curso em estatística aplicada à engenharia. Embora muitos dos tópicos que apresentamos sejam fundamentais para o uso de estatística em outras disciplinas, elegemos focalizar as necessidades dos estudantes de engenharia, permitindo a eles se concentrarem nas aplicações de estatística em seus cursos. Conseqüentemente, nossos exemplos e exercícios são baseados em engenharia e, em quase todos os casos, usamos um problema real ou dados provenientes de uma fonte publicada ou de nossa própria experiência de consultorias.

Qualquer tipo de engenheiro deve, no mínimo, fazer um curso de estatística. Na verdade, as Diretrizes Curriculares para os cursos de Engenharia e de Tecnologia requerem dos graduandos o aprendizado de estatística e do uso efetivo da metodologia estatística, como parte de seu treinamento formal de graduação. Devido a outros requisitos de programa, a maioria dos estudantes de engenharia farão apenas um curso de estatística. Este livro foi projetado com o objetivo de servir como um texto ao curso de estatística de um período para todos os estudantes de engenharia.

ORGANIZAÇÃO DO LIVRO

O livro está baseado em um texto mais geral (Montgomery, D. C. e Runger, G. C., *Estatística Aplicada e Probabilidade para Engenheiros*, Segunda Edição, LTC — Livros Técnicos e Científicos Editora, 2003) que tem sido usado por professo-

res em cursos de um ou dois semestres. A partir desse livro, tomamos os tópicos chaves para um curso de um semestre como a base deste texto. Como resultado dessa condensação e revisão, este livro tem um nível modesto de matemática. Os estudantes de engenharia que tenham completado um semestre de cálculo não devem ter dificuldades em ler aproximadamente todo o texto. Nossa intenção é dar ao estudante um entendimento da metodologia estatística e como ela pode ser aplicada à solução de problemas de engenharia, em vez da teoria matemática de estatística.

O Cap. 1 introduz o papel da estatística e probabilidade na solução de problemas de engenharia. O pensamento estatístico e os métodos associados são ilustrados e contrastados com outras abordagens de modelagem em engenharia, dentro do contexto do método de resolução de problemas de engenharia. Fatos importantes do valor das metodologias estatísticas serão discutidos, usando exemplos simples. Serão introduzidas simples estatísticas resumidas.

O Cap. 2 ilustra a informação útil fornecida por simples resumos e exposições gráficas. São fornecidos procedimentos computacionais para analisar um conjunto grande de dados. Métodos de analisar dados, tais como histogramas, diagramas de ramo e folhas e distribuições de freqüência são ilustrados. É enfatizado o uso desses gráficos para obter discernimento sobre o comportamento dos dados ou sistema em análise.

O Cap. 3 introduz os conceitos de uma variável aleatória e a distribuição de probabilidade que descreve o comportamento daquela variável aleatória. Concentramo-nos na distribuição normal, por causa de seu papel fundamental nas ferramentas estatísticas que são freqüentemente aplicadas em engenharia. Tentamos evitar o uso de matemática sofisticada e a orientação evento-espaço amostral, tradicionalmente usada para apresentar esse material aos estudantes de engenharia. Não é necessário um entendimento profundo de probabilidade para compreender como usar estatística na solução efetiva dos problemas de engenharia. Outros tópicos neste capítulo incluem valores esperados, variâncias, gráficos de probabilidade e o teorema central do limite.

Os Caps. 4 e 5 apresentam as ferramentas básicas de inferência estatística: estimação pontual, intervalos de confiança e teste de hipóteses. As técnicas para uma única amos-

viii PREFÁCIO

tra estão no Cap. 4, enquanto as técnicas de inferência para duas amostras estão no Cap. 5. Nossa apresentação é caracteristicamente orientada para aplicações e enfatiza a natureza simples de experimentos comparativos desses procedimentos. Queremos que os estudantes de engenharia se tornem interessados em como esses métodos podem ser usados para resolver problemas do mundo real e aprender alguns aspectos dos conceitos por trás deles, de modo que possam ver como aplicá-los em outras situações. Damos um desenvolvimento lógico e heurístico das técnicas, em vez de técnicas matematicamente rigorosas.

A construção de modelos empíricos é introduzida no Cap. 6. Serão apresentados modelos de regressão linear simples e múltipla e será discutido o uso desses modelos como uma aproximação para modelos mecanísticos. Mostraremos aos estudantes como obter as estimações de mínimos quadrados dos coeficientes de regressão, como fazer os testes estatísticos padrões e os intervalos de confiança e como usar os resíduos do modelo para verificar a adequação do modelo. Embora este capítulo faça algum uso modesto de álgebra matricial, enfatizamos o uso do computador para o ajuste e a análise do modelo de regressão.

O Cap. 7 introduz formalmente o planejamento de experimentos em engenharia, embora uma parte dos Caps. 4 e 5 seja o fundamento para esse tópico. Enfatizamos o planejamento fatorial e, em particular, o caso em que todos os fatores experimentais têm dois níveis. Nossa experiência prática indica que se engenheiros souberem como estabelecer um planejamento fatorial com todos os fatores tendo dois níveis, como conduzir apropriadamente o experimento e como analisar corretamente os dados resultantes, eles poderão atacar com sucesso uma grande maioria dos experimentos de engenharia que serão encontrados no mundo real. Por conseguinte, escrevemos este capítulo visando a alcançar esses objetivos. Introduziremos também os planejamentos fatoriais fracionários e os métodos de superfície de resposta.

O controle estatístico da qualidade será introduzido no Cap. 8. O tópico importante dos gráficos de controle de Shewhart é enfatizado. Os gráficos $\overline{X}$ e R serão apresentados, juntamente com algumas técnicas simples de elaborar gráficos de controle para dados individuais e atributos. Discutiremos também alguns aspectos da estimação da capacidade de um processo.

Os estudantes devem ser encorajados a trabalhar problemas para dominarem o assunto. O livro contém um grande número de problemas de diferentes níveis de dificuldade. Os exercícios no final das seções têm a intenção de reforçar os conceitos e técnicas introduzidos naquela seção. Esses exercícios são mais estruturados que os exercícios suplementares do final do capítulo, que requerem, geralmente, mais formulação ou raciocínio conceitual. Usamos os exercícios

suplementares como problemas de integração para reforçar o domínio de conceitos, quando confrontado com a técnica analítica. Os Exercícios em Equipe desafiam o estudante a aplicar os métodos e os conceitos dos capítulos a problemas que requeiram uma coleção de dados. Como notado a seguir, o uso de pacotes computacionais de estatística na solução de problemas deve ser uma parte integrante do curso.

USANDO O LIVRO

Acreditamos firmemente que um curso introdutório em estatística para estudantes de graduação em engenharia deva ser, primeiramente, um *curso aplicado*. A ênfase principal deve ser na descrição de dados, na inferência (intervalos de confiança e testes), na construção de modelos, no planejamento de experimentos em engenharia e no controle estatístico da qualidade, *uma vez que, como engenheiros praticantes, essas são as técnicas que serão necessárias saber como usar*. Ao ministrar esses cursos, há uma tendência em consumir uma grande parte do tempo com probabilidade e com variáveis aleatórias (e, na verdade, alguns engenheiros, como os industriais e os da área elétrica, necessitam saber mais sobre esses assuntos do que estudantes de outros cursos) e enfatizar os aspectos matemáticos do assunto. Isso pode transformar um curso de estatística aplicada à engenharia em um curso inicial de "estatística-matemática". Esse tipo de curso pode ser agradável de ministrar e muito mais fácil para o professor, porque é quase sempre mais fácil ensinar teoria do que aplicação. Mas esse tipo de abordagem não prepara o estudante para a prática profissional.

Em nosso curso, ministrado na Arizona State University, os estudantes se encontram duas vezes por semana: uma vez na sala de aula e outra vez em um pequeno laboratório de informática. Aos estudantes são atribuídas tarefas de leitura, de solução de problemas individuais feitos em casa e de projetos em equipe. As atividades em grupos em sala de aula incluem planejamento de experimentos, geração de dados e análises de desempenho. Os problemas suplementares e os exercícios em grupo neste texto são uma boa fonte para essas atividades. O objetivo é prover um ambiente de aprendizado ativo, com problemas desafiadores que promovam o desenvolvimento de habilidades para análise e síntese.

USANDO O COMPUTADOR

Na prática, os engenheiros usam o computador para aplicar métodos estatísticos na resolução de problemas. Conseqüentemente, recomendamos fortemente que o computador seja integrado no curso. Em todo o livro, apresentamos saídas do *Minitab* como exemplos típicos do que pode ser feito com pacotes computacionais modernos. Temos usado o *Statgraphics*, o *Minitab*, o *Excel* e vários outros pacotes estatísticos. Não sobrecarregamos o livro com exemplos de muitos pacotes diferentes, porque, finalmente é mais importante *como* o professor usa o pacote em aula do que *qual* pacote é usado.

Em nossas sessões em sala de aula, acessamos os pacotes computacionais. Mostramos aos estudantes como a técnica é implementada no pacote, tão logo ela seja discutida em aula. Recomendamos essa abordagem como metodologia de ensino. Estão disponíveis no mercado versões de baixo custo para estudante, de muitos dos pacotes computacionais mais comuns. Muitas instituições facultam o acesso do aluno a pacotes estatísticos por meio de redes locais; assim, o acesso a esses recursos pelos estudantes não é normalmente um problema.

Pacotes computacionais podem ser usados na solução de muitos exercícios deste texto. Alguns desses exercícios, são indicados com o ícone de um computador. Nesses exemplos recomendamos usar os pacotes de software.

AGRADECIMENTOS

Gostaríamos de expressar nosso apreço ao projeto *Course and Curriculum Development Program of the Undergraduate Education Division* da National Science Foundation, pelo suporte ao desenvolvimento de parte do material deste texto. Agradecemos também a Teri Reed Rhoads, Lora Zimmer e Sharon Lewis por seus trabalhos como assistentes de pósgraduação no desenvolvimento do curso baseado neste texto. Somos muito agradecidos ao Dr. Connie Borror por seu trabalho no volume do professor. Agradecemos o suporte dos funcionários e os recursos fornecidos pelo Departamento de Engenharia Industrial da Arizona State University e pelo nosso chefe de departamento, Dr. Gary Hogg.

Vários revisores forneceram muitas sugestões úteis, incluindo Dr. Hongshik Ahn, SUNY, Stony Brook; Dr. James Simpson, Florida State/FAMU; Dr. John D. O'Neil, California Polytechnic University, Pomona; Dr. Charles Donaghey, University of Houston; Professor Gus Greivel, Colorado School of Mines; Professor Arthur M. Sterling, LSU, e Professor David Powers, Clarkson University. Estamos também em débito com o Dr. Smiley Cheng pela permissão em adaptar muitas das tabelas estatísticas de seu excelente livro (com Dr. James Fu), *Statistical Tables for Classroom and Exam Room*. Somos agradecidos à John Wiley & Sons, à Prentice-Hall, à Biometrika Trustees, à American Statistical Association, ao Institute of Mathematical Statistics e aos editores da *Biometrics*, que nos permitiram usar material com direitos autorais.

Douglas C. Montgomery
George C. Runger
Norma Faris Hubele

SUMÁRIO

1 O Papel da Estatística em Engenharia 1

1-1 O Método de Engenharia e o Julgamento Estatístico 1

1-2 Coletando Dados em Engenharia 3

1-3 Modelos Mecanísticos e Empíricos 4

1-4 Planejando Investigações Experimentais 6

1-5 Observando Processos ao Longo do Tempo 8

2 Sumário e Apresentação de Dados 12

2-1 Sumário e Apresentação de Dados 12

2-2 Diagrama de Ramo e Folhas 15

2-3 Distribuições de Freqüências e Histograma 20

2-4 Diagrama de Caixa (Box Plot) 23

2-5 Gráficos Seqüenciais de Tempo 24

3 Variáveis Aleatórias e Distribuições de Probabilidades 30

3-1 Introdução 30

3-2 Variáveis Aleatórias 32

3-3 Probabilidade 33

3-4 Variáveis Aleatórias Contínuas 35

    3-4.1 Função Densidade de Probabilidade 35

    3-4.2 Função Distribuição Cumulativa 37

    3-4.3 Média e Variância 38

3-5 Distribuição Normal 40

3-6 Gráficos de Probabilidade 48

3-7 Variáveis Aleatórias Discretas 50

    3-7.1 Função de Probabilidade 51

    3-7.2 Função Distribuição Cumulativa 52

    3-7.3 Média e Variância 52

3-8 Distribuição Binomial 54

3-9 Processo de Poisson 59

    3-9.1 Distribuição de Poisson 59

    3-9.2 Distribuição Exponencial 64

3-10 Aproximação das Distribuições Binomial e de Poisson pela Normal 67

3-11 Mais de Uma Variável Aleatória e Independência 70

    3-11.1 Distribuições Conjuntas 70

    3-11.2 Independência 71

3-12 Amostras Aleatórias, Estatísticas e Teorema Central do Limite 75

4 Tomada de Decisão para uma Única Amostra 86

4-1 Inferência Estatística 86

4-2 Estimação Pontual 87

4-3 Teste de Hipóteses 91

    4-3.1 Hipóteses Estatísticas 91

    4-3.2 Testando Hipóteses Estatísticas 92

    4-3.3 Hipóteses Unilaterais e Bilaterais 96

    4-3.4 Procedimento Geral para Testes de Hipóteses 97

4-4 Inferência sobre a Média de uma População com Variância Conhecida 98

    4-4.1 Teste de Hipóteses para a Média 98

    4-4.2 Valores P nos Testes de Hipóteses 100

    4-4.3 Erro Tipo II e Escolha do Tamanho da Amostra 100

    4-4.4 Teste para Amostras Grandes 102

    4-4.5 Alguns Comentários Práticos sobre Testes de Hipóteses 102

    4-4.6 Intervalo de Confiança para a Média 103

    4-4.7 Método Geral para Deduzir o Intervalo de Confiança 106

4-5 Inferência para a Média de uma População com Variância Desconhecida 107

    4-5.1 Testes de Hipóteses para a Média 108

    4-5.2 O Valor P para um Teste t 110

    4-5.3 Solução Computacional 111

    4-5.4 Erro Tipo II e Escolha do Tamanho da Amostra 111

    4-5.5 Intervalo de Confiança para a Média 112

4-6 Inferência na Variância de uma População Normal 114

xii SUMÁRIO

4-6.1 Testes de Hipóteses para a Variância de uma
População Normal 114

4-6.2 Intervalo de Confiança para a Variância de
uma População Normal 116

4-7 Inferência sobre a Proporção de uma População 118

4-7.1 Testes de Hipóteses para uma Proporção
Binomial 118

4-7.2 Erro Tipo II e Escolha do Tamanho
da Amostra 119

4-7.3 Intervalo de Confiança para uma Proporção
Binomial 120

4-8 Tabela com Resumo dos Procedimentos de Inferência
para uma Única Amostra 123

4-9 Testando a Adequação do Ajuste 123

5 Inferência Estatística para Duas Amostras 131

5-1 Introdução 131

5-2 Inferência sobre as Médias de Duas Populações com
Variâncias Conhecidas 131

5-2.1 Teste de Hipóteses para a Diferença nas Médias
com Variâncias Conhecidas 132

5-2.2 Erro Tipo II e Escolha do Tamanho
da Amostra 133

5-2.3 Intervalo de Confiança para a Diferença nas
Médias com Variâncias Conhecidas 134

5-3 Inferência sobre as Médias de Duas Populações, com
Variâncias Desconhecidas 137

5-3.1 Teste de Hipóteses para a Diferença
nas Médias 137

5-3.2 Erro Tipo II e Escolha do Tamanho
da Amostra 140

5-3.3 Intervalo de Confiança para a Diferença nas
Médias 141

5-3.4 Solução Computacional 142

5-4 Teste *t* Emparelhado 146

5-5 Inferência sobre a Razão de Variâncias de Duas
Populações Normais 150

5-5.1 Teste de Hipóteses para a Razão de Duas
Variâncias 150

5-5.2 Intervalo de Confiança para a Razão de Duas
Variâncias 152

5-6 Inferência sobre Proporções de Duas Populações 154

5-6.1 Teste de Hipóteses para a Igualdade de Duas
Proporções Binomiais 154

5-6.2 Erro Tipo II e Escolha do Tamanho
da Amostra 155

5-6.3 Intervalo de Confiança para a Diferença em
Proporções Binomiais 156

5-7 Tabelas com o Sumário dos Procedimentos de
Inferência sobre Duas Amostras 157

5-8 Como Faremos quando Tivermos Mais de Duas
Amostras? 157

5-8.1 Experimento Completamente Aleatorizado e
Análise de Variância 158

5-8.2 Experimento com Blocos Completos
Aleatorizados 165

6 Construindo Modelos Empíricos 177

6-1 Introdução a Modelos Empíricos 177

6-2 Estimação de Parâmetros por Mínimos
Quadrados 181

6-2.1 Regressão Linear Simples 181

6-2.2 Regressão Linear Múltipla 183

6-3 Propriedades dos Estimadores de Mínimos
Quadrados e Estimação de σ^2 190

6-4 Teste de Hipóteses para a Regressão Linear 192

6-4.1 Teste para a Significância da Regressão 193

6-4.2 Testes para os Coeficientes Individuais de
Regressão 195

6-5 Intervalos de Confiança na Regressão Linear 197

6-5.1 Intervalos de Confiança para os Coeficientes
Individuais de Regressão 197

6-5.2 Intervalo de Confiança para a Resposta
Média 198

6-6 Previsão de Novas Observações 200

6-7 Verificando a Adequação do Modelo de
Regressão 202

6-7.1 Análise Residual 203

6-7.2 Coeficiente de Determinação Múltipla 206

6-7.3 Observações Influentes 207

7 Planejamento de Experimentos em Engenharia 213

7-1 Estratégia dos Experimentos 213

7-2 Algumas Aplicações das Técnicas de Planejamento de
Experimentos 214

7-3 Experimentos Fatoriais 216

7-4 Planejamento Fatorial 2^k 219

    7-4.1 Exemplo de 2^2 219

    7-4.2 Análise Estatística 221

    7-4.3 Análise Residual e Verificação do Modelo 223

7-5 Planejamento 2^k para $k \geq 3$ Fatores 227

7-6 Réplica Única do Planejamento 2^k 231

7-7 Pontos Centrais e Blocagem em Planejamentos 2^k 234

    7-7.1 Adição de Pontos Centrais 234

    7-7.2 Blocagem e Superposição 237

7-8 Replicação Fracionária de um Planejamento 2^k 242

    7-8.1 Uma Meia-Fração de um Planejamento 2^k 242

    7-8.2 Frações Menores: Planejamento Fatorial Fracionário 2^{k-p} 246

7-9 Métodos e Planejamentos de Superfície de Resposta 255

    7-9.1 Método da Ascendente de Maior Inclinação (*Steepest Ascent*) 256

    7-9.2 Análise de uma Superfície de Resposta de Segunda Ordem 259

7-10 Planejamentos Fatoriais com Mais de Dois Níveis 265

8 Controle Estatístico da Qualidade 278

8-1 Melhoria e Estatística da Qualidade 278

8-2 Controle Estatístico da Qualidade 279

8-3 Controle Estatístico de Processo 279

8-4 Introdução aos Gráficos de Controle 280

    8-4.1 Princípios Básicos 280

    8-4.2 Projeto de um Gráfico de Controle 283

    8-4.3 Subgrupos Racionais 284

    8-4.4 Análise de Padrões de Comportamento para Gráficos de Controle 284

8-5 Gráficos de Controle e R 286

8-6 Gráficos de Controle para Medidas Individuais 292

8-7 Capacidade de Processo 296

8-8 Gráficos de Controle para Atributos 300

    8-8.1 Gráfico P (Gráfico de Controle para Proporções) e o Gráfico nP 300

    8-8.2 Gráfico U (Gráfico de Controle para Número Médio de Defeitos por Unidade) e Gráfico C 302

8-9 Desempenho dos Gráficos de Controle 305

Apêndices 310

A. Tabelas e Gráficos Estatísticos 311

B. Bibliografia 324

C. Respostas para os Problemas Selecionados 326

Índice 334

ESTATÍSTICA
APLICADA À ENGENHARIA

Capítulo 1

O PAPEL DA ESTATÍSTICA EM ENGENHARIA

Esquema do Capítulo

1-1 O método de engenharia e o julgamento estatístico
1-2 Coletando dados em engenharia
1-3 Modelos mecanísticos e empíricos
1-4 Planejando investigações experimentais
1-5 Observando processos ao longo do tempo

1-1 O MÉTODO DE ENGENHARIA E O JULGAMENTO ESTATÍSTICO

Engenheiros resolvem problemas de interesse da sociedade pela aplicação eficiente de princípios científicos. O **método de engenharia** ou **científico** é a abordagem para formular e resolver esses problemas. As etapas no método de engenharia são dadas a seguir:

1. Desenvolver uma descrição clara e concisa do problema;
2. Identificar, no mínimo tentar, os fatores importantes que afetam esse problema ou que possam desempenhar um papel em sua solução;
3. Propor um modelo para o problema, usando conhecimento científico ou de engenharia do fenômeno em estudo. Estabelecer quaisquer limitações ou suposições do modelo;
4. Conduzir experimentos apropriados e coletar dados para testar ou validar o modelo-tentativa ou conclusões feitas nas etapas 2 e 3;
5. Refinar o modelo com base nos dados observados;
6. Manipular o modelo de modo a ajudar o desenvolvimento da solução do problema;
7. Conduzir um experimento apropriado para confirmar que a solução proposta para o problema é efetiva e eficiente;
8. Tirar conclusões ou fazer recomendações baseadas na solução do problema.

As etapas no método de engenharia são mostradas na Fig. 1-1. Note que o método de engenharia caracteriza uma forte relação recíproca entre o problema, os fatores que podem influenciar sua solução, um modelo do fenômeno e a experiência para verificar a adequação do modelo e da solução proposta para o problema. As etapas 2-4 na Fig. 1-1 são colocadas em um retângulo, indicando que vários ciclos ou iterações dessas etapas podem ser requeridos para obter a solução final. Conseqüentemente, engenheiros têm de saber como planejar, eficientemente, os experimentos, coletar dados, analisar e interpretar os dados e entender como os dados observados estão relacionados ao modelo que eles propuseram para o problema sob estudo.

O campo da **estatística** lida com a coleta, a apresentação, a análise e o uso dos dados para tomar decisões e resolver problemas. Devido a muitos aspectos da prática de engenharia envolverem o trabalho com dados, obviamente algum conhecimento de estatística é importante para qualquer engenheiro. Especificamente, técnicas estatísticas podem ser uma ajuda poderosa no planejamento de novos produtos e sistemas, melhorando os projetos existentes e planejando, desenvolvendo e melhorando os processos de produção.

Métodos estatísticos são usados para nos ajudar a entender a **variabilidade**. Por variabilidade, queremos dizer que sucessivas observações de um sistema ou fenômeno não produzem exata-

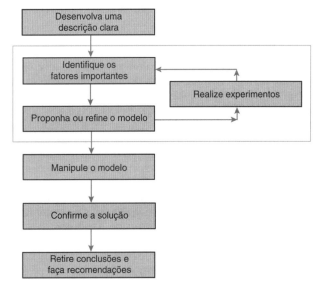

Fig. 1-1 O método de resolução de um problema.

mente o mesmo resultado. Todos nós encontramos variabilidade em nosso dia a dia e o **julgamento estatístico** pode nos dar uma maneira útil para incorporar essa variabilidade em nossos processos de tomada de decisão. Por exemplo, considere o desempenho de seu carro em relação ao consumo de gasolina. Você sempre consegue o mesmo desempenho de consumo em cada tanque de combustível? Naturalmente, não — na verdade, algumas vezes o desempenho varia consideravelmente. Essa variabilidade observada no consumo de gasolina depende de muitos fatores, tais como o tipo de estrada mais usada recentemente (cidade ou estrada), as mudanças na condição do veículo ao longo do tempo (que poderiam incluir fatores como desgaste do pneu ou compressão do motor ou desgaste da válvula), a marca e/ou número de octanagem da gasolina usada, ou mesmo, possivelmente, as condições climáticas que foram experimentadas recentemente. Esses fatores representam **fontes potenciais de variabilidade** no sistema. A Estatística nos fornece uma estrutura para descrever essa variabilidade e para aprender sobre quais fontes potenciais de variabilidade são mais importantes ou quais têm o maior impacto no desempenho de consumo de gasolina.

Encontramos também variabilidade em problemas de engenharia. Por exemplo, suponha que um engenheiro esteja projetando um conector de náilon para ser usado em uma aplicação automotiva. O engenheiro está considerando estabelecer como especificação do projeto uma espessura de parede de 3/32 da polegada, mas está, de algum modo, inseguro acerca do efeito dessa decisão na força de remoção do conector. Se a força de remoção for muito baixa, o conector poderá falhar quando ele for instalado no motor. Oito unidades do protótipo são produzidas e suas forças de remoção são medidas, resultando nos seguintes dados (em libras): 12,6; 12,9; 13,4; 12,3; 13,6; 13,5; 12,6; 13,1. Como antecipamos, nem todos os protótipos têm a mesma força de remoção. Dizemos que há variabilidade nas medidas de força de remoção. Por causa da variabilidade exibida pelas medidas da força de remoção, consideramos a força de remoção como uma **variável aleatória**. Uma maneira conveniente para pensar em uma variável aleatória, como X, que represente uma medida, é usar o modelo

$$X = \mu + \epsilon$$

em que μ é uma constante e ϵ é uma perturbação aleatória. A constante permanece a mesma em cada medida, porém o valor de ϵ muda através de pequenas variações no ambiente, equipamento de teste, diferenças nas peças individuais e assim por diante. Se não houvesse perturbações, então ϵ seria sempre igual a zero e X seria sempre igual à constante μ. Entretanto, isso nunca acontece no mundo real; logo, medidas reais de X exibem variabilidade. Necessitamos, freqüentemente, descrever, quantificar e finalmente reduzir a variabilidade.

A Fig. 1-2 apresenta um **diagrama de pontos** desses dados. O diagrama de pontos é um gráfico muito útil para exibir um pequeno conjunto de dados, isto é, cerca de 20 observações. Esse gráfico nos permitirá ver facilmente duas características dos dados; a **localização**, ou o meio, e a **dispersão (espalhamento)** ou a **variabilidade**. Quando o número de observações é pequeno, geralmente é difícil identificar qualquer padrão específico na variabilidade, embora o diagrama de pontos seja uma maneira

Fig. 1-2 Diagrama de pontos dos dados da força de remoção, quando a espessura da parede for de 3/32 polegadas.

conveniente de ver quaisquer características incomuns nos dados.

A necessidade de um julgamento estatístico aparece freqüentemente na solução de problemas de engenharia. Considere o engenheiro projetando o conector. A partir de testes em protótipo, ele sabe que uma estimativa razoável da força média de remoção seria 13,0 libras. Entretanto, ele pensa que esse valor pode ser muito baixo para a aplicação pretendida; assim, ele decide considerar um projeto alternativo com uma espessura maior de parede, 1/8 polegada. Oito protótipos desse projeto são construídos, sendo as medidas observadas da força de remoção: 12,9; 13,7; 12,8; 13,9; 14,2; 13,2; 13,5 e 13,1. A média é 13,4. Os resultados para ambas as amostras são plotados como diagramas de pontos na Fig. 1-3. Esse gráfico dá a impressão de que o aumento da espessura da parede levou a um aumento na força de remoção. No entanto, há algumas questões óbvias a perguntar. Por exemplo, como sabemos que uma outra amostra de protótipos não dará resultados diferentes? A amostra de oito protótipos é adequada para fornecer resultados confiáveis? Se usarmos os resultados obtidos dos testes até agora para concluir que aumentando a espessura da parede aumenta a resistência, quais os riscos que estarão associados a essa decisão? Por exemplo, será possível que o aumento aparente na força de remoção observado nos protótipos mais espessos seja apenas devido à variabilidade aparente no sistema e que o aumento da espessura da peça (e seu custo) realmente não afete a força de remoção?

Em geral, leis físicas (tais como a lei de Ohm e a lei de gás ideal) são aplicadas para ajudar no projeto de produtos e de processos. Estamos familiarizados com esse raciocínio a partir de leis gerais para casos especiais. Porém, também é importante raciocinar a partir de uma série específica de medidas para casos mais gerais, de modo a responder às questões prévias. Esse raciocínio vem a partir de uma amostra (tal como os oito conectores) para uma população (tal como os conectores que serão vendidos aos consumidores). O raciocínio é referido como **inferência estatística**. Ver Fig. 1-4. Claramente, o raciocínio baseado nas medidas de alguns objetos para medidas em todos os objetos pode resultar em erros (chamados de erros de amostragem). No en-

Fig. 1-3 Diagrama de pontos da força de remoção para duas espessuras de parede.

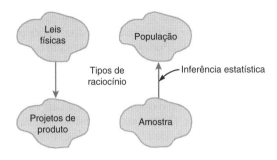

Fig. 1-4 Inferência estatística é um tipo de raciocínio.

tanto, se a amostra for selecionada adequadamente, esses riscos poderão ser quantificados e um tamanho apropriado de amostra pode ser determinado.

Engenheiros e cientistas estão também interessados em comparar duas condições diferentes de modo a determinar se a condição produz um efeito significativo na resposta que é observada. Essas condições são algumas vezes chamadas de "tratamentos". O problema da força de remoção do conector ilustra tal situação: os dois tratamentos diferentes são as duas espessuras diferentes da parede e a resposta é a força de remoção. A finalidade desse estudo é determinar se a parede mais espessa resultará em um efeito significativo — aumentar a força de remoção. Podemos pensar sobre cada exemplo de 8 peças do protótipo como uma amostra aleatória e representativa de todas as peças que foram finalmente fabricadas. A ordem com que cada peça foi testada foi também determinada aleatoriamente. Esse é um exemplo de um **experimento completamente aleatorizado.**

Quando a significância estatística é observada em um experimento **aleatorizado**, o experimentalista pode confiar na conclusão de que foi a diferença nos tratamentos que resultou na diferença na resposta. Ou seja, podemos confiar no fato de que uma relação de causa e efeito foi encontrada.

Algumas vezes, os objetos a serem usados na comparação não são atribuídos de forma aleatória aos tratamentos. Por exemplo, a edição de setembro de 1992 de *Circulation* (um jornal médico, publicado pela Associação Americana do Coração) reporta um estudo ligando altos teores de ferro no corpo com o risco aumentado de ataque cardíaco. O estudo, feito na Finlândia, rastreou 1.931 homens, por cinco anos, e mostrou um efeito estatisticamente significativo do aumento dos níveis de ferro na incidência de ataques cardíacos. Nesse estudo, a comparação não foi feita selecionando-se aleatoriamente uma amostra de homens e atribuindo a alguns o tratamento "nível baixo de ferro" e a outros o tratamento "nível alto de ferro". Os pesquisadores só rastrearam os homens ao longo do tempo. Esse tipo de estudo é chamado de **estudo observacional**. Experimentos planejados e estudos observacionais serão discutidos em mais detalhes na próxima seção.

É difícil identificar causalidade em estudos observacionais, porque a diferença observada, estatisticamente significativa, na resposta entre dois grupos pode ser devido a algum outro fator em questão (ou grupo de fatores), que não foi equalizada pela aleatorização, e não devido aos tratamentos. Por exemplo, a diferença no risco de ataque cardíaco poderia ser atribuída à diferença nos níveis de ferro ou a outros fatores em questão, que formam uma explicação razoável para os resultados observados, tais como níveis de colesterol ou hipertensão.

A dificuldade em estabelecer causalidade a partir de estudos observacionais é também vista na controvérsia fumo e saúde. Numerosos estudos mostram que a incidência de câncer no pulmão, e outras desordens respiratórias, é maior entre fumantes do que não entre fumantes. No entanto, o estabelecimento aqui de causa e efeito tem se mostrado enormemente difícil. Muitos indivíduos tinham decidido fumar bem antes do começo dos estudos da pesquisa e muitos fatores, diferentes de fumar, poderiam ter um papel em contrair câncer de pulmão.

1-2 COLETANDO DADOS EM ENGENHARIA

Na seção prévia, ilustramos alguns métodos simples para resumir dados. No ambiente de engenharia, os dados são quase sempre uma amostra que foi selecionada a partir de alguma população. Geralmente, esses dados são coletados em uma das duas maneiras.

A primeira maneira que os engenheiros freqüentemente coletam dados é a partir de um **estudo observacional**. Nessa situação, o processo ou o sistema que está sendo estudado pode ser observado somente pelo engenheiro e os dados são obtidos à medida que se tornam disponíveis. Por exemplo, suponha que um engenheiro esteja avaliando o desempenho de um processo de fabricação de componentes plásticos através da injeção em molde. Ele ou ela pode observar o processo, selecionar componentes à medida que forem fabricados e medir importantes características de interesse, tais como a espessura da parede, o encolhimento ou a resistência da peça. O engenheiro pode também medir e registrar as variáveis de processo potencialmente importantes, tais como temperatura do molde, o conteúdo de umidade da matéria-prima e o tempo do ciclo. Freqüentemente, em um estudo observacional, o engenheiro está interessado em usar os dados para construir um modelo do sistema ou do processo. Esses modelos são constantemente chamados de modelos empíricos, sendo introduzidos e ilustrados em maiores detalhes na próxima seção. Uma outra maneira que dados observados são obtidos é através da análise de dados históricos do sistema ou processo. Por exemplo, na fabricação de semicondutores, é razoavelmente comum manter registros extensos de cada batelada ou lote de pastilhas que foi produzido. Esses registros incluiriam dados de teste de características físicas e elétricas das pastilhas, assim como as condições de processamento sob as quais cada batelada de pastilhas foi produzida. Se questões aparecerem, relativas a uma mudança em uma importante característica elétrica, a história do processo pode ser estudada em um esforço para determinar o ponto no tempo onde a mudança ocorreu e para

4 Capítulo Um

ganhar algum discernimento sobre quais variáveis de processo são responsáveis pela mudança. Freqüentemente, esses estudos envolvem um conjunto muito grande de dados e requerem um firme domínio dos princípios estatísticos se o engenheiro quiser alcançar o sucesso.

A segunda maneira pela qual os dados de engenharia são obtidos é através de um **planejamento de experimentos**. Em um planejamento de experimentos, o engenheiro faz variações propositais nas variáveis controláveis de alguns sistemas ou processos, observa os dados de saída do sistema resultante e, então, faz uma inferência ou decisão sobre quais variáveis são responsáveis pelas mudanças observadas no desempenho de saída. O exemplo do conector de plástico na seção prévia ilustrou um experimento planejado, ou seja, uma mudança deliberada foi feita na espessura da parede do conector, com o objetivo de descobrir se uma força de remoção maior poderia ser ou não obtida. O planejamento de experimentos tem um papel muito importante no projeto e desenvolvimento de engenharia e na melhoria dos processos de fabricação. Geralmente, quando produtos e processos são planejados e desenvolvidos com experimentos planejados, eles têm melhor desempenho, mais alta confiabilidade e menores custos globais. Os experimentos planejados também desempenham um papel crucial na redução do tempo de condução de um projeto de engenharia e do desenvolvimento de atividades. Na Seção 1-4, ilustraremos vários tipos de experimentos planejados para o exemplo do conector.

A habilidade de pensar e analisar estatisticamente dados amostrais nos capacitará a responder questões sobre o sistema ou o processo em estudo. Por exemplo, considere o problema a respeito da escolha da espessura da parede do conector de náilon. Uma abordagem que poderia ser usada na resolução desse problema é comparar a força média de remoção para o planejamento de 3/32 polegadas com a força média de remoção para o planejamento de 1/8 polegada, usando a técnica de **teste** estatístico **de hipóteses**. Os Caps. 4 e 5 discutirão o teste de hipóteses e outras técnicas relacionadas. Em geral, uma hipótese é uma afirmação sobre algum aspecto do sistema que tenhamos interesse. Por exemplo, o engenheiro pode estar interessado em saber se a força média de remoção para o planejamento de 3/32 polegadas excede a carga máxima típica a ser encontrada nessa aplicação, ou seja, 12,75 libras-pé. Assim sendo, estaríamos interessados em testar a hipótese em que a resistência média do planejamento de 3/32 polegadas excederia 12,75. Isso é chamado de problema de teste de hipóteses com uma única amostra. O Cap. 4 apresentará técnicas para esse tipo de problema. Alternativamente, o engenheiro pode estar interessado em testar a hipótese de que um aumento da espessura da parede de 3/32 para 1/8 de polegada resulta em um aumento na força média de remoção. Esse é um exemplo de um problema de teste de hipóteses para duas amostras. Problemas desse tipo serão discutidos no Cap. 5.

1-3 MODELOS MECANÍSTICOS E EMPÍRICOS

Modelos desempenham um importante papel na análise de praticamente todos os problemas de engenharia. Muito da educação formal de engenheiros envolve o aprendizado sobre os modelos relevantes a campos específicos e sobre as técnicas de aplicação desses modelos na formulação e na solução de problemas. Como simples exemplo, suponha que estejamos medindo a corrente em um fio fino de cobre. Nosso modelo para esse fenômeno pode ser a lei de Ohm:

$$\text{Corrente} = \text{voltagem/resistência}$$

ou

$$I = E/R \qquad (1\text{-}1)$$

Chamamos esse tipo de modelo de **modelo mecanístico**, porque ele é construído a partir de nosso conhecimento do mecanismo físico básico que relaciona essas variáveis. No entanto, se fizermos esse processo de medição mais de uma vez, talvez em tempos diferentes ou mesmo em dias diferentes, a corrente observada poderá diferir levemente por causa de pequenas mudanças ou variações em fatores que não estejam perfeitamente controlados, tais como mudanças na temperatura ambiente, flutuações no desempenho do medidor, pequenas impurezas presentes em diferentes localizações do fio e impulsos na voltagem. Logo, um modelo mais realista da corrente observada pode ser

$$I = E/R + \epsilon \qquad (1\text{-}2)$$

sendo ϵ um termo adicionado ao modelo para considerar o fato de que os valores observados da corrente não seguem perfeitamente o modelo mecanístico. Podemos pensar ϵ como sendo um termo que inclui os efeitos de todas as fontes não modeladas de variabilidade que afetam esse sistema.

Algumas vezes, os engenheiros trabalham com problemas para os quais não há modelo mecanístico simples ou bem entendido que explique o fenômeno. Por exemplo, suponha que estejamos interessados no peso molecular médio (M_n) de um polímero. Agora, sabemos que M_n está relacionado com a viscosidade (V) do material e também depende da quantidade de catalisador (C) e da temperatura (T) no reator de polimerização quando o material é fabricado. A relação entre M_n e essas variáveis é

$$M_n = f(V, C, T) \qquad (1\text{-}3)$$

em que a *forma* da função f é desconhecida. Talvez um modelo de trabalho pudesse ser desenvolvido a partir de uma expansão em série de Taylor, considerando apenas o termo de primeira ordem, produzindo assim um modelo da forma

$$M_n = \beta_0 + \beta_1 V + \beta_2 C + \beta_3 T \qquad (1\text{-}4)$$

sendo β's os parâmetros desconhecidos. Como na lei de Ohm, esse modelo não descreverá exatamente o fenômeno; assim, devemos considerar outras fontes de variabilidade que possam afetar o peso molecular, adicionando um outro termo ao modelo, levando a

$$M_n = \beta_0 + \beta_1 V + \beta_2 C + \beta_3 T + \epsilon \quad (1\text{-}5)$$

Esse é o modelo que usaremos para relacionar o peso molecular às outras três variáveis. Esse tipo de modelo é chamado de **modelo empírico**, ou seja, ele usa a nossa engenharia e o conhecimento científico do fenômeno, porém não é diretamente desenvolvido a partir de nosso conhecimento teórico ou dos primeiros princípios do mecanismo básico.

Com o objetivo de ilustrar essas idéias com um exemplo específico, considere os dados na Tabela 1-1. Essa tabela contém dados das três variáveis, que foram coletados em uma planta de fabricação de semicondutores. Nessa planta, o semicondutor final é um arame colado a uma estrutura. As variáveis reportadas são a resistência à tração (uma medida da quantidade da força requerida para romper a cola), o comprimento do arame e a altura da matriz. Gostaríamos de encontrar um modelo relacionando a resistência à tração ao comprimento do arame e à altura da matriz. Infelizmente, não há mecanismo físico que possamos facilmente aplicar aqui. Por conseguinte, não parece provável que a abordagem de modelo mecanístico possa ser usada com sucesso. Note que esse é um exemplo de um estudo observacional (ver Seção 1-2).

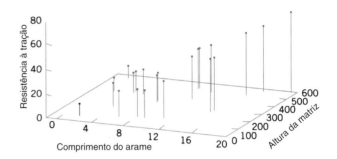

Fig. 1-5 Gráfico tridimensional dos dados do arame e da resistência à tração.

A Fig. 1-5 apresenta um gráfico tridimensional de todas as 25 observações da resistência à tração, comprimento do arame e altura da matriz. Examinando esse gráfico, vemos que a resistência à tração aumenta quando o comprimento do arame e a altura da matriz aumentam. Além disso, parece razoável pensar que um modelo tal como

$$\text{Resistência à tração} = \beta_0 + \beta_1(\text{comprimento do arame}) + \beta_2(\text{altura da matriz}) + \epsilon$$

seria apropriado como um modelo empírico para essa relação. Em geral, esse tipo de modelo empírico é chamado de **modelo de regressão**. No Cap. 6, mostraremos como construir esses modelos e testaremos se eles são adequados como funções de aproximação. O Cap. 6 apresentará um método, chamado de mínimos quadrados, para estimar os parâmetros nos modelos de regressão, que se originou do trabalho de Karl Gauss. Essencialmente, esse método escolhe os parâmetros (β's) no modelo empírico para minimizar a soma dos quadrados das distâncias entre cada ponto dado e o plano representado pela equação do modelo. É aparente então que a aplicação dessa técnica aos dados da Tabela 1-1 resulta em

$$\widehat{\text{Resistência à tração}} = 2,26 + 2,74\,(\text{comprimento do arame}) + 0,0125\,(\text{altura da matriz}) \quad (1\text{-}6)$$

em que o "chapéu" ou circunflexo sobre a resistência à tração indica que essa é uma quantidade estimada ou prevista.

TABELA 1-1 Dados sobre a Resistência de Tração da Cola no Arame

Número da Observação	Resistência à Tração y	Comprimento do Arame x_1	Altura da Matriz x_2
1	9,95	2	50
2	24,45	8	110
3	31,75	11	120
4	35,00	10	550
5	25,02	8	295
6	16,86	4	200
7	14,38	2	375
8	9,60	2	52
9	24,35	9	100
10	27,50	8	300
11	17,08	4	412
12	37,00	11	400
13	41,95	12	500
14	11,66	2	360
15	21,65	4	205
16	17,89	4	400
17	69,00	20	600
18	10,30	1	585
19	34,93	10	540
20	46,59	15	250
21	44,88	15	290
22	54,12	16	510
23	56,63	17	590
24	22,13	6	100
25	21,15	5	400

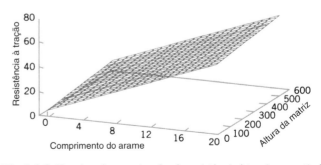

Fig. 1-6 Gráfico de valores estimados da resistência à tração, a partir do modelo empírico na Eq. 1-6.

A Fig. 1-6 é um gráfico dos valores previstos da resistência à tração *versus* o comprimento do arame e a altura da matriz, obtido a partir da Eq. 1-6. Note que os valores previstos repousam no plano acima do espaço comprimento do arame-altura da matriz. A partir dos gráficos dos dados na Fig. 1-5, esse modelo não parece razoável. O modelo empírico na Eq. 1-6 poderia ser usado para prever valores da resistência à tração para várias combinações de comprimento de arame e altura da matriz que fossem de interesse. Essencialmente, o modelo empírico poderia ser usado por um engenheiro exatamente da mesma maneira que um modelo mecanístico poderia ser usado.

1-4 PLANEJANDO INVESTIGAÇÕES EXPERIMENTAIS

Muito do que sabemos em engenharia e nas ciências físico-químicas é desenvolvido através de testes ou experiências. Freqüentemente, os engenheiros trabalham em áreas problemáticas, em que nenhuma teoria científica ou de engenharia é completamente aplicável. Assim, experiência e análise dos dados resultantes constituem a única maneira pela qual o problema pode ser resolvido. Mesmo que haja uma boa teoria científica básica em que possamos confiar na explicação do fenômeno de interesse, é quase sempre necessário conduzir testes ou experimentos para confirmar que a teoria é, na verdade, operativa na situação ou no ambiente no qual ela está sendo aplicada. Julgamento estatístico e métodos estatísticos desempenham um papel importante no planejamento, na condução e análise de dados a partir de experimentos de engenharia.

A Seção 1-1 contina um breve exemplo envolvendo um engenheiro que estava investigando o impacto do aumento da espessura da parede de um conector na força de remoção. Lembre-se de que o engenheiro construiu oito protótipos de cada projeto (3/32 e de 1/8 polegada), testou cada unidade e calculou a média e o desvio-padrão da amostra da força de remoção para cada projeto. Notamos que o teste estatístico de hipóteses foi uma estrutura possível para investigar que o aumento da espessura da parede no projeto conduziria a níveis mais altos da força média de remoção. Essa é uma ilustração do uso do julgamento estatístico para ajudar na análise de dados, a partir de um simples experimento comparativo.

O julgamento estatístico pode também ser aplicado a problemas experimentais mais sérios. Para ilustrar, reconsidere o problema da espessura da parede do conector. Suponha que quando o conector for arranjado na aplicação, ele será primeiro imerso em um adesivo, sendo então curado o arranjo pela aplicação de calor ao longo de algum período de tempo. A força de remoção é medida no arranjo final. O engenheiro suspeita que, em adição à espessura da parede, o tempo e a temperatura de cura poderiam ter algum efeito no desempenho do conector. Dessa forma, é necessário planejar um experimento que nos permitirá investigar o efeito de todos os três fatores na força de remoção.

Quando vários fatores são potencialmente importantes, a melhor estratégia de experiência é planejar algum tipo de **experimento fatorial**. Um experimento fatorial é aquele em que fatores são variados conjuntamente. Para ilustrar, suponha que no experimento do conector, os tempos de cura de interesse sejam 1 e 24 h e que os níveis de temperatura sejam 70°F e 100°F. Agora, uma vez que todos os três fatores têm dois níveis, um experimento fatorial consistiria nas oito combinações de teste mostradas nos vértices do cubo na Fig. 1-7. Duas tentativas, ou **réplicas**, seriam feitas em cada vértice, resultando em um experimento fatorial com 16 corridas. Os valores observados da força de remoção estão mostrados entre parênteses nos vértices do cubo na Fig. 1-7. Note que esse experimento usa oito protótipos de 3/32 polegadas e oito protótipos de 1/8 de polegada, o mesmo número usado no estudo comparativo simples da Seção 1-1, porém agora estamos investigando *três* fatores. Geralmente, experimentos fatoriais são a maneira mais eficiente de estudar os efeitos de interação dos vários fatores.

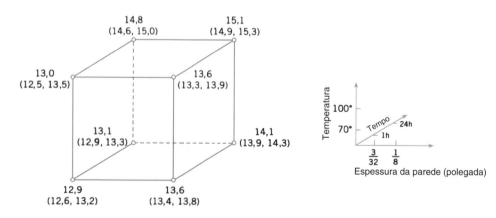

Fig. 1-7 O experimento fatorial para o problema da espessura de parede do conector.

Algumas tentativas de conclusões muito interessantes podem ser retiradas desse experimento. Primeiro, compare a força média de remoção dos oito protótipos de 3/32 polegadas com a força média de remoção dos oito protótipos de 1/8 de polegada (essas são as médias das oito corridas na face esquerda e na face direita do cubo na Fig. 1-7 respectivamente) ou 14,1 − 13,45 = 0,65. Assim, aumentando a espessura da parede de 3/32 para 1/8 de polegada aumenta a força média de remoção por 0,65 libra. A seguir, para medir o efeito de aumentar o tempo de cura, compare a média das oito corridas na face de trás do cubo (em que tempo = 24 h), com a média das oito corridas na face da frente do cubo (em que tempo = 1 h) ou 14,275 − 13,275 = 1. O efeito de aumentar o tempo de cura de 1 para 24 h é aumentar a força média de remoção por 1 libra; ou seja, o tempo de cura tem, aparentemente, um efeito maior que o efeito de aumentar a espessura da parede. O efeito da temperatura de cura pode ser avaliado comparando-se a média das oito corridas no topo do cubo (onde a temperatura = 100°F) com a média das oito corridas na parte inferior do cubo (onde a temperatura = 70°F) ou 14,125 − 13,425 = 0,7 libra. Desse modo, o efeito de aumentar a temperatura de cura é aumentar a força média de remoção por 0,7 libra-pé. Logo, se o objetivo do engenheiro for projetar um conector tendo um alto valor da força de remoção, há aparentemente muitas alternativas, tais como o aumento da espessura da parede e o uso das condições "padrões" de 1 h e 70°F ou o uso da espessura original da parede de 3/32 polegadas, porém especificando um tempo maior de cura e uma temperatura mais alta.

Existe uma relação interessante entre o tempo de cura e a temperatura de cura que pode ser vista examinando-se o gráfico na Fig. 1-8. Esse gráfico foi construído calculando a força média de remoção nas quatro combinações diferentes de tempo e de temperatura, plotando essas médias *versus* tempo e então conectando, com linhas retas, os pontos representando os dois níveis de temperatura. A inclinação de cada uma dessas linhas retas representa o efeito do tempo de cura na força de remoção. Note que as inclinações dessas duas linhas não parecem ser as mesmas, indicando que o efeito do tempo de cura é *diferente* nos dois valores da temperatura de cura. Esse é um exemplo de uma **interação** entre os dois fatores. A interpretação dessa interação é muito direta; se o tempo padrão de cura (1 h) for usado, a temperatura de cura terá pouco efeito, porém se o tempo maior de cura for usado (24 h), o aumento da temperatura de cura terá um efeito maior na força média de remoção. Interações ocorrem freqüentemente em sistemas físicos e químicos e experimentos fatoriais são a única maneira para investigar seus efeitos. De fato, se as interações estiverem presentes e a estratégia fatorial de experimentos não for usada, resultados incorretos ou enganosos podem ser obtidos.

Podemos facilmente estender a estratégia fatorial para mais fatores. Suponha que o engenheiro queira considerar um quarto fator, o tipo de adesivo. Há dois tipos: o adesivo padrão e um novo competidor. A Fig. 1-9 ilustra como todos os quatro fatores — espessura da parede, tempo de cura, temperatura de cura e tipo de adesivo — poderiam ser investigados em um planejamento fatorial. Já que todos os quatro fatores têm ainda dois níveis, o planejamento experimental pode ainda ser representado geometricamente por um cubo (na verdade, um *hipercubo*). Note que, como no planejamento fatorial, todas as combinações possíveis dos quatro fatores são testadas. O experimento requer 16 ensaios.

Geralmente, se houver k fatores e cada um deles tiver dois níveis, um planejamento fatorial de experimentos irá requerer 2^k corridas. Por exemplo, com $k = 4$, o planejamento 2^4 na Fig. 1-9 requer 16 testes. Claramente, à medida que o número de fatores aumenta, o número necessário de corridas em um planejamento fatorial aumenta rapidamente; por exemplo, oito fatores, cada um com dois níveis, requereriam 256 ensaios. Essa quantidade de teste se torna rapidamente impraticável do ponto de vista do tempo e de outros recursos. Felizmente, quando houver quatro, cinco ou mais fatores, é geralmente desnecessário testar todas as combinações possíveis dos níveis dos fatores. Um **experimento fatorial fracionário** é uma variação do arranjo básico fatorial em que somente se testa realmente um subconjunto das combinações dos fa-

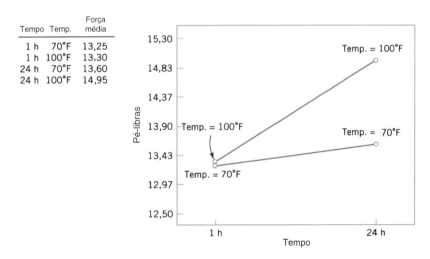

Fig. 1-8 A interação de segunda ordem entre o tempo de cura e a temperatura de cura.

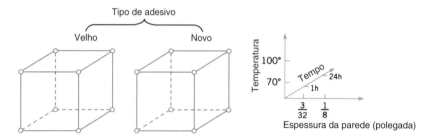

Fig. 1-9 Um experimento fatorial com quatro fatores para o problema da espessura da parede do conector.

tores. A Fig. 1-10 mostra um planejamento fatorial fracionário de experimentos para a versão com quatro fatores do experimento do conector. As combinações de teste com um círculo, conforme mostrado na figura, são as únicas combinações de teste que necessitam ser realizadas. Esse planejamento de experimentos requer somente oito corridas, em vez das 16 originais; por conseguinte, ele será chamado de **uma meia fração**. Esse é um excelente planejamento experimental para estudar todos os quatro fatores. Ele proverá boa informação acerca dos efeitos individuais dos quatro fatores e alguma informação acerca de como esses fatores interagem.

Experimentos fatoriais e fracionários são usados extensivamente por engenheiros e cientistas em pesquisa e desenvolvimento industriais, onde nova tecnologia, produtos e processos são projetados e desenvolvidos e onde produtos e processos existentes são melhorados. Uma vez que muito do trabalho de engenharia envolve testar e experimentar, é essencial que todos os engenheiros entendam os princípios básicos de um planejamento eficiente e efetivo de experimentos. O Cap. 7 enfocará esses princípios, concentrando-se nos fatoriais e nos fatoriais fracionários que introduzimos aqui.

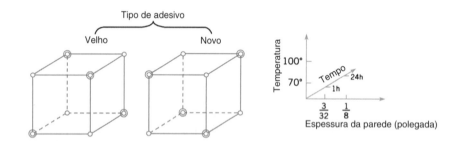

Fig. 1-10 Um experimento fatorial fracionário para o problema da espessura da parede do conector.

1-5 OBSERVANDO PROCESSOS AO LONGO DO TEMPO

Toda vez que dados são coletados ao longo do tempo, é importante plotá-los ao longo do tempo. Fenômenos que possam afetar o sistema ou o processo tornam-se com freqüência mais visíveis em um gráfico com uma escala de tempo, podendo o conceito de estabilidade ser melhor julgado.

A Fig. 1-11 é um diagrama de pontos com leituras de concentração tomadas periodicamente a partir de um processo químico. A grande variação descrita no diagrama de pontos indica um possível problema, porém o gráfico não ajuda a explicar a razão para a variação. Pelo fato dos dados serem coletados ao longo do tempo, eles são plotados ao longo do tempo na Fig. 1-12. Um deslocamento no nível médio do processo é visível no gráfico e uma estimativa do tempo do deslocamento pode ser obtida.

O guru da qualidade Edward Deming enfatizou que é importante entender a natureza da variação ao longo do tempo. Ele conduziu um experimento em que tentou derrubar bolinhas de gude o mais próximo possível de um alvo em uma mesa. Ele usou um funil montado em um anel e as bolas de gude caíram dentro do funil. Ver Fig. 1-13. O funil estava alinhado o mais próximo possível com o centro do alvo. Deming então usou duas estraté-

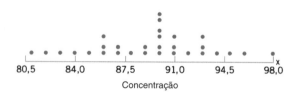

Fig. 1-11 Um diagrama de pontos ilustra a variação, mas não identifica o problema.

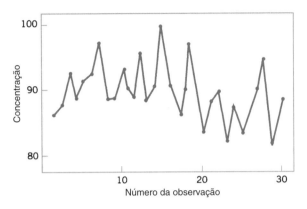

Fig. 1-12 Um gráfico temporal de concentração provê mais informações do que o diagrama de pontos.

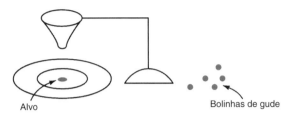

Fig. 1-13 O experimento de Deming do funil.

gias diferentes para operar o processo. (1) Ele nunca moveu o funil. Deming simplesmente soltou uma bola de gude depois da outra e registrou a distância até o alvo. (2) Ele soltou a primeira bola de gude e registrou sua localização relativa ao alvo. Ele então moveu o funil por uma distância igual e oposta, em uma tentativa de compensar o erro. Ele continuou a fazer esse tipo de ajuste depois de cada bola ter sido solta.

Depois das duas estratégias estarem completas, Deming notou que a variabilidade na distância até o alvo para a estratégia 2 foi aproximadamente duas vezes maior que para a estratégia 1. Os ajustes no funil aumentaram os desvios até o alvo. A explicação é que o erro (o desvio da posição da bola de gude até o alvo) para uma bola de gude não provê informação sobre o erro que ocorrerá para a próxima bola. Conseqüentemente, os ajustes no funil não diminuem erros futuros. Em vez disso, eles tendem a mover o funil para mais longe do alvo.

Esse interessante experimento mostra que ajustes em um processo, baseados em perturbações aleatórias, podem realmente *aumentar* a variação do processo. Isso é conhecido como **controle em excesso**. Ajustes devem ser aplicados somente para compensar mudança não aleatória no processo; então, eles po-

dem ajudar. Uma simulação computacional pode ser usada para demonstrar as lições do experimento do funil. A Fig. 1-14(a) apresenta um gráfico do tempo com 50 medidas (denotadas por y) de um processo em que somente perturbações aleatórias estão presentes. O valor alvo para o processo é de 10 unidades. A Fig. 1-14(b) apresenta os mesmos dados depois dos ajustes serem aplicados à média do processo, em uma tentativa de produzir dados mais próximos ao alvo. Cada ajuste é igual e oposto ao desvio da medida prévia em relação ao alvo. Por exemplo, quando a medida for 11 (uma unidade acima do alvo), a média será reduzida por uma unidade antes que a próxima medida seja gerada. O controle em excesso aumentou os desvios em relação ao alvo.

A Fig. 1-15(a) apresenta os mesmos dados da Fig. 1-14(a), exceto que as medidas depois da observação de número 25 são aumentadas por duas unidades para simular o efeito de uma mudança na média do processo. Quando houver uma mudança verdadeira na média de um processo, um ajuste poderá ser útil. A Fig. 1-15(b) apresenta os dados obtidos quando um ajuste (diminuição em duas unidades) for aplicado à média depois da mudança ter sido detectada (na observação de número 28). Note que esse ajuste diminui os desvios em relação ao alvo.

A questão de quando aplicar ajustes (e por qual quantidade) começa com um entendimento dos tipos de variação que afetam um processo. Um **gráfico ou carta de controle** é uma maneira inestimável de examinar a variabilidade em dados ao longo do tempo. A Fig. 1-16 mostra um gráfico de controle para os dados

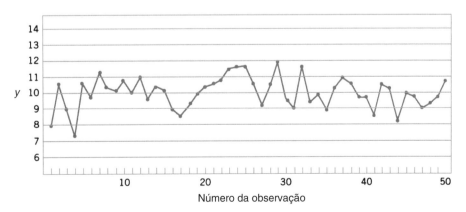

Fig. 1-14(a) Dados do processo, com perturbações aleatórias, somente.

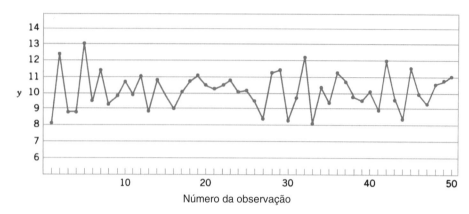

Fig. 1-14(b) Ajustes aplicados às perturbações aleatórias controlam em excesso o processo e aumentam os desvios em relação ao alvo.

de concentração do processo químico da Fig. 1-12. A *linha central* na carta de controle é apenas a média das medidas de concentração para as 20 primeiras amostras (91,5 g/l), quando o processo estiver estável. O *limite superior de controle* e o *limite inferior de controle* são um par de limites, estatisticamente deduzidos, que reflete a variabilidade inerente ou natural no processo. Esses limites estão localizados em valores apropriados acima e abaixo da linha central. Se o processo estiver operando como deve, sem quaisquer fontes externas de variabilidade presentes no sistema, as medidas de concentração deverão flutuar aleatoriamente em torno da linha central e quase todas elas deverão cair entre os limites de controle.

No gráfico de controle da Fig. 1-16, a estrutura visual de referência, provida pela linha central e pelos limites de controle, indica que algum transtorno ou distúrbio atingiu o processo, em torno da amostra 20, porque todas as observações seguintes estão abaixo da linha central e duas delas realmente caem abaixo do limite inferior de controle. Esse é um sinal muito forte de que uma ação corretiva é necessária nesse processo. Se pudermos encontrar e eliminar a causa básica desse distúrbio, poderemos melhorar, consideravelmente, o desempenho do processo.

Os gráficos de controle são críticos para análises em engenharia pela seguinte razão. Em alguns casos, os dados em nossa amostra são realmente selecionados a partir da população de interesse. A amostra é um subconjunto da população. Por exemplo, uma amostra de três pastilhas pode ser selecionada a partir de um lote de produção de pastilhas na fabricação de semicondutores. Baseados nos dados na amostra, queremos concluir alguma coisa sobre o lote. Por exemplo, a média das medidas da resistividade na amostra não é esperada ser exatamente igual à média das medidas da resistividade no lote. Entretanto, se a média da amostra for alta, podemos estar preocupados com que a média do lote seja muito alta.

Em muitos outros casos, usamos os dados atuais para obter conclusões acerca do desempenho futuro de um processo. Por exemplo, não estamos apenas interessados nas medidas de concentração na Fig. 1-12. Queremos também obter conclusões sobre a concentração da produção futura que será vendida para os consumidores. Essa população da produção futura não existe ainda. Claramente, essa análise requer alguma noção de estabilidade como uma suposição adicional. Por exemplo, pode ser suposto que as fontes atuais de variabilidade na produção sejam as mesmas que aquelas na produção futura. Um gráfico de controle é

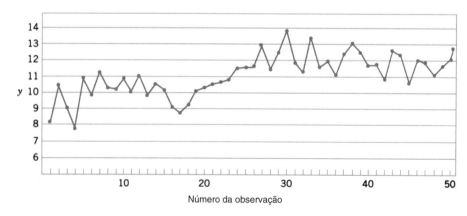

Fig. 1-15(a) A média do processo muda (para cima, por duas unidades), depois da observação de número 25.

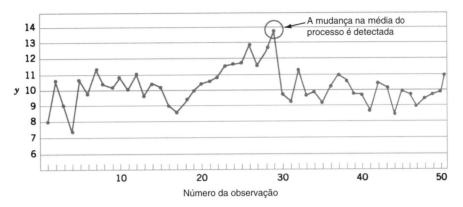

Fig. 1-15(b) A mudança na média do processo é detectada na observação de número 28 e as medidas seguintes são diminuídas por duas unidades.

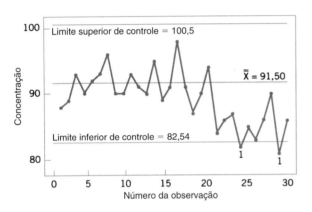

Fig. 1-16 Um gráfico (carta) de controle para os dados de concentração de processo químico.

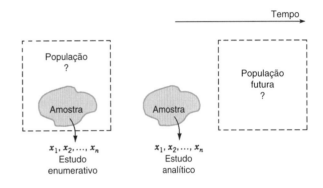

Fig. 1-17 Estudo enumerativo *versus* estudo analítico.

uma ferramenta fundamental para avaliar a estabilidade de um processo.

O exemplo das pastilhas provenientes de lotes é chamado de estudo **enumerativo**. Uma amostra é usada para fazer uma inferência para a população da qual a amostra é selecionada. O exemplo da concentração é chamado de estudo **analítico**. Uma amostra de dados é usada para fazer uma inferência para uma população futura. As análises estatísticas são geralmente as mesmas em ambos os casos, porém um estudo analítico deve começar com um gráfico de controle para avaliar a estabilidade. A Fig. 1-17 fornece uma ilustração.

Os gráficos de controle são uma aplicação muito importante de estatística para monitorar, controlar e melhorar um processo. O ramo da estatística que faz uso das cartas de controle é chamado de **controle estatístico de processo** ou **CEP**. Discutiremos CEP e gráficos de controle no Cap. 8.

CAPÍTULO 2

SUMÁRIO E APRESENTAÇÃO DE DADOS

ESQUEMA DO CAPÍTULO

2-1 SUMÁRIO E APRESENTAÇÃO DE DADOS
2-2 DIAGRAMAS DE RAMO E FOLHAS

2-3 DISTRIBUIÇÕES DE FREQÜÊNCIAS E HISTOGRAMA
2-4 DIAGRAMA DE CAIXA
2-5 GRÁFICOS SEQÜENCIAIS DE TEMPO

2-1 SUMÁRIO E APRESENTAÇÃO DE DADOS

Sumários e apresentações de dados bem constituídos são essenciais para um bom julgamento estatístico, visto que eles podem focar a atenção do engenheiro em características importantes dos dados ou fornecer discernimento acerca do tipo de modelo que deve ser usado na solução de problemas.

O computador se tornou uma ferramenta importante na apresentação e na análise de dados. Embora muitas técnicas estatísticas necessitem somente de uma calculadora portátil, essa abordagem pode requerer muito tempo e esforço, sendo necessário um computador para realizar as tarefas de forma muito mais eficiente.

A maioria da análise estatística é feita usando uma biblioteca de programas estatísticos escritos *a priori*. O usuário entra com os dados e, então, seleciona os tipos de análises e apresentações de saída que são de interesse. Pacotes estatísticos estão disponíveis tanto para computadores de grande porte como para computadores pessoais. Entre os pacotes mais populares e largamente usados estão o SAS (*Statistical Analysis System*), para servidores e computadores pessoais (PCs), e o Statgraphics e o Minitab para PC. Apresentaremos alguns exemplos de saída de vários

pacotes estatísticos em todo o livro. Não discutiremos a facilidade de uso dos pacotes com relação à entrada e à edição de dados ou ao uso dos comandos. Você encontrará esses pacotes, ou similares, disponíveis na sua instituição, juntamente com pessoas experientes em manipulá-los.

Podemos descrever numericamente as características de dados. Por exemplo, podemos caracterizar a localização ou a tendência central nos dados através da média aritmética comum. Porque quase sempre pensamos em nossos dados como sendo uma amostra, referiremo-nos à média aritmética como a **média da amostra**.

Definição

Se as n observações em uma amostra forem denotadas por x_1, $x_2, \ldots, x_n$, então a **média da amostra** será

$$\bar{x} = \frac{x_1 + x_2 + \cdots + x_n}{n} = \frac{\sum_{i=1}^{n} x_i}{n} \qquad (2\text{-}1)$$

EXEMPLO 2-1

Considere o protótipo de conectores, descrito no Cap. 1. Os dados são mostrados na Fig. 2-1. A média da amostra da força de remoção para as oito observações dessa força é

$$\bar{x} = \frac{x_1 + x_2 + \cdots x_n}{n} = \frac{\sum_{i=1}^{8} x_i}{8} = \frac{12,6 + 12,9 + \cdots + 13,1}{8}$$

$$= \frac{104}{8} = 13,0$$

Uma interpretação física da média da amostra como uma medida da localização é mostrada na Fig. 2-2, que é um diagrama de pontos dos dados da força de remoção. Note que a média da amostra $\bar{x} = 13,0$ pode ser pensada como um "ponto de balanço." Ou seja, se cada observação representar 1 libra de massa colocada no ponto no eixo x, então o fulcro localizado em $\bar{x}$ equilibraria exatamente esse sistema de pesos.

A média da amostra é o valor médio de todas as observações do conjunto de dados. Em geral, esses dados são uma **amostra**

Fig. 2-1 Diagrama de pontos dos dados da força de remoção, quando a espessura da parede for 3/32 polegadas.

de observações que foi selecionada a partir de alguma **população** maior de observações. Aqui, a população deve consistir em todos os conectores que serão vendidos aos consumidores. Algumas vezes, existe uma população física real, tal como uma porção de pastilhas de silicone produzidas em uma fábrica de semicondutores. Podemos pensar também em calcular o valor médio de todas as observações em uma população. Essa média é chamada de **média populacional**, sendo denotada pela letra grega μ (mi).

Quando houver um número finito de observações (isto é, N) na população, então a média populacional será

$$\mu = \frac{\sum_{i=1}^{N} x_i}{N} \quad (2\text{-}2)$$

A média da amostra, $\bar{x}$, é uma estimativa razoável da média populacional, μ. Logo, durante o projeto do conector, ao usar uma espessura de parede de 3/32 polegadas, o engenheiro concluiria, com base nos dados, que uma estimativa da força média de remoção seria de 13,0 libras.

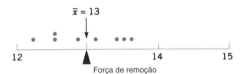

Fig. 2-2 A média da amostra como um ponto de equilíbrio para um sistema de pesos.

Embora a média da amostra seja útil, ela não transmite toda a informação acerca de uma amostra de dados. A variabilidade ou a dispersão nos dados pode ser descrita pela **variância (ou variança)** ou pelo **desvio-padrão da amostra**.

Definição

Se as n observações em uma amostra forem denotadas por $x_1, x_2, \ldots, x_n$, então a **variância da amostra** será

$$s^2 = \frac{\sum_{i=1}^{n} (x_i - \bar{x})^2}{n - 1} \quad (2\text{-}3)$$

O **desvio-padrão da amostra**, s, é a raiz quadrada positiva da variância da amostra.

As unidades de medidas para a variância da amostra são o quadrado das unidades originais da variável. Assim, se x for medida em libras, as unidades para a variância da amostra serão (libras)^2. O desvio-padrão tem a propriedade desejável de medir a variabilidade nas unidades originais da variável de interesse, x.

Como a Variância da Amostra Mede a Variabilidade?

Para ver como a variância da amostra mede a dispersão ou a variabilidade, veja a Fig. 2-3 que mostra os desvios $x_i - \bar{x}$ para os dados da força de remoção do conector. Quanto maior a variabilidade nos dados da força de remoção, maior será o valor absoluto de alguns dos desvios $x_i - \bar{x}$. Uma vez que os desvios $x_i - \bar{x}$ sempre somarão zero, temos de usar uma medida de variabilidade que transforme os desvios negativos em quantidades não-negativas. Elevar ao quadrado os desvios é uma abordagem usada na variância da amostra. Por conseguinte, se s^2 for pequena, haverá, relativamente, pouca variabilidade nos dados; porém, se s^2 for grande, a variabilidade será relativamente grande.

Exemplo 2-2

A Tabela 2-1 apresenta as quantidades necessárias para calcular a variância e o desvio-padrão da amostra para os dados da força de remoção. Esses dados são plotados na Fig. 2-3. O numerador de s^2 é

$$\sum_{i=1}^{8} (x_i - \bar{x})^2 = 1,60$$

assim, a variância da amostra é

$$s^2 = \frac{1,60}{8-1} = \frac{1,60}{7} = 0,2286 \text{ (libra)}^2$$

e o desvio-padrão da amostra é

$$s = \sqrt{0,2286} = 0,48 \text{ libra}$$

O cômputo de s^2 requer o cálculo de $\bar{x}$, n subtrações e n operações de elevar ao quadrado e somar. Se as observações originais ou os desvios $x_i - \bar{x}$ não forem inteiros, será tedioso trabalhar com os desvios $x_i - \bar{x}$ e várias casas decimais terão de ser car-

TABELA 2-1 Cálculo dos Termos para a Variância e Desvio-Padrão da Amostra

i	x_i	$x_i - \bar{x}$	$(x_i - \bar{x})^2$
1	12,6	−0,4	0,16
2	12,9	−0,1	0,01
3	13,4	0,4	0,16
4	12,3	−0,7	0,49
5	13,6	0,6	0,36
6	13,5	0,5	0,25
7	12,6	−0,4	0,16
8	13,1	0,1	0,01
	104,0	0,0	1,60

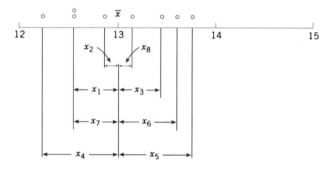

Fig. 2-3 Como a variância da amostra mede a variabilidade através dos desvios $x_i - \bar{x}$.

regadas para assegurar a exatidão numérica. Pode ser mostrado que uma fórmula computacional mais eficiente para a variância da amostra é:

$$s^2 = \frac{\sum_{i=1}^{n}(x_i - \bar{x})^2}{n-1}$$

$$= \frac{\sum_{i=1}^{n}(x_i^2 + \bar{x}^2 - 2\bar{x}x_i)}{n-1}$$

$$= \frac{\sum_{i=1}^{n} x_i^2 + n\bar{x}^2 - 2\bar{x}\sum_{i=1}^{n} x_i}{n-1}$$

e, já que, $\bar{x} = (1/n)\sum_{i=1}^{n} x_i$, essa última equação se reduz a

$$s^2 = \frac{\sum_{i=1}^{n} x_i^2 - \frac{\left(\sum_{i=1}^{n} x_i\right)^2}{n}}{n-1} \qquad (2-4)$$

Note que a Eq. 2-4 requer que se calcule o quadrado de cada x_i, elevando-se então ao quadrado a soma de x_i, subtraindo $\left(\sum x_i\right)^2/n$ de $\sum x_i^2$ e finalmente dividindo por $n-1$. Algumas vezes, isso é chamado de método abreviado para cálculo de s^2 (ou s).

EXEMPLO 2-3

Calcularemos a variância e o desvio-padrão da amostra, usando o método abreviado, Eq. 2-4. A fórmula fornece

$$s^2 = \frac{\sum_{i=1}^{n} x_i^2 - \frac{\left(\sum_{i=1}^{n} x_i\right)^2}{n}}{n-1} = \frac{1353,6 - \frac{(104)^2}{8}}{7} = \frac{1,60}{7} = 0,2286 \text{ (libra)}^2$$

e

$$s = \sqrt{0,2286} = 0,48 \text{ libra}$$

Esses resultados concordam exatamente com aqueles obtidos previamente.

Análoga à variância, s^2, da amostra, existe uma medida de variabilidade na população chamada de **variância da população**. Usaremos a letra grega σ^2 (sigma ao quadrado) para denotar a variância da população. A raiz quadrada positiva de σ^2, ou σ, denotará o **desvio-padrão da população**. Quando a população for finita e consistir em N valores, poderemos definir a variância da população como

$$\sigma^2 = \frac{\sum_{i=1}^{N}(x_i - \mu)^2}{N} \qquad (2-5)$$

Uma definição mais geral da variância σ^2 será dada adiante. Observamos previamente que a média da amostra poderia ser usada como uma estimativa da média populacional. Similarmente, a variância da amostra é uma estimativa da variância da população.

Note que o divisor da variância da amostra é o tamanho da amostra menos um $(n-1)$, enquanto para a variância da população, o divisor é o tamanho N da população. Se soubéssemos o valor verdadeiro da média populacional μ, então poderíamos encontrar a variância da *amostra* como a média dos quadrados dos desvios das observações da amostra em torno de μ. Na prática, o valor de μ quase nunca é conhecido e, dessa forma, a soma dos quadrados dos desvios em torno da média $\bar{x}$ da amostra tem de ser usada. No entanto, as observações x_i tendem a ser mais próximas de seu valor médio, $\bar{x}$, do que a média populacional, μ. Por conseguinte, para compensar isso, usamos $n - 1$ como o divisor em vez de n. Se usássemos n como o divisor na variância da amostra, obteríamos uma medida de variabilidade que seria, em média, consistentemente menor do que a variância verdadeira σ^2 da população.

Uma outra maneira de pensar acerca disso é considerar a variância s^2 da amostra como estando baseada em $n - 1$ **graus de liberdade**. O termo *graus de liberdade* resulta do fato de que os n desvios $x_1 - \bar{x}, x_2 - \bar{x}, ..., x_n - \bar{x}$ sempre somam zero e, assim, especificar os valores de quaisquer $n - 1$ dessas quantidades determina automaticamente aquele restante. Isso foi ilustrado na Tabela 1-1. Dessa forma, somente $n - 1$ dos n desvios, $x_i - \bar{x}$, estão livremente determinados.

EXERCÍCIOS PARA A SEÇÃO 2-1

2-1. Foram feitas oito medidas do diâmetro (em mm) interno de anéis forjados de pistão de um motor de um automóvel. Os dados codificados são: 1, 3, 15, 0, 5, 2, 5 e 4. Calcule a média e o desvio-padrão da amostra, construa um diagrama de pontos e comente os dados.

2-2. Em *Applied Life Data Analysis* (Wiley, 1982), Wayne Nelson apresenta o tempo de esgotamento de um fluido isolante entre eletrodos a 34 kV. Os tempos, em minutos, são: 0,19; 0,78; 0,96; 1,31; 2,78; 3,16; 4,15; 4,67; 4,85; 6,50; 7,35; 8,01; 8,27; 12,06; 31,75; 32,52; 33,91; 36,71 e 72,89. Calcule a média e o desvio-padrão da amostra.

2-3. Sete medidas da espessura de óxido em pastilhas são estudadas para verificar a qualidade em um processo de fabricação de semicondutores. Os dados (em angstroms) são: 1.264, 1.280, 1.301, 1.300, 1.292, 1.307 e 1.275. Calcule a média e o desvio-padrão da amostra. Construa um diagrama de pontos dos dados.

2-4. Um artigo no *Journal of Structural Engineering* (Vol. 115, 1989) descreve um experimento para testar a resistência resultante em tubos circulares com calotas soldadas nas extremidades. Os primeiros resultados (em kN) são: 96; 96; 102; 102; 102; 104; 104; 108; 126; 126; 128; 128; 140; 156; 160; 160; 164 e 170. Calcule a média e o desvio-padrão da amostra. Construa um diagrama de pontos dos dados.

2-5. Um artigo em *Human Factors* (junho de 1989) apresentou dados sobre acomodação visual (uma função do movimento do olho), quando reconhecendo um padrão de mancha em um vídeo CRT de alta resolução. Os dados são: 36,45; 67,90; 38,77; 42,18; 26,72; 50,77; 39,30 e 49,71. Calcule a média e o desvio-padrão da amostra. Construa um diagrama de pontos dos dados.

2-6. Os seguintes dados são medidas de intensidade solar direta (watts/m^2), em dias diferentes, em uma localização no sul da Espanha: 562; 869; 708; 775; 775; 704; 809; 856; 655; 806; 878; 909; 918; 558; 768; 870; 918; 940; 946; 661; 820; 898; 935; 952; 957; 693; 835; 905; 939; 955; 960; 498; 653; 730 e 753. Calcule a média e o desvio-padrão da amostra.

2-7. Para os Exercícios 2-1 a 2-6, discuta se os dados resultam de um estudo observacional ou de um experimento planejado.

2-2 DIAGRAMAS DE RAMO E FOLHAS

O diagrama de pontos é uma apresentação útil de dados, no caso de amostras pequenas, até cerca de 20 observações. No entanto, quando o número de observações for moderadamente alto, outras apresentações gráficas podem ser mais úteis.

Por exemplo, considere os dados na Tabela 2-2. Esses dados são a resistência à compressão, em libras por polegada quadrada (psi), de 80 corpos de prova de uma nova liga de alumínio-lítio, submetida à avaliação como um possível material para elementos estruturais de aeronaves. Os dados foram registrados à medida que os testes iam sendo realizados e, nesse formato, eles não contêm muita informação a respeito da resistência compressiva. Questões como "Que percentagem dos corpos de prova cai abaixo de 120 psi?" não são fáceis de responder. Porque existem muitas observações, a construção de um diagrama de pontos, usando esses dados, seria relativamente ineficiente; apresentações mais efetivas estão disponíveis para conjuntos com muitos dados.

Um **diagrama de ramo e folhas** é uma boa maneira de obter uma apresentação visual informativa de um conjunto de dados $x_1, x_2, ..., x_n$, em que cada número x_i consiste em, no mínimo, dois dígitos. Para construir o diagrama de ramo e folhas, dividimos cada número x_i em duas partes: um **ramo**, consistindo em um ou mais dígitos iniciais, e uma **folha**, consistindo nos dígitos restantes. Para ilustrar, se os dados consistirem em informações percentuais, entre 0 e 100, nos defeitos nos lotes de pastilhas de semicondutores, então poderemos dividir o valor 76 no ramo 7 e na folha 6. Em geral, devemos escolher, relativamente, poucos ramos em comparação ao número de observações. É geralmente melhor escolher entre 5 e 20 itens. Uma vez que um conjunto de ramos tenha sido escolhido, eles são listados ao longo da margem esquerda do diagrama. Ao lado de cada ramo, todas as folhas correspondentes aos valores observados são listadas na ordem em que elas foram encontradas no conjunto de dados.

CAPÍTULO DOIS

TABELA 2-2 Resistência à Compressão de 80 Corpos de Prova da Liga de Alumínio-Lítio

105	221	183	186	121	181	180	143
97	154	153	174	120	168	167	141
245	228	174	199	181	158	176	110
163	131	154	115	160	208	158	133
207	180	190	193	194	133	156	123
134	178	76	167	184	135	229	146
218	157	101	171	165	172	158	169
199	151	142	163	145	171	148	158
160	175	149	87	160	237	150	135
196	201	200	176	150	170	118	149

EXEMPLO 2-4

Para ilustrar a construção de um diagrama de ramo e folhas, considere os dados na Tabela 2-2 sobre a resistência à compressão de uma liga. Como valores dos ramos, selecionaremos os números 7, 8, 9, ..., 24. O diagrama resultante de ramo e folhas é apresentado na Fig. 2-4. A última coluna no diagrama é a freqüência do número de folhas associada a cada ramo. Uma inspeção desse diagrama revela imediatamente que a maioria das resistências à compressão está entre 110 e 200 psi e que um valor central está em algum lugar entre 150 e 160 psi. Além disso, as resistências estão distribuídas aproximadamente de forma simétrica em torno do valor central. O diagrama de ramo e folhas nos capacita a determinar rapidamente algumas características importantes dos dados, que não foram imediatamente óbvias quando da apresentação original na tabela.

Ramo	Folha	Frequência
7	6	1
8	7	1
9	7	1
10	5 1	2
11	5 8 0	3
12	1 0 3	3
13	4 1 3 5 3 5	6
14	2 9 5 8 3 1 6 9	8
15	4 7 1 3 4 0 8 8 6 8 0 8	12
16	3 0 7 3 0 5 0 8 7 9	10
17	8 5 4 4 1 6 2 1 0 6	10
18	0 3 6 1 4 1 0	7
19	9 6 0 9 3 4	6
20	7 1 0 8	4
21	8	1
22	1 8 9	3
23	7	1
24	5	1

Fig. 2-4 Diagrama de ramo e folhas para os dados de resistência à compressão na Tabela 2-2.

Em alguns conjuntos de dados, pode ser desejável prover mais intervalos ou ramos. Uma maneira de fazer isso seria: dividir o ramo 5 (por exemplo) em dois novos ramos, 5L e 5U. O ramo 5L tem folhas 0, 1, 2, 3 e 4 e o ramo 5U tem folhas 5, 6, 7, 8 e 9. Isso dobrará o número de ramos originais. Poderíamos aumentar quatro vezes o número de ramos originais, definindo cinco novos ramos: 5z com folhas 0 e 1, 5t (para dois e três) com folhas 2 e 3, 5f (para quatro e cinco) com folhas 4 e 5, 5s (para seis e sete) com folhas 6 e 7 e 5e com folhas 8 e 9.

EXEMPLO 2-5

A Fig. 2-5 ilustra o diagrama de ramo e folhas para 25 observações sobre os rendimentos de uma batelada de um processo químico. Na Fig. 2-5(a), usamos 6, 7, 8 e 9 como os ramos. Isso resulta em muito poucos ramos e o diagrama de ramo e folhas não provê muita informação sobre os dados. Na Fig. 2-5(b), dividimos cada ramo em duas partes, resultando em uma apresentação mais adequada dos dados. A Fig. 2-5(c) ilustra um diagrama de ramo e folhas, com cada ramo dividido em cinco partes. Há um número excessivo de ramos nesse gráfico, resultando em um diagrama que não nos diz muito acerca da forma dos dados.

	(a)		(b)		(c)
Ramo	**Folha**	**Ramo**	**Folha**	**Ramo**	**Folha**
6	1 3 4 5 5 6	6L	1 3 4	6z	1
7	0 1 1 3 5 7 8 8 9	6U	5 5 6	6t	3
8	1 3 4 4 7 8 8	7L	0 1 1 3	6f	4 5 5
9	2 3 5	7U	5 7 8 8 9	6s	6
		8L	1 3 4 4	6e	
		8U	7 8 8	7z	0 1 1
		9L	2 3	7t	3
		9U	5	7f	5
				7s	7
				7e	8 8 9
				8z	1
				8t	3
				8f	4 4
				8s	7
				8e	8 8
				9z	
				9t	2 3
				9f	5
				9s	
				9e	

Fig. 2-5 Diagramas de ramo e folhas para o Exemplo 2-5.

A Fig. 2-6 mostra um diagrama de ramo e folhas dos dados de resistência à compressão na Tabela 2-2, produzido pelo Minitab. O pacote usa os mesmos ramos que adotamos na Fig. 2-4. Note também que o computador ordena as folhas da menor para a maior, em cada ramo. Essa forma do gráfico é geralmente chamada de **diagrama ordenado de ramo e folhas**. Por causa do tempo demandado, essa ordenação geralmente não é feita quando o diagrama é construído manualmente. O computador adiciona uma coluna à esquerda dos ramos que provê uma contagem das observações, tanto no ramo como acima dele na metade superior do diagrama, e uma contagem das observações, tanto no ramo como abaixo dele na metade inferior do diagrama. No ramo intermediário 16, a coluna indica o número de observações nesse ramo.

O diagrama ordenado de ramo e folhas torna relativamente fácil encontrar características dos dados, tais como os percentis, os quartis e a mediana. A **mediana** é uma medida de tendência central, que divide os dados em duas partes iguais, metade abaixo da mediana e metade acima. Se o número de observações for par, a mediana estará na metade da distância entre os dois valores centrais. Da Fig. 2-6, encontramos o 40.º e o 41.º valores da resistência como 160 e 163; logo, a mediana é $(160 + 163)/2 = 161,5$. Se o número de observações for ímpar, a mediana será o valor central. A **amplitude** é uma medida de variabilidade que pode ser facilmente calculada a partir do diagrama ordenado de ramo e folhas. Ela é a medida do máximo menos o mínimo. Da Fig. 2-6, a amplitude é $245 - 76 = 169$.

Podemos também dividir os dados em mais de duas partes. Quando um conjunto ordenado de dados é dividido em quatro partes iguais, os pontos de divisão são chamados de **quartis**. O *primeiro quartil ou quartil inferior*, q_1, é um valor que tem aproximadamente um quarto (25%) das observações abaixo dele e aproximadamente 75% das observações acima. O *segundo quartil*, q_2, tem aproximadamente metade (50%) das observações abaixo de seu valor. O segundo quartil é exatamente igual à mediana. O *terceiro quartil ou quartil superior*, q_3, tem aproximadamente três quartos (75%) das observações abaixo de seu valor. Como no caso da mediana, os quartis podem não ser únicos. Os dados de resistência à compressão na Fig. 2-6 contêm $n = 80$ observações. O pacote Minitab calcula o primeiro e terceiro quartis como sendo as $(n + 1)/4$ e $3(n + 1)/4$ observações ordenadas, interpolando quando necessário. Por exemplo, $(80 + 1)/4 = 20,25$ e $3(80 + 1)/4 = 60,75$. Conseqüentemente, o Minitab interpola entre a 20.ª e a 21.ª observações ordenadas, de modo a obter $q_1 = 143,50$ e entre a 60.ª e a 61.ª observações ordenadas, de modo a obter $q_3 = 181,00$. A **amplitude interquartil** é a diferença entre os quartis superior e inferior, sendo algumas vezes usada como uma medida de variabilidade. Em geral, o $100k.°$ **percentil** é um valor tal que $100k\%$ das observações têm valor igual ou inferior a ele e $100(1 - k)\%$ das observações têm um valor acima.

Muitos pacotes estatísticos computacionais provêem sumários de dados que incluem essas grandezas. A saída obtida para os dados da resistência à compressão na Tabela 2-2, a partir do Minitab, é mostrada na Tabela 2-3. Note que os resultados para a mediana e os quartis concordam com aqueles valores dados previamente. O erro-padrão da média será discutido em um capítulo posterior.

Aspecto do Diagrama de Ramo e Folhas

Ramo e Folhas da Resistência   N = 80
Unidade da Folha = 1,0

```
   1       7     6
   2       8     7
   3       9     7
   5      10     1 5
   8      11     0 5 8
  11      12     0 1 3
  17      13     1 3 3 4 5 5
  25      14     1 2 3 5 6 8 9 9
  37      15     0 0 1 3 4 4 6 7 8 8 8 8
 (10)     16     0 0 0 3 3 5 7 7 8 9
  33      17     0 1 1 2 4 4 5 6 6 8
  23      18     0 0 1 1 3 4 6
  16      19     0 3 4 6 9 9
  10      20     0 1 7 8
   6      21     8
   5      22     1 8 9
   2      23     7
   1      24     5
```

Fig. 2-6 Diagrama de ramo e folhas do Minitab.

TABELA 2-3	Resumo das Estatísticas para os Dados de Resistência à Compressão, Provenientes do Minitab				
Variável	N	Média	Mediana	Desvio-padrão	Erro-padrão da média
	80	162,66	161,50	33,77	3,78
	Mín	Máx	Q1	Q3	
	76,00	245,00	143,50	181,00	

EXERCÍCIOS PARA A SEÇÃO 2-2

2-8. Um artigo em *Technometrics* (Vol. 19, 1977, p. 425) apresenta os seguintes dados sobre taxas de octanagem de combustível para motor de várias misturas de gasolina:

88,5	87,7	83,4	86,7	87,5
94,7	91,1	91,0	94,2	87,8
84,3	86,7	88,2	90,8	88,3
90,1	93,4	88,5	90,1	89,2
89,0	96,1	93,3	91,8	92,3
89,8	89,6	87,4	88,4	88,9
91,6	90,4	91,1	92,6	89,8
90,3	91,6	90,5	93,7	92,7
90,0	90,7	100,3	96,5	93,3
91,5	88,6	87,6	84,3	86,7
89,9	88,3	92,7	93,2	91,0
98,8	94,2	87,9	88,6	90,9
88,3	85,3	93,0	88,7	89,9
90,4	90,1	94,4	92,7	91,8
91,2	89,3	90,4	89,3	89,7
90,6	91,1	91,2	91,0	92,2
92,2	92,2			

Construa um diagrama de ramo e folhas para esses dados.

2-9. Os seguintes dados são os números de ciclos até falhar, de corpos de prova de alumínio, sujeitos a uma tensão alternada repetida, de 21.000 psi e 18 ciclos por segundo:

1115	1567	1223	1782	1055
1310	1883	375	1522	1764
1540	1203	2265	1792	1330
1502	1270	1910	1000	1608
1258	1015	1018	1820	1535
1315	845	1452	1940	1781
1085	1674	1890	1120	1750
798	1016	2100	910	1501
1020	1102	1594	1730	1238
865	1605	2023	1102	990
2130	706	1315	1578	1468
1421	2215	1269	758	1512
1109	785	1260	1416	1750
1481	885	1888	1560	1642

(a) Construa um diagrama de ramo e folhas para esses dados.
(b) Você acha que o corpo de prova "sobreviverá" além de 2.000 ciclos? Justifique sua resposta.

2-10. A percentagem de algodão no material usado para fabricar camisas de homens é dada a seguir. Construa um diagrama de ramo e folhas para esses dados.

34,2	33,6	33,8	34,7
33,1	34,7	34,2	33,6
34,5	35,0	33,4	32,5
35,6	35,4	34,7	34,1
36,3	36,2	34,6	35,1
35,1	36,8	35,2	36,8
34,7	35,1	35,0	37,9
33,6	35,3	34,9	36,4
37,8	32,6	35,8	34,6
36,6	33,1	37,6	33,6
35,4	34,6	37,3	34,1
34,6	35,9	34,6	34,7
33,8	34,7	35,5	35,7
37,1	33,6	32,8	36,8
34,0	32,9	32,1	34,3
34,1	33,5	34,5	32,7

2-11. Os dados mostrados a seguir representam o rendimento de 90 bateladas consecutivas de um substrato de cerâmica, no qual um revestimento metálico foi aplicado por um processo de deposição a vapor. Construa um diagrama de ramo e folhas para esses dados.

94,1	87,3	94,1	92,4	84,6	85,4
93,2	84,1	92,1	90,6	83,6	86,6
90,6	90,1	96,4	89,1	85,4	91,7
91,4	95,2	88,2	88,8	89,7	87,5
88,2	86,1	86,4	86,4	87,6	84,2
86,1	94,3	85,0	85,1	85,1	85,1
95,1	93,2	84,9	84,0	89,6	90,5
90,0	86,7	78,3	93,7	90,0	95,6
92,4	83,0	89,6	87,7	90,1	88,3
87,3	95,3	90,3	90,6	94,3	84,1
86,6	94,1	93,1	89,4	97,3	83,7
91,2	97,8	94,6	88,6	96,8	82,9
86,1	93,1	96,3	84,1	94,4	87,3
90,4	86,4	94,7	82,6	96,1	86,4
89,1	87,6	91,1	83,1	98,0	84,5

2-12. Encontre a mediana e os quartis para os dados de octanagem do combustível do motor no Exercício 2-8.

2-13. Encontre a mediana e os quartis para os dados de fratura no Exercício 2-9.

2-14. Encontre a mediana, a moda e a média da amostra dos dados no Exercício 2-10. Explique como essas três medidas de localização descrevem diferentes características dos dados.

2-15. Encontre a mediana e os quartis para os dados de rendimento no Exercício 2-11.

2-3 DISTRIBUIÇÕES DE FREQÜÊNCIAS E HISTOGRAMA

Uma **distribuição de freqüências** é um sumário mais compacto dos dados, em relação ao diagrama de ramo e folhas. Para construir uma distribuição de freqüências, temos de dividir a faixa de dados em intervalos, que são geralmente chamados de **intervalos de classe ou células**. Se possível, os intervalos devem ser de iguais larguras de modo a aumentar a informação visual na distribuição de freqüências. Algum julgamento tem de ser usado na seleção do número de intervalos de classe, de modo que uma apresentação razoável possa ser desenvolvida. O número de intervalos depende do número de observações e da quantidade de dispersão dos dados. Uma distribuição de freqüências não será informativa se usar um número muito baixo ou muito alto de intervalos de classe. Geralmente, achamos que 5 a 20 intervalos são satisfatórios na maioria dos casos e que o número de intervalos deve crescer com n. Na prática, trabalha-se bem se o número de intervalos de classe for aproximadamente igual à raiz quadrada do número de observações.

Uma distribuição de freqüências para os dados de resistência à compressão na Tabela 2-2 é mostrada na Tabela 2-4. Uma vez que o conjunto de dados contém 80 observações e $\sqrt{80} \cong 9$, suspeitamos de que cerca de 8 ou 9 intervalos de classe fornecerão uma distribuição satisfatória de freqüências. O maior e o menor valores dos dados são 245 e 76, respectivamente; assim, os intervalos têm de cobrir uma faixa de no mínimo $245 - 76 = 169$ unidades na escala de psi. Se quisermos que o limite inferior para o primeiro intervalo de classe comece um pouco abaixo do menor valor dos dados e que o limite superior para o último intervalo de classe comece um pouco acima do maior valor dos dados, então podemos começar a distribuição de freqüências em 70 e terminá-la em 250. Esse é um intervalo ou faixa de 180 unidades de psi. Nove intervalos, cada um com 20 psi de largu-ra, fornece uma razoável distribuição de freqüências. Logo, a distribuição de freqüências na tabela é baseada em 9 intervalos.

A quarta coluna da tabela contém **uma distribuição de freqüências relativas**. As freqüências relativas são encontradas dividindo a freqüência observada em cada intervalo pelo número total de observações. A última coluna da Tabela 2-4 expressa as freqüências relativas na base cumulativa. Distribuições de freqüências são geralmente mais fáceis de interpretar do que as tabelas de dados. Por exemplo, da Tabela 2-4 é muito fácil ver que a maioria dos corpos de prova tem resistências à compressão entre 130 e 190 psi e que 97,5% dos corpos de prova caem abaixo de 230 psi.

É também útil apresentar a distribuição de freqüências na forma gráfica, conforme mostrado na Fig. 2-7. Tal gráfico é chamado de **histograma**. Para desenhar um histograma, use o eixo horizontal para representar a escala de medidas e desenhe os limites dos intervalos. O eixo vertical representa a escala de freqüência (ou freqüência relativa). Se os intervalos de classe tiverem igual largura, então as alturas dos retângulos desenhados nos histogramas serão proporcionais às freqüências. Se os intervalos de classe tiverem larguras desiguais, então é costume desenhar retângulos cujas áreas serão proporcionais às freqüências. Entretanto, os histogramas são mais fáceis de interpretar quando os intervalos de classe têm a mesma largura. O histograma, como o diagrama de ramo e folhas, fornece uma impressão visual da forma da distribuição das medidas, assim como informação sobre a dispersão dos dados. Na Fig. 2-7, note a distribuição simétrica em forma de sino das medidas de resistência.

Durante a passagem tanto dos dados originais como do diagrama de ramo e folhas para um diagrama de freqüência ou para um histograma, perdemos alguma informação porque não temos mais as observações individuais. Entretanto, essa perda de infor-

TABELA 2-4 Distribuição de Freqüências para os Dados de Resistência à Compressão na Tabela 2.2				
Intervalo de Classe (psi)	Marcação	Freqüência	Freqüência Relativa	Freqüência Relativa Cumulativa
$70 \leq x < 90$	II	2	0,0250	0,0250
$90 \leq x < 110$	III	3	0,0375	0,0625
$110 \leq x < 130$	ℍℕ I	6	0,0750	0,1375
$130 \leq x < 150$	ℍℕ ℍℕ IIII	14	0,1750	0,3125
$150 \leq x < 170$	ℍℕ ℍℕ ℍℕ ℍℕ II	22	0,2750	0,5875
$170 \leq x < 190$	ℍℕ ℍℕ ℍℕ II	17	0,2125	0,8000
$190 \leq x < 210$	ℍℕ ℍℕ	10	0,1250	0,9250
$210 \leq x < 230$	IIII	4	0,0500	0,9750
$230 \leq x < 250$	II	2	0,0250	1,0000

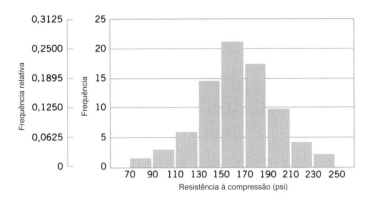

Fig. 2-7 Histograma de resistência à compressão para 80 corpos de prova da liga alumínio-lítio.

mação é pequena se comparada ao ganho de concisão e de facilidade de interpretação ao usar a distribuição de freqüências e histograma.

A Fig. 2-8 mostra um histograma, obtido no Minitab, dos dados de resistência à compressão. Os números "padrões" foram usados nesse histograma, levando a 17 intervalos de classe. Notamos que os histogramas podem ser, relativamente, sensíveis ao número e à largura de seus intervalos. Para conjuntos pequenos de dados, os histogramas podem mudar dramaticamente na aparência, se o número e/ou a largura dos intervalos mudarem. Histogramas são mais estáveis para conjuntos grandes de dados, preferencialmente com 75, 100 ou mais dados. A Fig. 2-9 mostra o histograma com 9 intervalos, feito pelo Minitab, para os dados de resistência à compressão. Ele é similar ao histograma original, mostrado na Fig. 2-7. Uma vez que o número de observações é moderadamente grande ($n = 80$), a escolha do número de intervalos não é especialmente importante e ambas as Figs. 2-8 e 2-9 conduzem à informação similar.

A Fig. 2-10 mostra uma variação de histograma, disponível no Minitab, o **gráfico de freqüência cumulativa**. Nesse gráfico, a altura de cada barra é o número total de observações que é menor ou igual ao limite superior do intervalo. Distribuições

Fig. 2-9 Histograma dos dados de resistência à compressão, provenientes do Minitab com 9 células.

cumulativas são também úteis na interpretação de dados; por exemplo, podemos ler diretamente da Fig. 2-10 que existem, aproximadamente, 70 observações menores que ou iguais a 200 psi.

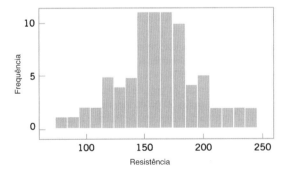

Fig. 2-8 Histograma dos dados de resistência à compressão, provenientes do Minitab com 17 células.

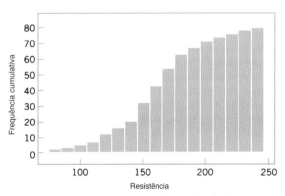

Fig. 2-10 Gráfico de distribuição cumulativa dos dados de resistência à compressão, proveniente do Minitab.

Distribuições de freqüências e histogramas são também usados com dados qualitativos ou por categorias. Em algumas aplicações, haverá uma ordem natural das categorias (tais como calouro, segundo, terceiro e quartanista na universidade), enquanto em outras, a ordem das categorias será arbitrária (tais como macho e fêmea). Quando se usam dados categóricos, os intervalos devem ter a mesma largura.

Exemplo 2-6

A Fig. 2-11 apresenta a produção de espaçonaves pela Companhia Boeing, em 1985. Note que o modelo 737 foi o mais popular, seguido pelos modelos 757, 747, 767 e 707.

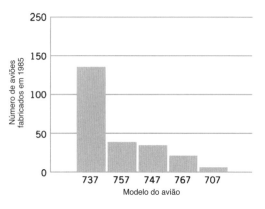

Fig. 2-11 Produção de aviões em 1985. (Fonte: Companhia *Boeing*.)

Nesta seção, temos nos concentrado em métodos descritivos para a situação em que cada observação em um conjunto de pontos é um número único ou pertence a uma categoria. Em muitos casos, trabalhamos com dados em que cada observação consiste em várias medidas. Por exemplo, em um estudo de milhagem de gasolina, cada observação pode consistir em uma medida de milhas por galão, no tamanho do motor no veículo, na potência do motor, no peso do veículo e no comprimento do veículo. Esse é um exemplo de **dados multivariáveis**. Nos capítulos mais adiante, discutiremos esse tipo de dados.

EXERCÍCIOS PARA A SEÇÃO 2-3

2-16. Construa uma distribuição de freqüências e histograma para os dados de octanagem do combustível para motor do Exercício 2-8. Use 8 intervalos de classe.

2-17. Construa uma distribuição de freqüências e histograma usando os dados de fratura do Exercício 2-9.

2-18. Construa uma distribuição de freqüências e histograma para os dados do teor de algodão do Exercício 2-10.

2-19. Construa uma distribuição de freqüências e histograma para os dados de rendimento do Exercício 2-11.

2-20. Construa uma distribuição de freqüências e histograma, com 16 intervalos de classe, para os dados de octanagem do combustível para motor do Exercício 2-8. Compare sua forma com aquela do histograma com oito intervalos de classe do Exercício 2-16. Os dois histogramas apresentam informação similar?

2-21. O Diagrama de Pareto. Uma variação importante de um histograma para dados por categoria é o diagrama de Pareto. Esse gráfico é largamente empregado nos esforços de melhoria da qualidade, em que os dados geralmente representam tipos diferentes de defeitos, modos de falha ou outras categorias. As categorias são ordenadas de modo que a categoria com a maior freqüência ficará à esquerda, seguida pela categoria com a segunda maior freqüência e assim por diante. Esses diagramas têm o nome do economista italiano V. Pareto e eles geralmente exibem a "lei de Pareto"; ou seja, a maioria dos defeitos pode ser creditada apenas a umas poucas categorias. Suponha que a seguinte informação sobre defeitos estruturais nas portas dos automóveis seja obtida: 4 arranhões, 4 buracos, 6 itens arrumados fora da seqüência, 21 peças subaparadas, 8 fendas perdidas, 5 peças não lubrificadas, 30 peças fora de contorno e 3 peças com rebarbas. Construa um diagrama de Pareto e interprete-o.

2-4 DIAGRAMA DE CAIXA (BOX PLOT)

O diagrama de ramo e folhas e o histograma fornecem impressões visuais gerais acerca de um conjunto de dados, enquanto grandezas numéricas, tais como $\bar{x}$ ou s, fornecem informação sobre somente uma característica dos dados. O **diagrama de caixa** é uma apresentação gráfica que descreve simultaneamente várias características importantes de um conjunto de dados, tais como centro, dispersão, desvio da simetria e identificação das observações que estão, não geralmente, longe do seio dos dados. (Essas observações são chamadas de *"outliers"*.)

Um diagrama de caixa apresenta três quartis, em uma caixa retangular, alinhados tanto horizontal como verticalmente. A caixa inclui a amplitude interquartil, com o canto esquerdo (ou inferior) no primeiro quartil, q_1, e o canto direito (ou superior) no terceiro quartil, q_3. Uma linha é desenhada, através da caixa, no segundo quartil (que é o percentil 50 ou a mediana), $q_2 = \tilde{x}$.

Uma linha (**whisker**) estende-se de cada extremidade da caixa. A linha inferior começa no primeiro quartil indo até o menor valor do conjunto de pontos dentro das amplitudes interquartis de 1,5, a partir do primeiro quartil. A linha superior começa no terceiro quartil indo até o maior valor do conjunto de pontos dentro das amplitudes interquartis de 1,5, a partir do terceiro quartil. Dados mais afastados do que as linhas são plotados como pontos individuais. Um ponto além da linha, porém a menos de 3 amplitudes interquartis a partir da extremidade da caixa, é chamado de **outlier**. Um ponto a mais de 3 amplitudes interquartis a partir da extremidade da caixa é chamado de um **outlier extremo**. Ver Fig. 2-12. Ocasionalmente, símbolos diferentes, tais como círculos abertos e fechados, são usados para identificar os dois tipos de *outliers*. Algumas vezes, diagramas de caixa são chamados de diagramas de caixa e linha (*Box-and-whisker plot*).

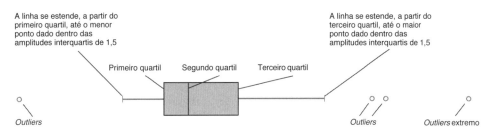

Fig. 2-12 Descrição de um diagrama de caixa.

A Fig. 2-13 representa o diagrama de caixa, obtido pelo Minitab, para os dados da resistência da liga à compressão, mostrados na Tabela 2-2. Esse diagrama de caixa indica que a distribuição das resistências compressivas é razoavelmente simétrica em torno do valor central, porque as linhas da direita e da esquerda e os comprimentos das caixas da direita e da esquerda ao redor da mediana são aproximadamente os mesmos. Há também dois *outliers* em cada extremidade dos dados.

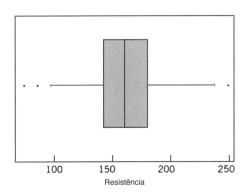

Fig. 2-13 Diagrama de caixa para os dados de resistência à compressão na Tabela 2-2.

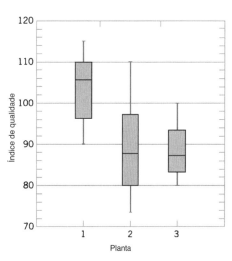

Fig. 2-14 Diagramas de caixa comparativos de um índice de qualidade em três plantas.

24 Capítulo Dois

Os diagramas de caixa são muito úteis para comparações gráficas entre conjuntos de dados, uma vez que têm alto impacto visual e são fáceis de entender. Por exemplo, a Fig. 2-14 mostra os diagramas de caixa comparativos para o índice da qualidade de fabricação em equipamentos semicondutores em três plantas de fabricação. A inspeção dessa apresentação revela que existe muito mais variabilidade na planta 2 e que as plantas 2 e 3 precisam melhorar o desempenho de seus índices da qualidade.

EXERCÍCIOS PARA A SEÇÃO 2-4

2-22. Os dados a seguir correspondem às temperaturas das junções dos anéis (graus F), para cada lançamento real ou de teste de um motor de um foguete espacial (provenientes de *Presidential Commission on the Space Shuttle Challenger Accident*, Vol. 1, pp. 129-131): 84; 49; 61; 40; 83; 67; 45; 66; 70; 69; 80; 58; 68; 60; 67; 72; 73; 70; 57; 63; 70; 78; 52; 67; 53; 67; 75; 61; 70; 81; 76; 79; 75; 76; 58; 31.

(a) Calcule a média e o desvio-padrão da amostra.

(b) Encontre os quartis inferior e superior de temperatura.

(c) Encontre a mediana.

(d) Sem considerar a menor observação (31°F), recalcule as grandezas dos itens (a), (b) e (c). Comente o que encontrou. Quão "diferentes" são as outras temperaturas em relação a esse menor valor?

(e) A partir dos dados, construa um diagrama de caixa e comente a possível presença de *outliers*.

2-23. Um artigo no *Transactions of the Institution of Chemical Engineers* (Vol. 34, 1956, pp. 280-293) reportou dados sobre um experimento investigando o efeito de muitas variáveis de processos na oxidação, em fase vapor, de naftaleno. Uma amostra da conversão percentual molar de naftaleno em anidrido maléico resulta em: 4,2; 4,7; 4,7; 5,0; 3,8; 3,6; 3,0; 5,1; 3,1; 3,8; 4,8; 4,0; 5,2; 4,3; 2,8; 2,0; 2,8; 3,3; 4,8 e 5,0.

(a) Calcule a média da amostra.

(b) Calcule a variância e o desvio-padrão da amostra.

(c) Construa um diagrama de caixa dos dados.

2-24. O "tempo de ignição fria" de um motor de carro está sendo investigado por um fabricante de gasolina. Os seguintes tempos (em segundos) foram obtidos em um veículo de teste: 1,75; 1,92; 2,62; 2,35; 3,09; 3,15; 2,53 e 1,91.

(a) Calcule a média e o desvio-padrão da amostra.

(b) Construa um diagrama de caixa dos dados.

2-25. As nove medidas que seguem são temperaturas de fornalha, registradas em bateladas sucessivas de um processo de fabricação de semicondutores (unidades em °F): 953; 950; 948; 955; 951; 949; 957; 954 e 955.

(a) Calcule a média, a variância e o desvio-padrão da amostra.

(b) Encontre a mediana. De quanto a maior medida de temperatura poderia aumentar, sem mudar o valor da mediana?

(c) Construa um diagrama de caixa dos dados.

2-26. Um artigo no *Journal of Aircraft* (1988) descreve o cálculo de coeficientes de arraste para o aerofólio NASA 0012. Diferentes algoritmos de cálculo foram usados a $M_\alpha = 0,7$, com os seguintes resultados (coeficientes de arraste estão em unidades de *counts*, ou seja, 1 *count* é equivalente a um coeficiente de arraste de 0,0001): 79; 100; 74; 83; 81; 85; 82; 80 e 84.

(a) Calcule a média, a variância e o desvio-padrão da amostra.

(b) Encontre os quartis inferior e superior dos coeficientes de arraste.

(c) Construa um diagrama de caixa dos dados.

(d) Desconsidere a maior observação (100) e refaça os itens (a), (b) e (c). Comente sua resposta.

2-27. Os seguintes dados são as temperaturas, em dias consecutivos, do efluente na descarga de uma unidade de tratamento de esgoto:

43	47	51	48	52	50	46	49
45	52	46	51	44	49	46	51
49	45	44	50	48	50	49	50

(a) Calcule a média e a mediana da amostra.

(b) Calcule a variância e o desvio-padrão da amostra.

(c) Construa um diagrama de caixa dos dados e comente sobre a informação nesse diagrama.

(d) Encontre os percentis 5% e 95% da temperatura.

2-5 GRÁFICOS SEQÜENCIAIS DE TEMPO

As apresentações gráficas que temos considerado, como histogramas, diagramas de ramo e folhas e diagramas de caixa, são métodos visuais muito úteis para mostrar a variabilidade nos dados. Entretanto, notamos na Seção 1-5 que o tempo é um fator importante que contribui para a variabilidade dos dados e os métodos gráficos acima mencionados não levam isso em consideração. Uma **série temporal** ou **seqüência temporal** é um conjunto de dados em que as observações são registradas na ordem em que elas ocorrem. Um **gráfico de série temporal** é aquele em que o eixo vertical denota o valor observado da variável (por exemplo, x) e o eixo horizontal denota o tempo (que poderia ser minutos, dias, anos, etc.). Quando as medidas são plotadas como uma série temporal, freqüentemente vemos tendências, ciclos ou outras características amplas dos dados que não poderiam ser vistas de outra forma.

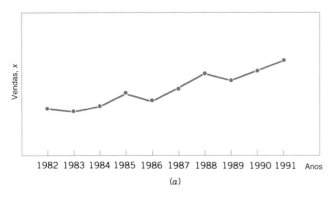

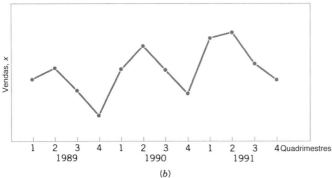

Fig. 2-15 Vendas da companhia por ano (a) e por quadrimestre (b).

Por exemplo, considere a Fig. 2-15(a), que apresenta um gráfico de série temporal das vendas anuais de uma companhia durante os últimos 10 anos. A impressão geral desse gráfico é que as vendas mostraram uma **tendência** para cima. Existe alguma variabilidade em torno dessa tendência com algumas vendas anuais aumentando sobre aquelas do último ano e algumas vendas anuais diminuindo. A Fig. 2-15(b) mostra os últimos três anos de vendas registradas no trimestre. Esse gráfico mostra claramente que as vendas anuais nesse negócio exibem uma variabilidade **cíclica** no trimestre, com as vendas no primeiro e segundo trimestres sendo, geralmente, maiores do que as vendas durante o terceiro e o quarto trimestres.

Algumas vezes, pode ser muito útil combinar um gráfico de série temporal com algumas outras apresentações gráficas que consideramos previamente. J. Stuart Hunter (*The American Statiscian*, Vol. 42, 1988, p. 54) sugeriu combinar o diagrama de ramo e folhas com o gráfico de série temporal para formar um **gráfico digiponto**.

A Fig. 2-16 mostra um gráfico digiponto para as observações de resistência à compressão da Tabela 2-2, considerando que essas observações foram registradas na ordem em que elas ocorreram. Esse diagrama apresenta efetivamente a variabilidade global nos dados de resistência à compressão e mostra, simultaneamente, a variabilidade nessas medidas ao longo do tempo. A impressão geral é a de que a resistência à compressão varia em

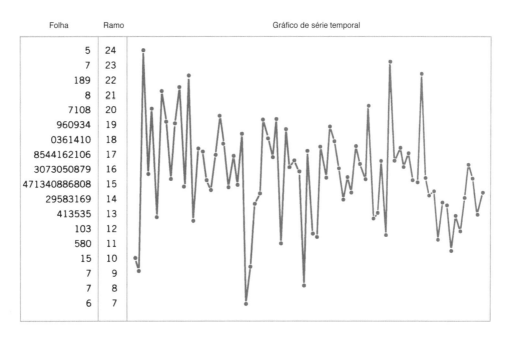

Fig. 2-16 Gráfico digiponto dos dados de resistência à compressão na Tabela 2-2.

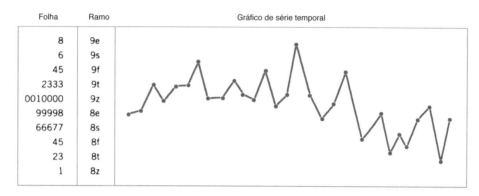

Fig. 2-17 Gráfico digiponto das leituras de concentração de um processo químico, observadas de hora em hora.

torno do valor médio de 162,67, não havendo padrão óbvio forte nessa variabilidade ao longo do tempo.

O gráfico digiponto na Fig. 2-17 nos conta um fato diferente. Esse gráfico resume 30 observações de concentração no produto na saída de um processo químico, em que as observações são registradas em intervalos de uma hora. Esse diagrama indica que, durante as primeiras 20 horas de operação, esse processo produziu concentrações geralmente acima de 85 g/l; porém, depois desse tempo, alguma coisa pode ter ocorrido no processo, que resultou em concentrações mais baixas. Se essa variabilidade na concentração de saída do produto puder ser reduzida, então a operação desse processo poderá ser melhorada. O gráfico de controle, que é um tipo especial de gráfico de série temporal desses dados, foi mostrado na Fig. 1-16 do Cap. 1.

EXERCÍCIOS PARA A SEÇÃO 2-5

2-28. A Faculdade de Engenharia e Ciência Aplicada da Universidade Estadual do Arizona tem um sistema VAX de computadores. Os tempos de resposta para 20 tarefas consecutivas foram registrados, sendo mostrados abaixo e em ordem. (Leia para baixo e então da esquerda para a direita).

5,3	6,2	8,5	12,4
5,0	5,9	4,7	3,9
9,5	7,2	11,2	8,1
10,1	10,0	7,3	9,2
5,8	12,2	6,4	10,5

Construa e interprete um diagrama de série temporal desses dados.

2-29. Os seguintes dados são medidas de viscosidade para um produto químico observado de hora em hora. (Leia para baixo e então da esquerda para a direita).

47,9	48,8	48,6	43,2	43,0
47,9	48,1	48,0	43,0	42,8
48,6	48,3	47,9	43,5	43,1
48,0	47,2	48,3	43,1	43,2
48,4	48,9	48,5	43,0	43,6
48,1	48,6	48,1	42,9	43,2
48,0	48,0	48,0	43,6	43,5
48,6	47,5	48,3	43,3	43,0

(a) Construa e interprete um gráfico digiponto ou um diagrama separado de ramo e folhas e um diagrama de série temporal desses dados.
(b) As especificações na viscosidade do produto são 48 ± 2. Que conclusões você pode tirar sobre o desempenho desse processo?

2-30. A força de remoção para um conector é medida em um teste de laboratório. Dados para 40 corpos de prova são mostrados a seguir. (Leia para baixo, ao longo de uma coluna inteira, e então da esquerda para a direita.)

241	220	249	209
258	194	251	212
237	245	238	185
210	209	210	187
194	201	198	218
225	195	199	190
248	255	183	175
203	245	213	178
195	235	236	175
249	220	245	190

(a) Construa um diagrama de série temporal dos dados.
(b) Construa e interprete um gráfico digiponto ou um diagrama de ramo e folhas dos dados.

2-31. Em seu livro *Time Series Analysis, Forecasting, and Control* (Holden-Day, 1976), G. E. P. Box e G. M. Jenkis apresentam leituras de concentração de um processo químico, feitas a cada

SUMÁRIO E APRESENTAÇÃO DE DADOS **27**

duas horas. Alguns desses dados são mostrados a seguir. (Leia para baixo e então da esquerda para a direita).

17,0	16,7	17,1	17,5	17,6
16,6	17,4	17,4	18,1	17,5
16,3	17,2	17,4	17,5	16,5
16,1	17,4	17,5	17,4	17,8
17,1	17,4	17,4	17,4	17,3
16,9	17,0	17,6	17,1	17,3
16,8	17,3	17,4	17,6	17,1
17,4	17,2	17,3	17,7	17,4
17,1	17,4	17,0	17,4	16,9
17,0	16,8	17,8	17,8	17,3

Construa e interprete um gráfico digiponto ou um diagrama de ramo e folhas desses dados.

2-32. Os números anuais Wolfer de manchas solares, de 1770 a 1869, são mostrados na Tabela 2-5. (Para uma análise interessante e uma interpretação desses números, ver o livro de Box e Jenkins, referenciado no Exercício 2-31. A análise deles requer algum conhecimento avançado de estatística e construção de modelo estatístico.)

TABELA 2-5 Números Anuais de Manchas Solares

1770	101	1795	21	1820	16	1845	40
1771	82	1796	16	1821	7	1846	62
1772	66	1797	6	1822	4	1847	98
1773	35	1798	4	1823	2	1848	124
1774	31	1799	7	1824	8	1849	96
1775	7	1800	14	1825	17	1850	66
1776	20	1801	34	1826	36	1851	64
1777	92	1802	45	1827	50	1852	54
1778	154	1803	43	1828	62	1853	39
1779	125	1804	48	1829	67	1854	21
1780	85	1805	42	1830	71	1855	7
1781	68	1806	28	1831	48	1856	4
1782	38	1807	10	1832	28	1857	23
1783	23	1808	8	1833	8	1858	55
1784	10	1809	2	1834	13	1859	94
1785	24	1810	0	1835	57	1860	96
1786	83	1811	1	1836	122	1861	77
1787	132	1812	5	1837	138	1862	59
1788	131	1813	12	1838	103	1863	44
1789	118	1814	14	1839	86	1864	47
1790	90	1815	35	1840	63	1865	30
1791	67	1816	46	1841	37	1866	16
1792	60	1817	41	1842	24	1867	7
1793	47	1818	30	1843	11	1868	37
1794	41	1819	24	1844	15	1869	74

(a) Construa um diagrama de série temporal desses dados.
(b) Construa e interprete um gráfico digiponto ou um diagrama de ramo e folhas desses dados.

2-33. Em seu livro *Forecasting and Time Series Analysis,* 2.ª edição (McGraw-Hill, 1990), D. C. Montgomery, L. A. Johnson e J. S. Gardiner analisam os dados na Tabela 2-6, que correspondem ao total de milhas voadas, mensalmente, pelos passageiros da *United Kingdom*, entre 1964 e 1970 (em milhões de milhas).

TABELA 2-6 Milhas Voadas pelos Passageiros da *United Kingdom*

	1964	1965	1966	1967	1968	1969	1970
Jan.	7,269	8,350	8,186	8,334	8,639	9,491	10,840
Fev.	6,775	7,829	7,444	7,899	8,772	8,919	10,436
Mar.	7,819	8,829	8,484	9,994	10,894	11,607	13,589
Abril	8,371	9,948	9,864	10,078	10,455	8,852	13,402
Maio	9,069	10,638	10,252	10,801	11,179	12,537	13,103
Junho	10,248	11,253	12,282	12,953	10,588	14,759	14,933
Julho	10,030	11,424	11,637	12,222	10,794	13,667	14,147
Agosto	10,882	11,391	11,577	12,246	12,770	13,731	14,057
Set.	10,333	10,665	12,417	13,281	13,812	15,110	16,234
Out.	9,109	9,396	9,637	10,366	10,857	12,185	12,389
Nov.	7,685	7,775	8,094	8,730	9,290	10,645	11,594
Dez.	7,682	7,933	9,280	9,614	10,925	12,161	12,772

(a) Desenhe um diagrama de série temporal dos dados e comente qualquer característica aparente desses dados.
(b) Construa e interprete um gráfico digiponto ou um diagrama de ramo e folhas desses dados.

Exercícios Suplementares

2-34. O pH de uma solução é medido oito vezes por uma operadora que usa o mesmo instrumento. Ela obtém os seguintes dados: 7,15; 7,20; 7,18; 7,19; 7,21; 7,20; 7,16 e 7,18.
(a) Calcule a média da amostra. Suponha que o valor desejado para essa solução tenha sido especificado em 7,20. Você acha que o valor médio calculado aqui foi suficientemente próximo do valor alvo, para que se possa afirmar que a solução tenha atingido o alvo? Justifique sua resposta.
(b) Calcule a variância e o desvio-padrão da amostra. Quais as maiores fontes de variabilidade você imagina existirem nesse experimento? Por que é desejável ter uma pequena variância dessas medidas?

2-35. Uma amostra com seis resistores resultou nas seguintes resistências (ohms): $x_1 = 45, x_2 = 38, x_3 = 47, x_4 = 41, x_5 = 35$ e $x_6 = 43$.
(a) Calcule a variância e o desvio-padrão da amostra, usando o método da Eq. 2-4.
(b) Calcule a variância e o desvio-padrão da amostra, usando a definição da Eq. 2-3. Explique por que os resultados de ambas as equações são iguais.
(c) Não use a medida da resistência igual a 35 e calcule s^2 e s. Compare seus resultados com aqueles obtidos nos itens (a) e (b) e justifique sua resposta.
(d) Se as resistências forem 450; 380; 470; 410; 350 e 430 ohms, você poderá usar os resultados dos itens anteriores desse pro-

28 CAPÍTULO DOIS

blema, para encontrar s^2 e s? Explique como você procederia.

2-36. A conversão molar, em percentagem, de naftaleno em anidrido maléico do Exercício 2-23 resulta em: 4,2; 4,7; 4,7; 5,0; 3,8; 3,6; 3,0; 5,1; 3,1; 3,8; 4,8; 4,0; 5,2; 4,3; 2,8; 2,0; 2,8; 3,3; 4,8 e 5,0.

(a) Calcule a amplitude, a variância e o desvio-padrão da amostra.

(b) Calcule novamente a amplitude, a variância e o desvio-padrão da amostra, mas primeiro subtraia o número 1,0 de cada observação. Compare seus resultados com aqueles obtidos no item (a). Há alguma coisa "especial" sobre o valor constante 1,0 ou algum outro valor escolhido arbitrariamente poderia ter dado os mesmos resultados?

2-37. Suponha que tenhamos uma amostra $x_1, x_2, ..., x_n$ e tenhamos calculado $\bar{x}_n$ e s_n^2 para a amostra. Agora, uma $(n+1)$-ésima observação se torna disponível. Faça $\bar{x}_{n+1}$ e s_{n+1}^2 ser a média e a variância da amostra, respectivamente, usando todas as $n+1$ observações.

(a) Mostre como $\bar{x}_{n+1}$ pode ser calculado, usando $\bar{x}_n$ e x_{n+1}.

(b) Mostre que $ns_{n+1}^2 = (n-1)s_n^2 + \dfrac{n}{n+1}\left(x_{n+1} - \bar{x}_n\right)^2$.

(c) Use os resultados dos itens (a) e (b) para calcular a nova média e o desvio-padrão da amostra para os dados do Exercício 2-35, quando a nova observação for $x_7 = 46$.

2-38. A Média Reduzida (Trimmed). Suponha que os dados estejam arranjados em ordem crescente, que $T\%$ das observações sejam removidas de cada extremidade e que a média da amostra dos números restantes seja calculada. A grandeza resultante é chamada de *média reduzida*. A média reduzida está, geralmente, entre a média da amostra $\bar{x}$ e a mediana da amostra $\tilde{x}$. Por quê?

(a) Calcule a média 10% reduzida para os dados de rendimento do Exercício 2-11.

(b) Calcule a média 20% reduzida para os dados de rendimento do Exercício 2-11 e compare-a com a grandeza encontrada no item (a).

(c) Compare os valores calculados nos itens (a) e (b) com a média e a mediana da amostra para os dados do Exercício 2-11. Há muita diferença entre essas quantidades? Por quê?

(d) Suponha que o tamanho da amostra n seja tal que a quantidade $nT/100$ não seja um inteiro. Desenvolva um procedimento para obter uma média reduzida nesse caso.

2-39. Considere as duas amostras dadas abaixo:

Amostra 1:   10; 9; 8; 7; 8; 6; 10 e 6.
Amostra 2:   10; 6; 10; 6; 8; 10; 8 e 6.

(a) Calcule a amplitude para ambas as amostras. Você concluiria que ambas as amostras exibem a mesma variabilidade? Explique.

(b) Calcule o desvio-padrão para ambas as amostras. Essas grandezas indicam que ambas as amostras têm a mesma variabilidade? Explique.

(c) Escreva um curto texto contrastando a amplitude da amostra com o seu desvio-padrão, como uma medida de variabilidade.

2-40. Um artigo em *Quality Engineering* (Vol. 4, 1992, pp. 487-495) apresenta dados de viscosidade de um processo químico em batelada. Uma amostra desses dados é apresentada a seguir. (Leia a coluna inteira para baixo e então da esquerda para a direita.)

13,3	14,9	15,8	16,0
14,5	13,7	13,7	14,9
15,3	15,2	15,1	13,6
15,3	14,5	13,4	15,3
14,3	15,3	14,1	14,3
14,8	15,6	14,8	15,6
15,2	15,8	14,3	16,1
14,5	13,3	14,3	13,9
14,6	14,1	16,4	15,2
14,1	15,4	16,9	14,4
14,3	15,2	14,2	14,0
16,1	15,2	16,9	14,4
13,1	15,9	14,9	13,7
15,5	16,5	15,2	13,8
12,6	14,8	14,4	15,6
14,6	15,1	15,2	14,5
14,3	17,0	14,6	12,8
15,4	14,9	16,4	16,1
15,2	14,8	14,2	16,6
16,8	14,0	15,7	15,6

(a) Desenhe um gráfico de série temporal de todos os dados e comente qualquer característica dos dados que seja revelada por esse diagrama.

(b) Considere a noção de que as 40 primeiras observações foram geradas a partir de um processo específico, enquanto as 40 últimas observações foram geradas a partir de um processo diferente. O gráfico indica que os dois processos geram resultados similares?

(c) Calcule a média e a variância das 40 primeiras observações; então, calcule esses valores para as 40 últimas observações. Essas grandezas indicam que ambos os processos resultam no mesmo nível de média? E a mesma variabilidade? Explique.

2-41. Um fabricante de molas está interessado em implementar um sistema de controle da qualidade para monitorar seu processo de produção. Como parte desse sistema de qualidade, foi decidido registrar o número de molas fora de conformidade, em cada batelada de produção, de tamanho igual a 50. Durante a produção, 40 bateladas de dados foram coletadas, sendo reportadas aqui. (Leia a coluna inteira para baixo e então da esquerda para a direita.)

9	12	6	9	7	14	12	4	6	7
8	5	9	7	8	11	3	6	7	7
11	4	4	8	7	5	6	4	5	8
19	19	18	12	11	17	15	17	13	13

(a) Construa um diagrama de ramo e folhas dos dados.

(b) Encontre a média da amostra e o desvio-padrão.

(c) Construa um diagrama de série temporal dos dados. Há alguma evidência de que houve um aumento ou diminuição no número médio de molas fora de conformidade, fabricadas durante os 40 dias? Explique.

2-42. Um canal de comunicação está sendo monitorado pelo registro do número de erros em um conjunto de caracteres (*string*) de 1.000 *bits*. Dados para 20 desses conjuntos são dados a seguir. (Leia a coluna inteira para baixo e então da esquerda para a direita.)

3	1	0	1	3	2	4	1	3	1
1	1	2	3	3	2	0	2	0	1

(a) Construa um diagrama de ramo e folhas dos dados.
(b) Encontre a média da amostra e o desvio-padrão.
(c) Construa um diagrama de série temporal dos dados. Há alguma evidência de que houve um aumento ou diminuição no número médio de erros em um conjunto de caracteres? Explique.

Exercícios em Equipe

2-43. Como estudante de engenharia, você tem encontrado freqüentemente dados (por exemplo, em cursos de engenharia ou em laboratório de ciências). Escolha um desses conjuntos de dados ou um outro conjunto de interesse para você. Descreva os dados com apropriadas ferramentas numéricas e gráficas.

2-44. Selecione um conjunto de dados que esteja ordenado no tempo. Descreva os dados com apropriadas ferramentas numéricas e gráficas. Discuta potenciais fontes de variação nos dados.

2-45. Considere os dados sobre os resíduos semanais (em percentagem) de cinco fornecedores da planta têxtil da Levi-Strauss, em Albuquerque, reportados na página da *Web* http://lib.stat.cmu.edu/DASL/Stories/wasterunup.html. Gere diagramas de caixa para os cinco fornecedores.

2-46. Trinta e uma medidas consecutivas diárias de monóxido de carbono foram obtidas em uma refinaria de óleo, localizada no nordeste de São Francisco, e reportadas na página da *Web* http://lib.stat.cmu.edu/DASL/Datafiles/Refinery.html. Desenhe um gráfico de série temporal dos dados e comente as características dos dados que são reveladas por esse gráfico.

2-47. Considere o famoso conjunto de dados que lista o tempo entre erupções do gêiser "*Old Faithful*", encontrado em http://lib.stat.cmu.edu/DASL/Datafiles/differencetestdat.html do artigo de A. Azzalini e A. W. Bowman, "*A Look at Some Data on the Old Faithful Geyser*", *Applied Statistics*, 1990, pp. 57-365.

(a) Construa um gráfico de série temporal de todos os dados.
(b) Divida os dados em dois conjuntos de 100 observações cada. Para cada subconjunto, crie dois gráficos separados de ramo e folhas. Há alguma razão para acreditar que os dois subconjuntos sejam diferentes?

CAPÍTULO 3

VARIÁVEIS ALEATÓRIAS E DISTRIBUIÇÕES DE PROBABILIDADES

ESQUEMA DO CAPÍTULO

3-1 INTRODUÇÃO
3-2 VARIÁVEIS ALEATÓRIAS
3-3 PROBABILIDADE
3-4 VARIÁVEIS ALEATÓRIAS CONTÍNUAS
    3-4.1 Função Densidade de Probabilidade
    3-4.2 Função Distribuição Cumulativa
    3-4.3 Média e Variância

3-5 DISTRIBUIÇÃO NORMAL
3-6 GRÁFICOS DE PROBABILIDADE
3-7 VARIÁVEIS ALEATÓRIAS DISCRETAS
    3-7.1 Função de Probabilidade
    3-7.2 Função Distribuição Cumulativa
    3-7.3 Média e Variância

3-8 DISTRIBUIÇÃO BINOMIAL
3-9 PROCESSO DE POISSON
    3-9.1 Distribuição de Poisson
    3-9.2 Distribuição Exponencial

3-10 APROXIMAÇÃO DAS DISTRIBUIÇÕES BINOMIAL E DE POISSON PELA NORMAL
3-11 MAIS DE UMA VARIÁVEL ALEATÓRIA E INDEPENDÊNCIA
    3-11.1 Distribuições Conjuntas
    3-11.2 Independência

3-12 AMOSTRAS ALEATÓRIAS, ESTATÍSTICAS E TEOREMA CENTRAL DO LIMITE

Anteriormente neste livro, sumários numéricos e gráficos foram usados para resumir dados. Um sumário é freqüentemente necessário para transformar os dados em informação útil. Além disso, conclusões acerca do processo que gerou os dados são constantemente importantes; ou seja, podemos querer tirar algumas conclusões sobre o desempenho, a longo prazo, de um processo baseado em somente uma amostra relativamente pequena de dados. Pelo fato de somente uma amostra de dados ser usada, há alguma incerteza em nossas conclusões. Entretanto, a quantidade de incerteza pode ser quantificada e tamanhos de amostras podem ser selecionados ou modificados para encontrar um nível tolerável de incerteza se um modelo de probabilidade for especificado para os dados. O objetivo deste capítulo é descrever esses modelos e apresentar alguns exemplos importantes.

3-1 INTRODUÇÃO

A medida de corrente em um fio fino de cobre é exemplo de um **experimento**. Entretanto, os resultados podem diferir levemente em repetições diárias das medidas, por causa de pequenas variações em variáveis que não estejam controladas em nosso experimento — variações nas temperaturas do ambiente, leves variações nos medidores e pequenas impurezas na composição química do fio, se diferentes localizações forem selecionadas, impulsos na fonte da corrente e assim por diante. Conseqüentemente, esse experimento (assim como muitos que conduzimos) pode ser considerado como tendo um componente **aleatório**. Em alguns casos, as variações aleatórias que experimentamos são su-

ficientemente pequenas, relativas aos nossos objetivos experimentais, que podem ser ignoradas. No entanto, a variação está quase sempre presente e sua magnitude pode ser suficientemente grande e as conclusões importantes de nosso experimento não são óbvias. Nesses casos, os métodos apresentados neste livro para modelar e analisar resultados experimentais são bem valiosos.

Um experimento que possa resultar em diferentes resultados, muito embora ele seja repetido da mesma maneira toda vez, é chamado de **experimento aleatório**. Podemos selecionar uma peça proveniente de um dia de produção e medir, bem acurada-

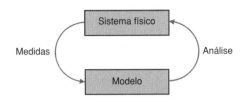

Fig. 3-1 Interação contínua entre modelo e sistema físico.

mente, o comprimento de uma dimensão. Embora esperemos que a operação de fabricação produza, consistentemente, peças idênticas, na prática há pequenas variações nos comprimentos reais medidos, devido a muitas causas — vibrações, flutuações na temperatura, diferenças de operador, calibrações de equipamentos e medidores, desgaste da ferramenta de corte, desgaste de mancais e variações nas matérias-primas. Mesmo o procedimento de medida pode produzir variações nos resultados finais.

Não importa quão cuidadosamente o nosso experimento tenha sido projetado e conduzido, variações ocorrem freqüentemente. Nosso objetivo é compreender, quantificar e modelar o tipo de variações que encontramos com freqüência. Quando incorporamos a variação em nosso pensamento e análises, podemos fazer julgamentos baseados em nossos resultados que não sejam invalidados pela variação.

Modelos e análises que incluem variação não são diferentes dos modelos usados em outras áreas de engenharia e ciências. A Fig. 3-1 apresenta a relação entre o modelo e o sistema físico que ele representa. Um modelo (ou abstração) matemático do sistema físico não necessita ser uma abstração perfeita. Por exemplo, as leis de Newton não são descrições perfeitas do nosso universo físico. Além disso, eles são modelos simples que podem ser estudados e analisados para quantificar o desempenho de uma larga faixa de produtos de engenharia. Dada uma abstração matemática que seja validada com medidas de nosso sistema, podemos usar o modelo para entender, descrever e quantificar aspectos importantes do sistema físico e prever a resposta do sistema a entradas (*inputs*).

Através deste texto, discutiremos modelos que permitirão variações nas saídas (*outputs*) de um sistema, muito embora as variáveis que controlamos não estejam variando propositadamente durante nosso estudo. A Fig. 3-2 apresenta graficamente o modelo que incorpora variáveis incontroláveis (ruído) que combinam com as variáveis controláveis para produzir a saída de nosso sistema. Por causa do ruído, as mesmas colocações para variáveis controláveis não resultam em saídas idênticas cada vez que o sistema for medido.

Para o exemplo da medição de corrente em um fio de cobre, nosso modelo para o sistema pode, simplesmente, ser a lei de Ohm,

corrente = voltagem/resistência

Conforme descrito anteriormente, variações nas medidas da corrente são esperadas. A lei de Ohm pode ser uma aproximação adequada. Entretanto, se as variações forem grandes, relativas ao uso intencionado do equipamento sob estudo, podemos necessitar estender nosso modelo para incluir a variação. É freqüentemente difícil especular a magnitude das variações sem medidas empíricas. Com medidas suficientes, portanto, podemos aproximar a magnitude da variação e considerar seu efeito no desempenho de outros equipamentos, tais como amplificadores, no circuito. Estamos assim confirmando o modelo na Fig. 3-2, como uma descrição mais útil da medida da corrente. Conseqüentemente, as técnicas apresentadas neste texto, para a análise de modelos incluindo variação, são freqüentemente úteis. (Ver também Fig. 3-3.)

Como outro exemplo, no projeto de um sistema de comunicação, tal como uma rede de computadores ou uma rede de telefonia, a capacidade de informação disponível para serviços individuais usando a rede é uma consideração importante do projeto. Para a telefonia, suficientes linhas externas necessitam ser compradas de uma companhia telefônica, de modo a encontrar os requisitos de um negócio. Supondo que cada linha possa suportar somente uma conversação simples, quantas linhas devem ser compradas? Se poucas linhas forem compradas, as chamadas podem ser atrasadas ou perdidas. A compra de excessivas linhas aumenta o custo. Cada vez mais, o desenvolvimento de projeto e de produto é requerido para encontrar as necessidades dos consumidores *a um custo competitivo*.

No projeto do sistema de telefonia, um modelo é necessário para o número de chamadas e a duração delas. Não é suficiente

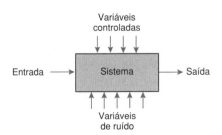

Fig. 3-2 Variáveis de ruído afetam a transformação de entradas a saídas.

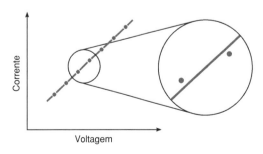

Fig. 3-3 Um exame mais próximo do sistema identifica desvios do modelo.

saber que, em média, as chamadas ocorrem a cada cinco minutos e que elas durem cinco minutos. Se as chamadas chegarem precisamente a cada intervalo de cinco minutos e durarem exatamente cinco minutos, então, uma linha telefônica será suficiente. No entanto, a mais leve variação no número de chamadas ou na duração resultaria em algumas chamadas sendo bloqueadas por outras. Ver Fig. 3-4. Um sistema projetado sem considerar a variação será pesarosamente inadequado para uso prático. Nosso modelo para o número e a duração das chamadas necessita incluir a variação como um componente integral. Uma análise de modelos incluindo a variação é importante para o projeto do sistema de telefonia.

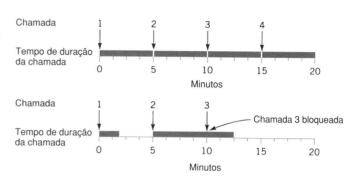

Fig. 3-4 Variações causam interrupções no sistema.

3-2 VARIÁVEIS ALEATÓRIAS

Em um experimento, uma medida é geralmente denotada por uma variável tal como X. Em um experimento aleatório, uma variável cujo valor medido pode variar (de uma réplica do experimento para outro) é referida como uma **variável aleatória**. Por exemplo, X pode denotar a medida da corrente no experimento do fio de cobre. Uma variável aleatória não é conceitualmente diferente de qualquer outra variável em um experimento. Usamos o termo "aleatório" para indicar que ruídos podem variar o seu valor medido. Uma letra maiúscula é usada para denotar uma variável aleatória.

> **Definição**
> Uma **variável aleatória** é uma variável numérica, cujo valor medido pode variar de uma réplica para outra do experimento.

Depois de o experimento ser conduzido, o valor medido da variável aleatória é denotado por uma letra minúscula, tal como $x = 70$ miliampères. Freqüentemente, resumimos um experimento aleatório pelo valor medido de uma variável aleatória.

Esse modelo pode ser ligado aos dados, como segue. Os dados são os valores medidos de uma variável aleatória obtida a partir de réplicas de um experimento aleatório. Por exemplo, a primeira réplica pode resultar em uma medida da corrente de $x_1 = 70,1$, no próximo dia $x_2 = 71,2$, no terceiro dia $x_3 = 71,1$ e assim por diante. Esses dados podem ser então sumarizados pelos métodos descritivos discutidos no Cap. 2.

Freqüentemente, a medida de interesse — corrente em um fio de cobre, comprimento de uma peça usinada — é considerada como um número real. Então, é possível se ter uma precisão arbitrária na medida. Naturalmente, na prática, podemos arredondar para o decimal ou centesimal mais próximo de uma unidade. A variável aleatória que representa essa medida é dita uma variável aleatória **contínua**.

Em outros experimentos, podemos registrar uma conta tal como o número de *bits* transmitidos que são recebidos com erro. Então, a medida é limitada a inteiros. Ou devemos registrar que uma proporção tal como 0,0042 dos 10.000 *bits* transmitidos foram recebidos com erro. Então, a medida é fracionária, porém é ainda limitada a pontos discretos na linha real. Quando quer que a medida seja limitada a pontos discretos na linha real, a variável aleatória é dita uma variável aleatória **discreta**.

Em alguns casos, a variável aleatória X é realmente discreta, porém, por causa da faixa de valores possíveis ser muito grande, pode ser mais conveniente analisar X como uma variável aleatória contínua. Por exemplo, suponha que as medidas de corrente sejam lidas a partir de um instrumento digital que mostre a corrente para o mais próximo centésimo de um miliampère. Pelo fato de as medidas possíveis serem limitadas, a variável aleatória é discreta. No entanto, pode ser uma aproximação mais simples e mais conveniente considerar que as medidas da corrente sejam valores de uma variável aleatória contínua.

> Exemplos de variáveis aleatórias contínuas:
>   corrente elétrica, comprimento, pressão, temperatura, tempo, voltagem, peso.
> Exemplos de variáveis aleatórias discretas:
>   número de arranhões em uma superfície, proporção de peças defeituosas entre 1.000 testadas, número de *bits* transmitidos que foram recebidos com erro.

EXERCÍCIOS PARA A SEÇÃO 3-2

Decida se uma variável discreta ou contínua é o melhor modelo para cada uma das variáveis a seguir.

3-1. A vida de um dispositivo biomédico depois do implante em um paciente.

3-2. O número de vezes que um transistor em uma memória de computador muda de estado em uma operação.

3-3. A resistência de um corpo de prova de concreto.

3-4. O número de opções de itens de luxo, selecionados por um comprador de automóvel.

3-5. O número de usuários de uma rede de computador, em um certo tempo do dia.

3-6. O peso de uma peça plástica moldada por injeção.

3-7. O número de moléculas em uma amostra de gás.

3-3 PROBABILIDADE

A probabilidade é usada para quantificar a chance de uma medida cair dentro de um conjunto de valores. Geralmente, uma variável aleatória é usada para denotar a medida. "A chance de X, o comprimento de uma peça fabricada, estar entre 10,8 e 11,2 milímetros é de 25%" é uma afirmação que quantifica nosso sentimento acerca da possibilidade dos comprimentos da peça. Afirmações de probabilidade descrevem a chance de ocorrência de valores particulares. A probabilidade é quantificada atribuindo-se um número do intervalo [0,1] ao conjunto de valores (ou uma percentagem de 0 a 100%). Números maiores indicam que o conjunto de valores é mais provável.

A probabilidade de um resultado pode ser interpretada como a nossa probabilidade subjetiva, ou **grau de crença**, de que o resultado ocorrerá. Indivíduos diferentes não duvidarão de atribuir probabilidades diferentes para o mesmo resultado. Uma outra interpretação de probabilidade pode estar baseada no modelo conceitual de réplicas repetidas do experimento aleatório. A probabilidade de um resultado é interpretada como a proporção de vezes que o resultado ocorrerá em réplicas repetidas do experimento aleatório. Por exemplo, se atribuirmos uma probabilidade de 0,25 ao resultado que um comprimento da peça está entre 10,8 e 11,2 milímetros, podemos interpretar então essa atribuição conforme segue. Se fabricarmos repetidamente peças (faça réplicas do experimento aleatório um número infinito de vezes), então 25% delas terão comprimentos nesse intervalo. Esse exemplo fornece uma interpretação de probabilidade como sendo uma **freqüência relativa**. A proporção, ou freqüência relativa, de réplicas repetidas que caem no intervalo será 0,25. Note que essa interpretação usa uma proporção longa, a proporção proveniente de um número infinito de réplicas. Com um número pequeno de réplicas, a proporção de comprimentos que realmente caem no intervalo pode diferir de 0,25.

Continuando, se cada comprimento de peças fabricadas cair no intervalo, então a freqüência relativa, e conseqüentemente a probabilidade, do intervalo será igual a um. Se nenhum comprimento de peças fabricadas cair no intervalo, então a freqüência relativa, e conseqüentemente a probabilidade, do intervalo será igual a zero. Devido ao fato de as probabilidades estarem restritas ao intervalo [0,1], elas podem ser interpretadas como freqüências relativas.

Uma probabilidade é geralmente expressa em termos de uma variável aleatória. Para o exemplo do comprimento de uma peça, X denota o comprimento da peça e o enunciado de probabilidade pode ser escrito em uma das seguintes formas

$$P(X \in [10,8; 11,2]) = 0,25 \text{ ou } P(10,8 \leq X \leq 11,2) = 0,25$$

Ambas as equações estabelecem que a probabilidade da variável aleatória X assumir um valor em [10,8;11,2] é 0,25.

As probabilidades para uma variável aleatória são geralmente determinadas a partir de um modelo que descreva o experimento aleatório. Vários modelos serão considerados nas seções seguintes. No entanto, várias propriedades gerais de probabilidade que são estabelecidas aqui podem ser entendidas a partir da interpretação de freqüência relativa de probabilidade.

Os termos seguintes são usados. Dado um conjunto E, o complemento de E é o conjunto de elementos que não estão em E. O **complemento** é denotado por E'. O conjunto de números reais é denotado por R. Os conjuntos E_1, E_2, ..., E_k são **mutuamente excludentes** se a interseção de qualquer par for vazia. Ou seja, cada elemento é um e apenas um dos conjuntos E_1, E_2, ..., E_k.

Propriedades da Probabilidade

1. $P(X \in R) = 1$, quando R for o conjunto de números reais.

2. $0 \leq P(X \in E) \leq 1$ para qualquer conjunto E. $\qquad$ (3-1)

3. Se E_1, E_2, ..., E_k forem mutuamente excludentes, então

$$P(X \in E_1 \cup E_2 \cup \cdots \cup E_k) = P(X \in E_1) + \cdots + P(X \in E_k)$$

A Propriedade 1 pode ser usada para mostrar que o valor máximo para uma probabilidade é um. A Propriedade 2 implica que uma probabilidade não pode ser negativa. A Propriedade 3 estabelece que a proporção de medidas que caem em $E_1 \cup E_2 \cup ... \cup E_k$ é a soma das proporções que caem em E_1, E_2, ..., E_k, toda vez que os conjuntos forem mutuamente excludentes. Por exemplo,

$$P(X \leq 10) = P(X \leq 0) + P(0 < X \leq 5) + P(5 < X \leq 10)$$

A Propriedade 3 é também usada para relacionar a probabilidade de um conjunto E e seu complemento E'. Porque E e E' são mutuamente excludentes e $E \cup E' = R$, $1 = P(X \in R) = P(X \in E \cup E') = P(X \in E) + P(X \in E')$. Conseqüentemente,

$$P(X \in E') = 1 - P(X \in E)$$

Por exemplo, $P(X \leq 2) = 1 - P(X > 2)$. Em geral, para qualquer valor fixo x,

$$P(X \leq x) = 1 - P(X > x)$$

Seja $\varnothing$ a representação do conjunto nulo. Devido ao fato de o complemento de R ser $\varnothing$, $P(X \in \varnothing) = 0$.

Considere que as seguintes probabilidades se apliquem à variável aleatória X, que denota a vida em horas de tubos padrões fluorescentes: $P(X \leq 5.000) = 0,1$; $P(5.000 < X \leq 6.000) = 0,3$; $P(X > 8.000) = 0,4$. Os seguintes resultados podem ser determinados a partir das propriedades de probabilidade. Pode ser útil dispor graficamente os diferentes conjuntos.

A probabilidade de que a vida seja menor do que ou igual a 6.000 horas é

$$P(X \leq 6000) = P(X \leq 5000) + P(5000 < X \leq 6000) = 0,1 + 0,3 = 0,4$$

a partir da Propriedade 3. A probabilidade de que a vida exceda 6.000 horas é

$$P(X > 6000) = 1 - P(X \leq 6000) = 1 - 0,4 = 0,6$$

A probabilidade de que a vida seja maior do que 6.000 horas e menor do que ou igual a 8.000 horas é determinada do fato de que a soma das probabilidades para esse intervalo e outros três intervalos tem de ser igual a 1. Ou seja, a união de outros três intervalos é o complemento do conjunto $\{x|6.000 < x \leq 8.000\}$. Por conseguinte,

$$P(6000 < X \leq 8000) = 1 - (0,1 + 0,3 + 0,4) = 0,2$$

A probabilidade de a vida ser menor do que ou igual a 5.500 horas não pode ser determinada exatamente. O melhor que podemos estabelecer é que

$$P(X \leq 5500) \leq P(X \leq 6000) = 0,4 \text{ e}$$
$$0,1 = P(X \leq 5000) \leq P(X \leq 5500)$$

Se fosse também sabido que $P(5.500 < X \leq 6.000) = 0,15$, então poderíamos estabelecer que

$$P(X \leq 5500) = P(X \leq 5000) + P(5500 < X \leq 6000) - P(5500 < X \leq 6000) = 0,1 + 0,3 - 0,15 = 0,25$$

Eventos

Um valor medido não é sempre obtido a partir de um experimento. Algumas vezes, o resultado é somente classificado (em uma das várias categorias possíveis). Por exemplo, a medida da corrente pode somente ser registrada como *baixa, média* ou *alta*; um componente eletrônico fabricado pode ser classificado somente como defeituoso ou não; e um *bit* transmitido através de um canal digital de comunicação é recebido tanto com erro como não. As categorias possíveis são geralmente referidas como **eventos**. Mais genericamente, um evento pode também se referir a uma união de categorias. O conceito de probabilidade pode ser aplicado a esses experimentos, sendo ainda apropriada a interpretação de freqüência relativa.

Se 1% dos *bits* transmitidos através do canal digital de comunicação for recebido com erro, então a probabilidade de um erro será 0,01. Se fizermos E denotar o evento em que um *bit* seja recebido com erro, então escreveremos

$$P(E) = 0,01$$

Probabilidades atribuídas a eventos satisfazem as propriedades análogas àquelas na Eq. 3-1, de modo que elas possam ser interpretadas como freqüências relativas. Conseqüentemente, (1) a probabilidade atribuída à união de todas as categorias é um; (2) $0 \leq P(E) \leq 1$ para qualquer evento E e (3) se E_1, E_2, ..., E_k forem eventos mutuamente excludentes, então $P(E_1 \cup E_2 \cdots \cup E_k) = P(E_1 \text{ ou } E_2 \cdots \text{ ou } E_k) = P(E_1) + P(E_2) + \cdots + P(E_k)$. Os eventos E_1, E_2, ..., E_k são mutuamente excludentes quando cada um se refere a uma categoria distinta, tal como *baixa, média* ou *alta*. Se um dos eventos for uma união de categorias, eles podem não ser mutuamente excludentes. Como exemplo de eventos mutuamente excludentes, suponha que a probabilidade dos resultados *baixa, média* ou *alta* seja 0,1; 0,7 e 0,2, respectivamente. A probabilidade de um resultado *média* ou *alta* é denotada como $P(média \text{ ou } alta)$ e

$$P(média \text{ ou } alta) = P(média) + P(alta) = 0,7 + 0,2 = 0,9$$

EXERCÍCIOS PARA A SEÇÃO 3-3

3-8. Estabeleça o complemento de cada um dos seguintes conjuntos:
   (a) Engenheiros com menos de 36 meses de emprego em tempo integral.
   (b) Amostras de blocos de cimento, com resistência à compressão menor do que 6.000 quilogramas por centímetro quadrado.
   (c) Medidas do diâmetro de pistões forjados, que não obedecem às especificações de engenharia.
   (d) Níveis de colesterol maiores que 180 e menores do que 220.

3-9. Se $P(X \in A) = 0,4$, $P(X \in B) = 0,6$ e se a interseção dos conjuntos A e B for vazia,

(a) Os conjuntos A e B são mutuamente excludentes?
(b) Encontre $P(X \in A')$.
(c) Encontre $P(X \in B')$.
(d) Encontre $P(X \in A \cup B)$.

3-10. Se $P(X \in A) = 0{,}3$, $P(X \in B) = 0{,}25$, e $P(X \in C) = 0{,}60$ e $P(X \in A \cup B) = 0{,}55$ e $P(X \in B \cup C) = 0{,}70$, determine as seguintes probabilidades.
(a) $P(X \in A')$
(b) $P(X \in B')$
(c) $P(X \in C')$
(d) Os conjuntos A e B são mutuamente excludentes?
(e) Os conjuntos B e C são mutuamente excludentes?

3-11. Sejam $P(X \leq 15) = 0{,}3$, $P(15 < X \leq 24) = 0{,}6$, e $P(X > 20) = 0{,}5$.
(a) Encontre $P(X > 15)$.
(b) Encontre $P(X \leq 24)$.
(c) Encontre $P(15 < X \leq 20)$.
(d) Se $P(18 < X \leq 24) = 0{,}4$, encontre $P(X \leq 18)$.

3-12. Considere $P(X \leq 8) = 0{,}85$, $P(7 < X \leq 7{,}5) = 0{,}25$, e $P(X > 7{,}5) = 0{,}35$.
(a) Encontre $P(X > 8)$.
(b) Encontre $P(X \leq 7{,}5)$.
(c) Encontre $P(7{,}5 < X \leq 8{,}0)$.
(d) Se $P(7{,}25 < X \leq 7{,}5) = 0{,}1$, encontre $P(X \leq 7{,}25)$.

3-13. Seja X a representação da vida (em horas) de um laser semicondutor, com as seguintes probabilidades:

$$P(X \leq 5.000) = 0{,}05$$
$$P(X > 7.000) = 0{,}45$$

(a) Qual é a probabilidade de que a vida seja menor do que ou igual a 7.000 horas?
(b) Qual é a probabilidade de que a vida seja maior do que 5.000 horas?
(c) Qual é $P(5.000 < X \leq 7.000)$?

3-14. Seja E_1 a representação do evento em que um componente estrutural falhe durante um teste e E_2 a representação de um evento em que o componente mostre alguma deformação, porém não falhe. Dado que $P(E_1) = 0{,}15$ e $P(E_2) = 0{,}30$,
(a) Qual é a probabilidade de que um componente estrutural não falhe durante um teste?
(b) Qual é a probabilidade de que um componente falhe ou mostre deformação durante um teste?
(c) Qual é a probabilidade de que um componente nem falhe nem mostre deformação durante um teste?

3-4 VARIÁVEIS ALEATÓRIAS CONTÍNUAS

3-4.1 Função Densidade de Probabilidade

A **distribuição de probabilidades**, ou simplesmente **distribuição** de uma variável aleatória X, é uma descrição do conjunto das probabilidades associadas com os valores possíveis para X. A distribuição de probabilidades de uma variável aleatória pode ser especificada em mais de uma maneira.

Funções densidade de probabilidade são comumente usadas em engenharia para descrever sistemas físicos. Por exemplo, considere a densidade de uma carga em uma longa e delgada viga, conforme mostrado na Fig. 3-5. Para qualquer ponto x ao longo da viga, a densidade pode ser descrita por uma função (em g/cm). Intervalos com grandes cargas correspondem a valores grandes para a função. A carga total entre os pontos a e b é determinada como uma integral da função densidade, de a a b. Essa integral é a área sob a função densidade ao longo desse intervalo, podendo ser aproximadamente interpretada como a soma de todas as cargas ao longo desse intervalo.

Similarmente, uma **função densidade de probabilidade** $f(x)$ pode ser usada para descrever a distribuição de probabilidades de uma variável aleatória contínua X. A probabilidade de X estar entre a e b é determinada pela integral de $f(x)$ de a a b. Ver Fig. 3-6. A notação é dada a seguir.

A função densidade de probabilidade $f(x)$ de uma variável aleatória contínua é usada para determinar probabilidades conforme segue:

$$P(a < X < b) = \int_a^b f(x)\, dx \qquad (3\text{-}2)$$

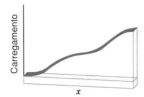

Fig. 3-5 Função densidade de um carregamento em uma viga longa e delgada.

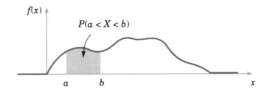

Fig. 3-6 Probabilidade determinada, a partir da área sob $f(x)$.

Um histograma é uma aproximação da função densidade de probabilidade. Ver Fig. 3-7. Para cada intervalo do histograma, a área da barra é igual à freqüência relativa (proporção) das medidas no intervalo. A freqüência relativa é uma estimativa da probabilidade de a medida cair no intervalo. Similarmente, a área sob $f(x)$ ao longo de qualquer intervalo é igual à probabilidade verdadeira de a medida cair no intervalo.

Uma função densidade de probabilidade fornece uma descrição simples das probabilidades associadas a uma variável aleatória. Desde que $f(x)$ seja não negativa e $\int_{-\infty}^{\infty} f(x)\, dx = 1$, então $0 \leq P(a < X < b) \leq 1$; logo, as probabilidades são apropriadamente restritas. Uma função densidade de probabilidade é zero para valores de x que não possam ocorrer e é considerada igual a zero onde ela não for especificamente definida.

O ponto importante é que $f(x)$ **é usada para calcular uma área** que representa a probabilidade de X assumir um valor em $[a,b]$. Para as medidas de corrente da Seção 3-1, a probabilidade de X resultar em [14 mA, 15 mA] é a integral da função densidade de probabilidade de X, $f(x)$, ao longo desse intervalo. A probabilidade de X resultar em [14,5 mA, 14,6 mA] é a integral da mesma função $f(x)$, ao longo de um intervalo menor. Pela escolha apropriada da forma de $f(x)$, podemos representar as probabilidades associadas a qualquer variável aleatória X. A forma de $f(x)$ determina como a probabilidade de X assumir um valor em [14,5 mA, 14,6 mA] se compara à probabilidade de qualquer outro intervalo de comprimento igual ou diferente.

Para a função densidade de probabilidade de uma carga em uma viga longa e delgada, a carga em qualquer ponto é zero, devido a cada ponto ter largura zero. Similarmente, para uma variável aleatória contínua X e *qualquer* valor x,

$$P(X = x) = 0$$

Baseado nesse resultado, pode parecer que nosso modelo de uma variável aleatória contínua seja inútil. No entanto, na prática, quando uma medida particular de corrente for observada, tal como 14,47 miliampères, esse resultado pode ser interpretado como o valor arredondado de uma medida da corrente, que esteja realmente na faixa $14,465 \leq x \leq 14,475$. Conseqüentemente, a probabilidade de que o valor arredondado 14,47 seja observado como o valor para X é a probabilidade de X assumir um valor no intervalo [14,465; 14,475], que não é zero. Similarmente, nosso modelo de uma variável aleatória contínua implica o seguinte.

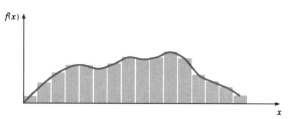

Fig. 3-7 O histograma aproxima uma função densidade de probabilidade. A área de cada barra é igual à freqüência relativa do intervalo. A área sob $f(x)$ ao longo de qualquer intervalo é igual à probabilidade do intervalo.

Se X for uma variável aleatória contínua, então para qualquer x_1 e x_2,

$$P(x_1 \leq X \leq x_2) = P(x_1 < X \leq x_2) = P(x_1 \leq X < x_2) = P(x_1 < X < x_2)$$

Exemplo 3-1

Seja a variável aleatória contínua X a representação da corrente em um fio delgado de cobre, medida em miliampères. Suponha que a faixa de X seja [0,20 mA] e considere que a função densidade de probabilidade de X seja $f(x) = 0,05$ para $0 \leq x \leq 20$. Qual é a probabilidade de que uma medida da corrente seja menor que 10 miliampères?

A função densidade de probabilidade é mostrada na Fig. 3-8. É suposto que $f(x) = 0$, onde quer que ela não esteja especificamente definida. A probabilidade requerida é indicada pela área sombreada na Fig. 3-8.

$$P(X < 10) = \int_0^{10} f(x)\, dx = 0,5$$

Como outro exemplo,

$$P(5 < X < 15) = \int_5^{15} f(x)\, dx = 0,5$$

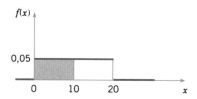

Fig. 3-8 Função densidade de probabilidade para o Exemplo 3-1.

EXEMPLO 3-2

Seja a variável aleatória contínua X a representação do diâmetro de um orifício perfurado em uma placa com um componente metálico. O diâmetro alvo é 12,5 milímetros. A maioria dos distúrbios aleatórios no processo resulta em diâmetros maiores. Dados históricos mostram que a distribuição de X pode ser modelada por uma função densidade de probabilidade $f(x) = 20e^{-20(x-12,5)}$, $x \geq 12,5$. Se uma peça com um diâmetro maior que 12,60 milímetros for descartada, qual será a proporção de peças descartadas?

A função densidade e a probabilidade requerida são mostradas na Fig. 3-9. Uma peça é descartada se $X > 12,60$. Agora,

$$P(X > 12,60) = \int_{12,6}^{\infty} f(x)\, dx = \int_{12,6}^{\infty} 20e^{-20(x-12,5)}\, dx$$
$$= -e^{-20(x-12,5)} \Big|_{12,6}^{\infty} = 0,135$$

Que proporção de peças está entre 12,5 e 12,6 milímetros? Agora,

$$P(12,5 < X < 12,6) = \int_{12,5}^{12,6} f(x)\, dx$$
$$= -e^{-20(x-12,5)} \Big|_{12,5}^{12,6} = 0,865$$

Uma vez que a área total sob $f(x)$ é igual a um, podemos também calcular $P(12,5 < X < 12,6) = 1 - P(X > 12,6) = 1 - 0,135 = 0,865$.

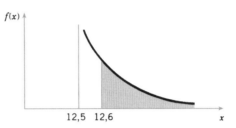

Fig. 3-9 Função densidade de probabilidade para o Exemplo 3-2.

3-4.2 Função Distribuição Cumulativa

Uma outra maneira de descrever a distribuição de probabilidades de uma variável aleatória discreta é com uma função de um número real x que fornece a probabilidade de X ser menor do que ou igual a x.

> A função distribuição cumulativa de uma variável aleatória contínua X, com função densidade de probabilidade $f(x)$ é
> $$F(x) = P(X \leq x) = \int_{-\infty}^{x} f(u)\, du$$
> para $-\infty < x < \infty$.

Para uma variável aleatória contínua X, a definição pode também ser $F(x) = P(X < x)$, porque $P(X = x) = 0$.

A função distribuição cumulativa $F(x)$ pode ser relacionada à função densidade de probabilidade $f(x)$ e pode ser usada para obter probabilidades, como segue.

$$P(a < X < b) = \int_a^b f(x)\, dx = \int_{-\infty}^b f(x)\, dx - \int_{-\infty}^a f(x)\, dx$$
$$= F(b) - F(a)$$

Além disso, o gráfico de uma função distribuição cumulativa tem propriedades específicas. Pelo fato de $F(x)$ fornecer probabilidades, ela é sempre positiva. Em adição, à medida que x aumenta, $F(x)$ é crescente. Finalmente, quando x tende a ∞, $F(x) = P(X \leq x)$ tende a 1.

EXEMPLO 3-3

A distância em micrômetros do início de uma trilha em um disco magnético até a primeira falha na superfície é uma variável aleatória, com função distribuição cumulativa

$$F(x) = 1 - \exp\left(-\frac{x}{2.000}\right) \text{ para } x > 0$$

Um gráfico de $F(x)$ é mostrado na Fig. 3-10. Note que $F(x) = 0$ para $x \leq 0$. Também, $F(x)$ aumenta para 1, conforme mencionado.

Determine a probabilidade de a distância até a primeira falha na superfície ser menor do que 1.000 micrômetros. A probabilidade solicitada é

$$P(X < 1.000) = F(1.000) = 1 - \exp\left(-\frac{1}{2}\right) = 0,393$$

Determine a probabilidade de a distância até a primeira falha exceder 2.000 micrômetros. Agora usamos

$P(2000 < X) = 1 - P(X \leq 2000) = 1 - F(2000) =$
$1 - [1 - \exp(-1)] = \exp(-1) = 0{,}368$

Determine a probabilidade de a distância estar entre 1.000 e 2.000 micrômetros. A probabilidade solicitada é

$P(1{.}000 < X < 2{.}000) = F(2{.}000) - F(1{.}000) = 1 - \exp(-1)$
$- [1 - \exp(-0{,}5)] = \exp(-0{,}5) - \exp(-1) = 0{,}239$

A função distribuição cumulativa é freqüentemente tabelada, apresentando probabilidades. É conveniente listar $F(x)$ para valores selecionados de x. Então, probabilidades adicionais podem ser determinadas, como no exemplo anterior.

3-4.3 Média e Variância

Somente por ser útil para resumir uma amostra de dados pela média e variância, podemos resumir a distribuição de probabilidades de X por sua média e variância. Lembre-se de que para os dados amostrais $x_1, x_2, ..., x_n$, a média amostral pode ser escrita como

$$\bar{x} = \frac{1}{n}x_1 + \frac{1}{n}x_2 + \cdots + \frac{1}{n}x_n$$

Isto é, $\bar{x}$ usa iguais pesos de $1/n$ como o multiplicador de cada valor medido x_i. A média de uma variável aleatória X usa o modelo de probabilidade para ponderar os valores possíveis de X. A média ou valor esperado de X, denotada(o) por μ ou $E(X)$, é

$$\mu = E(X) = \int_{-\infty}^{\infty} x f(x)\, dx$$

A integral em $E(X)$ é análoga à soma que é usada para calcular $\bar{x}$.

Lembre-se de que $\bar{x}$ é o ponto de equilíbrio quando um peso igual é colocado na posição de cada medida ao longo de uma linha numérica. Similarmente, se $f(x)$ for a função densidade de um carregamento em uma viga longa e fina, então $E(X)$ é o ponto em que a viga se equilibra. Conseqüentemente, $E(X)$ descreve o "centro" da distribuição de X, em uma maneira similar ao ponto de equilíbrio de um carregamento.

Para dados amostrais $x_1, x_2, ..., x_n$, a variância é um resumo da dispersão ou espalhamento nos dados. Ela é

$$s^2 = \frac{1}{n-1}(x_1 - \bar{x})^2 + \frac{1}{n-1}(x_2 - \bar{x})^2 + \cdots + \frac{1}{n-1}(x_n - \bar{x})^2$$

Ou seja, s^2 usa pesos iguais de $1/(n-1)$ como o multiplicador de cada desvio ao quadrado, $(x_i - \bar{x})^2$. Como mencionado previamente, os desvios calculados de $\bar{x}$ tendem a ser menores do que aqueles calculados a partir de μ, sendo o peso ajustado de $1/n$ para $1/(n-1)$ de modo a compensar.

A variância de uma variável aleatória X é uma medida de dispersão ou espalhamento nos valores possíveis para X. A variância de X, denotada como σ^2 ou $V(X)$, é

$$\sigma^2 = V(X) = \int_{-\infty}^{\infty} (x - \mu)^2 f(x)\, dx$$

$V(X)$ usa o peso $f(x)$ como o multiplicador de cada possível desvio ao quadrado $(x - \mu)^2$. A integral em $V(X)$ é análoga à soma que é usada para calcular s^2.

Propriedades de integrais e a definição de μ podem ser usadas para mostrar que

$$V(X) = \int_{-\infty}^{\infty} (x - \mu)^2 f(x)\, dx$$

$$= \int_{-\infty}^{\infty} x^2 f(x)\, dx - 2\mu \int_{-\infty}^{\infty} x f(x)\, dx + \int_{-\infty}^{\infty} \mu^2 f(x)\, dx$$

$$= \int_{-\infty}^{\infty} x^2 f(x)\, dx - 2\mu^2 + \mu^2 = \int_{-\infty}^{\infty} x^2 f(x)\, dx - \mu^2$$

podendo assim ser usada uma fórmula alternativa para $V(X)$.

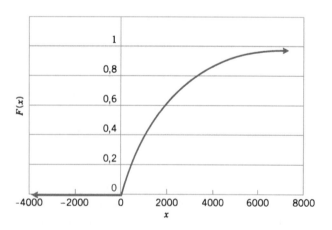

Fig. 3-10 Função distribuição cumulativa para o Exemplo 3-3.

VARIÁVEIS ALEATÓRIAS E DISTRIBUIÇÕES DE PROBABILIDADES **39**

Definição

Suponha que X seja uma variável aleatória contínua, com uma função densidade de probabilidade $f(x)$. A **média** ou o **valor esperado** de X, denotada(o) por μ ou $E(X)$, é

$$\mu = E(X) = \int_{-\infty}^{\infty} xf(x)\, dx \qquad (3\text{-}3)$$

A **variância** de X, denotada por $V(X)$ *ou* σ^2, é

$$\sigma^2 = V(X) = \int_{-\infty}^{\infty} (x - \mu)^2 f(x)\, dx = \int_{-\infty}^{\infty} x^2 f(x)\, dx - \mu^2$$

O **desvio-padrão** de X é $\sigma = [V(X)]^{1/2}$.

EXEMPLO 3-4

Para a medida da corrente no fio de cobre no Exemplo 3-1, a média de X é

$$E(x) = \int_{-\infty}^{\infty} xf(x)\, dx = \int_{0}^{20} x\left(\frac{1}{20}\right) dx = 0{,}05x^2/2 \Big|_0^{20} = 10$$

A variância de X é

$$V(x) = \int_{-\infty}^{\infty} (x - \mu)^2 f(x)\, dx = \int_0^{20} (x - 10)^2 \left(\frac{1}{20}\right) dx$$

$$= 0{,}05(x - 10)^3/3 \Big|_0^{20} = 33{,}33$$

EXEMPLO 3-5

Para a operação de perfuração no Exemplo 3-2, a média de X é

$$E(x) = \int_{-\infty}^{\infty} xf(x)\, dx = \int_{12,5}^{\infty} x\, 20\, e^{-20(x - 12,5)}\, dx$$

A integração por partes pode ser usada para mostrar que

$$E(X) = -xe^{-20(x - 12,5)} - \frac{e^{-20(x - 12,5)}}{20} \Big|_{12,5}^{\infty}$$

$$= 12{,}5 + 0{,}05 = 12{,}55$$

A variância de X é

$$V(X) = \int_{-\infty}^{\infty} (x - \mu)^2 f(x)\, dx$$

$$= \int_{12,5}^{\infty} (x - 12{,}55)^2\, 20 e^{-20(x - 12,5)}\, dx$$

A integração por partes pode ser usada duas vezes para mostrar que

$$V(X) = 0{,}0025$$

EXERCÍCIOS PARA A SEÇÃO 3-4

3-15. Mostre que as seguintes funções são funções densidade de probabilidade para algum valor de k e determine k. Então, determine a média e a variância de X.

   (a) $f(x) = kx^2$ para $0 < x < 4$

   (b) $f(x) = k(1 + 2x)$ para $0 < x < 2$

   (c) $f(x) = ke^{-x}$ para $0 < x$

3-16. Determine as seguintes probabilidades para a função densidade de probabilidade no Exercício 3-15(a).

   (a) $P(X > 2)$

   (b) $P(1 < X < 3)$

   (c) $P(X < 1)$

   (d) $P(X < 1) + P(1 < X < 3)$

3-17. Suponha que $f(x) = e^{-(x - 6)}$ para $6 < x$ e $f(x) = 0$ para $x \le 6$. Determine as seguintes probabilidades.

   (a) $P(X > 6)$

   (b) $P(6 \le X < 8)$

   (c) $P(X < 8)$

   (d) $P(X > 8)$

   (e) Determine x tal que $P(X < x) = 0{,}95$.

3-18. Suponha que $f(x) = 1{,}5x^2$ para $-1 < x < 1$ e $f(x) = 0$, caso contrário. Determine as seguintes probabilidades.

   (a) $P(0 < X)$

   (b) $P(0{,}5 < X)$

   (c) $P(-0{,}5 \le X \le 0{,}5)$

   (d) $P(X < -2)$

   (e) $P(X < 0$ ou $X > -0{,}5)$

   (f) Determine x tal que $P(x < X) = 0{,}05$.

3-19. A função densidade de probabilidade do tempo (em horas) de falha de um componente eletrônico de uma copiadora é $f(x) =$

40 CAPÍTULO TRÊS

exp$(-x/3.000)/3.000$ para $x > 0$ e $f(x) = 0$ para $x \leq 0$. Determine a probabilidade de que:

(a) Um componente dure mais de 1.000 horas antes da falha.

(b) Um componente falhe no intervalo de 1.000 a 2.000 horas.

(c) Um componente falhe antes de 3.000 horas.

(d) Determine o número de horas em que 10% de todos os componentes falharão.

(e) Determine a média e a variância.

3-20. A função densidade de probabilidade do peso líquido, em libras, de um pacote de herbicida químico é $f(x) = 4,0$, para $19,875 < x < 20,125$ onças e $f(x) = 0$, caso contrário.

(a) Determine a probabilidade de um pacote pesar menos de 20 onças.

(b) Suponha que as especificações de embalagem requeiram que o peso esteja entre 19,9 e 20,1 onças. Qual é a probabilidade de que um pacote selecionado aleatoriamente tenha um peso entre essas especificações?

(c) Determine a média e a variância.

3-21. As leituras da temperatura de um termopar em um forno flutuam de acordo com uma função distribuição cumulativa

$$F(x) = \begin{cases} 0 & x < 800°C \\ 0,1x - 80 & 800°C \leq x < 810°C \\ 0 & x > 810°C \end{cases}$$

Determine o seguinte

(a) $P(X < 805)$

(b) $P(800 < X \leq 805)$

(c) $P(X > 808)$

(d) Se as especificações para o processo solicitarem que a temperatura do forno esteja entre 802°C e 808°C, qual será a probabilidade de a fornalha operar fora das especificações?

3-22. A função densidade de probabilidade, descrevendo a medida da espessura de uma parede de um tubo de plástico, é $f(x) = 400$ para $2,0025 < x < 2,0050$ milímetros e $f(x) = 0$, caso contrário. Determine o seguinte.

(a) $P(X \leq 2,0030)$

(b) $P(X > 2,0045)$

(c) Se a especificação para o tubo requerer que a medida da espessura esteja entre 2,0030 e 2,0040 milímetros, qual será a probabilidade de que uma única medida indique conformidade com a especificação?

3-23. Suponha que o tamanho (em micrômetros) de uma partícula de contaminação possa ser modelado como $f(x) = 2x^{-3}$ para $1 < x$ e $f(x) = 0$ para $x \leq 1$.

(a) Confirme que $f(x)$ é uma função densidade de probabilidade.

(b) Determine a média.

(c) Qual é a probabilidade de que o tamanho de uma partícula aleatória seja menor do que 5 micrômetros?

(d) Um dispositivo óptico está sendo comercializado para detectar partículas contaminadas. Ele é capaz de detectar partículas excedendo 7 micrômetros no tamanho. Que proporção das partículas será detectada?

3-24. (Integração por partes é necessária neste exercício.) A função densidade de probabilidade para o diâmetro, em milímetros, de um orifício é $10e^{-10(x - 5)}$, para $x > 5$ mm e zero para $x \leq 5$ mm. Embora o diâmetro alvo seja 5 milímetros, vibrações, desgaste da ferramenta e outros fatores produzem diâmetros maiores que 5 mm.

(a) Determine a média e a variância do diâmetro dos orifícios.

(b) Determine a probabilidade de o diâmetro exceder 5,1 milímetros.

3-25. Suponha que a função distribuição cumulativa do comprimento (em milímetros) de cabos de computadores seja

$$F(x) = \begin{cases} 0 & x \leq 1200 \\ 0,1x - 120 & 1200 < x \leq 1210 \\ 0 & x > 1210 \end{cases}$$

(a) Determine $P(x < 1.208)$.

(b) Se as especificações do comprimento forem $1.195 < x < 1.205$ milímetros, qual é a probabilidade de que um cabo de computador, selecionado aleatoriamente, encontre a especificação?

3-26. A espessura (em micrômetros) de um recobrimento condutivo tem uma função densidade de $600x^{-2}$ para 100 μm $< x < 120$ μm e zero, caso contrário.

(a) Determine a média e a variância da espessura de recobrimento.

(b) Se o recobrimento custar R\$ 0,50 por micrômetro de espessura em cada peça, qual será o custo médio do recobrimento por peça?

3-27. Suponha que $f(x) = 0,5x - 1$ para $2 < x < 4$ e $f(x) = 0$, caso contrário. Determine o seguinte.

(a) $P(X < 2)$

(b) $P(X > 3)$

(c) $P(2,5 < X < 3,5)$

(d) A média e a variância.

3-5 DISTRIBUIÇÃO NORMAL

Indubitavelmente, o modelo mais largamente utilizado para a distribuição de uma variável aleatória é uma **distribuição normal**. No Cap. 2, vários histogramas foram mostrados com formas simétricas, similares a um sino. Um resultado fundamental, conhecido como o **teorema central do limite**, implica que histogramas têm freqüentemente essa forma característica, no mínimo aproximadamente. Toda vez que um experimento aleatório for replicado, a variável aleatória que for igual ao resultado médio (ou total) das réplicas tenderá a ter uma distribuição normal, à medida que o número de réplicas se torne grande. De

Moivre apresentou esse resultado em 1733. Infelizmente, seu trabalho ficou perdido por algum tempo e Gauss, independentemente, desenvolveu uma distribuição normal, cerca de 100 anos depois. Embora De Moivre tivesse recebido posteriormente o crédito pela dedução, uma distribuição normal é também referida como uma distribuição **gaussiana**.

Quando fazemos a média (ou totalizamos) dos resultados? Quase sempre. No Exemplo 2-1, a média de oito medidas da força de remoção foi calculada como sendo 13,0 libras-pé. Se considerarmos que cada medida resulta em uma réplica de um experimento aleatório, então a distribuição normal pode ser usada para tirar conclusões aproximadas em torno dessa média. Essas conclusões serão os tópicos principais dos capítulos subseqüentes deste livro.

Além disso, algumas vezes o teorema central do limite é menos óbvio. Por exemplo, considere que o desvio (ou erro) no comprimento de uma peça usinada seja a soma de um grande número de efeitos infinitesimais (pequenos), tais como pulsos na temperatura e na umidade, vibrações, variações no ângulo de corte, desgaste da ferramenta de corte, desgaste do mancal, variações na velocidade rotacional, variações de montagem e fixação, variações nas inúmeras características das matérias-primas e variação nos níveis de contaminação. Se os erros dos componentes forem independentes e igualmente prováveis de serem positivos ou negativos, então se pode mostrar que o erro total terá uma distribuição normal aproximada. Além disso, a distribuição normal aparece no estudo de numerosos fenômenos físicos básicos. Por exemplo, o físico Maxwell desenvolveu uma distribuição normal a partir de suposições simples, considerando as velocidades das moléculas.

A base teórica de uma distribuição normal é mencionada para justificar a forma um tanto complexa da função densidade de probabilidade. Nosso objetivo agora é calcular as probabilidades para uma variável aleatória normal. O teorema central do limite será estabelecido mais cuidadosamente adiante.

Variáveis aleatórias com diferentes médias e variâncias podem ser modeladas pelas funções densidade de probabilidade normal, com escolhas apropriadas do centro e da largura da curva. O valor de $E(X) = \mu$ determina o centro da função densidade de probabilidade e o valor de $V(X) = \sigma^2$ determina a largura. A Fig. 3-11 ilustra as várias funções densidade de probabilidade, com valores selecionados de μ e σ^2. Cada uma tem a curva característica simétrica e em forma de sino, porém os centros e as dispersões diferem. A seguinte definição fornece a fórmula para as funções densidade de probabilidade normal.

> **Definição**
>
> Uma variável aleatória X, com função densidade de probabilidade
>
> $$f(x) = \frac{1}{\sqrt{2\pi}\sigma} e^{\frac{-(x-\mu)^2}{2\sigma^2}} \quad \text{para } -\infty < x < \infty \quad (3\text{-}4)$$
>
> tem uma **distribuição normal** (e é chamada de uma **variável aleatória normal**), com parâmetros μ e σ, em que $-\infty < \mu < \infty$, e $\sigma > 0$. Também
>
> $$E(X) = \mu \text{ e } V(X) = \sigma^2$$

A notação $N(\mu, \sigma^2)$ é freqüentemente usada para denotar uma distribuição normal, com média μ e variância σ^2.

Exemplo 3-6

Suponha que as medidas da corrente em um pedaço de fio sigam a distribuição normal, com uma média de 10 miliampères e uma variância de 4 (miliampères)². Qual é a probabilidade de a medida exceder 13 miliampères?

Seja X a representação da corrente em miliampères. A probabilidade requerida pode ser representada por $P(X > 13)$. Essa probabilidade é mostrada como a área sombreada sob a função densidade de probabilidade normal na Fig. 3-12. Infelizmente, não há uma expressão exata para a integral de uma função densidade de probabilidade normal, sendo as probabilidades baseadas na distribuição normal tipicamente encontradas numericamente ou a partir de uma tabela (que introduziremos mais adiante).

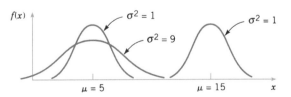

Fig. 3-11 Funções densidades de probabilidade normal para valores selecionados dos parâmetros μ e σ^2.

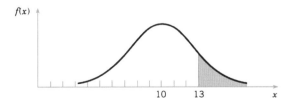

Fig. 3-12 Probabilidade de $X > 13$ para uma variável aleatória normal, com $\mu = 10$ e $\sigma^2 = 4$ no Exemplo 3-6.

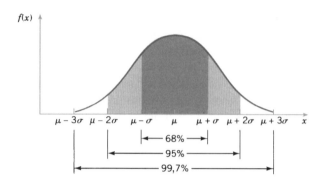

Fig. 3-13 Probabilidades associadas a uma distribuição normal.

Alguns resultados úteis, relativos à distribuição normal, são sumarizados na Fig. 3-13. Para qualquer variável aleatória normal,

$$P(\mu - \sigma < X < \mu + \sigma) = 0{,}6827$$
$$P(\mu - 2\sigma < X < \mu + 2\sigma) = 0{,}9545$$
$$P(\mu - 3\sigma < X < \mu + 3\sigma) = 0{,}9973$$

Da simetria de $f(x)$, $P(X > \mu) = P(X < \mu) = 0{,}5$. Como $f(x)$ é positiva para todo x, esse modelo atribui alguma probabilidade para cada intervalo da linha real. Entretanto, a função densidade de probabilidade diminui quando x se move para mais longe de μ. Conseqüentemente, a probabilidade de a medida cair longe de μ é pequena; a alguma distância de μ, a probabilidade de um intervalo pode ser aproximada como zero. Além de 3σ da média, a área sob a função densidade de probabilidade normal é bem pequena. Esse fato é conveniente para esboços grosseiros e rápidos de uma função densidade de probabilidade normal. Os esboços nos ajudam a determinar probabilidades. Pelo fato de mais de 0,9973 da probabilidade de uma distribuição normal estar dentro do intervalo $(\mu - 3\sigma, \mu + 3\sigma)$, 6σ *é freqüentemente referida como a largura de uma distribuição normal.* A integração numérica pode ser usada para mostrar que a área sob a função densidade de probabilidade normal de $-\infty < x < \infty$ é igual a 1.

Definição

Uma variável aleatória normal com $\mu = 0$ e $\sigma^2 = 1$ é chamada de **variável aleatória normal padrão**. Uma variável aleatória normal padrão é denotada por Z.

A Tabela I do Apêndice A apresenta probabilidades cumulativas para uma variável aleatória normal padrão. O uso da Tabela I é ilustrado pelo seguinte exemplo.

EXEMPLO 3-7

Considere que Z seja uma variável aleatória normal padrão. A Tabela I do Apêndice A fornece probabilidades da forma $P(Z \leq z)$. O uso da Tabela I para encontrar $P(Z \leq 1{,}5)$ é ilustrado na Fig. 3-14. Leia a coluna z para baixo até encontrar o valor 1,5. A probabilidade de 0,93319 é lida na coluna adjacente, marcada como 0,00.

O topo das colunas se refere às casas centesimais do valor de z em $P(Z \leq z)$. Por exemplo, $P(Z \leq 1{,}53)$ é encontrado lendo a coluna de z até o valor de 1,5 e, então, selecionando a coluna marcada como 0,03, encontrando-se, assim, a probabilidade de 0,93699.

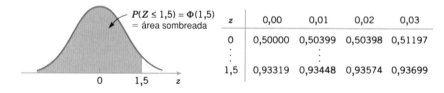

Fig. 3-14 Função densidade de probabilidade normal padrão.

Variáveis Aleatórias e Distribuições de Probabilidades

Definição

A função

$$\Phi(z) = P(Z \leq z)$$

é usada para denotar uma probabilidade proveniente da Tabela I do Apêndice A. Ela é chamada de função distribuição cumulativa de uma variável aleatória normal padrão. Uma tabela é requerida porque a probabilidade não pode ser determinada pelos métodos elementares.

As funções de distribuição cumulativa existem para outras variáveis aleatórias e elas são largamente disponíveis em pacotes computacionais. Elas podem ser usadas da mesma maneira que a $\Phi(z)$ para obter probabilidades para essas variáveis aleatórias.

As probabilidades que não estejam na forma $P(Z \leq z)$ são encontradas usando as regras básicas de probabilidade e a simetria da distribuição normal, juntamente com a Tabela I do Apêndice A. Os seguintes exemplos ilustram o método.

EXEMPLO 3-8

Os seguintes cálculos são mostrados de forma diagramática na Fig. 3-15. Na prática, uma probabilidade é freqüentemente arredondada para um ou dois algarismos significativos.

(1) $P(Z > 1{,}26) = 1 - P(Z \leq 1{,}26) = 1 - 0{,}89616 = 0{,}10384$
(2) $P(Z < -0{,}86) = 0{,}19490$
(3) $P(Z > -1{,}37) = P(Z < 1{,}37) = 0{,}91465$
(4) $P(-1{,}25 < Z < 0{,}37)$. Essa probabilidade pode ser encontrada a partir da diferença de duas áreas, $P(Z < 0{,}37) - P(Z < -1{,}25)$. Agora,

$P(Z < 0{,}37) = 0{,}64431$ e $P(Z < -1{,}25) = 0{,}10565$

Por conseguinte,

$P(-1{,}25 < Z < 0{,}37) = 0{,}64431 - 0{,}10565 = 0{,}53866$

(5) $P(Z \leq -4{,}6)$ não pode ser encontrada exatamente a partir da Tabela I. No entanto, a última entrada na tabela pode ser usada para encontrar que $P(Z \leq -3{,}99) = 0{,}00003$. Pelo fato de $P(Z \leq -4{,}6) < P(Z \leq -3{,}99)$, $P(Z \leq -4{,}6)$ é aproximadamente zero.

(6) Encontre o valor z tal que $P(Z > z) = 0{,}05$. Essa equação de probabilidade pode ser escrita como $P(Z \leq z) = 0{,}95$. Agora, a Tabela I é usada ao contrário. Procuramos atra-

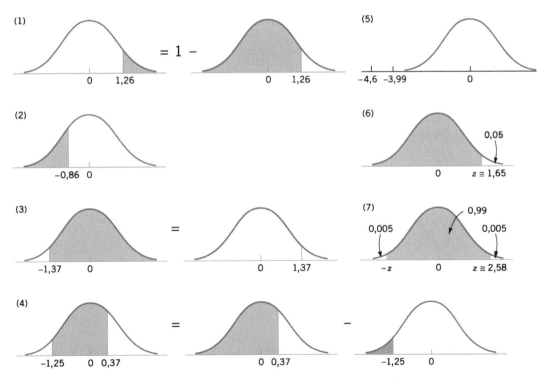

Fig. 3-15 Representações gráficas para o Exemplo 3-8.

vés das probabilidades até encontrar o valor que corresponda a 0,95. A solução é ilustrada na Fig. 3-15. Não encontramos exatamente 0,95; o valor mais próximo é 0,95053, correspondendo a $z = 1,65$.

(7) Encontre o valor de z tal que $P(-z < Z < z) = 0,99$. Por causa da simetria da distribuição normal, se a área da região sombreada na Fig. 3-15(7) for igual a 0,99, então a área em cada extremidade da distribuição deverá ser igual a 0,005. Logo, o valor de z corresponde a uma probabilidade de 0,995 na Tabela I. A probabilidade mais próxima desse valor na Tabela I é 0,99506, quando $z = 2,58$.

Os exemplos precedentes mostram como calcular as probabilidades para as variáveis aleatórias normais padrões. Usar a mesma abordagem para uma variável aleatória normal padrão arbitrária necessitaria de uma tabela em separado para cada par possível de valores de μ e σ. Felizmente, todas as distribuições normais estão relacionadas algebricamente e a Tabela I do Apêndice A pode ser usada para encontrar as probabilidades associadas com uma variável aleatória normal arbitrária usando primeiro uma transformação simples.

Se X for uma variável aleatória normal com $E(X) = \mu$ e $V(X) = \sigma^2$, então a variável aleatória

$$Z = \frac{(X - \mu)}{\sigma}$$

é uma variável aleatória normal, com $E(Z) = 0$ e $V(Z) = 1$. Ou seja, Z é uma variável aleatória normal padrão.

A criação de uma nova variável aleatória por essa transformação é referida como uma **padronização**. A variável aleatória Z representa a distância de X a partir de sua média em termos dos desvios-padrão. Essa é a etapa chave para calcular a probabilidade para uma variável aleatória normal arbitrária.

Exemplo 3-9

Suponha que as medidas da corrente em um pedaço de fio sigam a distribuição normal, com uma média de 10 miliampères e uma variância de 4 (miliampères)². Qual é a probabilidade de a medida exceder 13 miliampères?

Seja X a representação da corrente em miliampères. A probabilidade requerida pode ser representada por $P(X > 13)$. Faça $Z = (X - 10)/2$. A relação entre os vários valores de X e os valores transformados de Z é mostrada na Fig. 3-16. Notamos que $X > 13$ corresponde a $Z > 1,5$. Assim, da Tabela I,

$$P(X > 13) = P(Z > 1,5) = 1 - P(Z \leq 1,5) =$$
$$= 1 - 0,93319 = 0,06681$$

Em vez de usar a Fig. 3-16, a probabilidade pode ser encontrada a partir da desigualdade $X > 13$. Isto é,

$$P(X > 13) = P\left(\frac{X - 10}{2} > \frac{13 - 10}{2}\right) = P(Z > 1,5) = 0,06681$$

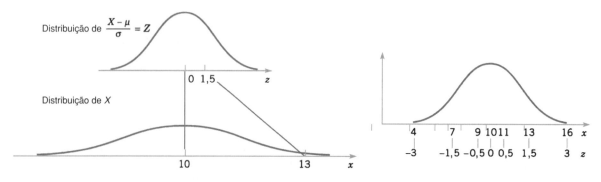

Fig. 3-16 Padronizando uma variável aleatória normal.

No exemplo precedente, o valor 13 é transformado para 1,5, através da padronização, e 1,5 é referido como o **valor z** associado com uma probabilidade.

O quadro seguinte resume o cálculo das probabilidades derivadas das variáveis aleatórias normais.

Suponha que X seja uma variável aleatória normal, com média μ e variância σ^2. Então,

$$P(X \le x) = P\left(\frac{X-\mu}{\sigma} \le \frac{x-\mu}{\sigma}\right) = P(Z \le z) \quad (3\text{-}5)$$

em que

Z é uma **variável aleatória normal padrão** e
$z = (x - \mu)/\sigma$ é o **valor z**, obtido pela **padronização** de X.
A probabilidade é obtida entrando na **Tabela I do Apêndice A** com $z = (x - \mu)/\sigma$.

Exemplo 3-10

Continuando o exemplo prévio, qual é a probabilidade de a medida da corrente estar entre 9 e 11 miliampères?

Da Fig. 3-16, ou procedendo algebricamente, temos

$$P(9 < X < 11) = P\left(\frac{9-10}{2} < \frac{X-10}{2} < \frac{11-10}{2}\right)$$
$$= P(-0,5 < Z < 0,5)$$
$$= P(Z < 0,5) - P(Z < -0,5)$$
$$= 0,69146 - 0,30854$$
$$= 0,38292$$

Determine o valor para o qual a probabilidade de uma medida da corrente estar abaixo desse valor seja 0,98. O valor requerido é mostrado graficamente na Fig. 3-17. O valor de x é tal que $P(X < x) = 0,98$. Pela padronização, essa expressão de probabilidade pode ser escrita como

$$P(X < x) = P\left(\frac{X-10}{2} < \frac{x-10}{2}\right)$$
$$= P\left(Z < \left(\frac{x-10}{2}\right)\right)$$
$$= 0,98$$

A Tabela I é usada para encontrar o valor de z, tal que $P(Z < z) = 0,98$. A probabilidade mais próxima da Tabela I resulta em

$$P(Z < 2,05) = 0,97982$$

Conseqüentemente, $(x - 10)/2 = 2,05$ e a transformação padronizada é usada ao contrário para determinar x. O resultado é

$$x = 2(2,05) + 10 = 14,1 \text{ miliampères}$$

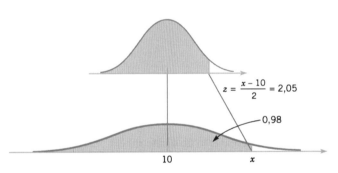

Fig. 3-17 Determinando o valor de x para atender a uma probabilidade especificada.

Exemplo 3-11

Na transmissão de um sinal digital, considere que o ruído siga uma distribuição normal, com uma média de 0 volt e um desvio-padrão de 0,45 volt. Se o sistema considerar que um sinal digital 1 seja transmitido quando a voltagem exceder 0,9, qual será a probabilidade de detectar um sinal digital 1 quando nada tiver sido enviado?

Seja a variável aleatória N a representação da voltagem do ruído. A probabilidade requerida é

$$P(N > 0,9) = P\left(\frac{N}{0,45} > \frac{0,9}{0,45}\right) = P(Z > 2)$$
$$= 1 - 0,97725 = 0,02275$$

Essa probabilidade pode ser descrita como a probabilidade de uma falsa detecção.

Determine os limites simétricos, em torno de 0, que incluam 99% de todas as leituras do ruído. Um gráfico é mostrado na Fig. 3-18. Agora,

$$P(-x < N < x) = P\left(-\frac{x}{0,45} < \frac{N}{0,45} < \frac{x}{0,45}\right)$$
$$= P\left(-\frac{x}{0,45} < Z < \frac{x}{0,45}\right) = 0,99$$

Da Tabela I

$$P(-2,58 < Z < 2,58) = 0,99$$

Logo,

$$\frac{x}{0{,}45} = 2{,}58$$

e

$$x = 2{,}58(0{,}45) = 1{,}16$$

Suponha que um sinal digital seja representado por uma mudança para 1,8 volt na média da distribuição de ruído. Qual é a probabilidade de um sinal digital 1 não ser detectado? Faça a variável aleatória S denotar a voltagem quando um sinal digital 1 é transmitido. Então,

$$P(S < 0{,}9) = P\left(\frac{S - 1{,}8}{0{,}45} < \frac{0{,}9 - 1{,}8}{0{,}45}\right)$$

$$= P(Z < -2)$$

$$= 0{,}02275$$

Essa probabilidade pode ser interpretada como a probabilidade de um sinal perdido.

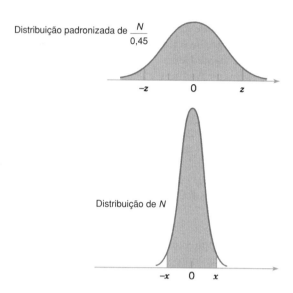

Fig. 3-18 Determinando o valor de x para atender a uma probabilidade especificada.

Exemplo 3-12

O diâmetro de um eixo de um *drive* óptico de armazenagem é normalmente distribuído, com média de 0,2508 polegada e desvio-padrão de 0,0005 polegada. As especificações do eixo são 0,2500 ± 0,0015 polegada. Que proporção de eixos obedece às especificações?

Seja X a representação do diâmetro, em polegadas, do eixo. A probabilidade requerida é mostrada na Fig. 3-19 e

$$P(0{,}2485 < X < 0{,}2515) = P\left(\frac{0{,}2485 - 0{,}2508}{0{,}0005} < Z < \frac{0{,}2515 - 0{,}2508}{0{,}0005}\right)$$
$$= P(-4{,}6 < Z < 1{,}4)$$
$$= P(Z < 1{,}4) - P(Z < -4{,}6)$$
$$= 0{,}91924 - 0{,}0000$$
$$= 0{,}91924$$

A maioria dos eixos não conformes é muito grande, por causa da média do processo estar localizada muito perto do limite superior de especificação. Se o processo estivesse centralizado de modo que a média do processo fosse igual ao valor alvo de 0,2500, então

$$P(0{,}2485 < X < 0{,}2515) = P\left(\frac{0{,}2485 - 0{,}2500}{0{,}0005} < Z < \frac{0{,}2515 - 0{,}2500}{0{,}0005}\right)$$
$$= P(-3 < Z < 3)$$
$$= P(Z < 3) - P(Z < -3)$$
$$= 0{,}99865 - 0{,}00135$$
$$= 0{,}9973$$

Através da recentralização do processo, o resultado é aumentado para aproximadamente 99,73%.

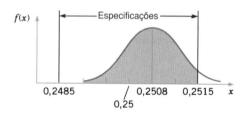

Fig. 3-19 Distribuição para o Exemplo 3-12.

EXERCÍCIOS PARA A SEÇÃO 3-5

3-28. Use a Tabela I do Apêndice A para determinar as seguintes probabilidades para a variável aleatória normal padrão Z.
(a) $P(-1 < Z < 1)$
(b) $P(-2 < Z < 2)$
(c) $P(-3 < Z < 3)$
(d) $P(Z < -3)$

(e) $P(0 < Z \leq 3)$

3-29. Suponha que Z tenha uma distribuição normal padrão. Use a Tabela I do Apêndice A para determinar o valor de z que resolve cada um dos seguintes itens.
(a) $P(Z < z) = 0,50000$
(b) $P(Z < z) = 0,001001$
(c) $P(Z > z) = 0,881000$
(d) $P(Z > z) = 0,866500$
(e) $P(-1,3 < Z < z) = 0,863140$

3-30. Suponha que Z tenha uma distribuição normal padrão. Use a Tabela I do Apêndice A para determinar o valor de z que resolve cada um dos seguintes itens.
(a) $P(-z < Z < z) = 0,95$
(b) $P(-z < Z < z) = 0,99$
(c) $P(-z < Z < z) = 0,68$
(d) $P(-z < Z < z) = 0,9973$

3-31. Suponha que X seja distribuída normalmente, com uma média de 10 e um desvio-padrão de 2. Determine o seguinte.
(a) $P(X < 14)$
(b) $P(X > 8)$
(c) $P(8 < X < 12)$
(d) $P(4 < X < 16)$
(e) $P(6 < X < 10)$
(f) $P(10 < X < 16)$

3-32. Suponha que X seja distribuída normalmente, com uma média de 10 e um desvio-padrão de 2. Determine o valor de x que resolve cada um dos seguintes itens.
(a) $P(X > x) = 0,5$
(b) $P(X > x) = 0,95$
(c) $P(x < X < 10) = 0,2$

3-33. Suponha que X seja distribuída normalmente, com uma média de 7 e um desvio-padrão de 2. Determine o seguinte.
(a) $P(X < 11)$
(b) $P(X > 0)$
(c) $P(3 < X < 7)$
(d) $P(-2 < X < 9)$
(e) $P(2 < X < 8)$

3-34. Suponha que X seja distribuída normalmente, com uma média de 6 e um desvio-padrão de 3. Determine o valor de x que resolve cada um dos seguintes itens.
(a) $P(X > x) = 0,5$
(b) $P(X > x) = 0,95$
(c) $P(x < X < 9) = 0,2$
(d) $P(3 < X < x) = 0,8$

3-35. A resistência à compressão de amostras de cimento pode ser modelada por uma distribuição normal, com uma média de 6.000 quilogramas por centímetro quadrado e um desvio-padrão de 100 quilogramas por centímetro quadrado.
(a) Qual é a probabilidade de a resistência da amostra ser menor do que 6.250 kg/cm²?
(b) Qual é a probabilidade de a resistência da amostra estar entre 5.800 e 5.900 kg/cm²?
(c) Que resistência é excedida por 95% das amostras?

3-36. A resistência à tração do papel pode ser modelada por uma distribuição normal, com uma média de 35 libras por polegada quadrada e um desvio-padrão de 2 libras por polegada quadrada.
(a) Qual é a probabilidade de a resistência de uma amostra ser menor do que 39 lb/in²?

(b) Se as especificações requererem que a resistência à tração exceda 29 lb/in², que proporção das amostras será rejeitada?

3-37. A largura do cabo de uma ferramenta usada para a fabricação de semicondutores é suposta estar distribuída normalmente, com uma média de 0,5 micrômetro e um desvio-padrão de 0,05 micrômetro.
(a) Qual é a probabilidade de a largura do cabo ser maior que 0,62 micrômetro?
(b) Qual é a probabilidade de a largura do cabo estar entre 0,47 e 0,63 micrômetro?
(c) Abaixo de qual valor está a largura do cabo de 90% das amostras?

3-38. O volume de enchimento de uma máquina automática de enchimento, usada para encher latas de bebidas gasosas, é distribuído normalmente, com uma média de 12,4 onças fluidas e um desvio-padrão de 0,1 onça fluida.
(a) Qual é a probabilidade de o volume de enchimento ser menor que 12 onças fluidas?
(b) Se todas as latas menores que 12,1 ou maiores que 12,6 onças forem rejeitadas, que proporção de latas será rejeitada?
(c) Determine as especificações que sejam simétricas em torno da média, que incluam 99% de todas as latas.

3-39. Continuação do Exercício 3-38. A média da operação de enchimento pode ser ajustada facilmente, porém o desvio-padrão permanece 0,1 onça.
(a) Qual o valor da média que deveria ser estabelecida, de modo que 99,9% de todas as latas excedessem 12 onças?
(b) Qual o valor da média que deveria ser estabelecida, de modo que 99,9% de todas as latas excedessem 12 onças, se o desvio-padrão pudesse ser reduzido para 0,05 onça fluida?

3-40. O tempo de reação de um motorista para o estímulo visual é normalmente distribuído, com uma média de 0,4 s e um desvio-padrão de 0,05 s.
(a) Qual é a probabilidade de que uma reação requeira mais de 0,5 s?
(b) Qual é a probabilidade de que uma reação requeira entre 0,4 s e 0,5 s?
(c) Qual é o tempo de reação que é excedido em 90% do tempo?

3-41. O comprimento de uma capa de plástico, moldada por injeção, que reveste uma fita magnética é normalmente distribuído, com um comprimento médio de 90,2 milímetros e um desvio-padrão de 0,1 milímetro.
(a) Qual é a probabilidade de uma peça ser maior que 90,3 milímetros ou menor que 89,7 milímetros?
(b) Qual deveria ser a média do processo para se usar de modo a se obter o maior número de peças entre 89,7 e 90,3 milímetros?
(c) Se peças que não estejam entre 89,7 e 90,3 milímetros forem rejeitadas, qual será o rendimento se você usar a média do processo que você selecionou no item (b)?

3-42. Continuação do Exercício 3-41. Suponha que o processo fosse centralizado, de modo que a média fosse 90 milímetros e o desvio-padrão fosse 0,1 milímetro.
(a) Qual é a probabilidade de que uma peça esteja entre 89,8 e 90,2 milímetros?

48 CAPÍTULO TRÊS

(b) Qual é a probabilidade de que uma peça seja menor do que 89,8 ou maior do que 90,2 milímetros?

3-43. O período de falta ao trabalho em um mês por causa de doenças dos empregados é normalmente distribuído, com uma média de 60 horas e desvio-padrão de 10 horas.

(a) Qual é a probabilidade desse período no próximo mês estar entre 50 e 80 horas?

(b) Quanto tempo deveria ser orçado para esse período se a quantidade orçada devesse ser excedida com uma probabilidade de somente 10%?

3-44. A vida de um semicondutor a laser, a uma potência constante, é normalmente distribuída, com uma média de 7.000 horas e desvio-padrão de 600 horas.

(a) Qual é a probabilidade de o laser falhar antes de 5.000 horas?

(b) Qual é o tempo de vida em horas que 95% dos lasers excedem?

3-45. O diâmetro do ponto produzido por uma impressora é normalmente distribuído, com uma média de 0,002 polegada e um desvio-padrão de 0,0004 polegada.

(a) Qual é a probabilidade de o diâmetro de um ponto exceder 0,0026 polegada?

(b) Qual é a probabilidade de um diâmetro estar entre 0,0014 e 0,0026 polegada?

(c) Que desvio-padrão do diâmetro é necessário para que a probabilidade do item (b) seja 0,995?

3-46. O peso de uma peça de reposição da articulação humana é normalmente distribuído, com uma média de 2 onças e um desvio-padrão de 0,05 onça.

(a) Qual é a probabilidade de o sapato pesar mais de 2,10 onças?

(b) Qual tem de ser o desvio-padrão do peso para que a companhia estabeleça que 99,9% de suas peças sejam menores do que 2,10 onças?

(c) Se o desvio-padrão permanecer em 0,05 onça, qual tem de ser o peso médio para que a companhia estabeleça que 99,9% de suas peças sejam menores que 2,10 onças?

3-6 GRÁFICOS DE PROBABILIDADE

Como sabemos se uma distribuição normal é um modelo razoável para os dados? O **gráfico de probabilidade** é um método para determinar se os dados da amostra obedecem a uma distribuição suposta, baseando-se no exame visual subjetivo dos dados. O procedimento geral é muito simples e pode ser feito rapidamente. O gráfico de probabilidade usa tipicamente um papel gráfico especial, conhecido como **papel de probabilidade**, que tem sido projetado para a distribuição suposta. O papel de probabilidade é largamente disponível para as distribuições normal, lognormal, Weibull e várias distribuições qui-quadrado e gama.

Para construir um gráfico de probabilidade, as observações na amostra são primeiro ordenadas da menor para a maior.

Ou seja, a amostra x_1, x_2, ..., x_n é arrumada como $x_{(1)}$, $x_{(2)}$, ..., $x_{(n)}$, em que $x_{(1)}$ é a menor observação, $x_{(2)}$ é a segunda menor observação e assim por diante, com $x_{(n)}$ sendo a maior. As observações ordenadas $x_{(j)}$ são então plotadas contra suas freqüências cumulativas observadas $(j - 0,5)/n$ em um papel apropriado de probabilidade. Se a distribuição suposta descrever adequadamente os dados, os pontos plotados cairão, aproximadamente, ao longo de uma linha reta; se os pontos plotados desviarem significativa e sistematicamente de uma linha reta, então o modelo suposto não será apropriado. Geralmente, determinar se os dados plotados seguem ou não a linha reta é algo subjetivo. O procedimento é ilustrado no seguinte exemplo.

EXEMPLO 3-13

Dez observações sobre o tempo (em minutos) efetivo de vida de serviço de baterias usadas em um computador pessoal portátil são: 176, 191, 214, 220, 205, 192, 201, 190, 183, 185. Imaginemos que a vida da bateria seja modelada adequadamente por uma distribuição normal. Para usar o gráfico de probabilidade de modo a investigar essa hipótese, arrume primeiro as observações em ordem crescente e calcule suas freqüências cumulativas $(j - 0,5)/10$ conforme segue.

j	$x_{(j)}$	$(j - 0,5)/10$
1	176	0,05
2	183	0,15
3	185	0,25
4	190	0,35
5	191	0,45
6	192	0,55
7	201	0,65
8	205	0,75
9	214	0,85
10	220	0,95

Os pares de valores $x_{(j)}$ e $(j - 0,5)/10$ são agora plotados em um papel de probabilidade normal. Esse gráfico é mostrado na Fig. 3-20. A maioria dos papéis de probabilidade normal plota $100(j - 0,5)/n$ na escala vertical da esquerda e $100[1 - (j - 0,5)/n]$ na escala vertical da direita, com o valor da variável plotada na escala horizontal. Uma linha reta, escolhida subjetivamente, foi desenhada através dos pontos plotados. Desenhando a linha reta, você deve estar mais influenciado pelos pontos perto do meio do gráfico do que pelos pontos extremos. Uma boa regra prática é desenhar a linha aproximadamente entre o 25.º e o 75.º percentis. Essa é a maneira como a linha na Fig. 3-20 foi determinada. Na determinação do desvio sistemático dos pontos a partir da linha reta, imagine um "lápis gordo", repousando ao longo da linha. Se todos os pontos forem cobertos por esse lápis imaginário, então a distribuição normal descreverá adequadamente os dados. Uma vez que os pontos na Fig. 3-20 passaram no teste do "a lápis gordo", concluímos que a distribuição normal é um modelo apropriado.

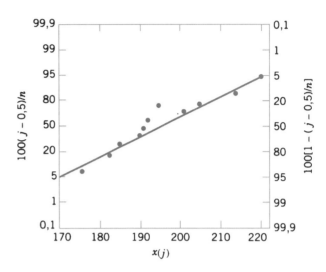

Fig. 3-20 Gráfico de probabilidade normal para a vida da bateria.

Um gráfico de probabilidade normal pode também ser construído em um papel gráfico normal, plotando os escores normais padrões z_j contra $x_{(j)}$, em que os escores normais padrões satisfazem

$$\frac{j - 0,5}{n} = P(Z \le z_j) = \Phi(z_j)$$

Por exemplo, se $(j - 0,5)/n = 0,05$, então $\Phi(z_j) = 0,05$ implica que $z_j = -1,64$. Para ilustrar, considere os dados do exemplo prévio. Na tabela a seguir, mostramos os escores normais padrões na última coluna.

j	$x_{(j)}$	$(j - 0,5)/10$	z_j
1	176	0,05	−1,64
2	183	0,15	−1,04
3	185	0,25	−0,67
4	190	0,35	−0,39
5	191	0,45	−0,13
6	192	0,55	0,13
7	201	0,65	0,39
8	205	0,75	0,67
9	214	0,85	1,04
10	220	0,95	1,64

A Fig. 3-21 apresenta o gráfico de z_j versus $x_{(j)}$. Esse gráfico de probabilidade normal é equivalente àquele da Fig. 3-20.

Uma aplicação muito importante do gráfico de probabilidade normal está na *verificação de suposições*, quando se usam procedimentos de inferência estatística que requerem a suposição de normalidade.

Somente gráficos de probabilidade para uma distribuição normal são mostrados aqui, porém o método é tão simples quanto no caso de outras distribuições. Pacotes computacionais nos capacitam a gerar gráficos de probabilidade para verificar muitas outras distribuições. Uma desvantagem é que o método é subjetivo. O Cap. 4 apresentará uma abordagem mais formal para estimar uma distribuição, baseando-se em um teste de ajuste.

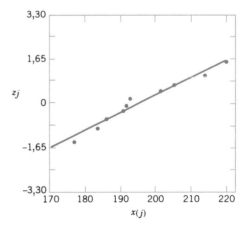

Fig. 3-21 Gráfico de probabilidade normal, obtido a partir de escores normais padronizados.

50 CAPÍTULO TRÊS

EXERCÍCIOS PARA A SEÇÃO 3-6

3-47. Um engarrafador de refrigerantes está estudando a resistência à pressão interna de garrafas de 1 litro, feitas de vidro. Uma amostra aleatória de 16 garrafas é testada e as resistências à pressão são obtidas. Os dados são mostrados a seguir. Plote esses dados em um papel de probabilidade. Parece razoável concluir que a resistência à pressão seja normalmente distribuída?

226,16 psi	211,14 psi
202,20	203,62
219,54	188,12
193,73	224,34
208,15	221,31
195,45	204,55
193,71	202,21
200,81	201,63

3-48. Amostras de 20 peças são selecionadas de duas máquinas, sendo medida uma dimensão crítica em cada peça. Os dados são mostrados a seguir. Plote os dados em um papel de probabilidade normal. Essa dimensão parece ter uma distribuição normal? Que tentativas de conclusões você pode tirar acerca das duas máquinas?

Máquina 1			
99,1	104,5	102,3	96,7
99,1	103,8	100,4	100,9
99,0	99,6	102,5	96,5
98,9	99,4	99,7	103,1
99,6	104,6	101,6	96,8

Máquina 2			
90,9	100,7	95,0	98,8
99,6	105,5	92,3	115,5
105,9	104,0	109,5	87,1
91,2	96,5	96,2	109,8
92,8	106,7	97,6	106,5

3-49. Depois de examinar os dados das duas máquinas no Exercício 3-48, a engenheira de processo conclui que a máquina 2 tem maior variabilidade peça a peça. Ela faz alguns ajustes na máquina de modo a reduzir a variabilidade; ela obtém uma outra amostra de 20 peças. As medidas nessas peças são mostradas a seguir. Plote esses dados em um papel de probabilidade normal e compare-os com o gráfico de probabilidade normal dos dados da máquina 2 no Exercício 3-48. A distribuição normal é razoável para os dados? Parece que a variância foi reduzida?

103,4	107,0	107,7	104,5
108,1	101,5	106,2	106,6
103,1	104,1	106,3	105,6
108,2	106,9	107,8	103,7
103,9	103,3	107,4	102,6

3-50. Estudando a uniformidade da espessura de polissilicone em uma pastilha usada na fabricação de semicondutores, Lu, Davis e Gyurcsik (*Journal of the American Statistical Association*, Vol. 93, 1998) colecionaram dados de 22 pastilhas independentes: 494, 853, 1090, 1058, 517, 882, 732, 1143, 608, 590, 940, 920, 917, 581, 738, 732, 750, 1205, 1194, 1221, 1209, 708. É razoável modelar esses dados usando uma distribuição normal de probabilidades?

3-7 VARIÁVEIS ALEATÓRIAS DISCRETAS

Para uma variável aleatória discreta, somente medidas em pontos discretos são possíveis.

EXEMPLO 3-14

Um sistema de comunicação por voz para uma empresa comercial contém 48 linhas externas. Em um certo tempo, o sistema é observado e algumas das linhas estão sendo usadas. Seja a variável aleatória X a representação do número de linhas em uso. Então, X pode assumir qualquer um dos valores inteiros de 0 a 48.

Exemplo 3-15

A análise da superfície de uma pastilha semicondutora registra o número de partículas de contaminação que excedem um certo tamanho. Defina a variável aleatória X de modo a igualar o número de partículas de contaminação.

Os valores possíveis de X são inteiros de 0 até algum valor grande que represente o número máximo dessas partículas que podem ser encontradas em uma das pastilhas. Se esse número máximo for muito grande, poderá ser conveniente considerar que qualquer inteiro a partir de zero até ∞ seja possível.

3-7.1 Função de Probabilidade

Como mencionado anteriormente, a distribuição de probabilidades de uma variável aleatória X é uma descrição das probabilidades associadas com os valores possíveis de X. Para uma variável aleatória discreta, a distribuição é freqüentemente especificada por apenas uma lista de valores possíveis, juntamente com a probabilidade de cada um. Em alguns casos, é conveniente expressar a probabilidade em termos de uma fórmula.

Exemplo 3-16

Há uma chance de que um *bit* transmitido através de um canal de transmissão digital seja recebido com erro. Considere X igual ao número de *bits* com erro nos quatro próximos *bits* transmitidos. Os valores possíveis para X são $\{0,1,2,3,4\}$. Baseado em um modelo (que será apresentado na seção seguinte) para os erros, as probabilidades para esses valores serão determinadas. Suponha que as probabilidades sejam

$$P(X = 0) = 0{,}6561$$
$$P(X = 1) = 0{,}2916$$
$$P(X = 2) = 0{,}0486$$
$$P(X = 3) = 0{,}0036$$
$$P(X = 4) = 0{,}0001$$

A distribuição de probabilidades de X é especificada pelos valores possíveis, juntamente com a probabilidade de cada um. Uma descrição gráfica da distribuição de probabilidades de X é mostrada na Fig. 3-22.

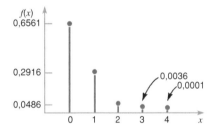

Fig. 3-22 Distribuição de probabilidades para X no Exemplo 3-16.

Suponha que um carregamento em uma viga longa e delgada coloque massa somente em pontos discretos. Ver Fig. 3-23. O carregamento pode ser descrito por uma função que especifica a massa em cada um dos pontos discretos. Similarmente, para uma variável aleatória discreta X, sua distribuição pode ser descrita por uma função que especifica a probabilidade de cada um dos valores discretos possíveis para X.

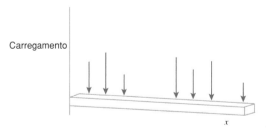

Fig. 3-23. Carregamentos em pontos discretos, em uma viga longa e delgada.

Definição
Para uma variável aleatória discreta X, com valores possíveis $x_1, x_2, ..., x_n$, a **função de probabilidade** é

$$f(x_i) = P(X = x_i) \qquad (3\text{-}6)$$

Já que $f(x_i)$ é definida como uma probabilidade, $f(x_i) \geq 0$ para todo x_i e $\sum_{i=1}^{n} f(x_i) = 1$. O leitor deve verificar que essa soma das probabilidades no exemplo prévio é 1.

3-7.2 Função Distribuição Cumulativa

Uma função distribuição cumulativa pode também ser usada para fornecer a distribuição de probabilidades de uma variável discreta. A função distribuição cumulativa em um valor x é a soma das probabilidades em todos os pontos menores do que ou iguais a x.

A **função distribuição cumulativa** de uma variável aleatória discreta X é

$$F(x) = P(X \leq x) = \sum_{x_i \leq x} f(x_i)$$

Exemplo 3-17

No exemplo prévio, a função de probabilidade de X é

$P(X = 0) = 0{,}6561 \quad P(X = 1) = 0{,}2916 \quad P(X = 2) = 0{,}0486$
$P(X = 3) = 0{,}0036 \quad P(X = 4) = 0{,}0001$

Por conseguinte,

$F(0) = 0{,}6561 \quad F(1) = 0{,}9477$
$F(2) = 0{,}9963 \quad F(3) = 0{,}9999 \quad F(4) = 1$

Mesmo se a variável aleatória puder assumir somente valores inteiros, a função distribuição cumulativa é definida em valores não inteiros. Por exemplo,

$F(1{,}5) = P(X \leq 1{,}5) = P(X \leq 1) = 0{,}9477$

O gráfico de $F(x)$ é mostrado na Fig. 3-24. Note que o gráfico tem descontinuidades (saltos) nos valores discretos para X. O tamanho do salto em um ponto x é igual à probabilidade em x.

Por exemplo, considere $x = 1$. Aqui, $F(1) = 0{,}9477$, mas para $0 \leq x < 1$, $F(x) = 0{,}6561$. A mudança é $P(X = 1) = 0{,}2916$.

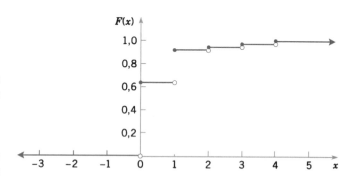

Fig. 3-24 Função de distribuição cumulativa x no Exemplo 3-16.

3-7.3 Média e Variância

A média e a variância de uma variável aleatória discreta são definidas similarmente a uma variável aleatória contínua. O somatório substitui a integração nas definições.

Definição
Sejam os valores possíveis da variável aleatória X as representações de $x_1, x_2, ..., x_n$. A função de probabilidade de X é $f(x)$; assim, $f(x_i) = P(X = x_i)$.

A **média** ou o **valor esperado** de uma variável aleatória discreta X, denotada(o) como μ ou $E(X)$, é

$$\mu = E(X) = \sum_{i=1}^{n} x_i f(x_i) \qquad (3\text{-}7)$$

A **variância** de X, denotada por σ^2 ou $V(X)$, é

$$\sigma^2 = V(X) = E(X - \mu)^2 = \sum_{i=1}^{n}(x_i - \mu)^2 f(x_i) = \sum_{i=1}^{n} x_i^2 f(x_i) - \mu^2$$

O **desvio-padrão** de X é $\sigma = [V(X)]^{1/2}$.

VARIÁVEIS ALEATÓRIAS E DISTRIBUIÇÕES DE PROBABILIDADES **53**

A média de X pode ser interpretada como o centro de massa da faixa de valores de X. Ou seja, se colocarmos massa igual a $f(x_i)$ em cada ponto x_i em uma linha real, então $E(X)$ será o ponto em que a linha real estará equilibrada. Desse modo, o termo "função de probabilidade" pode ser interpretado por essa analogia com mecânica.

EXEMPLO 3-18

Para a variável aleatória no exemplo prévio,

$$\mu = E(X) = 0f(0) + 1f(1) + 2f(2) + 3f(3) + 4f(4)$$
$$= 0(0,6561) + 1(0,2916) + 2(0,0486) +$$
$$+ 3(0,0036) + 4(0,0001)$$
$$= 0,4$$

Embora X nunca assuma o valor 0,4, a média ponderada dos valores possíveis é 0,4. Para calcular $V(X)$, uma tabela é conveniente.

x	$x - 0,4$	$(x - 0,4)^2$	$f(x)$	$f(x)(x - 0,4)^2$
0	−0,4	0,16	0,6561	0,104976
1	0,6	0,36	0,2916	0,104976
2	1,6	2,56	0,0486	0,124416
3	2,6	6,76	0,0036	0,024336
4	3,6	12,96	0,0001	0,001296

$$V(X) = \sigma^2 = \sum_{i=1}^{5} f(x_i)(x_i - 0,4)^2 = 0,36$$

EXEMPLO 3-19

Dois projetos novos de produto devem ser comparados, baseando-se no potencial de retorno. O setor de comercialização (*marketing*) sente que o retorno do Projeto A pode ser previsto bem acuradamente como sendo de US$ 3 milhões. O potencial de retorno do Projeto B é mais difícil de estimar. O setor de comercialização conclui que há uma probabilidade de 0,3 de que o retorno do Projeto B seja de US$ 7 milhões, mas há uma probabilidade igual a 0,7 de que o retorno seja de apenas US$ 2 milhões. Qual o projeto que você prefere?

Seja X a representação do retorno do Projeto A. Devido à certeza no retorno do Projeto A, podemos modelar a distribuição da variável aleatória X como US$ 3 milhões, com probabilidade igual a um. Por conseguinte, $E(X) = $ US$ 3 milhões.

Seja Y a representação do retorno do Projeto B. O valor esperado de Y, em milhões de reais é

$$E(Y) = \$7(0,3) + \$2(0,7) = \$3,5$$

Pelo fato de $E(Y)$ exceder $E(X)$, podemos preferir o Projeto B. No entanto, a variabilidade do resultado do Projeto B é maior. Ou seja,

$$\sigma^2 = (7 - 3,5)^2(0,3) + (2 - 3,5)^2(0,7)$$
$$= 5,25 \text{ (milhões de dólares)}^2$$

EXERCÍCIOS PARA A SEÇÃO 3-7

Verifique que as funções nos Exercícios 3-51 a 3-54 são funções de probabilidade e determine os valores solicitados.

3-51.

x	1	2	3	4
$f(x)$	0,326	0,088	0,019	0,251

x	5	6	7
$f(x)$	0,158	0,140	0,018

  (a) $P(X \leq 3)$
  (b) $P(3 < X < 5,1)$
  (c) $P(X > 4,5)$
  (d) Média e variância.
  (e) Gráfico $F(x)$.

3-52.

x	0	1	2	3
$f(x)$	0,025	0,041	0,049	0,074

x	4	5	6	7
$f(x)$	0,098	0,205	0,262	0,123

x	8	9
$f(x)$	0,074	0,049

  (a) $P(X \leq 1)$
  (b) $P(2 < X < 7,2)$
  (c) $P(X \geq 6)$
  (d) Média e variância.
  (e) Gráfico $F(x)$.

3-53. $f(x) = (8/7)(1/2)^x$, $x = 1, 2, 3$
  (a) $P(X \leq 1)$
  (b) $P(X > 1)$
  (c) Média e variância.

54 CAPÍTULO TRÊS

(d) Gráfico $F(x)$.
3-54. $f(x) = (1/2)(x/5)$, $x = 1, 2, 3, 4$
(a) $P(X = 2)$
(b) $P(X \leq 2)$
(c) $P(X > 2)$
(d) $P(X \geq 1)$
(e) Média e variância.
(f) Gráfico $F(x)$.
3-55. Consumidores compram uma determinada marca de automóvel, com uma variedade de opções. A função de probabilidade do número de opções selecionadas é

x	7	8	9	10
$f(x)$	0,040	0,130	0,190	0,300
x	11	12	13	
$f(x)$	0,240	0,050	0,050	

(a) Qual é a probabilidade de um consumidor escolher menos de 9 opções?

(b) Qual é a probabilidade de um consumidor escolher mais de 11 opções?
(c) Qual é a probabilidade de um consumidor escolher entre 8 e 12 opções, inclusive?
(d) Qual é o número esperado de opções escolhidas? Qual é a variância?

3-56. O setor de propaganda estima que um novo instrumento para a análise de amostras do solo terá muito sucesso, moderado sucesso ou nenhum sucesso, com probabilidades de 0,3; 0,6 e 0,1, respectivamente. A receita anual associada com um produto de muito sucesso, moderado sucesso e nenhum sucesso é de US$ 10 milhões, US$ 5 milhões e US$ 1 milhão, respectivamente. Seja a variável aleatória X a representação da receita anual do produto.
(a) Determine a função de probabilidade de X.
(b) Determine o valor esperado e o desvio-padrão da receita anual.

3-8 DISTRIBUIÇÃO BINOMIAL

Uma variável aleatória discreta largamente usada será introduzida a seguir. Considere os seguintes experimentos aleatórios e variáveis aleatórias.

1. Jogue uma moeda 10 vezes. Seja X = número de caras obtidas.
2. Um tear produz 1% de peças defeituosas. Seja X = número de peças defeituosas nas próximas 25 peças produzidas.
3. Cada amostra de ar tem 10% de chance de conter uma molécula rara particular. Seja X = número de amostras de ar que contêm a molécula rara nas próximas 18 amostras analisadas.
4. De todos os *bits* transmitidos através de um canal digital de transmissão, 10% são recebidos com erro. Seja X = número de *bits* com erro nos próximos 4 *bits* transmitidos.
5. Um teste de múltipla escolha contém 10 questões, cada uma com quatro escolhas. Você tenta adivinhar cada questão. Seja X = número de questões respondidas corretamente.
6. Nos próximos 20 nascimentos em um hospital, seja X = número de nascimentos de meninas.
7. De todos os pacientes sofrendo de uma determinada doença, 35% deles experimentam uma melhora proveniente de uma medicação particular. Nos próximos 30 pacientes administrados com a medicação, seja X = número de pacientes que experimentam melhora.

Esses exemplos ilustram que um modelo geral de probabilidade, que incluísse esses experimentos como casos particulares, seria muito útil.

Cada um desses experimentos aleatórios pode ser pensado como consistindo em uma série de tentativas aleatórias e repetidas: 10 arremessos da moeda no experimento (1), a produção de 25 peças no experimento (2) e assim por diante. A variável aleatória em cada caso é uma contagem do número de tentativas que

encontram um critério especificado. O resultado de cada tentativa satisfaz ou não o critério de que X conta; conseqüentemente, cada tentativa pode ser sumarizada como resultando em um sucesso ou uma falha, respectivamente. Por exemplo, em um experimento de múltipla escolha, para cada questão, somente a escolha que seja correta é considerada um **sucesso**. Escolhendo qualquer uma das três opções incorretas resulta em uma tentativa sendo resumida como uma falha.

Os termos *sucesso* e *falha* são meras designações. Podemos também usar apenas "*A*" e "*B*" ou "0" e "1". Infelizmente, as designações usuais podem algumas vezes ser enganosas. No experimento (2), devido a X contar peças defeituosas, a produção de uma peça defeituosa é chamada de sucesso.

Uma tentativa com somente dois resultados possíveis é usada tão freqüentemente como um bloco formador de um experimento aleatório que é chamada de uma **tentativa de Bernoulli**. Geralmente, considera-se que as tentativas que constituam o experimento aleatório sejam **independentes**. Isso implica que o resultado de uma tentativa não tem efeito no resultado a ser obtido a partir de qualquer outra tentativa. Além disso, é freqüentemente razoável supor que a **probabilidade de um sucesso em cada tentativa seja constante**.

No item 5, o experimento de múltipla escolha, se a pessoa que for fazer o teste não tiver conhecimento do material e somente adivinhar cada questão, podemos supor que a probabilidade de uma resposta correta seja 1/4 *para cada questão*.

Para analisar X, lembre-se da interpretação de freqüência relativa de probabilidade. A proporção de vezes com que se espera que a Questão 1 esteja correta é 1/4 e a proporção de vezes com que se espera que a Questão 2 esteja correta é 1/4. Para tentativas simples, a proporção de vezes com que se espera que ambas as questões estejam corretas é

$$(1/4)(1/4) = 1/16$$

Além disso, se alguém simplesmente adivinha, então a proporção de vezes com que se espera que a Questão 1 esteja correta e a Questão 2 esteja incorreta é

$$(1/4)(3/4) = 3/16$$

Similarmente, se alguém simplesmente adivinha, então a proporção de vezes com que se espera que a Questão 1 esteja incorreta e a Questão 2 esteja correta é

$$(3/4)(1/4) = 3/16$$

Finalmente, se alguém simplesmente adivinha, então a proporção de vezes em que se espera que a Questão 1 esteja incorreta e a Questão 2 esteja incorreta é

$$(3/4)(3/4) = 9/16$$

Consideramos todas as possíveis combinações de correta e de incorreta para essas duas questões e as quatro probabilidades associadas com essas possibilidades somam um:

$$1/16 + 3/16 + 3/16 + 9/16 = 1$$

Essa abordagem é usada para deduzir a distribuição binomial no seguinte exemplo.

Exemplo 3-20

No Exemplo 3-16, considere que a chance de um *bit* transmitido através de um canal digital de transmissão ser recebido com erro é de 0,1. Suponha também que as tentativas de transmissão sejam independentes. Seja X = número de *bits* com erro nos próximos quatros *bits* transmitidos. Determine $P(X = 2)$.

Seja a letra E a representação de um *bit* com erro e seja a letra O a representação de um *bit* que esteja bom, ou seja, recebido sem erro. Podemos representar os resultados desse experimento como uma lista de quatro letras, que indicam os *bits* que estão com erro e aqueles que estão bons. Por exemplo, o resultado $OEOE$ indica que o segundo e quarto *bits* estão com erro e que os outros dois *bits* estão sem erro (bons). Os valores correspondentes para x são

Resultado	x	Resultado	x
$OOOO$	0	$EOOO$	1
$OOOE$	1	$EOOE$	2
$OOEO$	1	$EOEO$	2
$OOEE$	2	$EOEE$	3
$OEOO$	1	$EEOO$	2
$OEOE$	2	$EEOE$	3
$OEEO$	2	$EEEO$	3
$OEEE$	3	$EEEE$	4

O evento em que $X = 2$ consiste em seis resultados.

$$\{EEOO, EOEO, EOOE, OEEO, OEOE, OOEE\}$$

Usando a suposição de que as tentativas sejam independentes, a probabilidade de $\{EEOO\}$ é

$$P(EEOO) = P(E)P(E)P(O)P(O) = (0,1)^2(0,9)^2 = 0,0081$$

Também qualquer um dos seis resultados mutuamente excludentes, para o qual $X = 2$, tem a mesma probabilidade de ocorrer. Logo,

$$P(X = 2) = 6(0,0081) = 0,0486$$

Em geral,

$$P(X = x) = (\text{número de resultados que resultam em } x \text{ erros}) \times (0,1)^x(0,9)^{4-x}$$

Para completar uma fórmula geral de probabilidade, necessita-se somente de uma expressão para o número de resultados que contenham x erros. Um resultado que contenha x erros pode ser construído dividindo as quatro tentativas (letras) no resultado em dois grupos. Um grupo tem tamanho x e contém os erros e o outro grupo tem tamanho $n - x$ e consiste naquelas tentativas que estão sem erros. O número de maneiras de dividir quatro objetos em dois grupos, um dos quais com tamanho x, é $\binom{4}{x} = 4!/[x!(4 - x)!]$.

Por conseguinte, neste exemplo

$$P(X = x) = \binom{4}{x}(0,1)^x(0,9)^{4-x}$$

Note que $\binom{4}{2} = 4!/[2!\,2!] = 6$, como encontrado anteriormente. A função de probabilidade de X foi mostrada na Fig. 3-22.

O exemplo anterior motiva o seguinte resultado.

Definição

Um experimento aleatório, consistindo em n repetidas tentativas, de modo que

(1) as tentativas sejam independentes,
(2) cada tentativa resulte em somente dois resultados possíveis, designados como "sucesso" e "falha",
(3) a probabilidade de um sucesso em cada tentativa, denotada por p, permaneça constante.

é chamado de *um experimento binomial*.

A variável aleatória X, que é igual ao número de tentativas que resultam em um sucesso, tem uma **distribuição binomial** com parâmetros p e n em que $0 < p < 1$ e $n = \{1, 2, 3 ...\}$.

A função de probabilidade de X é

$$f(x) = \binom{n}{x} p^x (1-p)^{n-x}, \quad x = 0, 1, \ldots, n \quad (3\text{-}8)$$

Como antes, $\binom{n}{x}$ é igual ao número total de seqüências diferentes de tentativas que contêm x sucessos e $n - x$ falhas. O número de seqüências diferentes que contêm x sucessos e $n - x$ falhas vezes a probabilidade de cada seqüência é igual a $P(X = x)$.

Pode ser mostrado (usando a fórmula de expansão binomial) que a soma das probabilidades para uma variável aleatória binomial é 1. Além disso, pelo fato de cada tentativa no experimento ser classificada em dois resultados, {sucesso, falha}, a distribuição é chamada de "bi"-nomial. Uma distribuição mais geral, que inclui a binomial como um caso especial, é a distribuição multinomial.

Exemplos de distribuições binomiais são mostrados na Fig. 3-25. Para um n fixo, a distribuição se torna mais simétrica à medida que p aumenta de 0 a 0,5 ou diminui de 1 a 0,5. Para um p fixo, a distribuição se torna mais simétrica à medida que n aumenta.

EXEMPLO 3-21

Vários exemplos, usando o coeficiente binomial $\binom{n}{x}$, são dados a seguir.

$\binom{10}{3} = 10!/[3! \, 7!] = (10 \cdot 9 \cdot 8)/(3 \cdot 2) = 120$

$\binom{15}{10} = 15!/[10! \, 5!] = (15 \cdot 14 \cdot 13 \cdot 12 \cdot 11)/(5 \cdot 4 \cdot 3 \cdot 2) = 3003$

$\binom{100}{4} = 100!/[4! \, 96!] = (100 \cdot 99 \cdot 98 \cdot 97)/(4 \cdot 3 \cdot 2) = 3.921.225$

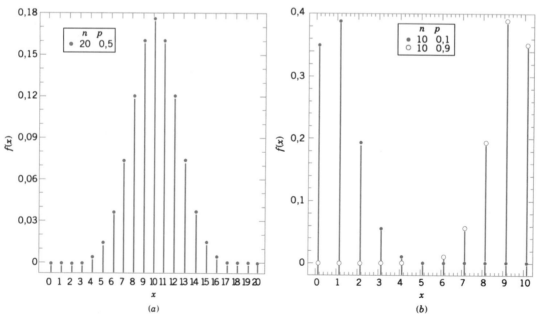

Fig. 3-25 Distribuições binomiais para valores selecionados de n e p.

EXEMPLO 3-22

Cada amostra de ar tem 10% de chance de conter uma certa molécula rara. Considere que as amostras sejam independentes em relação à presença da molécula rara. Encontre a probabilidade de que, nas próximas 18 amostras, exatamente 2 contenham a molécula rara.

Seja X = número de amostras de ar que contenham a molécula rara nas próximas 18 amostras analisadas. Então X é a variável aleatória binomial com $p = 0,1$ e $n = 18$. Assim,

$$P(X = 2) = \binom{18}{2}(0,1)^2(0,9)^{16}$$

Agora $\binom{18}{2} = (18!/[2!\ 16!]) = 18(17)/2 = 153$. Conseqüentemente,

$$P(X = 2) = 153(0,1)^2(0,9)^{16} = 0,284$$

Determine a probabilidade de que no mínimo 4 amostras contenham a molécula rara. A probabilidade requerida é

$$P(X \geq 4) = \sum_{x=4}^{18} \binom{18}{x}(0,1)^x(0,9)^{18-x}$$

No entanto, é mais fácil usar o evento complementar,

$$P(X \geq 4) = 1 - P(X < 4)$$
$$= 1 - \sum_{x=0}^{3} \binom{18}{x}(0,1)^x(0,9)^{18-x}$$
$$= 1 - [0,150 + 0,300 + 0,284 + 0,168]$$
$$= 0,098$$

Além disso, a probabilidade de que $3 \leq X < 7$ é

$$P(3 \leq X < 7) = \sum_{x=3}^{6} \binom{18}{x}(0,1)^x(0,9)^{18-x}$$
$$= 0,168 + 0,070 + 0,022 + 0,005$$
$$= 0,265$$

A média e a variância de uma variável aleatória binomial dependem somente dos parâmetros p e n. O seguinte resultado pode ser mostrado.

Se X for uma variável aleatória binomial com parâmetros p e n, então

$$\mu = E(X) = np \quad \text{e} \quad \sigma^2 = V(X) = np(1 - p) \qquad (3\text{-}9)$$

EXEMPLO 3-23

Para o número de *bits* transmitidos recebidos com erro no Exemplo 3-20, $n = 4$ e $p = 0,1$. Assim,

$$E(X) = 4(0,1) = 0,4$$

A variância do número de *bits* defeituosos é

$$V(X) = 4(0,1)(0,9) = 0,36$$

Esses resultados coincidem com aqueles que foram calculados diretamente das probabilidades do Exemplo 3-18.

EXERCÍCIOS PARA A SEÇÃO 3-8

3-57. Para cada cenário descrito a seguir, estabeleça se a distribuição binomial é ou não um modelo razoável para a variável e por quê. Estabeleça qualquer suposição que você faça.

(a) Um processo de produção produz milhares de transdutores de temperatura. Seja X a representação do número de transdutores defeituosos em uma amostra de tamanho 30, selecionada do processo ao acaso.

(b) De uma batelada de 50 transdutores de temperatura, uma amostra de 30 é selecionada, sem reposição. Seja X a representação do número de transdutores não conformes na amostra.

(c) Quatro componentes eletrônicos idênticos são ligados a um controlador. Seja X a representação do número de componentes que falharam depois de um período especificado de operação.

(d) Seja X a representação do número de pacotes expressos recebidos pelo correio em um período de 24 horas.

(e) Seja X a representação do número de respostas corretas dadas por um estudante quando fazendo um teste de múltipla escolha, em que ele possa eliminar algumas das opções como sendo incorretas em algumas questões e todas as opções incorretas nas outras questões.

58 Capítulo Três

(f) Quarenta *chips* semicondutores, selecionados aleatoriamente, são testados. Seja X a representação do número de *chips* em que o teste encontra no mínimo uma partícula de contaminação.

(g) Seja X a representação do número de partículas de contaminação encontradas em quarenta *chips* semicondutores, selecionados aleatoriamente.

(h) Uma operação de enchimento tenta encher embalagens de detergente até o peso especificado. Seja X a representação do número de embalagens de detergentes que não estejam cheias completamente.

(i) Erros em um canal digital de comunicação ocorrem em cascatas que afetam vários *bits* consecutivos. Seja X a representação do número de *bits* com erro em uma transmissão de 100.000 *bits*.

(j) Seja X a representação do número de falhas na superfície de uma grande serpentina de aço galvanizado.

3-58. A variável aleatória X tem uma distribuição binomial, com $n = 10$ e $p = 0,5$. Esquematize a função de probabilidade de X.

(a) Qual é o valor mais provável de X?

(b) Qual(is) é(são) o(s) valor(es) menos provável(is) de X?

3-59. A variável aleatória X tem uma distribuição binomial, com $n = 10$ e $p = 0,5$. Determine as seguintes probabilidades.

(a) $P(X = 5)$

(b) $P(X \leq 2)$

(c) $P(X \geq 9)$

(d) $P(3 \leq X < 5)$

(e) Esquematize a função distribuição cumulativa.

3-60. Esquematize a função de probabilidade de uma distribuição binomial, com $n = 10$ e $p = 0,01$.

(a) Qual é o valor mais provável de X?

(b) Qual é o valor menos provável de X?

3-61. A variável aleatória X tem uma distribuição binomial, com $n = 10$ e $p = 0,1$. Determine as seguintes probabilidades.

(a) $P(X = 5)$

(b) $P(X \leq 2)$

(c) $P(X \geq 9)$

(d) $P(3 \leq X < 5)$

3-62. Um produto eletrônico contém 40 circuitos integrados. A probabilidade de que qualquer circuito integrado seja defeituoso é de 0,01. Os circuitos integrados são independentes. O produto opera somente se não houver circuitos integrados defeituosos. Qual é a probabilidade de que o produto opere?

3-63. Uma peça de reposição do osso do quadril está sendo testada no laboratório, com relação à tensão. A probabilidade de completar com sucesso o teste é de 0,80. Sete peças, escolhidas aleatória e independentemente, são testadas. Qual é a probabilidade de que exatamente 2 das 7 peças completem com sucesso o teste?

3-64. As linhas telefônicas em um sistema de reservas de uma companhia aérea estão ocupadas 40% do tempo. Suponha que os eventos em que as linhas estejam ocupadas em sucessivas chamadas sejam independentes. Considere que 10 chamadas para a companhia aérea aconteçam.

(a) Qual é a probabilidade de que, para exatamente três chamadas, as linhas estejam ocupadas?

(b) Qual é a probabilidade de que, para no mínimo uma chamada, as linhas não estejam ocupadas?

(c) Qual é o número esperado de chamadas em que as linhas estejam ocupadas?

3-65. Bateladas, que consistem em 50 molas provenientes de um processo de produção, são verificadas em relação à conformidade às exigências dos consumidores. O número médio de molas não conformes em uma batelada é igual a 5. Suponha que o número de molas não conformes em uma batelada, denotada como X, seja uma variável aleatória binomial.

(a) Quais são os valores de n e p?

(b) Qual é $P(X \leq 2)$?

(c) Qual é $P(X \geq 49)$?

3-66. Um exemplo de gráfico de controle estatístico de processo. Amostras de 20 peças de um processo de um corte metálico são selecionadas a cada hora. Tipicamente, 1% das peças requer reprocessamento. Seja X a representação do número de peças na amostra de 20 que requerem reprocessamento. Suspeita-se de um problema no processo se X exceder sua média em mais de três desvios-padrão.

(a) Se a percentagem de peças que requererem reprocessamento permanecer em 1%, qual será a probabilidade de X exceder sua média em mais de três desvios-padrão?

(b) Se a percentagem de reprocessamento aumentar para 4%, qual será a probabilidade de que X exceda um?

(c) Se a percentagem de reprocessamento aumentar para 4%, qual será a probabilidade de que X exceda um em no mínimo uma das próximas 5 horas de amostras?

3-67. Porque nem todos os passageiros de aviões aparecem na hora do embarque, uma companhia aérea vende 125 bilhetes para um vôo que suporta somente 120 passageiros. A probabilidade de que um passageiro não apareça é 0,10 e os passageiros se comportam independentemente.

(a) Qual é a probabilidade de que cada passageiro que apareça possa embarcar?

(b) Qual é a probabilidade de que o vôo decole com assentos vazios?

(c) Quais são a média e o desvio-padrão do número de passageiros que aparecem?

3-68. Este exercício ilustra que a baixa qualidade pode causar impacto nos planejamentos e custos. Um processo de fabricação tem 100 pedidos de consumidores para preencher. Cada pedido requer uma peça componente que é comprada de um fornecedor. No entanto, tipicamente, 2% dos componentes são identificados como defeituosos, podendo os componentes ser considerados independentes.

(a) Se o fabricante estocar 100 componentes, qual será a probabilidade de que as 100 ordens possam ser preenchidas sem refazer o pedido dos componentes?

(b) Se o fabricante estocar 102 componentes, qual será a probabilidade de que as 100 ordens possam ser preenchidas sem refazer o pedido dos componentes?

(c) Se o fabricante estocar 105 componentes, qual será a probabilidade de que as 100 ordens possam ser preenchidas sem refazer o pedido dos componentes?

3-69. A probabilidade do pouso de um avião ser bem-sucedido usando um simulador de vôo é dada por 0,70. Seis estudantes de pilotagem, escolhidos aleatória e independentemente, são con-

vidados a tentar voar no avião, usando o simulador. Qual é a probabilidade de dois dos seis estudantes pousarem com sucesso o avião, usando o simulador?

3-70. Engenheiros de tráfego instalam 15 sinais de trânsito com novos bulbos. A probabilidade de que qualquer um dos bulbos falhe dentro de 200 horas de operação é 0,15. Considere que cada um dos bulbos falhe independentemente.

(a) Qual é a probabilidade de que menos de dois dos bulbos originais falhe dentro de 200 horas de operação?

(b) Qual é a probabilidade de que nenhum bulbo terá de ser trocado dentro de 200 horas de operação?

(c) Qual é a probabilidade de que mais de quatro dos bulbos originais necessitarão ser trocados dentro de 200 horas de operação?

3-9 PROCESSO DE POISSON

Considere as mensagens por correio eletrônico que chegam no servidor de mensagens em uma rede de computadores. Esse é um exemplo de eventos (tais como chegadas de mensagens) que ocorrem aleatoriamente em um intervalo (tal como tempo). O número de eventos ao longo de um intervalo (tal como o número de mensagens que chegam em uma hora) é uma variável ale-

atória discreta que é freqüentemente modelada por uma distribuição de Poisson. O comprimento do intervalo entre eventos (tal como o tempo entre mensagens) é freqüentemente modelado por uma distribuição exponencial. Essas distribuições estão relacionadas; elas fornecem probabilidades para diferentes variáveis aleatórias no mesmo experimento aleatório.

3-9.1 DISTRIBUIÇÃO DE POISSON

Introduziremos a distribuição de Poisson com um exemplo.

EXEMPLO 3-24

Considere a transmissão de n *bits* através de um canal digital de comunicação. Seja a variável aleatória X igual ao número de *bits* com erro. Quando a probabilidade de que um *bit* esteja com erro for constante e as transmissões forem independentes, X terá uma distribuição binomial. Seja p a representação da probabilidade de que um *bit* tenha erro. Então, $E(X) = pn$. Agora, suponha que o número de *bits* transmitidos cresça e que a probabilidade de um erro diminua exatamente o bastante para que pn permaneça igual a uma constante, como λ. Ou seja, n aumenta e p diminui proporcionalmente, tal que $E(X)$ permaneça constante. Então,

$$P(X=x)=\binom{n}{x} p^x(1 - p)^{n - x}$$

$$= \frac{n(n-1)(n-2)\cdots(n-x+1)}{n^x\, x!}\, (np)^x(1-p)^n(1-p)^{-x}$$

Com algum trabalho, pode ser mostrado que

$$\lim_{n\to x} P(X = x) = \frac{e^{-\lambda}\lambda^x}{x!}, \qquad x = 0, 1, 2, \ldots$$

Também, porque o número de *bits* transmitidos tende a infinito, o número de erros pode igualar qualquer valor inteiro não negativo. Conseqüentemente, os valores possíveis para X são os inteiros de zero até infinito.

60 CAPÍTULO TRÊS

A distribuição obtida como o limite no exemplo anterior é mais útil do que a dedução dada implica. O seguinte exemplo ilustra uma aplicabilidade mais ampla.

EXEMPLO 3-25

Falhas ocorrem ao acaso ao longo do comprimento de um fio delgado de cobre. Seja X a representação da variável aleatória que conta o número de falhas em um comprimento de L milímetros de fio e suponha que o número médio de falhas em L milímetros seja λ.

A distribuição de probabilidades de X pode ser encontrada raciocinando de maneira similar àquela do Exemplo 3-24. Parta o comprimento do fio em n subintervalos de pequeno comprimento, como 1 micrômetro cada. Se o subintervalo escolhido for pequeno o suficiente, a probabilidade de que mais de uma falha ocorra no subintervalo é desprezível. Além disso, podemos interpretar a suposição de que falhas ocorram ao acaso de modo a implicar que cada subintervalo tenha a mesma probabilidade de conter uma falha, isto é, p. Finalmente, se supusermos que a probabilidade de um subintervalo conter uma falha seja independente de outros subintervalos, então podemos modelar a distribuição de X como aproximadamente uma variável aleatória binomial. Pelo fato de

$$E(X) = \lambda = np$$

obtemos

$$p = \lambda/n$$

Ou seja, a probabilidade de que um subintervalo contenha uma falha é λ/n. Com subintervalos pequenos o suficiente, n é muito grande e p é muito pequeno. Por conseguinte, a distribuição de X é obtida como no exemplo prévio.

Claramente, o Exemplo 3-25 pode ser generalizado para incluir uma ampla série de experimentos aleatórios. O intervalo que foi dividido no Exemplo 3-25 foi o comprimento do fio. Entretanto, o mesmo raciocínio pode ser aplicado para qualquer intervalo, incluindo um intervalo de tempo, uma área ou um volume. Por exemplo, contagens de (1) partículas de contaminação na fabricação de semicondutores, (2) falhas em rolos de tecidos, (3) chamadas para uma troca de telefone, (4) interrupção de energia e (5) partículas atômicas emitidas a partir de um espécime têm sido todas modeladas com sucesso pela função de probabilidade na seguinte definição.

Definição

Considere que eventos ocorram ao acaso, ao longo do intervalo. Se o intervalo puder ser dividido em subintervalos com comprimentos suficientemente pequenos tal que

(1) a probabilidade de mais de uma contagem em um subintervalo seja zero,

(2) a probabilidade de uma contagem em um subintervalo seja a mesma para todos os subintervalos e proporcional ao comprimento do subintervalo e

(3) a contagem em cada subintervalo seja independente de outros subintervalos,

então o experimento aleatório será chamado de *processo de Poisson*.

Se o número médio de contagens no intervalo for $\lambda > 0$, a variável aleatória X, que é igual ao número de contagens no intervalo, terá uma **distribuição de Poisson**, com parâmetro λ, sendo a função de distribuição de probabilidades de X dada por

$$f(x) = \frac{e^{-\lambda}\lambda^x}{x!}, \qquad x = 0, 1, 2, \ldots \qquad (3\text{-}10)$$

A média e a variância de X são

$$E(X) = \lambda \quad \text{e} \quad V(X) = \lambda \qquad (3\text{-}11)$$

Historicamente, o termo *processo* tem sido usado para sugerir a observação de um sistema ao longo do tempo. Em nosso exemplo com o fio de cobre, mostramos que a distribuição de Poisson pode também se aplicar a intervalos tais como comprimentos. A Fig. 3-26 mostra gráficos de distribuições selecionadas de Poisson. A Fig. 3-27 fornece uma descrição geral de um processo de Poisson.

É importante **usar unidades consistentes** no cálculo de probabilidades, médias e variâncias envolvendo as variáveis aleatórias de Poisson. O seguinte exemplo ilustra as conversões de unidade. Por exemplo, se o

número médio de falhas por milímetro de fio for 3,4, então o número médio de falhas em 10 milímetros de fio será 34 e o número médio de falhas em 100 milímetros de fio será 340.

Se uma variável aleatória de Poisson representar o número de contagens em algum intervalo, então a média da variável aleatória terá de ser igual ao número esperado de contagens no mesmo comprimento de intervalo.

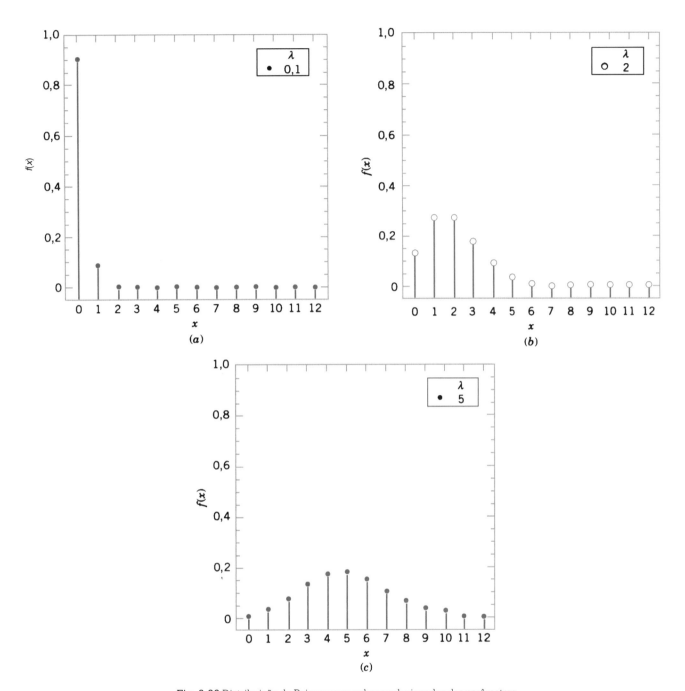

Fig. 3-26 Distribuição de Poisson para valores selecionados dos parâmetros.

Fig. 3-27 Em um processo de Poisson, eventos ocorrem ao acaso no intervalo.

62 CAPÍTULO TRÊS

EXEMPLO 3-26

Para o caso do fio delgado de cobre, suponha que o número de falhas siga a distribuição de Poisson, com uma média de 2,3 falhas por milímetro. Determine a probabilidade de existirem exatamente 2 falhas em 1 milímetro de fio.

Seja X a representação do número de falhas em 1 milímetro de fio. Então, $E(X) = 2,3$ falhas e

$$P(X = 2) = \frac{e^{-2,3}2,3^2}{2!} = 0,265$$

Determine a probabilidade de 10 falhas em 5 milímetros de fio. Seja X a representação do número de falhas em 5 milímetros de fio. Então, X tem uma distribuição de Poisson com

$$E(X) = 5 \text{ mm} \times 2,3 \text{ falhas/mm} = 11,5 \text{ falhas}$$

Conseqüentemente,

$$P(X = 10) = e^{-11,5} 11,5^{10}/10! = 0,113$$

Determine a probabilidade de existir no mínimo uma falha em 2 milímetros de fio. Seja X a representação do número de falhas em 2 milímetros de fio. Então, X tem uma distribuição de Poisson com

$$E(X) = 2 \text{ mm} \times 2,3 \text{ falhas/mm} = 4,6 \text{ falhas}$$

Logo,

$$\begin{aligned}P(X \geq 1) &= 1 - P(X = 0)\\&= 1 - e^{-4,6}\\&= 0,9899\end{aligned}$$

O próximo exemplo usa um programa de computador para somar as probabilidades de Poisson.

EXEMPLO 3-27

A contaminação é um problema na fabricação de discos ópticos de armazenagem. O número de partículas de contaminação que ocorrem em um disco óptico tem uma distribuição de Poisson e o número médio de partículas por centímetro quadrado de superfície média é 0,1. A área de um disco sob estudo é 100 centímetros quadrados. Encontre a probabilidade de que 12 partículas ocorram na área de um disco sob estudo.

Seja X a representação do número de partículas na área de um disco sob estudo. Pelo fato de o número médio de partículas ser 0,1 partícula por cm^2

$$\begin{aligned}E(X) &= 100 \text{ cm}^2 \times 0,1 \text{ partícula/cm}^2\\&= 10 \text{ partículas}\end{aligned}$$

Por conseguinte,

$$P(X = 12) = \frac{e^{-10}10^{12}}{12!}$$
$$= 0,095$$

Encontre a probabilidade de que nenhuma partícula ocorra na área do disco sob estudo. Agora, $P(X = 0) = e^{-10} = 4,54 \times 10^{-5}$.

Determine a probabilidade de que 12 ou menos partículas ocorram na área de um disco sob estudo. Essa probabilidade é

$$P(X \leq 12) = P(X = 0) + P(X = 1) + \cdots + P(X = 12)$$
$$= \sum_{i=0}^{12} \frac{e^{-10}10^i}{i!}$$

Uma vez que esse somatório é tedioso para calcular, muitos programas computacionais calculam as probabilidades cumulativas de Poisson. A partir de tal programa, $P(X \leq 12) = 0,791$.

Pode-se mostrar que a variância de uma variável aleatória de Poisson é igual à sua média. Por exemplo, se a contagem de partículas seguir a distribuição de Poisson, com uma média de 25 partículas por centímetro quadrado, então o desvio-padrão das contagens será 5 por centímetro quadrado. Assim, a informação sobre a variabilidade é muito facilmente obtida. Contrariamente, se a variância dos dados de contagem for muito maior que a média dos mesmos dados, então a distribuição de Poisson não será um bom modelo para a distribuição da variável aleatória.

EXERCÍCIOS PARA A SEÇÃO 3-9.1

3-71. Suponha que X tenha uma distribuição de Poisson, com uma média de 0,3. Determine as seguintes probabilidades.
  (a) $P(X = 0)$
  (b) $P(X \leq 3)$
  (c) $P(X = 6)$
  (d) $P(X = 2)$

3-72. Suponha que X tenha uma distribuição de Poisson, com uma média de 5. Determine as seguintes probabilidades.
  (a) $P(X = 0)$
  (b) $P(X \leq 3)$
  (c) $P(X = 6)$
  (d) $P(X = 9)$

3-73. Suponha que o número de consumidores que entrem em uma agência de correios em um período de 30 minutos seja uma variável aleatória de Poisson e que $P(X = 0) = 0,018$. Determine a média e a variância de X.

3-74. Suponha que o número de consumidores que entrem em um banco em uma hora seja uma variável aleatória de Poisson e que $P(X = 0) = 0,05$. Determine a média e a variância de X.

3-75. O número de chamadas telefônicas que chegam a uma central é freqüentemente modelado como uma variável aleatória de Poisson. Considere que, em média, há 20 chamadas por hora.
  (a) Qual é a probabilidade de que haja exatamente 18 chamadas em 1 hora?
  (b) Qual é a probabilidade de que haja 3 ou menos chamadas em 30 minutos?
  (c) Qual é a probabilidade de que haja exatamente 30 chamadas em 2 horas?
  (d) Qual é a probabilidade de que haja exatamente 10 chamadas em 30 minutos?

3-76. O número de terremotos em um período de 12 meses parece ser distribuído como uma variável aleatória de Poisson, com uma média de 8. Considere que o número de tremores a partir de um período de 12 meses seja independente do número em um próximo período de 12 meses.
  (a) Qual é a probabilidade de haver 12 tremores em 1 ano?
  (b) Qual é a probabilidade de haver 20 tremores em 2 anos?
  (c) Qual é a probabilidade de não haver tremor em um período de 1 mês?
  (d) Qual é a probabilidade de haver mais de 5 tremores em um período de 6 meses?

3-77. Em uma seção de uma auto-estrada, o número de buracos bastante significativos para requerer reparo é suposto seguir uma distribuição de Poisson, com uma média de dois buracos por milha.
  (a) Qual é a probabilidade de que não haja buracos que requeiram reparo em 5 milhas de auto-estrada?
  (b) Qual é a probabilidade de que no mínimo um buraco requeira reparo em 0,5 milha de auto-estrada?
  (c) Se o número de buracos estiver relacionado à carga do veículo na auto-estrada e algumas seções dessa auto-estrada estiverem sujeitas a uma carga pesada de veículos, enquanto outras seções estiverem sujeitas a uma carga leve de veículos, como você se sente a respeito da suposição de distribuição de Poisson para o número de buracos que requerem reparo para todas as seções?

3-78. O número de falhas na superfície de painéis de plástico, usados no interior de automóveis, tem uma distribuição de Poisson, com uma média de 0,05 falha por pé quadrado de painel plástico. Considere que o interior de um automóvel contenha 10 pés quadrados de painel plástico.
  (a) Qual é a probabilidade de não haver falha na superfície do interior do automóvel?
  (b) Se 10 carros forem vendidos para uma companhia de aluguel de carros, qual será a probabilidade de nenhum dos 10 carros ter qualquer falha na superfície?
  (c) Se 10 carros forem vendidos para uma companhia de aluguel de carros, qual será a probabilidade de no máximo um carro ter qualquer falha na superfície?

3-79. O número de falhas de um instrumento de teste para partículas de contaminação no produto é uma variável aleatória de Poisson, com uma média de 0,04 falha por hora.
  (a) Qual é a probabilidade de que o instrumento não falhe em um turno de 8 horas?
  (b) Qual é a probabilidade de haver no mínimo três falhas em um dia de 24 horas?

3-80. Considere que o número de erros ao longo de uma superfície magnética gravadora seja uma variável aleatória de Poisson, com uma média de um erro a cada 10^5 *bits*. Um setor de dados consiste em 4.096 *bytes* de 8 bits.
  (a) Qual é a probabilidade de mais de um erro em um setor?
  (b) Qual é a probabilidade de observar menos de dois erros em um setor?

3-81. Uma estação de telecomunicação é projetada para receber um máximo de 10 chamadas por meio segundo. Se o número de chamadas para a estação for modelado como uma variável de Poisson, com uma média de 9 chamadas por meio segundo, qual é a probabilidade do número de chamadas exceder a máxima restrição de projeto da estação?

3-82. Falhas ocorrem no interior do plástico usado em móveis de escritório, de acordo com uma distribuição de Poisson, com uma média de 0,02 falha por painel.
  (a) Se 50 painéis forem inspecionados, qual será a probabilidade de que não haja falhas?
  (b) Qual é a probabilidade de que um painel selecionado aleatoriamente não tenha falhas?
  (c) Se 50 painéis forem inspecionados, qual será a probabilidade de que o número de painéis que tenham duas ou mais falhas seja menor que ou igual a dois?

3-83. Mensagens chegam a um servidor de computadores, de acordo com a distribuição de Poisson, com uma taxa média de 10 por hora.
  (a) Qual é a probabilidade de três mensagens chegarem em 1 hora?
  (b) Qual é a probabilidade de seis mensagens chegarem em 30 minutos?

3-9.2 Distribuição Exponencial

A discussão da distribuição de Poisson definiu uma variável aleatória como o número de falhas ao longo do comprimento de um fio de cobre. A distância entre as falhas é uma outra variável aleatória que é freqüentemente de interesse. Seja a variável aleatória X a representação do comprimento de qualquer ponto inicial no fio até o ponto em que uma falha seja detectada.

Como você pode esperar, a distribuição de X pode ser obtida do conhecimento da distribuição do número de falhas. A chave para a relação é o seguinte conceito. A distância para a primeira falha excederá 3 milímetros se, e somente se, não houver falhas dentro de um comprimento de 3 milímetros — simples, mas suficiente para uma análise da distribuição de X.

Em geral, seja a variável aleatória N a representação do número de falhas em x milímetros de fio. Se o número médio de falhas for λ por milímetro, então N terá uma distribuição de Poisson, com média λx. Consideramos que o fio seja mais longo do que o valor de x. Agora,

$$P(X > x) = P(N = 0) = \frac{e^{-\lambda x}(\lambda x)^0}{0!} = e^{-\lambda x}$$

e

$$P(X \leq x) = 1 - e^{-\lambda x}$$

para $x \geq 0$.

Se $f(x)$ for uma função densidade de probabilidade de X, então a função distribuição cumulativa será

$$F(x) = P(X \leq x) = \int_{-\infty}^{x} f(u)\, du$$

A partir do teorema fundamental de cálculo, a derivada de $F(x)$ (com relação a x) é $f(x)$. Por conseguinte, a função densidade de probabilidade de X é

$$f(x) = \frac{d}{dx}(1 - e^{-\lambda x}) = \lambda e^{-\lambda x} \quad \text{para } x \geq 0$$

A distribuição de X depende somente da suposição de que falhas no fio sigam um processo de Poisson. Também o ponto de partida para medir X não importa porque a probabilidade do número de falhas em um intervalo de um processo de Poisson depende somente do comprimento do intervalo e não da localização. Para qualquer processo de Poisson, o seguinte resultado geral se aplica.

Definição

A variável aleatória X, que é igual à distância entre contagens sucessivas de um processo de Poisson, com média $\lambda > 0$, tem uma **distribuição exponencial** com parâmetro λ. A função densidade de probabilidade de X é

$$f(x) = \lambda e^{-\lambda x}, \text{ para } 0 \leq x < \infty \qquad (3\text{-}12)$$

A média e a variância de X são

$$E(X) = \frac{1}{\lambda} \quad \text{e} \quad V(X) = \frac{1}{\lambda^2} \qquad (3\text{-}13)$$

A distribuição exponencial tem seu nome por causa da função exponencial na função densidade de probabilidade. Gráficos da distribuição exponencial para valores selecionados de λ são mostrados na Fig. 3-28. Para qualquer valor de λ, a distribuição exponencial é bem desviada. Os resultados da média e da variância são facilmente obtidos e são deixados como um exercício.

É importante **usar unidades consistentes** no cálculo de probabilidades, médias e variâncias envolvendo variáveis aleatórias exponenciais. O seguinte exemplo ilustra as conversões de unidades.

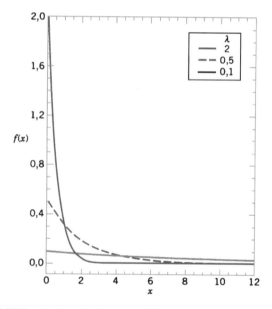

Fig. 3-28 Função densidade de probabilidade de uma variável aleatória exponencial, para valores selecionados de λ.

Exemplo 3-28

Em uma grande rede corporativa de computadores, as conexões dos usuários ao sistema podem ser modeladas como um processo de Poisson, com uma média de 25 conexões por hora. Qual é a probabilidade de não haver conexões em um intervalo de 6 minutos?

Seja X a representação do tempo, em horas, do início do intervalo até a primeira conexão. Então, X tem uma distribuição exponencial, com $\lambda = 25$ conexões por hora. Estamos interessados na probabilidade de X exceder 6 minutos. Uma vez que λ é dado em conexões por hora, expressamos todas as unidades de tempo em horas, ou seja, 6 minutos = 0,1 hora. A probabilidade requerida é mostrada como a área sombreada sob a função densidade de probabilidade na Fig. 3-29. Logo,

$$P(X > 0{,}1) = \int_{0{,}1}^{\infty} 25e^{-25x}\, dx$$
$$= e^{-25(0{,}1)} = 0{,}082$$

Uma resposta idêntica é obtida expressando o número médio de conexões como 0,417 conexão por minuto e calculando a probabilidade de o tempo exceder 6 minutos até a próxima conexão. Tente!

Qual é a probabilidade de que o tempo até a próxima conexão esteja entre 2 e 3 minutos? Convertendo todas as unidades para horas,

$$P(0{,}033 < X < 0{,}05) = \int_{0{,}033}^{0{,}05} 25e^{-25x}\, dx = -e^{-25x}\Big|_{0{,}033}^{0{,}05} = 0{,}152$$

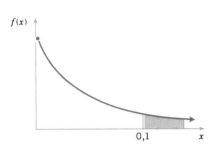

Fig. 3-29 Probabilidade para a distribuição exponencial no Exemplo 3-28.

Determine o intervalo de tempo tal que a probabilidade de nenhuma conexão ocorrer no intervalo seja 0,90. A questão pergunta o comprimento de tempo x tal que $P(X > x) = 0{,}90$. Agora,

$$P(X > x) = e^{-25x} = 0{,}90$$

Conseqüentemente, tomando os logaritmos de ambos os lados

$$x = 0{,}00421 \text{ hora} = 0{,}25 \text{ minuto}$$

Além disso, o tempo médio até a próxima conexão é

$$E(X) = 1/25 = 0{,}04 \text{ hora} = 2{,}4 \text{ minutos}$$

O desvio-padrão do tempo até a próxima conexão é

$$\sigma_X = 1/25 \text{ hora} = 2{,}4 \text{ minutos}$$

No exemplo prévio, a probabilidade de não haver conexões em um intervalo de 6 minutos foi igual a 0,082, independente do tempo inicial do intervalo. Um processo de Poisson supõe que eventos ocorram uniformemente através do intervalo de observação, isto é, não há agrupamento de eventos. Se as conexões forem bem modeladas por um processo de Poisson, a probabilidade de que a primeira conexão depois do meio-dia ocorra depois de 12h06min é a mesma probabilidade com que a primeira conexão depois das 15h ocorra depois das 15h06min. E se alguém se conectar às 14h22min, a probabilidade de a próxima conexão ocorrer depois das 14h28min será ainda 0,082.

Nosso ponto inicial de observação no sistema não importa. Entretanto, se houver períodos de uso intenso durante o dia, tal como imediatamente depois das 8h, seguido de um período de baixo uso, um processo de Poisson não será um modelo apropriado para as conexões e a distribuição não será apropriada para calcular probabilidades. Pode ser razoável modelar cada um dos períodos de uso intenso e baixo por um processo separado de Poisson, empregando um valor maior de λ, durante os períodos de uso intenso, e um valor menor de λ, caso contrário. Então, uma distribuição exponencial com o valor correspondente de λ pode ser usada para calcular as probabilidades de conexão para os períodos de alto e baixo usos.

Uma propriedade ainda mais interessante de uma variável aleatória exponencial é a **propriedade de falta de memória**. Suponha que não haja conexões de 12h às 12h15min, a probabilidade de não haver conexões de 12h15min às 12h21 min é ainda 0,082. Pelo fato de já termos esperado 15 minutos, sentimos que estamos "quites". Ou seja, a probabilidade de uma conexão nos próximos 6 minutos deve ser maior do que 0,082. No entanto, para uma distribuição exponencial, isso não é verdade.

A propriedade de falta de memória não é surpresa quando você considera o desenvolvimento de um processo de Poisson. Nesse desenvolvimento, consideramos que um intervalo poderia ser dividido em pequenos intervalos que fossem independentes. A presença ou ausência de eventos em subintervalos é similar às tentativas independentes de Bernoulli, que compreendem um processo binomial; o conhecimento dos resultados prévios não afeta as probabilidades de eventos em futuros subintervalos.

66 CAPÍTULO TRÊS

A distribuição exponencial é freqüentemente usada em estudos de confiabilidade como sendo o modelo para o tempo até a falha de um equipamento. Por exemplo, o tempo de vida de um *chip* semicondutor pode ser modelado como uma variável aleatória exponencial, com uma média de 40.000 horas. A propriedade de falta de memória da distribuição exponencial implica que o equipamento não se desgasta. Ou seja, independente de quanto tempo o equipamento tenha estado operando, a probabilidade de uma falha nas próximas 1.000 horas é a mesma que a probabilidade de uma falha nas primeiras 1.000 horas de operação. O tempo de vida de um equipamento com falhas causadas pelos impactos aleatórios pode ser modelado apropriadamente como uma variável aleatória exponencial. Entretanto, o tempo de vida de um equipamento que sofre um lento desgaste mecânico, tal como desgaste no mancal, é melhor modelado por uma distribuição que não falte memória.

EXERCÍCIOS PARA A SEÇÃO 3-9.2

3-84. Suponha que X tenha uma distribuição exponencial, com $\lambda = 3$. Determine o seguinte.
(a) $P(X \le 0)$
(b) $P(X \ge 3)$
(c) $P(X \le 2)$
(d) $P(2 < X < 3)$
(e) Encontre o valor de x tal que $P(X < x) = 0,05$.

3-85. Suponha que X tenha uma distribuição exponencial, com média igual a 5. Determine o seguinte.
(a) $P(X > 5)$
(b) $P(X > 15)$
(c) $P(X > 20)$
(d) Encontre o valor de x tal que $P(X < x) = 0,95$.

3-86. Suponha que as contagens registradas por um contador geiger sigam o processo de Poisson, com uma média de duas contagens por minuto.
(a) Qual é a probabilidade de não haver contagens em um intervalo de 30 segundos?
(b) Qual é a probabilidade de que a primeira contagem ocorra em menos de 10 segundos?
(c) Qual é a probabilidade de que a primeira contagem ocorra entre 1 e 2 minutos depois do início?

3-87. Continuação do Exercício 3-86.
(a) Qual é o tempo médio entre as contagens?
(b) Qual é o desvio-padrão do tempo entre as contagens?
(c) Determine x tal que a probabilidade de no mínimo uma contagem ocorrer antes do tempo x minutos seja de 0,95.

3-88. O tempo entre as chamadas para uma loja de suprimento de encanamentos é distribuído exponencialmente, com um tempo médio de 15 minutos entre as chamadas.
(a) Qual é a probabilidade de não haver chamadas dentro de um intervalo de 30 minutos?
(b) Qual é a probabilidade de que no mínimo uma chamada chegue dentro de um intervalo de 10 minutos?
(c) Qual é a probabilidade de que a primeira chamada chegue dentro de 5 e 10 minutos depois de a loja estar aberta?
(d) Determine o comprimento de um intervalo de tempo, tal que exista uma probabilidade igual a 0,90 de haver no mínimo uma chamada no intervalo.

3-89. Um robô completa uma operação de soldagem em um automóvel, com uma taxa média de 12 por hora. O tempo para completar uma operação de soldagem é definido a partir do tempo de início do procedimento da soldagem até o tempo de início do próximo procedimento de soldagem. A variável aleatória X representa o tempo para completar uma operação de soldagem, sendo modelada por uma distribuição exponencial.
(a) Qual é a probabilidade de uma operação completa de soldagem requerer mais de 6 minutos para se completar?
(b) Qual é a probabilidade de uma operação de soldagem ser completada em menos de 8 minutos?

3-90. Continuação do Exercício 3-89.
(a) Qual é o número esperado de operações completas de soldagem realizadas por um robô, em um intervalo de 10 minutos?
(b) Qual é a probabilidade do número de operações completas de soldagem ser igual a 1, em um intervalo de 10 minutos?

3-91. A distância entre grandes fraturas em uma auto-estrada segue uma distribuição exponencial, com uma média de 5 milhas.
(a) Qual é a probabilidade de não haver grandes fraturas em uma extensão de 10 milhas de auto-estrada?
(b) Qual é a probabilidade de haver duas grandes fraturas em uma extensão de 10 milhas de auto-estrada?
(c) Qual é o desvio-padrão da distância entre grandes fraturas?

3-92. Continuação do Exercício 3-91.
(a) Qual é a probabilidade de que a primeira grande fratura ocorra entre 12 e 15 milhas a partir do começo da inspeção?
(b) Qual é a probabilidade de não haver grandes fraturas em duas extensões separadas por 5 milhas de auto-estrada?
(c) Dado que não haja fraturas nas 5 primeiras milhas inspecionadas, qual é a probabilidade de não haver grandes fraturas nas próximas 10 milhas inspecionadas?

3-93. O tempo entre a chegada de mensagens eletrônicas em seu computador é distribuído exponencialmente, com uma média de duas horas.
(a) Qual é a probabilidade de você não receber uma mensagem durante o período de duas horas?
(b) Se você não tiver tido uma mensagem nas últimas quatro horas, qual é a probabilidade de você não receber uma mensagem nas próximas duas horas?
(c) Qual é o tempo esperado entre sua quinta e sexta mensagens?

3-94. Supõe-se que o tempo de falha de um certo tipo de componente elétrico siga uma distribuição exponencial, com uma média

de 4 anos. O fabricante troca gratuitamente todos os componentes que falharem durante o período de garantia.
(a) Qual a percentagem dos componentes que falharão em 1 ano?
(b) Qual a probabilidade de um componente falhar em 2 anos?
(c) Qual é a probabilidade de um componente falhar em 4 anos?

3-95. Continuação do Exercício 3-94.
(a) Se o fabricante quiser trocar um máximo de 3% dos componentes, por quanto tempo o fabricante deve estabelecer o período de garantia para o componente?
(b) Através de um novo projeto para o componente, o fabricante poderia aumentar a vida. Qual deve ser o tempo médio de falha, de modo que o fabricante possa oferecer uma garantia de 1 ano e ainda trocar no máximo 3% dos componentes?

3-96. O tempo entre as chamadas para o escritório de uma corporação é distribuído exponencialmente, com uma média de 10 minutos.
(a) Qual é a probabilidade de que haja mais de três chamadas em meia hora?
(b) Qual é a probabilidade de não haver chamadas dentro de meia hora?
(c) Determine x tal que a probabilidade de nenhuma chamada ocorrer durante x horas seja igual a 0,01.
(d) Qual é a probabilidade de não haver chamadas em um intervalo de 2 horas?
(e) Se quatro intervalos, não coincidentes, de meia hora forem selecionados, qual é a probabilidade de nenhum desses intervalos conter qualquer chamada?

3-10 APROXIMAÇÃO DAS DISTRIBUIÇÕES BINOMIAL E DE POISSON PELA NORMAL

Uma vez que uma variável aleatória binomial é uma contagem proveniente de tentativas repetidas e independentes, o teorema central do limite pode ser aplicado. Conseqüentemente, não deve ser surpresa usar a distribuição normal para aproximar as probabilidades binomiais para casos em que n seja grande. O exemplo seguinte ilustra que, para muitos sistemas físicos, o modelo binomial é apropriado com um valor extremamente grande de n. Nesses casos, é difícil calcular probabilidades usando a distribuição binomial. Felizmente, a aproximação pela normal é mais efetiva nesses casos. Uma ilustração é dada na Fig. 3-30.

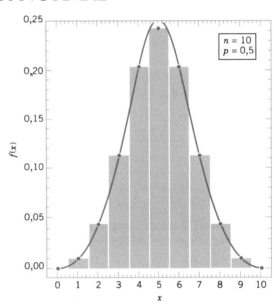

Fig. 3-30 Aproximação da distribuição binomial pela normal.

Exemplo 3-29

Em um canal digital de comunicação, suponha que o número de *bits* recebidos com erro possa ser modelado por uma variável aleatória binomial. Suponha que a probabilidade de um *bit* ser recebido com erro seja de 1×10^{-5}. Se 16 milhões de *bits* forem transmitidos, qual será a probabilidade de se ter mais de 150 erros?

Seja a variável aleatória X a representação do número de erros. Então X é uma variável aleatória binomial e

$$P(X > 150) = 1 - P(X \leq 150)$$
$$= 1 - \sum_{x=0}^{150} \binom{16.000.000}{x} (10^{-5})^x (1 - 10^{-5})^{16.000.000 - x}$$

Claramente, a probabilidade no exemplo prévio é difícil de calcular. Felizmente, a distribuição normal pode ser usada para prover uma excelente aproximação neste exemplo.

Se X for uma variável aleatória binomial, então

$$Z = \frac{X - np}{\sqrt{np(1-p)}} \quad (3\text{-}14)$$

é aproximadamente uma variável aleatória normal padrão. Logo, as probabilidades calculadas a partir de Z podem ser probabilidades aproximadas para X.

Relembre que para uma variável binomial X, $E(X) = np$ e $V(X) = np(1-p)$. Por conseguinte, a aproximação normal nada mais é do que a fórmula para padronizar a variável aleatória X. As probabilidades envolvendo X podem ser aproximadas usando-se uma variável aleatória normal padrão. A aproximação da distribuição binomial pela normal será boa *se n for suficientemente grande relativo ao valor de p*, em particular, quando

$$np > 5 \text{ e } n(1-p) > 5$$

O problema de comunicação digital é resolvido como segue.

$$P(X > 150) = P\left(\frac{X - 160}{\sqrt{160(1 - 10^{-5})}} > \frac{150 - 160}{\sqrt{160(1 - 10^{-5})}}\right)$$
$$= P(Z > -0{,}79) = P(Z < 0{,}79) = 0{,}785$$

Exemplo 3-30

Considere novamente a transmissão de *bits* no exemplo prévio. Para julgar quão bem a distribuição normal funciona, suponha que somente $n = 50$ *bits* devam ser transmitidos e que a probabilidade de um erro seja $p = 0{,}1$. A probabilidade exata de que 2 ou menos erros ocorram é

$$P(X \leq 2) = \binom{50}{0}0{,}9^{50} + \binom{50}{1}0{,}1(0{,}9^{49}) + \binom{50}{2}0{,}1^2(0{,}9^{48})$$
$$= 0{,}11$$

Baseado na aproximação normal

$$P(X \leq 2) = P\left(\frac{X - 5}{2{,}12} < \frac{2 - 5}{2{,}12}\right) = P(Z < -1{,}415) = 0{,}08$$

Mesmo para uma amostra tão pequena quanto 50 *bits*, com $np = 5$, a aproximação normal é razoável.

Um fator de correção pode ser usado, o que melhorará mais ainda a aproximação. (Isso será discutido nos exercícios no final desta seção.) Entretanto, se np ou $n(1-p)$ for pequeno, a distribuição binomial será bem desviada e a distribuição normal simétrica não será uma boa aproximação. Dois casos são ilustrados na Fig. 3-31.

Relembre-se de que a distribuição de Poisson foi desenvolvida como o limite de uma distribuição binomial à medida que o número de tentativas aumentava até infinito. Desse modo, a distribuição normal pode também ser usada para aproximar probabilidades de uma variável aleatória de Poisson. A aproximação é boa para

$$\lambda > 5$$

Se X for uma variável aleatória de Poisson, com $E(X) = \lambda$ e $V(X) = \lambda$, então

$$Z = \frac{X - \lambda}{\sqrt{\lambda}} \quad (3\text{-}15)$$

é aproximadamente uma variável aleatória normal padrão.

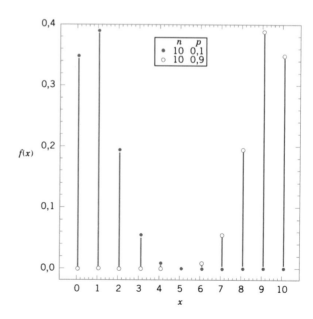

Fig. 3-31 A distribuição binomial não será simétrica se p estiver perto de 0 ou 1.

EXEMPLO 3-31

Considere que o número de partículas de asbestos em um centímetro quadrado de poeira siga a distribuição de Poisson, com uma média de 1.000. Se um centímetro quadrado de poeira for analisado, qual será a probabilidade de que menos de 950 partículas sejam encontradas?

Esta probabilidade pode ser expressa por

$$P(X \leq 950) = \sum_{x=0}^{950} \frac{e^{-1.000} \; 1.000^x}{x!}$$

A dificuldade computacional é clara. A probabilidade pode ser aproximada por

$$P(X \leq x) = P\left(Z \leq \frac{950 - 1.000}{\sqrt{1.000}} \right) = P(Z \leq -1,58) = 0,057$$

EXERCÍCIOS PARA A SEÇÃO 3-10

3-97. Suponha que X seja uma variável aleatória binomial, com $n = 200$ e $p = 0,4$.
   (a) Aproxime a probabilidade de X ser menor que ou igual a 70.
   (b) Aproxime a probabilidade de X ser maior que 70 e menor que 90.

3-98. Suponha que X seja uma variável aleatória binomial, com $n = 100$ e $p = 0,1$.
   (a) Calcule a probabilidade exata de que X seja menor que quatro.
   (b) Aproxime a probabilidade de X ser menor que quatro e compare-a ao resultado do item (a).
   (c) Aproxime a probabilidade de $8 < X < 12$.

3-99. A fabricação de *chips* semicondutores produz 2% de *chips* defeituosos. Considere que os *chips* sejam independentes e que um lote contenha 1.000 *chips*.
   (a) Aproxime a probabilidade de que mais de 25 *chips* sejam defeituosos.
   (b) Aproxime a probabilidade de 20 a 30 *chips* serem defeituosos.

3-100. Um vendedor particular produz peças com uma taxa de defeitos de 8%. A inspeção amostra 100 peças entregues por esse fabricante e rejeitará a entrega se descobrir 6 peças defeituosas.
   (a) Calcule a probabilidade exata de o inspetor aceitar a entrega.
   (b) Aproxime a probabilidade de aceitação e compare com o resultado do item (a).

3-101. Um grande produto eletrônico para escritório contém 2.000 componentes eletrônicos. Suponha que a probabilidade de cada componente operar sem falhas durante a vida útil do produto seja 0,995 e suponha que os componentes falhem independentemente. Aproxime a probabilidade de cinco ou mais dos 2.000 componentes originais falharem durante a vida útil do produto.

3-102. Suponha que o número de partículas de asbestos em uma amostra de um centímetro quadrado de poeira seja uma variável aleatória de Poisson, com uma média de 1.000. Aproxime a probabilidade de que 10 centímetros quadrados de poeira contenham mais de 10.000 partículas.

3-103. **Correção da continuidade**. A aproximação normal de uma probabilidade binomial é algumas vezes modificada por um fator de correção de 0,5, que melhora a aproximação. Suponha que X seja binomial com $n = 50$ e $p = 0,1$. Pelo fato de X ser uma variável aleatória discreta, $P(X \leq 2) = P(X \leq 2,5)$. No entanto, a aproximação normal para $P(X \leq 2)$ pode ser melhorada aplicando-se a aproximação para $P(X \leq 2,5)$.
   (a) Aproxime $P(X \leq 2)$, computando o valor de z correspondente a $x = 2,5$.
   (b) Aproxime $P(X \leq 2)$, computando o valor de z correspondente a $x = 2$.
   (c) Compare os resultados dos itens (a) e (b) com o valor exato de $P(X \leq 2)$, para avaliar a eficiência da correção da continuidade.
   (d) Use a correção da continuidade para aproximar $P(X \leq 10)$.
   (e) Use a correção da continuidade para aproximar $P(X < 10)$.

3-104. **Correção da continuidade**. Suponha que X seja binomial, com $n = 50$ e $p = 0,1$. Pelo fato de X ser uma variável aleatória discreta, $P(X \geq 2) = P(X \geq 1,5)$. No entanto, a aproximação normal para $P(X \geq 2)$ pode ser melhorada aplicando-se a aproximação para $P(X \geq 1,5)$. A correção da continuidade de 0,5 é adicionada ou subtraída. A regra fácil de lembrar é que a correção da continuidade é sempre aplicada de modo a aproximar ao máximo a probabilidade normal.
   (a) Aproxime $P(X \geq 2)$, computando o valor de z correspondente a 1,5.
   (b) Aproxime $P(X \geq 2)$, computando o valor de z correspondente a 2.
   (c) Compare os resultados dos itens (a) e (b) com o valor exato de $P(X \geq 2)$, para avaliar a eficiência da correção da continuidade.
   (d) Use a correção da continuidade para aproximar $P(X \geq 6)$.
   (e) Use a correção da continuidade para aproximar $P(X > 6)$.

3-11 MAIS DE UMA VARIÁVEL ALEATÓRIA E INDEPENDÊNCIA

3-11.1 Distribuições Conjuntas

Em muitos experimentos, mais de uma variável é medida. Por exemplo, suponha que o diâmetro e a espessura de um disco moldado por injeção sejam medidos e denotados por X e Y, respectivamente. Essas duas variáveis aleatórias estão freqüentemente relacionadas. Se a pressão no molde aumentar, deve haver um aumento no enchimento da cavidade que resulta em valores maiores para X e Y. Similarmente, uma diminuição de pressão pode resultar valores menores para X e Y. Suponha que as medidas de diâmetro e espessura de muitas peças sejam plotadas em um plano X-Y (diagrama de dispersão). Como mostrado na Fig. 3-32, a relação entre X e Y implica que algumas regiões do plano X-Y são mais prováveis de conter medidas que outras.

Essa tendência pode ser modelada por uma função densidade de probabilidade [denotada como $f(x,y)$] no plano X-Y, conforme mostrado na Fig. 3-33. As analogias que relacionaram uma função densidade de probabilidade a um carregamento em uma viga longa e fina podem ser aplicadas para relacionar essa função bidimensional de densidade de probabilidade à densidade de um carregamento sobre uma grande superfície plana. A probabilidade de o experimento aleatório (produção de peça) gerar medidas em uma região do plano X-Y é determinada a partir da integral de $f(x,y)$ sobre a região conforme mostrado na Fig. 3-34. Esse é o volume sobre a região envolvida por $f(x,y)$. Uma vez que $f(x,y)$ determina as probabilidades para duas variáveis aleatórias, ela é referida como uma **função densidade de probabilidade conjunta**. Da Fig. 3-34, a probabilidade de que uma peça seja produzida na região mostrada é

$$P(a < X < b, c < Y < d) = \int_a^b \int_c^d f(x,y)\, dx\, dy$$

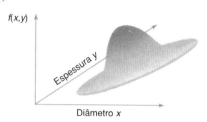

Fig. 3-33 Função densidade de probabilidade conjunta de x e y.

Conceitos similares podem ser aplicados a variáveis aleatórias discretas. Por exemplo, suponha que a qualidade de cada *bit* recebido através de um canal digital de comunicações seja categorizada em uma de quatro classes, "excelente", "bom", "razoável" e "pobre", denotadas por E, B, R e P, respectivamente. Sejam as variáveis aleatórias X, Y, W e Z os números de bits representados por E, B, R e P, respectivamente, em uma das transmissões de 20 *bits*. Neste exemplo, estamos interessados na distribuição conjunta de probabilidades de quatro variáveis aleatórias. Para simplificar, consideramos somente X e Y. A distribuição conjunta de probabilidades de X e Y pode ser especificada por uma **função de probabilidade conjunta** $f(x,y) = P(X = x, Y = y)$. Pelo fato de cada um dos 20 *bits* estar categorizado em uma das quatro classes, $X + Y + W + Z = 20$, tal que apenas inteiros como $X + Y \leq 20$ têm probabilidade positiva na função de probabilidade conjunta de X e Y. A função de probabilidade conjunta é zero para qualquer outro valor. Para uma discussão geral de distribuições conjuntas, que não apresentamos aqui, indicamos o livro de Montgomery e Runger (1999) ao leitor interessado. Em vez disso, enfocamos aqui o caso especial das variáveis aleatórias independentes.

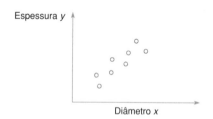

Fig. 3-32 Diagrama de dispersão das medidas do diâmetro e da espessura.

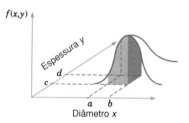

Fig. 3-34 A probabilidade de uma região é o volume envolvido por $f(x,y)$ sobre a região.

3-11.2 Independência

Se fizermos algumas suposições em relação aos nossos modelos de probabilidade, uma probabilidade envolvendo mais de uma variável aleatória pode freqüentemente ser simplificada. No Exemplo 3-12, a probabilidade de um diâmetro encontrar as especificações foi determinada como sendo 0,919. O que podemos dizer a respeito de 10 de tais diâmetros? Qual é a probabilidade de que todos eles encontrem as especificações? Esse é o tipo de questão de interesse para um consumidor de leitoras ópticas.

Tais questões conduzem a um importante conceito e definição. Para acomodar mais do que apenas duas variáveis aleatórias X e Y, adotamos a notação $X_1, X_2, ..., X_n$ para representar n variáveis aleatórias.

Definição

As variáveis aleatórias $X_1, X_2, ..., X_n$ são **independentes** se

$$P(X_1 \in E_1, X_2 \in E_2, ..., X_n \in E_n) = P(X_1 \in E_1)P(X_2 \in E_2) \cdots P(X_n \in E_n)$$

para *quaisquer* conjuntos $E_1, E_2, ..., E_n$.

A importância da independência é ilustrada no seguinte exemplo.

Exemplo 3-32

No Exemplo 3-12, a probabilidade de um diâmetro encontrar as especificações foi igual a 0,919. Qual é a probabilidade de que todos os 10 diâmetros encontrem as especificações, considerando que os diâmetros sejam independentes?

Denote o diâmetro do primeiro eixo como X_1, o diâmetro do segundo eixo como X_2 e assim por diante, de tal modo que o diâmetro do décimo eixo seja denotado por X_{10}. A probabilidade de todos os eixos encontrarem as especificações pode ser escrita como

$$P(0,2485 < X_1 < 0,2515, 0,2485 < X_2 < 0,2515, ..., 0,2485 < X_{10} < 0,2515)$$

Neste exemplo, o único conjunto de interesse é

$$E_1 = (0,2485, 0,2515)$$

Com relação à notação usada na definição de independência,

$$E_1 = E_2 = \cdots = E_{10}$$

Lembre-se da interpretação de freqüência relativa de probabilidade. A proporção de vezes em que se espera o eixo 1 encontrar as especificações é 0,919, a proporção de vezes em que se espera o eixo 2 encontrar as especificações é 0,919 e assim por diante. Se as variáveis aleatórias forem independentes, então a proporção de vezes em que medimos 10 eixos, os quais esperamos que todos atendam às especificações, será

$$P(0,2485 < X_1 < 0,2515, 0,2485 < X_2 < 0,2515, ..., 0,2485 < X_{10} < 0,2515)$$
$$= P(0,2485 < X_1 < 0,2515)P(0,2485 < X_2 < 0,2515) \cdots P(0,2485 < X_{10} < 0,2515)$$
$$= 0,919^{10} = 0,430$$

Variáveis aleatórias independentes são fundamentais para as análises no restante do livro. Freqüentemente, consideramos independentes as variáveis aleatórias que registram as réplicas de um experimento aleatório, como no exemplo prévio. Realmente, o que consideramos é que os distúrbios no modelo

$$X = \mu + \epsilon$$

não sejam correlacionados, visto que são os distúrbios que geram a aleatoriedade e as probabilidades associadas com as medidas.

Note que a independência implica que as probabilidades possam ser multiplicadas por *quaisquer* conjuntos $E_1, E_2, ..., E_n$. Por conseguinte, não deve ser surpresa aprender que uma definição equivalente de independência seja que a função densidade de probabilidade conjunta das variáveis aleatórias seja igual ao produto da função densidade de probabilidade de cada variável aleatória. Essa definição também se manterá para a função de probabilidade conjunta, se as variáveis aleatórias forem discretas.

Exemplo 3-33

Suponha que X_1, X_2 e X_3 representem a espessura em micrômetros de um substrato, de uma camada ativa e de uma camada de revestimento de um produto químico, respectivamente. Considere que X_1, X_2 e X_3 sejam independentes e normalmente distribuídas, com $\mu_1 = 10.000$, $\mu_2 = 1.000$, $\mu_3 = 80$, $\sigma_1 = 250$, $\sigma_2 = 20$ e $\sigma_3 = 4$. As especificações para a espessura do substrato, a camada ativa e a camada de revestimento são $9.200 < x_1 < 10.800$, $950 < x_2 < 1.050$ e $75 < x_3 < 85$, respectivamente. Qual a proporção de produtos químicos que atende a todas as especificações de espessura? Qual das três espessuras tem a menor probabilidade de atender às especificações?

A probabilidade requerida é $P(9.200 < X_1 < 10.800, 950 < X_2 < 1.050$ e $75 < X_3 < 85)$. Usando a notação na definição de independência, $E_1 = (9.200;10.800)$, $E_2 = (950;1.050)$ e $E_3 = (75;85)$ neste exemplo. Pelo fato de as variáveis aleatórias serem independentes,

$$P(9200 < X_1 < 10800, 950 < X_2 < 1050, 75 < X_3 < 85)$$
$$= P(9200 < X_1 < 10800)P(950 < X_2 < 1050)P(75 < X_3 < 85)$$

Depois de padronizar, a equação fica igual a

$$P(-3{,}2 < Z < 3{,}2)P(-2{,}5 < Z < 2{,}5)P(-1{,}25 < Z < 1{,}25)$$

em que Z é uma variável aleatória normal padrão. Da tabela da distribuição normal padrão, a expressão anterior fica igual a

$$(0{,}99862)(0{,}98758)(0{,}78870) = 0{,}7778$$

A espessura da camada de revestimento tem a menor probabilidade de atender às especificações. Desse modo, uma prioridade deve ser reduzir a variabilidade nessa parte do processo.

O conceito de independência pode também ser aplicado a experimentos que classifiquem resultados. Usamos esse conceito para deduzir a distribuição binomial. Lembre-se de que uma pessoa que faz um teste apenas adivinhando uma de quatro escolhas tem uma probabilidade de 1/4 de que qualquer questão seja respondida corretamente. Se for considerado que o resultado correto ou incorreto de uma questão seja independente dos outros, então a probabilidade de que, por exemplo, cinco questões sejam respondidas corretamente pode ser determinada pela multiplicação para igualar

$$(1/4)^5 = 0{,}00098$$

Algumas aplicações adicionais de independência ocorrem freqüentemente na área de análise de sistemas. Considere um sistema consistindo em dispositivos que funcionem ou falhem. Supõe-se que os dispositivos sejam independentes.

Exemplo 3-34

O sistema mostrado aqui opera somente se houver um caminho de componentes funcionais da esquerda para a direita. A probabilidade de cada componente funcionar é mostrada no diagrama. Considere que os componentes funcionem ou falhem independentemente. Qual é a probabilidade de que o sistema opere?

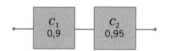

Sejam C_1 e C_2 as representações dos eventos em que os componentes 1 e 2 sejam funcionais, respectivamente. Para o sistema operar, ambos os componentes têm de ser funcionais. A probabilidade de que o sistema opere será

$$P(C_1, C_2) = P(C_1)P(C_2) = (0{,}9)(0{,}95) = 0{,}855$$

Note que a probabilidade do sistema operar é menor do que a probabilidade de qualquer componente operar. Esse sistema falha toda vez que *qualquer* componente falhe. Um sistema desse tipo é chamado de um **sistema em série**.

Exemplo 3-35

O sistema mostrado aqui opera somente se houver um caminho de componentes funcionais da esquerda para a direita. A probabilidade de cada componente funcionar é mostrada. Considere que os componentes funcionem ou falhem independentemente. Qual é a probabilidade de que o sistema opere?

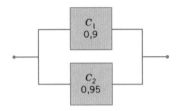

Sejam C_1 e C_2 as representações dos eventos que os componentes 1 e 2 sejam funcionais, respectivamente. Também C_1' e C_2' denotam os eventos em que os componentes 1 e 2 falham, respectivamente, com probabilidades associadas $P(C_1') = 1 - 0,9 = 0,1$ e $P(C_2') = 1 - 0,95 = 0,05$. O sistema operará se cada componente for funcional. A probabilidade de o sistema operar é um menos a probabilidade de o sistema falhar e isso ocorre toda vez que ambos os componentes falhem independentemente. Assim, a probabilidade requerida é

$$P(C_1 \text{ ou } C_2) = 1 - P(C_1', C_2') = 1 - P(C_1')P(C_2') =$$
$$= 1 - (0,1)(0,05) = 0,995$$

Note que a probabilidade de o sistema operar é maior do que a probabilidade de qualquer componente operar. Essa é uma estratégia útil de projeto para diminuir as falhas do sistema. Esse sistema falha toda vez que *todos* os componentes falharem. Um sistema desse tipo é chamado de um **sistema em paralelo**.

Resultados mais gerais podem ser obtidos. A probabilidade de um componente não falhar ao longo do tempo de sua missão é chamada de sua **confiabilidade**. Suponha que r_i denote a confiabilidade de um componente i em um sistema que consiste em k componentes e que r denote a probabilidade de o sistema não falhar ao longo do tempo da missão. Ou seja, r pode ser chamado de confiabilidade do sistema. Os exemplos prévios podem ser estendidos para obter o seguinte. Para um sistema em série

$$r = r_1 r_2 \cdots r_k$$

e para um sistema em paralelo

$$r = 1 - (1 - r_1)(1 - r_2) \cdots (1 - r_k)$$

A análise de um sistema complexo pode ser realizada através de uma partição em subsistemas, que são algumas vezes chamados de blocos.

Exemplo 3-36

O sistema mostrado aqui opera somente se houver um caminho de componentes funcionais da esquerda para a direita. A probabilidade de cada componente funcionar é mostrada. Considere que os componentes funcionem ou falhem independentemente. Qual é a probabilidade de que o sistema opere?

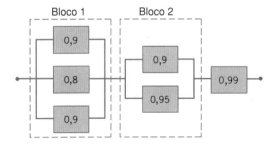

O sistema pode ser dividido em blocos que sejam exclusivamente subsistemas em paralelo. O resultado para um sistema em paralelo pode ser aplicado a cada bloco e os resultados dos blocos podem ser combinados pela análise para um sistema em série. Para o bloco 1, a confiabilidade é obtida a partir do resultado para um sistema em paralelo como

$$1 - (0,1)(0,2)(0,1) = 0,998$$

Similarmente, para o bloco 2, a confiabilidade é

$$1 - (0,1)(0,05) = 0,995$$

A confiabilidade do sistema é determinada a partir do resultado para um sistema em série como

$$(0,998)(0,995)(0,99) = 0,983$$

EXERCÍCIOS PARA A SEÇÃO 3-11

3-105. Seja X uma variável aleatória normal, com $\mu = 10$ e $\sigma = 1,5$, e Y uma variável aleatória normal, com $\mu = 2$ e $\sigma = 0,25$. Considere que X e Y sejam independentes. Encontre as seguintes probabilidades.

(a) $P(X < 9, Y < 2,5)$
(b) $P(X > 8, Y < 2,25)$
(c) $P(8,5 \leq X \leq 11,5, Y > 1,75)$
(d) $P(X < 13, 1,5 \leq Y \leq 1,8)$

3-106. Seja X uma variável aleatória normal, com $\mu = 15,0$ e $\sigma = 3$, e Y uma variável aleatória normal, com $\mu = 20$ e $\sigma = 1$. Considere que X e Y sejam independentes. Encontre as seguintes probabilidades.

(a) $P(X < 12, Y < 19)$
(b) $P(X > 16, Y < 18)$
(c) $P(14 \leq X \leq 16, Y > 22)$
(d) $P(11 \leq X \leq 20, 17,5 \leq Y \leq 21)$

3-107. Seja X uma variável aleatória de Poisson, com $\lambda = 2$ e Y uma variável aleatória de Poisson, com $\lambda = 4$. Considere que X e Y sejam independentes. Encontre as seguintes probabilidades.

(a) $P(X < 4, Y < 4)$
(b) $P(X > 2, Y < 4)$
(c) $P(2 \leq X < 4, Y \geq 3)$
(d) $P(X < 5, 1 \leq Y \leq 4)$

3-108. Seja X uma variável aleatória exponencial, com média igual a 5, e Y uma variável aleatória exponencial, com média igual a 8. Considere que X e Y sejam independentes. Encontre as seguintes probabilidades.

(a) $P(X \leq 5, Y \leq 8)$
(b) $P(X > 5, Y \leq 6)$
(c) $P(3 < X \leq 7, Y > 7)$
(d) $P(X > 7, 5 < Y \leq 7)$

3-109. Dois vendedores independentes fornecem cimento para um construtor de auto-estradas. Através de experiência prévia, é sabido que a resistência à compressão de amostras de cimento pode ser modelada por uma distribuição normal, com $\mu_1 = 6.000$ quilogramas por centímetro quadrado e $\sigma_1 = 100$ quilogramas por centímetro quadrado, para o vendedor 1, e $\mu_2 = 5.825$ e $\sigma_2 = 90$, para o vendedor 2. Qual é a probabilidade de ambos os vendedores fornecerem uma amostra com resistência à compressão

(a) menor do que 6.100 kg/cm²?
(b) entre 5.800 e 6.050?
(c) em excesso de 6.200?

3-110. O tempo entre os problemas de acabamento da superfície em um processo de galvanização é exponencialmente distribuído com uma média de 40 horas. Uma única planta opera três linhas de galvanização, que são consideradas operar independentemente.

(a) Qual é a probabilidade de nenhuma das linhas experimentar um problema de acabamento de superfície, em 40 horas de operação?
(b) Qual é a probabilidade de todas as linhas experimentarem um problema de acabamento de superfície, entre 20 e 40 horas de operação?

3-111. Os pesos de tijolos de barro, usados para construção, são distribuídos normalmente, com uma média de 3 libras e um desvio-padrão de 0,25 libra. Considere que os pesos dos tijolos sejam independentes e que uma amostra aleatória de 20 tijolos seja selecionada.

(a) Qual é a probabilidade de todos os tijolos na amostra excederem 2,75 libras?
(b) Qual é a probabilidade de nenhum tijolo exceder 3,75 libras?

3-112. O rendimento em libras de um dia de produção é distribuído normalmente, com uma média de 1.500 libras e uma variância de 10.000 libras quadradas. Considere que os rendimentos em dias diferentes sejam variáveis aleatórias independentes.

(a) Qual é a probabilidade de o rendimento da produção exceder 1.400 libras em cada um dos 5 dias?
(b) Qual é a probabilidade de o rendimento da produção exceder 1.400 libras em nenhum dos próximos 5 dias?

3-113. Considere o sistema em série, descrito no Exemplo 3-34. Suponha que a probabilidade de o componente C_1 funcionar é 0,95 e a probabilidade de o componente C_2 funcionar é 0,92.

(a) Qual é a probabilidade de o sistema operar?
(b) Qual é a probabilidade de o sistema não operar?

3-114. Suponha um sistema em série que tem três componentes C_1, C_2 e C_3, cada um com uma probabilidade de funcionamento igual a 0,90, 0,99 e 0,95, respectivamente.

(a) Qual é a probabilidade de o sistema operar?
(b) Qual é a probabilidade de o sistema não operar?

3-115. Considere o sistema em paralelo, descrito no Exemplo 3-35. Suponha que a probabilidade de o componente C_1 funcionar seja 0,85 e a probabilidade de o componente C_2 funcionar seja 0,92.

(a) Determine a probabilidade de o componente C_1 falhar.
(b) Determine a probabilidade de o componente C_2 falhar.
(c) Qual é a probabilidade de o sistema operar?
(d) Qual é a probabilidade de o sistema não operar?

3-116. Suponha que um sistema em paralelo tenha três componentes C_1, C_2 e C_3, cada um com uma probabilidade de funcionamento igual a 0,90, 0,99 e 0,95, respectivamente. Qual é a probabilidade de o sistema operar?

3-12. AMOSTRAS ALEATÓRIAS, ESTATÍSTICAS E TEOREMA CENTRAL DO LIMITE

Previamente neste capítulo, foi mencionado que os dados são valores medidos de variáveis aleatórias, obtidos a partir de réplicas de um experimento aleatório. Sejam as variáveis aleatórias que representam as medidas provenientes de n réplicas as representações denotadas por $X_1, X_2, ..., X_n$. Pelo fato de as réplicas serem idênticas, cada variável aleatória tem a mesma distribuição. Além disso, as variáveis aleatórias são freqüentemente consideradas independentes. Ou seja, os resultados provenientes de algumas réplicas não afetam os resultados das outras. Ao longo do restante do livro, um modelo comum é aquele em que os dados são medidas de variáveis aleatórias independentes com a mesma distribuição. Isto é, os dados são medidas provenientes de réplicas independentes de um experimento aleatório. Esse modelo é usado tão freqüentemente que damos uma definição.

> **Definição**
>
> As variáveis aleatórias independentes $X_1, X_2, ..., X_n$, com a mesma distribuição, são chamadas de uma **amostra aleatória**.

O termo amostra aleatória se origina do uso histórico de métodos estatísticos. Suponha que, a partir de uma população grande de objetos, uma amostra de n objetos seja selecionada aleatoriamente. Aqui, aleatoriamente significa que cada subconjunto de tamanho n é igualmente provável de ser selecionado. Se o número de objetos na população for muito maior do que n, então as variáveis aleatórias $X_1, X_2, ..., X_n$, que representam as medidas da amostra, são aproximadamente variáveis independentes com a mesma distribuição. Conseqüentemente, variáveis aleatórias independentes com a mesma distribuição são referidas como uma amostra aleatória.

EXEMPLO 3-37

No Exemplo 2-1 no Cap. 2, a força média de remoção de oito conectores foi 13,0 libras. Duas questões óbvias são as seguintes: O que podemos concluir acerca da força média de remoção dos conectores futuros? Quão errados podemos estar, se concluirmos que a força média de remoção dessa população futura de conectores for 13,0?

Há dois pontos importantes a serem considerados na resposta a essas questões.

1. Primeiro, uma vez que se necessita de uma conclusão para uma população futura, esse é um exemplo de um estudo analítico. Certamente, necessitamos considerar que os protótipos atuais sejam representativos dos conectores que serão produzidos. Isso está relacionado ao ponto de estabilidade em estudos analíticos que discutimos no Cap. 1. A abordagem usual é supor que esses conectores sejam uma amostra aleatória proveniente de uma população. Suponha que a média dessa população futura seja denotada por μ. O objetivo é estimar μ.

2. Segundo, mesmo se considerarmos que esses conectores sejam uma amostra aleatória proveniente de uma produção futura, a média desses oito itens não deve ser igual à média da produção futura. No entanto, o erro que pode ocorrer pode ser quantificado.

O conceito chave é o seguinte: A média é uma função das forças individuais de remoção dos oito conectores. Ou seja, a média é uma função de uma amostra aleatória. Por conseguinte, a média é uma variável aleatória com sua própria distribuição. Lembre-se de que a distribuição de uma variável aleatória individual pode ser usada para determinar que a probabilidade de uma medida seja mais de um, dois ou três desvios-padrão da média da distribuição. Da mesma maneira, a distribuição de uma média fornece a probabilidade de a média ser mais de uma distância especificada de μ. Desse modo, se concluirmos que μ é 13,0, o erro será determinado pela distribuição da média. Discutiremos essa distribuição no restante da seção.

O Exemplo 3-37 ilustra que um sumário típico de dados, tal como uma média, pode ser pensado como uma função de uma amostra aleatória.

> **Definição**
>
> Uma **estatística** é uma função das variáveis aleatórias em uma amostra aleatória.

76 Capítulo Três

De posse dos dados, calculamos estatísticas durante todo o tempo. Tudo dos sumários numéricos no Cap. 1, tal como a média da amostra, $\overline{X}$, a variância da amostra, S^2, e o desvio-padrão S são estatísticas. Embora a definição de uma estatística possa parecer excessivamente complexa, isso é devido a não considerarmos geralmente a distribuição de uma estatística. Entretanto, uma vez que perguntemos quão errados podemos estar, somos forçados a pensar uma estatística como uma função de variáveis aleatórias. Dessa maneira, cada estatística tem uma distribuição. É a distribuição de uma estatística que determina quão bem ela estima uma quantidade tal como μ. Constantemente, a distribuição de probabilidades de uma estatística pode ser determinada a partir de uma distribuição de probabilidades da amostra aleatória e do tamanho da amostra. Uma outra definição necessita ser dada.

Definição

A distribuição de probabilidades de uma estatística é chamada de sua **distribuição amostral**.

Exemplo 3-38

Suponha que as oito medidas da força média de remoção sejam consideradas uma amostra aleatória proveniente de uma distribuição normal, com $\mu = 14,0$ e $\sigma = 0,5$. A função densidade de probabilidade dessa distribuição é ilustrada na Fig. 3-35a. As distribuições amostrais de $\overline{X}$ e S^2 podem ser determinadas e serão discutidas mais adiante no livro. As funções densidade de probabilidade de $\overline{X}$ e S^2 são ilustradas nas Figs. 3-35b e c. Note que a distribuição amostral de uma estatística pode ser muito diferente das variáveis aleatórias independentes das quais ela foi deduzida. Uma vez estando com os dados, os valores dessas estatísticas foram calculados no Cap. 1 como sendo $\overline{x} = 13,0$ e $s^2 = 0,2286$.

Um caso especial importante de uma distribuição amostral relaciona a distribuição amostral de uma função linear com a distribuição das variáveis aleatórias.

Se X_1, X_2, ..., X_n forem variáveis aleatórias com $E(X_i) = \mu_i$ e $V(X_i) = \sigma_i^2$ e a variável aleatória Y for

$$Y = c_1 X_1 + c_2 X_2 + \cdots + c_n X_n \qquad (3\text{-}16)$$

então

$$E(Y) = c_1 \mu_1 + c_2 \mu_2 + \cdots + c_n \mu_n$$

e se X_1, X_2, ..., X_n forem variáveis aleatórias *independentes*, então

$$V(Y) = c_1^2 \sigma_1^2 + c_2^2 \sigma_2^2 + \cdots + c_n^2 \sigma_n^2$$

Além disso, se X_1, X_2, ..., X_n forem variáveis aleatórias *normais* e *independentes*, então Y será uma variável aleatória normal.

Exemplo 3-39

Suponha que as variáveis aleatórias X_1 e X_2 denotem o comprimento e a largura, respectivamente, de uma peça fabricada. Considere que X_1 seja normal, com $E(X_1) = 2$ centímetros e desvio-padrão de 0,1 centímetro e que X_2 seja normal com $E(X_2) = 5$ centímetros e desvio-padrão de 0,2 centímetro. Considere também que X_1 e X_2 sejam independentes. Determine a probabilidade de o perímetro exceder 14,5 centímetros.

Então, $Y = 2X_1 + 2X_2$ é uma variável aleatória que representa o perímetro da peça. Além disso, Y é normalmente distribuí-do, $E(Y) = 14$ centímetros e $V(Y) = 2^2(0,1)^2 + 2^2(0,2)^2 = 0,2$. Também, $\sigma_y = \sqrt{0,2} = 0,447$.

Agora,

$$P(Y > 14,5) = P\left(\frac{Y - \mu_Y}{\sigma_Y} > \frac{14,5 - 14}{0,447}\right)$$

$$= P(Z > 1,12) = 0,13$$

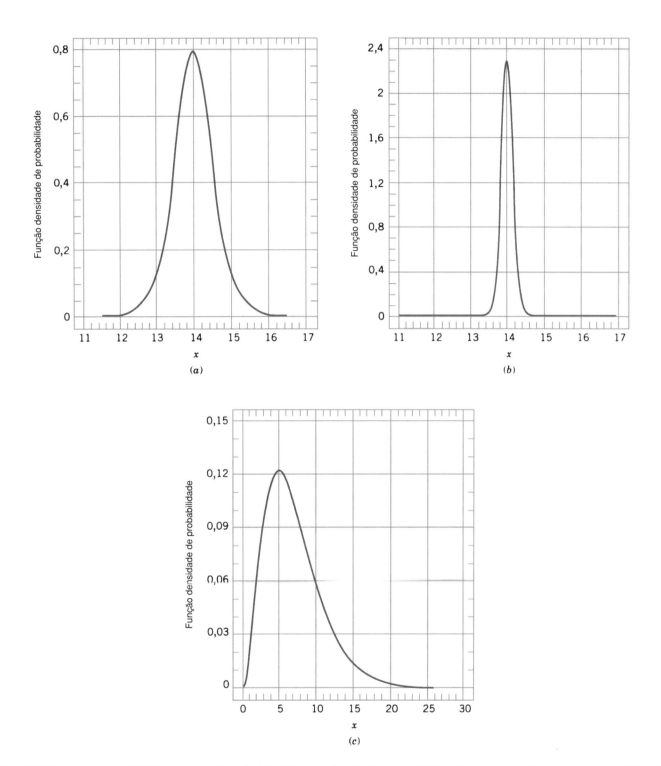

Fig. 3-35 Distribuição de probabilidades para o Exemplo 3-38. (a) Função densidade de probabilidade de uma medida da força de remoção. (b) Função densidade de probabilidade da média de oito medidas da força de remoção. (c) Função densidade de probabilidade da variância de oito medidas da força de remoção.

78 Capítulo Três

Considere a distribuição amostral da média da amostra, $\overline{X}$. Suponha que uma amostra aleatória de tamanho n seja retirada de uma população normal, com média μ e variância σ^2. Cada variável aleatória nessa amostra — como, $X_1, X_2, ..., X_n$ — é uma variável aleatória distribuída normal e independentemente, com média μ e variância σ^2. Então, de (3-16), concluímos que a média amostral

$$\overline{X} = \frac{X_1 + X_2 + \cdots + X_n}{n}$$

tenha uma distribuição normal com média

$$E(\overline{X}) = \frac{\mu + \mu + \cdots + \mu}{n} = \mu \tag{3-17}$$

e variância

$$V(\overline{X}) = \frac{\sigma^2 + \sigma^2 + \cdots + \sigma^2}{n^2} = \frac{\sigma^2}{n} \tag{3-18}$$

A média e a variância de $\overline{X}$ são também denotadas por $\mu_{\overline{X}}$ e $\sigma_{\overline{X}}$, respectivamente.

Exemplo 3-40

Latas de refrigerantes são cheias, usando-se uma máquina de enchimento automático. O volume médio de enchimento é 12,1 onças fluidas e o desvio-padrão é 0,05 onça fluida. Considere que os volumes de enchimento das latas sejam variáveis aleatórias independentes e normais. Qual é a probabilidade de o volume médio de 10 latas selecionadas desse processo ser menor do que 12 onças fluidas?

Considere $X_1, X_2, ..., X_{10}$ representações dos volumes de enchimento das 10 latas. O volume médio de enchimento (denotado por $\overline{X}$) é uma variável aleatória normal, com

$$E(\overline{X}) = 12,1 \qquad e \qquad V(\overline{X}) = \frac{0,05^2}{10} = 0,00025$$

Logo, $\sigma_{\overline{X}} = \sqrt{0,00025} = 0,0158$ e

$$P(\overline{X} < 12) = P\left(\frac{\overline{X} - \mu_{\overline{X}}}{\sigma_{\overline{X}}} < \frac{12 - 12,1}{0,0158}\right)$$
$$= P(Z < -6,32) = 0$$

Se estivermos amostrando de uma população que tenha uma distribuição desconhecida de probabilidades, a distribuição amostral da média da amostra será ainda aproximadamente normal, com média μ e variância σ^2/n, se o tamanho da amostra n for grande. Esse é um dos teoremas mais úteis em estatística. Ele é chamado de **teorema central do limite**. O enunciado é dado a seguir:

Teorema Central do Limite

Se $X_1, X_2, ..., X_n$ for uma amostra aleatória de tamanho n, retirada de uma população com média μ e variância σ^2, e se $\overline{X}$ for a média da amostra, então a forma limite da distribuição de

$$Z = \frac{\overline{X} - \mu}{\sigma/\sqrt{n}} \tag{3-19}$$

quando $n \to \infty$, é a distribuição normal padrão.

A aproximação normal para $\overline{X}$ depende do tamanho n da amostra. A Fig. 3-36*a* mostra a distribuição obtida para o arremesso de um único dado verdadeiro, com seis faces. As probabilidades são iguais a (1/6) para todos os valores obtidos, 1,2,3,4,5 ou 6. A Fig. 3-36*b* mostra a distribuição das pontuações médias obtidas quando se arremessam 2 dados e as Figs. 3-36*c*, 3-36*d* e 3-36*e* mostram as distribuições das pontuações médias obtidas quando se arremessam 3, 5 e 10 dados, respectivamente. Note que, embora a distribuição de 1 dado esteja relativamente longe da normal, a distribuição das médias será aproximada razoavelmente bem pela distribuição normal para amostras de tamanho tão pequeno quanto 5. (As distribuições dos arremessos dos dados são discretas, enquanto a normal é contínua.) Embora o teorema central do limite funcione bem para pequenas amostras ($n = 4, 5$) na maioria dos casos — particularmente onde a população seja contínua, unimodal e simétrica — amostras maiores serão requeridas em outras situações, dependendo da forma da população. Em muitos casos de interesse prático, se $n \geq 30$, a aproximação normal será satisfatória, independente da forma da população. Se $n < 30$, o teorema central do limite funcionará se a distribuição da população não for muito diferente da normal.

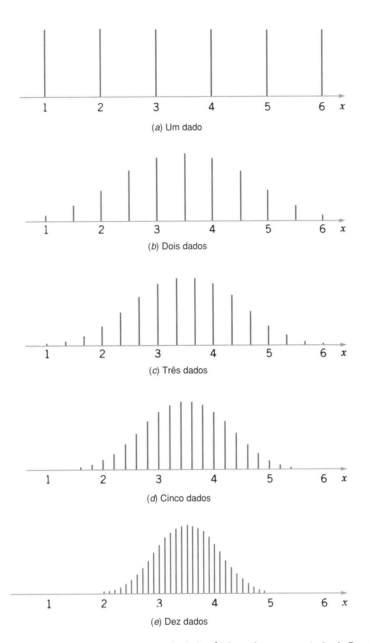

Fig. 3-36 Distribuições das pontuações médias do arremesso de dados. [Adaptado com permissão de Box, Hunter e Hunter (1978).]

EXEMPLO 3-41

Uma companhia eletrônica fabrica resistores que têm uma resistência média de 100 Ω e um desvio-padrão de 10 Ω. Encontre a probabilidade de uma amostra aleatória de $n = 25$ resistores ter uma resistência média menor que 95 Ω.

Note que a distribuição amostral de $\overline{X}$ é aproximadamente normal, com média $\mu_{\overline{X}} = 100$ Ω e um desvio-padrão de

$$\sigma_{\overline{X}} = \frac{\sigma}{\sqrt{n}} = \frac{10}{\sqrt{25}} = 2$$

Conseqüentemente, a probabilidade desejada corresponde à área sombreada na Fig. 3-37. Padronizando o ponto $\overline{X} = 95$ na Fig. 3-37, encontramos que

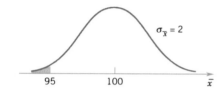

Fig. 3-37 Função densidade de probabilidade da resistência.

$$z = \frac{95 - 100}{2} = -2,5$$

e, desse modo,

$$P(\overline{X} < 95) = P(Z < -2,5) = 0,0062$$

EXERCÍCIOS PARA A SEÇÃO 3-12

3-117. Se X e Y forem variáveis aleatórias normais e independentes, com $E(X) = 5$, $V(X) = 1$, $E(Y) = 12$ e $V(Y) = 4$, determine o seguinte:
(a) $E(2X + 3Y)$
(b) $V(2X + 3Y)$
(c) $P(2X + 3Y < 35)$
(d) $P(2X + 3Y < 40)$

3-118. Se W, X e Y forem variáveis aleatórias normais e independentes, com $E(X) = 5$, $V(X) = 1$, $E(Y) = 16$ e $V(Y) = 16$, $E(W) = 20$, $V(W) = 4$, determine o seguinte:
(a) $E(W + 2X + 3Y)$
(b) $V(W + 2X + 3Y)$
(c) $P(W + 2X + 3Y > 60)$
(d) $P(W + 2X + 3Y \leq 30)$

3-119. Uma capa de plástico para um disco magnético é composta de duas metades. A espessura de cada metade é distribuída normalmente, com uma média de 1,5 milímetro e um desvio-padrão de 0,1 milímetro. As metades são independentes.
(a) Determine a média e o desvio-padrão da espessura total das duas metades.
(b) Qual é a probabilidade de a espessura total exceder 3,3 milímetros?

3-120. A largura de uma capa para uma porta é distribuída normalmente, com uma média de 24 polegadas e um desvio-padrão de 1/8 de polegada. A largura de uma porta é distribuída normalmente, com uma média de 23 e 7/8 polegadas e um desvio-padrão de 1/16 de polegada. Considere independência.
(a) Determine a média e o desvio-padrão da diferença entre a largura da capa e a largura da porta.
(b) Qual é a probabilidade de que a largura da capa menos a largura da porta exceda 1/4 de polegada?
(c) Qual é a probabilidade de que a porta não se ajuste na capa?

3-121. Um arranjo, em forma de U, deve ser formado com três peças A, B e C. A disposição é mostrada na Fig. 3-38. O comprimento de A é distribuído normalmente, com uma média de 10 milímetros e um desvio-padrão de 0,1 milímetro. A espessura das peças B e C é distribuída normalmente, com uma média de 2 milímetros e um desvio-padrão de 0,05 milímetro. Suponha que todas as dimensões sejam independentes.
(a) Determine a média e o desvio-padrão do comprimento do espaçamento D.
(b) Qual é a probabilidade de o espaçamento D ser menor do que 5,9 milímetros?

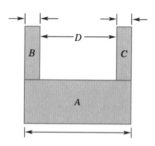

Fig. 3-38 Figura para o Exercício 3-121.

3-122. Sacos de fluidos intravenosos são cheios através de uma máquina de enchimento automático. Considere que os volumes de enchimento dos sacos sejam variáveis aleatórias normais e independentes, com um desvio-padrão de 0,08 onça fluida.
(a) Qual é o desvio-padrão do volume médio de enchimento dos 20 sacos?
(b) Se o volume médio de enchimento da máquina for 6,16 onças fluidas, qual será a probabilidade de o volume médio de enchimento dos 20 sacos estar abaixo de 5,95 onças?
(c) Qual deve ser o volume médio de enchimento, de modo que a probabilidade de a média dos 20 sacos estar abaixo de 6 onças seja de 0,001?

3-123. A espessura da camada fotorresistente usada na fabricação de semicondutores tem uma média de 10 micrômetros e um desvio-padrão de 1 micrômetro. Considere que a espessura seja distribuída normalmente e que as espessuras de pastilhas diferentes sejam independentes.
(a) Determine a probabilidade de a espessura média de 10 pastilhas ser maior do que 11 ou menor do que 9 micrômetros.
(b) Determine o número de pastilhas que necessitam ser medidas, de modo que a probabilidade de a espessura média exceder 11 micrômetros seja igual a 0,01.

3-124. O tempo para completar uma tarefa manual em uma operação de manufatura é considerado uma variável aleatória distribuída normalmente, com média de 0,50 minuto e um desvio-padrão de 0,05 minuto. Encontre a probabilidade de o tempo médio para completar a tarefa manual, depois de 49 repetições, ser menor do que 0,465 minuto.

3-125. Uma fibra sintética, usada na fabricação de carpete, tem uma resistência à tração que é normalmente distribuída, com média

VARIÁVEIS ALEATÓRIAS E DISTRIBUIÇÕES DE PROBABILIDADES **81**

de 75,5 psi e desvio-padrão de 3,5 psi. Encontre a probabilidade de uma amostra aleatória de $n = 6$ corpos de prova de fibra ter uma resistência média amostral à tração que exceda 75,75 psi.

3-126. A resistência do concreto à compressão tem uma média de 2.500 psi e um desvio-padrão de 50 psi. Encontre a probabilidade de uma amostra aleatória de $n = 5$ corpos de prova ter um diâmetro médio amostral que caia no intervalo de 2.499 psi a 2.510 psi.

3-127. A quantidade de tempo que um consumidor gasta esperando no balcão de *check-in* de um aeroporto é uma variável aleatória, com média de 8,2 minutos e desvio-padrão de 1,5 minuto. Suponha que uma amostra aleatória de $n = 49$ consumidores seja observada. Encontre a probabilidade de que o tempo médio de espera na fila para esses consumidores seja

(a) menor que 8 minutos.

(b) entre 8 e 9 minutos.

(c) menor que 7,5 minutos.

3-128. Suponha que X tenha uma distribuição discreta uniforme

$$f(x) = \begin{cases} \dfrac{1}{3}, & x = 1, 2, 3 \\ 0, & \text{caso contrário} \end{cases}$$

Uma amostra aleatória de $n = 36$ é selecionada dessa população. Aproxime a probabilidade de a média amostral ser maior do que 2,1, porém menor do que 2,5.

3-129. A viscosidade de um fluido pode ser medida em um experimento, em que se deixa cair uma bola pequena em um tubo calibrado contendo o fluido e observando a variável aleatória X, o tempo que leva a bola para cair uma distância medida. Considere que X seja distribuída normalmente, com uma média de 20 segundos e um desvio-padrão de 0,5 segundo para um tipo particular de líquido.

(a) Qual é o desvio-padrão do tempo médio de 40 experimentos?

(b) Qual é a probabilidade de o tempo médio dos 40 experimentos exceder 20,1 segundos?

(c) Suponha que o experimento seja repetido somente 20 vezes. Qual é a probabilidade de o valor médio de X exceder 20,1 segundos?

(d) A probabilidade calculada no item (b) é maior ou menor do que a probabilidade calculada no item (c)? Explique por que essa desigualdade ocorre.

3-130. Uma amostra aleatória de $n = 9$ observações de elementos estruturais é testada com relação à resistência à compressão. Sabemos que o valor verdadeiro da resistência média à compressão é $\mu = 5.500$ psi e que o desvio-padrão é $\sigma = 100$ psi. Encontre a probabilidade de a resistência média à compressão da amostra exceder 4.985 psi.

Exercícios Suplementares

3-131. Suponha que $f(x) = e^{-x}$ para $0 < x$ e $f(x) = 0$ para $x < 0$. Determine as seguintes probabilidades.

(a) $P(X \le 1,5)$

(b) $P(X < 1,5)$

(c) $P(1,5 < X < 3)$

(d) $P(X = 3)$

(e) $P(X > 3)$

3-132. Suponha que $f(x) = e^{-x/2}$ para $0 < x$ e $f(x) = 0$ para $x < 0$. Determine as seguintes probabilidades.

(a) Determine x tal que $P(x < X) = 0,20$.

(b) Determine x tal que $P(X \le x) = 0,75$.

3-133. A variável aleatória X tem a seguinte distribuição de probabilidades.

x	2	3	5	8
probabilidade	0,2	0,4	0,3	0,1

Determine o seguinte.

(a) $P(X \le 3)$

(b) $P(X > 2,5)$

(c) $P(2,7 < X < 5,1)$

(d) $E(X)$

(e) $V(X)$

3-134. Um eixo de direção sofrerá falha por fadiga com um tempo médio de falha de 40.000 horas de uso. Se a probabilidade de falha antes de 36.000 horas for de 0,04 e a distribuição governando o tempo de falha for uma distribuição normal, qual será o desvio-padrão da distribuição do tempo de falha?

3-135. Um tubo fluorescente padrão tem um tempo de vida que é distribuído normalmente, com uma média de 7.000 horas e um desvio-padrão de 1.000 horas. Um concorrente desenvolveu um sistema compacto de acendimento fluorescente, que se ajusta em soquetes incandescentes. Ele afirma que esse novo tubo compacto tem um tempo de vida que é distribuído normalmente, com média de 7.500 horas e um desvio-padrão de 1.200 horas. Que tubo fluorescente é mais provável de ter um tempo de vida maior do que 9.000 horas? Justifique sua resposta.

3-136. A vida média de um certo tipo de compressor é 10 anos, com um desvio-padrão de 1 ano. O fabricante troca de graça todos os compressores que falharem durante o período de garantia. O fabricante está disposto a trocar 3% de todos os compressores vendidos. Por quantos anos a garantia deve atuar? Considere uma distribuição normal.

3-137. A probabilidade de uma chamada para uma linha de socorro emergencial ser respondida em menos de 15 segundos é 0,85. Considere que todas as chamadas sejam independentes.

(a) Qual é a probabilidade de que exatamente 7 de 10 chamadas sejam respondidas dentro de 15 segundos?

(b) Qual é a probabilidade de que no mínimo 16 de 20 chamadas sejam respondidas em menos de 15 segundos?

(c) Para 50 chamadas, qual é o número médio de chamadas que são respondidas em menos de 15 segundos?

(d) Repita os itens (a) a (c), usando a aproximação normal.

3-138. O número de mensagens enviadas para um boletim em um computador é uma variável aleatória de Poisson, com uma média de 5 mensagens por hora.

(a) Qual é a probabilidade de que 5 mensagens sejam recebidas em uma hora?

(b) Qual é a probabilidade de que 10 mensagens sejam recebidas em 1,5 hora?

(c) Qual é a probabilidade de que menos de duas mensagens sejam recebidas em meia hora?

3-139. Continuação do Exercício 3-138. Seja Y uma variável aleatória definida como o tempo entre mensagens chegando ao boletim.

(a) Qual é a distribuição de Y? Qual é a média de Y?
(b) Qual é a probabilidade de o tempo entre mensagens exceder 15 minutos?
(c) Qual é a probabilidade de o tempo entre mensagens ser menor do que 5 minutos?
(d) Dado que 10 minutos tenham passado sem a mensagem chegar, qual é a probabilidade de não haver mensagens nos próximos 10 minutos?

3-140. O número de erros em um livro-texto segue uma distribuição de Poisson, com uma média de 0,01 erro por página.
(a) Qual é a probabilidade de que haja três ou menos erros em 100 páginas?
(b) Qual é a probabilidade de que haja quatro ou mais erros em 100 páginas?
(c) Qual é a probabilidade de que haja três ou menos erros em 200 páginas?

3-141. Continuação do Exercício 3-140. Seja Y uma variável aleatória definida como o número de páginas entre erros.
(a) Qual é a distribuição de Y? Qual é a média de Y?
(b) Qual é a probabilidade de haver menos do que 100 páginas entre os erros?
(c) Qual é a probabilidade de não haver erros em 200 páginas consecutivas?
(d) Dado que há 100 páginas consecutivas sem erros, qual é a probabilidade de não haver erros nas próximas 50 páginas?

3-142. Polieletrólitos são tipicamente usados para separar óleo e água em aplicações industriais. O processo de separação depende do controle do pH. Foram registradas quinze leituras de pH de água residual desses processos. É razoável modelar esses dados usando uma distribuição normal?

6,2   6,5   7,6   7,7   7,1   7,1   7,9   8,4
7,0   7,3   6,8   7,6   8,0   7,1   7,0

3-143. Os tempos de vida de seis componentes principais em uma copiadora são variáveis aleatórias exponenciais e independentes, com médias de 8.000 horas, 10.000 horas, 10.000 horas, 20.000 horas, 20.000 horas e 25.000 horas, respectivamente.
(a) Qual é a probabilidade de os tempos de vida de todos os componentes excederem 5.000 horas?
(b) Qual é a probabilidade de nenhum dos componentes ter um tempo de vida que exceda 5.000 horas?
(c) Qual é a probabilidade de que os tempos de vida de todos os componentes sejam menores do que 3.000 horas?

3-144. Uma amostra aleatória de 36 observações foi retirada. Encontre a probabilidade de a média da amostra estar no intervalo $47 < \overline{X} < 53$, para cada uma das seguintes distribuições de população e dos valores dos parâmetros das populações.
(a) Normal, com média 50 e desvio-padrão 12.
(b) Exponencial, com média 50.
(c) Poisson, com média 50.
(d) Compare as probabilidades obtidas nos itens (a) a (c) e explique por que as probabilidades diferem.

3-145. De compromissos contratuais e extensivos testes passados de laboratório, sabemos que medidas de resistência à compressão são normalmente distribuídas, com resistência compressiva média verdadeira $\mu = 5.500$ psi e desvio-padrão $\sigma = 100$ psi. Uma amostra aleatória de elementos estruturais é testada para resistência compressiva no local de recepção dos consumidores.
(a) Qual é o desvio-padrão da distribuição amostral da média da amostra para esse problema, se $n = 9$?
(b) Qual é o desvio-padrão da distribuição amostral da média da amostra para esse problema, se $n = 20$?
(c) Compare seus resultados dos itens (a) e (b) e comente por que eles são iguais ou diferentes.

3-146. O peso de tijolos de barro para construção é distribuído normalmente, com uma média de 3 libras e um desvio-padrão de 0,25 libra. Considere que os pesos dos tijolos sejam independentes e que uma amostra aleatória de 25 tijolos seja escolhida. Qual é a probabilidade de o peso médio da amostra ser menor do que 2,95 libras?

3-147. Um dispositivo (*drive*) para introduzir disquetes em computadores consiste em um disco rígido e blocos em cada lado, conforme mostrado na Fig. 3-39. A altura do bloco superior, W, é normalmente distribuída, com média 120 mm e desvio-padrão 0,5 mm. A altura do disco, X, é normalmente distribuída, com média de 20 mm e desvio-padrão de 0,1 mm. A altura do bloco inferior, Y, é normalmente distribuída, com média de 100 mm e desvio-padrão de 0,4 mm.

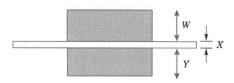

Fig. 3-39 Figura para o Exercício 3-147.

(a) Quais são a distribuição, a média e a variância da altura do dispositivo?
(b) Considere que o dispositivo tem de se ajustar a um espaço com uma altura de 242 mm. Qual é a probabilidade de a altura do dispositivo exceder a altura do espaço?

3-148. O tempo para um sistema automatizado em um depósito localizar uma peça é distribuído normalmente, com uma média de 45 segundos e um desvio-padrão de 30 segundos. Suponha que foram feitos pedidos independentes para 10 peças.
(a) Qual é a probabilidade de o tempo médio para localizar 10 peças exceder 60 segundos?
(b) Qual é a probabilidade de o tempo total para localizar 10 peças exceder 600 segundos?

3-149. Um arranjo mecânico usado em um motor de automóvel contém quatro componentes importantes. Os pesos dos componentes são distribuídos normal e independentemente, com as seguintes médias e desvios-padrão (em onças).

Componente	Média	Desvio-padrão
capa esquerda	4	0,4
capa direita	5,5	0,5
arranjo do mancal	10	0,2
arranjo de parafusos	8	0,5

(a) Qual é a probabilidade de o peso de um arranjo exceder 29,5 onças?

(b) Qual é a probabilidade de o peso médio de oito arranjos independentes exceder 29 onças?

3-150. Um arranjo de mancais contém 10 mancais. Os diâmetros dos mancais são considerados distribuídos normal e independentemente, com uma média de 1,5 milímetro e um desvio-padrão de 0,025 milímetro. Qual é a probabilidade de o diâmetro máximo do mancal exceder 1,6 milímetro?

3-151. Um processo é dito ser de **qualidade seis-sigma** se a média do processo for no mínimo de seis desvios-padrão da especificação mais próxima. Suponha uma medida distribuída normalmente.
(a) Se uma média do processo for centralizada entre as especificações superior e inferior, a uma distância de seis desvios-padrão de cada uma, qual será a probabilidade de um produto não atender às especificações? Usando o resultado que 0,000001 é igual a uma parte por milhão, expresse a resposta em partes por milhão.
(b) Pelo fato de ser difícil manter uma média do processo centralizada entre as especificações, a probabilidade de um produto não encontrar as especificações é freqüentemente calculada depois de supor que o processo varia. Se a média do processo, posicionada como no item (a), variar para cima por 1,5 desvio-padrão, qual será a probabilidade de um produto não atender às suas especificações? Expresse a resposta em partes por milhão.

3-152. Continuação do Exercício 3-47. Lembre-se de que foi determinado que uma distribuição normal ajustou adequadamente os dados de resistência à pressão interna. Use essa distribuição e suponha que a média da amostra, 206,04, e o desvio-padrão, 11,57, sejam usados para estimar os parâmetros da população. Estime as seguintes probabilidades.
(a) Qual é a probabilidade de a medida da resistência à pressão interna estar entre 210 e 220 psi?
(b) Qual é a probabilidade de a medida da resistência à pressão interna exceder 228 psi?
(c) Encontre x tal que $P(X \geq x) = 0,02$, em que X é a variável aleatória que representa a resistência à pressão interna.

3-153. Continuação do Exercício 3-48. Lembre-se de que foi determinado que uma distribuição normal ajustou adequadamente as medidas dimensionais para peças provenientes de duas máquinas diferentes. Usando essa distribuição, suponha que $\bar{x}_1 = 100,27$ e $s_1 = 2,28$ e $\bar{x}_2 = 100,11$ e $s_2 = 7,58$ sejam usados para estimar os parâmetros da população. Estime as seguintes probabilidades. Considere que as especificações de engenharia indicam que peças aceitáveis medem entre 96 e 104.
(a) Qual é a probabilidade de a máquina 1 produzir peças aceitáveis?
(b) Qual é a probabilidade de a máquina 2 produzir peças aceitáveis?
(c) Use suas respostas dos itens (a) e (b) para determinar qual é a máquina preferível.
(d) Lembre-se de que os dados reportados no Exercício 3-49 foram o resultado de ajustes feitos por um engenheiro de processos na máquina 2. Use a nova média da amostra, 105,39, e o desvio-padrão da amostra, 2,08, para estimar os parâmetros da população. Qual é a probabilidade de a máquina 2, recentemente ajustada, produzir peças aceitáveis? O ajuste na máquina 2 melhorou seu desempenho global?

3-154. Continuação do Exercício 2-1.
(a) Plote os dados em um papel de probabilidade normal. Essa dimensão parece ter uma distribuição normal?
(b) Suponha que foi determinado que a maior observação, 74,015, foi um *outlier*, devido a algum problema na máquina. Conseqüentemente, pode ser removida do conjunto de dados. Isso melhora o ajuste da distribuição normal aos dados?

3-155. Continuação do Exercício 2-2.
(a) Plote os dados em um papel de probabilidade normal. Esses dados parecem ter uma distribuição normal?
(b) Remova a maior observação do conjunto de dados. Isso melhora o ajuste da distribuição normal aos dados?

3-156. Considere o Exercício 3-35. Qual é a probabilidade de quatro amostras aleatórias e independentes de cimento terem todas uma resistência à compressão maior do que 6.250 kg/cm^2?

3-157. Considere o Exercício 3-36. Qual é a probabilidade de seis amostras aleatórias e independentes de papel terem todas uma resistência à tração menor do que 30 lb/in^2?

3-158. Considere o Exercício 3-37. Qual é a probabilidade de duas ferramentas selecionadas aleatoriamente terem uma largura que exceda 0,62 micrômetros?

3-159. Considere o Exercício 3-40. Suponha que o tempo de reação de um motorista seja medido para 10 estímulos visuais independentes. Qual é a probabilidade de o tempo de reação ser sempre menor do que 0,35 segundo?

3-160. Considere o seguinte sistema composto de componentes funcionais em paralelo e em série. A probabilidade de cada componente funcionar é mostrada na Fig. 3-40.
(a) Qual é a probabilidade de o sistema operar?
(b) Qual é a probabilidade de o sistema falhar devido aos componentes em série? Considere que os componentes em paralelo não falhem.
(c) Qual é a probabilidade de o sistema falhar devido aos componentes em paralelo? Considere que os componentes em série não falhem.
(d) Calcule a probabilidade de o sistema falhar, usando a seguinte fórmula:
$[1 - P(C_1) \cdot P(C_4)] \cdot [1 - P(C_2') P(C_4')] + P(C_1) \cdot P(C_4) \cdot P(C_2') \cdot P(C_3') + [1 - P(C_1) P(C_4)] \cdot P(C_2') \cdot P(C_3')$.
(e) Descreva, em palavras, o significado de cada um dos termos na fórmula do item (d).

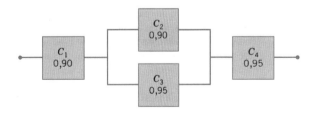

Fig. 3-40 Figura para o Exercício 3-160.

84 CAPÍTULO TRÊS

(f) Use o item (a) para calcular a probabilidade de o sistema falhar.

3-161. Considere o Exercício 3-160.

(a) Melhore a probabilidade de o componente C_1 funcionar, quando se usa um valor de 0,95 e recalcule os itens (a), (b), (c) e (f).

(b) Alternativamente, não mude a probabilidade original associada a C_1; em vez disso, aumente a probabilidade de o componente C_2 funcionar para um valor de 0,95 e recalcule os itens (a), (b), (c) e (f).

(c) Baseado nas suas respostas nos itens (a) e (b) deste exercício, comente se você recomendaria aumentar a confiabilidade de um componente em série ou de um componente em paralelo para aumentar a confiabilidade global do sistema.

3-162. Exemplo Lognormal. Em alguns conjuntos de dados, uma transformação feita por alguma função matemática aplicada aos dados originais, tal como log y, pode resultar em dados que sejam mais simples de analisar estatisticamente. Quando a transformação de log y resulta em dados distribuídos normalmente, então chamamos os dados originais de "lognormais". De modo a ilustrar o efeito de uma transformação log, considere os seguintes dados, que representam ciclos de falhas para um produto filamentar: 675; 3.650; 175; 1.150; 290; 2.000; 100; 375.

(a) Plote os dados em um papel de probabilidade normal e comente a adequação do ajuste.

(b) Transforme os dados usando logaritmos, ou seja, faça y^* (novo valor) = log y (valor velho). Plote os dados transformados no papel de probabilidade normal e comente a adequação do ajuste.

(c) A engenharia tem especificado que a resistência aceitável do fio deve exceder 200 ciclos antes da falha. Use seus resultados do item (b) para estimar a proporção de fio aceitável. (*Sugestão*: Esteja certo de transformar o limite inferior de especificação, 200, antes de calcular a proporção. Suponha que a média e o desvio-padrão da amostra sejam usados para estimar os parâmetros da população em seus cálculos.)

3-163. Exemplo Lognormal. Considere os seguintes dados, que representam o número de horas de operação de uma câmera de vigilância até falhar:

246.785	183.424	1060
22.310	921	35.659
127.015	10.649	13.859
53.731	10.763	1456
189.880	2114	21.414
411.884	29.644	1473

(a) Plote os dados em um papel de probabilidade normal e comente a adequação do ajuste.

(b) Transforme os dados usando logaritmos; ou seja, considere y^* (novo valor) = log y (valor velho). Plote os dados transformados no papel de probabilidade normal e comente a adequação do ajuste.

(c) O fabricante de câmeras está interessado em definir o limite de garantia, de tal modo que não mais de 2% das câmeras necessitem ser trocadas. Use o modelo ajustado do item (b) para propor um limite de garantia para o tempo de falha do número de horas de uma câmera aleatória de vigilância. (*Sugestão*: Esteja certo de dar o limite de garantia nas unidades originais de horas. Suponha que a média e o desvio-padrão da amostra sejam usados para estimar os parâmetros da população em seus cálculos.)

3-164. Exemplo de Weibull. A distribuição de Weibull é freqüentemente usada para modelar o tempo até falhar de muitos sistemas físicos diferentes. Se a variável aleatória Y tiver uma distribuição de Weibull, então

$$P(X \leq y) = 1 - e^{-(y/\delta)^\beta}$$

Chamamos $\delta > 0$ de parâmetro de escala e $\beta > 0$ de parâmetro de forma. Os dois parâmetros desse modelo fornecem uma grande opção da flexibilidade para modelar sistemas em que o número de falhas aumenta com o tempo (desgaste em mancais), diminui com o tempo (alguns semicondutores) ou permanece constante com o tempo (falhas causadas por choques externos ao sistema).

(a) Mostre, por substituição, que a distribuição exponencial é um caso especial de Weibull, quando o parâmetro de forma é estabelecido igual a 1.

(b) Uma abordagem típica para ajustar dados a uma distribuição de Weibull é plotar os dados da amostra em um papel de probabilidade de Weibull. Plote, no papel de probabilidade de Weibull, os seguintes dados que representam a vida (em horas) de mancais de rolamento e determine a adequação do ajuste.

7.203	3.917	7.476	5.410
7.891	10.033	4.484	12.539
2.933	16.710	10.702	16.122
13.295	12.653	5.610	6.466
5.263	2.504	9.098	7.759

(c) Usando o parâmetro estimado de forma = 2,2 e o parâmetro estimado de escala = 9.525, estime a probabilidade de o mancal durar no mínimo 7.500 horas.

(d) Se 5 mancais estiverem em uso e falhas ocorrerem independentemente, qual será a probabilidade de todos os 5 mancais durarem no mínimo 7.500 horas?

3-165. Exemplo de Weibull. Considere os seguintes dados que representam a vida (em horas) de discos magnéticos empacotados, expostos a gases corrosivos:

4	86	335	746	80
1.510	195	562	137	1.574
7.600	4.394	4	98	
1.196	15	934	11	

(a) Plote os dados no papel de probabilidade de Weibull e determine a adequação do ajuste.

(b) Usando o parâmetro estimado de forma = 0,53 e o parâmetro estimado de escala = 604, estime a probabilidade de o disco falhar antes de 150 horas.

(c) Se uma garantia for planejada para cobrir não mais de 10% dos discos fabricados, em que valor o nível de garantia deve ser estabelecido?

3-166. A Não Unicidade de Modelos de Probabilidade. É possível ajustar mais de um modelo a um conjunto de dados. Considere os dados de vida do Exercício 3-165.

(a) Transforme os dados usando logaritmos, isto é, faça y^* (novo valor) = log y (valor velho). Plote os dados transformados no papel de probabilidade normal e comente a adequação do ajuste.

(b) Use a distribuição normal ajustada do item (c), para estimar a probabilidade de o disco falhar antes de 150 horas. Compare seus resultados com sua resposta no item (b).

Exercícios em Equipe

3-167. Usando o conjunto de pontos que você encontrou ou coletou no primeiro exercício em equipe do Cap. 2, ou outro conjunto de dados de interesse, responda as seguintes questões:

(a) É mais apropriado um modelo contínuo ou discreto para modelar seus dados? Explique.

(b) Você estudou neste capítulo as distribuições normal, exponencial, Poisson e binomial. Baseado em sua recomendação no item (a), tente ajustar pelo menos um modelo a seu conjunto de dados. Relate os seus resultados.

3-168. Programas computacionais podem ser usados para simular dados provenientes de uma distribuição normal. Use um pacote, tal como Minitab, para simular dimensões para as peças A, B e C na Fig. 3-38 do Exercício 3-121.

(a) Simule 500 arranjos provenientes de dados simulados para as peças A, B e C e calcule o comprimento do espaçamento D, para cada arranjo.

(b) Resuma os dados para o espaçamento D, usando um histograma e estatísticas relevantes.

(c) Compare seus resultados simulados com aqueles obtidos no Exercício 3-121.

(d) Descreva um problema para o qual a simulação seja um bom método de análise.

3-169. Considere os dados sobre resíduos (em percentagem) semanais, conforme reportados por cinco fornecedores da planta de tecidos da Levi-Strauss, em Albuquerque, e reportados na página da *Web* http://lib.stat.cmu.edu/DASL/Stories/wasterunup.html. Teste cada um dos conjuntos de dados para obedecer a um modelo de probabilidade normal, usando um gráfico de probabilidade normal. Para aqueles dados que não passem no teste da normalidade, elimine qualquer *outlier* (eles podem ser identificados usando um diagrama de caixa) e plote novamente os dados. Resuma suas conclusões.

Capítulo 4

TOMADA DE DECISÃO PARA UMA ÚNICA AMOSTRA

Esquema do Capítulo

4-1 Inferência estatística
4-2 Estimação pontual
4-3 Teste de hipóteses
    4-3.1 Hipóteses Estatísticas
    4-3.2 Testando Hipóteses Estatísticas
    4-3.3 Hipóteses Unilaterais e Bilaterais
    4-3.4 Procedimento Geral para Testes de Hipóteses
4-4 Inferência sobre a média de uma população com variância conhecida
    4-4.1 Teste de Hipóteses para a Média
    4-4.2 Valores P nos Testes de Hipóteses
    4-4.3 O Erro Tipo II e a Escolha do Tamanho da Amostra
    4-4.4 Teste para Amostras Grandes
    4-4.5 Alguns Comentários Práticos sobre Testes de Hipóteses
    4-4.6 Intervalo de Confiança para a Média
    4-4.7 Método Geral para Deduzir um Intervalo de Confiança

4-5 Inferência para a média de uma população com variância desconhecida
    4-5.1 Testes de Hipóteses para a Média
    4-5.2 O Valor P para um Teste t
    4-5.3 Solução Computacional
    4-5.4 Erro Tipo II e Escolha do Tamanho da Amostra
    4-5.5 Intervalo de Confiança para a Média
4-6 Inferência na variância de uma população normal
    4-6.1 Testes de Hipóteses para a Variância de uma População Normal
    4-6.2 Intervalo de Confiança para a Variância de uma População Normal
4-7 Inferência sobre a proporção de uma população
    4-7.1 Testes de Hipóteses para uma Proporção Binomial
    4-7.2 Erro Tipo II e Escolha do Tamanho da Amostra
    4-7.3 Intervalo de Confiança para uma Proporção Binomial
4-8 Tabela com resumo dos procedimentos de inferência para uma única amostra
4-9 Testando a adequação do ajuste

4-1 INFERÊNCIA ESTATÍSTICA

O campo da inferência estatística consiste naqueles métodos usados para tomar decisões ou tirar conclusões acerca de uma **população**. Esses métodos utilizam a informação contida em uma **amostra** da população para tirar conclusões. A Fig. 4-1 ilustra a relação entre uma população e uma amostra. Este capítulo inicia nosso estudo dos métodos estatísticos usados para a inferência e a tomada de decisões.

A inferência estatística pode ser dividida em duas grandes áreas: **estimação de parâmetros** e **teste de hipóteses**. Como exemplo de um problema de estimação de parâmetros, suponha que um engenheiro de estruturas esteja analisando a resistência à tensão de um componente usado em um chassi de automóvel. Uma vez que a variabilidade da resistência à tração está naturalmente presente entre componentes individuais, devido às diferenças nas bateladas da matéria-prima nos processos de fabricação e nos procedimentos de medidas (por exemplo), o engenheiro está interessado na estimação da resistência média à tração dos componentes. O conhecimento das propriedades de amostragem estatística do estimador usado capacita o engenheiro a estabelecer a precisão da estimativa.

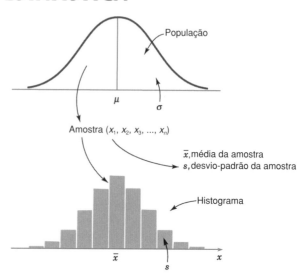

Fig. 4-1 Relação entre uma população e uma amostra.

Considere agora uma situação em que duas temperaturas diferentes de reação, como t_1 e t_2, possam ser usadas em um processo químico. O engenheiro conjectura que t_1 resulta em rendimentos maiores que t_2. O teste estatístico de hipóteses é a estrutura para resolver problemas desse tipo. Nesse caso, a hipótese seria que o rendimento médio usando a temperatura t_1 é maior que o rendimento médio usando a temperatura t_2. Note que não há ênfase na estimação de rendimentos; em vez disso, o foco está na tirada de conclusões acerca de uma hipótese estabelecida.

Este capítulo começa discutindo métodos para estimar parâmetros. Introduziremos, então, os princípios básicos de teste de hipóteses. Uma vez que esses fundamentos estatísticos tenham sido apresentados, aplicá-los-emos a várias situações que aparecem freqüentemente na prática de engenharia. Isso inclui inferência na média de uma população, na variância de uma população e na proporção de uma população.

4-2 ESTIMAÇÃO PONTUAL

Uma aplicação muito importante de estatística é a obtenção das **estimativas pontuais** dos parâmetros, tais como a média da população e a variância da população. Quando se discutem problemas de inferência, é conveniente ter um símbolo geral para representar o parâmetro de interesse. Usaremos o símbolo grego θ (teta) para representar o parâmetro. O objetivo da estimação pontual é selecionar um único número baseado nos dados da amostra, que é o valor mais plausível para θ. Um valor numérico de uma estatística amostral será usado como a estimativa pontual.

Por exemplo, suponha que a variável aleatória X seja normalmente distribuída, com uma média desconhecida μ. A média da amostra é um estimador pontual da média desconhecida μ da população. Isto é, $\hat{\mu} = \overline{X}$. Depois da amostra ter sido selecionada, o valor numérico $\overline{x}$ é a estimativa pontual de μ. Assim, se $x_1 = 25$, $x_2 = 30$, $x_3 = 29$ e $x_4 = 31$, então a estimativa pontual de μ é

$$\overline{x} = \frac{25 + 30 + 29 + 31}{4} = 28{,}75$$

Similarmente, se a variância da população σ^2 for também desconhecida, um estimador pontual para σ^2 será a variância da amostra S^2, e o valor numérico $s^2 = 6{,}9$, calculado a partir dos dados amostrais, é chamado de estimativa de σ^2.

Em geral, se X for uma variável aleatória com distribuição de probabilidades $f(x)$, caracterizada por um parâmetro desconhecido θ, c sc $X_1, X_2, ..., X_n$ for uma amostra aleatória de tamanho n de $f(x)$, então a estatística $\hat{\Theta} = h(X_1, X_2, ..., X_n)$ é chamada de um **estimador pontual** de θ. Aqui, h é apenas uma função de observações na amostra aleatória. Note que $\hat{\Theta}$ é uma variável aleatória, porque ela é uma função de variáveis aleatórias. Depois da amostra ter sido selecionada, $\hat{\Theta}$ assume um valor numérico particular $\hat{\theta}$, chamado de **estimativa pontual** de θ.

> **Definição**
> Uma **estimativa pontual** de algum parâmetro θ da população é um único valor numérico $\hat{\theta}$ de uma estatística $\hat{\Theta}$.

Problemas de estimação ocorrem freqüentemente em engenharia. Geralmente necessitamos estimar

- A média μ de uma única população
- A variância σ^2 (ou desvio-padrão σ) de uma única população
- A proporção p de itens em uma população que pertence a uma classe de interesse
- A diferença nas médias de duas populações, $\mu_1 - \mu_2$
- A diferença nas proporções de duas populações, $p_1 - p_2$

Estimativas razoáveis desses parâmetros são dadas a seguir:

- Para μ, a estimativa é $\hat{\mu} = \overline{x}$, a média da amostra.
- Para σ^2, a estimativa é $\hat{\sigma}^2 = s^2$, a variância da amostra.
- Para p, a estimativa é $\hat{p} = x/n$, a proporção da amostra, sendo x número de itens em uma amostra aleatória de tamanho n que pertence à classe de interesse.
- Para $\mu_1 - \mu_2$, a estimativa é $\mu_1 - \mu_2 = \overline{x}_1 - \overline{x}_2$, a diferença entre as médias de duas amostras aleatórias independentes.
- Para $p_1 - p_2$, a estimativa é $\hat{p}_1 - \hat{p}_2$, a diferença entre duas proporções amostrais, calculadas a partir de duas amostras aleatórias independentes.

O quadro seguinte resume a relação entre os parâmetros desconhecidos e suas estatísticas típicas associadas e suas estimativas pontuais.

Parâmetro Desconhecido θ	Estatística $\hat{\theta}$	Estimativa Pontual $\hat{\Theta}$
μ	$\overline{X} = \dfrac{\sum x_i}{n}$	$\overline{x}$
σ^2	$S^2 = \dfrac{\sum \left(X_i - \overline{X}\right)^2}{n-1}$	s^2
p	$\hat{p} = \dfrac{X}{n}$	$\hat{p}$
$\mu_1 - \mu_2$	$\overline{X}_1 - \overline{X}_2 = \dfrac{\sum X_{1i}}{n_1} - \dfrac{\sum X_{2i}}{n_2}$	$\overline{x}_1 - \overline{x}_2$
$p_1 - p_2$	$\hat{P}_1 - \hat{P}_2 = \dfrac{X_1}{n_1} - \dfrac{X_2}{n_2}$	$\hat{p}_1 - \hat{p}_2$

88 Capítulo Quatro

Podemos ter várias escolhas diferentes para o estimador pontual de um parâmetro. Por exemplo, se desejarmos estimar a média de uma população, podemos considerar como estimadores pontuais a média ou a mediana da amostra ou talvez a média das observações menores e maiores da amostra. De modo a decidir qual estimador de um parâmetro particular é o melhor para se usar, necessitamos de examinar suas propriedades estatísticas e desenvolver algum critério para comparar estimadores.

Um estimador deve estar "perto", de algum modo, do valor verdadeiro do parâmetro desconhecido. Formalmente, dizemos que $\hat{\Theta}$ é um estimador não tendencioso de θ, se o valor esperado de $\hat{\Theta}$ for igual a θ. Isso é equivalente a dizer que a média da distribuição de probabilidades de $\hat{\Theta}$ (ou a média da distribuição amostral de $\hat{\Theta}$) é igual a θ.

Definição

O estimador pontual $\hat{\Theta}$ é um **estimador não tendencioso** para o parâmetro θ, se

$$E(\hat{\Theta}) = \theta \qquad (4\text{-}1)$$

Se o estimador for tendencioso, então a diferença

$$E(\hat{\Theta}) - \theta \qquad (4\text{-}2)$$

é chamada de **tendenciosidade** do estimador $\hat{\Theta}$.

Quando o estimador for não tendencioso, a tendenciosidade será zero; ou seja, $E(\hat{\Theta}) - \theta = 0$.

Exemplo 4-1

Suponha que X seja uma variável aleatória com média μ e variância σ^2. Seja $X_1, X_2, ..., X_n$ uma amostra aleatória de tamanho n, de uma população representada por X. Mostre que a média da amostra $\overline{X}$ e a variância da amostra S^2 são estimadores não tendenciosos de μ e σ^2, respectivamente.

Considere primeiro a média da amostra. No Cap. 3, indicamos que $E(\overline{X}) = \mu$. Conseqüentemente, a média da amostra $\overline{X}$ é um estimador não tendencioso da média da população, μ.

Considere agora a variância da amostra. Temos

$$E(S^2) = E\left[\frac{\sum_{i=1}^{n}(X_i - \overline{X})^2}{n-1}\right] = \frac{1}{n-1}E\sum_{i=1}^{n}(X_i - \overline{X})^2$$

$$= \frac{1}{n-1}E\sum_{i=1}^{n}(X_i^2 + \overline{X}^2 - 2\overline{X}X_i)$$

$$= \frac{1}{n-1}E\left(\sum_{i=1}^{n}X_i^2 - n\overline{X}^2\right)$$

$$= \frac{1}{n-1}\left[\sum_{i=1}^{n}E(X_i^2) - nE(\overline{X}^2)\right]$$

A última igualdade vem da equação 3-21 no Cap. 3. Entretanto, uma vez que $E(\overline{X}_i^2) = \mu^2 + \sigma^2$ e $E(\overline{X}^2) = \mu^2 + \sigma^2/n$, temos

$$E(S^2) = \frac{1}{n-1}\left[\sum_{i=1}^{n}(\mu^2 + \sigma^2) - n\left(\mu^2 + \frac{\sigma^2}{n}\right)\right]$$

$$= \frac{1}{n-1}(n\mu^2 + n\sigma^2 - n\mu^2 - \sigma^2)$$

$$= \sigma^2$$

Logo, a variância da amostra S^2 é um estimador não tendencioso da variância σ^2 da população. No entanto, podemos mostrar que o desvio-padrão, S, da amostra é um estimador tendencioso do desvio-padrão da população. Para amostras grandes, essa tendenciosidade é negligenciável.

Algumas vezes, há vários estimadores não tendenciosos do parâmetro da população. Por exemplo, suponha uma amostra aleatória de tamanho $n = 10$, proveniente de uma população normal, e obtenha os dados $x_1 = 12,8$, $x_2 = 9,4$, $x_3 = 8,7$, $x_4 = 11,6$, $x_5 = 13,1$, $x_6 = 9,8$, $x_7 = 14,1$, $x_8 = 8,5$, $x_9 = 12,1$, $x_{10} = 10,3$. A média da amostra é

$$\overline{x} = \frac{12,8 + 9,4 + 8,7 + 11,6 + 13,1}{10}$$

$$+ \frac{9,8 + 14,1 + 8,5 + 12,1 + 10,3}{10} = 11,04$$

a mediana da amostra é

$$\tilde{x} = \frac{10,3 + 11,6}{2} = 10,95$$

e uma única observação dessa população normal é $x_1 = 12,8$.

Podemos mostrar que todos esses valores resultam de estimadores não tendenciosos de μ. Uma vez que não há um estimador não tendencioso único, não podemos confiar somente na propriedade de não tendenciosidade para selecionar nosso estimador. Necessitamos de um método para selecionar um entre os estimadores não tendenciosos.

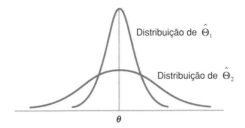

Fig. 4-2 As distribuições amostrais de dois estimadores não tendenciosos $\hat{\Theta}_1$ e $\hat{\Theta}_2$.

Suponha que $\hat{\Theta}_1$ e $\hat{\Theta}_2$ sejam estimadores não tendenciosos de θ. Isso indica que a distribuição de cada estimador está centralizada no valor verdadeiro de θ. Entretanto, as variâncias dessas distribuições podem ser diferentes. A Fig. 4-2 ilustra a situação. Uma vez que $\hat{\Theta}_1$ tem uma variância menor do que $\hat{\Theta}_2$, é mais provável que o estimador $\hat{\Theta}_1$ produza uma estimativa mais próxima do valor verdadeiro de θ. Um princípio lógico de estimação, quando se seleciona um entre os vários estimadores, é escolher o estimador que tiver variância mínima.

Definição

Se considerarmos todos os estimadores não tendenciosos de θ, aquele com a menor variância será chamado de **estimador não tendencioso de variância mínima** (ENTVM).

Os conceitos de um estimador não tendencioso e de um estimador com variância mínima são extremamente importantes. Existem métodos para deduzir formalmente estimativas dos parâmetros de uma distribuição de probabilidades. Um desses métodos, o **método da máxima verossimilhança**, produz estimadores pontuais que são aproximadamente não tendenciosos e muito próximos do estimador de variância mínima. Para maiores informações sobre o método da máxima verossimilhança, ver Montgomery e Runger (1999).

Na prática, tem-se de usar ocasionalmente um estimador tendencioso (tal como S ou σ). Em tais casos, o erro quadrático médio do estimador pode ser importante. O **erro quadrático médio** de um estimador $\hat{\Theta}$ é o valor esperado da diferença quadrática entre $\hat{\Theta}$ e θ.

Definição

O **erro quadrático médio** de um estimador $\hat{\Theta}$ do parâmetro θ é definido como

$$(\hat{\Theta}) = E(\hat{\Theta} - \theta)^2 \qquad (4\text{-}3)$$

O erro quadrático médio pode ser reescrito como segue:

$$(\hat{\Theta}) = E[\hat{\Theta} - E(\hat{\Theta})]^2 + [\theta - E(\hat{\Theta})]^2$$
$$= V(\hat{\Theta}) + (\text{tendência})^2$$

Ou seja, o erro quadrático médio de $\hat{\Theta}$ é igual à variância do estimador mais o quadrado da tendenciosidade. Se $\hat{\Theta}$ for um estimador não tendencioso de θ, o erro quadrático médio de $\hat{\Theta}$ será igual à variância de $\hat{\Theta}$.

O erro quadrático médio é um critério importante para comparar dois estimadores. Sejam $\hat{\Theta}_1$ e $\hat{\Theta}_2$ dois estimadores do parâmetro θ e sejam EQM($\hat{\Theta}_1$) e EQM($\hat{\Theta}_2$) os erros quadráticos médios de $\hat{\Theta}_1$ e $\hat{\Theta}_2$. Então, a **eficiência relativa** de $\hat{\Theta}_2$ para $\hat{\Theta}_1$ é definida como

$$\frac{\text{EQM}(\hat{\Theta}_1)}{\text{EQM}(\hat{\Theta}_2)} \qquad (4\text{-}4)$$

Se essa eficiência relativa for menor que um, concluiremos que $\hat{\Theta}_1$ é um estimador mais eficiente de θ do que $\hat{\Theta}_2$, pelo fato de ele ter menor erro quadrático médio.

Previamente, sugerimos vários estimadores de μ: a média da amostra, a mediana da amostra e uma única observação. Pelo fato de a variância da mediana da amostra ser um pouco inconveniente para se trabalhar, consideramos somente a média da amostra $\hat{\Theta}_1 = \bar{X}$ e $\hat{\Theta}_2 = X_i$. Note que tanto $\bar{X}$ como X_i são estimadores não tendenciosos de μ; desse modo, o erro quadrático médio de ambos os estimadores é simplesmente a variância. Para a média da amostra, temos EQM($\bar{X}$) = $V(\bar{X}) = \sigma^2/n$, da Eq. 3-23. Logo, a **eficiência relativa** de X_i em relação a $\bar{X}$ é

$$\frac{\text{EQM}(\hat{\Theta}_1)}{\text{EQM}(\hat{\Theta}_2)} = \frac{\sigma^2/n}{\sigma^2} = \frac{1}{n}$$

Uma vez que $(1/n) < 1$ para amostras de tamanho $n \geq 2$, concluímos que a média da amostra é um melhor estimador de μ do que uma única observação X_i. Esse é um ponto importante, porque ele ilustra, em geral, a razão pela qual grandes amostras são preferidas em relação a pequenas, para muitos tipos de problemas de estatística.

A variância de um estimador, $V(\hat{\Theta})$, pode ser pensada como a variância da distribuição amostral de $\hat{\Theta}$. A raiz quadrada dessa grandeza, $\sqrt{V(\hat{\Theta})}_2$, é geralmente chamada de erro-padrão do estimador.

Definição

O **erro-padrão** de uma estatística é o desvio-padrão de sua distribuição amostral. Se o erro-padrão envolver parâmetros desconhecidos, cujos valores possam ser estimados, a substituição dessas estimativas no erro-padrão resulta em um **erro-padrão estimado**.

90 CAPÍTULO QUATRO

O erro-padrão dá uma idéia da **precisão da estimação**. Por exemplo, se a média da amostra $\overline{X}$ for usada como um estimador pontual da média da população μ, o erro-padrão de $\overline{X}$ medirá quão precisamente $\overline{X}$ estima μ.

Suponha que estejamos amostrando a partir de uma distribuição normal, com média μ e variância σ^2. Agora, a distribuição de $\overline{X}$ é normal, com média μ e variância σ^2/n; assim, o erro-padrão de $\overline{X}$ é

$$\sigma_{\overline{X}} = \frac{\sigma}{\sqrt{n}}$$

Se não conhecermos σ, mas substituirmos o desvio-padrão S da amostra na equação anterior, então o erro-padrão estimado de $\overline{X}$ será

$$\hat{\sigma}_{\overline{X}} = \frac{S}{\sqrt{n}}$$

Para ilustrar essa definição, um artigo no *Journal of Heat Transfer* (*Trans. ASME*, Ses. C, 96, 1974, p. 59) descreveu um novo método de medir a condutividade térmica de ferro Armco. Usando uma temperatura de 100°F e uma potência de 550 W, as 10 medidas seguintes de condutividade térmica (em Btu/h·ft·°F) foram obtidas:

41,60; 41,48; 42,34; 41,95; 41,86;
42,18; 41,72; 42,26; 41,81; 42,04

Uma estimativa pontual da condutividade térmica média a 100°F e 550 W é a média da amostra ou

$$\overline{x} = 41,924 \text{ Btu/h·ft·°F}$$

O erro-padrão da média amostral é $\sigma_x = \sigma/\sqrt{n}$, e sendo σ desconhecido podemos trocá-lo pelo desvio-padrão da amostra $s = 0,284$, de modo a obter o erro-padrão estimado de $\overline{X}$ como

$$\hat{\sigma}_{\overline{X}} = \frac{s}{\sqrt{n}} = \frac{0,284}{\sqrt{10}} = 0,0898$$

Note que o erro-padrão é cerca de 0,2% da média amostral, implicando que obtivemos uma estimativa relativamente precisa da condutividade térmica.

EXERCÍCIOS PARA A SEÇÃO 4-2

4-1. Suponha que tenhamos uma amostra aleatória de tamanho $2n$, proveniente de uma população denotada por X, e $E(X) = \mu$ e $V(X) = \sigma^2$. Sejam $\overline{X}_1 = \frac{1}{2n} \sum_{i=1}^{2n} X_i$ e $\overline{X}_2 = \frac{1}{n} \sum_{i=1}^{n} X_i$ dois estimadores de μ. Qual é o melhor estimador de μ? Explique sua escolha.

4-2. Seja $X_1, X_2, ..., X_9$ a representação de uma amostra aleatória, proveniente de uma população tendo média μ e variância σ^2. Considere os seguintes estimadores de μ:

$$\hat{\Theta}_1 = \frac{X_1 + X_2 + \cdots + X_9}{9}$$

$$\hat{\Theta}_2 = \frac{3X_1 - X_6 + 2X_4}{2}$$

(a) Os dois estimadores são não tendenciosos?
(b) Qual é o "melhor" estimador? Em que sentido ele é melhor?

4-3. Suponha que $\hat{\Theta}_1$ e $\hat{\Theta}_2$ sejam estimadores não tendenciosos do parâmetro θ. Sabemos que $V(\hat{\Theta}_1) = 2$ e $V(\hat{\Theta}_2) = 4$. Qual é o melhor estimador e em que sentido ele é melhor?

4-4. Calcule a eficiência relativa dos dois estimadores no Exercício 4-2.

4-5. Calcule a eficiência relativa dos dois estimadores no Exercício 4-3.

4-6. Suponha que $\hat{\Theta}_1$ e $\hat{\Theta}_2$ sejam estimadores do parâmetro θ. Sabemos que $E(\hat{\Theta}_1) = \theta$, $E(\hat{\Theta}_2) = \theta/2$, $V(\hat{\Theta}_1) = 10$ e $V(\hat{\Theta}_2) = 4$. Qual é o "melhor" estimador e em que sentido ele é melhor?

4-7. Suponha que $\hat{\Theta}_1$, $\hat{\Theta}_2$ e $\hat{\Theta}_3$ sejam estimadores do parâmetro θ. Sabemos que $E(\hat{\Theta}_1) = E(\hat{\Theta}_2) = \theta$, $E(\hat{\Theta}_3) \neq \theta$, $V(\hat{\Theta}_1) = 16$, $V(\hat{\Theta}_1) = 11$ e $E(\hat{\Theta}_3 - \theta)^2 = 6$. Compare esses três estimadores. Qual você prefere? Por quê?

4-8. Considere três amostras aleatórias de tamanhos $n_1 = 20$, $n_2 = 10$ e $n_3 = 8$, provenientes de uma população com média μ e variância σ^2. Sejam S_1^2, S_2^2 e S_3^2 as variâncias das amostras. Mostre que $S^2 = (20 S_1^2 + 10 S_2^2 + 8 S_3^2)/38$ é um estimador não tendencioso de σ^2.

4-9. (a) Mostre que $\sum_{i=1}^{n} (X_i - \overline{X})^2/n$ é um estimador tendencioso de σ^2.
(b) Encontre o quão tendencioso é o estimador.
(c) O que acontece à tendenciosidade à medida que o tamanho da amostra aumenta?

4-10. Considere $X_1, X_2, ..., X_n$ como uma amostra aleatória de tamanho n.
(a) Mostre que $\overline{X}^2$ é um estimador tendencioso para μ^2.
(b) Encontre o quão tendencioso é o estimador.
(c) O que acontece à tendenciosidade à medida que o tamanho da amostra, n, aumenta?

4-3 TESTE DE HIPÓTESES

4-3.1 Hipóteses Estatísticas

Na seção prévia, ilustramos como um parâmetro pode ser estimado a partir dos dados de uma amostra. Entretanto, muitos problemas em engenharia requerem que decidamos entre aceitar ou rejeitar uma afirmação acerca de algum parâmetro. A afirmação é chamada de **hipótese** e o procedimento de tomada de decisão sobre a hipótese é chamado de **teste de hipóteses**. Esse é um dos mais úteis aspectos da inferência estatística, uma vez que muitos tipos de problemas de tomada de decisão, testes, ou experimentos, no mundo da engenharia, podem ser formulados como problemas de teste de hipóteses. Gostamos de imaginar o teste estatístico de hipóteses como o estágio de análise dos dados de um **experimento comparativo**, em que o engenheiro está interessado, por exemplo, em comparar a média de uma população a um certo valor especificado. Esses experimentos comparativos simples são freqüentemente encontrados na prática e fornecem uma boa base para problemas mais complexos de planejamento de experimentos, que serão discutidos no Cap. 7. Neste capítulo, discutiremos experimentos comparativos, envolvendo uma única população, sendo nosso foco testar hipóteses relativas aos parâmetros da população.

Agora, damos uma definição formal de uma hipótese estatística.

> **Definição**
>
> Uma **hipótese estatística** é uma afirmação sobre os parâmetros de uma ou mais populações.

Já que usamos distribuições de probabilidades para representar populações, uma hipótese estatística pode também ser pensada como uma afirmação acerca da distribuição de probabilidades de uma variável aleatória. A hipótese geralmente envolverá um ou mais parâmetros dessa distribuição.

Por exemplo, suponha que estejamos interessados na taxa de queima de um propelente sólido, usado para fornecer energia aos sistemas de escapamento de aeronaves. A taxa de queima é uma variável aleatória que pode ser descrita por uma distribuição de probabilidades. Suponha que nosso interesse esteja focado na taxa média de queima (um parâmetro dessa distribuição). Especificamente, estamos interessados em decidir se a taxa média de queima é ou não 50 cm/s. Podemos expressar isso formalmente como

$$H_0: \mu = 50 \text{ cm/s}$$
$$H_1: \mu \neq 50 \text{ cm/s} \qquad (4\text{-}5)$$

A afirmação $H_0: \mu = 50$ cm/s na Eq. 4-5 é chamada de **hipótese nula** e a afirmação $H_1: \mu \neq 50$ cm/s é chamada de **hipótese alternativa**. Uma vez que a hipótese alternativa especifica valores de μ que poderiam ser maiores ou menores do que 50 cm/s, ela é chamada de uma **hipótese alternativa bilateral**. Em algumas situações, podemos desejar formular uma **hipótese alternativa unilateral**, como em

$$H_0: \mu = 50 \text{ cm/s} \qquad H_0: \mu = 50 \text{ cm/s}$$
$$\text{ou} \qquad (4\text{-}6)$$
$$H_1: \mu < 50 \text{ cm/s} \qquad H_1: \mu > 50 \text{ cm/s}$$

É importante lembrar que hipóteses são sempre afirmações sobre a população ou distribuição sob estudo, não afirmações sobre a amostra. O valor do parâmetro especificado da população na hipótese nula (50 cm/s no exemplo anterior) é geralmente determinado em uma das três maneiras. Primeiro, ele pode resultar de experiência passada ou de conhecimento do processo, ou mesmo de testes ou experimentos prévios. O objetivo então de teste de hipóteses é geralmente determinar se o valor do parâmetro variou. Segundo, esse valor pode ser determinado a partir de alguma teoria ou do modelo relativo ao processo sob estudo. Aqui, o objetivo do teste de hipóteses é verificar a teoria ou o modelo. Uma terceira situação aparece quando o valor do parâmetro da população resulta de considerações externas, tais como projeto ou especificações de engenharia ou a partir de obrigações contratuais. Nessa situação, o objetivo usual do teste de hipóteses é obedecer ao teste.

Um procedimento levando a uma decisão acerca de uma hipótese particular é chamado de **teste de uma hipótese**. Procedimentos de teste de hipóteses usam informações de uma amostra aleatória proveniente da população de interesse. Se essa informação for consistente com a hipótese, então concluiremos que a hipótese é verdadeira; no entanto, se essa informação for inconsistente com a hipótese, concluiremos que a hipótese é falsa. Enfatizamos que a verdade ou a falsidade de uma hipótese particular nunca pode ser conhecida com certeza, a menos que possamos examinar a população inteira. Isso é geralmente impossível em muitas situações práticas. Desse modo, um procedimento de teste de hipóteses deveria ser desenvolvido, tendo-se em mente a probabilidade de alcançar uma conclusão errada.

A estrutura de problemas de teste de hipóteses será idêntica em todas as aplicações que vamos considerar. A hipótese nula é aquela que desejamos testar. A rejeição da hipótese nula sempre leva à aceitação da hipótese alternativa. Em nosso tratamento de teste de hipóteses, a hipótese nula sempre será estabelecida de modo que ela especifique um valor exato do parâmetro (como na afirmação $H_0: \mu = 50$ cm/s, na Eq. 4-5). A hipótese alternativa permitirá ao parâmetro assumir vários valores (como na afirmação $H_1: \mu \neq 50$ cm/s, na Eq. 4-5). Testar a hipótese envolve considerar uma amostra aleatória, computar uma **estatística de teste** a partir de dados amostrais e, então, usar a estatística de teste para tomar uma decisão a respeito da hipótese nula.

4-3.2 Testando Hipóteses Estatísticas

Com o objetivo de ilustrar os conceitos gerais, considere o problema da taxa de queima do propelente, introduzido anteriormente. A hipótese nula é a taxa média de queima ser de 50 cm/s; a alternativa é: essa taxa não é igual a 50 cm/s. Ou seja, desejamos testar

$$H_0: \mu = 50 \text{ cm/s}$$
$$H_1: \mu \neq 50 \text{ cm/s}$$

Suponha que uma amostra de $n = 10$ espécimes seja testada e que a taxa média de queima da amostra $\bar{x}$ seja observada. A média da amostra é uma estimativa da média verdadeira, μ, da população. Um valor da média da amostra $\bar{x}$ que caia próximo ao valor da hipótese de $\mu = 50$ cm/s é uma evidência de que a média verdadeira μ seja realmente 50 cm/s; isto é, tal evidência suporta a hipótese nula H_0. Por outro lado, uma média da amostra que seja consideravelmente diferente de 50 cm/s é evidência de que a hipótese alternativa H_1 seja válida. Assim, a média da amostra é a estatística de teste nesse caso.

A média da amostra pode assumir muitos valores. Suponha que se $48,5 \leq \bar{x} \leq 51,5$, não rejeitaremos a hipótese nula $H_0: \mu = 50$. Se $\bar{x} < 48,5$ ou $\bar{x} > 51,5$, rejeitaremos a hipótese nula em favor da hipótese alternativa $H_1: \mu \neq 50$. Isso é ilustrado na Fig. 4-3. Os valores de $\bar{x}$ que forem menores do que 48,5 e maiores do que 51,5 constituirão a **região crítica** para o teste, enquanto todos os valores que estejam no intervalo $48,5 \leq \bar{x} \leq 51,5$ formarão uma região para a qual falharemos em rejeitar a hipótese nula. Por convenção, ela geralmente é chamada de **região de aceitação**. Os limites entre as regiões críticas e a região de aceitação são chamados de **valores críticos**. Em nosso exemplo, os valores críticos são 48,5 e 51,5. É comum estabelecer conclusões relativas à hipótese nula H_0. Logo, rejeitaremos H_0 em favor de H_1, se a estatística de teste cair na região crítica e falharemos em rejeitar H_0, caso contrário.

Esse procedimento de decisão pode conduzir a uma das duas conclusões erradas. Por exemplo, a verdadeira taxa média de queima do propelente poderia ser igual a 50 cm/s. Entretanto, para os espécimes de propelente, selecionados aleatoriamente, que são testados, poderíamos observar um valor de estatística de teste $\bar{x}$ que caísse na região crítica. Rejeitaríamos então a hipótese nula H_0 em favor da alternativa H_1, quando, de fato, H_0 seria realmente verdadeira. Esse tipo de conclusão errada é chamado de **erro tipo I**.

> **Definição**
> A rejeição da hipótese nula H_0 quando ela for verdadeira é definida como um **erro tipo I**.

Agora, suponha que a taxa média de queima fosse diferente de 50 cm/s, mesmo que a média da amostra $\bar{x}$ caísse na região de aceitação. Nesse caso, falharíamos em rejeitar H_0, quando ela fosse falsa. Esse tipo de conclusão errada é chamado de **erro tipo II**.

> **Definição**
> A falha em rejeitar a hipótese nula, quando ela é falsa, é definida como um **erro tipo II**.

Assim, testando qualquer hipótese estatística, quatro situações diferentes determinam se a decisão final está correta ou errada. Essas situações técnicas estão apresentadas na Tabela 4-1.

Pelo fato da nossa decisão estar baseada em variáveis aleatórias, as probabilidades podem ser associadas com os erros tipo I e tipo II da Tabela 4-1. A probabilidade de cometer o erro tipo I é denotada pela letra grega α. Ou seja,

$$\alpha = P(\text{erro tipo I}) = P(\text{rejeitar } H_0 \text{ quando } H_0 \text{ for verdadeira}). \quad (4\text{-}7)$$

Algumas vezes, a probabilidade do erro tipo I é chamada de **nível de significância** ou **tamanho** do teste. No exemplo da taxa de queima do propelente, um erro tipo I ocorrerá quando $\bar{x} > 51,5$ ou $\bar{x} < 48,5$, para a taxa média de queima do propelente $\mu = 50$ cm/s. Suponha que o desvio-padrão da taxa de queima seja $\sigma = 2,5$ cm/s e que a taxa de queima tenha uma distribuição para a qual as condições do teorema central do limite se apliquem, de modo que a distribuição da média da amostra seja aproximadamente normal, com média $\mu = 50$ e desvio-padrão $\sigma/\sqrt{n} = 2,5/\sqrt{10} = 0,79$. A probabilidade de cometer o erro tipo I (ou o nível de significância de nosso teste) é igual à soma das áreas que foram sombreadas nas extremidades da distribuição normal na Fig. 4-4. Podemos achar essa probabilidade como

$$\alpha = P(\bar{X} < 48,5 \text{ quando } \mu = 50)$$
$$+ P(\bar{X} > 51,5 \text{ quando } \mu = 50)$$

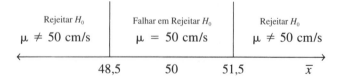

Fig. 4-3 Critérios de decisão para testar $H_0: \mu = 50$ cm/s versus $H_1: \mu \neq 50$ cm/s.

Tabela 4-1 Decisões no Teste de Hipóteses

Decisão	H_0 É Verdadeira	H_0 É Falsa
Falhar em rejeitar H_0	nenhum erro	erro tipo II
Rejeitar H_0	erro tipo I	nenhum erro

Os valores de z que correspondem aos valores críticos 48,5 e 51,5 são

$$z_1 = \frac{48,5 - 50}{0,79} = -1,90$$

e

$$z_2 = \frac{51,5 - 50}{0,79} = 1,90$$

Logo,

$$\alpha = P(Z < -1,90) + P(Z > 1,90)$$
$$= 0,0288 + 0,0288$$
$$= 0,0576$$

Isso implica que 5,76% de todas as amostras aleatórias conduziriam à rejeição da hipótese H_0: $\mu = 50$ cm/s, quando a verdadeira taxa média de queima fosse realmente 50 cm/s.

Da inspeção da Fig. 4-4, notamos que podemos reduzir α alargando a região de aceitação. Por exemplo, se considerarmos os valores críticos 48 e 52, o valor de α será

$$\alpha = P\left(Z < \frac{48 - 50}{0,79}\right) + P\left(Z > \frac{52 - 50}{0,79}\right)$$
$$= P(Z < -2,53) + P(Z > 2,53)$$
$$= 0,0057 + 0,0057$$
$$= 0,0114$$

Poderíamos também reduzir α, aumentando o tamanho da amostra. Se $n = 16$, então $\sigma/\sqrt{n} = 2,5/\sqrt{16} = 0,625$ e usando a região crítica original da Fig. 4-3, encontramos

$$z_1 = \frac{48,5 - 50}{0,625} = -2,40$$

e

$$z_2 = \frac{51,5 - 50}{0,625} = 2,40$$

Desse modo,

$$\alpha = P(Z < -2,40) + P(Z > 2,40)$$
$$= 0,0082 + 0,0082$$
$$= 0,0164$$

Na avaliação de um procedimento de teste de hipóteses, também é importante examinar a probabilidade de um erro tipo II, que denotaremos por β (beta). Isto é,

$$\beta = P(\text{erro tipo II}) =$$
$$= P(\text{falhar em rejeitar } H_0 \text{ quando } H_0 \text{ for falsa}) \quad (4\text{-}8)$$

Para calcular β, temos de ter uma hipótese alternativa específica; ou seja, temos de ter um valor particular de μ. Por exemplo, suponha que seja importante rejeitar a hipótese nula H_0: $\mu = 50$, toda vez que a taxa média de queima μ seja maior do que 52 cm/s ou menor do que 48 cm/s. Poderíamos calcular a probabilidade de um erro tipo II, β, para os valores $\mu = 52$ e $\mu = 48$ e usar esse resultado para nos dizer alguma coisa acerca de como seria o desempenho do procedimento de teste. Especificamente, como o procedimento de teste funcionará, se desejarmos detectar — ou seja, rejeitar H_0 — para um valor médio de $\mu = 52$ ou $\mu = 48$? Por causa da simetria, só é necessário avaliar um dos dois casos — tal como encontrar a probabilidade de aceitar a hipótese nula H_0: $\mu = 50$ cm/s, quando a média verdadeira for $\mu = 52$ cm/s.

A Fig. 4-5 nos ajudará a calcular a probabilidade do erro tipo II, b. A distribuição normal no lado esquerdo da Fig. 4-5 é a distribuição da estatística de teste $\overline{X}$, quando a hipótese nula H_0: $\mu = 50$ for verdadeira (ou seja, o que se entende pela expressão "sob H_0: $\mu = 50$"). A distribuição normal no lado direito é a distribuição de $\overline{X}$, quando a hipótese alternativa for verdadeira e o valor da média for 52 (ou "sob H_1: $\mu = 52$"). Agora, um erro tipo II será cometido, se a média da amostra $\overline{x}$ cair entre 48,5 e 51,5 (os limites da região crítica), quando $\mu = 52$. Como visto na Fig. 4-5, essa é apenas a probabilidade de $48,5 \leq \overline{X} \leq 51,5$, quando a média verdadeira for $\mu = 52$, representada pela área sombreada sob a distribuição normal no lado direito. Conseqüentemente, referindo-se à Fig. 4-5, encontramos que

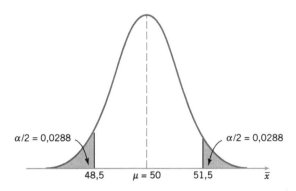

Fig. 4-4 Região crítica para H_0: $\mu = 50$ versus H_1: $\mu \neq 50$ e $n = 10$.

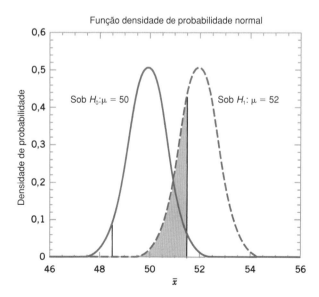

Fig. 4-5 Probabilidade do erro tipo II, quando $\mu = 52$ e $n = 10$.

$$\beta = P(48,5 \leq \overline{X} \leq 51,5, \text{ quando } \mu = 52)$$

Os valores z, correspondentes a 48,5 e 51,5, quando $\mu = 52$, são

$$z_1 = \frac{48,5 - 52}{0,79} = -4,43$$

e

$$z_2 = \frac{51,5 - 52}{0,79} = -0,63$$

Logo,

$$\beta = P(-4,43 \leq Z \leq -0,63)$$
$$= P(Z \leq -0,63) - P(Z \leq -4,43)$$
$$= 0,2643 - 0,000$$
$$= 0,2643$$

Assim, se estivermos testando H_0: $\mu = 50$ contra H_1: $\mu \neq 50$, com $n = 10$ e o valor verdadeiro da média for $\mu = 52$, a probabilidade de falharmos em rejeitar a falsa hipótese nula será 0,2643. Por simetria, se o valor verdadeiro da média for $\mu = 48$, o valor de β será também 0,2643.

A probabilidade de cometer o erro tipo II, β, aumenta rapidamente à medida que o valor verdadeiro de μ se aproxima do valor da hipótese feita. Por exemplo, ver Fig. 4-6, em que o valor verdadeiro da média é $\mu = 50,5$ e o valor da hipótese é H_0: $\mu = 50$. O valor verdadeiro de μ está muito perto de 50 e o valor para β é

$$\beta = P(48,5 \leq \overline{X} \leq 51,5, \text{ quando } \mu = 50,5)$$

Conforme mostrado na Fig. 4-6, os valores de z correspondentes a 48,5 e 51,5, quando $\mu = 50,5$ são

$$z_1 = \frac{48,5 - 50,5}{0,79} = -2,53$$

e

$$z_2 = \frac{51,5 - 50,5}{0,79} = 1,27$$

Logo

$$\beta = P(-2,53 \leq Z \leq 1,27)$$
$$= P(Z \leq 1,27) - P(Z \leq -2,53)$$
$$= 0,8980 - 0,0057$$
$$= 0,8923$$

Assim, a probabilidade do erro tipo II é muito maior para o caso em que a média verdadeira é 50,5 cm/s do que para o caso em que a média é 52 cm/s. Naturalmente, em muitas situações práticas, não estaríamos preocupados em cometer o erro tipo II se a média fosse "próxima" do valor utilizado na hipótese. Estaríamos muito mais interessados em detectar grandes diferenças entre a média verdadeira e o valor especificado na hipótese nula.

A probabilidade do erro tipo II depende também do tamanho da amostra, n. Suponha que a hipótese nula seja H_0: $\mu = 50$ cm/s e que o valor verdadeiro da média seja $\mu = 52$. Se o tamanho da amostra for aumentado de $n = 10$ para $n = 16$, resulta a situação da Fig. 4-7.

A distribuição normal na esquerda é a distribuição de $\overline{X}$ quando a média $\mu = 50$ e a distribuição normal na direita é a distribuição de $\overline{X}$ quando $\mu = 52$. Conforme mostrado na Fig. 4-7, a probabilidade do erro tipo II é

$$\beta = P(48,5 \leq \overline{X} \leq 51,5, \text{ quando } \mu = 52)$$

Quando $n = 16$, o desvio-padrão de $\overline{X}$ é $\sigma/\sqrt{n} = 2,5/\sqrt{16} = 0,625$ e os valores z, correspondentes a 48,5 e 51,5 quando $\mu = 52$, são

$$z_1 = \frac{48,5 - 52}{0,625} = -5,60 \quad \text{e} \quad z_2 = \frac{51,5 - 52}{0,625} = -0,80$$

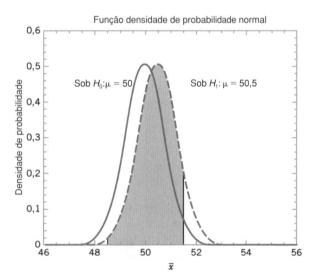

Fig. 4-6 Probabilidade do erro tipo II, quando $\mu = 50,5$ e $n = 10$.

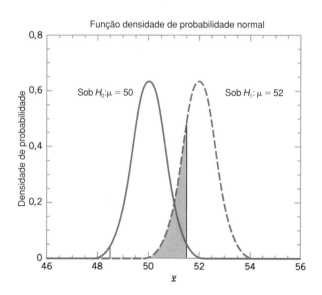

Fig. 4-7 Probabilidade do erro tipo II, quando $\mu = 52$ e $n = 16$.

Desse modo

$$\begin{aligned}\beta &= P(-5,60 \le Z \le -0,80)\\ &= P(Z \le -0,80) - P(Z \le -5,60)\\ &= 0,2119 - 0,000\\ &= 0,2119\end{aligned}$$

Lembre-se de que quando $n = 10$ e $\mu = 52$, encontramos que $\beta = 0,2643$; conseqüentemente, o aumento do tamanho da amostra resulta em uma diminuição na probabilidade de erro tipo II.

Os resultados desta seção e alguns outros cálculos similares estão sumarizados a seguir:

região de aceitação	tamanho da amostra	α	β em $\mu = 52$	β em $\mu = 50,5$
$48,5 < \bar{x} < 51,5$	10	0,0576	0,2643	0,8923
$48 \ \ < \bar{x} < 52$	10	0,0114	0,5000	0,9705
$48,5 < \bar{x} < 51,5$	16	0,0164	0,2119	0,9445
$48 \ \ < \bar{x} < 52$	16	0,0014	0,5000	0,9918

Os resultados nos retângulos não foram calculados no texto, mas podem ser facilmente verificados pelo leitor. Essa apresentação e a discussão anterior revelam quatro pontos importantes:

1. O tamanho da região crítica, e conseqüentemente a probabilidade do erro tipo I, α, pode sempre ser reduzido através da seleção apropriada dos valores críticos.
2. Os erros tipo I e tipo II estão relacionados. Uma diminuição na probabilidade de um tipo de erro sempre resulta em um aumento da probabilidade do outro, desde que o tamanho da amostra, n, não varie.
3. Um aumento no tamanho da amostra reduzirá, geralmente, α e β, desde que os valores críticos sejam mantidos constantes.
4. Quando a hipótese nula é falsa, β aumenta à medida que o valor do parâmetro se aproxima do valor usado na hipótese nula. O valor de β diminui à medida que aumenta a diferença entre a média verdadeira e o valor utilizado na hipótese.

Geralmente, o analista controla a probabilidade α do erro tipo I quando ele ou ela seleciona os valores críticos. Assim, geralmente é fácil para o analista estabelecer a probabilidade de erro tipo I em (ou perto de) qualquer valor desejado. Uma vez que o analista pode controlar diretamente a probabilidade de rejeitar erroneamente H_0, sempre pensamos na rejeição da hipótese nula H_0 como uma **conclusão forte**.

Por outro lado, a probabilidade β do erro tipo II não é constante, mas depende do valor verdadeiro do parâmetro. Ela depende também do tamanho da amostra que tenhamos selecionado. Pelo fato da probabilidade β do erro tipo II ser uma função do tamanho da amostra e da extensão com que a hipótese nula H_0 seja falsa, costuma-se pensar na aceitação de H_0 como uma **conclusão fraca**, a menos que saibamos que β seja aceitavelmente pequena. Conseqüentemente, em vez de dizer "aceitamos H_0", preferimos a terminologia "falhamos em rejeitar H_0". Falhar em rejeitar H_0 implica que não encontramos evidência suficiente para rejeitar H_0, ou seja, para fazer uma afirmação forte. Falhar em rejeitar H_0 não significa necessariamente que haja uma alta probabilidade de H_0 ser verdadeira. Isso pode significar simplesmente que mais dados são requeridos para atingir uma conclusão forte. Isso pode ter implicações importantes para a formulação das hipóteses.

Um importante conceito de que faremos uso é o da **potência** de um teste estatístico.

> **Definição**
>
> A **potência** de um teste estatístico é a probabilidade de rejeitar a hipótese nula H_0, quando a hipótese alternativa for verdadeira.

A potência é calculada como $1 - \beta$ e a potência pode ser interpretada como *a probabilidade de rejeitar corretamente uma hipótese nula falsa*. Freqüentemente, comparamos testes estatísticos através da comparação de suas propriedades de potência. Por exemplo, considere o problema da taxa de queima de propelente, quando estamos testando H_0: $\mu = 50$ cm/s contra H_1: $\mu \ne 50$ cm/s. Suponha que o valor verdadeiro da média seja $\mu = 52$. Quando $n = 10$, encontramos $\beta = 0,2643$; assim, a potência desse teste é $1 - \beta = 1 - 0,2643 = 0,7357$, quando $\mu = 52$.

A potência é uma medida muito descritiva e concisa da **sensibilidade** de um teste estatístico, em que por sensibilidade entendemos a habilidade do teste de detectar diferenças. Nesse caso, a sensibilidade do teste para detectar a diferença entre a taxa média de queima de 50 cm/s e 52 cm/s é 0,7357. Isto é, se a média verdadeira for realmente 52 cm/s, esse teste rejeitará corretamente H_0: $\mu = 50$ e "detectará" essa diferença em 73,57% das vezes. Se esse valor de potência for julgado como sendo muito baixo, o analista poderá aumentar tanto α como o tamanho da amostra n.

96 Capítulo Quatro

4-3.3 Hipóteses Unilaterais e Bilaterais

Um teste de qualquer hipótese, tal como

$$H_0: \mu = \mu_0$$
$$H_1: \mu \neq \mu_0$$

é chamado de teste **bilateral**, porque é importante detectar diferenças em relação ao valor da média μ_0 usado na hipótese, que estejam em ambos os lados de μ_0. Em tal caso, a região crítica é dividida em duas partes, com (geralmente) igual probabilidade colocada em cada extremidade da distribuição da estatística de teste.

Muitos problemas de teste de hipóteses envolvem, naturalmente, uma hipótese alternativa **unilateral**, tal como

$$H_0: \mu = \mu_0$$
$$H_1: \mu > \mu_0$$

ou

$$H_0: \mu = \mu_0$$
$$H_1: \mu < \mu_0$$

Se a hipótese alternativa for $H_1: \mu > \mu_0$, a região crítica deve estar na extremidade superior da distribuição da estatística de teste, enquanto se a hipótese alternativa for $H_1: \mu < \mu_0$, a região crítica deve estar na extremidade inferior da distribuição. Por conseguinte, esses testes são algumas vezes chamados de testes **unilaterais**. A localização da região crítica para testes unilaterais é geralmente fácil de determinar. Simplesmente, visualize o comportamento da estatística de teste se a hipótese nula for verdadeira e coloque a região crítica no final ou na extremidade apropriada da distribuição. Geralmente, a desigualdade na hipótese alternativa "aponta" na direção da região crítica.

Na construção das hipóteses, sempre estabeleceremos a hipótese nula como uma igualdade, de modo que a probabilidade α do erro tipo I possa ser controlada em um valor específico. A hipótese alternativa pode ser unilateral ou bilateral, dependendo da conclusão a ser tirada se H_0 for rejeitada. Se o objetivo for fazer um questionamento envolvendo afirmações, tais como "maior que", "menor que", "superior a", "excede", "no mínimo", e assim por diante, então a alternativa unilateral será apropriada. Se nenhuma direção for indicada pelo questionamento, ou se o questionamento "não igual a" tiver de ser feito, então uma alternativa bilateral deve ser usada.

Exemplo 4-2

Considere o problema da taxa de queima do propelente. Suponha que se a taxa de queima for menor do que 50 cm/s, desejamos mostrar isso com uma conclusão forte. As hipóteses devem ser estabelecidas como

$$H_0: \mu = 50 \text{ cm/s}$$
$$H_1: \mu < 50 \text{ cm/s}$$

Aqui, a região crítica está na extremidade inferior da distribuição de $\overline{X}$. Visto que a rejeição de H_0 é sempre uma conclusão forte, essa afirmação das hipóteses produzirá o resultado desejado se H_0 for rejeitada. Note que, embora a hipótese nula seja estabelecida com um sinal de igual, deve-se incluir qualquer valor de μ não especificado pela hipótese alternativa. Desse modo, falhar em rejeitar H_0 não significa que $\mu = 50$ cm/s exatamente, mas somente que não temos evidência forte em sustentar H_1.

Em alguns problemas do mundo real, em que os procedimentos de testes unilaterais sejam indicados, é ocasionalmente difícil escolher uma formulação apropriada da hipótese alternativa. Por exemplo, suponha que um engarrafador de refrigerantes compre garrafas de 10 onças de uma companhia de vidro. O engarrafador quer estar certo de que as garrafas encontram as especificações de pressão interna média ou resistência à explosão, que, para garrafas de 10 onças, a resistência mínima é 200 psi. O engarrafador decidiu formular o procedimento de decisão para um lote específico de garrafas como um problema de teste de hipóteses. Há duas formulações possíveis para esse problema,

$$H_0: \mu = 200 \text{ psi}$$
$$H_1: \mu > 200 \text{ psi} \tag{4-9}$$

ou

$$H_0: \mu = 200 \text{ psi}$$
$$H_1: \mu < 200 \text{ psi} \tag{4-10}$$

Considere a formulação na Eq. 4-9. Se a hipótese nula for rejeitada, as garrafas serão julgadas satisfatórias; se H_0 não for rejeitada, a implicação é que as garrafas não obedecem às especificações e não devem ser usadas. Como rejeitar H_0 é uma forte conclusão, essa formulação força o fabricante de garrafas a "demonstrar" que a resistência média à explosão das garrafas excede a especificação. Agora considere a formulação na Eq. 4-10. Nessa situação, as garrafas serão julgadas satisfatórias, a menos que H_0 seja rejeitada. Ou seja, concluímos que as garrafas são satisfatórias a menos que haja uma forte evidência do contrário.

Qual formulação é a correta, aquela da Eq. 4-9 ou a da Eq. 4-10? A resposta é "depende". Para a Eq. 4-9, há alguma probabilidade de que H_0 não seja rejeitada (isto é, decidiríamos que as garrafas não seriam satisfatórias), muito embora a média verda-

TOMADA DE DECISÃO PARA UMA ÚNICA AMOSTRA **97**

deira seja levemente maior que 200 psi. Essa formulação implica que queremos que o fabricante de garrafas demonstre que o produto atenda a ou exceda nossas especificações. Tal formulação poderia ser apropriada, se o fabricante tivesse experimentado dificuldade em atender às especificações no passado ou se as considerações de segurança do produto nos forçasse a manter firmemente a especificação de 200 psi. Por outro lado, para a formulação da Eq. 4-10, há alguma probabilidade de que H_0 seja aceita e as garrafas julgadas satisfatórias, muito embora a média verdadeira seja levemente menor que 200 psi. Concluiríamos que as garrafas seriam insatisfatórias somente quando houvesse uma

forte evidência de que a média não excederia 200 psi, ou seja, quando H_0: μ = 200 psi fosse rejeitada. Essa formulação considera que estamos relativamente felizes com o desempenho passado do fabricante de garrafas e que pequenos desvios da especificação de $\mu \geq$ 200 psi não são prejudiciais.

Na formulação das hipóteses unilaterais, devemos lembrar que rejeitar H_0 é sempre uma forte conclusão. Conseqüentemente, **devemos nos perguntar o que é importante para fazer uma forte conclusão na hipótese alternativa**. Em problemas do mundo real, isso dependerá, freqüentemente, do nosso ponto de vista e da nossa experiência com a situação.

4-3.4 PROCEDIMENTO GERAL PARA TESTES DE HIPÓTESES

Este capítulo desenvolve os procedimentos de testes de hipóteses para muitos problemas práticos. O uso da seguinte seqüência de etapas na metodologia de aplicação de testes de hipóteses é recomendado.

1. A partir do contexto do problema, identifique o parâmetro de interesse.
2. Estabeleça a hipótese nula H_0.
3. Especifique uma hipótese alternativa apropriada, H_1.
4. Escolha um nível de significância, α.
5. Estabeleça uma estatística apropriada de teste.

6. Estabeleça a região de rejeição para a estatística.
7. Calcule qualquer grandeza amostral necessária, substitua-a na equação para a estatística de teste e calcule aquele valor.
8. Decida se H_0 deve ser ou não rejeitada e relate isso no contexto do problema.

As etapas 1-4 devem ser completadas antes de examinar os dados amostrais. Essa seqüência de etapas será ilustrada nas seções subseqüentes.

EXERCÍCIOS PARA A SEÇÃO 4-3

4-11. Um fabricante de fibra têxtil está investigando um novo fio, que a companhia afirma ter uma força média de alongamento de 14 kg, com um desvio-padrão de 0,3 kg. A companhia deseja testar a hipótese H_0: μ = 14 contra H_1: μ < 14, usando uma amostra aleatória de quatro espécimes.
  (a) Qual será a probabilidade do erro tipo I, se a região crítica for definida como $\bar{x}$ < 13,7 kg?
  (b) Encontre β para o caso em que a força média verdadeira de alongamento seja 13,5 kg.

4-12. Repita o Exercício 4-11, usando um tamanho de amostra de n = 16 e a mesma região crítica.

4-13. No Exercício 4-11, encontre o limite da região crítica, se a probabilidade do erro tipo I for especificada como sendo α = 0,01.

4-14. No Exercício 4-12, encontre o limite da região crítica, se a probabilidade do erro tipo I for especificada como sendo 0,05.

4-15. O calor liberado em calorias por grama de uma mistura de cimento tem distribuição aproximadamente normal. A média deve ser 100 e o desvio-padrão deve ser 2. Desejamos testar H_0: μ = 100 *versus* H_1: $\mu \neq$ 100, com uma amostra de n = 9 espécimes.
  (a) Se a região de aceitação for definida como 98,5 $\leq \bar{x} \leq$ 101,5, encontre a probabilidade α do erro tipo I.
  (b) Encontre β para o caso em que o calor médio verdadeiro liberado seja 103.
  (c) Encontre β para o caso em que o calor médio verdadeiro liberado seja 105. Esse valor de β é menor do que aquele encontrado no item (b). Por quê?

4-16. Repita o Exercício 4-15, usando um tamanho de amostra de n = 5 e a mesma região de aceitação.

4-17. Uma companhia de produtos para consumidores está formulando um xampu novo e está interessada na altura (em mm) da espuma. A altura da espuma tem distribuição aproximadamente normal, com um desvio-padrão de 20 mm. A companhia deseja testar H_0: μ = 175 mm *versus* H_1: μ > 175 mm, usando os resultados de n = 10 amostras.
  (a) Encontre a probabilidade α do erro tipo I, se a região crítica for $\bar{x}$ > 185.
  (b) Qual será a probabilidade do erro tipo II, se a altura média verdadeira da espuma for 195 mm?

4-18. No Exercício 4-17, suponha que os dados da amostra resultem em $\bar{x}$ = 190 mm.
  (a) O que você concluiria?
  (b) Quão "diferente" é o valor da amostra $\bar{x}$ = 190 mm, se a média verdadeira for realmente 175 mm? Ou seja, qual seria a probabilidade de você observar uma média da amostra tão grande quanto 190 mm (ou maior), se a altura média verdadeira da espuma fosse realmente 175 mm?

4-19. Repita o Exercício 4-17, considerando o tamanho da amostra como n = 16 e o limite da região crítica sendo o mesmo.

4-20. Considere o Exercício 4-17 e suponha que o tamanho da amostra seja aumentado para n = 16.
  (a) Onde estaria localizado o limite da região crítica, se a probabilidade do erro tipo I permanecesse igual ao valor calculado quando n = 10?
  (b) Usando n = 16 e a nova região crítica encontrada no item (a), encontre a probabilidade β do erro tipo II, se a altura média verdadeira da espuma for 195 mm.
  (c) Compare o valor de β obtido no item (b) com o valor do Exercício 4-17(b). Que conclusões você pode tirar?

4-21. Um fabricante está interessado na voltagem de saída de um fornecimento de potência usado em um computador pessoal. A vol-

tagem de saída é considerada normalmente distribuída, com desvio-padrão igual a 0,25 V. O fabricante deseja testar H_0: $\mu = 9$ V contra H_1: $\mu \neq 9$ V, usando $n = 10$ unidades.
(a) A região de aceitação é $8{,}85 \leq \bar{x} \leq 9{,}15$. Encontre o valor de α.
(b) Encontre a potência do teste para detectar uma voltagem de saída média verdadeira de 9,1 V.

4-22. Refaça o Exercício 4-21, use o tamanho da amostra igual a 16 e mantenha os limites da região de aceitação.

4-23. Considere o Exercício 4-21 e suponha que o fabricante queira que a probabilidade do erro tipo I para o teste seja igual a $\alpha = 0{,}05$. Onde a região de aceitação deve estar localizada?

4-4 INFERÊNCIA SOBRE A MÉDIA DE UMA POPULAÇÃO COM VARIÂNCIA CONHECIDA

Nesta seção, fazemos inferências acerca da média μ de uma população simples, conhecendo-se a variância da população σ^2.

Baseado em nossa discussão prévia na Seção 4-2, a média da amostra $\bar{X}$ é um **estimador pontual não tendencioso** de μ. Com essas suposições, a distribuição de $\bar{X}$ é aproximadamente normal, com média μ e variância σ^2/n.

Suposições

1. $X_1, X_2, ..., X_n$ é uma amostra aleatória de tamanho n, proveniente de uma população.
2. A população é normal ou se ela não for normal, as condições do teorema central do limite se aplicarão.

Sob as suposições prévias, a grandeza
$$Z = \frac{\bar{X} - \mu}{\sigma/\sqrt{n}} \quad (4\text{-}11)$$
tem uma distribuição normal padrão, $N(0,1)$.

4-4.1 Teste de Hipóteses para a Média

Suponha que desejemos testar as hipóteses
$$H_0: \mu = \mu_0$$
$$H_1: \mu \neq \mu_0$$

sendo μ_0 uma constante especificada. Temos uma amostra aleatória $X_1, X_2, ..., X_n$ a partir da população. Visto que $\bar{X}$ tem uma distribuição normal aproximada (isto é, a **distribuição amostral** de $\bar{X}$ é aproximadamente normal) com média μ_0 e desvio-padrão $\sigma/\sqrt{n}$, se a hipótese nula for verdadeira poderemos construir uma região crítica baseada no valor calculado da média da amostra $\bar{x}$, como na Seção 4-3.1.

É geralmente mais conveniente *padronizar* a média da amostra e usar uma estatística de teste baseada na distribuição normal padrão. Ou seja, o procedimento de teste para H_0: $\mu = \mu_0$ usa a **estatística de teste**

$$Z_0 = \frac{\bar{X} - \mu_0}{\sigma/\sqrt{n}} \quad (4\text{-}12)$$

Se a hipótese nula H_0: $\mu = \mu_0$ for verdadeira, então $E(\bar{X}) = \mu_0$ e a distribuição de Z_0 é a distribuição normal padrão [denotada por $N(0,1)$]. Conseqüentemente, se H_0: $\mu = \mu_0$ for verdadeira, a probabilidade será $1 - \alpha$ de que a estatística de teste Z_0 caia entre $-z_{\alpha/2}$ e $z_{\alpha/2}$, em que $z_{\alpha/2}$ é o ponto $100\alpha/2$ percentual da distribuição normal padrão. As regiões associadas com $z_{\alpha/2}$ e $-z_{\alpha/2}$ estão ilustradas na Fig. 4-8. Note que a probabilidade é α de que a estatística de teste Z_0 caia na região $Z_0 > z_{\alpha/2}$ ou $Z_0 < -z_{\alpha/2}$, quando H_0: $\mu = \mu_0$ for verdadeira. Claramente, uma amostra produzindo um valor de estatística de teste que caia nas extremi-

dades da distribuição de Z_0 seria não usual se H_0: $\mu = \mu_0$ fosse verdadeira; logo, isso é uma indicação de que H_0 é falsa. Assim, devemos rejeitar H_0 se

$$z_0 > z_{\alpha/2} \quad (4\text{-}13)$$

ou

$$z_0 < -z_{\alpha/2} \quad (4\text{-}14)$$

e devemos falhar em rejeitar H_0 se

$$-z_{\alpha/2} \leq z_0 \leq z_{\alpha/2} \quad (4\text{-}15)$$

A Eq. 4-15 define a **região de aceitação** para H_0 e as Eqs. 4-13 e 4-14 definem a **região crítica** ou a **região de rejeição**. A probabilidade do erro tipo I para esse procedimento de teste é α.

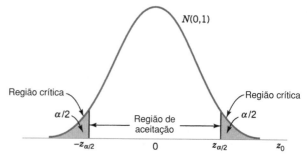

Fig. 4-8 Distribuição de Z_0 quando H_0: $\mu = \mu_0$ for verdadeira, com região crítica para H_1: $\mu \neq \mu_0$.

É mais fácil entender a região crítica e o procedimento de teste, em geral, quando a estatística de teste é Z_0 e não $\overline{X}$. Entretanto, a mesma região crítica pode sempre ser escrita em termos do valor calculado da média da amostra $\overline{x}$. Um procedimento idêntico ao anterior é dado a seguir:

Rejeite H_0: $\mu = \mu_0$ se $\overline{x} > a$ ou $\overline{x} < b$

em que

$$a = \mu_0 + z_{\alpha/2}\, \sigma/\sqrt{n} \qquad (4\text{-}16)$$

$$b = \mu_0 - z_{\alpha/2}\, \sigma/\sqrt{n} \qquad (4\text{-}17)$$

EXEMPLO 4-3

Os sistemas de escapamento de uma aeronave funcionam devido a um propelente sólido. A taxa de queima desse propelente é uma característica importante do produto. As especificações requerem que a taxa média de queima tem de ser 50 cm/s. Sabemos que o desvio-padrão da taxa de queima é $\sigma = 2$ cm/s. O experimentalista decide especificar uma probabilidade do erro tipo I, ou nível de significância, de $\alpha = 0,05$. Ele seleciona uma amostra aleatória de $n = 25$ e obtém uma taxa média amostral de queima de $\overline{x} = 51,3$ cm/s. Que conclusões poderiam ser tiradas?

Podemos resolver este problema através do procedimento de oito etapas, mencionado na Seção 4-3.4. Isso resulta em

1. O parâmetro de interesse é μ, a taxa média de queima.
2. H_0: $\mu = 50$ cm/s
3. H_1: $\mu \neq 50$ cm/s
4. $\alpha = 0,05$
5. A estatística de teste é

$$z_0 = \frac{\overline{x} - \mu_0}{\sigma/\sqrt{n}}$$

6. Rejeite H_0 se $z_0 > 1,96$ ou se $z_0 < -1,96$. Note que isso resulta da etapa 4, em que especificamos $\alpha = 0,05$ e, assim, os limites da região crítica estão em $z_{0,025} = 1,96$ e $-z_{0,025} = -1,96$.
7. Cálculos: desde que $\overline{x} = 51,3$ e $\sigma = 2$,

$$z_0 = \frac{51,3 - 50}{2/\sqrt{25}} = 3,25$$

8. Conclusão: uma vez que $z_0 = 3,25 > 1,96$, rejeitamos H_0: $\mu = 50$, no nível de significância de 0,05. Dito de forma mais completa, concluímos que a taxa média de queima difere de 50 cm/s, baseando-se em uma amostra de 25 medidas. De fato, há uma forte evidência de que a taxa média de queima exceda 50 cm/s.

Podemos desenvolver procedimentos para testar hipóteses na média μ, em que a hipótese alternativa seja unilateral. Suponha que especifiquemos as hipóteses como

$$H_0: \mu = \mu_0$$
$$H_1: \mu > \mu_0 \qquad (4\text{-}18)$$

Na definição da região crítica para esse teste, observamos que um valor negativo da estatística de teste Z_0 nunca nos levaria a concluir que H_0: $\mu = \mu_0$ seria falsa. Por conseguinte, colocaríamos a região crítica na extremidade superior da distribuição normal padrão e rejeitaríamos H_0, se o valor calculado para z_0 fosse muito grande. Isto é, rejeitaríamos H_0 se

$$z_0 > z_\alpha \qquad (4.19)$$

Similarmente, para testar

$$H_0: \mu = \mu_0$$
$$H_1: \mu < \mu_0 \qquad (4\text{-}20)$$

calcularíamos a estatística de teste Z_0 e rejeitaríamos H_0 se o valor de Z_0 fosse muito pequeno. Ou seja, a região crítica está na ex-

tremidade inferior da distribuição normal padrão e rejeitaríamos H_0 se

$$z_0 < -z_\alpha \qquad (4\text{-}21)$$

Testando Hipóteses sobre a Média, com Variância Conhecida

Hipótese nula: $\quad H_0: \mu = \mu_0$

Estatística de teste: $Z_0 = \dfrac{\overline{X} - \mu_0}{\sigma/\sqrt{n}}$

Hipóteses Alternativas	Critério de Rejeição
$H_1: \mu \neq \mu_0$	$z_0 > z_{\alpha/2}$ ou $z_0 < -z_{\alpha/2}$
$H_1: \mu > \mu_0$	$z_0 > z_\alpha$
$H_1: \mu < \mu_0$	$z_0 < -z_\alpha$

4-4.2 Valores P nos Testes de Hipóteses

Uma maneira de reportar os resultados de um teste de hipóteses é estabelecer que a hipótese nula foi ou não rejeitada a um valor especificado de α, ou nível de significância. Por exemplo, no problema anterior do propelente, podemos dizer que H_0: $\mu = 50$ foi rejeitada com um nível de significância de 0,05. Essa forma de conclusão é freqüentemente inadequada, porque ela não dá idéia, ao tomador de decisão, de se o valor calculado da estatística de teste estava apenas nas proximidades da região de rejeição ou se estava muito longe dessa região. Além disso, o estabelecimento dos resultados dessa maneira impõe o nível predefinido de significância aos outros usuários da informação. Essa abordagem pode ser insatisfatória, uma vez que alguns tomadores de decisão podem ficar desconfortáveis com os riscos implicados por $\alpha = 0,05$.

Com o objetivo de evitar essas dificuldades, a **abordagem do valor P** tem sido largamente adotada na prática. O valor P é a probabilidade de que a estatística de teste assuma um valor que é, no mínimo, tão extremo quanto o valor observado da estatística quando a hipótese nula H_0 for verdadeira. Assim, um valor P carrega muita informação sobre o peso da evidência contra H_0; logo, um tomador de decisão pode tirar uma conclusão com *qualquer* nível especificado de significância. Daremos agora uma definição formal de um valor P.

Definição
O **valor P** é o menor nível de significância que conduz à rejeição da hipótese nula H_0.

É costume considerar a estatística de teste (e os dados) significativa quando a hipótese nula H_0 for rejeitada; por conseguinte, podemos pensar a respeito do valor P como o menor nível α em que os dados sejam significativos. Conhecendo-se o valor P, o tomador de decisão pode determinar por si próprio (ou si própria) o quão significativos os dados são, sem o analista de dados impor, formalmente, um nível pré-selecionado de significância.

Para os testes anteriores de distribuição normal, é relativamente fácil calcular o valor P. Se z_0 for o valor calculado da estatística de teste, então o valor P será

$$P = \begin{cases} 2[1 - \Phi(|z_0|)] & \text{para um teste bilateral: } H_0: \mu = \mu_0, \quad H_1: \mu \neq \mu_0 \\ 1 - \Phi(z_0) & \text{para um teste unilateral superior: } H_0: \mu = \mu_0, \quad H_1: \mu > \mu_0 \\ \Phi(z_0) & \text{para um teste unilateral inferior: } H_0: \mu = \mu_0, \quad H_1: \mu < \mu_0 \end{cases} \quad (4\text{-}22)$$

Aqui, $\Phi(z)$ é a função de distribuição cumulativa normal padrão, definida no Cap. 3. Lembre-se de que $\Phi(z) = P(Z \leq z)$, sendo Z igual a $N(0,1)$. De modo a ilustrar isso, considere o problema do propelente no Exemplo 4-3. O valor calculado da estatística de teste é $z_0 = 3,25$ e, visto que a hipótese alternativa é bilateral, o valor de P é

$$\text{Valor } P = 2[1 - \Phi(3,25)] = 0,0012$$

Assim, H_0: $\mu = 50$ seria rejeitada com qualquer nível de significância $\alpha \geq$ valor $P = 0,0012$. Por exemplo, H_0 seria rejeitada se $\alpha = 0,01$; porém, ela não seria rejeitada se $\alpha = 0,001$. O valor P é ilustrado na Fig. 4-9.

Não é sempre fácil calcular o valor exato de P para um teste. No entanto, a maioria dos programas computacionais para análise estatística reporta valores de P, podendo ser obtidos em algumas calculadoras portáteis. Mostraremos também como aproximar o valor P. Finalmente, se a abordagem do valor P for usada, então a etapa 6 do procedimento de teste de hipóteses pode ser modificada. Especificamente, não é necessário estabelecer explicitamente a região crítica.

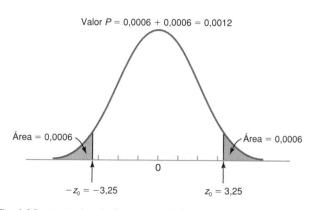

Fig. 4-9 Ilustração do valor P para o teste bilateral no exemplo do propelente.

4-4.3 O Erro Tipo II e a Escolha do Tamanho da Amostra

No teste de hipóteses, o analista seleciona diretamente a probabilidade do erro tipo I. Entretanto, a probabilidade β do erro tipo II depende da escolha do tamanho da amostra. Nesta seção, mostraremos como calcular a probabilidade β do erro tipo II. Mostraremos também como selecionar o tamanho da amostra de modo a obter um valor especificado de β.

Encontrando a Probabilidade β do Erro Tipo II
Considere a hipótese bilateral

$$H_0: \mu = \mu_0$$
$$H_1: \mu \neq \mu_0$$

Suponha que a hipótese nula seja falsa e que o valor verdadeiro da média seja $\mu = \mu_0 + \delta$, por exemplo, em que $\delta > 0$. A estatística de teste Z_0 é

$$Z_0 = \frac{\overline{X} - \mu_0}{\sigma/\sqrt{n}}$$

$$= \frac{\overline{X} - (\mu_0 + \delta)}{\sigma/\sqrt{n}} + \frac{\delta}{\sigma/\sqrt{n}}$$

Conseqüentemente, a distribuição de Z_0 quando H_1 for verdadeira será

$$Z_0 \sim N\left(\frac{\delta}{\sigma/\sqrt{n}}, 1\right) \quad (4\text{-}23)$$

Aqui, a notação "~" significa " é distribuída como". A distribuição da estatística de teste Z_0, sujeita à hipótese nula H_0 e à hipótese alternativa H_1, é mostrada na Fig. 4-10. A partir do exame dessa figura, notamos que se H_1 for verdadeira, um erro tipo II será cometido somente se $-z_{\alpha/2} \leq Z_0 \leq z_{\alpha/2}$, em que $Z_0 \sim N\left(\delta\sqrt{n}/\sigma, 1\right)$. Ou seja, a probabilidade β do erro tipo II é a probabilidade de que Z_0 caia entre $-z_{\alpha/2}$ e $z_{\alpha/2}$, *dado que H_1 seja verdadeira*. Essa probabilidade é mostrada como a porção sombreada da Fig. 4-10, sendo expressa matematicamente na seguinte equação.

> A probabilidade de um erro tipo II para a hipótese alternativa bilateral para a média, com variância conhecida, é
>
> $$\beta = \Phi\left(z_{\alpha/2} - \frac{\delta\sqrt{n}}{\sigma}\right) - \Phi\left(-z_{\alpha/2} - \frac{\delta\sqrt{n}}{\sigma}\right) \quad (4\text{-}24)$$

em que $\Phi(z)$ denota a probabilidade à esquerda de z na distribuição normal padrão. Note que a Eq. 4-24 foi obtida avaliando-se a probabilidade de Z_0 cair no intervalo $[-z_{\alpha/2}, z_{\alpha/2}]$ quando H_1 fosse verdadeira. Além disso, note que a Eq. 4-24 também se mantém se $\delta < 0$, devido à simetria da distribuição normal. É também possível deduzir uma equação similar à Eq. 4-24 para uma hipótese alternativa unilateral.

Fórmulas do Tamanho da Amostra

Pode-se obter facilmente fórmulas que determinem o tamanho apropriado de uma amostra para obter um valor particular de β para um dado δ e α. Para a hipótese alternativa bilateral, a partir da Eq. 4-24, sabemos que

$$\beta = \Phi\left(z_{\alpha/2} - \frac{\delta\sqrt{n}}{\sigma}\right) - \Phi\left(-z_{\alpha/2} - \frac{\delta\sqrt{n}}{\sigma}\right)$$

ou se $\delta > 0$,

$$\beta \simeq \Phi\left(z_{\alpha/2} - \frac{\delta\sqrt{n}}{\sigma}\right) \quad (4\text{-}25)$$

uma vez que $\Phi(-z_{\alpha/2} - \delta\sqrt{n}/\sigma) \cong 0$ quando d for positivo. Faça z_β ser o percentil superior 100β da distribuição normal padrão. Então, $\beta = \Phi(-z_\beta)$. Da Eq. 4-25

$$-z_\beta \simeq z_{\alpha/2} - \frac{\delta\sqrt{n}}{\sigma}$$

que conduz à seguinte equação.

> **Tamanho de Amostra para a Hipótese Alternativa Bilateral sobre a Média, com Variância Conhecida**
>
> Para a hipótese alternativa bilateral, com nível de significância α, o tamanho requerido da amostra para detectar uma diferença de δ, entre a média verdadeira e a média suposta, com potência de no mínimo $1 - \beta$, é
>
> $$n \simeq \frac{(z_{\alpha/2} + z_\beta)^2 \sigma^2}{\delta^2} \quad (4\text{-}26)$$
>
> em que
>
> $$\delta = \mu - \mu_0$$

Essa aproximação é boa quando $\Phi(-z_{\alpha/2} - \delta\sqrt{n}/\sigma)$ é pequena se comparada a β. Para qualquer uma das hipóteses alternativas unilaterais, o tamanho da amostra requerido para produzir um erro especificado do tipo II, com probabilidade β, conhecendo-se δ e α, é dado por:

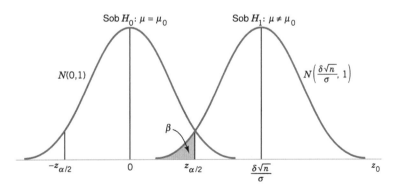

Fig. 4-10 Distribuição de Z_0 sujeita a H_0 e H_1.

102 CAPÍTULO QUATRO

> **Tamanho de Amostra para a Hipótese Alternativa Unilateral sobre a Média, com Variância Conhecida**
>
> Para a hipótese alternativa unilateral, com nível de significância α, o tamanho requerido da amostra para detectar uma diferença de δ, entre a média verdadeira e a média suposta, com potência de no mínimo $1 - \beta$, é

$$n = \frac{(z_\alpha + z_\beta)^2 \sigma^2}{\delta^2} \qquad (4\text{-}27)$$

sendo

$$\delta = \mu - \mu_0$$

EXEMPLO 4-4

Considere o problema do propelente de foguete do Exemplo 4-3. Suponha que o analista deseje planejar o teste de modo que se a taxa média verdadeira de queima for 1 cm/s diferente em relação a 50 cm/s, o teste detectará isso (ou seja, rejeitará H_0: $\mu = 50$) com uma alta probabilidade, como 0,90. Agora, notamos que $\sigma = 2$, $\delta = 51 - 50 = 1$, $\alpha = 0,05$ e $\beta = 0,10$. Visto que $z_{\alpha/2} = z_{0,025} = 1,96$ e $z_\beta = z_{0,10} = 1,28$, o tamanho requerido da amostra para detectar esse desvio de H_0: $\mu = 50$ é encontrado pela Eq. 4-26 como

$$n \simeq \frac{(z_{\alpha/2} + z_\beta)^2 \sigma^2}{\delta^2} = \frac{(1,96 + 1,28)^2 2^2}{(1)^2} \simeq 42$$

A aproximação é boa aqui, desde que $\Phi(-z_{\alpha/2} - \delta\sqrt{n}/\sigma) = \Phi(-1,96 - (1)\sqrt{42/2}) = \Phi(-5,20) \simeq 0$, que é pequena relativa a β.

4-4.4 TESTE PARA AMOSTRAS GRANDES

Embora tenhamos desenvolvido o procedimento de teste para a hipótese nula H_0: $\mu = \mu_0$ considerando que σ^2 fosse conhecida, em muitas, senão na maioria, situações práticas, σ^2 será desconhecida. Em geral, se $n \geq 30$, então a variância da amostra s^2 será próxima de σ^2 para a maioria das amostras e assim s poderá ser substituído por σ nos procedimentos de teste, tendo pouco efeito prejudicial. Dessa maneira, embora demos um teste para σ^2 conhecida, ele pode ser facilmente convertido em um *procedimento de teste para amostra grande no caso de σ^2 desconhecida*. O tratamento exato do caso em que σ^2 é desconhecida e n é pequeno envolve o uso da distribuição t, sendo adiado até a Seção 4-5.

4-4.5 ALGUNS COMENTÁRIOS PRÁTICOS SOBRE TESTES DE HIPÓTESES

O Procedimento das Oito Etapas

Na Seção 4-3.4, descrevemos o procedimento das oito etapas para testes estatísticos de hipóteses. Esse procedimento foi ilustrado no Exemplo 4-3 e será encontrado muitas vezes neste capítulo. Na prática, tal procedimento formal e rígido (aparentemente) não é sempre necessário. Geralmente, uma vez que o experimentalista (ou tomador de decisão) tenha decidido a questão de interesse e tenha determinado o *planejamento dos experimentos* (isto é, como os dados serão coletados, como as medidas serão feitas e quantas observações serão requeridas), então somente três etapas são realmente requeridas:

1. Especifique a estatística de teste a ser usada (tal como z_0).
2. Especifique a localização da região crítica (bilateral, unilateral superior ou unilateral inferior).
3. Especifique os critérios para rejeitar (tipicamente, o valor de α ou o valor P no qual a rejeição deve ocorrer).

Essas etapas são freqüentemente completadas quase simultaneamente na resolução de problemas reais, embora enfatizemos que é importante pensar cuidadosamente a respeito de cada etapa.

Essa é a razão por que apresentamos e usamos o processo de oito etapas: parece reforçar o essencial da abordagem correta. Embora você possa não usar toda vez na resolução de problemas reais, essa é uma estrutura útil quando você aprende o teste de hipóteses pela primeira vez.

Significância Estatística *versus* Significância Prática

Notamos previamente que é muito útil reportar os resultados de um teste de hipóteses em termos do valor P, porque ele carrega mais informação que a simples afirmação "rejeitar H_0" ou "falhar em rejeitar H_0". Ou seja, a rejeição de H_0 ao nível de 0,05 de significância é muito mais significativa se o valor da estatística de teste estiver bem na região crítica, excedendo em muito o valor crítico de 5%, do que se ele estiver excedendo pouco aquele valor.

Mesmo um valor pequeno de P pode ser difícil de interpretar do ponto de vista prático, quando estamos tomando decisões, pois, enquanto um valor pequeno de P indica **significância estatística** no sentido de que H_0 deve ser rejeitada em favor de H_1, o desvio real de H_0 que foi detectado pode ter pouca (se alguma) **significância prática** (os engenheiros gostam de dizer "significância de engenharia"). Isso é particularmente verdade quando o tamanho da amostra n for grande.

Por exemplo, considere o problema da taxa de queima do propelente do Exemplo 4-3, em que testamos H_0: $\mu = 50$ cm/s *versus* H_1: $\mu_0 \neq 50$ cm/s, com $\sigma = 2$. Se supusermos que a taxa média é realmente 50,5 cm/s, então esse não é um desvio sério de H_0: $\mu = 50$ cm/s, no sentido de que se a média realmente for 50,5 cm/s, não haverá efeito prático observável no desempenho do sistema de escapamento da aeronave. Em outras palavras, concluir que $\mu = 50$ cm/s quando ela é realmente 50,5 cm/s é um erro que não é caro e não tem significância prática. Para um tamanho de amostra razoavelmente grande, uma média verdadeira de $\mu = 50,5$ cm/s conduzirá a um $\bar{x}$ da amostra que está perto de 50,5 cm/s e não queremos que esse valor de $\bar{x}$ proveniente da amostra resulte na rejeição de H_0. O quadro a seguir mostra o valor de P para testar H_0: $\mu = 50$, quando observamos $\bar{x} = 50,5$ cm/s e a potência do teste com $\alpha = 0,05$, quando a média verdadeira é 50,5 para vários tamanhos n de amostra.

Tamanho da Amostra n	Valor P, quando $\bar{x} = 50,5$	Potência (para $\alpha = 0,05$), quando $\mu = 50,5$
10	0,4295	0,1241
25	0,2113	0,2396
50	0,0767	0,4239
100	0,0124	0,7054
400	$5,73 \times 10^{-7}$	0,9988
1000	$2,57 \times 10^{-15}$	1,0000

A coluna de valor P nesse quadro indica que, para tamanhos grandes de amostra, o valor amostral observado de $\bar{x} = 50,5$ fortemente sugere que H_0: $\mu = 50$ deva ser rejeitada, muito embora os resultados observados da amostra impliquem que, de um ponto de vista prático, a média verdadeira não difere muito do valor usado na hipótese $\mu_0 = 50$. A coluna de potência indica que se testarmos uma hipótese com um nível fixo de significância, α, e mesmo se houver pouca diferença prática entre a média verdadeira e o valor usado na hipótese, uma amostra de tamanho grande conduzirá, quase sempre, à rejeição de H_0. A moral dessa demonstração é clara: **seja cuidadoso ao interpretar os resultados do teste de hipóteses, quando a amostra tiver tamanho grande, visto que qualquer pequeno desvio do valor usado na hipótese, μ_0, será provavelmente detectado, mesmo quando a diferença for de pouca ou nenhuma significância prática.**

4-4.6 Intervalo de Confiança para a Média

Em muitas situações, uma estimativa não fornece informação suficiente sobre um parâmetro. Por exemplo, no problema do propelente do foguete, rejeitamos a hipótese nula H_0: $\mu = 50$ e nossa estimativa da taxa média de queima foi $\bar{x} = 51,3$ cm/s. No entanto, o engenheiro preferiria ter um **intervalo** no qual esperaríamos encontrar a taxa média verdadeira de queima, uma vez ser improvável que $\mu = 51,3$. Uma maneira de fazer isso é com uma estimativa de intervalo chamado de **intervalo de confiança**.

Uma estimativa do intervalo do parâmetro desconhecido μ é um intervalo da forma $l \leq \mu \leq u$, em que os pontos extremos l e u dependem do valor numérico da média da amostra $\bar{x}$ para uma amostra particular. Já que amostras diferentes produzirão valores diferentes de $\bar{x}$ e, conseqüentemente, valores diferentes dos pontos extremos l e u, esses pontos extremos são valores das variáveis aleatórias, L e U, respectivamente. Da distribuição amostral da média da amostra $\bar{x}$, seremos capazes de determinar os valores de L e U, tal que a seguinte afirmação de probabilidade seja verdadeira:

$$P(L \leq \mu \leq U) = 1 - \alpha \qquad (4\text{-}28)$$

sendo $0 < \alpha < 1$. Assim, temos uma probabilidade de $1 - \alpha$ de selecionar uma amostra que produzirá um intervalo contendo o valor verdadeiro de μ.

O intervalo resultante

$$l \leq \mu \leq u \qquad (4\text{-}29)$$

é chamado de **intervalo de confiança de $100(1 - \alpha)\%$** para o parâmetro μ. As grandezas l e u são chamadas de **limites inferior e superior de confiança**, respectivamente, e $1 - \alpha$ é chamado de **coeficiente de confiança**. A interpretação de um intervalo de confiança é que, se um número infinito de amostras aleatórias forem coletadas e um intervalo de confiança de $100(1 - \alpha)\%$ para μ for calculado a partir de cada amostra, então $100(1 - \alpha)\%$ desses intervalos conterão o valor verdadeiro de μ.

A situação é ilustrada na Fig. 4-11, que mostra vários intervalos de confiança de $100(1 - \alpha)\%$ para a média μ de uma distribuição. Os pontos no centro de cada intervalo indicam as estimativas pontuais de μ (ou seja, $\bar{x}$). Note que um dos 15 intervalos não contém o valor verdadeiro de μ. Se esse fosse um intervalo de confiança de 95%, somente 5% dos intervalos não conteriam μ.

Agora na prática, obtemos somente uma amostra aleatória e calculamos um intervalo de confiança. Uma vez que esse intervalo conterá ou não o valor verdadeiro de μ, não é razoável anexar um nível de probabilidade a esse evento específico. A afirmação apropriada é que o intervalo observado $[l,u]$ incorpora o valor verdadeiro de μ, com confiança de $100(1 - \alpha)\%$. Essa afirmação tem uma interpretação de freqüência; isto é, não sabemos se a afirmação é verdadeira para a amostra específica, mas o método usado para obter o intervalo $[l,u]$ resulta em afirmações corretas em $100(1 - \alpha)\%$ das vezes.

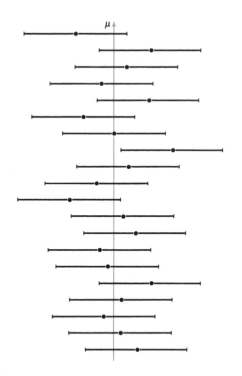

Fig. 4-11 Construção repetida de um intervalo de confiança para μ.

O intervalo de confiança na Eq. 4-29 é mais apropriadamente chamado de um **intervalo de confiança bilateral**, uma vez que ele especifica os limites inferior e superior para μ. Ocasionalmente, um **intervalo de confiança unilateral** pode ser mais apropriado. Um intervalo de confiança unilateral inferior de $100(1 - \alpha)\%$ para μ é dado por

$$l \leq \mu \qquad (4\text{-}30)$$

sendo o limite inferior de confiança, l, escolhido de modo a

$$P(L \leq \mu) = 1 - \alpha \qquad (4\text{-}31)$$

Similarmente, um intervalo de confiança unilateral superior de $100(1 - \alpha)\%$ para μ é dado por

$$\mu \leq u \qquad (4\text{-}32)$$

sendo o limite superior de confiança, u, escolhido de modo a

$$P(\mu \leq U) = 1 - \alpha \qquad (4\text{-}33)$$

O comprimento $u - l$ do intervalo de confiança observado é uma medida importante da qualidade da informação obtida a partir da amostra. O comprimento de metade do intervalo, $\mu - l$ ou $u - \mu$, é chamado de **precisão** do estimador. Quanto maior for o intervalo de confiança, mais confiantes estaremos de que o intervalo conterá exatamente o valor verdadeiro de μ. Por outro lado, quanto maior for o intervalo, menos informação teremos acerca do valor verdadeiro de μ. Em uma situação ideal, obtemos um intervalo relativamente curto com alta confiança.

É muito fácil achar as grandezas L e U que definem o intervalo de confiança para μ. Sabemos que a distribuição amostral de $\overline{X}$ é normal, com média μ e variância σ^2/n. Conseqüentemente, a distribuição da estatística

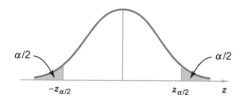

Fig. 4-12 Distribuição de Z.

$$Z = \frac{\overline{X} - \mu}{\sigma/\sqrt{n}}$$

é uma distribuição normal padrão.

A distribuição de $Z = (\overline{X} - \mu)/(\sigma/\sqrt{n})$ é mostrada na Fig. 4-12. Examinando essa figura, vemos que

$$P\{-z_{\alpha/2} \leq Z \leq z_{\alpha/2}\} = 1 - \alpha$$

de modo que

$$P\left\{-z_{\alpha/2} \leq \frac{\overline{X} - \mu}{\sigma/\sqrt{n}} \leq z_{\alpha/2}\right\} = 1 - \alpha$$

Isso pode ser rearranjado como

$$P\left\{\overline{X} - \frac{z_{\alpha/2}\sigma}{\sqrt{n}} \leq \mu \leq \overline{X} + \frac{z_{\alpha/2}\sigma}{\sqrt{n}}\right\} = 1 - \alpha \qquad (4\text{-}34)$$

Da consideração da Eq. 4-28, os limites inferior e superior das desigualdades na Eq. 4-28 são os limites inferior e superior de confiança, L e U, respectivamente. Isso leva à seguinte definição.

Intervalo de Confiança para a Média, com Variância Conhecida

Se $\bar{x}$ for a média de uma amostra aleatória, de tamanho n, de uma população com variância conhecida σ^2, um intervalo de confiança de $100(1 - \alpha)\%$ para μ é dado por

$$\bar{x} - \frac{z_{\alpha/2}\sigma}{\sqrt{n}} \leq \mu \leq \bar{x} + \frac{z_{\alpha/2}\sigma}{\sqrt{n}} \qquad (4\text{-}35)$$

sendo $z_{\alpha/2}$ o ponto superior com $100\alpha/2\%$ da distribuição normal padrão e $-z_{\alpha/2}$ o ponto inferior com $100\alpha/2\%$ da distribuição normal padrão na Tabela I do Apêndice A.

Para amostras provenientes de uma população normal, ou para amostras de tamanho $n \geq 30$, independente da forma da população, o intervalo de confiança na Eq. 4-35 fornecerá bons resultados. Entretanto, para pequenas amostras provenientes de uma população não normal, não podemos esperar que o nível de confiança $(1 - \alpha)$ seja exato.

Exemplo 4-5

Considere o problema do propelente do foguete do Exemplo 4-3. Suponha que queiramos achar um intervalo de confiança de 95% para a taxa média de queima. Podemos usar a Eq. 4-35 para construir o intervalo de confiança. Um intervalo de 95% implica que $1 - \alpha = 0,95$; logo, $\alpha = 0,05$ e, da Tabela I no Apêndice, $z_{\alpha/2} = z_{0,05/2} = z_{0,025} = 1,96$.

O limite inferior de confiança é

$$l = \bar{x} - z_{\alpha/2}\sigma/\sqrt{n}$$
$$= 51,3 - 1,96(2)/\sqrt{25}$$
$$= 51,3 - 0,78$$
$$= 50,52$$

e o limite superior de confiança é

$$u = \bar{x} + z_{\alpha/2}\sigma/\sqrt{n}$$
$$= 51,3 + 1,96(2)/\sqrt{25}$$
$$= 51,3 + 0,78$$
$$= 52,08$$

Desse modo, o intervalo de confiança bilateral de 95% é

$$50,52 \leq \mu \leq 52,08$$

sendo nosso intervalo de valores razoáveis para a taxa média de queima, com 95% de confiança.

Relação entre Testes de Hipóteses e Intervalos de Confiança

Há uma forte relação entre o teste de uma hipótese acerca de qualquer parâmetro, como θ, e o intervalo de confiança para θ. Se $[l,u]$ for um intervalo de confiança de $100(1 - \alpha)\%$ para o parâmetro θ, então o teste de nível de significância α da hipótese

$$H_0: \theta = \theta_0$$
$$H_1: \theta \neq \theta_0$$

levará à rejeição de H_0, se, e somente se, θ_0 não estiver no intervalo de confiança $[l, u]$ de $100(1 - \alpha)\%$. Como ilustração, considere o problema do sistema de escapamento do propelente discutido anteriormente. A hipótese nula $H_0: \mu = 50$ foi rejeitada, usando $\alpha = 0,05$. O intervalo de confiança bilateral de 95% para μ é $50,52 \leq \mu \leq 52,08$. Isto é, o intervalo $[l, u]$ é $[50,52; 52,08]$. Uma vez que $\mu_0 = 50$ não está incluída nesse intervalo, a hipótese nula $H_0: \mu = 50$ é rejeitada.

Nível de Confiança e Precisão de Estimação

Note, no exemplo prévio, que nossa escolha de 95% para o nível de confiança foi essencialmente arbitrária. O que teria acontecido, se tivéssemos escolhido um nível maior de confiança, como 99%? De fato, não parece razoável que queiramos o nível maior de confiança? Com $\alpha = 0,01$, encontramos $z_{\alpha/2} = z_{0,01/2} = z_{0,005} = 2,58$, enquanto para $\alpha = 0,05$, $z_{0,025} = 1,96$. Assim, o comprimento do intervalo de confiança de 95% é

$$2(1,96\ \sigma/\sqrt{n}) = 3,92\ \sigma/\sqrt{n}$$

enquanto o comprimento do intervalo de confiança de 99% é

$$2(2,58\ \sigma/\sqrt{n}) = 5,16\ \sigma/\sqrt{n}$$

O intervalo de confiança de 99% é maior do que o intervalo de confiança de 95%. Essa é a razão para termos um nível maior de confiança no intervalo de confiança de 99%. Geralmente, para um tamanho fixo, n, de amostra e um desvio-padrão σ, quanto maior o nível de confiança, mais longo é o intervalo de confiança resultante.

Já que a metade do comprimento de um intervalo mede a precisão da estimação, vemos que essa precisão é inversamente relacionada ao nível de confiança. Como notado anteriormente, é desejável obter um intervalo de confiança que seja curto o suficiente para finalidades de tomada de decisão e que também tenha confiança adequada. Uma maneira de alcançar isso é escolhendo o tamanho n da amostra grande o suficiente para dar um intervalo de confiança de comprimento especificado com confiança prescrita.

Escolha do Tamanho da Amostra

A precisão do intervalo de confiança na Eq. 4-35 é $z_{\alpha/2}\sigma/\sqrt{n}$. Isso significa que usando $\bar{x}$ para estimar μ, o erro $E = |\bar{x} - \mu|$ é menor do que ou igual a $z_{\alpha/2}\sigma/\sqrt{n}$, com $100(1 - \alpha)$ de confiança. Isso está mostrado graficamente na Fig. 4-13. Em situações onde o tamanho da amostra puder ser controlado, podemos escolher n de modo que estejamos $100(1 - \alpha)\%$ confiantes em que o erro na estimação de μ seja menor do que um erro especificado E. O tamanho apropriado da amostra é encontrado escolhendo n tal que $z_{\alpha/2}\sigma/\sqrt{n} = E$. A resolução dessa equação resulta na seguinte fórmula para n.

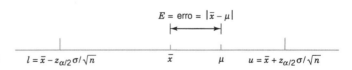

Fig. 4-13 Erro na estimação de μ utilizando $\bar{x}$.

106 CAPÍTULO QUATRO

Tamanho da Amostra com um E Especificado para a Média, com Variância Conhecida

Se $\bar{x}$ for usada como uma estimativa de μ, podemos estar $100(1 - \alpha)\%$ confiantes de que o erro $|\bar{x} - \mu|$ não excederá um valor especificado E quando o tamanho da amostra for

$$n = \left(\frac{z_{\alpha/2}\sigma}{E}\right)^2 \qquad (4\text{-}36)$$

Se o lado direito da Eq. 4-36 não for um inteiro, o número deve ser arredondado para mais. Isso irá assegurar que o nível de confiança não cairá abaixo de $100(1 - \alpha)\%$. Note que $2E$ é o comprimento do intervalo de confiança resultante.

EXEMPLO 4-6

Para ilustrar o uso desse procedimento, suponha que quiséssemos um erro na estimação da taxa média de queima do propelente do foguete menor do que 1,5 cm/s, com uma confiança de 95%. Uma vez que $\sigma = 2$ e $z_{0,025} = 1,96$, podemos

definir o tamanho requerido da amostra, a partir da Eq. 4-36 como

$$n = \left(\frac{z_{\alpha/2}\sigma}{E}\right)^2 = \left[\frac{(1,96)2}{1,5}\right]^2 = 6,83 \cong 7$$

Note a relação geral entre o tamanho da amostra, o comprimento desejado do intervalo de confiança $2E$, o nível de confiança de $100(1 - \alpha)\%$ e o desvio-padrão σ:

- À medida que o comprimento desejado do intervalo $2E$ diminui, o tamanho requerido n da amostra aumenta para um valor fixo de σ e confiança especificada.
- À medida que σ aumenta, o tamanho requerido n da amostra aumenta para um comprimento desejado fixo $2E$ e confiança especificada.
- À medida que o nível de confiança aumenta, o tamanho requerido n da amostra aumenta para um comprimento desejado fixo $2E$ e desvio-padrão σ.

Intervalos de Confiança Unilaterais
É também possível obter intervalos de confiança unilaterais para μ, estabelecendo $l = -\infty$ ou $u = \infty$ e trocando $z_{\alpha/2}$ por z_α.

Intervalos de Confiança Unilaterais para a Média, com Variância Conhecida

O intervalo de confiança superior de $100(1 - \alpha)\%$ para μ é

$$\mu \leq u = \bar{x} + z_\alpha \sigma/\sqrt{n} \qquad (4\text{-}37)$$

e o intervalo de confiança inferior de $100(1 - \alpha)\%$ para μ é

$$\bar{x} - z_\alpha \sigma/\sqrt{n} = l \leq \mu \qquad (4\text{-}38)$$

4-4.7 MÉTODO GERAL PARA DEDUZIR UM INTERVALO DE CONFIANÇA

É fácil dar um método geral para encontrar um intervalo de confiança para um parâmetro desconhecido θ. Considere $X_1, X_2, ..., X_n$ como uma amostra aleatória com n observações. Suponha que possamos encontrar uma estatística $g(X_1, X_2, ..., X_n; \theta)$ com as seguintes propriedades:

1. $g(X_1, X_2, ..., X_n; \theta)$ depende da amostra e de θ e
2. a distribuição de probabilidades de $g(X_1, X_2, ..., X_n; \theta)$ não depende de θ ou de qualquer outro parâmetro desconhecido.

No caso considerado nesta seção, o parâmetro $\theta = \mu$. A variável aleatória $g(X_1, X_2, ..., X_n; \mu) = (\bar{X} - \mu)/(\sigma/\sqrt{n})$ e satisfaz ambas as condições anteriores; ela depende da amostra e de μ e tem uma

distribuição normal padrão desde que σ seja conhecida. Agora, tem-se de encontrar as constantes C_L e C_U de modo a

$$P[C_L \leq g(X_1, X_2, ..., X_n; \theta) \leq C_U] = 1 - \alpha$$

Devido à propriedade 2, C_L e C_U não dependem de θ. Em nosso exemplo, $C_L = -z_{\alpha/2}$ e $C_U = z_{\alpha/z}$. Finalmente, você tem de manipular as desigualdades no enunciado de probabilidade, de modo a

$$P[L(X_1, X_2, ..., X_n) \leq \theta \leq U(X_1, X_2, ..., X_n)] = 1 - \alpha$$

Isso fornece $L(X_1, X_2, ..., X_n)$ e $U(X_1, X_2, ..., X_n)$ como os limites inferior e superior de confiança, definindo o intervalo de confiança de $100(1 - \alpha)\%$ para θ. Em nosso exemplo, encontramos $L(X_1, X_2, ..., X_n) = \bar{X} - z_{\alpha/2}\sigma/\sqrt{n}$ e $U(X_1, X_2, ..., X_n) = \bar{X} + z_{\alpha/2}\sigma/\sqrt{n}$.

EXERCÍCIOS PARA A SEÇÃO 4-4

4-24. A resistência à quebra de um fio usado na fabricação de material moldável necessita ser no mínimo 100 psi. A experiência passada indicou que o desvio-padrão da resistência à quebra foi de 2 psi. Uma amostra aleatória de nove espécimes é testada e a resistência média à quebra é de 98,03 psi.
  - (a) A fibra deve ser julgada como aceitável, com $\alpha = 0,05$?
  - (b) Qual é o valor P para esse teste?
  - (c) Qual será a probabilidade de aceitar a hipótese nula com $\alpha = 0,05$, se a fibra tiver uma resistência verdadeira à quebra igual a 104 psi?
  - (d) Encontre um intervalo de confiança bilateral de 95% para a resistência média verdadeira à quebra.

4-25. O rendimento de um processo químico está sendo estudado. De experiências prévias com esse processo, sabe-se que o desvio-padrão do rendimento é igual a 3. Os últimos cinco dias de operação da planta resultaram nos seguintes rendimentos: 91,6%, 88,75%, 90,8%, 89,95% e 91,3%. Use $\alpha = 0,05$.
  - (a) Há evidência de que o rendimento não seja 90%?
  - (b) Qual é o valor P desse teste?
  - (c) Qual é o tamanho requerido da amostra para detectar um rendimento médio verdadeiro de 85%, com probabilidade de 0,95?
  - (d) Qual será a probabilidade do erro tipo II, se o rendimento médio verdadeiro for de 92%?
  - (e) Encontre um intervalo de confiança bilateral de 95% para o rendimento médio verdadeiro.

4-26. O diâmetro dos orifícios para arreios de cabo tem um desvio-padrão de 0,02 in. Uma amostra aleatória de tamanho 10 resulta nos seguintes dados: 1,76; 1,69; 1,74; 1,73; 1,76; 1,77; 1,75; 1,78; 1,75 e 1,76. Use $\alpha = 0,01$.
  - (a) Teste a hipótese de que o diâmetro médio verdadeiro do orifício seja igual a 1,75 in.
  - (b) Qual é o valor P para esse teste?
  - (c) Qual seria o tamanho necessário da amostra para detectar um diâmetro médio verdadeiro do orifício igual a 1,755 in, com uma probabilidade de no mínimo 0,90?
  - (d) Qual será o erro β se o diâmetro médio verdadeiro do orifício for 1,755 in?
  - (e) Encontre um intervalo de confiança bilateral de 99% para o diâmetro médio do orifício. Os resultados desse cálculo parecem intuitivos, baseados na resposta dos itens (a) e (b) deste problema? Por favor, discuta.

4-27. Um fabricante produz anéis para pistões de um motor de automóveis. É sabido que o diâmetro do anel é distribuído de forma aproximadamente normal e tem um desvio-padrão de $\sigma = 0,001$ mm. Uma amostra aleatória de 15 anéis tem um diâmetro médio de $\bar{x} = 74,036$ mm.

  - (a) Teste a hipótese de que o diâmetro médio do anel do pistão seja 74,035 mm. Use $\alpha = 0,01$.
  - (b) Qual é o valor P para esse teste?
  - (c) Construa um intervalo de confiança bilateral de 99% para o diâmetro médio do anel do pistão.
  - (d) Construa um limite inferior de confiança de 95% para o diâmetro médio do anel do pistão.

4-28. Sabe-se que a vida em horas de um termopar usado em uma fornalha é distribuída de forma aproximadamente normal, com desvio-padrão $\sigma = 20$ horas. Uma amostra aleatória de 15 termopares resultou nos seguintes dados: 553, 552, 567, 579, 550, 541, 537, 553, 552, 546, 538, 553, 581, 539, 529.
  - (a) Há alguma evidência que suporte a alegação de que a vida do bulbo excede 540 horas? Use $\alpha = 0,05$.
  - (b) Qual é o valor P para o teste no item (a)?
  - (c) Qual será o erro β para o teste no item (a), se a vida média verdadeira for de 560 h?
  - (d) Qual seria o tamanho requerido da amostra para assegurar que β não excederia 0,10, se a vida média verdadeira fosse de 560 h?
  - (e) Construa um intervalo de confiança bilateral de 95% para a vida média.
  - (f) Construa um limite inferior de confiança de 95% para a vida média.

4-29. Um engenheiro civil está analisando a resistência à compressão do concreto. A resistência à compressão é distribuída de forma aproximadamente normal, com uma variância de $\sigma^2 = 1.000$ $(psi)^2$. Uma amostra aleatória de 12 corpos de prova tem uma resistência média à compressão de $\bar{x} = 3.255,42$ psi.
  - (a) Teste a hipótese de que a resistência média à compressão seja de 3.500 psi. Use $\alpha = 0,01$.
  - (b) Qual é o menor nível de significância para o qual você estaria propenso a rejeitar a hipótese nula?
  - (c) Construa um intervalo de confiança bilateral de 95% para a resistência média à compressão.
  - (d) Construa um intervalo de confiança bilateral de 99% para a resistência média à compressão. Compare a largura desse intervalo de confiança com aquele calculado no item (c).

4-30. Suponha que no Exercício 4-28 quiséssemos estar 95% confiantes de que o erro na estimação da vida média fosse menor do que 5 horas. Que tamanho da amostra deveria ser usado?

4-31. Suponha que no Exercício 4-27 quiséssemos estar 95% confiantes de que o erro em estimar a vida média fosse menor do que 0,0005 mm. Qual o tamanho da amostra que deveria ser usado?

4-32. Suponha que no Exercício 4-29 desejássemos estimar a resistência à compressão, com um erro que fosse menor do que 15 psi, com 99% de confiança. Qual o tamanho requerido da amostra?

4-5 INFERÊNCIA PARA A MÉDIA DE UMA POPULAÇÃO COM VARIÂNCIA DESCONHECIDA

Quando estamos testando hipóteses ou construindo intervalos de confiança para a média μ de uma população quando σ^2 é desconhecida, podemos usar os procedimentos de testes da Seção 4-4, desde que o tamanho da amostra seja grande (como $n \geq 30$). Esses procedimentos são aproximadamente válidos (por causa do teorema central do limite), independentemente da população em foco ser ou não normal. Entretanto, quando a amostra for pequena e σ^2 for desconhecida, teremos de fazer uma suposição sobre a forma da distribuição em estudo de modo a obter um procedimento de teste. Uma suposição razoável em muitos casos é que a distribuição sob consideração seja normal.

Muitas populações encontradas na prática são bem aproximadas pela distribuição normal; assim, essa suposição levará a procedimentos de inferência de larga aplicabilidade. De fato, o desvio moderado da normalidade terá um pequeno efeito na validade. Quando a suposição não for razoável, uma alternativa será usar procedimentos não paramétricos que sejam válidos para qualquer distribuição em foco. Ver Montgomery e Runger (1999) para uma introdução a essas técnicas.

4-5.1 Testes de Hipóteses para a Média

Suponha que a população de interesse tenha uma distribuição normal, com média μ e variância σ^2 desconhecidas. Desejamos testar a hipótese de que μ seja igual a uma constante μ_0. Note que essa situação é similar àquela da Seção 4-4, exceto que agora ambas, μ e σ^2, são desconhecidas. Considere que uma amostra aleatória de tamanho n, como $X_1, X_2, ..., X_n$, seja disponível e sejam $\overline{X}$ e S^2 a média e a variância da amostra, respectivamente.

Desejamos testar a hipótese alternativa bilateral

$$H_0: \mu = \mu_0$$
$$H_1: \mu \neq \mu_0$$

Se a variância σ^2 for conhecida, a estatística de teste será a Eq. 4-12:

$$Z_0 = \frac{\overline{X} - \mu_0}{\sigma/\sqrt{n}}$$

Quando σ^2 for desconhecida, um procedimento razoável será trocar σ na expressão anterior pelo desvio-padrão, S, da amostra. A estatística de teste é agora

$$T_0 = \frac{\overline{X} - \mu_0}{S/\sqrt{n}} \quad (4\text{-}39)$$

Uma questão lógica é qual o efeito de trocar σ por S na distribuição da estatística T_0? Se n for grande, a resposta a essa questão é "muito pouco" e podemos usar o procedimento de teste baseado na distribuição normal da Seção 4-4. Entretanto, n é geralmente pequeno na maioria dos problemas de engenharia e nessa situação uma distribuição diferente tem de ser empregada.

> Considere $X_1, X_2, ..., X_n$ como uma amostra aleatória para uma distribuição normal, com média μ e variância σ^2 desconhecidas. A grandeza
>
> $$T = \frac{\overline{X} - \mu}{S/\sqrt{n}}$$
>
> tem uma distribuição t, com $n - 1$ graus de liberdade.

A função densidade de probabilidade t é

$$f(x) = \frac{\Gamma[(k+1)/2]}{\sqrt{\pi k}\,\Gamma(k/2)} \cdot \frac{1}{[(x^2/k)+1]^{(k+1)/2}} \quad -\infty < x < \infty$$

(4-40)

sendo k o número de graus de liberdade. A média e a variância da distribuição t são zero e $k/(k-2)$ (para $k > 2$), respectivamente. A função $\Gamma(m) = \int_0^\infty e^{-x} x^{m-1}\, dx$ é a função gama. Ela é usada comumente em análises de engenharia. Embora seja definida para $m \geq 0$, no caso especial de m ser um inteiro, pode ser mostrado que $\Gamma(m) = (m-1)!$. Além disso, $\Gamma(1) = \Gamma(0) = 1$.

Várias distribuições t são mostradas na Fig. 4-14. A aparência geral da distribuição t é similar à distribuição normal padrão, em que ambas as distribuições são simétricas e unimodais e o valor máximo da ordenada é alcançado quando a média $\mu = 0$. Entretanto, a distribuição t tem extremidades mais extensas que a distribuição normal, ou seja, ela tem mais probabilidade nas extremidades do que a distribuição normal. À medida que o número de graus de liberdade $k \to \infty$, a forma limite da distribuição t é a distribuição normal padrão. Na visualização da distribuição t, algumas vezes é útil saber que a ordenada da densidade na média $\mu = 0$ é aproximadamente quatro a cinco vezes maior do que a ordenada nos 5.º e 95.º percentis. Por exemplo, com 10 graus de liberdade para t, essa razão é 4,8, com 20 graus de liberdade ela é 4,3 e com 30 graus de liberdade, 4,1. Por comparação, esse fator é 3,9 para a distribuição normal.

A Tabela II do Apêndice A fornece **pontos percentuais** da distribuição t. Consideremos $t_{\alpha,k}$ como o valor da variável aleatória T com k graus de liberdade acima do qual acharemos uma área (ou probabilidade) α. Logo, $t_{\alpha,k}$ é o ponto $100\alpha\%$ na extremidade superior da distribuição t com k graus de liberdade. Esse ponto percentual é mostrado na Fig. 4-15. Na Tabela II do Apêndice, os valores de α são os cabeçalhos das colunas e os graus de

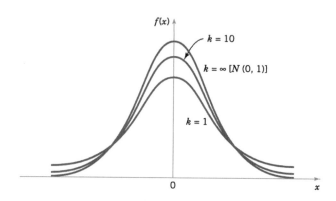

Fig. 4-14 Funções densidade de probabilidade de várias distribuições t.

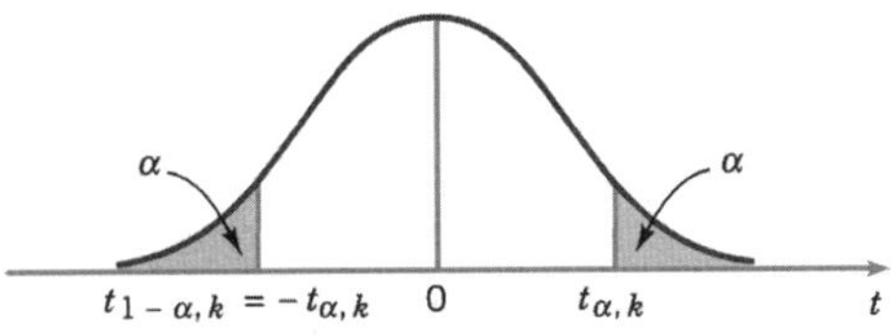

Fig. 4-15 Pontos percentuais da distribuição t.

liberdade estão listados na coluna esquerda. Para ilustrar o uso da tabela, note que o valor de t com 10 graus de liberdade, tendo uma área de 0,05 para a direita é $t_{0,05;10} = 1,812$. Isto é,

$$P(T_{10} > t_{0,05;10}) = P(T_{10} > 1,812) = 0,05$$

Uma vez que a distribuição t é simétrica em torno de zero, temos que $t_{1-\alpha} = -t_\alpha$; ou seja, o valor de t tendo uma área de $1 - \alpha$ para a direita (e por conseguinte uma área de α para a esquerda) é igual ao negativo do valor t, que tem uma área α na extremidade direita da distribuição. Conseqüentemente, $t_{0,95;10} = -t_{0,05;10} = -1,812$.

Agora, pode-se ver, de forma direta, que a distribuição da estatística de teste na Eq. 4-39 é t, com $n - 1$ graus de liberdade, se a hipótese nula H_0: $\mu = \mu_0$ for verdadeira. Para testar H_0: $\mu = \mu_0$, o valor da estatística de teste t_0 na Eq. 4-39 é calculado e H_0 é rejeitada se

$$t_0 > t_{\alpha/2, n-1} \tag{4-41a}$$

ou se

$$t_0 < t_{\alpha/2, n-1} \tag{4-41b}$$

em que $t_{\alpha/2, n-1}$ e $-t_{\alpha/2, n-1}$ são os pontos $100\alpha/2\%$ superior e inferior da distribuição t, com $n - 1$ graus de liberdade, definidos previamente.

Para a hipótese alternativa unilateral

$$\begin{aligned} H_0&: \mu = \mu_0 \\ H_1&: \mu > \mu_0 \end{aligned} \tag{4-42}$$

calculamos a estatística de teste t_0, a partir da Eq. 4-39, e rejeitaremos H_0 se

$$t_0 > t_{\alpha, n-1} \tag{4-43}$$

Para a outra hipótese alternativa unilateral

$$\begin{aligned} H_0&: \mu = \mu_0 \\ H_1&: \mu < \mu_0 \end{aligned} \tag{4-44}$$

rejeitaremos H_0 se

$$t_0 < -t_{\alpha, n-1} \tag{4-45}$$

Testando Hipóteses para a Média de uma Distribuição Normal, com Variância Desconhecida

Hipótese nula: H_0: $\mu = \mu_0$

Estatística de teste: $T_0 = \dfrac{\overline{X} - \mu_0}{S/\sqrt{n}}$

Hipóteses Alternativas	Critério de Rejeição
H_0: $\mu \neq \mu_0$	$t_0 > t_{\alpha/2, n-1}$ ou $t_0 < -t_{\alpha/2, n-1}$
H_1: $\mu > \mu_0$	$t_0 > t_{\alpha, n-1}$
H_1: $\mu < \mu_0$	$t_0 < -t_{\alpha, n-1}$

EXEMPLO 4-7

Um artigo no periódico *Materials Engineering* (1989, Vol. II, No. 4, pp. 275-281) descreve os resultados de testes de tensão quanto à adesão em 22 corpos de prova de liga U-700. A carga no ponto de falha do corpo de prova é dada a seguir (em MPa):

19,8	18,5	17,6	16,7	15,8
15,4	14,1	13,6	11,9	11,4
11,4	8,8	7,5	15,4	15,4
19,5	14,9	12,7	11,9	11,4
10,1	7,9			

A média da amostra é $\overline{x} = 13,71$ e o desvio-padrão da amostra é $s = 3,55$. Os dados sugerem que a carga média na falha excede 10 MPa? Considere que a carga na falha tenha uma distribuição normal e use $\alpha = 0,05$.

A solução usando o procedimento de 8 etapas para o teste de hipóteses é dada a seguir:

1. O parâmetro de interesse é a carga média na falha, μ.
2. H_0: $\mu = 10$.
3. H_1: $\mu > 10$. Queremos rejeitar H_0 se a carga média na falha exceder 10 MPa.
4. $\alpha = 0,05$.
5. A estatística de teste é

$$t_0 = \frac{\overline{x} - \mu_0}{s/\sqrt{n}}$$

6. Rejeite H_0 se $t_0 > t_{0,05;21} = 1,721$.
7. Cálculo: Já que $\overline{x} = 13,71$, $s = 3,55$, $\mu_0 = 10$ e $n = 22$, temos

$$t_0 = \frac{13,71 - 10}{3,55/\sqrt{22}} = 4,90$$

8. Conclusão: uma vez que $t_0 = 4,90 > 1,721$, rejeitamos H_0 e concluímos, com um nível de 0,05 de significância, que a carga média na falha excede 10 MPa.

Como notado previamente, o teste *t* considera que as observações sejam uma amostra aleatória proveniente de uma população normal. É sempre uma boa idéia investigar a **validade das suposições** quando se aplica qualquer procedimento estatístico. A Fig. 4-16 apresenta um diagrama de caixa das 22 observações da carga na falha do Exemplo 4-7. A impressão do aspecto desse gráfico é que a amostra vem de uma população simétrica e que não há razão imediata para questionar a suposição de normalidade.

Uma outra excelente maneira de verificar a suposição de normalidade no teste *t* é examinar um gráfico de probabilidade normal dos dados da amostra. A Fig. 4-17 é um gráfico de probabilidade normal dos dados de carga na falha. As observações estão bem próximas da linha reta, podendo-se então concluir que a suposição de normalidade seja razoável.

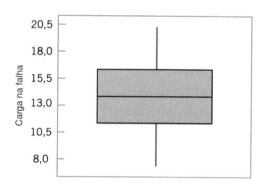

Fig. 4-16 Diagrama de caixa e linhas para os dados de carga na falha do Exemplo 4-7.

4-5.2 O Valor *P* para um Teste *t*

O valor *P* para um teste *t* é apenas o menor nível de significância no qual a hipótese nula seria rejeitada. Ou seja, é a área da extremidade além do valor da estatística de teste t_0 para um teste unilateral ou duas vezes essa área para um teste bilateral. Pelo fato de a tabela *t* na Tabela II do Apêndice A conter somente 10 valores críticos para cada distribuição *t*, o cálculo exato do valor *P* diretamente da tabela é geralmente impossível. No entanto, é fácil encontrar os limites superior e inferior para o valor *P* a partir dessa tabela.

Para ilustrar, considere o teste *t* baseado em 21 graus de liberdade no Exemplo 4-7. Os valores críticos relevantes da Tabela II do Apêndice A são dados a seguir:

Valor Crítico	0,257	0,686	1,323	1,721	2,080	2,518	2,831	3,135	3,527	3,819
Área da extremidade	0,40	0,25	0,10	0,05	0,025	0,01	0,005	0,0025	0,001	0,0005

Note que, pelo fato de $t_0 = 4,90$ no Exemplo 4-7, temos $P(T_{21} > 4,90) < 0,0005$, visto que $t_0 = 4,90$ é maior do que 3,819. Desse modo, o valor *P* tem de ser menor do que 0,0005 para esse teste e poderíamos dizer que um limite superior para o valor *P* seria 0,0005.

Suponha que o valor calculado da estatística de teste tivesse sido 2,75. Agora esse valor calculado está entre os dois valores críticos 2,518 (correspondendo a $\alpha = 0,01$) e 2,831 (correspondendo a 0,005). Assim, sabemos que o valor *P* é menor do que 0,01, mas tem de ser maior do que 0,005. Isso dá os limites inferior e superior para o valor *P* como $0,005 < P < 0,01$. Isso é ilustrado na Fig. 4-18.

O Exemplo 4-7 é um teste superior. Se o teste for inferior, apenas troque o sinal de t_0 e proceda como anteriormen-

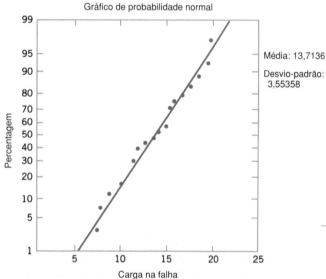

Fig. 4-17 Gráfico de probabilidade normal dos dados de carga na falha do Exemplo 4-7.

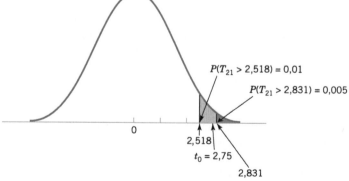

Fig. 4-18 Valor *P* para $t_0 = 2,75$, com um teste unilateral superior entre 0,005 e 0,01.

TOMADA DE DECISÃO PARA UMA ÚNICA AMOSTRA **111**

te no teste superior. Por exemplo, se $t_0 = -2,75$ para um teste inferior, com 21 graus de liberdade, os limites inferior e superior seriam $0,005 < P < 0,01$, exatamente como antes. Lembre-se de que para um teste bilateral, o nível de significância associado a um valor crítico particular é duas vezes a área da extremidade correspondente no cabeçalho da coluna. Essa consideração tem de ser feita quando calculamos o limite para o valor P. Por exemplo, suponha que $t_0 = 2,75$ para uma alternativa bilateral baseada em 21 graus

de liberdade. O valor $t_0 > 2,518$ (correspondendo a $\alpha = 0,02$) e $t_0 < 2,831$ (correspondendo a $\alpha = 0,01$); dessa forma, os limites inferior e superior para o valor P seriam $0,01 < P < 0,02$ para esse caso.

Finalmente, muitos programas computacionais reportam valores P juntamente com o valor calculado da estatística de teste. Algumas calculadoras portáteis também têm essa capacidade. A partir de tal calculadora, obtemos $0,000038$ para o valor P quando $t_0 = 4,90$ no Exemplo 4-7.

4-5.3 SOLUÇÃO COMPUTACIONAL

Existem muitos pacotes computacionais estatísticos largamente disponíveis, tendo a maioria deles alguma capacidade para testes estatísticos de hipóteses. A saída proveniente do Minitab para os dados do Exemplo 4-7 é mostrada na Tabela 4-2. Perceba que a saída inclui algum sumário sobre a estatística da amostra, assim como um intervalo de confiança de 95% para a média. (O nível de confiança pode ser escolhido pelo analista.) O programa testa também a hipótese de interesse, permitindo ao analista especificar μ_0 (no caso 10) e a natureza da hipótese alternativa ($H_1: \mu > 10$).

A saída inclui o valor calculado de t_0 e de P. O valor P é arredondado para o $0,0001$ mais próximo, o que resulta em $0,0000$ nesse exemplo. Note que $H_0: \mu = 10$ deve ser rejeitada em favor de $H_1: \mu > 10$, conclusão essa idêntica à que chegamos no Exemplo 4-7.

TABELA 4-2   Análise de uma Amostra para o Exemplo 4-7

Intervalos de Confiança

Variável	N	Média	Desvio-padrão	Erro-padrão Médio	Intervalo de Confiança de 95%
Carga	22	13,714	3,554	0,758	(12,138, 15,289)

Teste T para a Média

Teste de $\mu = 10,000$ *versus* $\mu > 10,000$

Variável	N	Média	Desvio-padrão	Erro-Padrão Médio	T	P
Carga	22	13,714	3,554	0,758	4,90	0,0000

4-5.4 ERRO TIPO II E ESCOLHA DO TAMANHO DA AMOSTRA

A probabilidade de erro tipo II para testes na média de uma distribuição normal com variância desconhecida dependerá da distribuição da estatística de teste na Eq. 4-39, quando a hipótese nula $H_0: \mu = \mu_0$ for falsa. Quando o valor verdadeiro da média for $\mu = \mu_0 + \delta$, a distribuição para T_0 será chamada de **distribuição t não central**, com $n - 1$ graus de liberdade e parâmetro de não centralidade $\delta\sqrt{n}/\sigma$. Perceba que se $\delta = 0$, então a distribuição t não central se reduz à usual **distribuição t central**. Conseqüentemente, o erro tipo II da alternativa bilateral (por exemplo) seria

$$\beta = P\{-t_{\alpha/2, n-1} \le T_0 \le t_{\alpha/2, n-1} \text{ quando } \delta \neq 0\}$$
$$= P\{-t_{\alpha/2, n-1} \le T_0' \le t_{\alpha/2, n-1}\}$$

em que T_0' denota a variável aleatória não central t. Encontrar a probabilidade de erro tipo II, β, para o teste t envolve determi-

nar a probabilidade contida entre dois pontos na distribuição t não central. Por causa da variável aleatória t não central não ter uma função de densidade bem comportada, essa integração tem de ser feita numericamente.

Felizmente, essa tarefa desagradável já foi feita e os resultados estão resumidos em uma série de curvas nos gráficos Va, Vb, Vc e Vd do Apêndice A, que plotam β para o teste t contra um parâmetro d para vários tamanhos n de amostra. Esses gráficos são chamados de **curvas características operacionais** (ou **CO**). As curvas são fornecidas para alternativas bilaterais nos gráficos Va e Vb. O fator de escala, d, da abscissa é definido como

$$d = \frac{|\mu - \mu_0|}{\sigma} = \frac{|\delta|}{\sigma} \tag{4-46}$$

112 CAPÍTULO QUATRO

Para uma alternativa unilateral $\mu > \mu_0$ como na Eq. 4-42, usamos os gráficos Vc e Vd com

$$d = \frac{\mu - \mu_0}{\sigma} = \frac{\delta}{\sigma} \qquad (4\text{-}47)$$

enquanto se $\mu < \mu_0$ como na Eq. 4-44,

$$d = \frac{\mu_0 - \mu}{\sigma} = \frac{\delta}{\sigma} \qquad (4\text{-}48)$$

Notamos que d depende do parâmetro desconhecido σ^2. Podemos evitar essa dificuldade de várias maneiras. Em alguns casos, podemos usar os resultados de um experimento prévio ou informação anterior para fazer uma estimativa inicial grosseira de σ^2. Se estivermos interessados em avaliar o desempe-

nho do teste depois dos dados terem sido coletados, poderemos usar a variância da amostra s^2 para estimar σ^2. Se não houver experiência prévia que possa ser usada para estimar σ^2, definimos então a diferença d na média que desejamos detectar relativa a σ. Por exemplo, se desejarmos detectar uma pequena diferença na média, podemos usar um valor de $d = |\delta|/\sigma \leq 1$ (por exemplo), enquanto se estivermos interessados em detectar somente diferenças moderadamente grandes na média, podemos selecionar $d = |\delta|/\sigma = 2$ (por exemplo). Ou seja, é o valor da razão $|\delta|/\sigma$ que é importante na determinação do tamanho da amostra. Se for possível especificar o tamanho relativo da diferença nas médias que estamos interessados em detectar, então um valor apropriado de d pode geralmente ser selecionado.

Exemplo 4-8

Considere o problema do teste de tensão quanto à adesão do Exemplo 4-7. Se a carga média na falha for diferente de 10 MPa por um valor igual a 1 MPa, o tamanho de amostra de $n = 22$ será adequado para assegurar que H_0: $\mu = 10$ será rejeitada com probabilidade de no mínimo 0,8?

Para resolver esse problema, usaremos o desvio-padrão da amostra $s = 3{,}55$ para estimar σ. Então $d = |\delta|/\sigma = 1{,}0/3{,}55 = 0{,}28$. Pelas curvas características operacionais do Gráfico Vc do Apêndice A (para $\alpha = 0{,}05$), com $d = 1/3{,}55 = 0{,}28$ e $n = 22$,

encontramos $\beta = 0{,}68$, aproximadamente. Desse modo, a probabilidade de rejeitar H_0: $\mu = 10$, se a média verdadeira excedê-la por 1,0 MPa, é aproximadamente $1 - \beta = 1 - 0{,}68 = 0{,}32$, concluindo assim que o tamanho da amostra de $n = 22$ não é adequado para fornecer a sensibilidade desejada. Com o objetivo de encontrar o tamanho requerido da amostra para dar o grau desejado de sensibilidade, entre nas curvas características operacionais do Gráfico Vc com $d = 0{,}28$ e $\beta = 0{,}2$ e leia o tamanho correspondente de amostra como sendo $n = 75$.

4-5.5 Intervalo de Confiança para a Média

É fácil encontrar um intervalo de confiança de $100(1 - \alpha)\%$ para a média de uma distribuição normal com variância desconhecida, procedendo como fizemos na Seção 4-4.6. Em geral, a distribuição de $T = (\overline{X} - \mu)/(S/\sqrt{n})$ é t, com $n - 1$ graus de liberdade. Considerando $t_{\alpha/2, n-1}$ como o ponto superior $100\alpha/2\%$ da distribuição t, com $n - 1$ graus de liberdade, podemos escrever:

$$P(-t_{\alpha/2,n-1} \leq T \leq t_{\alpha/2,n-1}) = 1 - \alpha$$

ou

$$P\left(-t_{\alpha/2,n-1} \leq \frac{\overline{X} - \mu}{S/\sqrt{n}} \leq t_{\alpha/2,n-1}\right) = 1 - \alpha$$

Rearranjando essa última equação, resulta em

$$P(\overline{X} - t_{\alpha/2,n-1}S/\sqrt{n} \leq \mu \leq \overline{X} + t_{\alpha/2,n-1}S/\sqrt{n})$$
$$= 1 - \alpha \qquad (4\text{-}49)$$

Isso conduz à seguinte definição de intervalo de confiança bilateral com $100(1 - \alpha)\%$ para μ.

> **Intervalo de Confiança para a Média de uma Distribuição Normal, com Variância Desconhecida**
>
> Se $\overline{x}$ e s forem a média e o desvio-padrão de uma amostra aleatória proveniente de uma população normal, com variância desconhecida σ^2, então um intervalo de confiança de $100(1 - \alpha)\%$ para a média μ é dado por
>
> $$\overline{x} - t_{\alpha/2,n-1}s/\sqrt{n} \leq \mu \leq \overline{x} + t_{\alpha/2,n-1}s/\sqrt{n} \qquad (4\text{-}50)$$
>
> sendo $t_{\alpha/2,n-1}$ o ponto superior $100\alpha/2\%$ da distribuição t, com $n - 1$ graus de liberdade.

Intervalo de Confiança Unilateral

Com a finalidade de encontrar um intervalo de confiança inferior de $100(1 - \alpha)\%$ para μ, com σ^2 desconhecida, troque simplesmente $-t_{\alpha/2, n-1}$ por $-t_{\alpha, n-1}$ no limite inferior da Eq. 4-50 e estabeleça o limite superior como ∞. Similarmente, para encontrar um intervalo de confiança superior de $100(1 - \alpha)\%$ para μ, com σ^2 desconhecida, troque $t_{\alpha/2, n-1}$ por $t_{\alpha, n-1}$ no limite superior e estabeleça o limite inferior como $-\infty$. Essas fórmulas são dadas na tabela na capa frontal interna.

TOMADA DE DECISÃO PARA UMA ÚNICA AMOSTRA **113**

EXEMPLO 4-9

Reconsidere o problema da tensão quanto à adesão no Exemplo 4-7. Sabemos que $n = 22$, $\bar{x} = 13,71$ e $s = 3,55$. Encontraremos um intervalo de confiança de 95% para μ. Da Eq. 4-50, encontramos ($t_{\alpha/2, n-1} = t_{0,025;21} = 2,080$):

$$\bar{X} - t_{\alpha/2, n-1}S/\sqrt{n} \leq \mu \leq \bar{X} + t_{\alpha/2, n-1}S/\sqrt{n}$$
$$13,71 - 2,080(3,55)/\sqrt{22} \leq \mu \leq 13,71 + 2,080(3,55)/\sqrt{22}$$
$$13,71 - 1,57 \leq \mu \leq 13,71 + 1,57$$
$$12,14 \leq \mu \leq 15,28$$

No Exemplo 4-7, testamos uma hipótese alternativa unilateral para μ. Alguns engenheiros podem estar interessados em um intervalo de confiança unilateral. O intervalo de confiança inferior de 95% para a carga média na falha é

$$\bar{X} - t_{05, n-1}S/\sqrt{n} \leq \mu$$
$$13,71 - 1,721(3,25)/\sqrt{22} \leq \mu$$
$$12,41 \leq \mu$$

Logo, podemos dizer com 95% de confiança que a carga média na falha excede 12,41 MPa.

EXERCÍCIOS PARA A SEÇÃO 4-5

4-33. Um engenheiro de desenvolvimento de um fabricante de pneu está investigando a vida do pneu em relação a um novo componente da borracha. Ele fabricou 10 pneus e testou-os até o final da vida em um teste na estrada. A média e o desvio-padrão da amostra são 61.492 e 3.035 km, respectivamente.

(a) O engenheiro gostaria de demonstrar que a vida média desse novo pneu está em excesso em relação a 60.000 km. Formule e teste as hipóteses apropriadas, estando certo de estabelecer (teste, se possível) as suposições, e tire conclusões, usando $\alpha = 0,05$.

(b) Suponha que, se a vida média fosse tão longa quanto 61.000 km, o engenheiro gostaria de detectar essa diferença com probabilidade de no mínimo 0,90. O tamanho da amostra de $n = 10$, usado no item (a), foi adequado? Use o desvio-padrão s da amostra como uma estimativa de σ para obter sua decisão.

(c) Encontre um intervalo de confiança de 95% para a vida média do pneu.

4-34. Um teste de impacto Izod foi feito em 20 corpos de prova de tubo de PVC. O padrão ASTM para esse material requer que a resistência ao impacto Izod tem de ser maior do que 1,0 ft-lb/in. A média e o desvio-padrão obtidos da amostra foram $\bar{x} = 1,121$ e $s = 0,328$, respectivamente. Teste $H_0: \mu = 1,0$ *versus* $H_1: \mu > 1,0$, usando $\alpha = 0,01$, e tire conclusões. Estabeleça qualquer suposição necessária sobre a distribuição dos dados sob consideração.

4-35. Sabe-se que a vida em horas de um equipamento biomédico, sob desenvolvimento no laboratório, é distribuída de forma aproximadamente normal. Uma amostra aleatória de 15 equipamentos é selecionada, tendo uma vida média de 5.625,1 horas e um desvio-padrão de 226,1 horas.

(a) Com um nível de significância de $\alpha = 0,05$, teste a hipótese $H_0: \mu = 5.500$ contra $H_1: \mu > 5.500$. Para completar o teste de hipóteses, você acredita que a vida média verdadeira de um equipamento biomédico seja maior do que 5.500? Estabeleça claramente sua resposta.

(b) Encontre o valor p da estatística de teste.

(c) Construa um intervalo de confiança inferior de 95% para a média e descreva como esse intervalo pode ser usado para testar a hipótese alternativa do item (a).

4-36. Uma marca particular de margarina *diet* foi analisada para determinar o nível (em percentagem) de ácidos graxos insaturados.

Uma amostra de seis pacotes resultou nos seguintes dados: 16,8; 17,2; 17,4; 16,9; 16,5 e 17,1.

(a) Teste a hipótese $H_0: \mu = 17,0$ *versus* $H_1: \mu \neq 17,0$, usando $\alpha = 0,01$. Quais são as suas conclusões? Use o gráfico de probabilidade normal para testar a suposição de normalidade.

(b) Encontre o valor P para o teste do item (a).

(c) Suponha que o conteúdo médio de ácidos graxos insaturados for realmente $\mu = 17,5$, será importante detectar isso com probabilidade de no mínimo 0,90. O tamanho da amostra de $n = 6$ é adequado? Use o desvio-padrão amostral para estimar o desvio-padrão da população σ. Use $\alpha = 0,01$.

(d) Encontre um intervalo de confiança de 99% para a média. Forneça uma interpretação prática desse intervalo.

4-37. A resistência do concreto à compressão está sendo testada por um engenheiro civil. Ele testa 12 corpos de prova e obtém os seguintes dados.

2256	2257	2243	2199
2227	2230	2238	2248
2332	2230	2264	2243

(a) Verifique a suposição de normalidade para esses dados de resistência à compressão.

(b) Teste a hipótese $H_0: \mu = 2.250$ psi contra $H_1: \mu \neq 2.250$ psi, usando $\alpha = 0,05$. Tire conclusões, baseando-se no resultado desse teste.

(c) Construa um intervalo de confiança bilateral de 95% para a resistência média.

(d) Construa um intervalo de confiança unilateral inferior de 95% para a resistência média.

4-38. Uma máquina produz bastões metálicos usados em um sistema de suspensão de automóveis. Uma amostra aleatória de 15 bastões é selecionada, sendo o diâmetro medido. Os dados resultantes são mostrados a seguir.

8,24 mm	8,23 mm	8,20 mm
8,21	8,20	8,28
8,23	8,26	8,24
8,25	8,19	8,25
8,26	8,23	8,24

(a) Verifique a suposição de normalidade para o diâmetro dos bastões.

114 Capítulo Quatro

(b) Existe alguma evidência forte para indicar que o diâmetro médio dos bastões exceda 8,20 mm, usando $\alpha = 0,05$?

(c) Encontre o valor P para o teste estatístico realizado no item (b).

(d) Encontre um intervalo de confiança bilateral de 95% para o diâmetro médio dos bastões.

4-39. A espessura da parede de 25 garrafas de 2 litros foi medida por um engenheiro do controle da qualidade. A média da amostra foi $\bar{x} = 4,058$ mm e o desvio-padrão da amostra foi $s = 0,081$ mm.

(a) Suponha ser importante demonstrar que a espessura da parede exceda 4,00 mm. Formule e teste uma hipótese apropriada, usando esses dados. Obtenha conclusões com $\alpha = 0,05$. Calcule o valor P para esse teste.

(b) Encontre um intervalo de confiança de 95% para a espessura média da parede. Interprete o intervalo que você obteve.

4-40. Medidas do enriquecimento percentual de 12 bastões de combustível, usados em um reator nuclear, foram reportadas como segue:

3,11	2,88	3,08	3,01
2,84	2,86	3,04	3,09
3,08	2,89	3,12	2,98

(a) Use um gráfico de probabilidade normal para verificar a suposição de normalidade.

(b) Teste a hipótese H_0: $\mu = 2,95$ *versus* H_1: $\mu \neq 2,95$, usando $\alpha = 0,05$ e obtenha conclusões apropriadas. Calcule o valor P para esse teste.

(c) Encontre um intervalo de confiança bilateral de 99% para o percentual médio de enriquecimento. Você concorda com a afirmação de que o percentual médio de enriquecimento é de 2,95%? Por quê?

4-41. Uma máquina de pós-mistura de bebidas é ajustada para liberar uma certa quantidade de xarope em uma câmara onde ela seja misturada com água carbonatada. Uma amostra de 25 bebidas apresentou um conteúdo médio de xarope de $\bar{x} = 1,098$ onça fluida e um desvio-padrão $s = 0,016$ onça fluida.

(a) Os dados apresentados nesse exercício confirmam o argumento de que a quantidade média de xarope liberado não é 1,0 onça fluida? Teste esse argumento usando $\alpha = 0,05$.

(b) Os dados confirmam o argumento de que a quantidade média de xarope liberado excede 1,0 onça fluida? Teste esse argumento usando $\alpha = 0,05$.

(c) Considere o teste de hipóteses do item (a). Se a quantidade média de xarope liberado apresentar uma diferença de 0,05 em relação a $\mu = 1,0$, é importante detectar isso com uma probabilidade alta (como no mínimo 0,90). Usando s como uma estimativa de σ, o que você pode dizer a respeito da adequação do tamanho da amostra $n = 25$, usado pelos experimentalistas?

(d) Encontre um intervalo de confiança de 95% para a quantidade média de xarope liberado.

4-42. Um artigo no *Journal of Composite Materials* (Dezembro de 1989, Vol. 23, p. 1.200) descreve o efeito da delaminação na freqüência natural de vigas feitas de laminados compósitos. Cinco dessas vigas delaminadas foram submetidas a cargas e as freqüências (em Hz) resultantes foram:

230,66; 233,05; 232,58; 229,48; 232,58

Encontre um intervalo de confiança bilateral de 90% para a freqüência natural média. Os resultados do seu cálculo confirmam o argumento de que a freqüência natural média é 235 Hz? Por favor, discuta o que você encontrou e estabeleça quaisquer suposições necessárias.

4-6 INFERÊNCIA NA VARIÂNCIA DE UMA POPULAÇÃO NORMAL

Algumas vezes, são necessários testes de hipóteses e intervalos de confiança para a variância ou desvio-padrão da população. Se tivermos uma amostra aleatória X_1, X_2, ..., X_n, a variância da amostra S^2 será uma estimativa não tendenciosa de σ^2. Quando a população for modelada por uma distribuição normal, os testes e os intervalos descritos nesta seção serão aplicáveis.

4-6.1 Testes de Hipóteses para a Variância de uma População Normal

Suponha que desejemos testar a hipótese de que a variância de uma população normal σ^2 seja igual a um valor específico, como σ_0^2. Considere X_1, X_2, ..., X_n como uma amostra aleatória de n observações, proveniente dessa população. Para testar

$$H_0: \sigma^2 = \sigma_0^2$$
$$H_1: \sigma^2 \neq \sigma_0^2 \qquad (4\text{-}51)$$

usaremos a estatística de teste:

$$X_0^2 = \frac{(n-1)S^2}{\sigma_0^2} \qquad (4\text{-}52)$$

Para definir o procedimento de teste, necessitaremos conhecer a distribuição da estatística de teste X_0^2 na Eq. 4-52, quando a hipótese nula for verdadeira.

Considere X_1, X_2, ..., X_n como uma amostra aleatória de uma distribuição normal, com média μ e variância σ^2 desconhecidas. A grandeza

$$X^2 = \frac{(n-1)S^2}{\sigma^2} \qquad (4\text{-}53)$$

tem uma distribuição qui-quadrado, com $n - 1$ graus de liberdade, abreviada como χ^2_{n-1}. Em geral, a função densidade de probabilidade de uma variável qui-quadrado é

$$f(x) = \frac{1}{2^{k/2}\Gamma(k/2)} x^{(k/2)-1} e^{-x/2} \quad x > 0 \quad (4\text{-}54)$$

em que k é o número de graus de liberdade e $\Gamma(k/2)$ foi definida na Seção 4-5.1.

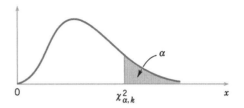

Fig. 4-20 Pontos percentuais $\chi^2_{\alpha,k}$ da distribuição χ^2.

A média e a variância da distribuição χ^2 são

$$\mu = k$$

e $\hspace{4cm}$ (4-55)

$$\sigma^2 = 2k$$

Várias distribuições qui-quadrado são mostradas na Fig. 4-19. Note que a variável aleatória qui-quadrado não é negativa e que a distribuição de probabilidades é desviada para a direita. No entanto, à medida que k aumenta, a distribuição se torna mais simétrica. À medida que $k \to \infty$, a forma limite da distribuição qui-quadrado é a distribuição normal.

Os **pontos percentuais** da distribuição χ^2 são dados na Tabela III do Apêndice A. Defina $\chi^2_{\alpha,k}$ como o ponto percentual ou valor da variável aleatória qui-quadrado, com k graus de liberdade, tal que a probabilidade de χ^2 exceder esse valor é α. Isto é,

$$P(X^2 > \chi^2_{\alpha,k}) = \int_{\chi^2_{\alpha,k}}^{\infty} f(u)\,du = \alpha$$

Essa probabilidade é mostrada como área sombreada na Fig. 4-20. Para ilustrar o uso da Tabela III, note que as áreas α são os cabeçalhos das colunas e os graus de liberdade k são dados na coluna esquerda, marcada como v. Por conseguinte, o valor com 10 graus de liberdade, tendo uma área (probabilidade) de 0,05 para a direita é $\chi^2_{0,05;10} = 18,31$. Esse valor é freqüentemente chamado de ponto superior 5% da variável qui-quadrado, com 10 graus de liberdade. Podemos escrever isso como um enunciado de probabilidade, conforme segue:

$$P(X^2 > \chi^2_{0,05;10}) = P(X^2 > 18,31) = 0,05$$

É relativamente fácil construir um teste para a hipótese na Eq. 4-51. Se a hipótese nula H_0: $\sigma^2 = \sigma_0^2$ for verdadeira, então a estatística de teste χ_0^2, definida na Eq. 4-52, segue a distribuição qui-quadrado, com $n - 1$ graus de liberdade. Conseqüentemente, calculamos o valor da estatística de teste χ_0^2 e a hipótese H_0: $\sigma^2 = \sigma_0^2$ será rejeitada se

$$\chi_0^2 > \chi^2_{\alpha/2, n-1} \quad (4\text{-}56a)$$

ou se

$$\chi_0^2 < \chi^2_{1-\alpha/2, n-1} \quad (4\text{-}56b)$$

sendo $\chi^2_{\alpha/2,n-1}$ e $\chi^2_{1-\alpha/2,n-1}$ os pontos superior e inferior $100\alpha/2\%$ da distribuição qui-quadrado, com $n - 1$ graus de liberdade, respectivamente.

A mesma estatística de teste é usada para as hipóteses alternativas unilaterais. Para a hipótese unilateral

$$H_0: \sigma^2 = \sigma_0^2$$
$$H_1: \sigma^2 > \sigma_0^2 \quad (4\text{-}57)$$

rejeitaremos H_0 se

$$\chi_0^2 > \chi^2_{\alpha, n-1} \quad (4\text{-}58)$$

Para a outra hipótese unilateral

$$H_0: \sigma^2 = \sigma_0^2$$
$$H_1: \sigma^2 < \sigma_0^2 \quad (4\text{-}59)$$

rejeitaremos H_0 se

$$\chi_0^2 < \chi^2_{1-\alpha, n-1} \quad (4\text{-}60)$$

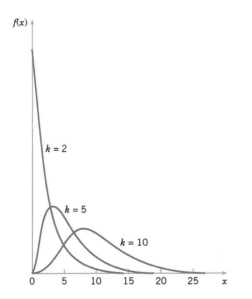

Fig. 4-19 Funções densidade de probabilidade de várias distribuições χ^2.

116 CAPÍTULO QUATRO

Testando Hipóteses sobre Variância de uma Distribuição Normal		**Hipóteses Alternativas**	**Critério de Rejeição**
Hipótese nula: $H_0: \sigma^2 = \sigma_0^2$		$H_1: \sigma^2 \neq \sigma_0^2$	$\chi_0^2 > \chi_{\alpha/2,n-1}^2$ ou $\chi_0^2 < \chi_{1-\alpha/2,n-1}^2$
Estatística de teste: $\chi_0^2 = \dfrac{(n-1)S^2}{\sigma_0^2}$		$H_1: \sigma^2 > \sigma_0^2$	$\chi_0^2 > \chi_{\alpha,n-1}^2$
		$H_1: \sigma^2 < \sigma_0^2$	$\chi_0^2 < \chi_{1-\alpha,n-1}^2$

EXEMPLO 4-10

Uma máquina automática de enchimento é usada para encher garrafas com detergente líquido. Uma amostra aleatória de 20 garrafas resulta em uma variância da amostra do volume de enchimento de $s^2 = 0{,}0153$ (onça fluida)^2. Se a variância do volume de enchimento exceder $0{,}01$ (onça fluida)^2, existirá uma proporção inaceitável de garrafas cujo enchimento não foi completo e cujo enchimento foi em demasia. Há evidência nos dados da amostra sugerindo que o fabricante tenha um problema com garrafas cheias com falta e com excesso de detergente? Use $\alpha = 0{,}05$ e considere que o volume de enchimento tenha uma distribuição normal.

O uso do procedimento das oito etapas resulta no seguinte:

1. O parâmetro de interesse é a variância da população σ^2.
2. $H_0: \sigma^2 = 0{,}01$
3. $H_1: \sigma^2 > 0{,}01$
4. $\alpha = 0{,}05$
5. A estatística de teste é

$$\chi_0^2 = \frac{(n-1)s^2}{\sigma_0^2}$$

6. Rejeitar H_0 se $\chi_0^2 > \chi_{0,05;19}^2 = 30{,}14$.
7. Cálculo:

$$\chi_0^2 = \frac{19(0{,}0153)}{0{,}01} = 29{,}07$$

8. Conclusão: Uma vez que $\chi_0^2 = 29{,}07 < \chi_{0,05;19}^2 = 30{,}14$, concluímos que não há evidência forte de que a variância do volume de enchimento exceda $0{,}01$ (onça fluida)^2.

Usando a Tabela III do Apêndice A, é fácil colocar limites no valor P de um teste qui-quadrado. Da inspeção da tabela, encontramos que $\chi_{0,10;19}^2 = 27{,}20$ e $\chi_{0,05;19}^2 = 30{,}14$. Visto que $27{,}20 <$ $29{,}07 < 30{,}14$, concluímos que o valor P para o teste no Exemplo 4-10 está no intervalo $0{,}05 < P < 0{,}10$. O valor P real é $P = 0{,}0649$. (Esse valor foi obtido a partir de uma calculadora.)

4-6.2 INTERVALO DE CONFIANÇA PARA A VARIÂNCIA DE UMA POPULAÇÃO NORMAL

Foi observado na seção prévia que se a população for normal, a distribuição amostral de

$$X^2 = \frac{(n-1)S^2}{\sigma^2}$$

será qui-quadrado com $n-1$ graus de liberdade. Com a finalidade de desenvolver o intervalo de confiança, escrevemos primeiro

$$P(\chi_{1-\alpha/2,n-1}^2 \leq X^2 \leq \chi_{\alpha/2,n-1}^2) = 1 - \alpha$$

de modo que

$$P\left(\chi_{1-\alpha/2,n-1}^2 \leq \frac{(n-1)S^2}{\sigma^2} \leq \chi_{\alpha/2,n-1}^2\right) = 1 - \alpha$$

Essa última equação pode ser rearranjada como

$$P\left(\frac{(n-1)S^2}{\chi_{\alpha/2,n-1}^2} \leq \sigma^2 \leq \frac{(n-1)S^2}{\chi_{1-\alpha/2,n-1}^2}\right) = 1 - \alpha \qquad (4\text{-}61)$$

Isso conduz à seguinte definição do intervalo de confiança para σ^2.

Intervalo de Confiança para a Variância de uma Distribuição Normal

Se s^2 for a variância de uma amostra aleatória, com n observações, proveniente de uma população normal com variância

TOMADA DE DECISÃO PARA UMA ÚNICA AMOSTRA   **117**

desconhecida σ^2, então um intervalo de confiança de $100(1 - \alpha)\%$ para σ^2 será

$$\frac{(n-1)s^2}{\chi^2_{\alpha/2,n-1}} \leq \sigma^2 \leq \frac{(n-1)s^2}{\chi^2_{1-\alpha/2,n-1}} \qquad (4\text{-}62)$$

sendo $\chi^2_{\alpha/2,n-1}$ e $\chi^2_{1-\alpha/2,n-1}$ os pontos percentuais superior e inferior $100\alpha/2\%$ da distribuição qui-quadrado, com $n-1$ graus de liberdade, respectivamente.

Intervalos de Confiança Unilaterais

Para encontrar um intervalo de confiança inferior de $100(1 - \alpha)\%$ para σ^2, estabeleça o limite superior de confiança na Eq. 4-62 igual a ∞ e troque $\chi^2_{\alpha/2,n-1}$ por $\chi^2_{\alpha,n-1}$. O intervalo de confiança superior de $100(1 - \alpha)\%$ é encontrado estabelecendo o limite inferior de confiança na Eq. 4-62 igual a zero e trocando $\chi^2_{1-\alpha/2,n-1}$ por $\chi^2_{1-\alpha,n-1}$. Para sua conveniência, essas equações para construção dos intervalos de confiança superior e inferior são dadas na tabela da capa frontal interna deste livro.

EXEMPLO 4-11

Reconsidere a máquina de enchimento de garrafas do Exemplo 4-10. Continuaremos a considerar que o volume de enchimento seja distribuído de forma aproximadamente normal. Uma amostra aleatória de 20 garrafas resulta em uma variância da amostra de $s^2 = 0,0153$ (onça fluida)^2. Um intervalo de confiança superior de 95% é encontrado da Eq. 4-62 conforme segue:

$$\sigma^2 \leq \frac{(n-1)s^2}{\chi^2_{0,95,19}}$$

ou

$$\sigma^2 \leq \frac{(19)0,0153}{10,12} = 0,0287 \text{ (onça fluida)}^2$$

Essa última afirmação pode ser convertida em um intervalo de confiança para o desvio-padrão σ, extraindo a raiz quadrada de ambos os lados, resultando em

$$\sigma \leq 0,17$$

Conseqüentemente, com um nível de confiança de 95%, os dados indicam que o desvio-padrão do processo poderia ser tão grande quanto 0,17 onça fluida.

EXERCÍCIOS PARA A SEÇÃO 4-6

4-43. Um rebite deve ser inserido em um orifício. Se o desvio-padrão do diâmetro do orifício exceder 0,02 mm, haverá uma probabilidade inaceitavelmente alta de que o rebite não se ajuste. Uma amostra aleatória de $n = 15$ peças é selecionada e o diâmetro do orifício é medido. O desvio-padrão das medidas do diâmetro do orifício é $s = 0,016$ mm.

  (a) Existe forte evidência indicando que o desvio-padrão do diâmetro do orifício exceda 0,02 mm? Use $\alpha = 0,05$. Estabeleça qualquer suposição necessária acerca da distribuição dos dados sob consideração.

  (b) Encontre o valor P para esse teste.

  (c) Construa um intervalo de confiança inferior de 95% para σ. Explique como esse intervalo de confiança pode ser usado para testar a hipótese no item (a).

4-44. O conteúdo de açúcar na calda de pêssegos em lata é normalmente distribuído. Acha-se que a variância seja $\sigma^2 = 18$ (mg)^2.

  (a) Teste a hipótese $H_0: \sigma^2 = 18$ *versus* $H_1: \sigma^2 \neq 18$, se uma amostra aleatória de $n = 10$ latas resultar em um desvio-padrão da amostra igual a $s = 4$ mg, usando $\alpha = 0,05$. Estabeleça qualquer suposição necessária acerca da distribuição dos dados sob consideração.

  (b) Qual é o valor P para esse teste?

  (c) Encontre um intervalo de confiança bilateral de 95% para σ.

4-45. Considere os dados da vida do pneu do Exercício 4-33.

  (a) Você pode concluir, usando $\alpha = 0,05$, que o desvio-padrão da vida do pneu excede 4.000 km? Estabeleça qualquer suposição necessária acerca da distribuição dos dados em foco.

  (b) Encontre o valor P para esse teste.

  (c) Encontre um intervalo de confiança inferior de 95% para σ^2.

4-46. Considere os dados referentes ao teste de impacto Izod do Exercício 4-34.

  (a) Teste a hipótese de $\sigma = 0,10$ contra uma alternativa especificando $\sigma \neq 0,10$, usando $\alpha = 0,01$ e obtenha uma conclusão. Estabeleça qualquer suposição necessária acerca da distribuição dos dados sob consideração.

  (b) Qual é o valor P para esse teste?

  (c) Construa um intervalo de confiança bilateral de 99% para σ^2.

4-47. A percentagem de titânio em uma liga usada na fundição de aeronaves é medida em 51 peças selecionadas aleatoriamente. O desvio-padrão da amostra é $s = 0,37$.

  (a) Teste a hipótese $H_o: \sigma = 0,25$ *versus* $H_1: \sigma \neq 0,25$, usando $\alpha = 0,05$. Estabeleça qualquer suposição necessária acerca da distribuição dos dados em foco.

  (b) Construa um intervalo de confiança bilateral de 95% para σ.

118 CAPÍTULO QUATRO

4-7 INFERÊNCIA SOBRE A PROPORÇÃO DE UMA POPULAÇÃO

Freqüentemente, é necessário testar hipóteses e construir intervalos de confiança para a proporção de uma população. Por exemplo, suponha que uma amostra aleatória de tamanho n tenha sido retirada de uma grande (possivelmente infinita) população e que X ($\leq n$) observações nessa amostra pertençam a uma classe de interesse. Então, $\hat{P} = X/n$ é um estimador da proporção p da população que pertence a essa classe. Note que n e p são os pa-

râmetros de uma distribuição binomial. Além disso, do Cap. 3, sabemos que a distribuição amostral de $\hat{P}$ é aproximadamente normal com média p e variância $p(1 - p)/n$, se p não estiver muito próximo de 0 ou 1 e se n for relativamente grande. Tipicamente, para aplicar essa aproximação, necessitamos de que np e $n(1 - p)$ sejam maiores do que ou igual a 5. Faremos uso da aproximação normal nesta seção.

4-7.1 TESTES DE HIPÓTESES PARA UMA PROPORÇÃO BINOMIAL

Em muitos problemas de engenharia, estamos preocupados com uma variável aleatória que siga a distribuição binomial. Por exemplo, considere um processo de produção que fabrica itens classificados como aceitáveis ou defeituosos. É geralmente razoável modelar a ocorrência de defeitos com a distribuição binomial, em que o parâmetro binomial p representa a proporção de itens defeituosos produzidos. Conseqüentemente, muitos problemas de decisão em engenharia incluem teste de hipóteses sobre p.

Consideraremos o teste

$$H_0: p = p_0$$
$$H_1: p \neq p_0 \qquad (4\text{-}63)$$

Um teste aproximado, baseado na aproximação da binomial pela normal será dado. Como notado anteriormente, esse procedimento aproximado será válido desde que p não esteja extremamente próximo de zero ou de um e se o tamanho da amostra for relativamente grande. O seguinte resultado será usado para fazer o teste de hipóteses e construir intervalos de confiança para p.

Seja X o número de observações em uma amostra aleatória de tamanho n que pertença à classe associada com p. Então, a grandeza

$$Z = \frac{X - np}{\sqrt{np(1 - p)}} \qquad (4\text{-}64)$$

terá, aproximadamente, uma distribuição normal padrão, $N(0,1)$.

Então, se a hipótese nula $H_0: p = p_0$ for verdadeira, teremos $X \sim N(np_0, np_0(1 - p_0))$, aproximadamente. Para testar $H_0: p = p_0$, calcule a **estatística de teste**.

$$Z_0 = \frac{X - np_0}{\sqrt{np_0(1 - p_0)}}$$

e rejeite $H_0: p = p_0$ se

$$z_0 > z_{\alpha/2} \text{ ou } z_0 < -z_{\alpha/2}$$

Regiões críticas para hipóteses alternativas unilaterais seriam construídas da maneira usual.

Testando Hipóteses para uma Proporção Binomial

Hipótese nula: $\qquad H_0: p = p_0$

Estatística de teste: $\quad Z_0 = \dfrac{X - np_0}{\sqrt{np_0(1 - p_0)}}$

Hipóteses Alternativas	Critério de Rejeição
$H_1: p \neq p_0$	$z_0 > z_{\alpha/2}$ ou $< -z_{\alpha/2}$
$H_1: p > p_0$	$z_0 > z_{\alpha}$
$H_1: p < p_0$	$z_0 < -z_{\alpha}$

EXEMPLO 4-12

Um fabricante de semicondutores produz controladores usados em aplicações no motor de automóveis. O consumidor requer que a fração defeituosa em uma etapa crítica de fabricação não exceda 0,05 e que o fabricante demonstre uma capacidade de processo nesse nível de qualidade, usando $\alpha = 0,05$. O fabricante de semicondutores retira uma amostra aleatória de 200 aparelhos e verifica que quatro deles são defeituosos. O fabri-

cante pode demonstrar uma capacidade de processo para o consumidor?

Podemos resolver esse problema, usando o procedimento das oito etapas do teste de hipóteses, conforme segue:

1. O parâmetro de interesse é a fração defeituosa do processo, p.

2. $H_0: p = 0{,}05$

3. $H_1: p < 0{,}05$

Essa formulação do problema permitirá ao fabricante fazer uma afirmativa forte sobre a capacidade de processo, se a hipótese nula $H_0: p = 0,05$ for rejeitada.

4. $\alpha = 0,05$
5. A estatística de teste é (da Eq. 4-64)

$$z_0 = \frac{x - np_0}{\sqrt{np_0(1 - p_0)}}$$

sendo $x = 4$, $n = 200$ e $p_0 = 0,05$.

6. Rejeite $H_0: p = 0,05$ se $z_0 < - z_{0,05} = - 1,645$

7. Cálculo: a estatística de teste é

$$z_0 = \frac{4 - 200(0,05)}{\sqrt{200(0,05)(0,95)}} = - 1,95$$

8. Conclusão: Uma vez que $z_o = -1,95 < -z_{0,05} = -1,645$, rejeitamos H_0 e concluímos que a fração defeituosa do processo, p, é menor do que 0,05. O valor P para esse valor da estatística de teste z_0 é $P = 0,0256$, que é menor que $\alpha = 0,05$. Concluímos que o processo é capaz.

Ocasionalmente encontramos uma outra forma da estatística de teste, Z_0, na Eq. 4-64. Note que se X for o número de observações em uma amostra aleatória de tamanho n que pertença a uma classe de interesse, então $\hat{P} = X/n$ é a proporção da amostra que pertence àquela classe. Agora, divida o numerador e o denominador de Z_0 na Eq. 4-64 por n, resultando em

ou

$$Z_0 = \frac{X/n - p_0}{\sqrt{p_0(1 - p_0)/n}}$$

$$Z_0 = \frac{\hat{P} - p_0}{\sqrt{p_0(1 - p_0)/n}} \tag{4-65}$$

Essa equação apresenta a estatística de teste em termos da proporção da amostra, em vez do número de itens X na amostra que pertence à classe de interesse.

4-7.2 Erro Tipo II e Escolha do Tamanho da Amostra

É possível obter equações exatas para o erro β aproximado para os testes na Seção 4-7.1. Suponha que p seja o valor verdadeiro da proporção da população.

O erro β aproximado para a alternativa bilateral $H_1: p \neq p_0$ é

$$\beta = \Phi\left(\frac{p_0 - p + z_{\alpha/2}\sqrt{p_0(1 - p_0)/n}}{\sqrt{p(1 - p)/n}}\right)$$

$$- \Phi\left(\frac{p_0 - p - z_{\alpha/2}\sqrt{p_0(1 - p_0)/n}}{\sqrt{p(1 - p)/n}}\right) \tag{4-66}$$

Se a alternativa for $H_1: p < p_0$, então

$$\beta = 1 - \Phi\left(\frac{p_0 - p - z_{\alpha}\sqrt{p_0(1 - p_0)/n}}{\sqrt{p(1 - p)/n}}\right) \tag{4-67}$$

enquanto se a alternativa for $H_1: p > p_0$, então

$$\beta = \Phi\left(\frac{p_0 - p + z_{\alpha}\sqrt{p_0(1 - p_0)/n}}{\sqrt{p(1 - p)/n}}\right) \tag{4-68}$$

Essas equações podem ser resolvidas para encontrar o tamanho n da amostra que fornece um teste de nível α, que tem um risco especificado β.

Tamanho da Amostra para um Teste Bilateral de Hipóteses para uma Proporção Binomial

$$n = \left(\frac{z_{\alpha/2}\sqrt{p_0(1 - p_0)} + z_{\beta}\sqrt{p(1 - p)}}{p - p_0}\right)^2 \tag{4-69}$$

Para uma alternativa unilateral, troque $z_{\alpha/2}$ na Eq. 4-69 por z_{α}.

Exemplo 4-13

Considere o fabricante de semicondutores do Exemplo 4-12. Suponha que a fração defeituosa de seu processo seja realmente $p = 0,03$. Qual é o erro β para esse teste de capacidade de processo, que usa $n = 200$ e $\alpha = 0,05$?

O erro β pode ser calculado usando a Eq. 4-67, conforme segue:

$$\beta = 1 - \Phi\left(\frac{0,05 - 0,03 - (1,645)\sqrt{0,05(0,95)/200}}{\sqrt{0,03(1 - 0,03)/200}}\right) =$$

$$= 1 - \Phi(-0,44) = 0,67$$

120 CAPÍTULO QUATRO

Assim, a probabilidade é cerca de 0,70 do fabricante de semicondutores falhar em concluir que o processo seja capaz, se a fração verdadeira defeituosa do processo for $p = 0,03$ (3%). Isso parece ser um grande erro β, porém a diferença entre $p = 0,05$ e $p = 0,03$ é razoavelmente pequena e o tamanho da amostra $n = 200$ não é particularmente grande.

Suponha que o fabricante de semicondutores estivesse disposto a aceitar o erro β tão grande quanto 0,10, se o valor verdadeiro da fração verdadeira defeituosa do processo fosse $p = 0,03$. Se o fabricante continuar a usar $\alpha = 0,05$, qual o tamanho da amostra que seria requerido?

O tamanho requerido da amostra pode ser calculado da Eq. 4-69, como segue:

$$n = \left(\frac{1,645\sqrt{0,05(0,95)} + 1,28\sqrt{0,03(0,97)}}{0,03 - 0,05} \right)^2$$
$$\simeq 832$$

em que usamos $p = 0,03$ na Eq. 4-69 e trocamos $z_{\alpha/2}$ por z_α para uma alternativa unilateral. Note que $n = 832$ é um tamanho muito grande de amostra. Entretanto, estamos tentando detectar um desvio razoavelmente pequeno do valor da hipótese nula $p_0 = 0,05$.

4-7.3 INTERVALO DE CONFIANÇA PARA UMA PROPORÇÃO BINOMIAL

Encontra-se, de forma direta, um intervalo de confiança aproximado de $100(1 - \alpha)\%$ para uma proporção binomial, usando a aproximação normal. Lembre-se de que a distribuição amostral de $\hat{P}$ é aproximadamente normal, com média p e variância $p(1 - p)/n$, se p não estiver muito próxima de 0 ou 1 e se n for relativamente grande. Então, a distribuição de

$$Z = \frac{X - np}{\sqrt{np(1 - p)}} = \frac{\hat{P} - p}{\sqrt{\dfrac{p(1 - p)}{n}}} \qquad (4\text{-}70)$$

será aproximadamente normal padrão.

Para construir o intervalo de confiança para p, note que

$$P(-z_{\alpha/2} \leq Z \leq z_{\alpha/2}) \simeq 1 - \alpha$$

de modo a

$$P\left(-z_{\alpha/2} \leq \frac{\hat{P} - p}{\sqrt{\dfrac{p(1 - p)}{n}}} \leq z_{\alpha/2} \right) \simeq 1 - \alpha$$

Isso pode ser rearranjado como

$$P\left(\hat{P} - z_{\alpha/2} \sqrt{\frac{p(1 - p)}{n}} \leq p \leq \hat{P} + z_{\alpha/2} \sqrt{\frac{p(1 - p)}{n}} \right) \simeq$$
$$\simeq 1 - \alpha \qquad (4\text{-}71)$$

A grandeza $\sqrt{p(1 - p)/n}$ na Eq. 4-71 é chamada de **erro-padrão do estimador pontual** $\hat{P}$. Infelizmente, os limites superior e inferior do intervalo de confiança, obtidos da Eq. 4-71, contêm o parâmetro desconhecido p. No entanto, uma solu-

ção satisfatória é trocar p por $\hat{P}$ no erro-padrão, resultando em

$$P\left(\hat{P} - z_{\alpha/2} \sqrt{\frac{\hat{P}(1 - \hat{P})}{n}} \leq p \leq \hat{P} + z_{\alpha/2} \sqrt{\frac{\hat{P}(1 - \hat{P})}{n}} \right) \simeq$$
$$1 - \alpha \qquad (4\text{-}72)$$

A Eq. 4-72 conduz ao intervalo de confiança aproximado de $100(1 - \alpha)\%$ para p.

Intervalo de Confiança para uma Proporção Binomial

Se $\hat{p}$ for uma proporção de observações em uma amostra aleatória de tamanho n que pertença a uma classe de interesse, então um intervalo de confiança aproximado de $100(1 - \alpha)\%$ para a proporção p da população que pertença a essa classe será

$$\hat{p} - z_{\alpha/2} \sqrt{\frac{\hat{p}(1 - \hat{p})}{n}} \leq p \leq \hat{p} + z_{\alpha/2} \sqrt{\frac{\hat{p}(1 - \hat{p})}{n}} \qquad (4\text{-}73)$$

sendo $z_{\alpha/2}$ o ponto superior $100\alpha/2\%$ da distribuição normal padrão.

Esse procedimento depende da adequação da aproximação binomial pela normal. Para ser razoavelmente conservativo, isso requer que np e $n(1 - p)$ sejam maiores do que ou igual a 5. Em situações onde essa aproximação seja inapropriada, particularmente nos casos onde n for pequeno, outros métodos têm de ser usados. Tabelas da distribuição binomial poderiam ser usadas para obter um intervalo de confiança para p. Entretanto, preferimos usar métodos numéricos, baseados na função binomial de probabilidade que são implementados em programas computacionais.

Exemplo 4-14

Em uma amostra aleatória, de 85 mancais de eixos de manivelas de motores de automóveis, 10 têm uma superfície que é mais rugosa do que as especificações permitidas. Conseqüentemente, uma estimativa da proporção de mancais na população que excede a especificação de rugosidade é $\hat{p} = x/n = 10/85 = 0,12$. Um intervalo de confiança bilateral de 95% para p é calculado da Eq. 4-73 como

$$\hat{p} - z_{0,025} \sqrt{\frac{\hat{p}(1 - \hat{p})}{n}} \le p \le \hat{p} + z_{0,025} \sqrt{\frac{\hat{p}(1 - \hat{p})}{n}}$$

ou

$$0,12 - 1,96 \sqrt{\frac{0,12(0,88)}{85}} \le p \le 0,12 + 1,96 \sqrt{\frac{0,12(0,88)}{85}}$$

que simplifica para

$$0,05 \le p \le 0,19$$

Escolha do Tamanho da Amostra

Uma vez que $\hat{P}$ é o estimador de p, podemos definir o erro na estimação de p através de $\hat{P}$ como $E = |\hat{P} - p|$. Observe que estamos aproximadamente $100(1 - \alpha)\%$ confiantes de que esse erro seja menor do que $z_{\alpha/2} \sqrt{p(1 - p)/n}$. Por exemplo, no Exemplo 4-14, estávamos 95% confiantes em que a proporção da amostra $\hat{p} = 0,12$ diferia da proporção verdadeira p por uma quantidade que não excedia 0,07.

Em situações onde o tamanho da amostra puder ser selecionado, poderemos escolher n de modo a estarmos $100(1 - \alpha)\%$ confiantes em que o erro seja menor do que algum valor especificado E. Se estabelecermos $E = z_{\alpha/2} \sqrt{p(1 - p)/n}$ e resolvermos para n, obteremos a seguinte fórmula.

> **Tamanho da Amostra para um E Especificado para uma Proporção Binomial**
>
> Se $\hat{P}$ for usada como uma estimativa de p, poderemos estar $100(1 - \alpha)\%$ confiantes de que o erro $|\hat{P} - p|$ não excederá uma quantidade especificada E, quando o tamanho da amostra for
>
> $$n = \left(\frac{z_{\alpha/2}}{E}\right)^2 p(1 - p) \qquad (4\text{-}74)$$

Uma estimativa de p é requerida para usar a Eq. 4-74. Se uma estimativa $\hat{p}$ de uma amostra anterior for disponível, ela poderá ser substituída por p na Eq. 4-74 ou talvez uma estimativa subjetiva possa ser feita. Se essas alternativas não forem satisfatórias, uma amostra preliminar pode ser retirada, $\hat{p}$ calculada e então a Eq. 4-74 usada para determinar quantas observações adicionais são requeridas para estimar p com a exatidão desejada. Uma outra abordagem para escolher n usa o fato de que o tamanho da amostra da Eq. 4-74 sempre será um máximo para $p = 0,5$ [isto é, $p(1 - p) \le 0,25$, com a igualdade para $p = 0,5$], podendo isso ser usado para obter um limite superior para n. Em outras palavras, estamos no mínimo $100(1 - \alpha)\%$ confiantes em que o erro em estimar p através de $\hat{p}$ será menor do que E, se o tamanho da amostra for selecionado conforme segue.

> Para um erro especificado E, um limite superior no tamanho da amostra para estimar p é
>
> $$n = \left(\frac{z_{\alpha/2}}{E}\right)^2 \frac{1}{4} \qquad (4\text{-}75)$$

Exemplo 4-15

Considere a situação do Exemplo 4-14. Quão grande deverá ser a amostra, se quisermos estar 95% confiantes em que o erro em usar $\hat{p}$ para estimar p seja menor do que 0,05? Usando $\hat{p} = 0,12$ como uma estimativa inicial de p, encontramos, da Eq. 4-74, que o tamanho requerido da amostra é

$$n = \left(\frac{z_{0,025}}{E}\right)^2 \hat{p}(1 - \hat{p}) = \left(\frac{1,96}{0,05}\right)^2 0,12(0,88) \cong 163$$

Se quiséssemos estar *no mínimo* 95% confiantes em que nossa estimativa $\hat{p}$ da proporção verdadeira p estivesse dentro de 0,05, independente do valor de p, então usaríamos a Eq. 4-75 para encontrar o tamanho da amostra

$$n = \left(\frac{z_{0,025}}{E}\right)^2 (0,25) = \left(\frac{1,96}{0,05}\right)^2 (0,25) \cong 385$$

122   Capítulo Quatro

Note que, se tivéssemos a informação relativa ao valor de p, tanto a partir de uma amostra preliminar como de uma experiência passada, poderíamos usar uma amostra menor, embora mantendo a precisão desejada de estimação e o nível de confiança.

Intervalos de Confiança Unilaterais

Com o objetivo de encontrar um intervalo de confiança inferior aproximado de $100(1 - \alpha)\%$ para p, troque simplesmente $-z_{\alpha/2}$ por $-z_\alpha$ no limite inferior da Eq. 4-73 e estabeleça o limite superior em ∞. Similarmente, de modo a encontrar um intervalo de confiança superior aproximado de $100(1 - \alpha)\%$ para p, troque simplesmente $z_{\alpha/2}$ por z_α no limite superior da Eq. 4-73 e estabeleça o limite inferior em $-\infty$. Essas fórmulas são dadas na tabela na capa frontal interna.

EXERCÍCIOS PARA A SEÇÃO 4-7

4-48. De 1.000 casos selecionados aleatoriamente de câncer de pulmão, 823 resultaram em morte.
  (a) Teste as hipóteses H_0: $p = 0,85$ contra H_1: $p \neq 0,85$, com $\alpha = 0,05$.
  (b) Construa um intervalo de confiança bilateral de 95% para a taxa de morte de câncer de pulmão.

4-49. Quão grande seria a amostra requerida pelo Exercício 4-48, de modo a se estar pelo menos 95% confiantes em que o erro na estimação da taxa de morte de câncer de pulmão seja menor do que 0,03?

4-50. Uma amostra aleatória de 50 capacetes de corredores de motos e de automóveis foi sujeita a um teste de impacto, sendo observado algum dano em 18 desses capacetes.
  (a) Teste as hipóteses H_0: $p = 0,3$ contra H_1: $p \neq 0,3$, com $\alpha = 0,05$.
  (b) Encontre um intervalo de confiança bilateral de 95% para a proporção verdadeira de capacetes desse tipo, que mostraria algum dano proveniente desse teste. Explique como esse intervalo de confiança pode ser usado para testar a hipótese no item (a).
  (c) Usando a estimativa de p, obtida a partir da amostra preliminar de 50 capacetes, quantos capacetes devem ser testados para estarmos 95% confiantes em que o erro na estimação do valor verdadeiro de p seja menor do que 0,02?
  (d) Quão grande terá de ser a amostra, se desejarmos estar no mínimo 95% confiantes em que o erro na estimação de p seja menor do que 0,02, independente do valor verdadeiro de p?

4-51. O Departamento de Transportes do Arizona deseja examinar residentes do estado para determinar que proporção da população seria favorável à construção de um sistema de sinais de trânsito. Quantos residentes eles necessitarão examinar se quiserem estar no mínimo 99% confiantes em que a proporção da amostra esteja dentro de 0,05 da proporção verdadeira?

4-52. Um fabricante de calculadoras eletrônicas está interessado em estimar a fração de unidades defeituosas produzidas. Uma amostra aleatória de 800 calculadoras contém 10 defeitos.
  (a) Formule e teste uma hipótese apropriada para determinar se a fração defeituosa excede 0,01, com um nível de significância de 0,05.
  (b) Calcule um intervalo de confiança superior de 99% para a fração defeituosa.

4-53. Deve ser conduzido um estudo da percentagem de donas de casa que possuem uma conexão de alta velocidade com a Internet. Quão grande deverá ser a amostra, se desejarmos estar 95% confiantes em que o erro na estimação dessa quantidade seja menor do que 0,02?

4-54. Está-se estudando a fração de circuitos integrados defeituosos produzidos em um processo de fotolitografia. Uma amostra aleatória de 300 circuitos é testada, revelando 18 defeitos.
  (a) Use os dados para testar H_0: $p = 0,04$ *versus* H_1: $p \neq 0,04$. Use $\alpha = 0,05$.
  (b) Encontre o valor P para o teste.

4-55. Considere os dados e as hipóteses do circuito defeituoso do Exercício 4-54.
  (a) Suponha que a fração defeituosa seja realmente $p = 0,05$. Qual é o erro β para esse teste?
  (b) Suponha que o fabricante esteja disposto a aceitar um erro β de 0,10, se o valor verdadeiro de p for 0,05. Com $\alpha = 0,05$, qual seria o tamanho requerido da amostra?

4-56. Um artigo em *Fortune* (21 de setembro de 1992) afirma que aproximadamente metade de todos os engenheiros continuam seus estudos acadêmicos além do grau de bacharelado, recebendo no final o grau de mestre ou doutor. Dados de um artigo em *Engineering Horizons* (primavera de 1990) indicaram que 117 de 484 novos engenheiros graduados estavam planejando fazer uma pós-graduação.
  (a) Os dados da *Engineering Horizons* são consistentes com a afirmação reportada pela *Fortune*? Use $\alpha = 0,05$ para encontrar as suas conclusões.
  (b) Encontre o valor P para o teste.

4-57. Um fabricante de lentes intra-oculares está qualificando uma nova máquina de polimento. Ele qualificará a máquina se a percentagem de lentes polidas que contenham defeitos na superfície não exceder 4%. Uma amostra aleatória de 300 lentes contém 14 lentes defeituosas.
  (a) Formule e teste um conjunto apropriado de hipóteses para determinar se a máquina pode ser qualificada. Use $\alpha = 0,05$.
  (b) Encontre o valor P para o teste no item (a).
  (c) Suponha que a fração de lentes defeituosas seja realmente $p = 0,02$. Qual é o erro β para esse teste?
  (d) Suponha que um erro β de 0,05 seja aceitável se o valor verdadeiro de $p = 0,02$. Para $\alpha = 0,05$, qual seria o tamanho requerido da amostra?

4-58. Um pesquisador afirma que no mínimo 10% de todos os capacetes de futebol americano têm falhas de fabricação que poderiam causar, potencialmente, injúrias ao usuário. Uma amostra de 200 capacetes revelou que 24 deles continham tais defeitos.
  (a) A informação dada confirma a afirmação do pesquisador? Use $\alpha = 0,01$.
  (b) Encontre o valor P para esse teste.

4-59. Uma amostra aleatória foi composta de 500 eleitores registrados em uma pequena cidade. A esses eleitores foi perguntado se eles seriam favoráveis ao uso de combustíveis oxigenados para reduzir a poluição do ar ao longo do ano. Se mais de 315 eleitores responderem positivamente, concluiremos que no mínimo 60% dos eleitores são favoráveis ao uso desses combustíveis.

(a) Encontre a probabilidade do erro tipo I, se exatamente 60% dos eleitores forem favoráveis ao uso desses combustíveis.

(b) Qual será a probabilidade do erro tipo II, β, se 75% dos eleitores forem favoráveis a essa ação?

4-60. A garantia para baterias de fones móveis é estabelecida em 400 horas operacionais, seguindo os procedimentos apropriados de recarga. Um estudo com 1.000 baterias foi executado e quatro pararam de operar antes das 400 horas. Esses experimentos confirmam a afirmação de que menos de 0,2% das baterias da companhia falhará durante o período de garantia, usando os procedimentos apropriados de recarga? Use o procedimento de teste de hipóteses, com $\alpha = 0{,}01$.

4-8 TABELA COM RESUMO DOS PROCEDIMENTOS DE INFERÊNCIA PARA UMA ÚNICA AMOSTRA

As tabelas na capa frontal interna deste livro apresentam um sumário de todos os procedimentos de inferência de uma única amostra apresentados neste capítulo. A tabela contém o enunci-

ado da hipótese nula, a estatística de teste, as várias hipóteses alternativas, os critérios para rejeitar H_0 e as fórmulas para construir o intervalo de confiança de $100(1 - \alpha)\%$.

4-9 TESTANDO A ADEQUAÇÃO DO AJUSTE

Os procedimentos de testes de hipóteses que discutimos nas seções prévias são projetados para problemas em que a população ou a distribuição de probabilidades sejam conhecidas e as hipóteses envolvam os parâmetros da distribuição. Um outro tipo de hipótese é freqüentemente encontrado: não conhecemos a distribuição da população sob consideração e desejamos testar a hipótese de que uma distribuição particular será satisfatória como um modelo para a população. Por exemplo, podemos desejar testar a hipótese de que a população seja normal.

No Cap. 3, discutimos uma técnica gráfica muito útil para esse problema, chamada de **plotagem de probabilidade**, e ilustramos como ela foi aplicada para o caso de uma distribuição normal. Nesta seção, descreveremos um procedimento formal de teste de adequação de ajuste, baseado na distribuição qui-quadrado.

O procedimento de teste requer uma amostra aleatória de tamanho n, proveniente da população cuja distribuição de probabilidades é desconhecida. Essas n observações são arranjadas em um histograma de freqüência, tendo k intervalos de classe. Faça O_i ser a freqüência observada no i-ésimo intervalo de classe. A partir da distribuição de probabilidades utilizada na hipótese, calculamos a freqüência esperada no i-ésimo intervalo de classe, denotada como E_i. A estatística de teste é

$$X_0^2 = \sum_{i=1}^{k} \frac{(O_i - E_i)^2}{E_i} \tag{4-76}$$

Pode ser mostrado que, se a população seguir a distribuição utilizada na hipótese, X_2^0 terá, aproximadamente, uma distribuição qui-quadrado com $k - p - 1$ graus de liberdade, sendo p o número de parâmetros da distribuição utilizada na hipótese, que foram estimados pelas estatísticas da amostra. Essa aproximação melhora à medida que n aumenta. Rejeitaremos a hipótese de que a distribuição da população é a distribuição utilizada na hipótese, se o valor calculado da estatística de teste $\chi_0^2 > \chi_{\alpha, k - p - 1}^2$.

Um ponto a ser notado na aplicação desse procedimento de teste se refere à magnitude das freqüências esperadas. Se essas freqüências esperadas forem muito pequenas, então a estatística de teste χ_0^2 não refletirá o desvio entre observado e esperado, mas somente a pequena magnitude das freqüências esperadas. Não há concordância geral relativa ao valor mínimo das freqüências esperadas, mas valores de 3, 4 e 5 são largamente utilizados como mínimos. Alguns escritores sugerem que uma freqüência esperada poderia ser tão pequena quanto 1 ou 2, desde que a maioria delas excedesse 5. Se uma freqüência esperada for muito pequena, ela poderá ser combinada com a freqüência esperada em um intervalo de classe adjacente. As freqüências observadas correspondentes seriam então também combinadas e k seria reduzido de um. Intervalos de classe não necessitam ter a mesma largura.

Agora, damos um exemplo do procedimento de teste.

Exemplo 4-16

Uma Distribuição de Poisson

O número de defeitos nas placas de circuito impresso deve seguir a distribuição de Poisson. Uma amostra aleatória de n = 60 placas impressas foi coletada, observando-se o número de defeitos por placa de circuito impresso. Os seguintes dados foram obtidos:

Número de Defeitos	Freqüência Observada
0	32
1	15
2	9
3	4

A média da distribuição de Poisson considerada neste exemplo é desconhecida e tem de ser estimada a partir dos dados da amostra. A estimativa do número médio de defeitos por placa é a média da amostra, ou seja, $(32 \cdot 0 + 15 \cdot 1 + 9 \cdot 2 + 4 \cdot 3)/60 = 0,75$. A partir da distribuição de Poisson com parâmetro 0,75, podemos calcular p_i, a probabilidade teórica utilizada na hipótese, associada com o i-ésimo intervalo de classe. Uma vez que cada intervalo de classe corresponde a um número particular de defeitos, podemos encontrar p_i como segue:

$$p_1 = P(X = 0) = \frac{e^{-0,75}(0,75)^0}{0!} = 0,472$$

$$p_2 = P(X = 1) = \frac{e^{-0,75}(0,75)^1}{1!} = 0,354$$

$$p_3 = P(X = 2) = \frac{e^{-0,75}(0,75)^2}{2!} = 0,133$$

$$p_4 = P(X \geq 3) = 1 - (p_1 + p_2 + p_3) = 0,041$$

As freqüências esperadas são calculadas pela multiplicação do tamanho da amostra $n = 60$ vezes as probabilidades p_i; isto é, $E_i = np_i$. As freqüências esperadas são mostradas a seguir.

Número de Defeitos	Probabilidade	Freqüência Esperada
0	0,472	28,32
1	0,354	21,24
2	0,133	7,98
3 (ou mais)	0,041	2,46

Já que a freqüência esperada na última célula é menor do que 3, combinamos as duas últimas células:

Número de Defeitos	Freqüência Observada	Freqüência Esperada
0	32	28,32
1	15	21,24
2 (ou mais)	13	10,44

A estatística de teste qui-quadrado na Eq. 4-76 terá $k - p - 1 = 3 - 1 - 1 = 1$ grau de liberdade, porque a média da distribuição de Poisson foi estimada a partir desses dados.

O procedimento de oito etapas para o teste de hipóteses pode agora ser aplicado, usando $\alpha = 0,05$, conforme segue:

1. A variável de interesse é a forma da distribuição de defeitos nas placas de circuito impresso.
2. H_0: A forma da distribuição de defeitos é Poisson.
3. H_1: A forma da distribuição de defeitos não é Poisson.
4. $\alpha = 0,05$
5. A estatística de teste é

$$\chi_0^2 = \sum_{i=1}^{k} \frac{(o_i - E_i)^2}{E_i}$$

6. Rejeite H_0 se $\chi_0^2 > \chi_{0,05;1}^2 = 3,84$.
7. Cálculo:

$$\chi_0^2 = \frac{(32 - 28,32)^2}{28,32} + \frac{(15 - 21,24)^2}{21,24} +$$

$$+ \frac{(13 - 10,44)^2}{10,44} = 2,94$$

8. Conclusão: Uma vez que $\chi_0^2 = 2,94 < \chi_{0,051}^2 = 3,84$, não somos capazes de rejeitar a hipótese nula de que a distribuição de defeitos nas placas de circuito impresso seja Poisson. O valor P para o teste é $P = 0,0864$. (Esse valor foi calculado usando uma calculadora.)

TOMADA DE DECISÃO PARA UMA ÚNICA AMOSTRA **125**

EXERCÍCIOS PARA A SEÇÃO 4-9

4-61. Considere a seguinte tabela de freqüência de observações para a variável aleatória X.

Valores	0	1	2	3	4	5
Freqüência Observada	8	25	23	21	16	7

   (a) Baseado nessas 100 observações, a distribuição de Poisson, com uma média de 2,4, é um modelo apropriado? Faça um procedimento de adequação de ajuste com $\alpha = 0,05$.

   (b) Calcule o valor P para esse teste.

4-62. Seja X a representação do número de falhas observadas em uma grande serpentina de aço galvanizado. Setenta e cinco serpentinas são inspecionadas e os seguintes dados foram observados para os valores de X.

Valores	1	2	3	4	5	6	7	8
Freqüência Observada	1	11	8	13	11	12	10	9

   (a) A suposição de distribuição de Poisson, com uma média igual a 6,0, parece apropriada como um modelo de probabilidade para esses dados? Use $\alpha = 0,01$.

   (b) Calcule o valor P para esse teste.

4-63. O número de chamadas chegando a uma mesa telefônica de meiodia a uma hora da tarde, de segunda a sexta-feira, é monitorado por 6 semanas, ou seja, 30 dias. Seja X definida como o número de chamadas durante aquele período de uma hora. A freqüência relativa de chamadas foi registrada e reportada como

Valores	5	6	8	9	10
Freqüência Observada	2	3	3	3	6

Valores	11	12	13	14	15
Freqüência Observada	4	3	3	1	2

   (a) A suposição de distribuição de Poisson parece apropriada como um modelo de probabilidade para esses dados? Use $\alpha = 0,05$.

   (b) Calcule o valor P para esse teste.

4-64. O número de carros passando através da interseção da Avenida Cruzeiro com a Avenida Central foi tabulado por um grupo de estudantes de Engenharia Civil. Eles obtiveram os seguintes dados:

Veículos por Minuto	Freqüência Observada	Veículos por Minuto	Freqüência Observada
40	14	53	102
41	24	54	96
42	57	55	90
43	111	56	81
44	194	57	73
45	256	58	64
46	296	59	61
47	378	60	59
48	250	61	50
49	185	62	42
50	171	63	29
51	150	64	18
52	110	65	15

   (a) A suposição de distribuição de Poisson parece apropriada como um modelo de probabilidade para esse processo? Use $\alpha = 0,05$.

   (b) Calcule o valor P para esse teste.

4-65. Considere a seguinte tabela de freqüências de observações para a variável aleatória X.

Valores	0	1	2	3	4
Freqüência	4	21	10	13	2

   (a) Baseado nessas 50 observações, a distribuição binomial, com $n = 6$ e $p = 0,25$, é um modelo apropriado? Faça um procedimento de adequação de ajuste com $\alpha = 0,05$.

   (b) Calcule o valor P para esse teste.

4-66. Em uma operação de enchimento de 12 garrafas contidas em uma caixa, defina X como o número de garrafas cheias abaixo do nível correto. Oitenta caixas são inspecionadas e as seguintes observações para X são registradas.

Valores	0	1	2	3	4
Freqüência	23	39	12	5	1

   (a) Baseado nessas 80 observações, a distribuição binomial é um modelo apropriado? Faça um procedimento de adequação de ajuste com $\alpha = 0,10$.

   (b) Calcule o valor P para esse teste.

Exercícios Suplementares

4-67. Se plotarmos a probabilidade de aceitação H_0: $\mu = \mu_0$ *versus* vários valores de μ e conectarmos os pontos com uma curva suave, obteremos a **curva característica operacional** (ou a **curva CO**) do procedimento de teste. Essas curvas são usadas extensivamente em aplicações industriais de teste de hipóteses para mostrar a sensibilidade e o desempenho relativo do teste. Quando a média verdadeira for realmente igual a μ_0, a probabilidade de aceitar H_0 é $1 - \alpha$. Construa uma curva CO para o Exercício 4-17, usando valores da média verdadeira μ de 178, 181, 184, 187, 190, 193, 196 e 199.

4-68. Converta a curva CO do exercício prévio em um gráfico de **função de potência** do teste.

4-69. Considere o intervalo de confiança para μ, com desvio-padrão conhecido σ:

$$\bar{x} - z_{\alpha_1}\sigma/\sqrt{n} \leq \mu \leq \bar{x} + z_{\alpha_2}\sigma/\sqrt{n}$$

sendo $\alpha_1 + \alpha_2 = \alpha$. Seja $\alpha = 0,05$ e encontre o intervalo para $\alpha_1 = \alpha_2 = \alpha/2 = 0,025$. Encontre agora o intervalo para o caso em que $\alpha_1 = 0,01$ e $\alpha_2 = 0,04$. Que intervalo é menor? Há alguma vantagem em se ter um intervalo de confiança "simétrico"?

4-70. Formule hipóteses nula e alternativa apropriadas para testar os seguintes fatos:

   (a) Um engenheiro, responsável pela produção de plástico, afirma que 99,95% dos tubos de plástico fabricados por sua companhia atendem às especificações de engenharia; ou seja, o comprimento do tubo excede 6,5 polegadas.

   (b) Uma equipe de engenheiros químicos e de processos afirma que a temperatura média de um banho de resina é maior do que 45°C.

(c) É menor que 0,05 a proporção das companhias iniciantes de pacotes computacionais (*softwares*) que comercializam com sucesso seu produto em um período de 3 anos de formação da companhia.

(d) Um fabricante de barras de chocolate afirma que, no período de compra por um consumidor, a vida média de seu produto é menor do que 90 dias.

(e) O projetista de um laboratório de computação em uma grande universidade afirma que o desvio-padrão do tempo de um estudante na rede é menor do que 10 minutos.

(f) Um fabricante de sinais de trânsito faz a propaganda de que seus sinais terão um excesso de 2.160 horas em sua vida média operacional.

4-71. Uma população normal tem média conhecida $\mu = 50$ e variância $\sigma^2 = 5$. Qual é a probabilidade aproximada de que a variância da amostra seja maior do que ou igual a 7,44? menor do que ou igual a 2,56?

(a) Para uma amostra aleatória de $n = 16$.
(b) Para uma amostra aleatória de $n = 30$.
(c) Para uma amostra aleatória de $n = 71$.
(d) Compare suas respostas dos itens (a) a (c) com relação à probabilidade aproximada da variância da amostra ser maior do que ou igual a 7,44. Explique por que essa probabilidade da extremidade está crescendo ou diminuindo com o aumento do tamanho da amostra.
(e) Compare suas respostas dos itens (a) a (c) em relação à probabilidade aproximada da variância da amostra ser menor do que ou igual a 2,56. Explique por que essa probabilidade da extremidade está crescendo ou diminuindo com o aumento do tamanho da amostra.

4-72. Um artigo no *Journal of Sports Science* (1987, Vol. 5, pp. 261-271) apresenta os resultados de uma investigação do nível de hemoglobina de jogadores de hóquei no gelo nas Olimpíadas do Canadá. Os dados reportados (em g/dl) são mostrados a seguir:

15,3	16,0	14,4	16,2	16,2
14,9	15,7	15,3	14,6	15,7
16,0	15,0	15,7	16,2	14,7
14,8	14,6	15,6	14,5	15,2

(a) Fornecido o gráfico de probabilidade dos dados na Fig. 4-21, qual é a suposição lógica acerca da distribuição dos dados sob consideração?
(b) Explique por que essa verificação da distribuição baseando-se nos dados da amostra será importante, se quisermos construir um intervalo de confiança para a média.
(c) Baseado nesses dados da amostra, um intervalo de confiança de 95% para a média é [15,04;15,62]. É razoável inferir que a média verdadeira poderia ser 14,5? Explique sua resposta.
(d) Explique por que essa verificação da distribuição baseando-se nos dados da amostra será importante, se quisermos construir um intervalo de confiança para a variância.
(e) Baseado nesses dados da amostra, um intervalo de confiança de 95% para a variância é [0,22; 0,82]. É razoável inferir que a variância verdadeira poderia ser 0,35? Explique sua resposta.
(f) É razoável usar esses intervalos de confiança para inferir sobre a média e a variância dos níveis de hemoglobina
  (i) de doutores canadenses? Explique sua resposta.
  (ii) de crianças canadenses de 6 a 12 anos? Explique sua resposta.

4-73. O artigo "Mix Design for Optimal Strength Development of Fly Ash Concrete",(*Cement and Concrete Research*, 1989, Vol. 19, n.º 4, pp. 634-640), investiga a resistência do concreto à compressão, quando misturado com cinza (uma mistura de sílica, alumina, ferro, óxido de magnésio e outros ingredientes). A resistência à compressão (em MPa) para nove amostras em condições secas em 28 dias são:

| 40,2 | 30,4 | 28,9 | 30,5 | 22,4 |
| 25,8 | 18,4 | 14,2 | 15,3 | |

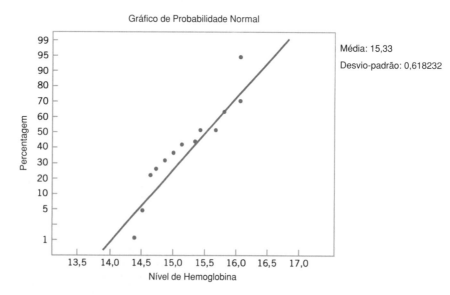

Fig. 4-21 Gráfico de probabilidade dos dados para o Exercício 4-72.

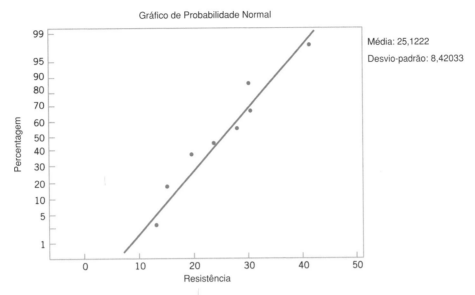

Fig. 4-22 Gráfico de probabilidade dos dados para o Exercício 4-73.

(a) Fornecido o gráfico de probabilidade dos dados na Fig. 4-22, qual é a suposição lógica acerca da distribuição dos dados em foco?
(b) Encontre um intervalo de confiança unilateral inferior de 99% para a resistência média à compressão. Forneça uma interpretação prática desse intervalo.
(c) Encontre um intervalo de confiança bilateral de 98% para a resistência média à compressão. Forneça uma interpretação prática desse intervalo e explique por que o ponto final inferior do intervalo é ou não é o mesmo do item (b).
(d) Encontre um intervalo de confiança unilateral superior de 99% para a variância da resistência à compressão. Forneça uma interpretação prática desse intervalo.
(e) Encontre um intervalo de confiança bilateral de 98% para a variância da resistência à compressão. Forneça uma interpretação prática desse intervalo e explique por que o ponto final superior do intervalo é ou não é o mesmo do item (d).
(f) Suponha que tenha sido descoberto que a maior observação, 40,2, foi registrada erroneamente e deveria ser de fato 20,4. Agora, a média da amostra é $\bar{x} = 22,9$ e a variância da amostra é $s^2 = 39,83$. Use esses novos valores e repita os itens (c) e (e). Compare os intervalos calculados anteriormente com os intervalos calculados recentemente usando o valor corrigido da observação. Como esse erro afeta os valores da média e da variância da amostra e a largura dos intervalos de confiança bilaterais?
(g) Suponha, ao contrário agora, que tenha sido descoberto que a maior observação, 40,2, estivesse correta, mas que a observação 25,8 estivesse incorreta e deveria ser de fato 24,8. Agora, a média da amostra é $\bar{x} = 25,0$ e a variância da amostra é $s^2 = 70,84$. Use esses novos valores e repita os itens (c) e (e). Compare os intervalos calculados anteriormente com os intervalos calculados recentemente usando o valor corrigido da observação. Como esse erro afeta os valores da média e da variância da amostra e a largura dos intervalos de confiança bilaterais?
(h) Use os resultados dos itens (f) e (g) para explicar o efeito de registrar erroneamente valores das estimativas da amostra. Comente o efeito obtido quando os valores errados estão perto da média da amostra e quando eles não estão.

4-74. Um sistema operacional de um computador pessoal tem sido estudado extensivamente. Sabe-se que o desvio-padrão do tempo de resposta seguinte a um comando particular é $\sigma = 8$ milissegundos. Uma nova versão do sistema operacional é instalada e desejamos estimar o tempo médio de resposta do novo sistema, de modo a assegurar que um intervalo de confiança de 95% para μ tenha um comprimento de no máximo 5 milissegundos.
(a) Se pudermos considerar que o tempo de resposta seja normalmente distribuído e que $\sigma = 8$ para o novo sistema, qual o tamanho da amostra que você recomendaria?
(b) Suponha que o vendedor nos diga que o desvio-padrão do tempo de resposta do novo sistema seja menor, ou seja, $\sigma = 6$; diga o tamanho de amostra que você recomenda e comente o efeito que o menor desvio-padrão tem sobre esse cálculo.
(c) Suponha que você não possa considerar o tempo de resposta do novo sistema como sendo normalmente distribuído, mas pense que ele pode seguir uma distribuição de Weibull. Qual é o tamanho mínimo de amostra que você recomendaria para construir qualquer intervalo de confiança para o tempo médio verdadeiro de resposta?

4-75. Um fabricante de semicondutores retira uma amostra aleatória, de tamanho n, de *chips*, testando-os e classificando-os como defeituosos ou não defeituosos. Considere $X_i = 0$ se o *chip* for não defeituoso e $X_i = 1$ se o *chip* for defeituoso. A fração defeituosa da amostra é

$$\hat{p}_i = \frac{X_1 + X_2 + \cdots + X_n}{n}$$

Quais são a distribuição amostral e as estimativas da média da amostra e da variância da amostra de $\hat{p}$, quando
(a) O tamanho da amostra for $n = 60$?

(b) O tamanho da amostra for $n = 70$?

(c) O tamanho da amostra for $n = 100$?

(d) Compare suas respostas para os itens (a) a (c) e comente o efeito do tamanho da amostra sobre a variância da distribuição amostral.

4-76. Considere a descrição do Exercício 4-75. Depois de coletar uma amostra, estamos interessados em calcular o erro para estimar o valor verdadeiro de p. Para cada um dos tamanhos de amostra e estimativas de p, calcule o erro com um nível de confiança de 95%.

(a) $n = 60$ e $\hat{p} = 0,10$.

(b) $n = 70$ e $\hat{p} = 0,10$.

(c) $n = 100$ e $\hat{p} = 0,10$.

(d) Compare seus resultados para os itens (a) a (c) e comente o efeito do tamanho da amostra sobre o erro para estimar o valor verdadeiro de p, com um nível de confiança de 95%.

(e) Repita os itens (a) a (d), usando dessa vez um nível de confiança de 99%.

(f) Examine seus resultados quando os níveis de confiança de 95% e de 99% são usados para calcular o erro e explique o que acontece com a magnitude do erro à medida que aumenta a percentagem de confiança.

4-77. Um inspetor de controle da qualidade de instrumentos de medida de escoamento, usados para administrar fluido de forma intravenosa, fará um teste de hipóteses para determinar se a vazão média é diferente da vazão estabelecida de 200 ml/h. Baseado em informação prévia, o desvio-padrão da vazão é suposto ser conhecido e igual a 12 ml/h. Para cada um dos seguintes tamanhos de amostra e fixando $\alpha = 0,05$, encontre a probabilidade de um erro tipo II, se a média verdadeira for 205 ml/h.

(a) $n = 25$.

(b) $n = 60$.

(c) $n = 100$.

(d) A probabilidade de erro tipo II aumenta ou diminui com o aumento do tamanho da amostra? Explique sua resposta.

4-78. Suponha que, no Exercício 4-77, o operador tenha acreditado que $\sigma = 14$. Para cada um dos seguintes tamanhos de amostra e fixando $\alpha = 0,05$, encontre a probabilidade de um erro tipo II, se a média verdadeira for 205 ml/h.

(a) $n = 20$.

(b) $n = 50$.

(c) $n = 100$.

(d) Comparando seus resultados com aqueles do Exercício 4-77, a probabilidade de um erro tipo II aumenta ou diminui com o aumento do desvio-padrão? Explique sua resposta.

4-79. Sabe-se que a vida em horas de um aquecedor usado em uma fornalha é distribuído de forma aproximadamente normal. Uma amostra aleatória de 15 aquecedores é selecionada, encontrando-se uma vida média de 598,14 horas e um desvio-padrão da amostra de 16,93 horas.

(a) Com um nível de significância $\alpha = 0,05$, use o procedimento apropriado de oito etapas para testar as hipóteses H_0: $\mu = 550$ *contra* H_1: $\mu > 550$. Para completar o teste de hipóteses, você acredita que a vida média verdadeira de um aquecedor seja maior do que 550 horas? Estabeleça claramente sua resposta.

(b) Encontre o valor p da estatística de teste.

(c) Construa um intervalo de confiança inferior de 95% para a média e descreva como esse intervalo pode ser usado para testar a hipótese alternativa do item (a).

(d) Construa um intervalo de confiança bilateral de 95% para a variância em questão.

4-80. Suponha que desejemos testar a hipótese H_0: $\mu = 85$ *versus* H_1: $\mu > 85$, em que $\sigma = 16$. Suponha que a média verdadeira seja $\mu = 86$ e que, no contexto prático do problema, isso não constitui um desvio de $\mu_0 = 85$ que tenha importância prática.

(a) Para um teste com $\alpha = 0,01$, calcule β para tamanhos de amostra de $n = 25, 100, 400$ e 2.500, supondo que $\mu = 86$.

(b) Suponha que a média da amostra seja $\bar{x} = 86$. Encontre o valor P para a estatística de teste, para os diferentes tamanhos de amostra especificados no item (a). Os dados seriam estatisticamente significativos se $\alpha = 0,01$?

(c) Comente o uso de um tamanho grande de amostra neste problema.

4-81. O sistema de resfriamento em um submarino nuclear consiste em um arranjo de tubos soldados, através dos quais circula um líquido refrigerante. As especificações requerem que a resistência da solda deva ser igual a ou exceda 150 psi.

(a) Suponha que os engenheiros de projeto decidam testar a hipótese H_0: $\mu = 150$ *versus* H_1: $\mu > 150$. Explique por que essa escolha de hipótese alternativa é melhor do que H_1: $\mu < 150$.

(b) Uma amostra aleatória de 20 soldas resulta em $\bar{x} = 157,65$ psi e $s = 12,39$ psi. Que conclusões você pode tirar em relação à hipótese do item (a)? Estabeleça qualquer suposição necessária acerca da distribuição dos dados sob consideração. Use $\alpha = 0,05$.

4-82. Suponha que estejamos testando H_0: $p = 0,5$ *versus* H_1: $p \neq 0,5$. Suponha que p seja o valor verdadeiro da proporção da população.

(a) Usando $\alpha = 0,05$, encontre a potência do teste para $n = 100$, 150 e 300, considerando $p = 0,6$. Comente o efeito do tamanho da amostra sobre a potência do teste.

(b) Usando $\alpha = 0,01$, encontre a potência do teste para $n = 100$, 150 e 300, considerando $p = 0,6$. Compare suas respostas com aquelas obtidas no item (a) e comente o efeito de α sobre a potência do teste para diferentes tamanhos de amostras.

(c) Usando $\alpha = 0,05$, encontre a potência do teste para $n = 100$, considerando $p = 0,08$. Compare sua resposta com aquela obtida no item (a) e comente o efeito do valor verdadeiro de p sobre a potência do teste para o mesmo nível e tamanho de amostra.

(d) Usando $\alpha = 0,01$, qual o tamanho requerido da amostra, se $p = 0,6$ e se quisermos $\beta = 0,05$? Qual o tamanho requerido de amostra se $p = 0,8$ e se quisermos $\beta = 0,05$? Compare os dois tamanhos de amostra e comente o efeito do valor verdadeiro de p sobre o tamanho requerido da amostra, quando β for mantida aproximadamente constante.

4-83. Considere o experimento do equipamento biomédico, descrito no Exercício 4-35.

(a) Para esse tamanho de amostra $n = 15$, os dados confirmam a afirmação de que o desvio-padrão da vida seja menor do que 280 horas?

(b) Em vez de $n = 15$, suponha que o tamanho da amostra tenha sido 51. Repita a análise feita no item (a), usando $n = 51$.

(c) Compare suas respostas e comente como o tamanho da amostra afeta suas conclusões obtidas nos itens (a) e (b).

4-84. Considere as medidas de ácidos graxos para a margarina *diet* descrita no Exercício 4-36.

(a) Para esse tamanho de amostra $n = 6$, usando uma hipótese alternativa bilateral e $\alpha = 0,01$, teste H_0: $\sigma^2 = 1,0$.

(b) Em vez de $n = 6$, suponha que o tamanho da amostra tenha sido $n = 51$. Repita a análise feita no item (a), usando $n = 51$.

TOMADA DE DECISÃO PARA UMA ÚNICA AMOSTRA **129**

(c) Compare suas respostas e comente como o tamanho da amostra afeta suas conclusões obtidas nos itens (a) e (b).

4-85. Um fabricante de instrumentos de medidas de precisão afirma que o desvio-padrão no uso dos instrumentos é no máximo 0,00002 mm. Um analista, que não está ciente dessa afirmação, usa o instrumento oito vezes e obtém um desvio-padrão da amostra de 0,00001 mm.

(a) Confirme, usando um procedimento de teste e $\alpha = 0,01$, que não há evidência suficiente para ratificar a afirmação de que o desvio-padrão dos instrumentos é no máximo 0,00002. Estabeleça qualquer suposição necessária acerca da distribuição dos dados em foco.

(b) Explique por que o desvio-padrão da amostra, $s = 0,00001$, é menor do que 0,00002, muito embora os resultados do procedimento de teste estatístico não confirmem a afirmação.

4-86. Uma companhia biotecnológica produz uma droga terapêutica, cuja concentração tem um desvio-padrão de 4 g/l. Um novo método de produzir essa droga tem sido proposto, embora esteja envolvido algum custo adicional. O gerente autorizará uma mudança na técnica de produção somente se o desvio-padrão da concentração no novo processo for menor do que 4 g/l. Os pesquisadores escolheram $n = 10$ e obtiveram os resultados seguintes. Faça a análise necessária para determinar se uma mudança na técnica de produção deveria ser implementada.

16,628 g/l	16,630 g/l
16,622	16,631
16,627	16,624
16,623	16,622
16,618	16,626

4-87. Um fabricante de calculadoras eletrônicas afirma que menos de 1% de sua produção é defeituosa. Uma amostra aleatória de 1.200 calculadoras contém oito unidades defeituosas.

(a) Confirme, usando um procedimento de teste e $\alpha = 0,01$, que não há evidência suficiente para ratificar a afirmação de que a percentagem defeituosa é menos de 1%.

(b) Explique por que a percentagem da amostra é menor do que 1%, muito embora os resultados do procedimento de teste estatístico não confirmem a afirmação.

4-88. Um artigo em *The Engineer* ("Redesign for Suspect Wiring", junho de 1990) reportou os resultados de uma investigação sobre erros na instalação elétrica em aeronaves comerciais de passageiros, que podem produzir informações defeituosas à tripulação. Tal erro na instalação elétrica pode ter sido responsável pelo desastre de um avião da *British Midland Airways*, em janeiro de 1989, fazendo com que o piloto desligasse o motor errado. De 1.600 aviões selecionados aleatoriamente, oito tinham erros na instalação elétrica que poderiam mostrar informação incorreta à tripulação.

(a) Encontre um intervalo de confiança de 99% para a proporção de aeronaves que tenham tais erros de instalação elétrica.

(b) Suponha que usemos informação neste exemplo, de modo a fornecer uma estimativa preliminar de p. Quão grande a amostra seria para produzir uma estimativa de p diferente do valor verdadeiro por no máximo 0,008, de modo a nos deixar 99% confiantes?

(c) Suponha que não tivéssemos uma estimativa preliminar de p. Quão grande a amostra seria, se quiséssemos estar no mínimo 99% confiantes de que a proporção da amostra seria diferente do valor verdadeiro por no máximo 0,008, independente do valor verdadeiro de p?

(d) Comente a utilidade da informação preliminar para o cálculo do tamanho necessário da amostra.

4-89. Um teste padronizado para graduar estudantes seniores no ensino fundamental básico é projetado de modo a ser completado por 75% dos estudantes, dentro de 40 minutos. Uma amostra aleatória de 100 graduados mostrou que 64 completaram o teste dentro de 40 minutos.

(a) Encontre um intervalo de confiança de 90% para a proporção de tais graduados que completaram o teste no período de 40 minutos.

(b) Encontre um intervalo de confiança de 95% para a proporção de tais graduados que completaram o teste no período de 40 minutos.

(c) Compare suas respostas dos itens (a) e (b) e explique por que elas são iguais ou diferentes.

(d) Você poderia usar qualquer um desses intervalos de confiança para determinar se a proporção seria significativamente diferente de 0,75? Explique sua resposta.

[*Sugestão*: use a aproximação da binomial pela normal.]

4-90. A proporção de adultos com 3.° grau vivendo em São Tomás é estimada como $p = 0,4$. Para testar essa hipótese, seleciona-se uma amostra aleatória de 15 adultos. Se o número de graduados estiver entre 4 e 8, a hipótese será aceita; do contrário, concluiremos que $p \neq 0,4$.

(a) Encontre a probabilidade do erro tipo I para esse procedimento, considerando $p = 0,4$.

(b) Encontre a probabilidade de cometer um erro tipo II, se a proporção verdadeira for realmente $p = 0,2$.

4-91. Acredita-se que $p = 0,3$ seja a proporção de moradores em uma cidade sendo favorável à construção de estradas com pedágios, de modo a completar o sistema de rodovias. Se uma amostra aleatória de 20 moradores mostrar que 2 ou menos são favoráveis a essa proposta, concluiremos que $p < 0,3$.

(a) Encontre a probabilidade do erro tipo I, se a proporção verdadeira for $p = 0,3$.

(b) Encontre a probabilidade de cometer um erro tipo II com esse procedimento, se $p = 0,2$.

(c) Qual será a potência desse procedimento, se a proporção verdadeira for $p = 0,2$?

4-92. Considere as 40 observações coletadas sobre o número de molas não conformes nas bateladas de produção de tamanho 50, dadas no Exercício 2-41 do Cap. 2.

(a) Baseado na descrição da variável aleatória e nessas 40 observações, uma distribuição binomial é um modelo apropriado? Faça um procedimento de adequação de ajuste, com $\alpha = 0,05$.

(b) Calcule o valor P para esse teste.

4-93. Considere as 20 observações coletadas sobre o número de erros em um conjunto de caracteres de 1.000 *bits*, de um canal de comunicação, dadas no Exercício 2-42 do Cap. 2.

(a) Baseado na descrição da variável aleatória e nessas 20 observações, uma distribuição binomial é um modelo apropriado? Faça um procedimento de adequação de ajuste, com $\alpha = 0,05$.

(b) Calcule o valor P para esse teste.

4-94. Estabeleça as hipóteses nula e alternativa e indique o tipo de região crítica (bilateral, unilateral inferior e unilateral superior), com a finalidade de testar as seguintes afirmações:

(a) Um fabricante de bulbos tem um novo tipo de bulbo que é anunciado como tendo um tempo médio de vida além de 5.000 horas.

130 Capítulo Quatro

(b) Um engenheiro químico afirma que seu novo material pode ser usado para fazer pneus de automóveis, com uma vida média de mais de 60.000 milhas.

(c) O desvio-padrão da resistência de ruptura de uma fibra usada para fazer tecido para cortina não excede 2 psi.

(d) Um engenheiro de segurança afirma que mais de 60% de todos os motoristas usam cintos de segurança em viagens de automóveis de menos de 2 milhas.

(e) Afirma-se que um equipamento biomédico tem um tempo médio de falha maior do que 42.000 horas.

(f) Produtores de tubos de plásticos, com 1 polegada de diâmetro, afirmam que o desvio-padrão do diâmetro interno é menor do que 0,02 polegada.

(g) É afirmado que localizadores na faixa do laser, portáteis e leves, usados por engenheiros civis, têm uma variância menor do que 0,05 m^2.

Exercícios em Equipe

4-95. Identifique um exemplo em que um padrão seja especificado ou uma afirmação seja feita acerca de uma população. Por exemplo, "Esse tipo de carro consegue uma média de 30 milhas por galão, em uma estrada urbana." O padrão ou a afirmação pode ser expresso(a) como uma média, variância, desvio-padrão ou proporção. Colete uma amostra aleatória apropriada de dados e faça um teste de hipóteses para verificar o padrão ou a afirmação. Relate seus resultados. Esteja certo de incluir em seu relato a afirmação expressa na forma de um teste de hipóteses, uma descrição dos dados coletados, a análise feita e a conclusão alcançada.

4-96. Considere os dados experimentais, coletados em 1879 e em 1882 pelos físicos A. A. Michelson para verificar que a velocidade "verdadeira" da luz é 710,5 (299.710,5 km/s). Leia a história associada aos dados reportados na página da *Web*: http://lib.stat.cmu.edu/DASL/Stories/SpeedofLight.html. Use o arquivo de dados para duplicar a análise e escreva um breve relatório resumindo as suas conclusões.

CAPÍTULO 5

INFERÊNCIA ESTATÍSTICA PARA DUAS AMOSTRAS

ESQUEMA DO CAPÍTULO

5-1 INTRODUÇÃO

5-2 INFERÊNCIA SOBRE AS MÉDIAS DE DUAS POPULAÇÕES COM VARIÂNCIAS CONHECIDAS
5-2.1 Teste de Hipóteses para a Diferença nas Médias com Variâncias Conhecidas
5-2.2 Erro Tipo II e Escolha do Tamanho da Amostra
5-2.3 Intervalo de Confiança para a Diferença nas Médias com Variâncias Conhecidas

5-3 INFERÊNCIA SOBRE AS MÉDIAS DE DUAS POPULAÇÕES COM VARIÂNCIAS DESCONHECIDAS
5-3.1 Teste de Hipóteses para a Diferença nas Médias
5-3.2 Erro Tipo II e Escolha do Tamanho da Amostra
5-3.3 Intervalo de Confiança para a Diferença nas Médias
5-3.4 Solução Computacional

5-4 TESTE t EMPARELHADO

5-5 INFERÊNCIA SOBRE A RAZÃO DE VARIÂNCIAS DE DUAS POPULAÇÕES NORMAIS
5-5.1 Teste de Hipóteses para a Razão de Duas Variâncias
5-5.2 Intervalo de Confiança para a Razão de Duas Variâncias

5-6 INFERÊNCIA SOBRE PROPORÇÕES DE DUAS POPULAÇÕES
5-6.1 Teste de Hipóteses para a Igualdade de Duas Proporções Binomiais
5-6.2 Erro Tipo II e Escolha do Tamanho da Amostra
5-6.3 Intervalo de Confiança para a Diferença em Proporções Binomiais

5-7 TABELAS COM O SUMÁRIO DOS PROCEDIMENTOS DE INFERÊNCIA SOBRE DUAS AMOSTRAS

5-8 COMO FAREMOS QUANDO TIVERMOS MAIS DE DUAS AMOSTRAS?
5-8.1 Experimento Completamente Aleatorizado e Análise de Variância
5-8.2 Experimento com Blocos Completos Aleatorizados

5-1 INTRODUÇÃO

O capítulo prévio apresentou testes de hipóteses e intervalos de confiança para os parâmetros de uma única população (a média μ, a variância σ^2 ou uma proporção p). Este capítulo estende aqueles resultados para o caso de duas populações independentes.

A situação geral é mostrada na Fig. 5-1. A população 1 tem média μ_1 e variância σ_1^2, enquanto a população 2 tem média μ_2 e variância σ_2^2. As inferências serão baseadas em duas amostras aleatórias de tamanhos n_1 e n_2, respectivamente. Ou seja, $X_{11}, X_{12}, ..., X_{1n_1}$ é uma amostra aleatória de n_1 observações provenientes da população 1 e $X_{21}, X_{22}, ..., X_{2n_2}$ é uma amostra aleatória de n_2 observações provenientes da população 2.

5-2 INFERÊNCIA SOBRE AS MÉDIAS DE DUAS POPULAÇÕES COM VARIÂNCIAS CONHECIDAS

Nesta seção, consideraremos as inferências estatísticas para a diferença nas médias $\mu_1 - \mu_2$ das populações mostradas na Fig. 5-1, sendo as variâncias σ_1^2 e σ_2^2 conhecidas. As suposições para esta seção são resumidas a seguir.

Suposições

1. $X_{11}, X_{12}, ..., X_{1n_1}$ é uma amostra aleatória de tamanho n_1 proveniente da população 1.

2. $X_{21}, X_{22}, ..., X_{2n_2}$ é uma amostra aleatória de tamanho n_2 proveniente da população 2.
3. As duas populações representadas por X_1 e X_2 são independentes.
4. Ambas as populações são normais ou se elas não forem normais, as condições do teorema central do limite se aplicarão.

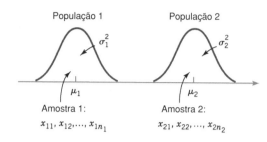

Fig. 5-1 Duas populações independentes.

Um estimador lógico de $\mu_1 - \mu_2$ é a diferença nas médias amostrais $\overline{X}_1 - \overline{X}_2$. Baseado nas propriedades de valores esperados no Cap. 3, temos

$$E(\overline{X}_1 - \overline{X}_2) = E(\overline{X}_1) - E(\overline{X}_2) = \mu_1 - \mu_2$$

e a variância de $\overline{X}_1 - \overline{X}_2$ é

$$V(\overline{X}_1 - \overline{X}_2) = V(\overline{X}_1) + V(\overline{X}_2) = \frac{\sigma_1^2}{n_1} + \frac{\sigma_2^2}{n_2}$$

Baseados nas suposições e nos resultados precedentes, podemos estabelecer o seguinte.

Esse resultado será usado para formar testes de hipóteses e intervalos de confiança para $\mu_1 - \mu_2$. Essencialmente, podemos pensar $\mu_1 - \mu_2$ como um parâmetro θ, sendo seu estimador dado por $\hat{\Theta} = \overline{X}_1 - \overline{X}_2$, com variância $\sigma_{\hat{\Theta}}^2 = \sigma_1^2/n_1 + \sigma_2^2/n_2$. Se θ_0 for o valor da hipótese nula, especificado para q, então a estatística de teste será $(\hat{\Theta} - \theta_0)/\sigma_{\hat{\Theta}}$. Note o quão similar isso é em comparação à estatística de teste para uma única média usada no Cap. 4.

> Sob as suposições prévias, a grandeza
>
> $$Z = \frac{\overline{X}_1 - \overline{X}_2 - (\mu_1 - \mu_2)}{\sqrt{\dfrac{\sigma_1^2}{n_1} + \dfrac{\sigma_2^2}{n_2}}} \quad (5\text{-}1)$$
>
> tem uma distribuição normal padrão $N(0,1)$.

5-2.1 Teste de Hipóteses para a Diferença nas Médias com Variâncias Conhecidas

Consideraremos agora os testes de hipóteses para a diferença nas médias $\mu_1 - \mu_2$ de duas populações na Fig. 5-1. Suponha que estejamos interessados em testar a diferença na média $\mu_1 - \mu_2$ como sendo igual a um valor especificado Δ_0. Assim, a hipótese nula será estabelecida como $H_0: \mu_1 - \mu_2 = \Delta_0$. Obviamente, em muitos casos, especificaremos $\Delta_0 = 0$, de modo que estaremos testando a igualdade de duas médias (ou seja, $H_0: \mu_1 - \mu_2$). A estatística apropriada de teste será encontrada trocando $\mu_1 - \mu_2$ na Eq. 5-1 por Δ_0, essa estatística de teste terá uma distribuição normal padrão sob H_0. Suponha que a hipótese alternativa seja $H_1: \mu_1 - \mu_2 \neq \Delta_0$. Agora, um valor da amostra de $\overline{x}_1 - \overline{x}_2$, que seja consideravelmente diferente de Δ_0, é uma evidência de que H_1 é verdadeira. Devido a Z_0 ter a distribuição $N(0,1)$ quando H_0 for verdadeira, adotaremos $-z_{\alpha/2}$ e $z_{\alpha/2}$ como os limites da região crítica, exatamente como fizemos no problema de teste de hipóteses para uma única amostra na Seção 4-4.1. Isso dará um teste com um nível de significância α. As regiões críticas para as alternativas unilaterais serão localizadas similarmente. Resumimos, formalmente, esses resultados a seguir.

> **Testando Hipóteses para Diferença nas Médias com Variâncias Conhecidas**
>
> Hipótese nula: $H_0: \mu_1 - \mu_2 = \Delta_0$
>
> Estatística de teste: $Z_0 = \dfrac{\overline{X}_1 - \overline{X}_2 - \Delta_0}{\sqrt{\dfrac{\sigma_1^2}{n_1} + \dfrac{\sigma_2^2}{n_2}}}$
>
> | Hipóteses Alternativas | Critério de Rejeição |
> |---|---|
> | $H_1: \mu_1 - \mu_2 \neq \Delta_0$ | $z_0 > z_{\alpha/2}$ ou $z_0 < -z_{\alpha/2}$ |
> | $H_1: \mu_1 - \mu_2 > \Delta_0$ | $z_0 > z_\alpha$ |
> | $H_1: \mu_1 - \mu_2 < \Delta_0$ | $z_0 < -z_\alpha$ |

Inferência Estatística para Duas Amostras — 133

Exemplo 5-1

Um idealizador de produtos está interessado em reduzir o tempo de secagem de um zarcão. Duas formulações de tinta são testadas; a formulação 1 tem uma química padrão e a formulação 2 tem um novo ingrediente, que deve reduzir o tempo de secagem. Da experiência, sabe-se que o desvio-padrão do tempo de secagem é igual a 8 minutos a essa variabilidade inerente não deve ser afetada pela adição do novo ingrediente. Dez espécimes são pintados com a formulação 1 e outros dez espécimes são pintados com a formulação 2. Os 20 espécimes são pintados em uma ordem aleatória. Os tempos médios de secagem das duas amostras são $\bar{x}_1 = 121$ min e $\bar{x}_2 = 112$ min, respectivamente. Quais as conclusões que o idealizador de produtos pode tirar sobre a eficiência do novo ingrediente, usando $\alpha = 0,05$?

Aplicamos o procedimento das oito etapas para resolver esse problema, conforme mostrado a seguir:

1. A grandeza de interesse é a diferença nos tempos médios de secagem, $\mu_1 - \mu_2$ e $\Delta_0 = 0$.
2. $H_0: \mu_1 - \mu_2 = 0$ ou $H_0: \mu_1 = \mu_2$.
3. $H_1: \mu_1 > \mu_2$. Queremos rejeitar H_0 se o novo ingrediente reduzir o tempo médio de secagem.
4. $\alpha = 0,05$
5. A estatística de teste é

$$z_0 = \frac{\bar{x}_1 - \bar{x}_2 - 0}{\sqrt{\dfrac{\sigma_1^2}{n_1} + \dfrac{\sigma_2^2}{n_2}}}$$

sendo $\sigma_1^2 = \sigma_2^2 = (8)^2 = 64$ e $n_1 = n_2 = 10$.

6. Rejeitar $H_0: \mu_1 = \mu_2$, se $z_0 > 1,645 = z_{0,05}$.
7. Cálculo: Uma vez que $\bar{x}_1 = 121$ min e $\bar{x}_2 = 112$ min, a estatística de teste é

$$z_0 = \frac{121 - 112}{\sqrt{\dfrac{(8)^2}{10} + \dfrac{(8)^2}{10}}} = 2,52$$

8. Conclusão: Já que $z_0 = 2,52 > 1,645$, rejeitamos $H_0: \mu_1 = \mu_2$, com $a = 0,05$ e concluímos que a adição do novo ingrediente à tinta reduz significativamente o tempo de secagem. Alternativamente, podemos encontrar o valor P para esse teste como

$$\text{Valor } P = 1 - \Phi(2,52) = 0,0059$$

Conseqüentemente, $H_0: \mu_1 = \mu_2$ seria rejeitada em qualquer nível de significância $\alpha \geq 0,0059$.

5-2.2 Erro Tipo II e Escolha do Tamanho da Amostra

Suponha que a hipótese nula $H_0: \mu_1 - \mu_2 = \Delta_0$, seja falsa e que a diferença verdadeira nas médias seja $\mu_1 - \mu_2 = \Delta$, sendo $\Delta > \Delta_0$. Podem-se encontrar fórmulas para o tamanho requerido de amostra com a finalidade de obter um valor específico do erro de probabilidade tipo II, β, para uma dada diferença Δ nas médias e com um nível de significância α.

Tamanho da Amostra para a Hipótese Alternativa Bilateral para a Diferença nas Médias, com Variâncias Conhecidas, quando $n_1 = n_2$

Para a hipótese alternativa bilateral com nível de significância α, o tamanho da amostra, $n_1 = n_2 = n$, necessário para detectar uma diferença verdadeira de Δ nas médias, com potência de no mínimo $1 - \beta$ é

$$n \simeq \frac{(z_{\alpha/2} + z_\beta)^2(\sigma_1^2 + \sigma_2^2)}{(\Delta - \Delta_0)^2} \qquad (5\text{-}2)$$

Essa aproximação é válida quando $\Phi(-z_{\alpha/2} - (\Delta - \Delta_0)\sqrt{n}/\sqrt{\sigma_1^2 + \sigma_2^2})$ for pequena comparada a β.

Tamanho da Amostra para a Hipótese Alternativa Unilateral para a Diferença nas Médias, com Variâncias Conhecidas, quando $n_1 = n_2$

Para uma hipótese alternativa unilateral, com nível de significância α, o tamanho da amostra, $n_1 = n_2 = n$, necessário para detectar uma diferença verdadeira de Δ ($\neq \Delta_0$) nas médias, com potência de no mínimo $1 - \beta$ é

$$n = \frac{(z_\alpha + z_\beta)^2(\sigma_1^2 + \sigma_2^2)}{(\Delta - \Delta_0)^2} \qquad (5\text{-}3)$$

A dedução das Eqs. 5-2 e 5-3 segue muito de perto o caso de uma única amostra da Seção 4-4.3. Por exemplo, para obter a Eq. 5-2, primeiro escrevemos a expressão para o erro β referente à alternativa bilateral como sendo

$$\beta = \Phi\left(z_{\alpha/2} - \frac{\Delta - \Delta_0}{\sqrt{\dfrac{\sigma_1^2}{n_1} + \dfrac{\sigma_2^2}{n_2}}}\right) - \Phi\left(-z_{\alpha/2} - \frac{\Delta - \Delta_0}{\sqrt{\dfrac{\sigma_1^2}{n_1} + \dfrac{\sigma_2^2}{n_2}}}\right)$$

134 CAPÍTULO CINCO

em que Δ é a diferença verdadeira nas médias de interesse e Δ_0 é especificado na hipótese nula. Então, seguindo um procedimento similar àquele usado para obter a Eq. 4-26, a expressão para β pode ser obtida para o caso em que $n = n_1 = n_2$.

EXEMPLO 5-2

Para ilustrar o uso dessas equações de tamanho de amostra, considere a situação descrita no Exemplo 5-1 e suponha que se a diferença verdadeira nos tempos de secagem for tão grande quanto 10 minutos, queremos detectar isso com uma probabilidade de no mínimo 0,90. Sob a hipótese nula, $\Delta_0 = 0$. Temos uma hipótese alternativa unilateral com $\Delta = 10$, $\alpha = 0,05$ (assim, $z_\alpha = z_{0,05} = 1,645$) e, desde que a potência seja 0,9, $\beta =$ 0,10 (assim, $z_\beta = z_{0,10} = 1,28$). Logo, podemos encontrar o tamanho requerido da amostra, a partir da Eq. 5-3 conforme segue:

$$= \frac{(z_\alpha + z_\beta)^2(\sigma_1^2 + \sigma_2^2)}{(\Delta - \Delta_0)^2} = \frac{(1,645 + 1,28)^2[(8)^2 + (8)^2]}{(10 - 0)^2}$$

$$= 11$$

5-2.3 INTERVALO DE CONFIANÇA PARA A DIFERENÇA NAS MÉDIAS COM VARIÂNCIAS CONHECIDAS

O intervalo de confiança de $100(1 - \alpha)\%$ para a diferença das duas médias $\mu_1 - \mu_2$, quando as variâncias forem conhecidas, pode ser encontrado diretamente a partir dos resultados dados previamente nesta seção. Lembre-se de que X_{11}, X_{12}, ..., X_{1n_1} é uma amostra aleatória de n_1 observações, proveniente da primeira população e X_{21}, X_{22}, ..., X_{2n_2} é uma amostra aleatória de n_2 observações, proveniente da segunda população. A diferença nas médias das amostras $\overline{X}_1 - \overline{X}_2$ é um estimador de $\mu_1 - \mu_2$ e

$$Z = \frac{\overline{X}_1 - \overline{X}_2 - (\mu_1 - \mu_2)}{\sqrt{\dfrac{\sigma_1^2}{n_1} + \dfrac{\sigma_2^2}{n_2}}}$$

terá uma distribuição normal padrão, se as duas populações forem normais ou terá uma distribuição aproximadamente normal padrão, se as condições do teorema central do limite se aplicarem, respectivamente. Isso implica que

$$P(-z_{\alpha/2} \leq Z \leq z_{\alpha/2}) = 1 - \alpha$$

ou

$$P\left(-z_{\alpha/2} \leq \frac{\overline{X}_1 - \overline{X}_2 - (\mu_1 - \mu_2)}{\sqrt{\dfrac{\sigma_1^2}{n_1} + \dfrac{\sigma_2^2}{n_2}}} \leq z_{\alpha/2}\right) = 1 - \alpha$$

Isso pode ser rearranjado como

$$P\left(\overline{X}_1 - \overline{X}_2 - z_{\alpha/2}\sqrt{\dfrac{\sigma_1^2}{n_1} + \dfrac{\sigma_2^2}{n_2}} \leq \mu_1 - \mu_2\right.$$

$$\left. \leq \overline{X}_1 - \overline{X}_2 + z_{\alpha/2}\sqrt{\dfrac{\sigma_1^2}{n_1} + \dfrac{\sigma_2^2}{n_2}}\right) = 1 - \alpha$$

Por conseguinte, o intervalo de confiança de $100(1 - \alpha)\%$ para $\mu_1 - \mu_2$ é definido como segue.

Intervalo de Confiança para a Diferença nas Médias com Variâncias Conhecidas

Se $\bar{x}_1 - \bar{x}_2$ forem as médias de duas amostras aleatórias independentes de tamanhos n_1 e n_2, provenientes de populações com variâncias conhecidas σ_1^2 e σ_2^2, respectivamente, então um intervalo de confiança de $100(1 - \alpha)\%$ para $\mu_1 - \mu_2$ é

$$\bar{x}_1 - \bar{x}_2 - z_{\alpha/2}\sqrt{\dfrac{\sigma_1^2}{n_1} + \dfrac{\sigma_2^2}{n_2}} \leq \mu_1 - \mu_2$$

$$\leq \bar{x}_1 - \bar{x}_2 + z_{\alpha/2}\sqrt{\dfrac{\sigma_1^2}{n_1} + \dfrac{\sigma_2^2}{n_2}} \tag{5-4}$$

sendo $z_{\alpha/2}$ o ponto percentual superior $100\alpha/2$ e $-z_{\alpha/2}$ o ponto percentual inferior $100\alpha/2$ da distribuição normal padrão na Tabela I do Apêndice A.

O nível de confiança $1 - \alpha$ é exato quando as populações são normais. Para populações não normais, o nível de confiança é aproximadamente válido para amostras de tamanho grande.

EXEMPLO 5-3

Testes de resistência à tensão foram feitos em duas estruturas contendo dois teores diferentes de alumínio. Essas estruturas foram usadas na fabricação das asas de um avião comercial. De experiências passadas com o processo de fabricação dessas estruturas e com o procedimento de testes, os desvios-padrão das resistências à tensão são considerados conhecidos. Os dados obtidos são mostrados na Tabela 5-1. Se μ_1 e μ_2 denotarem as resistências médias verdadeiras à tensão para os dois teores diferentes da estrutura, então poderemos achar um intervalo de confiança de 90% para a diferença na resistência média $\mu_1 - \mu_2$, conforme segue:

$$l = \bar{x}_1 - \bar{x}_2 - z_{\alpha/2}\sqrt{\frac{\sigma_1^2}{n_1} + \frac{\sigma_2^2}{n_2}}$$

$$= 87,6 - 74,5 - 1,645\sqrt{\frac{(1,0)^2}{10} + \frac{(1,5)^2}{12}}$$

$$= 13,1 - 0,88$$

$$= 12,22 \text{ kg/mm}^2$$

$$u = \bar{x}_1 - \bar{x}_2 + z_{\alpha/2}\sqrt{\frac{\sigma_1^2}{n_1} + \frac{\sigma_2^2}{n_2}}$$

$$= 87,6 - 74,5 + 1,645\sqrt{\frac{(1,0)^2}{10} + \frac{(1,5)^2}{12}}$$

$$= 13,1 + 0,88$$

$$= 13,98 \text{ kg/mm}^2$$

Desse modo, o intervalo de confiança de 90% para a diferença na resistência média à tensão é

$$12,22 \text{ kg/mm}^2 \leq \mu_1 - \mu_2 \leq 13,98 \text{ kg/mm}^2$$

Note que o intervalo de confiança não inclui o zero, implicando que a resistência média da estrutura 1 (μ_1) excede a resistência média da estrutura 2 (μ_2). De fato, podemos estabelecer que estamos 90% confiantes em que a resistência média à tensão da estrutura 1 excede a resistência média da estrutura 2 por um valor entre 12,22 e 13,98 kg/mm².

TABELA 5-1 Resultado do Teste de Resistência à Tração para Estruturas de Alumínio

Tipo da Estrutura	Tamanho da Amostra	Resistência Média à Tração da Amostra (kg/mm²)	Desvio-padrão (kg/mm²)
1	$n_1 = 10$	$\bar{x}_1 = 87,6$	$\sigma_1 = 1,0$
2	$n_2 = 12$	$\bar{x}_2 = 74,5$	$\sigma_2 = 1,5$

Escolha do Tamanho da Amostra

Se os desvios-padrão σ_1 e σ_2 forem conhecidos (pelo menos, aproximadamente) e os dois tamanhos das amostras n_1 e n_2 forem iguais ($n_1 = n_2 = n$), então podemos determinar o tamanho requerido das amostras, de modo que o erro em estimar $\mu_1 - \mu_2$ por $\bar{x}_1 - \bar{x}_2$ será menor do que E com uma confiança de $100(1 - \alpha)\%$. O tamanho requerido da amostra de cada população é como segue.

Tamanho da Amostra para um E Especificado para a Diferença nas Médias e Variâncias Conhecidas, quando $n_1 = n_2$

Se $\bar{x}_1$ e $\bar{x}_2$ forem usadas como estimativas de μ_1 e μ_2, respectivamente, então podemos estar $100(1 - \alpha)\%$ confiantes em

que o erro $|(\bar{x}_1 - \bar{x}_2) - (\mu_1 - \mu_2)|$ não excederá uma quantidade especificada E, quando o tamanho da amostra $n_1 = n_2 = n$ for

$$n = \left(\frac{z_{\alpha/2}}{E}\right)^2(\sigma_1^2 + \sigma_2^2) \qquad (5\text{-}5)$$

Lembre-se de arredondar para mais se n não for um inteiro. Isso assegurará que o nível de confiança não cairá abaixo de $100(1 - \alpha)\%$.

136 CAPÍTULO CINCO

EXERCÍCIOS PARA A SEÇÃO 5-2

5-1. Duas máquinas são usadas para encher garrafas de plástico que têm um volume líquido de 16,0 onças. O volume de enchimento pode ser suposto normal, com um desvio-padrão $\sigma_1 = 0,020$ e $\sigma_2 = 0,025$ onça. Um membro do grupo de engenheiros da qualidade suspeita que ambas as máquinas enchem até o mesmo volume líquido médio, independente desse volume ser ou não de 16,0 onças. Uma amostra aleatória de 10 garrafas é retirada na saída de cada máquina.

Máquina 1		Máquina 2	
16,03	16,01	16,02	16,03
16,04	15,96	15,97	16,04
16,05	15,98	15,96	16,02
16,05	16,02	16,01	16,01
16,02	15,99	15,99	16,00

(a) Você acha que o engenheiro está correto? Use $\alpha = 0,05$.
(b) Qual é o valor P para esse teste?
(c) Qual é a potência do teste no item (a), para uma diferença verdadeira nas médias de 0,04?
(d) Encontre um intervalo de confiança de 95% para a diferença nas médias. Dê uma interpretação prática desse intervalo.
(e) Supondo tamanhos iguais de amostra, que tamanho da amostra deveria ser usado para assegurar $\beta = 0,01$, se a diferença verdadeira nas médias for 0,04? Considere $\alpha = 0,05$.

5-2. Dois tipos de plásticos são adequados para uso por um fabricante de componentes eletrônicos. A resistência à quebra desse plástico é importante. É sabido que $\sigma_1 = \sigma_2 = 1,0$ psi. A partir de uma amostra aleatória de tamanho $n_1 = 10$ e $n_2 = 12$, obtemos $\overline{x}_1 = 162,7$ e $\overline{x}_2 = 155,4$. A companhia não adotará o plástico 1, a menos que sua resistência média à quebra exceda aquela do plástico 2 por, no mínimo, 10 psi. Baseados na informação da amostra, eles deveriam usar o plástico 1? Use $\alpha = 0,05$ para decidir algo.

5-3. Estão sendo estudadas as taxas de queima de dois diferentes propelentes sólidos, usados no sistema de escapamento das aeronaves. Sabe-se que ambos os propelentes têm aproximadamente o mesmo desvio-padrão da taxa de queima, ou seja, $\sigma_1 = \sigma_2 = 3$ cm/s. Duas amostras aleatórias de $n_1 = 20$ e $n_2 = 20$ espécimes são testadas, as taxas médias de queima das amostras são $\overline{x}_1 = 18,02$ cm/s e $\overline{x}_2 = 24,37$ cm/s.
(a) Teste a hipótese de que ambos os propelentes têm a mesma taxa média de queima. Use $\alpha = 0,05$.
(b) Qual é valor P do teste no item (a)?
(c) Qual é o erro β do teste no item (a), se a diferença verdadeira na taxa média de queima for de 2,5 cm/s?
(d) Construa um intervalo de confiança de 95% para a diferença nas médias $\mu_1 - \mu_2$. Qual é o significado prático desse intervalo?

5-4. Duas máquinas são usadas para encher garrafas de plástico com detergente para lavagem de pratos. Os desvios-padrão do volume de enchimento são conhecidos como sendo $\sigma_1 = 0,10$ onça fluida e $\sigma_2 = 0,15$ onça fluida para as duas máquinas, respectivamente. Duas amostras aleatórias de $n_1 = 12$ garrafas da máquina 1 e $n_2 = 10$ garrafas da máquina 2 são selecionadas. Os volumes médios de enchimento nas amostras são $\overline{x}_1 = 30,61$ onças fluidas e $\overline{x}_2 = 30,34$ onças fluidas. Suponha a normalidade.

(a) Construa um intervalo de confiança bilateral de 90% para a diferença nas médias do volume de enchimento. Interprete esse intervalo.
(b) Construa um intervalo de confiança bilateral de 95% para a diferença nas médias do volume de enchimento. Compare e comente a largura desse intervalo em relação à largura do intervalo do item (a).
(c) Construa um intervalo de confiança unilateral superior de 95% para a diferença nas médias do volume de enchimento. Interprete esse intervalo.

5-5. Reconsidere a situação descrita no Exercício 5-4.
(a) Teste a hipótese de que ambas as máquinas enchem o mesmo volume médio. Use $\alpha = 0,05$.
(b) Qual é valor P do teste no item (a)?
(c) Se o erro β do teste não deve exceder 0,1 quando a diferença verdadeira no volume de enchimento for 0,2 onça fluida, que tamanhos das amostras têm de ser usados? Use $\alpha = 0,05$.

5-6. Duas formulações diferentes de um combustível oxigenado de um motor devem ser testadas com a finalidade de estudar seus números de octanagem na estrada. A variância do número de octanagem na estrada no caso da formulação 1 é $\sigma_1^2 = 1,5$ e no caso da formulação 2 é $\sigma_2^2 = 1,2$. Duas amostras aleatórias de tamanho $n_1 = 15$ e $n_2 = 20$ são testadas, sendo os números médios observados de octanagem dados por $\overline{x}_1 = 88,85$ e $\overline{x}_2 = 92,54$. Considere a normalidade.
(a) Construa um intervalo de confiança bilateral de 95% para a diferença nos números médios observados de octanagem na estrada.
(b) Se a formulação 2 produzir um maior número de octanagem do que a formulação 1, o fabricante gostaria de detectar isso. Formule e teste uma hipótese apropriada, usando $\alpha = 0,05$.
(c) Qual é valor P do teste que você conduziu no item (b)?

5-7. Considere a situação descrita no Exercício 5-3. Qual será o tamanho requerido da amostra em cada população, se quisermos que o erro na estimação da diferença nas taxas médias de queima seja menor do que 4 cm/s, com 99% de confiança?

5-8. Considere a situação do teste de octanagem, descrita no Exercício 5-6. Qual será o tamanho requerido da amostra em cada população, se quisermos estar 95% confiantes em que o erro na estimação da diferença nos números médios de octanagem seja menor do que 1?

5-9. Um polímero é fabricado em uma batelada de um processo químico. As medidas de viscosidade são normalmente feitas em cada batelada e a longa experiência com o processo tem indicado que a variabilidade no processo é razoavelmente estável, com $\sigma = 20$. Quinze bateladas de medidas de viscosidade são dadas a seguir: 724, 718, 776, 760, 745, 759, 795, 756, 742, 740, 761, 749, 739, 747, 742. Faz-se uma mudança no processo, que consiste em alterar o tipo de catalisador usado. Seguindo a mudança no processo, oito medidas de viscosidade foram feitas: 735, 775, 729, 755, 783, 760, 738, 780. Suponha que a variabilidade do processo não seja afetada pela alteração no catalisador. Encontre um intervalo de confiança de 90% para a diferença nas viscosidades médias em cada batelada resultante do processo de mudança.

5-10. Pensa-se que a concentração de um ingrediente ativo em um detergente líquido para a lavagem de roupas seja afetada pelo tipo de catalisador usado no processo. O desvio-padrão da concentração ativa é 3 g/l, independente do tipo de catalisador. Dez

INFERÊNCIA ESTATÍSTICA PARA DUAS AMOSTRAS **137**

observações na concentração são feitas com cada catalisador, sendo os dados mostrados a seguir:

| Catalisador 1 | 57,9; 66,2; 65,4; 65,4; 65,2; 62,6; 67,6; 63,7; 67,2; 71,0 |
| Catalisador 2 | 66,4; 71,7; 70,3; 69,3; 64,8; 69,6; 68,6; 69,4; 65,3; 68,8 |

(a) Encontre um intervalo de confiança de 95% para a diferença nas concentrações médias ativas para os dois catalisadores.

(b) Há alguma evidência indicando que as concentrações médias ativas dependam da escolha do catalisador? Baseie a sua resposta nos resultados do item (a).

5-11. Considere o problema dos dados da viscosidade do polímero do Exercício 5-9. Se a diferença na viscosidade média do polímero for 10 ou menos, o fabricante gostaria de detectar isso com uma alta probabilidade.

(a) Formule e teste uma hipótese apropriada, usando $\alpha = 0,10$. Quais são as suas conclusões?

(b) Qual é valor P para esse teste?

(c) Compare os resultados dos itens (a) e (b), considerando o comprimento de 90% para o intervalo de confiança obtido no Exercício 5-9 e discuta suas descobertas.

5-12. Para o problema do detergente no Exercício 5-10, teste a hipótese de que as concentrações médias ativas são as mesmas para ambos os tipos de catalisador. Use $\alpha = 0,05$. Qual é o valor P para esse teste? Compare a sua resposta com aquela encontrada no item (b) do Exercício 5-10 e comente por que elas são diferentes ou iguais.

5-3 INFERÊNCIA SOBRE AS MÉDIAS DE DUAS POPULAÇÕES COM VARIÂNCIAS DESCONHECIDAS

Agora, estendemos os resultados da seção prévia para a diferença nas médias de duas distribuições na Fig. 5-1, quando as variâncias de ambas as distribuições, σ_1^2 e σ_2^2, forem desconhecidas. Se os tamanhos n_1 e n_2 da amostra excederem 30, então os procedimentos de distribuição normal na Seção 5-2 poderão ser usados. Entretanto, quando pequenas amostras são retiradas, consideramos que as populações sejam normalmente distribuídas e baseamos nossos testes de hipóteses e intervalos de confiança na distribuição t. Isso coincide felizmente com o caso da inferência sobre a média de uma única amostra com variância desconhecida.

5-3.1 TESTE DE HIPÓTESES PARA A DIFERENÇA NAS MÉDIAS

Consideramos agora testes de hipóteses para a diferença nas médias $\mu_1 - \mu_2$ de duas distribuições normais, em que as variâncias σ_1^2 e σ_2^2 sejam desconhecidas. Uma estatística t será usada para testar essas hipóteses. Como notado anteriormente e na Seção 4-6, a suposição de normalidade é requerida com a finalidade de desenvolver o procedimento de teste. Porém, os desvios moderados da normalidade não afetam negativamente o procedimento. Duas situações diferentes têm de ser tratadas. No primeiro caso, supomos que as variâncias das duas distribuições normais sejam desconhecidas, porém iguais, isto é, $\sigma_1^2 = \sigma_2^2 = \sigma^2$. No segundo caso, consideramos que σ_1^2 e σ_2^2 sejam desconhecidas e não necessariamente iguais.

Caso 1: $\sigma_1^2 = \sigma_2^2 = \sigma^2$

Suponha que tenhamos duas populações normais independentes, com médias desconhecidas μ_1 e μ_2 e variâncias desconhecidas, porém iguais, $\sigma_1^2 = \sigma_2^2 = \sigma^2$. Desejamos testar

$$H_0: \mu_1 - \mu_2 = \Delta_0$$
$$H_1: \mu_1 - \mu_2 \neq \Delta_0 \qquad (5\text{-}6)$$

Sejam $X_{11}, X_{12}, ..., X_{1n_1}$ uma amostra aleatória de n_1 observações, proveniente da primeira população e $X_{21}, X_{22}, ..., X_{1n_2}$ uma amostra aleatória de n_2 observações, proveniente da segunda população. Considere $\overline{X}_1, \overline{X}_2, S_1^2, S_2^2$ as médias e as variâncias das amostras, respectivamente. O valor esperado da diferença nas médias das amostras $\overline{X}_1 - \overline{X}_2$ é $E(\overline{X}_1 - \overline{X}_2) = \mu_1 - \mu_2$, assim, $\overline{X}_1 - \overline{X}_2$ é um estimador não tendencioso da diferença entre as médias. A variância de $\overline{X}_1 - \overline{X}_2$ é

$$V(\overline{X}_1 - \overline{X}_2) = \frac{\sigma^2}{n_1} + \frac{\sigma^2}{n_2} = \sigma^2\left(\frac{1}{n_1} + \frac{1}{n_2}\right)$$

Parece razoável combinar as duas variâncias das amostras S_1^2 e S_2^2 para formar um estimador de σ^2. O **estimador combinado** (*pooled estimator*) de σ^2 é definido como segue.

O **estimador combinado** de σ^2, denotado por S_p^2, é definido por

$$S_p^2 = \frac{(n_1 - 1)S_1^2 + (n_2 - 1)S_2^2}{n_1 + n_2 - 2} \qquad (5\text{-}7)$$

É fácil ver que o estimador combinado S_p^2 pode ser escrito como

$$S_p^2 = \frac{n_1 - 1}{n_1 + n_2 - 2} S_1^2 + \frac{n_2 - 1}{n_1 + n_2 - 2} S_2^2$$
$$= wS_1^2 + (1 - w)S_2^2$$

sendo $0 < w \leq 1$. Logo, S_p^2 é uma **média ponderada** das duas variâncias das amostras S_1^2 e S_2^2, em que os pesos w e $1 - w$ de-

138 CAPÍTULO CINCO

pendem dos dois tamanhos das amostras, n_1 e n_2. Obviamente, se $n_1 = n_2 = n$, então $w = 0,5$ e S_P^2 será igual exatamente à média aritmética entre S_1^2 e S_2^2. Se $n_1 = 10$ e $n_2 = 20$, então $w = 0,32$ e $1 - w = 0,68$. A primeira amostra contribui com $n_1 - 1$ graus de liberdade para S_P^2 e a segunda amostra contribui com $n_2 - 1$ graus de liberdade. Conseqüentemente, S_P^2 tem $n_1 + n_2 - 2$ graus de liberdade.

Agora, sabemos que

$$Z = \frac{\overline{X}_1 - \overline{X}_2 - (\mu_1 - \mu_2)}{\sigma \sqrt{\dfrac{1}{n_1} + \dfrac{1}{n_2}}}$$

tem uma distribuição $N(0,1)$. Trocando σ por S_p temos o seguinte.

Dadas as suposições desta seção, a grandeza

$$T = \frac{\overline{X}_1 - \overline{X}_2 - (\mu_1 - \mu_2)}{S_p \sqrt{\dfrac{1}{n_1} + \dfrac{1}{n_2}}} \tag{5-8}$$

tem uma distribuição t, com $n_1 + n_2 - 2$ graus de liberdade.

O uso dessa informação para testar as hipóteses na Eq. 5-6 é agora bem direto: simplesmente troque $\mu_1 - \mu_2$ por Δ_0 e

a **estatística resultante de teste** tem uma distribuição t, com $n_1 + n_2 - 2$ graus de liberdade sob H_0: $\mu_1 - \mu_2 = \Delta_0$. A localização da região crítica para as alternativas unilateral e bilateral é equivalente àquelas para o caso de uma amostra. Esse procedimento é freqüentemente chamado de **teste t combinado**.

Testando Hipóteses para a Diferença nas Médias de Duas Distribuições Normais, com Variâncias Desconhecidas e Iguais[1]

Hipótese nula: $\quad H_0$: $\mu_1 - \mu_2 = \Delta_0$

Estatística de teste: $T_0 = \dfrac{\overline{X}_1 - \overline{X}_2 - \Delta_0}{S_p \sqrt{\dfrac{1}{n_1} + \dfrac{1}{n_2}}}$ $\qquad$ (5-9)

Hipótese Alternativa	Critério de Rejeição
H_1: $\mu_1 - \mu_2 \neq \Delta_0$	$t_0 > t_{\alpha/2, n_1 + n_2 - 2}$ ou $t_0 < -t_{\alpha/2, n_1 + n_2 - 2}$
H_1: $\mu_1 - \mu_2 > \Delta_0$	$t_0 > t_{\alpha, n_1 + n_2 - 2}$
H_1: $\mu_1 - \mu_2 < \Delta_0$	$t_0 < -t_{\alpha, n_1 + n_2 - 2}$

EXEMPLO 5-4

Dois catalisadores estão sendo analisados para determinar como eles afetam o rendimento médio de um processo químico. Especificamente, o catalisador 1 está correntemente em uso, mas o catalisador 2 é aceitável. Uma vez que o catalisador 2 é mais barato, ele deve ser adotado, desde que ele não mude o rendimento do processo. Um teste é feito em uma planta piloto, resultando nos dados mostrados na Tabela 5-2. Há alguma diferença entre os rendimentos médios? Use $\alpha = 0,05$ e considere as variâncias iguais.

A solução, usando o procedimento das oito etapas para o teste de hipóteses, é dada a seguir:

1. Os parâmetros de interesse são μ_1 e μ_2, o rendimento médio do processo usando os catalisadores 1 e 2, respectivamente. Queremos saber se $\mu_1 - \mu_2 = 0$.
2. H_0: $\mu_1 - \mu_2 = 0$ ou H_0: $\mu_1 = \mu_2$
3. H_1: $\mu_1 \neq \mu_2$
4. $\alpha = 0,05$
5. A estatística de teste é

$$t_0 = \frac{\overline{x}_1 - \overline{x}_2 - 0}{s_p \sqrt{\dfrac{1}{n_1} + \dfrac{1}{n_2}}}$$

6. Rejeitar H_0 se $t_0 > t_{0,025;14} = 2,145$ ou se $t_0 < -t_{0,025;14} = -2,145$.
7. Cálculo: Da Tabela 5-2, temos $\overline{x}_1 = 92,255$, $s_1 = 2,39$, $n_1 = 8$, $\overline{x}_2 = 92,733$, $s_2 = 2,98$, $n_2 = 8$. Conseqüentemente,

$$s_p^2 = \frac{(n_1 - 1)s_1^2 + (n_2 - 1)s_2^2}{n_1 + n_2 - 2} = \frac{(7)(2,39)^2 + 7(2,98)^2}{8 + 8 - 2}$$

$$= 7,30$$

$$s_p = \sqrt{7,30} = 2,70$$

e

$$t_0 = \frac{\overline{x}_1 - \overline{x}_2}{2,70 \sqrt{\dfrac{1}{n_1} + \dfrac{1}{n_2}}} = \frac{92,255 - 92,733}{2,70 \sqrt{\dfrac{1}{8} + \dfrac{1}{8}}} = -0,35$$

8. Conclusão: Já que $t_0 = -2,145 < -0,35 < 2,145$, a hipótese nula não pode ser rejeitada. Ou seja, no nível de significância de 0,05, não temos evidência forte para concluir que o catalisador 2 resulte em um rendimento médio que difira do rendimento médio quando o catalisador 1 for usado.

---

[1]Embora tivéssemos dado o desenvolvimento desse procedimento para o caso em que os tamanhos da amostra pudessem ser diferentes, há uma vantagem em usar tamanhos iguais das amostras $n_1 = n_2 = n$. Quando os tamanhos das amostras são os mesmos de ambas as populações, o teste t é muito robusto ou insensível à suposição de variâncias iguais.

INFERÊNCIA ESTATÍSTICA PARA DUAS AMOSTRAS **139**

TABELA 5-2	Dados do Rendimento dos Catalisadores, Exemplo 5-4	
Número da Observação	Catalisador 1	Catalisador 2
1	91,50	89,19
2	94,18	90,95
3	92,18	90,46
4	95,39	93,21
5	91,79	97,19
6	89,07	97,04
7	94,72	91,07
8	89,21	92,75
	$\bar{x}_1 = 92,255$	$\bar{x}_2 = 92,733$
	$s_1 = 2,39$	$s_2 = 2,98$

Um valor P poderia ser também usado para tomar decisão nesse exemplo. Da Tabela II no Apêndice A, encontramos $t_{0,40;14} = 0,258$ e $t_{0,25;14} = 0,692$. Por conseguinte, visto que $0,258 < 0,35 < 0,692$, concluímos que os limites inferior e superior para o valor P são $0,50 < P < 0,80$. De fato, o valor real é $P = 0,7315$. (Esse valor foi obtido a partir de um pacote computacional.) Dessa maneira, uma vez que o valor P excede $\alpha = 0,05$, a hipótese nula não pode ser rejeitada.

Caso 2: $\sigma_1^2 \neq \sigma_2^2$

Em algumas situações, não é razoável considerar que as variâncias desconhecidas σ_1^2 e σ_2^2 sejam iguais. Não existe um valor exato disponível da estatística t de modo a usá-la para testar $H_0: \mu_1 - \mu_2 = \Delta_0$ nesse caso. No entanto, se $H_0: \mu_1 - \mu_2 = \Delta_0$ for verdadeira, então a seguinte estatística é usada.

Estatística de Teste para a Diferença nas Médias de Duas Distribuições Normais, com Variâncias Desconhecidas e Não Necessariamente Iguais

$$T_0^* = \frac{\bar{X}_1 - \bar{X}_2 - \Delta_0}{\sqrt{\dfrac{S_1^2}{n_1} + \dfrac{S_2^2}{n_2}}} \qquad (5\text{-}10)$$

é distribuída aproximadamente como t, com graus de liberdade dados por

$$\nu = \frac{\left(\dfrac{S_1^2}{n_1} + \dfrac{S_2^2}{n_2}\right)^2}{\dfrac{(S_1^2/n_1)^2}{n_1 + 1} + \dfrac{(S_2^2/n_2)^2}{n_2 + 1}} - 2 \qquad (5\text{-}11)$$

se a hipótese nula $H_0: \mu_1 - \mu_2 = \Delta_0$ for verdadeira.

Assim, se $\sigma_1^2 \neq \sigma_2^2$, as hipóteses sobre as diferenças nas médias das duas distribuições normais são testadas como no caso das variâncias iguais, exceto que T_0^* é usada como a estatística de teste e $n_1 + n_2 - 2$ é trocada por ν na determinação do grau de liberdade para o teste.

EXEMPLO 5-5

Um fabricante de unidades de vídeos está testando dois projetos de microcircuitos para determinar se eles produzem correntes médias equivalentes. A engenharia de desenvolvimento obteve os seguintes dados:

Projeto 1:	$n_1 = 15$	$\bar{x}_1 = 24,2$	$s_1^2 = 10$
Projeto 2:	$n_2 = 10$	$\bar{x}_2 = 23,9$	$s_2^2 = 20$

Usando $\alpha = 0,10$, desejamos determinar se há qualquer diferença na corrente média entre os dois projetos, supondo que ambas as populações sejam normais, embora não estejamos dispostos a supor que as variâncias desconhecidas σ_1^2 e σ_2^2 sejam iguais.

Aplicando o procedimento das oito etapas, temos:

140 Capítulo Cinco

1. Os parâmetros de interesse são as médias das correntes para os dois projetos de circuitos, μ_1 e μ_2. Estamos interessados em determinar se $\mu_1 - \mu_2 = 0$.
2. H_0: $\mu_1 - \mu_2 = 0$ ou H_0: $\mu_1 = \mu_2$
3. H_1: $\mu_1 \neq \mu_2$
4. $\alpha = 0,10$
5. A estatística de teste é

$$t_0^* = \frac{\overline{x}_1 - \overline{x}_2 - 0}{\sqrt{\dfrac{s_1^2}{n_1} + \dfrac{s_2^2}{n_2}}}$$

6. Os graus de liberdade para t_0^* são encontrados a partir da Eq. 5-11 como

$$v = \frac{\left(\dfrac{s_1^2}{n_1} + \dfrac{s_2^2}{n_2}\right)^2}{\dfrac{(s_1^2/n_1)^2}{n_1 + 1} + \dfrac{(s_2^2/n_2)^2}{n_2 + 1}} - 2 = \frac{\left(\dfrac{10}{15} + \dfrac{20}{10}\right)^2}{\dfrac{(10/15)^2}{16} + \dfrac{(20/10)^2}{11}} - 2$$

$$= 16,17 \simeq 16$$

Logo, desde que $\alpha = 0,10$, rejeitaremos H_0: $\mu_1 = \mu_2$ se $t_0^* > t_{0,05;16} = 1,746$ ou se $t_0^* < -t_{0,05;16} = -1,746$.

7. Cálculo: Usando os dados amostrais, temos

$$t_0^* = \frac{\overline{x}_1 - \overline{x}_2}{\sqrt{\dfrac{s_1^2}{n_1} + \dfrac{s_2^2}{n_2}}} = \frac{24,2 - 23,9}{\sqrt{\dfrac{10}{15} + \dfrac{20}{10}}} = 0,18$$

8. Conclusão: Já que $-1,746 < 0,18 < 1,746$, somos incapazes de rejeitar H_0: $\mu_1 = \mu_2$ com um nível de $\alpha = 0,10$ de significância. Ou seja, não há evidência forte indicando que a corrente média seja diferente nos dois projetos. O valor P para $t_0^* = 0,18$ é aproximadamente $0,859$.

5-3.2 Erro Tipo II e Escolha do Tamanho da Amostra

As curvas características operacionais nos Gráficos Va, Vb, Vc e Vd do Apêndice A são usadas para avaliar o erro tipo II quando $\sigma_1^2 = \sigma_2^2 = \sigma^2$. Infelizmente, quando $\sigma_1^2 \neq \sigma_2^2$, a distribuição de T_0^* será desconhecida se a hipótese nula for falsa e não existirem curvas características operacionais disponíveis para esse caso.

Para a alternativa bilateral H_1: $\mu_1 - \mu_2 \neq \Delta_0$, quando $\sigma_1^2 = \sigma_2^2 = \sigma^2$ e $n_1 = n_2 = n$, os Gráficos Va e Vb são usados com

$$d = \frac{|\Delta - \Delta_0|}{2\sigma} \tag{5-12}$$

sendo Δ a diferença verdadeira entre as médias que são de interesse. Para usar essas curvas, temos de entrar com o tamanho da amostra $n^* = 2n - 1$. Para a hipótese alternativa unilateral, usamos os Gráficos Vc e Vd e definimos d e Δ como na Eq. 5-12. Nota-se que o parâmetro d é uma função de σ, que é desconhecido. Como no teste t de uma única amostra, podemos ter de confiar em uma estimativa anterior de σ ou de usar uma estimativa subjetiva. Alternativamente, podemos definir as diferenças na média que desejamos detectar relativas a σ.

Exemplo 5-6

Considere o experimento do catalisador no Exemplo 5-4. Suponha que, se o catalisador 2 produzir um rendimento médio que difira 4,0% do rendimento médio do catalisador 1, gostaríamos de rejeitar a hipótese nula com a probabilidade de no mínimo 0,85. Qual é o tamanho requerido da amostra?

Usando $s_p = 2,70$ como uma estimativa grosseira do desvio-padrão comum σ, temos $d = |\Delta|/2\sigma = |4,0|/[(2)(2,70)] = 0,74$.

Do Gráfico Va no Apêndice A, com $d = 0,74$ e $\beta = 0,15$, encontramos $n^* = 20$, aproximadamente. Dessa forma, uma vez que $n^* = 2n - 1$,

$$n = \frac{n^* + 1}{2} = \frac{20 + 1}{2} = 10,5 \simeq 11$$

e usamos tamanhos de amostras de $n_1 = n_2 = n = 11$.

INFERÊNCIA ESTATÍSTICA PARA DUAS AMOSTRAS **141**

5-3.3 INTERVALO DE CONFIANÇA PARA A DIFERENÇA NAS MÉDIAS

Caso 1: $\sigma_1^2 = \sigma_2^2 = \sigma^2$

Para desenvolver o intervalo de confiança para a diferença nas médias $\mu_1 - \mu_2$ quando ambas as variâncias forem iguais, note que a distribuição da estatística

$$T = \frac{\overline{X}_1 - \overline{X}_2 - (\mu_1 - \mu_2)}{S_p \sqrt{\dfrac{1}{n_1} + \dfrac{1}{n_2}}}$$

é a distribuição t, com $n_1 + n_2 - 2$ graus de liberdade. Conseqüentemente,

$$P(-t_{\alpha/2,n_1+n_2-2} \leq T \leq t_{\alpha/2,n_1+n_2-2}) = 1 - \alpha$$

ou

$$P\left(-t_{\alpha/2,n_1+n_2-2} \leq \frac{\overline{X}_1 - \overline{X}_2 - (\mu_1 - \mu_2)}{S_p \sqrt{\dfrac{1}{n_1} + \dfrac{1}{n_2}}} \leq t_{\alpha/2,n_1-n_2-2}\right)$$

$$= 1 - \alpha$$

A manipulação das grandezas dentro do enunciado de probabilidade conduz a um intervalo de confiança de $100(1 - \alpha)\%$ para $\mu_1 - \mu_2$.

Caso 1: Intervalo de Confiança para a Diferença nas Médias de Duas Distribuições Normais, com Variâncias Desconhecidas e Iguais.

Se $\overline{x}_1$, $\overline{x}_2$, s_1^2 e s_2^2 forem as médias e as variâncias de duas amostras aleatórias de tamanhos n_1 e n_2, respectivamente, provenientes de duas populações normais independentes, com variâncias desconhecidas, porém iguais, então um intervalo de confiança de $100(1 - \alpha)\%$ para a diferença nas médias $\mu_1 - \mu_2$ é

$$\overline{x}_1 - \overline{x}_2 - t_{\alpha/2,n_1+n_2-2}\, s_p \sqrt{\frac{1}{n_1} + \frac{1}{n_2}}$$

$$\leq \mu_1 - \mu_2 \leq \overline{x}_1 - \overline{x}_2 + t_{\alpha/2,n_1+n_2-2}\, s_p \sqrt{\frac{1}{n_1} + \frac{1}{n_2}} \quad (5\text{-}13)$$

em que $s_p = \sqrt{[(n_1 - 1)s_1^2 + (n_2 - 1)s_2^2]/(n_1 + n_2 - 2)}$ é a estimativa combinada do desvio-padrão comum da população e $t_{\alpha/2,n_1+n_2-n}$ é o ponto percentual superior a $\alpha/2$ da distribuição t, com $n_1 + n_2 - 2$ graus de liberdade.

EXEMPLO 5-7

Um artigo no jornal *Hazardous Waste and Hazardous Materials* (Vol. 6, 1989) reportou os resultados de uma análise do peso de cálcio em cimento padrão e em cimento contendo chumbo. Níveis reduzidos de cálcio indicaram que o mecanismo de hidratação no cimento foi bloqueado, permitindo à água atacar várias localizações na estrutura de cimento. Dez amostras de cimento padrão tiveram um teor médio percentual em peso de cálcio de $\overline{x}_1 = 90,0$, com um desvio-padrão da amostra de $s_1 = 5,0$, enquanto 15 amostras do cimento com chumbo tiveram um teor médio percentual em peso de cálcio de $\overline{x}_2 = 87,0$, com um desvio-padrão da amostra de $s_2 = 4,0$.

Consideraremos que o teor percentual em peso de cálcio seja normalmente distribuído e encontre o intervalo de confiança de 95% para a diferença nas médias, $\mu_1 - \mu_2$, para os dois tipos de cimento. Além disso, consideraremos que ambas as populações normais tenham o mesmo desvio-padrão.

A estimativa combinada do desvio-padrão comum é encontrada usando a Eq. 5-7, conforme segue:

$$s_p^2 = \frac{(n_1 - 1)s_1^2 + (n_2 - 1)s_2^2}{n_1 + n_2 - 2}$$

$$= \frac{9(5,0)^2 + 14(4,0)^2}{10 + 15 - 2}$$

$$- 19,52$$

Por conseguinte, a estimativa combinada do desvio-padrão é $sp = \sqrt{19,52} = 4,4$. O intervalo de confiança de 95% é encontrado usando a Eq. 5-13:

$$\overline{x}_1 - \overline{x}_2 - t_{0,025,23}\, s_p \sqrt{\frac{1}{n_1} + \frac{1}{n_2}} \leq \mu_1 - \mu_2$$

$$\leq \overline{x}_1 - \overline{x}_2 + t_{0,025,23}\, s_p \sqrt{\frac{1}{n_1} + \frac{1}{n_2}}$$

ou substituindo os valores das amostras e usando $t_{0,025;23} = 2,069$,

$$90{,}0 - 87{,}0 - 2{,}069(4{,}4)\sqrt{\frac{1}{10} + \frac{1}{15}} \leq \mu_1 - \mu_2$$

$$\leq 90{,}0 - 87{,}0 + 2{,}069(4{,}4)\sqrt{\frac{1}{10} + \frac{1}{15}}$$

que reduz para

$$-0{,}72 \leq \mu_1 - \mu_2 \leq 6{,}72$$

Note que o intervalo de confiança de 95% inclui o zero, assim, nesse nível de confiança, não podemos concluir que haja uma diferença nas médias. Dizendo de outra forma, não há evidência de que o cimento contendo chumbo tenha afetado o percentual médio no peso de cálcio, desse modo, não podemos afirmar que a presença de chumbo afete esse aspecto do mecanismo de hidratação, com um nível de 95% de confiança.

Caso 2: $\sigma_1^2 \neq \sigma_2^2$

Em muitas situações, não é razoável supor que $\sigma_1^2 = \sigma_2^2$. Quando essa suposição não for garantida, podemos ainda encontrar um intervalo de confiança de $100(1 - \alpha)\%$ para a diferença nas médias, $\mu_1 - \mu_2$, usando o fato de

$$T^* = \frac{\overline{X}_1 - \overline{X}_2 - (\mu_1 - \mu_2)}{\sqrt{S_1^2/n_1 + S_2^2/n_2}}$$

ser distribuída aproximadamente como t, com ν graus de liberdade, dados pela Eq. 5-11. Assim,

$$P(-t_{\alpha/2,\nu} \leq T^* \leq t_{\alpha/2,\nu}) \cong 1 - \alpha$$

Se substituirmos T^* nessa expressão e isolarmos $\mu_1 - \mu_2$ entre as desigualdades, podemos obter o intervalo de confiança para $\mu_1 - \mu_2$.

Caso 2: Intervalo de Confiança para a Diferença nas Médias de Duas Distribuições Normais, com Variâncias Desconhecidas e Desiguais

Se $\overline{x}_1$, $\overline{x}_2$, s_1^2 e s_2^2 forem as médias e as variâncias de duas amostras aleatórias de tamanhos n_1 e n_2, respectivamente, provenientes de duas populações normais independentes, com variâncias desconhecidas e desiguais, então um intervalo de confiança de $100(1 - \alpha)\%$ para a diferença nas médias $\mu_1 - \mu_2$ será

$$\overline{x}_1 - \overline{x}_2 - t_{\alpha/2,\nu}\sqrt{\frac{s_1^2}{n_1} + \frac{s_2^2}{n_2}} \leq \mu_1 - \mu_2$$

$$\leq \overline{x}_1 - \overline{x}_2 + t_{\alpha/2,\nu}\sqrt{\frac{s_1^2}{n_1} + \frac{s_2^2}{n_2}} \quad (5\text{-}14)$$

em que ν é dado pela Eq. 5-11 e $t_{\alpha/2},\nu$ é o ponto percentual superior $100\,\alpha/2$ da distribuição t, com ν graus de liberdade.

5-3.4 Solução Computacional

O teste t para duas amostras pode ser feito usando a maioria dos pacotes estatísticos. A Tabela 5-3 apresenta a saída da rotina do teste t para duas amostras, usando o Minitab, para os dados do rendimento do catalisador do Exemplo 5-4. A saída inclui um sumário estatístico para cada amostra, os intervalos de confiança para a diferença nas médias e os resultados do teste de hipóteses. Essa análise foi feita considerando variâncias iguais. O Minitab tem uma opção para fazer a análise considerando variâncias desiguais. Os níveis de confiança e o valor α podem ser especificados pelo usuário. O procedimento do teste de hipóteses indica que não podemos rejeitar a hipótese de que os rendimentos médios sejam iguais, o que concorda com as conclusões alcançadas originalmente no Exemplo 5-4.

A Fig. 5-2 mostra diagramas de caixa comparativos para os dados de rendimento dos dois tipos de catalisadores no Exemplo 5-4. Esses diagramas de caixa comparativos indicam que não há diferença óbvia na mediana das duas amostras, embora a segunda amostra tenha uma dispersão ou variância levemente maior. Não há regras exatas para comparar duas amostras usando diagramas de caixa, seu valor principal está na impressão visual que eles fornecem como uma ferramenta para explicar os resultados de um teste de hipóteses, assim como na verificação de suposições.

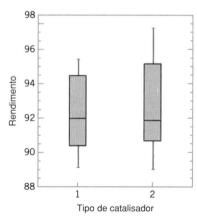

Fig. 5-2 Diagramas de caixa comparativos para os dados de rendimento do catalisador no Exemplo 5-4.

TABELA 5-3 Saída do Minitab para Teste *t* de Duas Amostras para o Exemplo 5-4

Teste *t* para Duas Amostras e Intervalo de Confiança

Catalisador 1	Catalisador 2
91,50	89,19
94,18	90,95
92,18	90,46
95,39	93,21
91,79	97,19
89,07	97,04
94,72	91,07
89,21	92,75

Teste *t* para Duas Amostras para Catalisador 1 *vs* Catalisador 2

	N	Média	Desvio-padrão	Erro-padrão da Média
Catalisador 1	8	92,26	2,39	0,84
Catalisador 2	8	92,73	2,98	1,1

Intervalo de Confiança de 95% para $\mu_{\text{catalisador 1}} - \mu_{\text{catalisador 2}}$: $(-3{,}39,\ 2{,}4)$
Teste *t* $\mu_{\text{catalisador 1}} = m_{\text{catalisador 2}}$ ($vs \neq$): T = $-0{,}35$ P = $0{,}73$ Graus de liberdade = 13

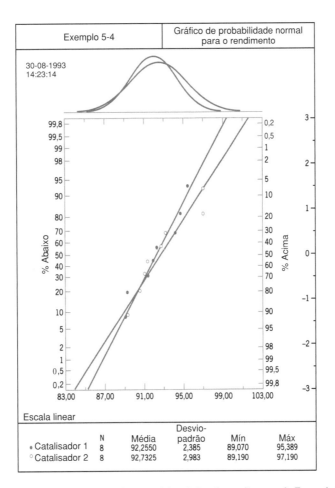

Fig. 5-3 Gráfico de probabilidade normal dos dados do rendimento do Exemplo 5-4.

144 CAPÍTULO CINCO

A Fig. 5-3 apresenta um gráfico de probabilidade normal das duas amostras do Exemplo 5-4. Note que ambas as amostras estão aproximadamente ao longo das linhas retas e as linhas retas para cada amostra têm inclinações similares. Conseqüentemente, concluímos que as suposições de normalidade e de igualdade de variâncias são razoáveis.

EXERCÍCIOS PARA A SEÇÃO 5-3

5-13. O diâmetro de bastões de aço, fabricados em duas máquinas extrusoras diferentes, está sendo investigado. Duas amostras aleatórias de tamanhos $n_1 = 15$ e $n_2 = 17$ são selecionadas e as médias e as variâncias das amostras são $\bar{x}_1 = 8,73$, $s_1^2 = 0,35$, $\bar{x}_2 = 8,68$ e $s_2^2 = 0,40$, respectivamente. Suponha $s_1^2 = s_2^2$ e que os dados sejam retirados de uma população normal.
  (a) Há evidência que justifique a afirmação de que as duas máquinas produzam bastões com diferentes diâmetros médios? Use $\alpha = 0,05$ para chegar a essa conclusão.
  (b) Encontre o valor P para a estatística t que você calculou no item (a).
  (c) Construa um intervalo de confiança de 95% para a diferença no diâmetro médio dos bastões. Interprete esse intervalo.

5-14. Um artigo em *Fire Technology* investigou dois agentes diferentes de expansão de espumas que podem ser usados nos bocais de um equipamento de aspersão contra incêndio. Uma amostra aleatória de cinco observações com uma espuma formada por um filme aquoso (EFFA) teve uma média amostral de 4,340 e um desvio-padrão de 0,508. Uma amostra aleatória de cinco observações com uma espuma formada por soluções concentradas alcoólicas (EFSCA) teve uma média amostral de 7,091 e um desvio-padrão de 0,430. Encontre um intervalo de confiança de 95% para a diferença na expansão média desses dois agentes. Você pode tirar alguma conclusão acerca de qual agente produz a maior expansão média da espuma? Suponha que ambas as populações sejam bem representadas pelas distribuições normais com os mesmos desvios-padrão.

5-15. Dois catalisadores podem ser usados em um processo químico em batelada. Doze bateladas foram preparadas usando o catalisador 1, resultando em um rendimento médio de 86,20 e um desvio-padrão da amostra igual a 2,91. Quinze bateladas foram preparadas usando o catalisador 2, resultando em um rendimento médio de 89,38 com um desvio-padrão de 2,07. Considere que as medidas de rendimento sejam distribuídas aproximadamente de forma normal, com o mesmo desvio-padrão.
  (a) Há evidência que justifique a afirmação de que o catalisador 2 produza um rendimento maior do que o catalisador 1? Use $\alpha = 0,01$.
  (b) Encontre um intervalo de confiança de 95% para a diferença entre os rendimentos médios.

5-16. Está sendo investigada a temperatura em que ocorre uma deflexão, devido à carga, em dois tipos diferentes de tubo plástico. Duas amostras aleatórias de 15 tubos são testadas e as temperaturas (em °F) observadas em que ocorre a deflexão são reportadas a seguir:

Tipo 1		
206	193	192
188	207	210
205	185	194
187	189	178
194	213	205

Tipo 2		
177	176	198
197	185	188
206	200	189
201	197	203
180	192	192

  (a) Construa diagramas de caixa e gráficos de probabilidade normal para as duas amostras. Esses gráficos confirmam as suposições de normalidade e as variâncias iguais? Escreva uma interpretação prática para esses gráficos.
  (b) Os dados confirmam a afirmação de que a temperatura em que ocorre a deflexão, devido à carga, no tubo tipo 2 excede aquela do tipo 1? Para concluir algo, use $\alpha = 0,05$.
  (c) Calcule o valor P para o teste do item (b).
  (d) Suponha que, se a temperatura média em que ocorre a deflexão no tubo tipo 2 exceder aquela do tubo tipo 1 por 5°F, é importante detectar essa diferença com probabilidade de no mínimo 0,90. Você julga adequada a escolha de $n_1 = n_2 = 15$ no item (a) desse problema?

5-17. Na fabricação de semicondutores, o ataque químico por via úmida é freqüentemente usado para remover silicone da parte posterior das pastilhas antes da metalização. A taxa de ataque é uma característica importante nesse processo e é sabido que ela segue uma distribuição normal. Duas soluções diferentes para ataque químico têm sido comparadas, usando duas amostras aleatórias de 10 pastilhas para cada solução. As taxas observadas de ataque (10^{-3} polegada/min) são dadas a seguir:

Solução 1		Solução 2	
9,9	10,6	10,2	10,0
9,4	10,3	10,6	10,2
9,3	10,0	10,7	10,7
9,6	10,3	10,4	10,4
10,2	10,1	10,5	10,3

INFERÊNCIA ESTATÍSTICA PARA DUAS AMOSTRAS **145**

(a) Os dados justificam a afirmação de que a taxa média de ataque seja a mesma para ambas as soluções? Para concluir algo, use $\alpha = 0,05$ e considere que ambas as populações tenham variâncias iguais.

(b) Calcule o valor P para o teste no item (a).

(c) Encontre um intervalo de confiança de 95% para a diferença nas taxas médias de ataque químico.

(d) Construa gráficos de probabilidade normal para as duas amostras. Esses gráficos confirmam as suposições de normalidade e as variâncias iguais? Escreva uma interpretação prática para esses gráficos.

5-18. Dois fornecedores fabricam uma engrenagem de plástico usada em uma impressora a laser. A resistência de impacto (medida em libras-pé) dessas engrenagens é uma característica importante. Uma amostra aleatória de 10 engrenagens do fornecedor 1 resulta em $\bar{x}_1 = 289,30$ e $s_1 = 22,5$, enquanto a outra amostra aleatória de 16 engrenagens do segundo fornecedor resulta em $s_1 = 321,50$ e $s_2 = 21$.

(a) Há evidência justificando a afirmação de que o fornecedor 2 fornece engrenagens com maiores resistências médias de impacto? Use $\alpha = 0,05$ e considere que ambas as populações sejam normalmente distribuídas e que as variâncias não sejam iguais.

(b) Qual é o valor P para esse teste?

(c) Os dados justificam a afirmação de que a resistência média de impacto das engrenagens provenientes do fornecedor 2 seja no mínimo 25 libras-pé maior que aquela do fornecedor 1? Faça as mesmas suposições adotadas no item (a).

5-19. Um filme fotocondutor é fabricado com uma espessura nominal de 25×10^{-3} polegada. O engenheiro da produção deseja diminuir a energia de absorção do filme e ele acredita que isso possa ser atingido através da redução da espessura do filme para 20×10^{-3}. Oito amostras de cada espessura de filme são fabricadas em um processo piloto de produção, sendo a absorção do filme medida em $\mu J/in^2$. Para o filme de 25×10^{-3}, os dados da amostra resultam em $\bar{x}_1 = 1,179$ e $s_1 = 0,088$, enquanto para o filme de 20×10^{-3}, os dados resultam em $\bar{x}_2 = 1,036$ e $s_2 = 0,093$.

(a) Os dados justificam a afirmação de que a redução da espessura do filme diminui a absorção de energia do filme? Use $\alpha = 0,10$ e considere que as variâncias das duas populações sejam iguais e que a população em foco da velocidade do filme seja normalmente distribuída.

(b) Qual é o valor P para esse teste?

(c) Encontre um intervalo de confiança de 95% para a diferença nas duas médias.

5-20. Os pontos de fusão de duas ligas usadas na formulação de solda foram investigados, através da fusão de 21 amostras de cada material. A média e o desvio-padrão da amostra para a liga 1 foram $\bar{x}_1 = 420,48°F$ e $s_1 = 2,34°F$, enquanto para a liga 2 eles foram $\bar{x}_2 = 425°F$ e $s_2 = 2,5°F$. Os dados amostrais justificam a afirmação de que ambas as ligas têm o mesmo ponto de fusão? Use $\alpha = 0,05$ e considere que ambas as populações sejam normalmente distribuídas e que tenham o mesmo desvio-padrão. Encontre o valor P para o teste.

5-21. Referindo-se ao experimento do ponto de fusão no Exercício 5-20, suponha que a diferença média verdadeira nos pontos de fusão seja 3°F. Quão grande deve ser a amostra de modo a detectar essa diferença, usando um nível de significância $\alpha = 0,05$, com probabilidade de no mínimo 0,90? Use $\sigma_1 = \sigma_2 = 4$ como uma estimativa inicial do desvio-padrão comum.

5-22. Duas companhias fabricam um material de borracha para uso em uma aplicação automotiva. A peça será sujeita a um desgaste abrasivo no campo de aplicação. Assim, decidimos comparar, através de um teste, o material produzido em cada companhia. Vinte e cinco amostras de material de cada companhia são testadas em um teste de abrasão, sendo a quantidade de desgaste observada depois de 1.000 ciclos. Para a companhia 1, a média e o desvio-padrão do desgaste na amostra são $\bar{x}_1 = 20,12$ mg/1.000 ciclos e $s_1 = 1,9$ mg/1.000 ciclos, enquanto para a companhia 2 obtemos $\bar{x}_2 = 11,64$ mg/1.000 ciclos e $s_2 = 7,9$ mg/1.000 ciclos.

(a) Os dados justificam a afirmação de que as duas companhias produzem materiais com diferentes desgastes médios? Use $\alpha = 0,05$ e suponha que cada população seja normalmente distribuída, mas com variâncias diferentes.

(b) Qual é o valor P para esse teste?

(c) Os dados confirmam a afirmação de que o material da companhia 1 tem maior desgaste médio do que o material da companhia 2? Use as mesmas suposições adotadas no item (a).

5-23. Pensa-se que a espessura (em 10^{-3} polegada) de um filme plástico em um substrato seja influenciada pela temperatura na qual o revestimento é aplicado. Um experimento completamente aleatorizado é executado. Onze substratos são cobertos a 125°F, resultando em uma espessura média de revestimento para a amostra de $\bar{x}_1 = 101,28$ e um desvio-padrão de $s_1 = 5,08$. Outros 13 substratos são recobertos a 150°F, para os quais $\bar{x}_2 = 101,70$ e $s_2 = 20,15$ são observados. Originalmente, suspeitou-se que o aumento da temperatura do processo reduziria a espessura média de revestimento. Os dados justificam essa afirmação? Use $\alpha = 0,01$ e considere que os desvios-padrão das duas populações não sejam iguais. Calcule o valor P para esse teste.

5-24. Reconsidere o experimento da espessura de revestimento no Exercício 5-23. Como você poderia ter respondido à questão colocada em relação ao efeito da temperatura sobre a espessura de revestimento, usando um intervalo de confiança? Explique a sua resposta.

5-25. Reconsidere o teste de desgaste abrasivo no Exercício 5-22. Construa um intervalo de confiança que considerará as questões nos itens (a) e (c) naquele exercício.

5-4 TESTE t EMPARELHADO

Um caso especial de testes t para duas amostras da Seção 5-3 ocorre quando as observações nas duas populações de interesse são coletadas em **pares**. Cada par de observações, como (X_{1j}, X_{2j}), é tomado sob condições homogêneas, mas essas condições podem mudar de um par para outro. Por exemplo, suponha que estejamos interessados em comparar dois tipos diferentes de ponteiras para uma máquina de teste de dureza. Essa máquina pressiona, com uma força conhecida, a ponteira no corpo de prova metálico. Medindo a profundidade da depressão causada pela ponteira, a dureza do corpo de prova pode ser determinada. Se vários corpos de prova forem selecionados ao acaso, a metade testada com a ponteira 1 e a metade testada com a ponteira 2, e se o teste t independente ou combinado da Seção 5-3 for aplicado, os resultados do teste poderão ser errôneos. Os corpos de prova metálicos poderiam ter sido cortados a partir de uma barra que tivesse sido produzida em diferentes calores ou eles poderiam ser não homogêneos de algum outro modo que poderia afetar a dureza. Então, a diferença observada entre as leituras de dureza média para os dois tipos de ponteiras também inclui as diferenças de dureza entre os corpos de prova.

Um procedimento experimental mais poderoso é coletar os dados em pares, isto é, fazer duas leituras de dureza em cada corpo de prova, uma com cada ponteira. O procedimento de teste consistiria, então, em analisar as *diferenças* entre as leituras de dureza em cada corpo de prova. Se não houver diferença entre as ponteiras, então a média das diferenças deveria ser zero. Esse procedimento de teste é chamado de **teste t emparelhado**.

Considere $(X_{11}, X_{21}), (X_{12}, X_{22}), ..., (X_{1n}, X_{2n})$ um conjunto de n observações emparelhadas, onde consideramos que a média e a variância da população representada por X_1 sejam μ_1 e σ_1^2 e a média e a variância da população representada por X_2 sejam μ_2 e σ_2^2. Defina as diferenças entre cada par de observações como $D_j = X_{1j} - X_{2j}, j = 1, 2, ..., n$. As D_j's são consideradas como distribuídas normalmente, com média

$$\mu_D = E(X_1 - X_2) = E(X_1) - E(X_2) = \mu_1 - \mu_2$$

e variância σ_D^2; assim, testar hipóteses acerca da diferença entre μ_1 e μ_2 pode ser feito através do teste t para μ_D, quando considerando uma amostra. Especificamente, testar $H_0: \mu_1 - \mu_2 = \Delta_0$ contra $H_1: \mu_1 - \mu_2 \neq \Delta_0$ é equivalente a testar

$$H_0: \mu_D = \Delta_0$$
$$H_1: \mu_D \neq \Delta_0 \qquad (5\text{-}15)$$

A estatística de teste é dada a seguir.

O Teste t Emparelhado

Hipótese nula: $H_0: \mu_D = \Delta_0$

Estatística de teste: $T_0 = \dfrac{\overline{D} - \Delta_0}{S_D/\sqrt{n}}$ $\qquad$ (5-16)

Hipótese Alternativa	Região de Rejeição
$H_1: \mu_D \neq \Delta_0$	$t_0 > t_{\alpha/2, n-1}$ ou $t_0 < -t_{\alpha/2, n-1}$
$H_1: \mu_D > \Delta_0$	$t_0 > t_{\alpha, n-1}$
$H_1: \mu_D < \Delta_0$	$t_0 < -t_{\alpha, n-1}$

Na Eq. 5-16, $\overline{D}$ é a média amostral das n diferenças $D_1, D_2, ..., D_n$ e S_D é o desvio-padrão amostral dessas diferenças.

EXEMPLO 5-8

Um artigo no *Journal of Strain Analysis* (1983, Vol. 18, No. 2) compara vários métodos para predizer a resistência de cisalhamento para traves planas metálicas. Dados para dois desses métodos, os procedimentos de Karlsruhe e Lehigh, quando aplicados a nove traves específicas, são mostrados na Tabela 5-4. Desejamos determinar se há qualquer diferença (na média) entre os dois métodos.

O procedimento de oito etapas é aplicado a seguir:

1. O parâmetro de interesse é a diferença na resistência média de cisalhamento entre os dois métodos, como $\mu_D = \mu_1 - \mu_2 = 0$.
2. $H_0: \mu_D = 0$
3. $H_1: \mu_D \neq 0$
4. $\alpha = 0,05$

5. A estatística de teste é

$$t_0 = \frac{\overline{d}}{s_d/\sqrt{n}}$$

6. Rejeitar H_0 se $t_0 > t_{0,025;8} = 2,306$ ou se $t_0 < -t_{0,025;8} = -2,306$.
7. Cálculo: A média e o desvio-padrão amostrais das diferenças d_j são $\overline{d} = 0,2736$ e $s_D = 0,1356$, logo, a estatística de teste é

$$t_0 = \frac{\overline{d}}{s_d/\sqrt{n}} = \frac{0,2739}{0,1351/\sqrt{9}} = 6,08$$

8. Conclusão: Uma vez que $t_0 = 6,05 > 2,306$, concluímos que os métodos de previsão da resistência fornecem resul-

TABELA 5-4 Previsões de Resistências para Nove Traves Planas de Aço (Carga Prevista/Carga Observada)

Trave	Método de Karlsruhe	Método de Lehigh	Diferença d_j
S1/1	1,186	1,061	0,125
S2/1	1,151	0,992	0,159
S3/1	1,322	1,063	0,259
S4/1	1,339	1,062	0,277
S5/1	1,200	1,065	0,135
S2/1	1,402	1,178	0,224
S2/2	1,365	1,037	0,328
S2/3	1,537	1,086	0,451
S2/4	1,559	1,052	0,507

tados diferentes. Especificamente, os dados indicam que o método de Karlsruhe produz, em média, previsões maiores para a resistência do que o método de Lehigh. O valor P para $t_0 = 6,05$ é $P = 0,0002$, logo, a estatística de teste está bem dentro da região crítica.

Comparações Emparelhadas *versus* Desemparelhadas

Na realização de um experimento comparativo, o investigador pode, algumas vezes, escolher entre experimento emparelhado e o experimento com duas amostras (desemparelhado). Se n medidas devem ser feitas em cada população, a estatística t para duas amostras é

$$T_0 = \frac{\overline{X}_1 - \overline{X}_2 - \Delta_0}{S_p \sqrt{\frac{1}{n} + \frac{1}{n}}}$$

que seria comparada a t_{2n-2} e, naturalmente, a estatística t emparelhada é

$$T_0 = \frac{\overline{D} - \Delta_0}{S_D/\sqrt{n}}$$

que seria comparada a t_{n-1}. Já que

$$\overline{D} = \sum_{j=1}^{n} \frac{D_j}{n} = \sum_{j=1}^{n} \frac{(X_{1j} - X_{2j})}{n} = \sum_{j=1}^{n} \frac{X_{1j}}{n} - \sum_{j=1}^{n} \frac{X_{2j}}{n}$$

$$= \overline{X}_1 - \overline{X}_2$$

os numeradores de ambas as estatísticas são idênticos. Entretanto, o denominador do teste t para duas amostras é baseado na suposição de que X_1 e X_2 sejam *independentes*. Em muitos experimentos emparelhados, uma forte correlação positiva ρ existe entre X_1 e X_2. Desse modo, pode ser mostrado que

$$V(\overline{D}) = V(\overline{X}_1 - \overline{X}_2 - \Delta_0)$$
$$= V(\overline{X}_1) + V(\overline{X}_2) - 2\,\text{cov}(\overline{X}_1, \overline{X}_2)$$
$$= \frac{2\sigma^2(1 - \rho)}{n}$$

supondo que ambas as populações X_1 e X_2 tenham idênticas variâncias σ^2. Além disso, $/n$ estima a variância de $\overline{D}$. Toda vez que existir uma correlação positiva intrapares, o denominador para o teste t emparelhado será menor do que o denominador do teste t para duas amostras. Isso pode fazer com que o teste t para duas amostras subestime consideravelmente a significância dos dados, se ele for aplicado incorretamente a amostras emparelhadas.

Embora o emparelhamento leve freqüentemente a um valor menor da variância de $\overline{X}_1 - \overline{X}_2$, ele tem uma desvantagem, ou seja, o teste t emparelhado conduz a uma perda de $n-1$ graus de liberdade em comparação ao teste t para duas amostras. Geralmente, sabemos que aumentar os graus de liberdade de um teste aumenta a potência contra quaisquer valores alternativos fixados do parâmetro.

Assim, como decidimos conduzir o experimento? Devemos ou não emparelhar as observações? Embora não haja uma resposta geral a essa questão, podemos dar algumas regras baseadas na discussão anterior.

1. Se as unidades experimentais forem relativamente homogêneas (σ pequena) e a correlação intrapares (*within*) for pequena, o ganho na precisão atribuído ao emparelhamento será compensado pela perda de graus de liberdade, por conseguinte, o experimento com amostra independente deve ser usado.
2. Se as unidades experimentais forem relativamente heterogêneas (σ grande) e se houver uma grande correlação positiva intrapares (*within*), o experimento emparelhado deve ser usado. Tipicamente, esse caso ocorre quando as unidades experimentais forem as *mesmas* para ambos os tratamentos. Como no Exemplo 5-8, as mesmas traves foram usadas para testar os dois métodos.

A implementação das regras requer ainda julgamento, porque σ e ρ nunca são conhecidos precisamente. Além disso, se o número de graus de liberdade for grande (como 40 ou 50), então a perda de $n-1$ deles para emparelhar pode não ser séria. No entanto, se o número de graus de liberdade for pequeno (como 10 ou 20), então a perda de metade deles é potencialmente séria se não for compensada por um aumento na precisão proveniente do emparelhamento.

148 CAPÍTULO CINCO

Intervalo de Confiança para μ_D

Para construir o intervalo de confiança para μ_D, note que

$$T = \frac{\overline{D} - \mu_D}{S_D/\sqrt{n}}$$

segue a distribuição t, com $n - 1$ graus de liberdade. Logo, uma vez que

$$P(-t_{\alpha/2,n-1} \leq T \leq t_{\alpha/2,n-1}) = 1 - \alpha$$

podemos substituir T na expressão anterior e fazer as etapas necessárias para isolar $\mu_D = \mu_1 - \mu_2$ entre as desigualdades. Isso leva ao seguinte intervalo de confiança de $100(1 - \alpha)\%$ para $\mu_D = \mu_1 - \mu_2$.

Intervalo de Confiança para μ_D para Observações Emparelhadas

Se $\overline{d}$ e s_d forem a média e o desvio-padrão amostrais, respectivamente, da diferença de n pares aleatórios de medidas distribuídas normalmente, então um intervalo de confiança de $100(1 - \alpha)\%$ para a diferença nas médias $\mu_D = \mu_1 - \mu_2$ será

$$\overline{d} - t_{\alpha/2,n-1}s_d/\sqrt{n} \leq \mu_D \leq \overline{d} + t_{\alpha/2,n-1}s_d/\sqrt{n} \quad (5\text{-}17)$$

sendo $t_{\alpha/2,n-1}$ o ponto percentual superior $100\,\alpha/2$ da distribuição t, com $n - 1$ graus de liberdade.

Esse intervalo de confiança é válido também para o caso em que $\sigma_1^2 = \sigma_2^2$, porque s_D^2 estima $\sigma_D^2 = V(X_1 - X_2)$. Também, para amostras grandes (como $n \geq 30$ pares), a suposição explícita de normalidade é desnecessária devido ao teorema central do limite.

TABELA 5-5 Tempo, em Segundos, para Estacionar, de Forma Paralela, Dois Automóveis

	Automóvel		Diferença
Indivíduo	1 (x_{1j})	2 (x_{2j})	(d_j)
1	37,0	17,8	19,2
2	25,8	20,2	5,6
3	16,2	16,8	−0,6
4	24,2	41,4	−17,2
5	22,0	21,4	0,6
6	33,4	38,4	−5,0
7	23,8	16,8	7,0
8	58,2	32,2	26,0
9	33,6	27,8	5,8
10	24,4	23,2	1,2
11	23,4	29,6	−6,2
12	21,2	20,6	0,6
13	36,2	32,2	4,0
14	29,8	53,8	−24,0

EXEMPLO 5-9

O periódico *Human Factors* (1962, pp. 375-380) reporta um estudo em que se pediu a $n = 14$ pessoas para estacionarem dois carros, de forma paralela, tendo barras de direção e raios de giro muito diferentes. O tempo em segundos para cada pessoa foi registrado, sendo apresentado na Tabela 5-5. Da coluna das diferenças observadas, calculamos $\overline{d} = 1,21$ e $s_d = 12,68$. O intervalo de confiança de 90% para $\mu_D = \mu_1 - \mu_2$ é encontrado a partir da Eq. 5-17 conforme segue:

$$\overline{d} - t_{0,05,13}s_d/\sqrt{n} \leq \mu_D \leq \overline{d} + t_{0,05,13}s_d/\sqrt{n}$$
$$1,21 - 1,771(12,68)/\sqrt{14} \leq \mu_D \leq 1,21 + 1,771(12,68)/\sqrt{14}$$
$$-4,79 \leq \mu_D \leq 7,21$$

Note que o intervalo de confiança para μ_D inclui o zero. Isso implica que, com um nível de confiança de 90%, os dados não justificam a afirmação de que os dois carros têm diferentes tempos médios para estacionar μ_1 e μ_2. Ou seja, o valor $\mu_D = \mu_1 - \mu_2 = 0$ é consistente com os dados observados.

INFERÊNCIA ESTATÍSTICA PARA DUAS AMOSTRAS **149**

EXERCÍCIOS PARA A SEÇÃO 5-4

5-26. Considere o experimento da resistência ao cisalhamento descrito no Exemplo 5-8. Construa, pelos dois métodos, o intervalo de confiança de 95% para a diferença na resistência média ao cisalhamento. O resultado que você obteve é consistente com o que você encontrou no Exemplo 5-8? Explique por quê.

5-27. Reconsidere o experimento da resistência ao cisalhamento descrito no Exemplo 5-8. Cada uma das resistências individuais ao cisalhamento tem de ser distribuída normalmente para o teste t emparelhado ser apropriado? Ou é somente a diferença nas resistências ao cisalhamento que tem de ser normal? Use o gráfico de probabilidade normal para investigar a suposição de normalidade.

5-28. Considere os dados de estacionamento no Exemplo 5-9. Use o teste t emparelhado para investigar a afirmação de que os dois tipos de carros têm diferentes níveis de dificuldade para estacionar de forma paralela. Use $\alpha = 0,10$. Compare seus resultados com o intervalo de confiança construído no Exemplo 5-9 e comente por que eles são os mesmos ou por que eles são diferentes.

5-29. Reconsidere os dados de estacionamento no Exemplo 5-9. Investigue a suposição de que as diferenças nos tempos para estacionar sejam normalmente distribuídas.

5-30. O gerente de uma loja de carros está testando duas marcas de pneus radiais. Ele coloca, ao acaso, um pneu de cada marca nas duas rodas traseiras de oito carros e anda com os carros até que os pneus se desgastem. Os dados (em quilômetros) são mostrados a seguir. Encontre um intervalo de confiança de 99% para a diferença na vida média. Baseado nos seus cálculos, qual a marca que você prefere?

Carro	Marca 1	Marca 2
1	36.925	34.318
2	45.300	42.280
3	36.240	35.500
4	32.100	31.950
5	37.210	38.015
6	48.360	47.800
7	38.200	37.810
8	33.500	33.215

5-31. Um cientista de computação está investigando a utilidade de duas diferentes linguagens de programação na melhoria das tarefas computacionais. Doze programadores experientes, familiarizados com ambas as linguagens, codificaram uma função padrão nas duas linguagens. O tempo em minutos foi registrado, sendo os dados mostrados a seguir:

	Tempo	
Programador	Linguagem de Programação 1	Linguagem de Programação 2
1	17	18
2	16	14
3	21	19
4	14	11
5	18	23
6	24	21
7	16	10
8	14	13
9	21	19
10	23	24
11	13	15
12	18	20

(a) Encontre um intervalo de confiança de 95% para a diferença nos tempos médios de codificação. Há alguma indicação de que uma linguagem de programação seja preferível?

(b) A suposição da diferença no tempo de codificação ser normalmente distribuída é razoável? Mostre as evidências que confirmem a sua resposta.

5-32. Quinze homens adultos, entre as idades de 35 e 50 anos, participaram de um estudo para avaliar o efeito da dieta e de exercícios no nível de colesterol no sangue. O colesterol total foi medido em cada indivíduo inicialmente e depois de três meses de participação em um programa de exercícios aeróbicos e mudanças para uma dieta de baixo teor de gordura. Os dados são apresentados na tabela a seguir. Os dados justificam a afirmação de que dieta com baixo teor de gordura e um programa de exercícios aeróbicos são valiosos para uma redução média nos níveis de colesterol no sangue? Use $\alpha = 0,05$.

Nível de Colesterol no Sangue		
Indivíduo	Antes	Depois
1	265	229
2	240	231
3	258	227
4	295	240
5	251	238
6	245	241
7	287	234
8	314	256
9	260	247
10	279	239
11	283	246
12	240	218
13	238	219
14	225	226
15	247	233

5-33. Um artigo no *Journal of Aircraft* (Vol. 23, 1986, pp. 859-864) descreve uma nova formulação do método de análise de placa equivalente, que é capaz de modelar estruturas de aviões, tais como vigas-caixão nas asas de aviões, e que produz resultados similares ao método de análise por elementos finitos, que é mais laborioso computacionalmente. Freqüências naturais de vibração para a estrutura das vigas-caixão nas asas de aviões são calculadas usando ambos os métodos, sendo os resultados mostrados a seguir para as sete primeiras freqüências naturais.

Carro	Elemento Finito, Ciclo/s	Placa Equivalente, Ciclo/s
1	14,58	14,76
2	48,52	49,10
3	97,22	99,99

Carro	Elemento Finito, Ciclo/s	Placa Equivalente, Ciclo/s
4	113,99	117,53
5	174,73	181,22
6	212,72	220,14
7	277,38	294,80

(a) Os dados sugerem que os dois métodos forneçem o mesmo valor médio para a freqüência natural de vibração? Use $\alpha = 0,05$.

(b) Encontre um intervalo de confiança de 95% para a diferença média entre os dois métodos.

5-34. Dez indivíduos participaram de um programa de modificação alimentar para estimular a perda de peso. Seus pesos antes e depois da participação no programa são mostrados na lista a seguir. Há evidência para justificar a afirmação de que esse programa particular de modificação alimentar seja efetivo na redução do peso médio? Use $\alpha = 0,05$.

Indivíduo	Antes	Depois
1	195	187
2	213	195
3	247	221
4	201	190
5	187	175
6	210	197
7	215	199
8	246	221
9	294	278
10	310	285

5-35. Dois diferentes testes analíticos podem ser usados para determinar o nível de impureza em ligas de aço. Oito espécimes são testados usando ambos os procedimentos, sendo os resultados mostrados na tabela a seguir. Há evidência suficiente para concluir que ambos os testes forneçam o mesmo nível médio de impureza? Use $a = 0,01$.

Espécime	Teste 1	Teste 2
1	1,2	1,4
2	1,3	1,7
3	1,5	1,5
4	1,4	1,3
5	1,7	2,0
6	1,8	2,1
7	1,4	1,7
8	1,3	1,6

5-36. Considere os dados de perda de peso no Exercício 5-34. Há evidência para justificar a afirmação de que esse programa particular de modificação alimentar resultará em uma perda média de peso de no mínimo 10 libras? Use $\alpha = 0,05$.

5-37. Considere o experimento de perda de peso no Exercício 5-34. Suponha que, se o programa de modificação alimentar resultar em uma perda média de peso de 10 libras, será importante detectar isso com uma probabilidade de no mínimo 0,90. O uso de 10 indivíduos foi um tamanho adequado? Se não, quantos indivíduos devem ser usados?

5-5 INFERÊNCIA SOBRE A RAZÃO DE VARIÂNCIAS DE DUAS POPULAÇÕES NORMAIS

Introduzimos agora testes e intervalos de confiança para as variâncias de duas populações mostradas na Fig. 5-1. Consideraremos ambas as populações como normais. Os procedimentos de teste de hipóteses e de intervalo de confiança são relativamente sensíveis à suposição de normalidade.

5-5.1 TESTE DE HIPÓTESES PARA A RAZÃO DE DUAS VARIÂNCIAS

Suponha que duas populações normais independentes sejam de interesse, sendo desconhecidas as médias, μ_1 e μ_2, e as variâncias, σ_1^2 e σ_2^2, da população. Desejamos testar as hipóteses relativas à igualdade das duas variâncias, isto é, $H_0: \sigma_1^2 = \sigma_2^2$. Suponha que sejam disponíveis duas amostras aleatórias de tamanho n_1, proveniente da população 1, e de tamanho n_2, provenientes da população 2. Considere S_1^2 e S_2^2 as variâncias das amostras. Desejamos testar as hipóteses

$$H_0: \sigma_1^2 = \sigma_2^2$$

$$H_1: \sigma_1^2 \neq \sigma_2^2$$

O desenvolvimento de um procedimento de teste para essas hipóteses requer uma nova distribuição de probabilidades.

A Distribuição F

Uma das muitas distribuições úteis em estatística é a distribuição F. A variável aleatória F é definida como sendo a razão de duas variáveis aleatórias independentes qui-quadrado, cada uma dividida pelo seu número de graus de liberdade. Ou seja,

$$F = \frac{W/u}{Y/v}$$

sendo W e Y variáveis aleatórias independentes qui-quadrado, com u e v graus de liberdade, respectivamente. Agora, estabelecemos formalmente a distribuição amostral de F.

A Distribuição F

Sejam W e Y variáveis aleatórias independentes qui-quadrado, com u e v graus de liberdade, respectivamente. Então a razão

$$F = \frac{W/u}{Y/v} \quad (5\text{-}18)$$

tem a função densidade de probabilidade

$$f(x) = \frac{\Gamma\left(\dfrac{u+v}{2}\right)\left(\dfrac{u}{v}\right)^{u/2} x^{(u/2)-1}}{\Gamma\left(\dfrac{u}{2}\right)\Gamma\left(\dfrac{v}{2}\right)\left[\left(\dfrac{u}{v}\right)x + 1\right]^{(u+v)/2}}, \quad 0 < x < \infty \quad (5\text{-}19)$$

e é dita seguir a distribuição F com u graus de liberdade no numerador e v graus de liberdade no denominador. É geralmente abreviada como $F_{u,v}$.

A média e a variância da distribuição F são $\mu = v/(v-2)$ para $v > 2$ e

$$\sigma^2 = \frac{2v^2(u+v-2)}{u(v-2)^2(v-4)}, \quad v > 4$$

Duas distribuições F são mostradas na Fig. 5-4. A variável aleatória F é positiva e a distribuição é desviada para a direita. A distribuição F parece muito similar à distribuição qui-quadrado na Fig. 4-17, entretanto, os dois parâmetros u e v fornecem flexibilidade extra em relação à forma.

Os pontos percentuais da distribuição F são dados na Tabela IV do Apêndice A. Seja $f_{\alpha,u,v}$ ser o ponto percentual da distribuição F, com u graus de liberdade no numerador e v graus de liberdade no denominador, de tal modo que a probabilidade da variável aleatória F exceder esse valor seja

$$P(F > f_{\alpha,u,v}) = \int_{f_{\alpha,u,v}}^{\infty} f(x)\,dx = \alpha$$

Isso é ilustrado na Fig. 5-5. Por exemplo, se $u = 5$ e $v = 10$, encontraremos da Tabela IV do Apêndice A que

$$P(F > f_{0,05,5,10}) = P(F_{5,10} > 3,33) = 0,05$$

Isto é, os 5% acima de $F_{5,10}$ é $f_{0,05;5;10} = 3,33$.

A Tabela IV contém somente pontos percentuais superiores (para valores selecionados de $f_{\alpha,u,v}$ para $\alpha \leq 0,25$) da distribuição F. Os pontos percentuais inferiores $f_{1-\alpha,u,v}$ podem ser encontrados como segue:

$$f_{1-\alpha,u,v} = \frac{1}{f_{\alpha,v,u}} \quad (5\text{-}20)$$

Por exemplo, para encontrar o ponto percentual inferior $f_{0,95;5;10}$, note que

$$f_{0,95,5,10} = \frac{1}{f_{0,05,10,5}} = \frac{1}{4,74} = 0,211$$

O Procedimento de Teste

Um procedimento de teste de hipóteses para a igualdade de duas variâncias é baseado no seguinte resultado.

Seja $X_{11}, X_{12}, \ldots, X_{1n_1}$ uma amostra aleatória proveniente de uma população normal, com média μ_1 e variância σ_1^2. Seja $X_{21}, X_{22}, \ldots, X_{2n_2}$ uma amostra aleatória proveniente de uma população normal, com média μ_2 e variância σ_1^2. Considere que ambas as populações normais sejam independentes. Sejam S_1^2 e S_2^2 as variâncias das amostras. Então, a razão

$$F = \frac{S_1^2/\sigma_1^2}{S_2^2/\sigma_2^2}$$

tem uma distribuição F, com $n_1 - 1$ graus de liberdade no numerador e $n_2 - 1$ graus de liberdade no denominador.

Esse resultado é baseado no fato de que $(n_1 - 1)S_1^2/\sigma_1^2$ é uma variável aleatória qui-quadrado com $n_1 - 1$ graus de liberdade, de que $(n_2 - 1)S_2^2/\sigma_2^2$ é uma variável aleatória qui-quadrado com

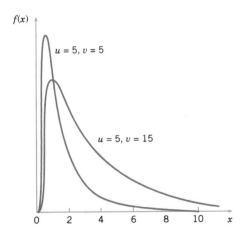

Fig. 5-4 Funções densidade de probabilidade de duas distribuições F.

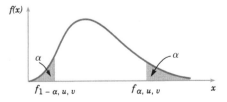

Fig. 5-5 Pontos percentuais superior e inferior da distribuição F.

152 CAPÍTULO CINCO

$n_2 - 1$ graus de liberdade e de que as duas populações normais sejam independentes. Claramente, sujeito à hipótese nula de H_0: $\sigma_1^2 = \sigma_2^2$, a razão $F_0 = S_1^2/S_2^2$ tem uma distribuição F_{n_1-1,n_2-1}. Isso é a base do seguinte procedimento de teste.

Testando Hipóteses sobre a Igualdade de Variâncias de Duas Distribuições Normais

Hipótese nula: H_0: $\sigma_1^2 = \sigma_2^2$

Estatística de teste: $F_0 = \dfrac{S_1^2}{S_2^2}$

Hipóteses Alternativas	Critério de Rejeição
H_1: $\sigma_1^2 \neq \sigma_2^2$	$f_0 > f_{\alpha/2,n_1-1,n_2-1}$ ou $f_0 < f_{1-\alpha/2,n_1-1,n_2-1}$
H_1: $\sigma_1^2 > \sigma_2^2$	$f_0 > f_{\alpha,n_1-1,n_2-1}$
H_1: $\sigma_1^2 < \sigma_2^2$	$f_0 < f_{1-\alpha,n_1-1,n_2-1}$

EXEMPLO 5-10

Camadas de óxidos em pastilhas de semicondutores são atacadas em uma mistura de gases, de modo a atingir a espessura apropriada. A variabilidade na espessura dessas camadas de óxidos é uma característica crítica da pastilha. Uma baixa variabilidade é desejada para as etapas subseqüentes do processo. Duas misturas diferentes de gases estão sendo estudadas para determinar se uma delas é superior na redução da variabilidade da espessura das camadas de óxido. Dezesseis pastilhas são atacadas com cada gás. Os desvios-padrão da espessura de óxido são $s_1 = 1{,}96$ angströms e $s_2 = 2{,}13$ angströms, respectivamente. Há qualquer evidência que indique ser um gás preferível em relação ao outro? Use $\alpha = 0{,}05$.

O procedimento de oito etapas para o teste de hipóteses pode ser aplicado a esse problema conforme segue:

1. Os parâmetros de interesse são as variâncias, σ_1^2 e σ_2^2, da espessura das camadas de óxido. Consideraremos que a espessura de óxido seja uma variável aleatória normal para ambas as misturas de gases.
2. H_0: $\sigma_1^2 = \sigma_2^2$
3. H_1: $\sigma_1^2 \neq \sigma_2^2$
4. $\alpha = 0{,}05$
5. A estatística de teste é dada pela Eq. 5-21:

$$f_0 = \frac{s_1^2}{s_2^2}$$

6. Uma vez que $n_1 = n_2 = 16$, rejeitaremos H_0: $\sigma_1^2 = \sigma_2^2$ se $f_0 > f_{0,025;15;15} = 2{,}86$ ou se $f_0 < f_{0,975;15;15} = 1/f_{0,025;15;15} = 1/2{,}86 = 0{,}35$.

7. Cálculo: Já que $s_1^2 = (1{,}96)^2 = 3{,}84$ e $s_2^2 = (2{,}13)^2 = 4{,}54$, a estatística de teste é

$$f_0 = \frac{s_1^2}{s_2^2} = \frac{3{,}84}{4{,}54} = 0{,}85$$

8. Conclusão: Uma vez que $f_{0,975;15;15} = 0{,}35 < 0{,}85 < f_{0,025;15;15} = 2{,}86$, não podemos rejeitar a hipótese nula H_0: $\sigma_1^2 = \sigma_2^2$ com um nível de significância de 0,05. Conseqüentemente, não há evidência forte para indicar que cada gás resulte em uma variância menor da espessura de óxido.

5-5.2 INTERVALO DE CONFIANÇA PARA A RAZÃO DE DUAS VARIÂNCIAS

Para encontrar o intervalo de confiança, lembre-se de que a distribuição amostral de

$$F = \frac{S_2^2/\sigma_2^2}{S_1^2/\sigma_1^2}$$

é uma distribuição F, com $n_2 - 1$ e $n_1 - 1$ graus de liberdade. *Nota:* Começamos com S_2^2 no numerador e S_1^2 no denominador para simplificar a álgebra usada para obter um intervalo para σ_1^2/σ_2^2. Logo,

$$P(f_{1-\alpha/2,n_2-1,n_1-1} \leq F \leq f_{\alpha/2,n_2-1,n_1-1}) = 1 - \alpha$$

A substituição por F e a manipulação das desigualdades conduzirão a um intervalo de confiança de $100(1-\alpha)\%$ para σ_1^2/σ_2^2.

INFERÊNCIA ESTATÍSTICA PARA DUAS AMOSTRAS

153

Intervalo de Confiança para a Razão de Variâncias de Duas Distribuições Normais

Se s_1^2 e s_2^2 forem as variâncias de amostras aleatórias de tamanhos n_1 e n_2, respectivamente, provenientes de duas populações normais independentes, com variâncias desconhecidas σ_1^2 e σ_2^2, então um intervalo de confiança de $100(1 - \alpha)\%$ para a razão σ_1^2/σ_2^2 será

$$\frac{s_1^2}{s_2^2} f_{1-\alpha/2,n_2-1,n_1-1} \leq \frac{\sigma_1^2}{\sigma_2^2} \leq \frac{s_1^2}{s_2^2} f_{\alpha/2,n_2-1,n_1-1} \quad (5\text{-}22)$$

em que $f_{\alpha/2,n_2-1,n_2-1}$ e $f_{1-\alpha/2,n_2-1,n_1-1}$ são os pontos percentuais superior e inferior da distribuição F, com $n_2 - 1$ graus de liberdade no numerador e $n_1 - 1$ graus de liberdade no denominador, respectivamente.

EXEMPLO 5-11

Uma companhia fabrica propulsores para uso em motores de turbinas de avião. Uma das operações envolve esmerilhar o acabamento de uma superfície particular para um componente de liga de titânio. Dois processos diferentes para esmerilhar podem ser usados, podendo produzir peças com iguais rugosidades médias da superfície. Um engenheiro de manutenção gostaria de selecionar o processo tendo a menor variabilidade na rugosidade da superfície. Uma amostra aleatória de $n_1 = 11$ peças, proveniente do primeiro processo, resulta em um desvio-padrão de $s_1 = 5,1$ micropolegadas. Uma amostra aleatória de $n_2 = 16$ peças, proveniente do segundo processo, resulta em um desvio-padrão de $s_2 = 4,7$ micropolegadas. Encontraremos um intervalo de confiança de 90% para a razão de duas variâncias σ_1^2/σ_2^2.

Considerando que os dois processos sejam independentes e que a rugosidade na superfície seja normalmente distribuída, podemos usar a Eq. 5-22 como segue:

$$\frac{s_1^2}{s_2^2} f_{0,95,15,10} \leq \frac{\sigma_1^2}{\sigma_2^2} \leq \frac{s_1^2}{s_2^2} f_{0,05,15,10}$$

$$\frac{(5,1)^2}{(4,7)^2} 0,39 \leq \frac{\sigma_1^2}{\sigma_2^2} \leq \frac{(5,1)^2}{(4,7)^2} 2,85$$

ou

$$0,46 \leq \frac{\sigma_1^2}{\sigma_2^2} \leq 3,36$$

Note que temos usado a Eq. 5-20 para encontrar $f_{0,95;15,10} = 1/f_{0,05,10,15} = 1/2,54 = 0,39$. Uma vez que esse intervalo de confiança inclui a unidade, não podemos afirmar que os desvios-padrão da rugosidade da superfície para os dois processos sejam diferentes com um nível de 90% de confiança.

EXERCÍCIOS PARA A SEÇÃO 5-5

5-38. Para uma distribuição F, encontre o seguinte:
    (a) $f_{0,25;5;10}$
    (b) $f_{0,10;24;9}$
    (c) $f_{0,05;8;15}$
    (d) $f_{0,75;5;10}$
    (e) $f_{0,90;24;9}$
    (f) $f_{0,95;8;15}$

5-39. Para uma distribuição F, encontre o seguinte:
    (a) $f_{0,25;7;15}$
    (b) $f_{0,10;10;12}$
    (c) $f_{0,01;20;10}$
    (d) $f_{0,75;7;15}$
    (e) $f_{0,90;10;12}$
    (f) $f_{0,99;20;10}$

5-40. Onze observações do módulo resiliente de uma mistura cerâmica do tipo A são medidas, tendo uma média de 18,42 psi e um desvio-padrão da amostra igual a 2,77 psi. Dez observações do módulo resiliente de uma mistura cerâmica do tipo B são medidas, tendo uma média de 19,28 psi e um desvio-padrão da amostra igual a 2,41 psi. Há evidência suficiente para justificar a afirmação do investigador de que a cerâmica tipo A tenha uma variabilidade maior do que a do tipo B? Use $\alpha = 0,05$.

5-41. Considere os dados da taxa de ataque químico no Exercício 5-17. Teste a hipótese H_0: $\sigma_1^2 = \sigma_2^2$ contra H_1: $\sigma_1^2 \neq \sigma_2^2$, usando $\alpha = 0,05$, e tire conclusões.

5-42. Considere os dados sobre o diâmetro no Exercício 5-13. Construa o seguinte:
    (a) Um intervalo de confiança bilateral de 90% para σ_1/σ_2.
    (b) Um intervalo de confiança bilateral de 95% para σ_1/σ_2. Compare a largura desse intervalo com a largura do intervalo no item (a).
    (c) Um intervalo de confiança unilateral inferior de 90% para σ_1/σ_2.

5-43. Considere os dados sobre a espuma no Exercício 5-14. Construa o seguinte:

154 Capítulo Cinco

(a) Um intervalo de confiança bilateral de 90% para σ_1^2 / σ_2^2.

(b) Um intervalo de confiança bilateral de 95% para σ_1^2 / σ_2^2. Compare a largura desse intervalo com a largura do intervalo no item (a).

(c) Um intervalo de confiança unilateral inferior de 90% para σ_1/σ_2.

5-44. Considere os dados sobre o filme no Exercício 5-19. Teste H_0: $\sigma_1^2 = \sigma_2^2$ *versus* H_1: $\sigma_1^2 \neq \sigma_2^2$, usando $\alpha = 0,02$.

5-45. Considere os dados sobre a resistência ao impacto da engrenagem no Exercício 5-18. Há evidência suficiente para concluir que a variância da resistência ao impacto seja diferente daquela proposta pelos dois fornecedores? Use $\alpha = 0,05$.

5-46. Considere os dados sobre o ponto de fusão no Exercício 5-20. Os dados da amostra justificam a afirmação de que ambas as ligas tenham a mesma variância de ponto de fusão? Use $\alpha = 0,05$ para tirar sua conclusão.

5-47. O Exercício 5-23 apresentou medidas de espessura de revestimento de plástico em duas temperaturas diferentes de aplicação. Teste H_0: $\sigma_1^2 = \sigma_2^2$ contra H_1: $\sigma_1^2 \neq \sigma_2^2$, usando $\alpha = 0,10$.

5-48. Um estudo foi feito para determinar se homens e mulheres diferem suas repetibilidades em arrumar componentes em placas de circuito impresso. Duas amostras de 25 homens e 21 mulheres foram selecionadas, com cada indivíduo arrumando as unidades. Os desvios-padrão dos tempos de disposição dos componentes para as duas amostras foram $s_{homem} = 0,914$ min e $s_{mulher} = 1,093$ min. Há evidência para justificar a afirmação de que homens e mulheres diferem com relação à repetibilidade para essa tarefa de arrumar os componentes nas placas de circuito impresso? Use $\alpha = 0,02$ e estabeleça quaisquer suposições necessárias acerca da distribuição dos dados em foco.

5-49. Reconsidere o experimento da repetibilidade do arranjo, descrito no Exercício 5-48. Encontre um intervalo de confiança de 98% para a razão de duas variâncias. Dê uma interpretação do intervalo.

5-6 INFERÊNCIA SOBRE PROPORÇÕES DE DUAS POPULAÇÕES

Consideraremos agora o caso onde há dois parâmetros binomiais de interesse, como p_1 e p_2, e desejamos obter inferências acerca dessas proporções. Apresentaremos, para amostras grandes, os procedimentos de teste de hipóteses e de intervalo de confiança, baseados na aproximação da binomial pela normal.

5-6.1 Teste de Hipóteses para a Igualdade de Duas Proporções Binomiais

Suponha que as duas amostras aleatórias independentes, de tamanhos n_1 e n_2, sejam retiradas de duas populações e sejam X_1 e X_2 as representações do número de observações que pertencem à classe de interesse nas amostras 1 e 2, respectivamente. Além disso, considere que a aproximação da binomial pela normal seja aplicada a cada população, de modo que os estimadores das proporções das populações $\hat{P}_1 = X_1/n_1$ e $\hat{P}_2 = X_2/n_2$ tenham distribuições aproximadamente normais. Estamos interessados em testar as hipóteses

$$H_0: p_1 = p_2$$
$$H_1: p_1 \neq p_2$$

A grandeza

$$Z = \frac{\hat{P}_1 - \hat{P}_2 - (p_1 - p_2)}{\sqrt{\dfrac{p_1(1 - p_1)}{n_1} + \dfrac{p_2(1 - p_2)}{n_2}}} \qquad (5\text{-}23)$$

tem uma distribuição aproximadamente normal padrão $N(0,1)$.

Esse resultado é a base de um teste para $H_0: p_1 = p_2$. Especificamente, se a hipótese nula $H_0: p_1 = p_2$ for verdadeira, então usando o fato de que $p_1 = p_2 = p$, a variável aleatória

$$Z = \frac{\hat{P}_1 - \hat{P}_2}{\sqrt{p(1 - p)\left(\dfrac{1}{n_1} + \dfrac{1}{n_2}\right)}}$$

é distribuída aproximadamente $N(0,1)$. Um estimador do parâmetro comum p é

$$\hat{P} = \frac{X_1 + X_2}{n_1 + n_2}$$

A estatística de teste para $H_0: p_1 = p_2$ é então

$$Z_0 = \frac{\hat{P}_1 - \hat{P}_2}{\sqrt{\hat{P}(1 - \hat{P})\left(\dfrac{1}{n_1} + \dfrac{1}{n_2}\right)}}$$

Isso conduz aos procedimentos de testes descritos a seguir.

INFERÊNCIA ESTATÍSTICA PARA DUAS AMOSTRAS **155**

Testando Hipóteses sobre a Igualdade de Duas Proporções Binomiais

Hipótese nula: $H_0: p_1 = p_2$

Estatística de teste: $Z_0 = \dfrac{\hat{P}_1 - \hat{P}_2}{\sqrt{\hat{P}(1 - \hat{P})\left(\dfrac{1}{n_1} + \dfrac{1}{n_2}\right)}}$ (5-24)

Hipóteses Alternativas	Critério de Rejeição
$H_1: p_1 \neq p_2$	$z_0 > z_{\alpha/2}$ ou $z_0 < -z_{\alpha/2}$
$H_1: p_1 > p_2$	$z_0 > z_\alpha$
$H_1: p_1 < p_2$	$z_0 < -z_\alpha$

EXEMPLO 5-12

Dois tipos diferentes de solução de polimento estão sendo avaliados para possível uso em uma operação de polimento na fabricação de lentes intra-oculares usadas no olho humano depois de uma operação de catarata. Trezentas lentes foram polidas usando a primeira solução de polimento e, desse número, 253 não tiveram defeitos induzidos pelo polimento. Outras 300 lentes foram polidas, usando a segunda solução de polimento, sendo 196 lentes consideradas satisfatórias. Há qualquer razão para acreditar que as duas soluções de polimento difiram? Use $\alpha = 0,01$.

O procedimento de oito etapas para o teste de hipóteses conduz aos seguintes resultados:

1. Os parâmetros de interesse são p_1 e p_2, a proporção de lentes satisfatórias depois do polimento com os fluidos 1 e 2.
2. $H_0: p_1 = p_2$
3. $H_1: p_1 \neq p_2$
4. $\alpha = 0,01$
5. A estatística de teste é

$$z_0 = \frac{\hat{p}_1 - \hat{p}_2}{\sqrt{\hat{p}(1 - \hat{p})\left(\dfrac{1}{n_1} + \dfrac{1}{n_2}\right)}}$$

sendo $\hat{p}_1 = 253/300 = 0,8433$, $\hat{p}_2 = 196/300 = 0,6533$, $n_1 = n_2 = 300$ e

$$\hat{p} = \frac{x_1 + x_2}{n_1 + n_2} = \frac{253 + 196}{300 + 300} = 0,7483$$

6. Rejeitar $H_0: p_1 = p_2$ se $z_0 > z_{0,005} = 2,58$ ou se $z_0 < -z_{0,005} = -2,58$.
7. Cálculo: O valor da estatística de teste é

$$z_0 = \frac{0,8433 - 0,6533}{\sqrt{0,7483(0,2517)\left(\dfrac{1}{300} + \dfrac{1}{300}\right)}} = 5,36$$

8. Conclusão: Uma vez que $z_0 = 5,36 > z_{0,005} = 2,58$, rejeitamos a hipótese nula. Note que o valor P é $P \cong 8,32 \times 10^{-8}$. Há uma forte evidência para justificar a afirmação de que os dois fluidos de polimento sejam diferentes. O fluido 1 produz uma maior fração de lentes não defeituosas.

5-6.2 ERRO TIPO II E ESCOLHA DO TAMANHO DA AMOSTRA

O cálculo do erro β para o teste anterior é de algum modo mais complicado do que em um caso de uma única amostra. O problema é que o denominador de Z_0 é uma estimativa do desvio-padrão de $\hat{P}_1 - \hat{P}_2$ sob a suposição de que $p_1 - p_2 = p$. Quando $H_0: p_1 = p_2$ for falsa, o desvio-padrão de $\hat{P}_1 - \hat{P}_2$ será

$$\sigma_{\hat{P}_1 - \hat{P}_2} = \sqrt{\frac{p_1(1 - p_1)}{n_1} + \frac{p_2(1 - p_2)}{n_2}}$$ (5-25)

Se a hipótese alternativa for bilateral, o erro β será

$$\beta = \Phi\left(\frac{z_{\alpha/2}\sqrt{\overline{pq}(1/n_1 + 1/n_2)} - (p_1 - p_2)}{\sigma_{\hat{P}_1 - \hat{P}_2}}\right.$$

$$\left. - \Phi\left(\frac{-z_{\alpha/2}\sqrt{\overline{pq}(1/n_1 + 1/n_2)} - (p_1 - p_2)}{\sigma_{\hat{P}_1 - \hat{P}_2}}\right)\right.$$ (5-26)

onde

$$\overline{p} = \frac{n_1 p_1 + n_2 p_2}{n_1 + n_2}$$

$$\overline{q} = \frac{n_1(1 - p_1) + n_2(1 - p_2)}{n_1 + n_2} = 1 - \overline{p}$$

sendo $\sigma_{\hat{P}_1 - \hat{P}_2}$ dado pela Eq. 5-25.

156 CAPÍTULO CINCO

Se a hipótese alternativa for $H_1: p_1 > p_2$, então

$$\beta = \Phi\left(\frac{z_\alpha\sqrt{\bar{p}\bar{q}(1/n_1 + 1/n_2)} - (p_1 - p_2)}{\sigma_{\hat{P}_1 - \hat{P}_2}}\right) \quad (5\text{-}27)$$

e se a hipótese alternativa for $H_1: p_1 < p_2$, então

$$\beta = 1 - \Phi\left(\frac{-z_\alpha\sqrt{\bar{p}\bar{q}(1/n_1 + 1/n_2)} - (p_1 - p_2)}{\sigma_{\hat{P}_1 - \hat{P}_2}}\right) \quad (5\text{-}28)$$

Para um par especificado de valores de p_1 e p_2, poderemos encontrar os tamanhos requeridos das amostras $n_1 = n_2 = n$ de modo a dar o teste de tamanho a que tenha o erro β tipo II especificado.

Tamanho da Amostra para um Teste Bilateral de Hipóteses para a Diferença entre Duas Proporções Binomiais

Para uma alternativa bilateral, o tamanho comum da amostra é

$$n = \frac{\left(z_{\alpha/2}\sqrt{(p_1 + p_2)(q_1 + q_2)/2} + z_\beta\sqrt{p_1 q_1 + p_2 q_2}\right)^2}{(p_1 - p_2)^2} \quad (5\text{-}29)$$

sendo $q_1 = 1 - p_1$ e $q_2 = 1 - p_2$.

Para uma alternativa unilateral, troque $z_{\alpha/2}$ na Eq. 5-29 por z_α.

5-6.3 INTERVALO DE CONFIANÇA PARA A DIFERENÇA EM PROPORÇÕES BINOMIAIS

O intervalo de confiança para $p_1 - p_2$ pode ser encontrado diretamente, pelo fato de sabermos que

$$z = \frac{\hat{P}_1 - \hat{P}_2 - (p_1 - p_2)}{\sqrt{\dfrac{p_1(1 - p_1)}{n_1} + \dfrac{p_2(1 - p_2)}{n_2}}}$$

é uma variável aleatória normal padrão. Assim,

$$P(-z_{\alpha/2} \le Z \le z_{\alpha/2}) \simeq 1 - \alpha$$

Podemos então substituir Z nessa última expressão e, usando uma abordagem similar àquela empregada previamente, encontrar um intervalo de confiança aproximado de $100(1 - \alpha)\%$ para $p_1 - p_2$.

Intervalo de Confiança para a Diferença em Proporções Binomiais

Se $\hat{p}_1$ e $\hat{p}_2$ forem as proporções amostrais de observação em duas amostras aleatórias e independentes, de tamanhos n_1 e n_2 que pertençam à classe de interesse, então um intervalo de confiança aproximado de $100(1 - \alpha)\%$ para a diferença nas proporções verdadeiras $p_1 - p_2$ será

$$\hat{p}_1 - \hat{p}_2 - z_{\alpha/2}\sqrt{\frac{\hat{p}_1(1 - \hat{p}_1)}{n_1} + \frac{\hat{p}_2(1 - \hat{p}_2)}{n_2}}$$

$$\le p_1 - p_2 \le \hat{p}_1 - \hat{p}_2 + z_{\alpha/2}\sqrt{\frac{\hat{p}_1(1 - \hat{p}_1)}{n_1} + \frac{\hat{p}_2(1 - \hat{p}_2)}{n_2}} \quad (5\text{-}30)$$

sendo $z_{\alpha/2}$ o ponto percentual superior $\alpha/2$ da distribuição normal padrão.

EXEMPLO 5-13

Considere o processo descrito no Exemplo 4-14 sobre a fabricação de mancais para eixos de manivela. Suponha que uma modificação seja feita no processo de acabamento da superfície e que, subseqüentemente, obtenha-se uma segunda amostra aleatória de 85 eixos. O número de eixos defeituosos nessa segunda amostra é 8. Por conseguinte, uma vez que $n_1 = 85$, $\hat{p}_1 = 0{,}12$, $n_2 = 85$, $\hat{p}_2 = 8/85 = 0{,}09$, podemos obter um intervalo de confiança aproximado de 95% para a diferença na proporção de mancais defeituosos produzidos pelos dois processos a partir da Eq. 5-30 conforme segue:

$$\hat{p}_1 - \hat{p}_2 - z_{0,025}\sqrt{\frac{\hat{p}_1(1 - \hat{p}_1)}{n_1} + \frac{\hat{p}_2(1 - \hat{p}_2)}{n_2}}$$

$$\le p_1 - p_2 \le \hat{p}_1 - \hat{p}_2 + z_{0,025}\sqrt{\frac{\hat{p}_1(1 - \hat{p}_1)}{n_1} + \frac{\hat{p}_2(1 - \hat{p}_2)}{n_2}}$$

ou

$$0{,}12 - 0{,}09 - 1{,}96\sqrt{\frac{0{,}12(0{,}88)}{85} + \frac{0{,}09(0{,}91)}{85}}$$

$$\leq p_1 - p_2 \leq 0,12 - 0,09 + 1,96 \sqrt{\frac{0,12(0,88)}{85} + \frac{0,09(0,91)}{85}}$$

Isso simplifica para

$$-0,06 \leq p_1 - p_2 \leq 0,12$$

Esse intervalo de confiança inclui o zero, assim, baseado nos dados das amostras, parece improvável que mudanças feitas no processo de acabamento da superfície tenham reduzido a proporção de mancais com eixos defeituosos sendo produzidos.

EXERCÍCIOS PARA A SEÇÃO 5-6

5-50. Dois tipos diferentes de máquinas de injeção-moldagem são usados para formar peças de plástico. Uma peça é considerada defeituosa se ela tiver excesso de encolhimento ou se for descolorida. Duas amostras aleatórias, cada uma de tamanho 300, são selecionadas e 15 peças defeituosas são encontradas na amostra da máquina 1, enquanto 8 peças defeituosas são encontradas na amostra da máquina 2. É razoável concluir que ambas as máquinas produzam a mesma fração de peças defeituosas, usando $\alpha = 0,05$? Encontre o valor P para esse teste.

5-51. Considere a situação descrita no Exercício 5-50. Suponha que $p_1 = 0,05$ e $p_2 = 0,01$.
   (a) Com os tamanhos das amostras dados aqui, qual é a potência do teste para essa alternativa bilateral?
   (b) Determine o tamanho necessário da amostra para detectar essa diferença, com uma probabilidade de no mínimo 0,9. Use $\alpha = 0,05$.

5-52. Considere a situação descrita no Exercício 5-50. Suponha que $p_1 = 0,05$ e $p_2 = 0,02$.
   (a) Com os tamanhos das amostras dados aqui, qual é a potência do teste para essa alternativa bilateral?
   (b) Determine o tamanho necessário da amostra para detectar essa diferença, com uma probabilidade de no mínimo 0,9. Use $\alpha = 0,05$.

5-53. Em uma pesquisa com 500 adolescentes nos anos de 1992 e 1997, o número de adolescentes que usaram drogas variou de 35 a 41. Há alguma diferença estatística nas percentagens do uso reportado de drogas? Use $\alpha = 0,1$.

5-54. Para o Exercício 5-50, construa um intervalo de confiança de 95% para a diferença nas duas frações defeituosas.

5-55. Para o Exercício 5-53, construa um intervalo de confiança de 95% para a diferença nas duas proporções. Forneça uma interpretação prática desse intervalo.

5-7 TABELAS COM O SUMÁRIO DOS PROCEDIMENTOS DE INFERÊNCIA SOBRE DUAS AMOSTRAS

As tabelas na parte de trás do livro resumem todos os procedimentos dados neste capítulo a respeito da inferência sobre duas amostras. As tabelas contêm as proposições da hipótese nula, as estatísticas de teste, os critérios para a rejeição das várias hipóteses alternativas e as fórmulas para a construção dos intervalos de confiança de $100(1 - \alpha)\%$.

5-8 COMO FAREMOS QUANDO TIVERMOS MAIS DE DUAS AMOSTRAS?

Como este capítulo e o Cap. 4 ilustraram, testes e experimentos são uma parte natural da análise de engenharia e do processo de tomada de decisão. Suponha, por exemplo, que um engenheiro civil esteja investigando os efeitos de diferentes métodos de cura sobre a resistência média compressiva do concreto. O experimento poderia consistir em fabricar vários corpos de prova de concreto usando cada um dos métodos propostos de cura e então testar a resistência compressiva de cada espécime. Os dados desse experimento poderiam ser usados para determinar qual método de cura deveria ser usado para fornecer a máxima resistência compressiva média.

Se houvesse somente dois métodos de cura que fossem de interesse, esse experimento poderia ser planejado e analisado usando os testes t para duas amostras, apresentados neste capítulo. Ou seja, o experimentalista tem um **único fator** de interesse — métodos de cura — e há somente dois **níveis** do fator.

Muitos experimentos com um único fator requerem que mais de dois níveis do fator sejam considerados. Por exemplo, o engenheiro civil pode querer investigar cinco métodos diferentes de cura. Neste capítulo, mostraremos como a **análise de variância** poderá ser usada para comparar médias, quando houver mais de dois níveis de um único fator. Também discutiremos a **aleatoriedade** das corridas experimentais e o importante papel que esse conceito tem na estratégia global dos experimentos. No Cap. 7, mostraremos como planejar e analisar experimentos com vários fatores.

5-8.1 Experimento Completamente Aleatorizado e Análise de Variância

Um fabricante de papel, usado para fabricar sacos de papel pardo, está interessado em melhorar a resistência do produto à tensão. A engenharia de produto pensa que a resistência à tensão seja uma função da concentração de madeira de lei na polpa e que a faixa prática de interesse das concentrações de madeira de lei esteja entre 5 e 20%. Um time de engenheiros, responsáveis pelo estudo, decide investigar quatro níveis de concentração de madeira de lei: 5%, 10%, 15% e 20%. Eles decidem fabricar seis corpos de prova, para cada nível de concentração, usando uma planta piloto. Todos os 24 corpos de prova são testados, em uma ordem aleatória, em um equipamento de teste de laboratório. Os dados desse experimento são mostrados na Tabela 5-6.

Esse é um exemplo de um experimento completamente aleatorizado com um único fator e quatro níveis do fator. Esses níveis são algumas vezes chamados de **tratamentos** e cada tratamento tem seis observações ou **replicatas** (ou **réplicas**). O papel da **aleatoriedade** nesse experimento é extremamente importante. Fazendo a aleatoriedade da ordem das 24 corridas, o efeito de qualquer variável perturbadora, que possa influenciar a resistência observada à tensão, é aproximadamente balanceado. Por exemplo, suponha que haja um efeito de aquecimento da máquina de teste de tensão, ou seja, quanto mais tempo a máquina estiver ligada, maior a resistência observada à tensão. Se todas as 24 corridas forem feitas em ordem crescente de concentração de madeira de lei (isto é, todos os seis corpos de prova com concentração de 5% forem testados primeiro, seguidos por todos os seis corpos de prova com concentração de 10% etc.), então, quaisquer diferenças observadas na resistência à tensão poderão ser também devidas ao efeito de aquecimento.

É importante analisar graficamente os dados de um experimento planejado. A Fig. 5-6(a) apresenta diagramas de caixa da resistência à tensão para os quatro níveis de concentração. Essa figura indica que a variação da concentração de madeira de lei tem um efeito sobre a resistência à tensão, especificamente, maiores concentrações de madeira produzem maiores resistências observadas à tensão. Além disso, a distribuição da resistência à tensão, em um nível particular de concentração de madeira de lei, é razoavelmente simétrica e a variabilidade na resistência à tensão não varia dramaticamente à medida que a concentração de madeira de lei varia.

A interpretação gráfica dos dados é sempre uma boa idéia. Os diagramas de caixas mostram a variabilidade das observações

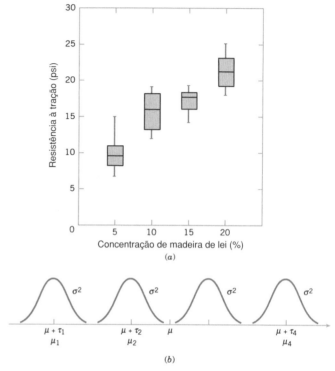

Fig. 5-6 (a) Diagramas de caixa dos dados de concentração de madeira de lei. (b) Demonstração do modelo na Eq. 5-31 para o experimento completamente aleatorizado com um único fator.

dentro (*within*) de um tratamento (nível do fator) e a variabilidade entre (*between*) os tratamentos. Discutiremos agora como os dados de um experimento aleatorizado com um único fator podem ser analisados estatisticamente.

Análise de Variância

Suponha que tenhamos a níveis diferentes de um único fator que desejamos comparar. Algumas vezes, cada nível do fator é chamado de um tratamento, um termo muito geral que pode ser reportado a aplicações iniciais da metodologia de planejamento de

TABELA 5-6 Resistência do Papel à Tração (psi)

Concentração de Madeira de Lei (%)	\multicolumn{6}{c}{Observações}	Totais	Médias
	1	2	3	4	5	6		
5	7	8	15	11	9	10	60	10,00
10	12	17	13	18	19	15	94	15,67
15	14	18	19	17	16	18	102	17,00
20	19	25	22	23	18	20	127	21,17
							383	15,96

experimentos às ciências agrárias. A resposta para cada um dos a tratamentos é uma variável aleatória. Os dados observados aparecem como mostrado na Tabela 5-7. Uma entrada na Tabela 5-7, como y_{ij}, representa a j-ésima observação sujeita ao i-ésimo tratamento. Inicialmente, consideraremos o caso em que haja um número igual de observações, n, em cada tratamento.

Podemos descrever as observações na Tabela 5-7 pelo **modelo linear estatístico**

$$Y_{ij} = \mu + \tau_i + \epsilon_{ij} \begin{cases} i = 1, 2, \ldots, a \\ j = 1, 2, \ldots, n \end{cases} \quad (5\text{-}31)$$

em que Y_{ij} é uma variável aleatória denotando a ij-ésima observação, μ é um parâmetro comum a todos os tratamentos, sendo chamado de **média global**, τ_i é um parâmetro associado com o i-ésimo tratamento, sendo chamado de **efeito do i-ésimo tratamento**, e ϵ_{ij} é um componente do erro aleatório. Note que o modelo poderia ter sido escrito como

$$Y_{ij} = \mu_i + \epsilon_{ij} \begin{cases} i = 1, 2, \ldots, a \\ j = 1, 2, \ldots, n \end{cases}$$

sendo $\mu_i = \mu + \tau_i$ a média do i-ésimo tratamento. Nessa forma do modelo, vemos que cada tratamento define uma população que tem média μ_i, consistindo na média global μ mais um efeito τ_i que é devido àquele tratamento particular. Consideraremos que os erros ϵ_{ij} sejam normal e independentemente distribuídos, com média zero e variância σ^2. Conseqüentemente, cada tratamento pode ser pensado como uma população normal com média μ_i e variância σ^2. Ver Fig. 5-6(b).

A Eq. 5-31 é o modelo em foco para um experimento com um único fator. Além disso, pelo fato de requerermos que as observações sejam tomadas em uma ordem aleatória e que o ambiente (freqüentemente chamado de unidades experimentais), onde os tratamentos são usados, sejam tão uniformes quanto possível, esse planejamento é chamado de **experimento completamente aleatorizado.**

Apresentamos agora a análise de variância para testar a igualdade de α médias da população. Entretanto, a análise de variância é uma técnica muito mais útil e geral, ela será usada extensivamente nos próximos dois capítulos. Nesta seção, mostraremos como ela pode ser usada para testar a igualdade dos efeitos dos tratamentos. No modelo de efeitos fixos, os efeitos dos tratamentos τ_i são geralmente definidos como desvios da média global μ, de modo a

$$\sum_{i=1}^{a} \tau_i = 0 \quad (5\text{-}32)$$

Faça $y_{i \cdot}$ representar o total das observações sujeitas ao i-ésimo tratamento e $\bar{y}_{i \cdot}$ representar a média das observações sujeitas ao i-ésimo tratamento. Similarmente, faça $y_{\cdot\cdot}$ representar o total global de todas as observações e $\bar{y}_{\cdot\cdot}$ representar a média global de todas as observações. Expressando matematicamente,

$$y_{i \cdot} = \sum_{j=1}^{n} y_{ij} \qquad \bar{y}_{i \cdot} = y_{i \cdot}/n \qquad i = 1, 2, \ldots, a$$

$$y_{\cdot\cdot} = \sum_{i=1}^{a} \sum_{j=1}^{n} y_{ij} \qquad \bar{y}_{\cdot\cdot} = y_{\cdot\cdot}/N \quad (5\text{-}33)$$

sendo $N = an$ o número total de observações. Assim, o subscrito "ponto" implica soma no subscrito que ele representa.

Estamos interessados em testar a igualdade das médias dos α tratamentos, $\mu_1, \mu_2, \ldots, \mu_\alpha$. Usando a Eq. 5-32, descobrimos que isso é equivalente a testar as hipóteses

$$H_0: \tau_1 = \tau_2 = \cdots = \tau_a = 0$$

$$H_1: \tau_i \neq 0 \quad \text{para no mínimo um } i \quad (5\text{-}34)$$

Logo, se a hipótese nula for verdadeira, cada observação consistirá na média global μ mais um componente do erro aleatório ϵ_{ij}. Isso é equivalente a dizer que todas as N observações são tomadas de uma distribuição normal, com média m e variância σ^2. Por conseguinte, se a hipótese nula for verdadeira, a mudança nos níveis do fator não tem efeito na resposta média.

A análise de variância divide a variabilidade total nos dados da amostra em dois componentes. Então, o teste de hipóteses na Eq. 5-34 é baseado na comparação de duas estimativas independentes da variância da população. A variabilidade total nos dados é descrita pela **soma quadrática total**

$$SQ_T = \sum_{i=1}^{a} \sum_{j=1}^{n} (y_{ij} - \bar{y}_{\cdot\cdot})^2$$

A divisão da soma quadrática total é dada pela seguinte definição.

A identidade da soma quadrática é

$$\sum_{i=1}^{a} \sum_{j=1}^{n} (y_{ij} - \bar{y}_{\cdot\cdot})^2 = n \sum_{i=1}^{a} (\bar{y}_{i \cdot} - \bar{y}_{\cdot\cdot})^2$$

$$+ \sum_{i=1}^{a} \sum_{j=1}^{n} (y_{ij} - \bar{y}_{i \cdot})^2 \quad (5\text{-}35)$$

A prova dessa identidade é direta, sendo fornecida em Montgomery e Runger (1999).

TABELA 5-7 Dados Típicos para um Experimento com um Único Fator

Tratamento	Observações				Totais	Médias
1	y_{11}	y_{12}	$\cdot$ $\cdot$ $\cdot$	y_{1n}	$y_{1 \cdot}$	$\bar{y}_{1 \cdot}$
2	y_{21}	y_{22}	$\cdot$ $\cdot$ $\cdot$	y_{2n}	$y_{2 \cdot}$	$\bar{y}_{2 \cdot}$
$\cdot$	$\cdot$	$\cdot$		$\cdot$	$\cdot$	$\cdot$
$\cdot$	$\cdot$	$\cdot$		$\cdot$	$\cdot$	$\cdot$
$\cdot$	$\cdot$	$\cdot$		$\cdot$	$\cdot$	$\cdot$
a	y_{a1}	y_{a2}	$\cdot$ $\cdot$ $\cdot$	y_{an}	$y_{a \cdot}$	$\bar{y}_{a \cdot}$
					$y_{\cdot\cdot}$	$\bar{y}_{\cdot\cdot}$

A identidade na Eq. 5-35 mostra que a variabilidade total nos dados, medida pela soma quadrática total, pode ser dividida em uma soma quadrática das diferenças entre as médias dos tratamentos e a média global e em uma soma quadrática das diferenças das observações dentro de um tratamento em relação à média dos tratamentos. As diferenças entre as médias observadas nos tratamentos e a média global medem as diferenças entre os tratamentos, enquanto as diferenças das observações dentro de um tratamento a partir da média dos tratamentos podem ser devidas somente ao erro aleatório. Logo, escrevemos a Eq. 5-35 simbolicamente como

$$SQT = SQ_{\text{Tratamentos}} + SQ_E \qquad (5\text{-}36)$$

em que

$$SQ_T = \sum_{i=1}^{a} \sum_{j=1}^{n} (y_{ij} - \bar{y}..)^2 = \text{soma quadrática total}$$

$$SQ_{\text{Tratamentos}} = n \sum_{i=1}^{a} (\bar{y}_{i.} - \bar{y}..)^2 = \text{soma quadrática dos tratamentos}$$

e

$$SQ_E = \sum_{i=1}^{a} \sum_{j=1}^{n} (y_{ij} - \bar{y}_{i.})^2 = \text{soma quadrática do erro}$$

Podemos ganhar considerável discernimento em como a análise de variância funciona, através do exame dos valores esperados de $SQ_{\text{Tratamentos}}$ e SQ_E. Isso nos conduzirá a uma estatística apropriada para testar a hipótese de nenhuma diferença entre as médias dos tratamentos (ou $\tau_i = 0$).

Pode ser mostrado que

$$E\left(\frac{SQ_{\text{Tratamentos}}}{a - 1}\right) = \sigma^2 + \frac{n \sum_{i=1}^{a} \tau_i^2}{a - 1} \qquad (5\text{-}37)$$

A razão

$$MQ_{\text{Tratamentos}} = SQ_{\text{Tratamentos}}/(a - 1)$$

é chamada de **média quadrática dos tratamentos**. Assim, se H_0 for verdadeira, $MQ_{\text{Tratamentos}}$ será um estimador não tendencioso de σ^2, porque sob H_0 cada $\tau_i = 0$. Se H_1 for verdadeira, $MQ_{\text{Tratamentos}}$ estimará σ^2 mais um termo positivo que incorpora a variação devido à diferença sistemática nas médias dos tratamentos.

Podemos mostrar também que o valor esperado da soma quadrática dos erros é $E(SQ_E) = \alpha(n - 1)\sigma^2$. Por conseguinte, a **média quadrática do erro**

$$MQ_E = SQ_E/[a(n - 1)]$$

é um estimador não tendencioso de σ^2, independente de H_0 ser ou não verdadeira.

Existe também uma divisão do número de graus de liberdade que corresponde à identidade da soma quadrática na Eq. 5-35. Ou seja, há $an = N$ observações; assim, SQ_T tem $an - 1$ graus de liberdade. Existem a níveis do fator; logo, $SQ_{\text{Tratamentos}}$ tem $a - 1$ graus de liberdade. Finalmente, dentro de qualquer tratamento, existem replicatas (ou réplicas) fornecendo $n - 1$ graus de liberdade, com os quais se estima o erro experimental. Já que existem a tratamentos, temos $a(n - 1)$ graus de liberdade para o erro. Conseqüentemente, a divisão dos graus de liberdade é

$$an - 1 = a - 1 + a(n - 1)$$

Considere agora que cada uma das a populações possa ser modelada como uma distribuição normal. Usando essa suposição, podemos mostrar que se a hipótese nula H_0 for verdadeira, a razão

$$F_0 = \frac{SQ_{\text{Tratamentos}}/(a - 1)}{SQ_E/[a(n - 1)]} = \frac{MQ_{\text{Tratamentos}}}{MQ_E} \qquad (5\text{-}38)$$

terá uma distribuição F com $a - 1$ e $a(n - 1)$ graus de liberdade. Além disso, do valor esperado da média quadrática, sabemos que MQ_E é um estimador não tendencioso de σ^2. Também, sob a hipótese nula, $MQ_{\text{Tratamentos}}$ é um estimador não tendencioso de σ^2. No entanto, se a hipótese for falsa, então o valor esperado de $MQ_{\text{Tratamentos}}$ será maior do que σ^2. Por conseguinte, sob a hipótese alternativa, o valor esperado do numerador da estatística de teste (Eq. 5-38) é maior do que o valor esperado do denominador. Conseqüentemente, devemos rejeitar H_0 se a estatística for grande. Isso implica uma região crítica unilateral superior. Dessa forma, rejeitaremos H_0 se $f_0 > f_{\alpha,a-1,a(n-1)}$, sendo f_0 calculado pela Eq. 5-38. Esses resultados são resumidos a seguir.

Testando Hipóteses para Mais de Duas Médias

$$MQ_{\text{Tratamentos}} = \frac{SQ_{\text{Tratamentos}}}{a - 1} \qquad E(MQ_{\text{Tratamentos}}) =$$

$$MQ_E = \frac{SQ_E}{a(n - 1)}$$

$$= \sigma^2 + \frac{n \sum_{i=1}^{a} \tau_i^2}{a - 1}$$

$$E(MQ_E) = \sigma^2$$

Hipótese nula: $H_0: \tau_1 = \tau_2 = \ldots = \tau_\alpha = 0$

Hipótese alternativa: $H_1: \tau_i \neq 0$ para no mínimo um i

Estatística de teste: $F_0 = \dfrac{MQ_{\text{Tratamentos}}}{MQ_E}$

Critério de Rejeição: $f_0 > f_{\alpha,\alpha-1,\alpha(n-1)}$

As fórmulas eficientes de cálculos das somas quadráticas podem ser obtidas pela expansão e simplificação das definições de $SQ_{\text{Tratamentos}}$ e SQ_T, fornecendo os seguintes resultados.

Experimento Completamente Aleatorizado, com Amostras de Tamanhos Iguais

As fórmulas de cálculo para as somas quadráticas, para análise de variância com tamanhos iguais de amostra em cada tratamento, são

$$SQ_T = \sum_{i=1}^{a} \sum_{j=1}^{n} y_{ij}^2 - \frac{y_{..}^2}{N}$$

e

$$SQ_{\text{Tratamentos}} = \sum_{i=1}^{a} \frac{y_{i.}^2}{n} - \frac{y_{..}^2}{N}$$

A soma quadrática do erro é geralmente obtida pela subtração como

$$SQ_E = SQ_T - SQ_{\text{Tratamentos}}$$

Os cálculos para esse procedimento de teste são geralmente sumarizados em uma forma tabular, conforme mostrado na Tabela 5-8. Ela é chamada de **tabela de análise de variância.**

TABELA 5-8 A Análise de Variância para um Experimento com um Único Fator

Fonte de Variação	Soma Quadrática	Graus de Liberdade	Média Quadrática	F_0
Tratamentos	$SQ_{\text{Tratamentos}}$	$a - 1$	$MQ_{\text{Tratamentos}}$	$\dfrac{MQ_{\text{Tratamentos}}}{MQ_E}$
Erro	SQ_E	$a(n - 1)$	MQ_E	
Total	SQ_T	$an - 1$		

Exemplo 5-14

Considere o experimento da resistência do papel à tensão, descrito na Seção 5-8.1. Podemos usar a análise de variância para testar a hipótese de que diferentes concentrações de madeira de lei não afetam a resistência média do papel à tensão.

As hipóteses são

$$H_0: \tau_1 = \tau_2 = \tau_3 = \tau_4 = 0$$

$$H_1: \tau_i \neq 0 \text{ para no mínimo um } i.$$

Usaremos $\alpha = 0,01$. As somas quadráticas para a análise de variância são calculadas a partir das Eqs. 5-39, 5-40 e 5-41, como segue:

$$SQ_T = \sum_{i=1}^{4} \sum_{j=1}^{6} y_{ij}^2 - \frac{y_{..}^2}{N}$$

$$= (7)^2 + (8)^2 + \cdots + (20)^2 - \frac{(383)^2}{24}$$

$$= 512,96$$

$$SQ_{\text{Tratamentos}} = \sum_{i=1}^{4} \frac{y_{i.}^2}{n} - \frac{y_{..}^2}{N}$$

$$= \frac{(60)^2 + (94)^2 + (102)^2 + (127)^2}{6} - \frac{(383)^2}{24}$$

$$= 382,79$$

$$SQ_E = SQ_T - SQ_{\text{Tratamentos}}$$

$$= 512,96 - 382,79 = 130,17$$

Geralmente, não fazemos esses cálculos manualmente. A análise de variância, calculada pelo Minitab, é apresentada na Tabela 5-9. Uma vez que $f_{0,01;3;20} = 4,94$, rejeitamos H_0 e concluímos que a concentração de madeira de lei na polpa afeta significativamente a resistência do papel. Note que a saída do computador reporta um valor P de 0 para a estatística de teste $F = 19,61$ na Tabela 5-9. Esse é um valor truncado; o valor P real é $P = 3,59 \times 10^{-6}$. No entanto, uma vez que o valor P é consideravelmente menor que $\alpha = 0,01$, temos uma forte evidência para concluir que H_0 não seja verdadeira. Observe que o Minitab também provê algum resumo de informações a respeito de cada nível da concentração de madeira de lei, incluindo o intervalo de confiança para cada média.

162   CAPÍTULO CINCO

TABELA 5-9   Saída do Minitab para a Análise de Variância para o Experimento da Resistência do Papel à Tração

Análise de Variância Univariável

Análise de Variância

Fonte	Graus de Liberdade	SQ	MQ	F	P
Fator	3	382,79	127,60	19,61	0,000
Erro	20	130,17	6,51		
Total	23	512,96			

Intervalos Individuais de Confiança de 95% para a Média, Baseados no Desvio-Padrão

Nível	N	Média	Desvio-padrão
5	6	10,000	2,825
10	6	15,667	2,805
15	6	17,000	1,789
20	6	21,167	2,639

```
- - - - - + - - - - - - - - - + - - - - - - - - - + - - - - - - - - + -
        (- - - * - - -)
                            (- - - * - - - -)
                         (- - - * - - - -)
                                       (- - - * - - - -)
- - - - - + - - - - - - - - - + - - - - - - - - - + - - - - - - - - - + -
        10,0              15,0              20,0              25,0
```

Desvio-padrão Combinado =   2,551

Em alguns experimentos com um único fator, o número de observações sujeitas a cada tratamento pode ser diferente. Dizemos então que o planejamento está **desbalanceado**. A análise de variância descrita anteriormente é ainda válida, porém leves modificações têm de ser feitas nas fórmulas das somas quadráticas. Tome n_i observações sujeitas ao tratamento i ($i = 1, 2, ...,$ α) e faça o número total de observações $N = \sum_{i=1}^{\alpha} n_1$. As fórmulas de cálculo de SQ_T e $SQ_{\text{Tratamentos}}$ são mostradas na seguinte definição.

Experimento Completamente Aleatorizado, com Amostras de Tamanhos Diferentes

As fórmulas de cálculo das somas quadráticas para a análise de variância, para um experimento completamente aleatorizado, com amostras de tamanhos diferentes, n_i, em cada tratamento são

$$SQ_T = \sum_{i=1}^{a} \sum_{j=1}^{n_i} y_{ij}^2 - \frac{y_{..}^2}{N}$$

$$SQ_{\text{Tratamentos}} = \sum_{i=1}^{a} \frac{y_{i.}^2}{n_i} - \frac{y_{..}^2}{N}$$

e

$$SQ_E = SQ_T - SQ_{\text{Tratamentos}}$$

Quais as Médias que Diferem?

Finalmente, note que a análise de variância nos diz se há uma diferença entre as médias. Ela não nos diz qual a média que difere. Se a análise de variância indicar que há uma diferença estatisticamente significante entre as médias, existe um procedimento

gráfico simples que pode ser usado para isolar as diferenças específicas. Suponha que $\bar{y}_1$, $\bar{y}_2$, ..., $\bar{y}_\alpha$ sejam as médias observadas para esses níveis do fator. Cada média do tratamento tem um desvio-padrão $\sigma/\sqrt{n}$, sendo σ o desvio-padrão de uma observação individual. Se todas as médias dos tratamentos forem iguais, as médias observadas $\bar{y}_i$ se comportariam como se elas fossem um conjunto de observações retiradas ao acaso de uma distribuição normal, com média μ e desvio-padrão $\sigma/\sqrt{n}$.

Visualize essa distribuição normal como sendo capaz de ser deslizada ao longo de um eixo, abaixo do qual, as médias dos tratamentos, $\bar{y}_1, \bar{y}_2, ..., \bar{y}_a$, são plotadas. Se todas as médias dos tratamentos forem iguais, deverá existir alguma posição para essa distribuição que seja óbvio que os valores de $\bar{y}_i$ tenham sido retirados da mesma distribuição. Se esse não for o caso, então os valores de $\bar{y}_i$, que não pareçam ter sido retirados dessa distribuição, estarão associados com os tratamentos que produzem respostas médias diferentes.

A única falha nessa lógica é que σ não é conhecido. Entretanto, podemos usar $\sqrt{MQ_E}$, proveniente da análise de variância, para estimar σ. Isso implica que, na elaboração do gráfico, uma distribuição t deve ser usada em vez de uma distribuição normal; porém, já que a distribuição t parece muito com a normal, esquematizar uma curva normal, que tenha uma largura de aproximadamente $6\sqrt{MQ_E/n}$ unidades, funcionará, geralmente, muito bem.

A Fig. 5-7 mostra esse arranjo para o experimento da concentração de madeira de lei. O desvio-padrão dessa distribuição normal é

$$\sqrt{MQ_E/n} = \sqrt{6,51/6} = 1,04$$

Se visualizarmos o deslizamento dessa distribuição ao longo do eixo horizontal, notaremos que não há localização para a distri-

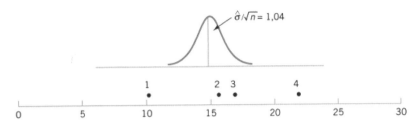

Fig. 5-7 Médias da resistência à tensão do experimento da concentração de madeira de lei, em relação à distribuição normal, com desvio-padrão $\sqrt{MQ_E/n} = \sqrt{6,51/6} = 1,04$.

buição de modo a sugerir que todas as quatro observações (as médias plotadas) sejam típicas, valores selecionados aleatoriamente daquela distribuição. Isso, naturalmente, deveria ser esperado, porque a análise de variância indicou que as médias diferem e o diagrama na Fig. 5-7 é apenas uma representação gráfica dos resultados da análise de variância. A figura indica que o tratamento 4 (madeira de lei com 20%) produz papel com resistência média à tensão mais alta do que os outros tratamentos e o tratamento 1 (5% de madeira de lei) resulta numa tensão média menor em relação aos outros tratamentos. As médias dos tratamentos 2 e 3 (madeira de lei com 10% e 15%, respectivamente) não diferem.

Esse procedimento simples é uma técnica grosseira, mas muito útil e efetiva para comparar médias seguindo uma análise de variância. Há mais técnicas quantitativas, chamadas de **procedimentos de comparação múltipla**, para testar as diferenças entre as médias específicas seguindo uma análise de variância. Pelo fato desses procedimentos envolverem tipicamente uma série de testes, o erro tipo I é usado para produzir um **experimento sensato** ou uma **taxa de família de erros**. Para mais detalhes sobre esse procedimento, ver Montgomery (1997).

Análise Residual e Verificação do Modelo

A análise de variância univariável considera que as observações sejam normal e independentemente distribuídas, com mesma variância para cada tratamento ou nível do fator. Essas suposições devem ser verificadas através do exame dos resíduos. Um resíduo é a diferença entre uma observação y_{ij} e seu valor estimado (ou ajustado) a partir do modelo estatístico sendo estudado, denotado por $\hat{y}_{ij}$. Para o planejamento completamente aleatorizado $\hat{y}_{ij} = \bar{y}_{i.}$, com cada resíduo sendo $\epsilon_{ij} = y_{ij} - \bar{y}_{i.}$, ou seja, a diferença entre uma observação e a média correspondente observada do tratamento. Os resíduos para o experimento com percentagens de madeira de lei estão mostrados na Tabela 5-10. O uso de $\bar{y}_{i.}$ para calcular cada resíduo essencialmente remove, daqueles dados, o efeito da concentração de madeira de lei; conseqüentemente, os resíduos contêm informação sobre a variabilidade não explicada.

A suposição de normalidade pode ser verificada pela construção de um gráfico de probabilidade normal dos resíduos. Para verificar a suposição de igualdade de variâncias em cada nível do fator, plote os resíduos contra os níveis do fator e compare a dispersão dos resíduos. É também útil plotar os resíduos contra

TABELA 5-10 Resíduos para o Experimento da Resistência à Tração

Concentração de Madeira de Lei	Resíduos					
5%	−3,00	−2,00	5,00	1,00	−1,00	0,00
10%	−3,67	1,33	−2,67	2,33	3,33	−0,67
15%	−3,00	1,00	2,00	0,00	−1,00	1,00
20%	−2,17	3,83	0,83	1,83	−3,17	−1,17

$\bar{y}_{i.}$ (algumas vezes chamado de valor ajustado); a variabilidade nos resíduos não deve depender de jeito algum do valor de $\bar{y}_{i.}$. A maioria dos pacotes computacionais estatísticos constrói esses gráficos. Quando um padrão de comportamento aparece nesses gráficos, sugere-se geralmente a necessidade de uma transformação, isto é, analisar os dados sob uma métrica diferente. Por exemplo, se a variabilidade nos resíduos aumentar com $\bar{y}_{i.}$, então uma transformação tal como $\log y$ ou $\sqrt{y}$ deve ser considerada. Em alguns problemas, a dependência da dispersão dos resíduos com a média observada $\bar{y}_{i.}$ é uma informação muito importante. Pode ser desejável selecionar o nível do fator que resulta na resposta máxima, no entanto, esse nível pode também causar mais variação na resposta, de corrida a corrida.

A suposição de independência pode ser verificada, plotando-se os resíduos contra o tempo ou a ordem da corrida na qual o experimento tenha sido feito. Um padrão de comportamento nesse gráfico, tais como as seqüências de resíduos positivos e negativos, pode indicar que as observações não são independentes. Isso sugere que o tempo ou a ordem da corrida é importante ou que as variáveis que variam com o tempo são importantes e não foram incluídas no planejamento de experimentos.

A Fig. 5-8 mostra um gráfico de probabilidade normal dos resíduos provenientes do experimento de resistência do papel à tensão. As Figs. 5-9 e 5-10 apresentam os resíduos plotados contra os níveis do fator e o valor ajustado $\bar{y}_{i.}$, respectivamente. Esses gráficos não revelam qualquer inadequação do modelo ou problema não usual com as suposições.

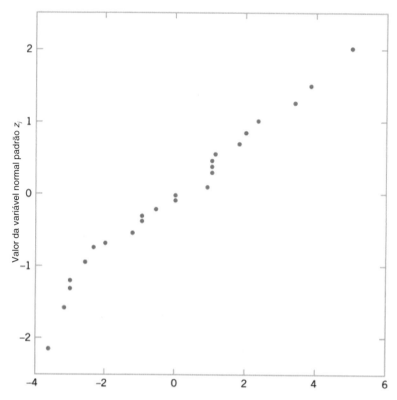

Fig. 5-8 Gráfico da probabilidade normal dos resíduos do experimento da concentração de madeira de lei.

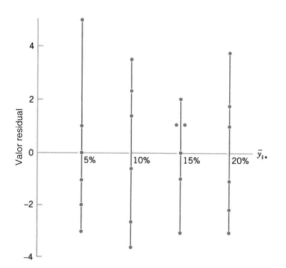

Fig. 5-9 Gráfico dos resíduos *versus* os níveis do fator (concentração de madeira de lei).

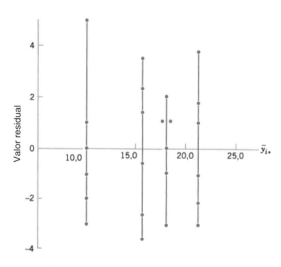

Fig. 5-10 Gráfico dos resíduos *versus* $\bar{y}_{i.}$.

INFERÊNCIA ESTATÍSTICA PARA DUAS AMOSTRAS **165**

5-8.2 EXPERIMENTO COM BLOCOS COMPLETOS ALEATORIZADOS

Em muitos problemas de planejamento de experimentos, é necessário planejar o experimento de modo que a variabilidade aparecendo de um fator perturbador (*nuisance factor*) possa ser controlada. Por exemplo, considere a situação do Exemplo 5-8, em que dois métodos diferentes foram usados para prever a tensão cisalhante em traves de placas de aço. Pelo fato de cada trave ter (potencialmente) tensão diferente e essa variabilidade na tensão não ser de interesse direto, planejamos o experimento usando os dois métodos de teste em cada trave e então comparando com zero a diferença média nas leituras da tensão em cada trave, usando o teste *t* emparelhado. O teste *t* emparelhado é um procedimento para comparar duas médias de tratamentos, quando todas as corridas experimentais não podem ser feitas sob condições homogêneas. Alternativamente, podemos ver o teste *t* emparelhado como um método para reduzir o ruído de fundo no experimento, através da blocagem do efeito de um **fator perturbador**. O bloco é o fator perturbador e, nesse caso, o fator perturbador é a **unidade experimental** real — os espécimes da trave de aço usados no experimento.

O planejamento com blocos aleatorizados é uma extensão do teste *t* emparelhado para situações onde o fator de interesse tem mais de dois níveis, ou seja, mais de dois tratamentos têm de ser comparados. Por exemplo, suponha que três métodos possam ser usados para avaliar as leituras de tensão das traves de placas de aço. Podemos pensar nesses métodos como três tratamentos, t_1, t_2 e t_3. Se usarmos quatro traves como unidades experimentais, então o **planejamento com blocos completos aleatorizados** aparecerá conforme mostrado na Fig. 5-11. O planejamento é chamado de um planejamento com blocos completos aleatorizados porque cada bloco é grande o suficiente para manter todos os tratamentos e porque a designação real de cada um dos três tratamentos dentro de cada bloco é feita aleatoriamente. Uma vez conduzido o experimento, os dados são registrados em uma tabela, tal como aquela mostrada na Tabela 5-11. As observações nessa tabela, como y_{ij}, representam a resposta obtida quando o método i é usado na trave j.

O procedimento geral para um planejamento com blocos completos aleatorizados consiste em selecionar b blocos e correr uma réplica completa do experimento em cada bloco. Os dados que resultam da corrida de um planejamento com blocos completos aleatorizados para investigar um único fator com a níveis e b blocos são mostrados na Tabela 5-12. Haverá a observações (uma por nível do fator) em cada bloco e a ordem em que essas observações são corridas é designada aleatoriamente dentro do bloco.

Descreveremos agora a análise estatística para o planejamento com blocos completos aleatorizados. Suponha que um único fa-

TABELA 5-11 Um Planejamento com Blocos Completos Aleatorizados

Tratamento (Método)	Bloco (Traves)			
	1	2	3	4
1	y_{11}	y_{12}	y_{13}	y_{14}
2	y_{21}	y_{22}	y_{23}	y_{24}
3	y_{31}	y_{32}	y_{33}	y_{34}

tor com a níveis seja de interesse e que o experimento seja corrido em b blocos. As observações podem ser representadas pelo modelo linear estatístico.

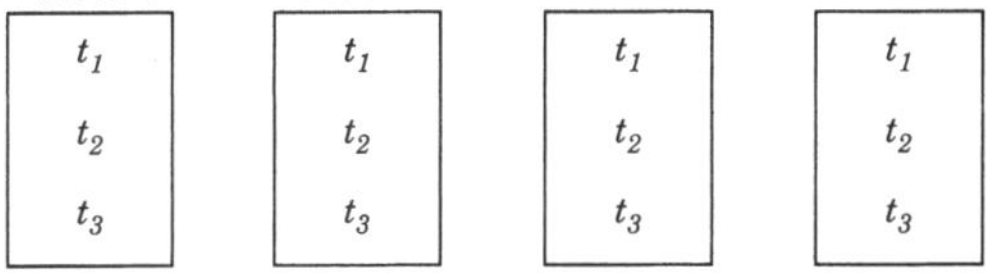

$$Y_{ij} = \mu + \tau_i + \beta_j + \epsilon_{ij} \begin{cases} i = 1, 2, \ldots, a \\ j = 1, 2, \ldots, b \end{cases} \quad (5\text{-}39)$$

sendo μ a média global, τ_i o efeito do i-ésimo tratamento, β_j o efeito do j-ésimo bloco e ϵ_{ij} o termo do erro aleatório, que é considerado estar distribuído normal e independentemente, com média zero e variância σ^2. Os tratamentos e blocos serão considerados, inicialmente, como fatores fixos. Além disso, os efeitos dos tratamentos e dos blocos são definidos como desvios da média global, de modo que $\sum_{i=1}^{\alpha} \tau_i = 0$ e $\sum_{j=1}^{b} \beta_j = 0$. Consideramos também que os tratamentos e os blocos não interagem. Isto é, o efeito do tratamento i é o mesmo, independente de qual bloco (ou blocos) seja(m) testado(s). Estamos interessados na igualdade dos efeitos do tratamento. Isto é

$$H_0: \tau_1 = \tau_2 = \cdots = \tau_a = 0 \quad (5\text{-}40)$$

$$H_1: \tau_i \neq 0 \text{ para no mínimo um } i$$

Como no experimento completamente aleatorizado, testar a hipótese de que todos os efeitos do tratamento τ_i sejam iguais a zero é equivalente a testar a hipótese de que as médias dos tratamentos sejam iguais.

A análise de variância pode ser estendida ao planejamento com blocos completos aleatorizados. O procedimento usa uma identidade da soma quadrática que divide a soma quadrática total em três componentes.

A **identidade da soma quadrática para o planejamento com blocos completos aleatorizados** é

$$\sum_{i=1}^{a} \sum_{j=1}^{b} (y_{ij} - \bar{y}..)^2$$

$$= b \sum_{i=1}^{a} (\bar{y}_{i.} - \bar{y}..)^2 + a \sum_{j=1}^{b} (\bar{y}_{.j} - \bar{y}..)^2$$

$$+ \sum_{i=1}^{a} \sum_{j=1}^{b} (y_{ij} - \bar{y}_{.j} - \bar{y}_{i.} + \bar{y}..)^2 \quad (5\text{-}41)$$

Fig. 5-11 Um planejamento com blocos completos aleatorizados.

166 CAPÍTULO CINCO

TABELA 5-12 Um Planejamento com Blocos Completos Aleatorizados, tendo a Tratamentos e b Blocos

Tratamentos	Blocos				Totais	Médias
	1	2	...	b		
1	y_{11}	y_{12}	...	y_{1b}	$y_1.$	$\bar{y}_1.$
2	y_{21}	y_{22}	...	y_{2b}	$y_2.$	$\bar{y}_2.$
⋮	⋮	⋮		⋮	⋮	⋮
a	y_{a1}	y_{a2}	...	y_{ab}	$y_a.$	$\bar{y}_a.$
Totais	$y._1$	$y._2$	...	$y._b$	$y..$	
Médias	$\bar{y}._1$	$\bar{y}._2$	...	$\bar{y}._b$		$\bar{y}..$

A identidade da soma quadrática pode ser representada simbolicamente como

$$SQ_T = SQ_{\text{Tratamentos}} + SQ_{\text{Blocos}} + SQ_E$$

em que

$$SQ_T = \sum_{i=1}^{a} \sum_{j=1}^{b} (y_{ij} - \bar{y}..)^2$$

$$= \text{soma quadrática total}$$

$$SQ_{\text{Tratamentos}} = b \sum_{i=1}^{a} (\bar{y}_i. - \bar{y}..)^2$$

$$= \text{soma quadrática dos tratamentos}$$

$$SQ_{\text{Blocos}} = a \sum_{j=1}^{b} (\bar{y}._j - \bar{y}..)^2 = \text{soma quadrática}$$
$$\text{dos blocos}$$

$$SQ_E = \sum_{i=1}^{a} \sum_{j=1}^{b} (\bar{y}_{ij} - \bar{y}._j - \bar{y}_i. + \bar{y}..)^2$$

$$= \text{soma quadrática do erro}$$

Além disso, o desmembramento do grau de liberdade correspondente a essas somas quadráticas é

$$ab - 1 = (a - 1) + (b - 1) + (a - 1)(b - 1)$$

Para o planejamento com blocos completos aleatorizados, as médias quadráticas relevantes são

$$MQ_{\text{Tratamentos}} = \frac{SQ_{\text{Tratamentos}}}{a - 1} \qquad MQ_{\text{Blocos}} = \frac{SQ_{\text{Blocos}}}{b - 1}$$

$$MQ_E = \frac{SQ_E}{(a - 1)(b - 1)} \tag{5-42}$$

Os valores esperados dessas médias quadráticas podem ser mostrados a seguir:

$$E(M_{\text{Tratamentos}}) = \sigma^2 + \frac{b \sum_{i=1}^{a} \tau_i^2}{a - 1}$$

$$E(MQ_{\text{Blocos}}) = \sigma^2 + \frac{a \sum_{j=1}^{b} \beta_j^2}{b - 1}$$

$$E(MQ_E) = \sigma^2$$

Conseqüentemente, se a hipótese nula H_0 for verdadeira de modo que todos os efeitos do tratamento $\tau_i = 0$, então $MQ_{\text{Tratamentos}}$ será um estimador não tendencioso de σ^2, enquanto se H_0 for falsa, $MQ_{\text{Tratamentos}}$ superestimará σ^2. A média quadrática do erro é sempre um estimador não tendencioso de σ^2. Para testar a hipótese nula de que os efeitos dos tratamentos sejam todos zero, calculamos a razão

$$F_0 = \frac{MQ_{\text{Tratamentos}}}{MQ_E} \tag{5-43}$$

que terá uma distribuição F, com $a - 1$ e $(a - 1)(b - 1)$ graus de liberdade, se a hipótese nula for verdadeira. Rejeitaremos a hipótese nula, com um nível de significância α, se o valor calculado da estatística de teste na Eq. 5-43

$$f_0 > f_{\alpha, a-1, (a-1)(b-1)}$$

Na prática, calculamos SQ_T, $SQ_{\text{Tratamentos}}$ e SQ_{Blocos} e então obtemos a soma quadrática do erro, SQ_E, por subtração. As fórmulas apropriadas de cálculo são dadas a seguir:

INFERÊNCIA ESTATÍSTICA PARA DUAS AMOSTRAS **167**

Experimento com Blocos Completos Aleatorizados

As fórmulas de cálculo para as somas quadráticas na análise de variância para um planejamento com blocos completos aleatorizados são

$$SQ_T = \sum_{i=1}^{a} \sum_{j=1}^{b} y_{ij}^2 - \frac{y_{..}^2}{ab}$$

$$SQ_{\text{Tratamentos}} = \frac{1}{b} \sum_{i=1}^{a} y_{i.}^2 - \frac{y_{..}^2}{ab}$$

$$SQ_{\text{Blocos}} = \frac{1}{a} \sum_{j=1}^{b} y_{.j}^2 - \frac{y_{..}^2}{ab}$$

e

$$SQ_E = SQ_T - SQ_{\text{Tratamentos}} - SQ_{\text{Blocos}}$$

Os cálculos são geralmente arranjados em uma tabela de análise de variância, tal como mostrado na Tabela 5-13. Geralmente, um pacote computacional será usado com o objetivo de fazer a análise de variância para o planejamento com blocos completos aleatorizados.

EXEMPLO 5-15

Um experimento foi realizado a fim de determinar o efeito de quatro produtos químicos diferentes sobre a resistência de um tecido. Esses produtos químicos são usados como parte do processo de acabamento, sob prensagem permanente. Cinco amostras de tecido foram selecionadas e um planejamento com blocos completos aleatorizados foi corrido, testando cada tipo de produto químico uma vez, em uma ordem aleatória, em cada amostra de tecido. Os dados são mostrados na Tabela 5-14. Testaremos as diferenças nas médias, usando a análise de variância, com $\alpha = 0,01$.

As somas quadráticas para a análise de variância são calculadas como segue:

$$SQ_T = \sum_{i=1}^{4} \sum_{j=1}^{5} y_{ij}^2 - \frac{y_{..}^2}{ab}$$

$$= (1,3)^2 + (1,6)^2 + \cdots + (3,4)^2$$

$$- \frac{(39,2)^2}{20} = 25,69$$

$$SQ_{\text{Tratamentos}} = \sum_{i=1}^{4} \frac{y_{i.}^2}{b} - \frac{y_{..}^2}{ab}$$

$$= \frac{(5,7)^2 + (8,8)^2 + (6,9)^2 + (17,8)^2}{5}$$

$$- \frac{(39,2)^2}{20} = 18,04$$

$$SQ_{\text{Blocos}} = \sum_{j=1}^{5} \frac{y_{.j}^2}{a} - \frac{y_{..}^2}{ab}$$

$$= \frac{(9,2)^2 + (10,1)^2 + (3,5)^2 + (8,8)^2 + (7,6)^2}{4}$$

$$- \frac{(39,2)^2}{20} = 6,69$$

$$SQ_E = SQ_T - SQ_{\text{Blocos}} - SQ_{\text{Tratamentos}}$$
$$= 25,69 - 6,69 - 18,04 = 0,96$$

TABELA 5-13 Análise de Variância para um Planejamento com Blocos Completos Aleatorizados

Fonte de Variação	Soma Quadrática	Graus de Liberdade	Média Quadrática	F_0
Tratamentos	$SQ_{\text{Tratamentos}}$	$a - 1$	$\dfrac{SQ_{\text{Tratamentos}}}{a-1}$	$\dfrac{MQ_{\text{Tratamentos}}}{MQ_E}$
Blocos	SQ_{Blocos}	$b - 1$	$\dfrac{SQ_{\text{Blocos}}}{b-1}$	
Erro	SQ_E (por subtração)	$(a-1)(b-1)$	$\dfrac{SQ_E}{(a-1)(b-1)}$	
Total	SQ_T	$ab - 1$		

168 CAPÍTULO CINCO

TABELA 5-14   Dados da Resistência do Tecido — Planejamento com Blocos Completos Aleatorizados

Tipo de Produto Químico	Amostra de Tecido					Totais dos Tratamentos $y_{i\cdot}$	Médias dos Tratamentos $\bar{y}_{i\cdot}$
	1	2	3	4	5		
1	1,3	1,6	0,5	1,2	1,1	5,7	1,14
2	2,2	2,4	0,4	2,0	1,8	8,8	1,76
3	1,8	1,7	0,6	1,5	1,3	6,9	1,38
4	3,9	4,4	2,0	4,1	3,4	17,8	3,56
Totais dos Blocos $Y_{\cdot j}$	9,2	10,1	3,5	8,8	7,6	39,2($y_{\cdot\cdot}$)	
Médias dos Blocos $\bar{y}_{\cdot j}$	2,30	2,53	0,88	2,20	1,90		1,96($\bar{y}_{\cdot\cdot}$)

A análise de variância é resumida na Tabela 5-15. Uma vez que $f_0 = 75,13 > f_{0,01;3;12} = 5,95$ (o valor P é $4,79 \times 10^{-8}$), concluímos que existe uma diferença significativa nos tipos de produtos químicos desde que seu efeito na resistência média do tecido seja envolvido.

TABELA 5-15   Análise de Variância para um Planejamento com Blocos Completos Aleatorizados

Fonte de Variação	Soma Quadrática	Graus de Liberdade	Média Quadrática	f_0	Valor P
Tipos de Produtos Químicos (tratamentos)	18,04	3	6,01	75,13	4,79 E-8
Amostras de Tecido (blocos)	6,69	4	1,67		
Erro	0,96	12	0,08		
Total	25,69	19			

Quando a Blocagem É Necessária?

Suponha que um experimento seja conduzido como um planejamento com blocos completos aleatorizados e que a blocagem não tenha sido realmente necessária. Há ab observações e $(a - 1)$ $(b - 1)$ graus de liberdade para o erro. Se o experimento tiver sido realizado como um planejamento completamente aleatorizado com um único fator, com b replicatas, teríamos de ter $a(b - 1)$ graus de liberdade para o erro. Por conseguinte, a blocagem custou $a(b - 1) - (a - 1)(b - 1) = b - 1$ graus de liberdade para o erro. Assim, uma vez que a perda de graus de liberdade no erro é geralmente pequena, se houver uma chance razoável de que os efeitos do bloco possam ser importantes, o experimentalista deverá usar o planejamento com blocos aleatorizados.

Solução Computacional

A Tabela 5-16 apresenta a saída computacional do Minitab para o exemplo de planejamento com blocos completos aleatorizados. Usamos a opção de planejamentos balanceados, no item análise de variância, para resolver esse problema. Os resulta-dos concordam muito bem com os cálculos manuais da Tabela 5-15. Note que o Minitab calcula uma estatística F para os blocos (as amostras de tecido). A validade dessa razão como uma estatística de teste para a hipótese nula de nenhum efeito do bloco é duvidosa, uma vez que os blocos representam uma **restrição à aleatoriedade**, ou seja, usamos a aleatoriedade apenas dentro dos blocos. Se os blocos não forem escolhidos ao acaso ou se eles não forem realizados em uma ordem aleatória, então a razão F para blocos não pode fornecer uma informação confiável a respeito dos efeitos dos blocos. Para mais discussão, ver Montgomery (1997, Cap. 5).

Quais as Médias que Diferem?

Quando a análise de variância indicar que uma diferença existe entre as médias dos tratamentos, podemos ter de fazer alguns testes de acompanhamento para isolar as diferenças específicas. O método gráfico descrito previamente poderia ser usado para essa finalidade. As quatro médias dos tipos de produtos químicos são:

TABELA 5-16 Análise de Variância do Minitab para o Planejamento com Blocos Completos Aleatorizados no Exemplo 5-15

Análise de Variância (Planejamentos Balanceados)

Fator	Tipo	Níveis	Valores				
Produto Químico	fixo	4	1	2	3	4	
Amostra do Tecido	fixo	5	1	2	3	4	5

Análise de Variância para a resistência

Fonte	Graus de Liberdade	SQ	MQ	F	P
Produto Químico	3	18,0440	6,0147	75,89	0,000
Amostra do Tecido	4	6,6930	1,6733	21,11	0,000
Erro	12	0,9510	0,0792		
Total	19	25,6880			

Teste F com denominador: Erro
Denominador MQ = 0,079250 com 12 graus de liberdade

Numerador	Graus de liberdade	MQ	F	P
Produto Químico	3	6,015	75,89	0,000
Amostra do Tecido	4	1,673	21,11	0,000

$\bar{y}_{1\cdot} = 1{,}14 \quad \bar{y}_{2\cdot} = 1{,}76 \quad \bar{y}_{3\cdot} = 1{,}38 \quad \bar{y}_{4\cdot} = 3{,}56$

Cada média dos tratamentos usa $b = 5$ observações (uma de cada bloco). Desse modo, o desvio-padrão de uma média do tratamento é $\sigma/\sqrt{b}$. A estimativa de σ é $\sqrt{MQ_E}$. Assim, o desvio-padrão usado para a distribuição normal é

$$\sqrt{MQ_E/b} = \sqrt{0{,}0792/5} = 0{,}126$$

Um esquema de uma distribuição normal, que tem uma largura de $6\sqrt{MQ_E/b} = 0{,}755$ unidades, é mostrado na Fig. 5-12. Se imaginarmos um deslocamento dessa distribuição ao longo do eixo horizontal, notamos que não há localização para a distribuição que sugira que todas as quatro médias sejam valores típicos, selecionados aleatoriamente a partir daquela distribuição. Isso deve ser esperado, porque a análise de variância indicou que as médias diferem. Os pares de médias sublinhados não são diferentes. O produto químico tipo 4 resulta em resistências significativamente diferentes em relação aos outros três tipos. Os tipos 2 e 3 não diferem e os tipos 1 e 3 não diferem. Pode haver uma pequena diferença na resistência entre os tipos 1 e 2.

Análise Residual e Verificação do Modelo

Em qualquer experimento planejado, é sempre importante examinar os resíduos e verificar a violação das suposições básicas que poderiam invalidar os resultados. Como usual, os resíduos para o planejamento com blocos completos aleatorizados são apenas as diferenças entre os valores observados e estimados (ou ajustados) pelo modelo estatístico, como

$$e_{ij} = y_{ij} - \hat{y}_{ij}$$

sendo os valores ajustados

$$\hat{y}_{ij} = \bar{y}_{i\cdot} + \bar{y}_{\cdot j} - \bar{y}_{\cdot\cdot} \quad (5\text{-}44)$$

O valor ajustado representará a estimativa da resposta média quando o i-ésimo tratamento for corrido no j-ésimo bloco. Os resíduos do experimento do produto químico são mostrados na Tabela 5-17.

As Figs. 5-13, 5-14, 5-15 e 5-16 apresentam os gráficos importantes dos resíduos para o experimento. Esses gráficos residuais são geralmente construídos através de pacotes computaci-

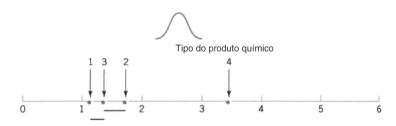

Fig. 5-12 Médias da resistência do experimento do tecido, em relação à distribuição normal, com desvio-padrão $\sqrt{MQ_E/b} = \sqrt{0{,}0792/5} = 0{,}126$.

TABELA 5-17 Resíduos do Planejamento com Blocos Completos Aleatorizados

Tipo de Produto Químico	\multicolumn{5}{c}{Amostra de Tecido}
	1	2	3	4	5
1	−0,18	−0,10	0,44	−0,18	0,02
2	0,10	0,08	−0,28	0,00	0,10
3	0,08	−0,24	0,30	−0,12	−0,02
4	0,00	0,28	−0,48	0,30	−0,10

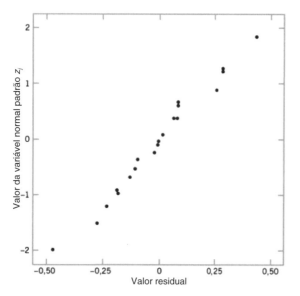

Fig. 5-13 Gráfico de probabilidade normal dos resíduos provenientes do planejamento com blocos completos aleatorizados.

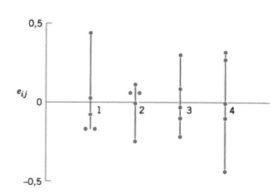

Fig. 5-15 Resíduos por tratamento.

onais. Em relação às outras amostras, há alguma indicação de que a amostra de tecido (bloco) 3 tem maior variabilidade na resistência, quando tratada com os quatro produtos químicos. O produto químico tipo 4, que fornece a maior resistência, tem também um pouco mais de variabilidade na resistência. Os experimentos de acompanhamento podem ser necessários para confirmar essas descobertas, se elas forem potencialmente importantes.

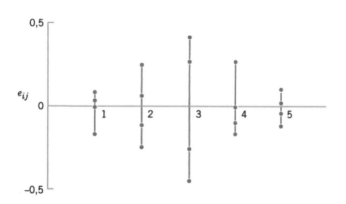

Fig. 5-14 Resíduos versus $\hat{y}_{ij}$.

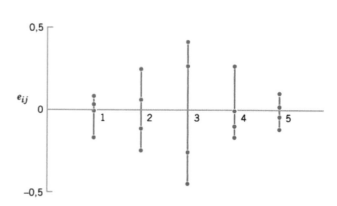

Fig. 5-16 Resíduos por blocos.

EXERCÍCIOS PARA A SEÇÃO 5-8

5-56. No artigo "Planejamento Ortogonal para Otimização de Processo e Sua Aplicação a Ataque por Plasma" (*Orthogonal Design for Process Optimization and Its Application to Plasma Etching*), no periódico *Solid State Technology*, maio de 1987, G. Z. Yin e D. W. Jillie descrevem um experimento para determinar o efeito da vazão de C_2F_6 sobre a uniformidade do ataque químico em uma pastilha de silicone usada na fabricação de um circuito integrado. Três vazões são usadas no experimento e a uniformidade (%) resultante, para seis replicatas, é mostrada a seguir.

Vazão de C_2F_6 (SCCM)	Observações					
	1	2	3	4	5	6
125	2,7	4,6	2,6	3,0	3,2	3,8
160	4,9	4,6	5,0	4,2	3,6	4,2
200	4,6	3,4	2,9	3,5	4,1	5,1

(a) A vazão de C_2F_6 afeta a uniformidade do ataque químico? Construa diagramas de caixa para comparar os níveis do fator e faça uma análise de variância. Use $\alpha = 0,1$.
(b) Quais as vazões de gás que produzem diferentes uniformidades médias de ataque químico?

5-57. No livro *Planejamento e Análise de Experimentos* (*Design and Analysis of Experiments*), 4.ª edição (John Wiley & Sons, 1997), D. C. Montgomery descreve um experimento em que um fabricante está interessado na resistência à tensão de uma fibra sintética. Suspeita-se que a resistência esteja relacionada à percentagem do algodão na fibra. Cinco níveis de percentagem de algodão são usados e cinco replicatas são corridas em uma ordem aleatória, resultando nos dados a seguir.

Percentagem de Algodão	Observações				
	1	2	3	4	5
15	7	7	15	11	9
20	12	17	12	18	18
25	14	18	18	19	19
30	19	25	22	19	23
35	7	10	11	15	11

(a) A percentagem de algodão afeta a resistência à ruptura do fio? Desenhe diagramas de caixas comparativos e faça uma análise de variância. Use $\alpha = 0,05$.
(b) Plote a resistência média à tensão contra a percentagem de algodão e interprete os resultados.
(c) Quais são as médias específicas diferentes?

5-58. Um experimento foi feito para determinar se quatro temperaturas específicas de queima afetam a densidade de um certo tipo de tijolo. O experimento conduziu aos seguintes dados.

Temperatura (°F)			
100	125	150	175
Densidade			
21,8	21,7	21,9	21,9
21,9	21,4	21,8	21,7
21,7	21,5	21,8	21,8
21,6	21,5	21,6	21,7

Temperatura (°F)			
100	125	150	175
21,7	—	21,5	21,6
21,5	—	—	21,8
21,8	—	—	—

(a) A temperatura de queima afeta a densidade dos tijolos? Use $\alpha = 0,05$.
(b) Encontre o valor P para a estatística F calculada no item (a).

5-59. A resistência à compressão do concreto está sendo estudada e quatro técnicas diferentes de mistura estão sendo investigadas. Os seguintes dados foram coletados.

Técnica de Mistura	Resistência à Compressão (psi)			
1	3.129	3.000	2.865	2.890
2	3.200	3.300	2.975	3.150
3	2.800	2.900	2.985	3.050
4	2.600	2.700	2.600	2.765

(a) Teste a hipótese de que as técnicas de mistura afetam a resistência do concreto. Use $\alpha = 0,05$.
(b) Encontre o valor P para a estatística F calculada no item (a).

5-60. Um engenheiro eletrônico está interessado no efeito, na condutividade do tubo, de cinco tipos diferentes de recobrimento de tubos de raios catódicos em uma tela de um sistema de telecomunicações. Os seguintes dados de condutividade são obtidos. Se $\alpha = 0,05$, você pode isolar qualquer diferença na condutividade média devido ao tipo de recobrimento?

Tipo de Recobrimento	Condutividade			
1	143	141	150	146
2	152	149	137	143
3	134	133	132	127
4	129	127	132	129
5	147	148	144	142

5-61. No artigo intitulado "O Efeito do Projeto do Bocal na Estabilidade e Desempenho de Jatos Turbulentos de Água" (*The Effect of Nozzle Design on the Stability and Performance of Turbulent Water Jets*), na revista *Fire Safety Journal*, Vol. 4, agosto de 1981, C. Theobald descreve um experimento em que uma medida da forma foi determinada para vários tipos diferentes de bocais, com níveis diferentes de velocidade do jato de saída. O interesse nesse experimento está principalmente no tipo de bocal, sendo a velocidade um fator que provoca distúrbio. Os dados são apresentados a seguir.

Tipo de Bocal	Velocidade do Jato de Saída (m/s)					
	11,73	14,37	16,59	20,43	23,46	28,74
1	0,78	0,80	0,81	0,75	0,77	0,78
2	0,85	0,85	0,92	0,86	0,81	0,83
3	0,93	0,92	0,95	0,89	0,89	0,83
4	1,14	0,97	0,98	0,88	0,86	0,83
5	0,97	0,86	0,78	0,76	0,76	0,75

(a) O tipo de bocal afeta a medida da forma? Compare os bocais, usando os diagramas de caixa e a análise de variância.
(b) Use o método gráfico da Seção 5-8.1 para determinar diferenças específicas entre os bocais. Um gráfico da média (ou desvio-padrão) das medidas da forma *versus* o tipo de bocal ajuda nas conclusões?
(c) Analise os resíduos desse experimento.

5-62. No livro *Planejamento e Análise de Experimentos* (*Design and Analysis of Experiments*), 4.ª edição (John Wiley & Sons, 1997), D. C. Montgomery descreve um experimento em que determinou o efeito de quatro tipos diferentes de ponteiras em um teste de dureza de uma liga metálica. Quatro corpos de prova da liga foram obtidos e cada ponteira foi testada uma vez em cada corpo de prova, produzindo os seguintes dados:

Tipo de Ponteira	Corpo de Prova 1	2	3	4
1	9,3	9,4	9,6	10,0
2	9,4	9,3	9,8	9,9
3	9,2	9,4	9,5	9,7
4	9,7	9,6	10,0	10,2

(a) Há alguma diferença nas medidas de dureza entre as ponteiras?
(b) Use o método gráfico da Seção 5-8.1 para investigar diferenças específicas entre as ponteiras.
(c) Analise os resíduos desse experimento.

5-63. Um artigo no periódico *American Industrial Hygiene Association Journal* (Vol. 37, 1976, pp. 418-422) descreve um teste de campo para detectar a presença de arsênico em amostras de urina. O teste foi proposto para uso entre trabalhadores florestais, por causa do uso crescente de arsênicos orgânicos naquela indústria. Para uma análise em um laboratório remoto, o experimento comparou o teste feito pelo estagiário e aquele feito pelo laboratorista experiente. Quatro indivíduos foram selecionados para se submeterem ao teste, sendo considerados como blocos. A variável de resposta é o conteúdo (em ppm) de arsênico na urina do indivíduo. Os dados são mostrados a seguir.

Teste	Indivíduo 1	2	3	4
Estagiário	0,05	0,05	0,04	0,15
Analista Experiente	0,05	0,05	0,04	0,17
Laboratorista	0,04	0,04	0,03	0,10

(a) Há alguma diferença no procedimento de teste do arsênico?
(b) Analise os resíduos desse experimento.

5-64. Um artigo no periódico *Food Technology Journal* (Vol. 10, 1956, pp. 39-42) descreve um estudo sobre o conteúdo de protopectina em tomates, durante a estocagem. Quatro tempos de estocagem foram selecionados e amostras de nove lotes de tomates foram analisadas. O conteúdo (expresso como a fração solúvel de ácido clorídrico, mg/kg) de protopectina está na tabela a seguir.

(a) Nesse estudo, os pesquisadores supuseram que o conteúdo médio de protopectina seria diferente para tempos diferentes de estocagem. Você pode confirmar essa hipótese com um teste estatístico, usando $\alpha = 0,05$?
(b) Encontre o valor *P* para o teste no item (a).
(c) Que tempos específicos de estocagem são diferentes? Você concordaria com a afirmação de que o conteúdo de protopectina diminui à medida que o tempo de estocagem aumenta?
(d) Analise os resíduos desse experimento.

5-65. Um experimento foi conduzido a fim de investigar o escapamento de corrente elétrica em um aparelho SOS MOSFETS. A finalidade do experimento foi investigar como o escapamento de corrente varia com o comprimento do canal. Quatro comprimentos diferentes foram selecionados. Para cada comprimento do canal, cinco larguras diferentes foram também usadas. A largura deve ser considerada um fator perturbador. Eis os dados.

Comprimento do Canal	Largura 1	2	3	4	5
1	0,7	0,8	0,8	0,9	1,0
2	0,8	0,8	0,9	0,9	1,0
3	0,9	1,0	1,7	2,0	4,0
4	1,0	1,5	2,0	3,0	20,0

(a) Teste a hipótese de que o escapamento médio de voltagem não depende do comprimento do canal, usando $\alpha = 0,05$.
(b) Analise os resíduos desse experimento e comente os gráficos de resíduos.

5-66. Considere o experimento de escapamento de voltagem, descrito no Exercício 5-65. O escapamento observado de voltagem para o comprimento 4 do canal e largura 5 foi registrado erroneamente. A observação correta é 4,0. Analise os dados corretos desse experimento. Há alguma evidência para concluir que o escapamento médio de voltagem aumente com o comprimento do canal?

Tempo de Estocagem (dias)	Lote 1	2	3	4	5	6	7	8	9
0	1694,0	989,0	917,3	346,1	1260,0	965,6	1123,0	1106,0	1116,0
7	1802,0	1074,0	278,8	1375,0	544,0	672,2	818,0	406,8	461,6
14	1568,0	646,2	1820,0	1150,0	983,7	395,3	422,3	420,0	409,5
21	415,5	845,4	377,6	279,4	447,8	272,1	394,1	356,4	351,2

Exercícios Suplementares

5-67. Um especialista comprou 25 resistores de um vendedor 1 e 35 resistores de um vendedor 2. Cada resistência do resistor é medida tendo os seguintes resultados:

Vendedor 1

96,8	100,0	100,3	98,5	98,3	98,2	99,6
99,4	99,9	101,1	103,7	97,7	99,7	101,1
97,7	98,6	101,9	101,0	99,4	99,8	99,1
99,6	101,2	98,2	98,6			

Vendedor 2

106,8	106,8	104,7	104,7	108,0	102,2
103,2	103,7	106,8	105,1	104,0	106,2
102,6	100,3	104,0	107,0	104,3	105,8
104,0	106,3	102,2	102,8	104,2	103,4
104,6	103,5	106,3	109,2	107,2	105,4
106,4	106,8	104,1	107,1	107,7	

(a) Qual é a suposição necessária à distribuição de modo a testar a afirmação de que a variância da resistência do produto do vendedor 1 não é significativamente diferente da variância da resistência do produto do vendedor 2? Faça um procedimento gráfico para verificar essa suposição.

(b) Faça um procedimento estatístico apropriado de teste de hipóteses de modo a determinar se o especialista pode afirmar que a variância da resistência do produto do vendedor 1 seja significativamente diferente daquela do produto do vendedor 2.

5-68. Um artigo no *Journal of Materials Engineering* (1989, Vol. 11, No. 4, pp. 275-282) reportou os resultados de um experimento para determinar os mecanismos de falha em revestimentos em barreiras térmicas com plasma vaporizado. A tensão de falha, para um revestimento particular (NiCrAlZr) sob duas condições diferentes de teste, é dada a seguir:

Tensão de falha ($\times 10^6$ Pa) depois de 9 ciclos de 1 hora: 19,8; 18,5; 17,6; 16,7; 16,7; 14,8; 15,4; 14,1; 13,6.

Tensão de falha ($\times 10^6$ Pa) depois de 6 ciclos de 1 hora: 14,9; 12,7; 11,9; 11,4; 10,1; 7,9.

(a) Quais as suposições necessárias para construir intervalos de confiança para a diferença na tensão média de falha, sob as duas condições diferentes de teste? Use os gráficos de probabilidade normal dos dados para verificar essas suposições.

(b) Encontre um intervalo de confiança de 99% para a diferença na tensão média de falha, sob as duas condições diferentes de teste.

(c) Usando o intervalo de confiança construído no item (b), a evidência justifica a afirmação de que as primeiras condições de teste fornecem resultados melhores, em média, do que as segundas condições? Explique sua resposta.

5-69. Considere o Exercício Suplementar 5-68.

(a) Construa um intervalo de confiança de 95% para a razão de variâncias, σ_1^2/σ_2^2, da tensão de falha sob as duas condições diferentes de teste.

(b) Use sua resposta no item (b) para determinar se há uma diferença significativa nas variâncias das duas condições diferentes de teste. Explique sua resposta.

5-70. O anúncio de um produto líquido usado em uma dieta afirma que o seu uso por um mês resulta em uma perda média de peso de no mínimo 3 libras. Oito indivíduos usaram o produto por um mês e os dados referentes à perda média resultante são reportados a seguir. Use os procedimentos de teste de hipóteses para responder as seguintes questões.

Indivíduo	Peso Inicial (lb)	Peso Final (lb)
1	165	161
2	201	195
3	195	192
4	198	193
5	155	150
6	143	141
7	150	146
8	187	183

(a) Os dados justificam a afirmação do fabricante do produto de dieta, com a probabilidade de um erro tipo I estabelecida em 0,05?

(b) Os dados justificam a afirmação do fabricante do produto de dieta, com a probabilidade de um erro tipo I estabelecida em 0,01?

(c) Através de um esforço para aumentar as vendas, o produtor está considerando a possibilidade de mudar suas afirmações de "no mínimo 3 libras" para "no mínimo 5 libras". Repita os itens (a) e (b) para testar essa nova afirmação.

5-71. Está sendo investigada a resistência à ruptura de um fio fornecido por dois fabricantes. A partir de experiências prévias com processos dos fabricantes, sabemos que $\sigma_1 = 5$ psi e $\sigma_2 = 4$ psi. Uma amostra aleatória de 20 corpos de prova, proveniente de cada fabricante, resulta em $\bar{x}_1 = 88$ psi e $\bar{x}_2 = 91$ psi, respectivamente.

(a) Usando um intervalo de confiança de 90% para a diferença na resistência média à ruptura do fio, comente se há ou não evidência para confirmar o fato de o fabricante 2 produzir fios com maior resistência média à quebra.

(b) Usando um intervalo de confiança de 98% para a diferença na resistência média de ruptura, comente se há ou não evidência para justificar a afirmação de que o fabricante 2 produz fio com uma maior resistência média à ruptura.

(c) Comente por que os resultados dos itens (a) e (b) são diferentes ou iguais. O que você escolheria para tomar sua decisão e por quê?

5-72. Considere o exercício suplementar prévio. Suponha que, antes de colctar os dados, você decida que quer o erro na estimação de $\mu_1 - \mu_2$ usando $\bar{x}_1 - \bar{x}_2$ menor do que 1,5 psi. Especifique o tamanho da amostra para os seguintes intervalos de confiança:

(a) 90%

(b) 98%

(c) Comente o efeito no tamanho necessário da amostra, se o percentual de confiança for aumentado.

(d) Repita os itens (a−c) com um erro menor que 0,75 psi, em vez de 1,5 psi.

(e) Comente o efeito no tamanho necessário da amostra, se o erro for diminuído.

5-73. O experimento, em 1954, da vacina Salk contra a poliomielite focou a sua eficiência de combate à paralisia. Notou-se que, sem um grupo de controle de crianças, não haveria uma base para avaliar a eficácia da vacina Salk. Então, a vacina foi administrada a um grupo e um placebo (visualmente idêntico à vacina, porém sem efeito algum) foi administrado a um segundo grupo. Por razões éticas e por se suspeitar de que o conhecimento da administração da vacina afetaria os diagnósticos subseqüentes, o ex-

174 CAPÍTULO CINCO

perimento foi conduzido de uma maneira tal que a identidade das crianças não fosse revelada. Ou seja, nem os indivíduos e nem os administradores sabiam quem havia recebido a vacina e quem havia recebido o placebo. Os dados reais para esse experimento são apresentados a seguir:

Grupo do Placebo: $n = 201.299$: 110 casos observados de pólio.
Grupo da Vacina: $n = 200.745$: 33 casos observados de pólio.

(a) Use o procedimento de teste de hipóteses para determinar se a proporção de crianças nos dois grupos que contraíram paralisia é estatisticamente diferente. Use uma probabilidade de erro tipo I igual a 0,05.

(b) Repita o item (a), usando uma probabilidade de erro tipo I igual a 0,01.

(c) Compare suas conclusões dos itens (a) e (b) e explique por que elas são as mesmas ou são diferentes.

5-74. Um estudo foi executado para determinar a exatidão de reclamações feitas a respeito do serviço público de assistência médica. Em uma amostra de 1.095 reclamações feitas pelos médicos, 942 coincidem exatamente com os registros médicos. Em uma amostra de 1.042 reclamações feitas pelos hospitais, o número correspondente foi 850.

(a) Há uma diferença na exatidão entre as duas fontes? Use $\alpha = 0,05$. Qual é o valor P do teste?

(b) Suponha que um segundo estudo tenha sido conduzido. Das 550 reclamações feitas pelos médicos, 473 foram exatas, enquanto que das 550 reclamações feitas pelos hospitais, 451 foram exatas. Há qualquer diferença estatisticamente significativa na exatidão dos dados do segundo estudo? Novamente, use $\alpha = 0,05$.

(c) Perceba que as percentagens estimadas da exatidão são aproximadamente idênticas para o primeiro e o segundo estudos; entretanto, os resultados dos testes de hipóteses dos itens (a) e (b) são diferentes. Explique por que isso ocorre.

(d) Construa o intervalo de confiança de 95% para a diferença nas duas proporções do item (a). Construa, então, um intervalo de confiança de 95% para a diferença nas duas proporções do item (b). Explique por que as percentagens estimadas da exatidão são aproximadamente idênticas, mas os comprimentos dos intervalos de confiança são diferentes.

5-75. Em uma amostra aleatória de 200 motoristas de carros nacionais em uma cidade, 165 afirmam usar regularmente cinto de segurança, enquanto em uma outra amostra de 250 motoristas de carros estrangeiros na mesma cidade, 198 afirmam usar regularmente cinto de segurança.

(a) Faça um procedimento de teste de hipóteses para determinar se há diferença estatisticamente significante no uso de cinto de segurança entre motoristas de carros nacionais e estrangeiros. Estabeleça 0,05 como a probabilidade de erro tipo I.

(b) Faça um procedimento de teste de hipóteses para determinar se há diferença estatisticamente significante no uso de cinto de segurança entre motoristas de carros nacionais e estrangeiros. Estabeleça 0,1 como a probabilidade de erro tipo I.

(c) Compare suas respostas para os itens (a) e (b) e explique por que elas são iguais ou diferentes.

(d) Suponha que todos os números na descrição do problema tenham sido dobrados. Isto é, em uma amostra de 400 residentes que dirigem carros nacionais, 330 afirmaram usar regularmente cinto de segurança, enquanto em uma outra amostra de 500 residentes que dirigem carros estrangeiros, 396 revelaram usar regularmente cinto de segurança. Repi-

ta os itens (a) e (b) e comente o efeito nos seus resultados, se o tamanho da amostra for aumentado sem variar as proporções.

5-76. Considere o exercício prévio, que resume os dados coletados sobre o uso de cintos de segurança por parte dos motoristas.

(a) Você acha que tem razão para não acreditar nesses dados? Explique sua resposta.

(b) É razoável usar os resultados do teste de hipóteses do problema anterior para inferir sobre a diferença na proporção do uso de cinto de segurança

(i) dos cônjuges desses motoristas de carros nacionais e estrangeiros? Explique sua resposta.

(ii) das crianças desses motoristas de carros nacionais e estrangeiros? Explique sua resposta.

(iii) de todos os motoristas de carros nacionais e estrangeiros? Explique sua resposta.

(iv) de todos os motoristas de caminhões nacionais e estrangeiros? Explique sua resposta.

5-77. Considere o Exemplo 5-12 no texto.

(a) Redefina os parâmetros de interesse como sendo a proporção de lentes que não sejam satisfatórias depois do polimento com os fluidos 1 ou 2. Teste a hipótese de que as duas soluções de polimento fornecem diferentes resultados, usando $\alpha = 0,01$.

(b) Compare sua resposta no item (a) com aquela do exemplo. Explique por que elas são diferentes ou iguais.

5-78. Um fabricante de um novo produto para remoção de tinta gostaria de demonstrar que seu produto trabalha duas vezes mais rápido que o produto do competidor. Especificamente, ele gostaria de testar

$$H_0: \mu_1 = 2\mu_2$$
$$H_1: \mu_1 > 2\mu_2$$

sendo μ_1 o tempo médio de absorção do produto adversário e μ_2 o tempo médio de absorção do produto novo. Considerando que as variâncias σ_1^2 e σ_2^2 sejam conhecidas, desenvolva um procedimento para testar essa hipótese.

5-79. Suponha que estejamos testando $H_0: \mu_1 = \mu_2$ contra $H_1: \mu_1 \neq \mu_2$ e planejemos usar amostras de mesmo tamanho, provenientes de duas populações. Ambas as populações são consideradas normais, com variâncias desconhecidas, porém iguais. Se usarmos $\alpha = 0,05$ e se a média verdadeira for $\mu_1 = \mu_2 + \sigma$, qual o tamanho da amostra que tem de ser usado para a potência desse teste ser no mínimo 0,90?

5-80. Um estudo sobre economia de combustível foi conduzido em dois automóveis alemães, Mercedes e Volkswagen. Um veículo de cada marca foi selecionado, registrando-se a quantidade de milhas percorridas com 10 tanques de combustível em cada carro. Esses dados (em milhas por galão) são mostrados a seguir:

Mercedes		Volkswagen	
24,7	24,9	41,7	42,8
24,8	24,6	42,3	42,4
24,9	23,9	41,6	39,9
24,7	24,9	39,5	40,8
24,5	24,8	41,9	29,6

(a) Construa um gráfico de probabilidade normal para cada um dos conjuntos de dados. Baseado nesses gráficos, é razoável considerar que eles sejam retirados de uma população normal?

(b) Suponha que o menor valor observado dos dados do Mercedes tenha sido registrado erroneamente, sendo o valor correto igual a 24,6. Além disso, o menor valor observado dos dados do Volkswagen foi também registrado erroneamente, sendo o valor correto igual a 39,6. Com os valores corretos, construa novamente gráficos de probabilidade normal para cada um dos conjuntos de dados. Baseado nesses novos gráficos, é razoável considerar que eles sejam retirados de uma população normal?

(c) Compare suas respostas dos itens (a) e (b) e comente o efeito dessas observações erradas na suposição de normalidade.

(d) Usando os dados corretos do item (b) e um intervalo de confiança de 95%, há evidência que justifique a afirmação de que a variabilidade no consumo de combustível por milha seja maior para o Volkswagen do que para o Mercedes?

5-81. Considere os agentes de expansão de espuma para combate ao fogo, mencionados no Exercício 5-14, em que cinco observações de cada agente foram registradas. Suponha que, se o agente 1 produzir uma expansão média que difira da expansão média do agente 2 por 1,5, rejeitaremos a hipótese nula, com probabilidade de no mínimo 0,95.

(a) Qual é o tamanho requerido da amostra?

(b) Você acha que o tamanho original da amostra no Exercício 5-14 foi apropriado para detectar essa diferença? Explique sua resposta.

5-82. Um experimento foi conduzido para comparar a capacidade de enchimento de um equipamento de empacotamento em duas diferentes vinícolas. Dez garrafas de *Pinot Noir*, provenientes da vinícola *Ridgecrest*, foram selecionadas aleatoriamente e medidas, juntamente com 10 garrafas de *Pinot Noir*, provenientes da vinícola *Valley View*. Os dados (os volumes de enchimento estão em ml) são apresentados a seguir:

Ridgecrest				Valley View			
755	751	752	753	756	754	757	756
753	753	753	754	755	756	756	755
752	751			755	756		

(a) Quais são as suposições necessárias para elaborar um procedimento de teste de hipóteses para a igualdade das médias desses dados? Verifique essas suposições.

(b) Faça o procedimento apropriado de teste de hipóteses para determinar se os dados justificam a afirmação de que ambas as vinícolas encherão garrafas com o mesmo volume médio.

5-83. Um engenheiro de materiais realiza um experimento com a finalidade de investigar se há diferença entre cinco tipos de espuma usada sob carpetes. Um dispositivo mecânico é construído para simular pessoas andando no carpete. Quatro amostras de cada espuma são testadas aleatoriamente no simulador. Depois de um certo tempo, a espuma é removida do simulador, examinada e graduada em relação à qualidade de revestimento. Os dados estão compilados na tabela de análise de variância, parcialmente completa.

Fonte de Variação	Soma Quadrática	Graus de Liberdade	Média Quadrática	F_0
Tratamentos	95,129			
Erro	86,752			
Total		19		

(a) Complete a tabela de análise de variância.

(b) Use a tabela de análise de variância para testar a hipótese de que a qualidade do revestimento difere entre os tipos de espuma para carpetes. Use $\alpha = 0,01$.

5-84. Uma máquina de teste de dureza Rockwell pressiona uma ponteira em um corpo de prova, usando a profundidade da depressão resultante para indicar a dureza. Duas ponteiras diferentes estão sendo comparadas para determinar se elas fornecem as mesmas leituras de dureza Rockwell na escala C. Nove corpos de prova são testados, com ambas as ponteiras sendo testadas em cada corpo de prova. Os dados são mostrados na tabela seguinte.

Corpo de Prova	Ponteira 1	Ponteira 2
1	47	46
2	42	40
3	43	45
4	40	41
5	42	43
6	41	41
7	45	46
8	45	46
9	49	48

(a) Estabeleça quaisquer suposições necessárias para testar a afirmação de que ambas as ponteiras produzem as mesmas leituras de dureza Rockwell na escala C. Verifique essas suposições nos dados que você tem.

(b) Aplique um método estatístico apropriado para determinar se os dados justifican a afirmação de que a diferença nas leituras de dureza Rockwell na escala C das duas ponteiras seja significativamente diferente de zero.

(c) Suponha que, se as duas ponteiras diferirem nas leituras da dureza média por 1,0, vamos querer que a potência do teste seja no mínimo 0,9. Para $\alpha = 0,01$, quantos corpos de prova devem ser usados no teste?

5-85. Dois diferentes medidores podem ser usados para medir a profundidade de um material usado no banho de uma célula Hall, usada na fundição de alumínio. Cada medidor é usado uma vez em 15 células pelo mesmo operador. As medidas de profundidade de ambos os medidores para 15 células são mostradas a seguir:

Célula	Medidor 1	Medidor 2
1	46 polegadas	47 polegadas
2	50	53
3	47	45
4	53	50
5	49	51
6	48	48
7	53	54
8	56	53
9	52	51
10	47	45
11	49	51
12	45	45
13	47	49
14	46	43
15	50	51

(a) Estabeleça quaisquer suposições necessárias para testar a afirmação de que ambos os medidores produzem as mesmas leituras da profundidade média do material no banho. Verifique essas suposições nos dados que você tem.

(b) Aplique um método estatístico apropriado para determinar se os dados justificam a afirmação de que os dois medidores produzem leituras diferentes da profundidade média do material no banho.

(c) Suponha que, se os dois medidores diferirem nas leituras da profundidade média do material no banho por 1,65 polegada, vamos querer que a potência do teste seja no mínimo de 0,8. Para $\alpha = 0,01$, quantas células devem ser usadas no teste?

5-86. Um artigo na revista *Materials Research Bulletin* (Vol. 26, No. 11, 1991) investigou quatro métodos diferentes de preparar o composto supercondutor $PbMo_6S_8$. Os autores afirmam que a presença de oxigênio durante o processo de preparação afeta a temperatura de transição, T_c, da supercondução do material. Os métodos de preparação 1 e 2 usam técnicas que são planejadas para eliminar a presença de oxigênio, enquanto os métodos 3 e 4 permitem a presença de oxigênio. Cinco observações de T_c (em K) foram feitas para cada material, sendo os resultados mostrados a seguir.

Método de Preparação	Temperatura de Transição T_c (K)				
1	14,8	14,8	14,7	14,8	14,9
2	14,6	15,0	14,9	14,8	14,7
3	12,7	11,6	12,4	12,7	12,1
4	14,2	14,4	14,4	12,2	11,7

(a) Há qualquer evidência que justifique a afirmação de que a presença de oxigênio durante a preparação afete a temperatura média de transição? Use $\alpha = 0,05$.

(b) Qual é o valor P para o teste F no item (a).

5-87. Um trabalho no periódico *Journal of the Association of Asphalt Paving Technologists* (Vol. 59, 1990) descreve um experimento com o objetivo de determinar o efeito de bolhas de ar sobre a percentagem da resistência residual do asfalto. Para finalidades do experimento, bolhas de ar são controladas em três níveis: baixo (2-4%), médio (4-6%) e alto (6-8%). Os dados são mostrados na seguinte tabela.

Vazios	Resistência Retida (%)							
Baixo	106	90	103	90	79	88	92	95
Médio	80	69	94	91	70	83	87	83
Alto	78	80	62	69	76	85	69	85

(a) Os diferentes níveis de bolhas de ar afetam significativamente a resistência média retida? Use $\alpha = 0,01$.

(b) Encontre o valor P para a estatística F calculada no item (a).

5-88. Um artigo na revista *Environment International* (Vol. 18, No. 4, 1992) descreve um experimento em que se investigou a quantidade de radônio liberado em chuveiros. A água enriquecida com radônio foi usada no experimento e seis tipos diferentes de diâmetros do orifício foram testados nas cabeças do chuveiro. Os dados do experimento são mostrados na seguinte tabela.

Diâmetro do Orifício	Radônio Liberado (%)			
0,37	80	83	83	85
0,51	75	75	79	79
0,71	74	73	76	77
1,02	67	72	74	74
1,40	62	62	67	69
1,99	60	61	64	66

(a) O tamanho do orifício afeta a percentagem média de radônio liberado? Use $\alpha = 0,05$.

(b) Encontre o valor P para a estatística F calculada no item (a).

Exercícios em Equipe

5-89. Construa uma série de dados para os quais a estatística do teste t emparelhado seja muito grande, indicando que quando essa análise é usada, as duas médias da população são diferentes, porém t_0 para o teste t para duas amostras é muito pequeno, logo, a análise incorreta indicaria não haver diferença significativa entre as médias.

5-90. Identifique um exemplo em que um padrão comparativo ou afirmação seja feito sobre duas populações independentes. Por exemplo, "O Carro Tipo A percorre mais milhas médias por galão em uma estrada urbana do que o Carro Tipo B". O padrão ou a afirmação pode ser expresso como a média, a variância, o desvio-padrão ou a proporção. Colete duas amostras aleatórias apropriadas de dados e faça um teste de hipóteses. Reporte seus resultados. Esteja certo de incluir em seu relatório a comparação expressa como um teste de hipóteses, uma descrição dos dados coletados, a análise feita e a conclusão alcançada.

Capítulo 6

CONSTRUINDO MODELOS EMPÍRICOS

Esquema do Capítulo

6-1 Introdução a modelos empíricos
6-2 Estimação de parâmetros por mínimos quadrados
   6-2.1 Regressão Linear Simples
   6-2.2 Regressão Linear Múltipla
6-3 Propriedades dos estimadores de mínimos quadrados e estimação de σ^2
6-4 Teste de hipóteses para a regressão linear
   6-4.1 Teste para a Significância da Regressão
   6-4.2 Testes para os Coeficientes Individuais de Regressão

6-5 Intervalos de confiança na regressão linear
   6-5.1 Intervalos de Confiança para os Coeficientes Individuais de Regressão
   6-5.2 Intervalo de Confiança para a Resposta Média
6-6 Predição de novas observações
6-7 Verificando a adequação do modelo de regressão
   6-7.1 Análise Residual
   6-7.2 Coeficiente de Determinação Múltipla
   6-7.3 Observações Influentes

6-1 INTRODUÇÃO A MODELOS EMPÍRICOS

Os engenheiros usam freqüentemente **modelos** na formulação e na solução de problemas. Algumas vezes, esses modelos são baseados no nosso conhecimento científico de física, química ou de engenharia do fenômeno e, em tais casos, chamamos esses modelos de **modelos mecanísticos**. Exemplos de modelos mecanísticos incluem a lei de Ohm, as leis dos gases e as leis de Kirchhoff. Entretanto, existem muitas situações em que duas ou mais variáveis de interesse estão relacionadas, cujo modelo mecanístico relacionando essas variáveis não é conhecido. Nesses casos, é necessário construir um modelo relacionando as variáveis baseadas nos dados observados. Esse tipo de modelo é chamado de **modelo empírico**. Um modelo empírico pode ser manipulado e analisado da mesma forma que um modelo mecanístico.

Como ilustração, considere os dados na Tabela 6-1. Nessa tabela, y é a pureza do oxigênio produzido em um processo químico de destilação e x é a percentagem de hidrocarbonetos presentes no condensador principal da unidade de destilação. A Fig. 6-1 apresenta um **diagrama de dispersão** dos dados na Tabela 6-1. Esse é apenas um gráfico no qual cada par (x_i, y_i) é representado como um ponto plotado em um sistema bidimensional de coordenadas. Note que não há um modelo mecanístico óbvio que relacione a pureza com o nível de hidrocarboneto. No entanto, a inspeção do diagrama de dispersão indica que, embora nenhuma curva simples passe exatamente através de todos os pontos, há uma forte indicação de que os pontos repousam aleatoriamente dispersos em torno de uma linha reta. Por conseguinte, é prova-

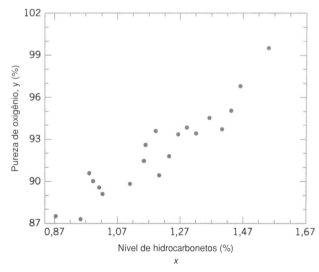

Fig. 6-1 Diagrama de dispersão da pureza de oxigênio *versus* nível de hidrocarbonetos da Tabela 6-1.

velmente razoável considerar que a média da variável aleatória Y esteja relacionada a x pela seguinte relação linear:

$$E(Y|x) = \mu_{Y|x} = \beta_0 + \beta_1 x$$

em que a inclinação e a interseção da linha são parâmetros desconhecidos. A notação $E(Y|x)$ representa o valor esperado da variável de resposta, em um valor particular do regressor x. Embora a média de Y seja uma função linear de x, o valor real observado, y, não cai exatamente na linha reta. A maneira apropriada de generalizar isso para um **modelo linear probabilístico** é considerar que o valor esperado de Y seja uma função linear de x, mas que, para um valor fixo de x, o valor real de Y seja determinado pela função do valor médio (o modelo linear) mais um termo de erro aleatório ϵ.

Modelo de Regressão Linear Simples

A variável dependente ou de resposta está relacionada a uma variável independente ou regressor como

$$Y = \beta_0 + \beta_1 x + \epsilon \quad (6\text{-}1)$$

sendo ϵ o termo de erro aleatório. Os parâmetros β_0 e β_1 são chamados de **coeficientes de regressão**.

Para ganhar mais conhecimento do modelo, suponha que possamos fixar o valor de x e observar o valor da variável aleatória Y. Agora, se o valor de x for fixado, o componente aleatório ϵ, no lado direito do modelo na Eq. 6-1, determina as propriedades

TABELA 6-1 Níveis de Oxigênio e de Hidrocarbonetos

Número da Observação	Nível de Hidrocarbonetos x (%)	Pureza y (%)
1	0,99	90,01
2	1,02	89,05
3	1,15	91,43
4	1,29	93,74
5	1,46	96,73
6	1,36	94,45
7	0,87	87,59
8	1,23	91,77
9	1,55	99,42
10	1,40	93,65
11	1,19	93,54
12	1,15	92,52
13	0,98	90,56
14	1,01	89,54
15	1,11	89,85
16	1,20	90,39
17	1,26	93,25
18	1,32	93,41
19	1,43	94,98
20	0,95	87,33

de Y. Suponha que a média e a variância de ϵ sejam 0 e σ^2, respectivamente. Então

$$E(Y|x) = E(\beta_0 + \beta_1 x + \epsilon) = \beta_0 + \beta_1 x + E(\epsilon)$$
$$= \beta_0 + \beta_1 x$$

Note que essa é a mesma relação que escrevemos inicialmente de forma empírica, a partir da inspeção do diagrama de dispersão da Fig. 6-1. A variância de Y, dado x, é

$$V(Y|x) = V(\beta_0 + \beta_1 x + \epsilon) = V(\beta_0 + \beta_1 x) + V(\epsilon)$$
$$= 0 + \sigma^2 = \sigma^2$$

Logo, o modelo verdadeiro de regressão, $\mu_{Y|x} = \beta_0 + \beta_1 x$, é uma linha de valores médios; ou seja, a altura da linha de regressão em qualquer valor de x é apenas o valor esperado de Y para aquele x. A inclinação, β_1, pode ser interpretada como a mudança na média de Y para uma mudança unitária em x. Além disso, a variabilidade de Y, em um valor particular de x, é determinada pela variância do erro σ^2. Isso implica que há uma distribuição de valores de Y em cada x e que a variância dessa distribuição é a mesma em cada x.

Por exemplo, suponha que o verdadeiro modelo de regressão, relacionando a pureza do oxigênio ao nível de hidrocarboneto, seja $\mu_{Y|x} = 75 + 15x$ e suponha que a variância seja $\sigma^2 = 2$. A Fig. 6-2 ilustra essa situação. Note que usamos uma distribuição normal para descrever uma variação aleatória em ϵ. Uma vez que Y é a soma de uma constante $\beta_0 + \beta_1 x$ (a média) e uma variável aleatória distribuída aleatoriamente, Y é uma variável aleatória distribuída normalmente. A variância σ^2 determina a variabilidade nas observações Y da pureza de oxigênio. Assim, quando σ^2 for pequena, os valores observados de Y cairão perto da linha, e quando σ^2 for grande, os valores observados de Y poderão desviar consideravelmente da linha. Devido a σ^2 ser constante, a variabilidade em Y, em qualquer valor de x, é a mesma.

O modelo de regressão descreve a relação entre a pureza do oxigênio Y e o nível do hidrocarboneto x. Desse modo, para qualquer valor do nível de hidrocarboneto, a pureza do oxigênio tem

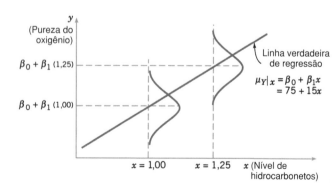

Fig. 6-2 Distribuição de Y para um certo valor de x, para os dados da pureza do oxigênio-hidrocarbonetos.

uma distribuição normal, com média $75 + 15x$ e variância 2. Por exemplo, se $x = 1,25$, então Y tem um valor médio $\mu_{Y|x} = 75 + 15(1,25) = 93,75$ e variância 2.

Há muitas situações de construção de modelos empíricos em que existe mais de um regressor (variável independente). Novamente, um modelo de regressão pode ser usado para descrever a relação. Um modelo de regressão que contenha mais de um regressor é chamado de um **modelo de regressão múltipla**.

Como exemplo, suponha que a vida efetiva de uma ferramenta de corte dependa da velocidade de corte e do ângulo da ferramenta. Um modelo de regressão múltipla que pode descrever essa relação é

$$Y = \beta_0 + \beta_1 x_1 + \beta_2 x_2 + \epsilon \qquad (6\text{-}2)$$

em que Y representa a vida da ferramenta, x_1 representa a velocidade de corte, x_2 representa o ângulo de corte e ϵ é um termo de erro aleatório. Esse é um **modelo de regressão linear múltipla** com dois regressores. O termo *linear* é usado porque a Eq. 6-2 é uma função linear dos parâmetros desconhecidos β_0, β_1 e β_2.

O modelo de regressão na Eq. 6-2 descreve um plano no espaço tridimensional de Y, x_1 e x_2. A Fig. 6-3a mostra esse plano para o modelo de regressão

$$E(Y) = 50 + 10x_1 + 7x_2$$

em que consideramos o valor esperado do termo do erro igual a zero, isto é, $E(\epsilon) = 0$. O parâmetro β_0 é a **interseção** do plano. Algumas vezes, chamamos β_1 e β_2 de **coeficientes parciais de regressão**, porque β_1 mede a variação esperada em Y por unidade de variação em x_1, quando x_2 for constante, e β_2 mede a variação esperada em Y por unidade de variação em x_2, quando x_1 for constante. A Fig. 6.3b mostra **uma curva de nível** (*contour plot*) do modelo de regressão, ou seja, linhas de $E(Y)$ constante, como uma função de x_1 e x_2. Note que as linhas de nível nesse gráfico são retas.

> **Modelo de Regressão Linear Múltipla**
>
> Em geral, a **variável dependente** ou de **resposta** pode estar relacionada a k **variáveis independentes ou regressores**. O modelo
>
> $$Y = \beta_0 + \beta_1 x_1 + \beta_2 x_2 + \cdots + \beta_k x_k + \epsilon \qquad (6\text{-}3)$$
>
> é chamado de modelo de regressão linear múltipla com k regressores.

Os parâmetros β_j, $j = 0, 1, \ldots, k$, são chamados de coeficientes de regressão. Esse modelo descreve um hiperplano no espaço k-dimensional dos regressores $\{x_j\}$. O parâmetro β_j representa a variação esperada na resposta Y por unidade de variação unitária em x_j, quando todos os outros regressores x_i ($i \neq j$) forem mantidos constantes.

Os modelos de regressão linear múltipla são freqüentemente usados como modelos empíricos. Isto é, o modelo mecanístico

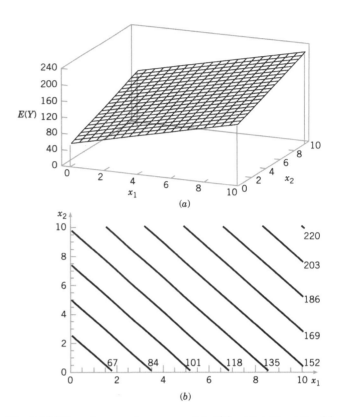

Fig. 6-3 (a) Plano de regressão para o modelo $E(Y) = 50 + 10x_1 + 7x_2$. (b) Gráfico das curvas de nível (*contour plot*).

que relaciona Y e $x_1, x_2, \ldots, x_k$ é desconhecido, porém, em certas faixas das variáveis independentes, o modelo de regressão linear é uma aproximação adequada.

Os modelos que sejam mais complexos quanto à estrutura do que a Eq. 6-3 podem freqüentemente ainda ser analisados por técnicas de regressão linear múltipla. Por exemplo, considere o modelo polinomial cúbico com um regressor,

$$Y = \beta_0 + \beta_1 x + \beta_2 x^2 + \beta_3 x^3 + \epsilon \qquad (6\text{-}4)$$

Se fizermos $x_1 = x$, $x_2 = x^2$, $x_3 = x^3$, então a Eq. 6-4 pode ser escrita como

$$Y = \beta_0 + \beta_1 x_1 + \beta_2 x_2 + \beta_3 x_3 + \epsilon \qquad (6\text{-}5)$$

que é um modelo de regressão linear múltipla com três regressores.

Os modelos que incluem efeitos de **interação** podem ser analisados pelos métodos de regressão linear múltipla. Uma interação entre duas variáveis pode ser representada por um termo cruzado no modelo, tal como

$$Y = \beta_0 + \beta_1 x_1 + \beta_2 x_2 + \beta_{12} x_1 x_2 + \epsilon \qquad (6\text{-}6)$$

Se fizermos $x_3 = x_1 x_2$ e $\beta_3 = \beta_{12}$, então a Eq. 6-6 pode ser escrita como

$$Y = \beta_0 + \beta_1 x_1 + \beta_2 x_2 + \beta_3 x_3 + \epsilon$$

que é um modelo de regressão linear múltipla.

As Figs. 6-4*a* e *b* mostram o gráfico tridimensional do modelo de regressão

$$Y = 50 + 10x_1 + 7x_2 + 5x_1 x_2$$

e as curvas de nível bidimensionais correspondentes. Observe que, embora esse seja um modelo de regressão linear, a forma da superfície gerada pelo modelo não é linear. Em geral, **qualquer modelo de regressão que seja linear nos parâmetros** (os β's) **é um modelo de regressão linear, independente da forma da superfície que ele gere.**

A Fig. 6-4 fornece uma boa interpretação gráfica de uma interação. Geralmente, a interação implica que o efeito produzido pela variação de uma variável (x_1, por exemplo) depende do nível da outra variável (x_2). Por exemplo, a Fig. 6-4 mostra que variando x_1 de 2 a 8 produz-se uma variação muito menor em $E(Y)$ quando $x_2 = 2$ do que quando $x_2 = 10$. Os efeitos de interação ocorrem freqüentemente no estudo e na análise de sistemas reais, sendo os métodos de regressão uma das técnicas que podemos usar para descrevê-los.

Como exemplo final, considere o modelo de segunda ordem com interação

$$Y = \beta_0 + \beta_1 x_1 + \beta_2 x_2 + \beta_{11} x_1^2 + \beta_{22} x_2^2 \quad (6\text{-}7)$$
$$+ \beta_{12} x_1 x_2 + \epsilon$$

Sejam $x_3 = x_1^2$, $x_4 = x_2^2$, $x_5 = x_1 x_2$, $\beta_3 = \beta_{11}$, $\beta_4 = \beta_{22}$ e $\beta_5 = \beta_{12}$, então a Eq. 6-7 pode ser escrita como um modelo de regressão linear múltipla conforme segue:

$$Y = \beta_0 + \beta_1 x_1 + \beta_2 x_2 + \beta_3 x_3 + \beta_4 x_4 + \beta_5 x_5 + \epsilon$$

As Figs. 6-5*a* e *b* mostram o gráfico tridimensional e a curva de nível correspondente para

$$E(Y) = 800 + 10x_1 + 7x_2 - 8{,}5x_1^2 - 5x_2^2 + 4x_1 x_2$$

Esses gráficos indicam que a variação esperada em Y quando x_1 variar por uma unidade (por exemplo) é uma função de *ambos* x_1 e x_2. Os termos quadráticos e de interação nesse modelo produzem uma função com forma de morro. Dependendo dos valores dos coeficientes de regressão, o modelo de segunda ordem com interação é capaz de assumir uma ampla variedade de formas; assim, ele é um modelo flexível de regressão. Na maioria

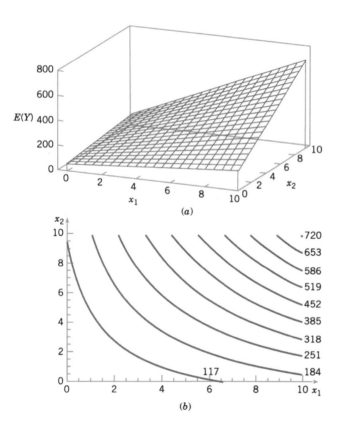

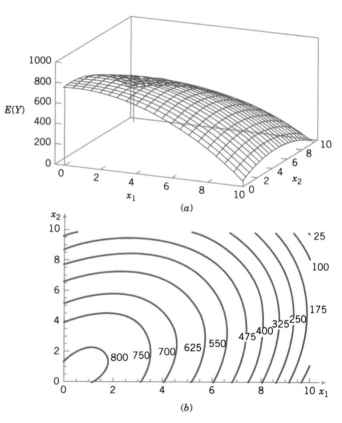

Fig. 6-4 (a) Gráfico tridimensional do modelo de regressão $E(Y) = 50 + 10x_1 + 7x_2 + 5x_1 x_2$. (b) Gráfico das curvas de nível.

Fig. 6-5 (a) Gráfico tridimensional do modelo de regressão $E(Y) = 800 + 10x_1 + 7x_2 - 8{,}5\, x_1^2 - 5\, x_2^2 + 4x_1 x_2$. (b) Gráfico das curvas de nível.

dos problemas do mundo real, os valores dos parâmetros (os coeficientes de regressão β_i) e da variância do erro, σ^2, não serão conhecidos, devendo ser estimados a partir de dados amostrais. A **análise de regressão** é uma coleção de ferramentas estatísticas para determinar as estimativas dos parâmetros no modelo de regressão. Então, essa equação (ou modelo) ajustada de regressão é tipicamente usada na previsão de observações futuras de Y ou para estimar a resposta média em um nível particular de x. De modo a ilustrar com um exemplo de regressão linear simples, um engenheiro químico pode estar interessado em estimar a pureza média de oxigênio produzido, quando o nível de hidrocarboneto for $x = 1,25\%$. Este capítulo discutirá tais procedimentos e as aplicações para os modelos de regressão linear.

Correlação

Uma equação de regressão é um modelo empírico relacionando uma variável de resposta a um ou mais regressores. Algumas vezes é útil fornecer uma medida descritiva da associação linear, conhecida como **correlação**. Considere os dados da pureza (y) e do nível de hidrocarboneto (x) reportados na Tabela 6-1 e no diagrama de dispersão da Fig. 6-1. O coeficiente de correlação da amostra entre x e y é definido como

$$r_{xy} = \frac{\sum_{i=1}^{n}(y_i - \bar{y})(x_i - \bar{x})}{\sqrt{\sum_{i=1}^{n}(y_i - \bar{y})^2 \sum_{i=1}^{n}(x_i - \bar{x})^2}}$$

Estritamente falando, a correlação é definida somente entre duas **variáveis aleatórias**, logo, consideramos que tanto a pureza como o nível de hidrocarboneto sejam variáveis aleatórias. Pode ser mostrado que $-1 \leq r_{xy} \leq +1$ e se $r_{xy} = +1$ (ou -1), as observações estão exatamente em cima de uma linha com inclinação positiva (ou negativa). Em nosso exemplo, $r_{xy} = 0,936$. Essa é uma grandeza adimensional que expressa a relação linear entre um par de variáveis que foram medidas originalmente em unidades possivelmente diferentes. O coeficiente de correlação da amostra é um estimador do coeficiente de correlação ρ_{xy}. É possível desenvolver procedimentos para testar hipóteses e construir intervalos de confiança para ρ_{xy}. Ver Montgomery e Runger (1999) para detalhes.

6-2 ESTIMAÇÃO DE PARÂMETROS POR MÍNIMOS QUADRADOS

6-2.1 Regressão Linear Simples

O caso de **regressão linear simples** considera um *único regressor* ou *preditor* x e uma variável dependente ou variável de *resposta* Y. Suponha que a relação verdadeira entre Y e x seja uma linha reta e que a observação Y em cada nível de x seja uma variável aleatória. Como notado previamente, o valor esperado de Y para cada valor de x é

$$E(Y|x) = \beta_0 + \beta_1 x$$

sendo a interseção β_0 e a inclinação β_1 coeficientes desconhecidos da regressão. Consideramos que cada observação, Y, possa ser descrita pelo modelo

$$Y = \beta_0 + \beta_1 x + \epsilon \qquad (6\text{-}8)$$

em que ϵ é um erro aleatório com média zero e variância σ^2. Os erros aleatórios correspondendo a diferentes observações são também considerados variáveis aleatórias não correlacionadas.

Suponha que tenhamos n pares de observações (x_1, y_1), $(x_2, y_2), \ldots, (x_n, y_n)$. A Fig. 6-6 mostra um diagrama típico de dispersão dos dados observados e uma candidata para a linha estimada de regressão. As estimativas de β_0 e β_1 devem resultar em uma linha que seja (em algum sentido) o "melhor ajuste" para os dados. O cientista alemão Karl Gauss (1777-1855) propôs estimar os parâmetros β_0 e β_1 na Eq. 6-8 de modo a minimizar a soma dos quadrados dos desvios verticais na Fig. 6-6.

Chamamos esse critério para estimar os coeficientes de regressão de **método dos mínimos quadrados**. Usando a Eq. 6-8, podemos expressar as n observações na amostra como

$$y_i = \beta_0 + \beta_1 x_i + \epsilon_i, \qquad i = 1, 2, \ldots, n \qquad (6\text{-}9)$$

sendo a soma dos quadrados dos desvios das observações em relação à linha de regressão dada por

$$L = \sum_{i=1}^{n} \epsilon_i^2 = \sum_{i=1}^{n}(y_i - \beta_0 - \beta_1 x_i)^2 \qquad (6\text{-}10)$$

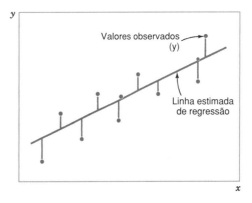

Fig. 6-6 Desvios dos dados em relação ao modelo estimado de regressão.

182 Capítulo Seis

Os estimadores de mínimos quadrados de β_0 e β_1, $\hat{\beta}_0$ e $\hat{\beta}_1$, têm de satisfazer

$$\left.\frac{\partial L}{\partial \beta_0}\right|_{\hat{\beta}_0, \hat{\beta}_1} = -2\sum_{i=1}^{n}(y_i - \hat{\beta}_0 - \hat{\beta}_1 x_i) = 0 \qquad (6\text{-}11)$$

$$\left.\frac{\partial L}{\partial \beta_1}\right|_{\hat{\beta}_0, \hat{\beta}_1} = -2\sum_{i=1}^{n}(y_i - \hat{\beta}_0 - \hat{\beta}_1 x_i)x_i = 0$$

A simplificação dessas duas equações resulta em

$$n\hat{\beta}_0 + \hat{\beta}_1 \sum_{i=1}^{n} x_i = \sum_{i=1}^{n} y_i \qquad (6\text{-}12)$$

$$\hat{\beta}_0 \sum_{i=1}^{n} x_i + \hat{\beta}_1 \sum_{i=1}^{n} x_i^2 = \sum_{i=1}^{n} y_i x_i$$

As Eqs. 6-12 são chamadas de **equações normais dos mínimos quadrados**. A solução para as equações normais resulta nos estimadores de mínimos quadrados $\hat{\beta}_0$ e $\hat{\beta}_1$.

Fórmulas de Cálculo para a Regressão Linear Simples

As **estimativas de mínimos quadrados** da interseção e da inclinação no modelo de regressão linear simples são

$$\hat{\beta}_0 = \bar{y} - \hat{\beta}_1 \bar{x} \qquad (6\text{-}13)$$

$$\hat{\beta}_1 = \frac{\displaystyle\sum_{i=1}^{n} y_i x_i - \frac{\left(\displaystyle\sum_{i=1}^{n} y_i\right)\left(\displaystyle\sum_{i=1}^{n} x_i\right)}{n}}{\displaystyle\sum_{i=1}^{n} x_i^2 - \frac{\left(\displaystyle\sum_{i=1}^{n} x_i\right)^2}{n}} \qquad (6\text{-}14)$$

---

em que $\bar{y} = (1/n)\sum_{i=1}^{n} y_i$ e $\bar{x} = (1/n)\sum_{i=1}^{n} x_i$.

A **linha estimada** ou **ajustada de regressão** é conseqüentemente

$$\hat{y} = \hat{\beta}_0 + \hat{\beta}_1 x \qquad (6\text{-}15)$$

Note que cada par de observações satisfaz a relação

$$y_i = \hat{\beta}_0 + \hat{\beta}_1 x_i + e_i, \qquad i = 1, 2, \ldots, n$$

sendo $e_i = y_i - \hat{y}_i$ chamada de **resíduo**. O resíduo descreve o erro no ajuste do modelo para a i-ésima observação y_i. Mais adiante neste capítulo, usaremos os resíduos para fornecer informação acerca da adequação do modelo ajustado.

Em termos de notação, é ocasionalmente conveniente dar símbolos especiais ao numerador e ao denominador da Eq. 6-14. Tendo os dados $(x_1, y_1), (x_2, y_2), \ldots, (x_n, y_n)$, considere

$$S_{xx} = \sum_{i=1}^{n}(x_i - \bar{x})^2 = \sum_{i=1}^{n} x_i^2 - \frac{\left(\displaystyle\sum_{i=1}^{n} x_i\right)^2}{n} \qquad (6\text{-}16)$$

e

$$S_{xy} = \sum_{i=1}^{n}(x_i - \bar{x})(y_i - \bar{y})$$

$$= \sum_{i=1}^{n} x_i y_i - \frac{\left(\displaystyle\sum_{i=1}^{n} x_i\right)\left(\displaystyle\sum_{i=1}^{n} y_i\right)}{n} \qquad (6\text{-}17)$$

EXEMPLO 6-1

Ajustaremos um modelo de regressão linear simples aos dados de pureza do oxigênio na Tabela 6-1. As seguintes grandezas podem ser calculadas:

$$n = 20 \quad \sum_{i=1}^{20} x_i = 23{,}92 \quad \sum_{i=1}^{20} y_i = 1.843{,}21$$

$$\bar{x} = 1{,}1960 \quad \bar{y} = 92{,}1605$$

$$\sum_{i=1}^{20} y_i^2 = 170.044{,}5321 \quad \sum_{i=1}^{20} x_i^2 = 29{,}2892 \quad \sum_{i=1}^{20} x_i y_i = 2.214{,}6566$$

$$S_{xx} = \sum_{i=1}^{20} x_i^2 - \frac{\left(\displaystyle\sum_{i=1}^{20} x_i\right)^2}{20} = 29{,}2892 - \frac{(23{,}92)^2}{20} = 0{,}68088$$

e

$$S_{xy} = \sum_{i=1}^{20} x_i y_i - \frac{\left(\displaystyle\sum_{i=1}^{20} x_i\right)\left(\displaystyle\sum_{i=1}^{20} y_i\right)}{20}$$

$$= 2.214{,}6566 - \frac{(23{,}92)(1.843{,}21)}{20} = 10{,}17744$$

Logo, as estimativas de mínimos quadrados da inclinação e da interseção são

$$\hat{\beta}_1 = \frac{S_{xy}}{S_{xx}} = \frac{10{,}17744}{0{,}68088} = 14{,}94748$$

e

$$\hat{\beta}_0 = \bar{y} - \hat{\beta}_1 \bar{x} = 92{,}1605 - (14{,}94748)1{,}196 = 74{,}28331$$

O modelo ajustado da regressão linear simples é

$$\hat{y} = 74{,}3 + 14{,}9x$$

Esse modelo é plotado na Fig. 6-7, juntamente com os dados da amostra. Consideramos cinco casas decimais no cálculo desses coeficientes de regressão e arredondamos então os coeficientes na equação final. É importante usar um número suficiente de decimais nos cálculos intermediários, a fim de minimizar o efeito de arredondamento.

Os programas computacionais são largamente usados nos modelos de regressão. A Tabela 6-2 mostra parte de uma saída do Minitab para esse problema. Nas seções subseqüentes, daremos explicações para as outras informações fornecidas nessa saída do computador.

Usando o modelo de regressão do Exemplo 6-1, esperaríamos uma pureza do oxigênio de $\hat{y} = 89{,}2\%$, quando o nível do hidrocarboneto fosse $x = 1{,}00\%$. A pureza de 89,2% pode ser interpretada como uma estimativa da verdadeira pureza média da população, quando $x = 1{,}00\%$, ou como uma estimativa de uma nova observação, quando $x = 1{,}00\%$. Essas estimativas estão, naturalmente, sujeitas a erros, ou seja, é improvável que uma futura observação da pureza seja exatamente 89,2%, quando o nível de hidrocarboneto for 1,00%. Nas seções subseqüentes, veremos como usar intervalos de confiança e de previsão para descrever o erro na estimação proveniente de um modelo de regressão.

6-2.2 Regressão Linear Múltipla

O método dos mínimos quadrados pode ser usado para estimar os coeficientes de regressão no modelo de regressão múltipla, Eq. 6-3. Suponha que $n > k$ observações estejam disponíveis e seja x_{ij} a denotação da i-ésima observação ou o nível da variável x_j. As observações são

$$(x_{i1}, x_{i2}, \ldots, x_{ik}, y_i) \quad i = 1, 2, \ldots, n \text{ e } n > k$$

É costume apresentar os dados para a regressão múltipla em uma tabela tal qual a Tabela 6-3.

Cada observação $(x_{i1}, x_{i2}, \ldots, x_{ik}, y_i)$ satisfaz o modelo na Eq. 6-3 ou

$$y_i = \beta_0 + \beta_1 x_{i1} + \beta_2 x_{i2} + \cdots + \beta_k x_{ik} + \epsilon_i$$
$$i = 1, 2, \ldots, n \tag{6-18}$$

No ajuste desse modelo de regressão múltipla, é muito mais conveniente expressar as operações matemáticas usando a notação matricial.

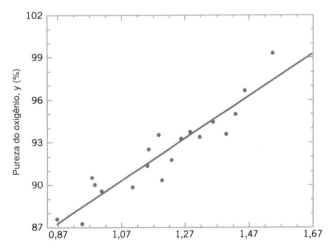

Fig. 6-7 Diagrama de dispersão da pureza do oxigênio, y, versus nível de hidrocarbonetos, x, e o modelo de regressão $\hat{y} = 74{,}3 + 14{,}9x$.

184 Capítulo Seis

TABELA 6-2 Saída do Minitab para os Dados de Pureza do Oxigênio no Exemplo 6-1

Análise de Regressão

A equação de regressão é
y = 74,3 + 14,9 x

Preditor	Coeficiente	Desvio-padrão	T	P
Constante	74,283	1,593	46,62	0,000
x	14,947	1,317	11,35	0,000

S = 1,087 R^2 = 87,7% R^2 ajustado = 87,1%

Análise de Variância

Fonte	GL	SQ	MQ	F	P
Regressão	1	152,13	152,13	128,86	0,000
Erro	18	21,25	1,18		
Total	19	173,38			

Esse modelo na Eq. 6-18 é um sistema de n equações, que pode ser expresso na notação matricial como

$$\mathbf{y} = \mathbf{X}\boldsymbol{\beta} + \boldsymbol{\epsilon} \tag{6-19}$$

sendo

$$\mathbf{y} = \begin{bmatrix} y_1 \\ y_2 \\ \vdots \\ y_n \end{bmatrix} \quad \mathbf{X} = \begin{bmatrix} 1 & x_{11} & x_{12} & \dots & x_{1k} \\ 1 & x_{21} & x_{22} & \dots & x_{2k} \\ \vdots & \vdots & \vdots & & \vdots \\ 1 & x_{n1} & x_{n2} & \dots & x_{nk} \end{bmatrix}$$

$$\boldsymbol{\beta} = \begin{bmatrix} \beta_0 \\ \beta_1 \\ \vdots \\ \beta_k \end{bmatrix} \quad e \quad \boldsymbol{\epsilon} = \begin{bmatrix} \epsilon_1 \\ \epsilon_2 \\ \vdots \\ \epsilon_n \end{bmatrix}$$

Em geral, $\mathbf{y}$ é um vetor ($n \times 1$) das observações, $\mathbf{X}$ é uma matriz ($n \times p$) dos níveis das variáveis independentes, $\boldsymbol{\beta}$ é um vetor ($p \times 1$) dos coeficientes de regressão e $\boldsymbol{\epsilon}$ é um vetor ($n \times 1$) dos erros aleatórios.

TABELA 6-3 Dados para Regressão Linear Múltipla

y	x_1	x_2	$\dots$	x_k
y_1	x_{11}	x_{12}	$\dots$	x_{1k}
y_2	x_{21}	x_{22}	$\dots$	x_{2k}
$\vdots$	$\vdots$	$\vdots$		$\vdots$
y_n	x_{n1}	x_{n2}	$\dots$	x_{nk}

Desejamos encontrar o vetor dos estimadores de mínimos quadrados, $\hat{\boldsymbol{\beta}}$, que minimiza

$$L = \sum_{i=1}^{n} \epsilon_i^2 = \boldsymbol{\epsilon}'\boldsymbol{\epsilon} = (\mathbf{y} - \mathbf{X}\boldsymbol{\beta})'(\mathbf{y} - \mathbf{X}\boldsymbol{\beta})$$

em que a linha ($'$) denota transposta. O estimador de mínimos quadrados $\hat{\boldsymbol{\beta}}$ é a solução para $\boldsymbol{\beta}$ nas equações

$$\frac{\partial L}{\partial \boldsymbol{\beta}} = \mathbf{0}$$

Não daremos os detalhes da obtenção das derivadas; no entanto, as equações resultantes que têm de ser resolvidas são

$$\mathbf{X}'\mathbf{X}\hat{\boldsymbol{\beta}} = \mathbf{X}'\mathbf{y} \tag{6-20}$$

As Eqs. 6-20 são as equações normais de mínimos quadrados na forma matricial. Com o objetivo de resolver as equações normais, multiplique ambos os lados das Eqs. 6-20 pelo inverso de $\mathbf{X}'\mathbf{X}$ e obtenha a estimativa de mínimos quadrados de $\boldsymbol{\beta}$.

A estimativa de mínimos quadrados de $\boldsymbol{\beta}$ é

$$\hat{\boldsymbol{\beta}} = (\mathbf{X}'\mathbf{X})^{-1}\mathbf{X}'\mathbf{y} \tag{6-21}$$

Observe que há $p = k + 1$ equações normais para $p = k + 1$ incógnitas (os valores de $\hat{\beta}_0, \hat{\beta}_1, ..., \hat{\beta}_k$). Além disso, a matriz $\mathbf{X}'\mathbf{X}$ é freqüentemente não singular, como foi considerado anteriormente, de modo que os métodos descritos nos livros-texto sobre determinantes e métodos para inverter essas matrizes podem ser usados para encontrar $(\mathbf{X}'\mathbf{X})^{-1}$. Na prática, os cálculos de regressão múltipla são quase sempre realizados em um computador.

Escrevendo a Eq. 6-20 em detalhes, obtemos

$$
\begin{bmatrix}
n & \sum_{i=1}^{n} x_{i1} & \sum_{i=1}^{n} x_{i2} & \cdots & \sum_{i=1}^{n} x_{ik} \\
\sum_{i=1}^{n} x_{i1} & \sum_{i=1}^{n} x_{i1}^2 & \sum_{i=1}^{n} x_{i1}x_{i2} & \cdots & \sum_{i=1}^{n} x_{i1}x_{ik} \\
\vdots & \vdots & \vdots & & \vdots \\
\sum_{i=1}^{n} x_{ik} & \sum_{i=1}^{n} x_{ik}x_{i1} & \sum_{i=1}^{n} x_{ik}x_{i2} & \cdots & \sum_{i=1}^{n} x_{ik}^2
\end{bmatrix}
\begin{bmatrix}
\hat{\beta}_0 \\ \hat{\beta}_1 \\ \vdots \\ \hat{\beta}_k
\end{bmatrix}
$$

$$
=
\begin{bmatrix}
\sum_{i=1}^{n} y_i \\
\sum_{i=1}^{n} x_{i1}y_i \\
\vdots \\
\sum_{i=1}^{n} x_{ik}y_i
\end{bmatrix}
$$

É fácil ver que $\mathbf{X'X}$ é uma matriz simétrica ($p \times p$) e $\mathbf{X'y}$ é um vetor coluna ($p \times 1$). Note a estrutura especial da matriz $\mathbf{X'X}$. Os elementos da diagonal de $\mathbf{X'X}$ são as somas dos quadrados dos elementos nas colunas de $\mathbf{X}$, e os elementos fora da diagonal são as somas dos produtos cruzados dos elementos nas colunas de $\mathbf{X}$. Além disso, note que os elementos de $\mathbf{X'y}$ são as somas dos produtos cruzados das colunas de $\mathbf{X}$ e das observações $\{y_i\}$.

O modelo ajustado de regressão é

$$
\hat{y}_i = \hat{\beta}_0 + \sum_{j=1}^{k} \hat{\beta}_j x_{ij} \qquad i = 1, 2, \ldots, n \qquad (6\text{-}22)
$$

Na notação matricial, o modelo ajustado é

$$
\hat{\mathbf{y}} = \mathbf{X}\hat{\boldsymbol{\beta}}
$$

A diferença entre a observação y_i e o valor ajustado $\hat{y}_i$ é um **resíduo**, $e_i = y_i - \hat{y}_i$. O vetor ($n \times 1$) dos resíduos é denotado por

$$
\mathbf{e} = \mathbf{y} - \hat{\mathbf{y}} \qquad (6\text{-}23)
$$

EXEMPLO 6-2

A resistência ao puxamento de um fio colado em um produto semicondutor é uma importante característica. Queremos investigar a adequabilidade em usar um modelo de regressão múltipla para prever a resistência ao puxamento (y), como uma função do comprimento do fio (x_1) e da altura da garra (x_2). Ajustaremos o modelo de regressão múltipla

$$
y = \beta_0 + \beta_1 x_1 + \beta_2 x_2 + \epsilon
$$

em que y é o valor observado da resistência ao puxamento de um fio colado, x_1 é o comprimento do fio e x_2 é a altura da garra. As 25 observações estão na Tabela 6-4. Usaremos agora a abordagem matricial para ajustar o modelo de regressão a esses dados. A matriz $\mathbf{X}$ e o vetor $\mathbf{y}$ para esse modelo são

$$
\mathbf{X} =
\begin{bmatrix}
1 & 2 & 50 \\
1 & 8 & 110 \\
1 & 11 & 120 \\
1 & 10 & 550 \\
1 & 8 & 295 \\
1 & 4 & 200 \\
1 & 2 & 375 \\
1 & 2 & 52 \\
1 & 9 & 100 \\
1 & 8 & 300 \\
1 & 4 & 412 \\
1 & 11 & 400 \\
1 & 12 & 500 \\
1 & 2 & 360 \\
1 & 4 & 205 \\
1 & 4 & 400 \\
1 & 20 & 600 \\
1 & 1 & 585 \\
1 & 10 & 540 \\
1 & 15 & 250 \\
1 & 15 & 290 \\
1 & 16 & 510 \\
1 & 17 & 590 \\
1 & 6 & 100 \\
1 & 5 & 400
\end{bmatrix}
\qquad
\mathbf{y} =
\begin{bmatrix}
9{,}95 \\
24{,}45 \\
31{,}75 \\
35{,}00 \\
25{,}02 \\
16{,}86 \\
14{,}38 \\
9{,}60 \\
24{,}35 \\
27{,}50 \\
17{,}08 \\
37{,}00 \\
41{,}95 \\
11{,}66 \\
21{,}65 \\
17{,}89 \\
69{,}00 \\
10{,}30 \\
34{,}93 \\
46{,}59 \\
44{,}88 \\
54{,}12 \\
56{,}63 \\
22{,}13 \\
21{,}15
\end{bmatrix}
$$

186 CAPÍTULO SEIS

A matriz $\mathbf{X'X}$ é

$$\mathbf{X'X} = \begin{bmatrix} 1 & 1 & \dots & 1 \\ 2 & 8 & \dots & 5 \\ 50 & 110 & \dots & 400 \end{bmatrix} \begin{bmatrix} 1 & 2 & 50 \\ 1 & 8 & 110 \\ \vdots & \vdots & \vdots \\ 1 & 5 & 400 \end{bmatrix}$$

$$\times \begin{bmatrix} 25 & 206 & 8.294 \\ 206 & 2.396 & 77.177 \\ 8.294 & 77.177 & 3.531.848 \end{bmatrix}$$

e o vetor $\mathbf{X'y}$ é

$$\mathbf{X'y} = \begin{bmatrix} 1 & 1 & \dots & 1 \\ 2 & 8 & \dots & 5 \\ 50 & 110 & \dots & 400 \end{bmatrix} \begin{bmatrix} 9,95 \\ 24,45 \\ \vdots \\ 21,15 \end{bmatrix} = \begin{bmatrix} 725,82 \\ 8.008,37 \\ 274.811,31 \end{bmatrix}$$

As estimativas de mínimos quadrados são encontradas a partir da Eq. 6-21 como

$$\hat{\boldsymbol{\beta}} = (\mathbf{X'X})^{-1}\mathbf{X'y}$$

ou

$$\begin{bmatrix} \hat{\beta}_0 \\ \hat{\beta}_1 \\ \hat{\beta}_2 \end{bmatrix} = \begin{bmatrix} 25 & 206 & 8,294 \\ 206 & 2.396 & 77.177 \\ 8.294 & 77.177 & 3.531.848 \end{bmatrix}^{-1} \begin{bmatrix} 725,82 \\ 8.008,37 \\ 274.811,31 \end{bmatrix}$$

$$= \begin{bmatrix} 0,21653 & -0,007491 & -0,000340 \\ -0,007491 & 0,001671 & -0,000019 \\ -0,000340 & -0,000019 & 0,0000015 \end{bmatrix}$$

$$\times \begin{bmatrix} 725,82 \\ 8.008,47 \\ 274.811,31 \end{bmatrix}$$

$$= \begin{bmatrix} 2,26379143 \\ 2,74426964 \\ 0,01252781 \end{bmatrix}$$

Dessa maneira, o modelo ajustado de regressão, com os coeficientes de regressão arredondados para cinco casas decimais, é dado por

$$\hat{y} = 2,26379 + 2,74427x_1 + 0,01253x_2$$

Esse modelo de regressão pode ser usado para prever valores da resistência ao puxamento para vários valores do comprimento do fio (x_1) e da altura da garra (x_2). Podemos também obter os

valores ajustados $\hat{y}_i$, substituindo cada observação (x_{i1}, x_{i2}), $i = 1, 2, \dots, n$, na equação. Por exemplo, a primeira observação tem $x_{11} = 2$ e $x_{12} = 50$, sendo o valor ajustado igual a

$$\begin{aligned} \hat{y}_1 &= 2,26379 + 2,74427x_{11} + 0,01253x_{12} \\ &= 2,26379 + 2,74427(2) + 0,01253(50) \\ &= 8,38 \end{aligned}$$

O valor observado correspondente é $y_1 = 9,95$. O *resíduo* correspondente à primeira observação é

$$\begin{aligned} e_1 &= y_1 - \hat{y}_1 \\ &= 9,95 - 8,38 \\ &= 1,57 \end{aligned}$$

A Tabela 6-5 apresenta todos os 25 valores ajustados $\hat{y}_i$ e os resíduos correspondentes. Os valores ajustados e os resíduos são calculados com a mesma exatidão que os dados originais.

TABELA 6-4 Dados da Resistência ao Puxamento do Fio para o Exemplo 6-2

Número da Observação	Resistência ao Puxamento y	Comprimento do Fio x_1	Altura da Garra x_2
1	9,95	2	50
2	24,45	8	110
3	31,75	11	120
4	35,00	10	550
5	25,02	8	295
6	16,86	4	200
7	14,38	2	375
8	9,60	2	52
9	24,35	9	100
10	27,50	8	300
11	17,08	4	412
12	37,00	11	400
13	41,95	12	500
14	11,66	2	360
15	21,65	4	205
16	17,89	4	400
17	69,00	20	600
18	10,30	1	585
19	34,93	10	540
20	46,59	15	250
21	44,88	15	290
22	54,12	16	510
23	56,63	17	590
24	22,13	6	100
25	21,15	5	400

TABELA 6-5 Observações, Valores Ajustados e Resíduos para o Exemplo 6-2

Número da Observação	y_i	$\hat{y}_i$	$e_1 = y_i - \hat{y}_i$
1	9,95	8,38	1,57
2	24,45	25,60	−1,15
3	31,75	33,95	−2,20
4	35,00	36,60	−1,60
5	25,02	27,91	−2,89
6	16,86	15,75	1,11
7	14,38	12,45	1,93
8	9,60	8,40	1,20
9	24,35	28,21	−3,86
10	27,50	27,98	−0,48
11	17,08	18,40	−1,32
12	37,00	37,46	−0,46
13	41,95	41,46	0,49
14	11,66	12,26	−0,60
15	21,65	15,81	5,84
16	17,89	18,25	−0,36
17	69,00	64,67	4,33
18	10,30	12,34	−2,04
19	34,93	36,47	−1,54
20	46,59	46,56	−0,03
21	44,88	47,06	−2,18
22	54,12	52,56	1,56
23	56,63	56,31	0,32
24	22,13	19,98	2,15
25	21,15	21,00	0,15

TABELA 6-6 Saída do Minitab para os Dados da Resistência ao Puxamento do Fio Colado no Exemplo 6-2

Análise de Regressão

A equação de regressão é
$y = 2{,}26 + 2{,}74\,x1 + 0{,}0125\,x2$

Preditor	Coeficiente	Desvio-padrão	T	P
Constante	2,264	1,060	2,14	0,044
x1	2,74427	0,09352	29,34	0,000
x2	0,012528	0,002798	4,48	0,000

$S = 2{,}288 \qquad R^2 = 98{,}1\% \qquad R^2 \text{ ajustado} = 97{,}9\%$

Análise de Variância

Fonte	GL	SQ	MQ	F	P
Regressão	2	5.990,8	2.995,4	572,17	0,000
Erro	22	115,2	5,2		
Total	24	6.105,9			

Fonte	GL	SQS
x1	1	5.885,9
x2	1	104,9

188 CAPÍTULO SEIS

Os computadores são quase sempre usados para ajustar modelos de regressão múltipla. A Tabela 6-6 apresenta uma saída do Minitab para os dados da resistência ao puxamento do fio no Exemplo 6-2. Note que a parte superior da tabela contém as estimativas numéricas dos coeficientes de regressão. O computador calcula também várias outras grandezas que refletem informações importantes acerca do modelo de regressão. Nas seções subseqüentes, definiremos e explicaremos as grandezas nessa saída.

EXERCÍCIOS PARA A SEÇÃO 6-2

6-1. Um artigo em *Concrete Research* ("Near Surface Characteristics of Concrete: Intrinsic Permeability", Vol. 41, 1989) apresentou dados sobre a resistência à compressão, x, e a permeabilidade intrínseca, y, de várias misturas e curas de concreto. Um sumário das grandezas é $n = 14$, $\sum y_i = 572$, $\sum y_i^2 = 23.530$, $\sum x_i = 43$, $\sum x_i^2 = 157,42$ e $\sum x_i y_i = 1.697,80$. Considere que as duas variáveis estejam relacionadas através de um modelo de regressão linear simples.

(a) Calcule as estimativas de mínimos quadrados da inclinação e da interseção.

(b) Use a equação da linha ajustada para prever que valor da permeabilidade média seria observado, quando a resistência à compressão fosse $x = 4,3$.

(c) Dê uma estimativa da permeabilidade média, quando a resistência à compressão for $x = 3,7$.

(d) Suponha que o valor observado da permeabilidade em $x = 3,7$ seja $y = 46,1$. Calcule o valor do resíduo correspondente.

6-2. Métodos de regressão foram usados para analisar dados provenientes de um estudo de investigação da relação entre a temperatura (x) da superfície da estrada e a deflexão (y) do pavimento. Um sumário das grandezas é $n = 20$, $\sum y_i = 12,75$, $\sum y_i^2 = 8,86$, $\sum x_i = 1.478$, $\sum x_i^2 = 143.215,8$ e $\sum x_i y_i = 1.083,67$.

(a) Calcule as estimativas de mínimos quadrados da inclinação e da interseção de um modelo de regressão linear simples. Faça um gráfico da linha de regressão.

(b) Use a equação da linha ajustada para prever que valor da deflexão do pavimento seria observado, quando a temperatura da superfície fosse 85°F.

(c) Qual será a deflexão média do pavimento, quando a temperatura da superfície for 90°F?

(d) Que mudança na deflexão média do pavimento seria esperada para uma mudança de 1°F na temperatura da superfície?

6-3. Considere o modelo de regressão desenvolvido no Exercício 6-2.

(a) Suponha que a temperatura fosse medida em °C em vez de °F. Escreva o novo modelo de regressão que resulta.

(b) Que mudança no valor esperado da deflexão do pavimento está associada com uma mudança de 1°C na temperatura da superfície?

6-4. Montgomery e Peck (1992) apresentaram dados concernentes ao desempenho dos 28 times da liga de futebol americano em 1976. Suspeitou-se que o número de jogos ganhos (y) estivesse relacionado ao número de jardas conquistadas pelo oponente (x) durante a corrida. Os dados são mostrados na tabela seguinte.

Times	Jogos Ganhos (y)	Jardas Conquistadas pelo Oponente (x)
Washington	10	2.205
Minnesota	11	2.096
New England	11	1.847
Oakland	13	1.903
Pittsburgh	10	1.457
Baltimore	11	1.848
Los Angeles	10	1.564
Dallas	11	1.821
Atlanta	4	2.577
Buffalo	2	2.476
Chicago	7	1.984
Cincinnati	10	1.917
Cleveland	9	1.761
Denver	9	1.709
Detroit	6	1.901
Green Bay	5	2.288
Houston	5	2.072
Kansas City	5	2.861
Miami	6	2.411
New Orleans	4	2.289
New York Giants	3	2.203
New York Jets	3	2.592
Philadelphia	4	2.053
St. Louis	10	1.979
San Diego	6	2.048
San Francisco	8	1.786
Seattle	2	2.876
Tampa Bay	0	2.560

(a) Calcule as estimativas de mínimos quadrados da inclinação e da interseção de um modelo de regressão linear simples. Faça um gráfico do modelo de regressão.

(b) Encontre uma estimativa do número médio de jogos ganhos, se os oponentes puderem estar limitados a conquistar 1.800 jardas.

(c) Que mudança no número esperado de jogos ganhos está associada com uma diminuição de 100 jardas de conquista pelo oponente?

(d) Para aumentar de um o número médio de jogos ganhos, qual a diminuição nas jardas de conquista que tem de ser gerada pela defesa?

(e) Dado que $x = 1.917$ jardas (Cincinnati), encontre o valor ajustado de y e o resíduo correspondente.

6-5. O estabelecimento de propriedades de materiais é um importante problema na identificação de um substituto adequado para materiais biodegradáveis na indústria de embalagem para refeições rápidas (*fast food*). Considere os seguintes dados sobre a densidade de um produto (g/cm³) e a condutividade térmica, fator K (W/mK), publicados na revista *Materials Research and Innovation* (1999, pp. 2-8).

Condutividade Térmica	Densidade do Produto
0,0480	0,1750
0,0525	0,2200
0,0540	0,2250
0,0535	0,2260
0,0570	0,2500
0,0610	0,2765

(a) Obtenha o ajuste de mínimos quadrados, relacionando a densidade do produto (regressor) à condutividade térmica (variável de resposta).
(b) Encontre a condutividade térmica média, dado que a densidade do produto é 0,2350.
(c) Calcule o valor ajustado de y, correspondente a $x = 0,2260$.
(d) Calcule o valor ajustado y para cada x usado para ajustar o modelo. Construa então um gráfico de $\hat{y}$ *versus* o valor observado correspondente y e verifique como esse gráfico se pareceria se a relação entre y e x fosse uma linha reta determinística (sem erro aleatório). O gráfico realmente obtido indica que a densidade do produto seja um regressor efetivo na previsão da condutividade térmica?

6-6. A quantidade de libras de vapor usadas por mês em uma planta química está relacionada à temperatura (°F) média ambiente para aquele mês. O consumo do ano passado e a temperatura são mostrados na seguinte tabela:

Mês	Temperatura	Consumo/1.000
Janeiro	21	185,79
Fevereiro	24	214,47
Março	32	288,03
Abril	47	424,84
Maio	50	454,58
Junho	59	539,03
Julho	68	621,55
Agosto	74	675,06
Setembro	62	562,03
Outubro	50	452,93
Novembro	41	369,95
Dezembro	30	273,98

(a) Considerando que um modelo de regressão linear simples seja apropriado, ajuste o modelo de regressão relacionando o consumo de vapor (y) com a temperatura média (x).
(b) Qual será a estimativa do consumo esperado de vapor, quando a temperatura média for 55°F?
(c) Que mudança no uso médio de vapor será esperada, quando a temperatura média mensal variar de 1°F?
(d) Suponha que a temperatura média mensal seja de 47°F. Calcule o valor ajustado de y e o resíduo correspondente.

6-7. Um modelo de regressão deve ser desenvolvido para prever a habilidade do solo de absorver contaminantes químicos. Foram obtidas dez observações do índice de absorção pelo solo (y), sendo os dois regressores: x_1 = quantidade que pode ser extraída de minério de ferro e x_2 = quantidade de bauxita. Desejamos ajustar o modelo $Y = \beta_0 + \beta_1 x_1 + \beta_2 x_2 + \epsilon$. Algumas grandezas são necessárias:

$$(\mathbf{X'X})^{-1} = \begin{bmatrix} 1,17991 & -7,30982\,\text{E-3} & 7,3006\,\text{E-4} \\ -7,30982\,\text{E-3} & 7,9799\,\text{E-5} & -1,23713\,\text{E-4} \\ 7,3006\,\text{E-4} & -1,23713\,\text{E-4} & 4,6576\,\text{E-4} \end{bmatrix}$$

$$\mathbf{X'y} = \begin{bmatrix} 220 \\ 36.768 \\ 9.965 \end{bmatrix}$$

(a) Estime os coeficientes de regressão do modelo especificado anteriormente.
(b) Qual é o valor previsto do índice de absorção y, quando $x_1 = 200$ e $x_2 = 50$?

6-8. Um estudo foi realizado sobre o desgaste de um mancal, y, e sua relação com x_1 = viscosidade do óleo e x_2 = carga. Os seguintes dados foram obtidos.

y	x_1	x_2
193	1,6	851
230	15,5	816
172	22,0	1.058
91	43,0	1.201
113	33,0	1.357
125	40,0	1.115

(a) Ajuste um modelo de regressão linear múltipla a esses dados, sem considerar o termo de interação.
(b) Use o modelo para prever o desgaste, quando $x_1 = 25$ e $x_2 = 1.000$.
(c) Ajuste, a esses dados, um modelo de regressão linear múltipla com um termo de interação.
(d) Use o modelo do item (c) para prever o desgaste quando $x_1 = 25$ e $x_2 = 1.000$. Compare essa previsão com o valor previsto no item (b).

6-9. Um engenheiro químico está investigando como a quantidade de conversão de um produto proveniente de uma matéria-prima (y) depende da temperatura de reação (x_1) e do tempo de reação (x_2). Ele desenvolveu os seguintes modelos de regressão:

1. $\hat{y} = 100 + 2x_1 + 4x_2$
2. $\hat{y} = 95 + 1,5x_1 + 3x_2 + 2x_1 x_2$

Ambos os modelos foram construídos para a faixa $0,5 \leq x_2 \leq 10$.

(a) Usando ambos os modelos, qual é o valor previsto da conversão quando $x_2 = 2$, em termos de x_1? Repita esse cálculo para $x_2 = 8$. Desenhe um gráfico dos valores previstos para ambos os modelos de conversão. Comente o efeito do termo de interação no modelo 2.

190 CAPÍTULO SEIS

(b) Encontre a variação esperada na conversão média para uma variação unitária na temperatura x_1 para o modelo 1, quando $x_2 = 5$. Essa grandeza depende do valor específico do tempo selecionado de reação? Por quê?

(c) Encontre a variação esperada na conversão média para uma variação unitária na temperatura x_1 para o modelo 2, quando $x_2 = 5$. Repita esse cálculo para $x_2 = 2$ e $x_2 = 8$. Essa grandeza depende do valor selecionado para x_2? Por quê?

6-10. Um engenheiro de uma companhia de semicondutores quer modelar a relação entre o equipamento HFE (y) e três parâmetros: Emissor-RS (x_1), Base-RS (x_2) e Emissor-para-Base-RS (x_3). Os dados são mostrados na tabela a seguir.

x_1 Emissor-RS	x_2 Base-RS	x_3 E-B-RS	y HFE
14,620	226,00	7,000	128,40
15,630	220,00	3,375	52,62
14,620	217,40	6,375	113,90
15,000	220,00	6,000	98,01
14,500	226,50	7,625	139,90
15,250	224,10	6,000	102,60
16,120	220,50	3,375	48,14
15,130	223,50	6,125	109,60
15,500	217,60	5,000	82,68
15,130	228,50	6,625	112,60
15,500	230,20	5,750	97,52
16,120	226,50	3,750	59,06
15,130	226,60	6,125	111,80
15,630	225,60	5,375	89,09
15,380	229,70	5,875	101,00
14,380	234,00	8,875	171,90
15,500	230,00	4,000	66,80
14,250	224,30	8,000	157,10
14,500	240,50	10,870	208,40
14,620	223,70	7,375	133,40

(a) Ajuste o modelo de regressão linear múltipla para os dados, sem termos de interação.

(b) Preveja HFE quando $x_1 = 14,5$, $x_2 = 220$ e $x_3 = 5,0$.

6-11. A potência elétrica consumida mensalmente por uma indústria química está relacionada à temperatura média ambiente (x_1), ao número de dias no mês (x_2), à pureza média do produto (x_3) e às toneladas do produto produzido (x_4). Os dados históricos do ano passado estão disponíveis e são apresentados na seguinte tabela:

y	x_1	x_2	x_3	x_4
250	25	24	91	100
236	31	21	90	95
290	45	24	88	110
274	60	25	87	88
301	65	25	91	94
316	72	26	94	99
300	80	25	87	97
296	84	25	86	96
267	75	24	88	110
276	60	25	91	105
288	50	25	90	100
261	38	23	89	98

(a) Ajuste um modelo de regressão linear múltipla a esses dados, sem termos de interação.

(b) Preveja o consumo de potência para um mês em que $x_1 = 75°F$, $x_2 = 24$ dias, $x_3 = 90\%$ e $x_4 = 98$ toneladas.

6-3 PROPRIEDADES DOS ESTIMADORES DE MÍNIMOS QUADRADOS E ESTIMAÇÃO DE σ^2

As propriedades estatísticas dos estimadores de mínimos quadrados, $\hat{\beta}_0$ e $\hat{\beta}_1,...,\hat{\beta}_k$ podem ser facilmente encontradas, sujeitas a certas suposições relativas aos termos do erro, $\epsilon_1, \epsilon_2, ..., \epsilon_n$, no modelo de regressão. Consideramos que os erros ϵ_i sejam estatisticamente independentes, com média zero e variância σ^2. Sob essas suposições, os estimadores de mínimos quadrados $\hat{\beta}_0, \hat{\beta}_1,...,\hat{\beta}_k$ são **estimadores não tendenciosos** dos coeficientes de regressão $\hat{\beta}_0, \hat{\beta}_1,...,\hat{\beta}_k$. Essa propriedade pode ser mostrada a seguir:

$$\begin{aligned} E(\hat{\boldsymbol{\beta}}) &= E[(\mathbf{X}'\mathbf{X})^{-1}\mathbf{X}'\mathbf{Y}] \\ &= E[(\mathbf{X}'\mathbf{X})^{-1}\mathbf{X}'(\mathbf{X}\boldsymbol{\beta} + \boldsymbol{\epsilon})] \\ &= E[(\mathbf{X}'\mathbf{X})^{-1}\mathbf{X}'\mathbf{X}\boldsymbol{\beta} + (\mathbf{X}'\mathbf{X})^{-1}\mathbf{X}'\boldsymbol{\epsilon}] \\ &= \boldsymbol{\beta} \end{aligned}$$

sendo $E(\boldsymbol{\epsilon}) = \mathbf{0}$ e $(\mathbf{X}'\mathbf{X})^{-1}\mathbf{X}'\mathbf{X} = \mathbf{I}$, a matriz identidade. Desse modo, $\hat{\boldsymbol{\beta}}$ é um estimador não tendencioso de $\boldsymbol{\beta}$.

As variâncias dos $\hat{\beta}$'s são expressas em termos dos elementos da inversa da matriz $\mathbf{X'X}$. A inversa de $\mathbf{X'X}$ vezes a constante σ^2 representa a **matriz simétrica de covariância** $(p \times p)$ dos coeficientes de regressão $\hat{\boldsymbol{\beta}}$. Os elementos da diagonal de $\sigma^2(\mathbf{X'X})^{-1}$ são as variâncias de $\hat{\beta}_0, \hat{\beta}_1, ..., \hat{\beta}_k$ e os elementos fora da diagonal dessa matriz são as covariâncias. Por exemplo, se tivermos $k = 2$ regressores, tal como no problema da resistência ao puxamento do fio do Exemplo 6-2, então

$$\mathbf{C} = (\mathbf{X'X})^{-1}$$
$$= \begin{bmatrix} C_{00} & C_{01} & C_{02} \\ C_{10} & C_{11} & C_{12} \\ C_{20} & C_{21} & C_{22} \end{bmatrix}$$

que é simétrica ($C_{10} = C_{01}$, $C_{20} = C_{02}$ e $C_{21} = C_{12}$) porque $(\mathbf{X'X})^{-1}$ é simétrica, tendo-se

$$V(\hat{\beta}_j) = \sigma^2 C_{jj}, \; j = 0, 1, 2$$
$$\text{cov}(\hat{\beta}_i, \hat{\beta}_j) = \sigma^2 C_{ij}, \; i \neq j$$

Em geral, a matriz de covariância de $\hat{\boldsymbol{\beta}}$ é uma matriz simétrica $(p \times p)$, cujo jj-ésimo elemento é a variância de $\hat{\beta}_j$ e cujo ij-ésimo elemento é a covariância entre $\hat{\beta}_i$ e $\hat{\beta}_j$; ou seja,

$$\text{cov}(\hat{\boldsymbol{\beta}}) = \sigma^2(\mathbf{X'X})^{-1} = \sigma^2 \mathbf{C}$$

As estimativas das variâncias desses coeficientes de regressão são obtidas trocando σ^2 pela estimativa apropriada. Quando σ^2 for trocado por uma estimativa $\hat{\sigma}^2$, a raiz quadrada da variância estimada do j-ésimo coeficiente de regressão é chamada de **erro-padrão estimado** de $\hat{\beta}_j$ ou

$$ep(\hat{\beta}_j) = \sqrt{\hat{\sigma}^2 C_{jj}}$$

A estimativa de σ^2 é obtida a partir dos resíduos. Defina a soma quadrática residual como

$$SQ_E = \sum_{i=1}^{n} (y_i - \hat{y}_i)^2 = \sum_{i=1}^{n} e_i^2$$

Agora, pode ser mostrado que o valor esperado da grandeza SQ_E é $\sigma^2(n - p)$. Logo, um estimador não tendencioso de σ^2 pode ser obtido.

Um estimador não tendencioso de σ^2 é dado pela **média quadrática residual** (ou **média quadrática dos erros**)

$$\hat{\sigma}^2 = MQ_E = \frac{SQ_E}{n - p} \qquad (6\text{-}24)$$

Para a regressão linear simples, $k = 1$, uma maneira conveniente de calcular SQ_E é

$$SQ_E = SQ_T - \hat{\beta}_1 S_{xy} \qquad (6\text{-}25)$$

em que $\hat{\beta}_1$ foi definido na Eq. 6-14 e S_{xy} foi definido na Eq. 6-17,

$$SQ_T = \sum_{i=1}^{n} y_i^2 - \frac{\left(\sum y_i\right)^2}{n} \qquad (6\text{-}26)$$

e

$$\hat{\sigma}^2 = MQ_E = \frac{SQ_E}{n - 2} \qquad (6\text{-}27)$$

EXEMPLO 6-3

Encontraremos a estimativa da variância σ^2, usando os dados do Exemplo 6-1. Agora, $S_{xy} = 10,18$, $\hat{\beta}_1 = 14,97$ e

$$SQ_T = \sum_{i=1}^{20} y_i^2 - \frac{\left(\sum_{i=1}^{20} y_i\right)^2}{20} = 170.044,53 - \frac{(1.843,21)^2}{20}$$
$$= 173,37$$

Desse modo

$$\hat{\sigma}^2 = \frac{SQ_E}{n - 2}$$
$$= \frac{SQ_T - \hat{\beta}_1 S_{xy}}{n - 2}$$
$$= \frac{173,37 - (14,97)(10,18)}{20 - 2}$$
$$= 1,17$$

Os programas computacionais de regressão calculam a média quadrática residual. Por exemplo, considere a porção inferior da saída computacional para os dados de pureza do oxigênio na Tabela 6-2. A média quadrática do erro é dada como 1,18, levemente diferente do nosso valor calculado, devido ao arredondamento. Similarmente, considere a saída computacional para os dados de resistência ao puxamento do fio na Tabela 6-6. A porção inferior da tabela reporta a média quadrática do erro como 5,2. Conseqüentemente, usaríamos $\hat{\sigma}^2 = 5,2$ como a estimativa de σ^2 nesse problema.

Usamos tipicamente pacotes computacionais para fornecer o erro-padrão estimado de $\hat{\beta}_j$. No entanto, para a regressão linear simples, é conveniente ter as seguintes fórmulas. Elas são os elementos da diagonal de $\hat{\sigma}^2(\mathbf{X'X})^{-1}$ para $k = 1$ ($p = 2$).

Erros-padrão Estimados para a Regressão Linear Simples

Em uma regressão linear simples, o **erro-padrão estimado da inclinação** é

$$ep(\hat{\beta}_1) = \sqrt{\frac{\hat{\sigma}^2}{S_{xx}}} \qquad (6\text{-}28)$$

e o **erro-padrão estimado da interseção** é

$$ep(\hat{\beta}_0) = \sqrt{\hat{\sigma}^2\left[\frac{1}{n} + \frac{\bar{x}^2}{S_{xx}}\right]} \qquad (6\text{-}29)$$

em que σ^2 é calculada a partir da Eq. 6-27.

Exemplo 6-4

Encontraremos o erro-padrão estimado da interseção e da inclinação para o modelo de regressão linear simples dos dados de pureza do oxigênio nos Exemplos 6-1 e 6-3. Agora, $\bar{x} = 1,20$; logo

$$ep(\hat{\beta}_1) = \sqrt{\frac{\hat{\sigma}^2}{S_{xx}}} = \sqrt{\frac{1,17}{0,68}} = 1,31$$

e

$$ep(\hat{\beta}_0) = \sqrt{\hat{\sigma}^2\left[\frac{1}{n} + \frac{\bar{x}^2}{S_{xx}}\right]} = \sqrt{1,17[0,05 + 2,12]}$$
$$= 1,59$$

O erro-padrão das estimativas dos parâmetros pode também ser encontrado nas saídas computacionais. A porção superior da Tabela 6-2 fornece os valores 1,317 e 1,593 para $ep(\hat{\beta}_1)$ e $ep(\hat{\beta}_0)$,

respectivamente. Novamente, a diferença nos valores calculados pelo computador e manualmente ocorre devido ao arredondamento. Para o modelo de regressão linear múltipla para o problema da resistência ao puxamento do fio, a porção superior da Tabela 6-6 fornece os erros-padrão dos coeficientes. Podemos calcular também esses valores, usando $\sqrt{\hat{\sigma}^2 C_{jj}}$ e $(\mathbf{X'X})^{-1}$ do Exemplo 6-2, especificamente,

$$ep(\hat{\beta}_0) = \sqrt{(5,2)(0,21653)} = 1,06111$$
$$ep(\hat{\beta}_1) = \sqrt{(5,2)(0,00167)} = 0,09322$$
$$ep(\hat{\beta}_2) = \sqrt{(5,2)(0,0000015)} = 0,00280$$

Mais uma vez, esses valores diferem daqueles dados na porção superior da saída do Minitab na Tabela 6-6, devido ao arredondamento.

6-4 TESTE DE HIPÓTESES PARA A REGRESSÃO LINEAR

Nos problemas de regressão linear múltipla, certos testes de hipóteses relativos aos parâmetros do modelo são úteis na medida da adequação deste. Nesta seção, descreveremos vários procedimentos importantes de testes de hipóteses. O teste de hipóteses requer que os termos do erro ϵ_i no modelo de regressão sejam normal e independentemente distribuídos, com média zero e variância σ^2.

6-4.1 Teste para a Significância da Regressão

O teste para a significância da regressão determina se existe uma relação linear entre a variável de resposta y e um subconjunto de regressores $x_1, x_2, \ldots, x_k$. As hipóteses apropriadas são

$$H_0: \beta_1 = \beta_2 = \cdots = \beta_k = 0$$

$$H_1: \beta_j \neq 0 \quad \text{para no mínimo um } j \qquad (6\text{-}30)$$

A rejeição de $H_0: \beta_1 = \beta_2 = \ldots = \beta_k = 0$ implica que no mínimo um dos regressores $x_1, x_2, \ldots, x_k$ contribui significativamente para o modelo.

No caso da regressão linear simples, as hipóteses na Eq. 6-30 se tornam

$$H_0: \beta_1 = 0$$

$$H_1: \beta_1 \neq 0 \qquad (6\text{-}31)$$

Falhar em rejeitar $H_0: \beta_1 = 0$ é equivalente a concluir que não há relação linear entre x e Y. Essa situação é ilustrada na Fig. 6-8. Note que isso pode implicar que x seja de pouco valor em explicar a variação em Y e que o melhor estimador de Y para qualquer x seja $\hat{Y} = \overline{Y}$ (Fig. 6-8a) ou que a relação verdadeira entre x e Y não seja linear (Fig. 6-8b). Alternativamente, se $H_0: \beta_1 = 0$ for rejeitada, isso implica que x é importante para explicar a variabilidade em Y (ver Fig. 6-9). Rejeitar $H_0: \beta_1 = 0$ pode significar que o modelo de linha reta seja adequado (Fig. 6-9a) ou que, embora haja um efeito linear de x, melhores resultados poderiam ser obtidos com a adição de termos polinomiais de maiores ordens em x (Fig. 6-9b).

A **análise de variância**, introduzida no Cap. 5, pode ser usada para testar a significância da regressão. O procedimento divide a variabilidade total da variável de resposta nos componentes significantes, como base para o teste.

A **identidade da análise de variância** é

$$\sum_{i=1}^{n} (y_i - \overline{y})^2 = \sum_{i=1}^{n} (\hat{y}_i - \overline{y})^2 + \sum_{i=1}^{n} (y_i - \hat{y}_i)^2 \qquad (6\text{-}32)$$

Os dois componentes do lado direito da Eq. 6-32 medem, respectivamente, a quantidade da variabilidade em y_i, devido à linha de regressão, e a variação residual deixada sem explicação pela linha de regressão. Geralmente, chamamos $SQ_E = \sum_{i=1}^{n} (y_i - \hat{y}_i)^2$ de **soma quadrática do erro** ou **residual**, introduzida na Seção 6-3, e $SQ_R = \sum_{i=1}^{n} (\hat{y}_i - \overline{y})^2$ de **soma quadrática da regressão**. Simbolicamente, a Eq. 6-32 pode ser escrita como

$$SQ_T = SQ_R + SQ_E \qquad (6\text{-}33)$$

sendo $SQ_T = \sum_{i=1}^{n} (y_i - \overline{y})^2$ a **soma quadrática total corrigida** de y. A soma quadrática total corrigida tem $n - 1$ graus de liberdade. Além disso, se a hipótese nula $H_0: \beta_1 = \beta_2 = \ldots = \beta_k = 0$ for verdadeira, então SQ_R/σ^2 é uma variável aleatória qui-quadrado com k graus de liberdade. Note que o número de graus de liberdade para essa variável qui-quadrado é igual ao número de regressores no modelo. Podemos mostrar também que SQ_E/σ^2 é uma variável aleatória qui-quadrado com $n - p$ graus de liberdade e que SQ_E e SQ_R são independentes.

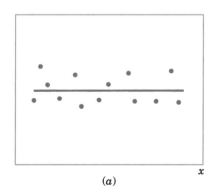 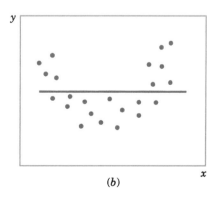

Fig. 6-8 A hipótese $H_0: \beta_1 = 0$ não é rejeitada.

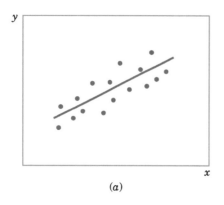 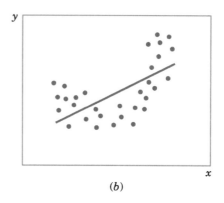

Fig. 6-9 A hipótese $H_0: \beta_1 = 0$ é rejeitada.

Testando a Significância da Regressão

$$MQ_R = \frac{SQ_R}{k} \qquad MQ_E = \frac{SQ_E}{n-p}$$

Hipótese nula: $H_0: \beta_1 = \beta_2 = \ldots = \beta_k = 0$

Hipótese alternativa: $H_1: \beta_i \neq 0$ para no mínimo um i

Estatística de teste: $$F_0 = \frac{MQ_R}{MQ_E} \qquad (6\text{-}34)$$

Critério de rejeição: $f_0 > f_{\alpha,k,n-p}$

A grandeza $MQ_R = SQ_R/1$ é chamada de **média quadrática da regressão** (ou do **modelo**). Devemos rejeitar H_0 se o valor calculado da estatística de teste na Eq. 6-34, f_0, for maior do que $f_{\alpha,k,n-p}$. O procedimento é geralmente resumido em uma tabela de análise de variância, tal qual a Tabela 6-7.

Para regressão linear simples

$$SQ_R = \hat{\beta}_1 S_{xy} \qquad (6\text{-}35)$$

Para regressão linear múltipla

$$SQ_R = \hat{\beta}'\mathbf{X}'\mathbf{y} - \frac{\left(\sum_{i=1}^{n} y_i\right)^2}{n} \qquad (6\text{-}36)$$

A SQ_T é dada na Eq. 6-26 e SQ_E é encontrada pela subtração.

A maioria dos programas computacionais de regressão múltipla fornece, em sua saída, o teste de significância da regressão. A partir da saída computacional para os dados da pureza do oxigênio na Tabela 6-2, note que a porção inferior contém a tabela de análise de variância para testar as hipóteses

$$H_0: \beta_1 = 0$$
$$H_1: \beta_1 \neq 0$$

A saída indica que $f_0 = 128,86$, que é comparado a $f_{0,05;1;18} = 4,41$. Uma vez que $f_0 > 4,41$, rejeitamos H_0 e concluímos que a pureza do oxigênio está relacionada linearmente ao nível de hidrocarboneto.

Similarmente, a porção inferior da Tabela 6-6 é a análise de variância do Minitab para os dados da resistência ao puxamento do fio no Exemplo 6-2. Nesse problema, as hipóteses na Eq. 6-30 se tornam

$$H_0: \beta_1 = \beta_2 = 0$$
$H_1:$ a afirmação anterior não é verdadeira

Para testar essas hipóteses, usamos a razão F na Eq. 6-34, que encontramos na Tabela 6-6 como sendo

$$f_0 = \frac{MQ_R}{MQ_E} = \frac{2995,4}{5,2} = 572,17$$

Já que $f_0 > f_{0,05;2;22} = 3,44$ (ou uma vez que o valor P é consideravelmente menor do que $\alpha = 0,05$), rejeitamos a hipótese nula e concluímos que a resistência ao puxamento do fio está relacionada linearmente ao comprimento do fio e à altura do molde ou a ambos. Entretanto, notamos que isso não implica necessariamente que a relação encontrada seja um modelo apropriado para prever a resistência ao puxamento do fio como uma função do comprimento do fio e da altura do molde. Mais testes de adequação do modelo são requeridos antes de podermos estar confortáveis em usá-lo na prática.

CONSTRUINDO MODELOS EMPÍRICOS **195**

TABELA 6-7 Análise de Variância para Testar a Significância da Regressão

Fonte de Variação	Soma Quadrática*	Graus de Liberdade	Média Quadrática*	F_0
Regressão	SQ_R	k	MQ_R	MQ_R/MQ_E
Erro ou resíduo	SQ_E	$n - p$	MQ_E	
Total	SQ_T	$n - 1$		

*Em inglês, soma quadrática e média quadrática são abreviadas por SS e MS, respectivamente. (N.T.)

6-4.2 TESTES PARA OS COEFICIENTES INDIVIDUAIS DE REGRESSÃO

Em regressão múltipla, estamos freqüentemente interessados em testar hipóteses para os coeficientes individuais de regressão. Tais testes são úteis na determinação do valor potencial de cada um dos regressores no modelo de regressão. Por exemplo, o modelo pode ser mais efetivo com a inclusão de variáveis adicionais ou talvez com a retirada de um ou mais regressores atualmente no modelo.

A adição de uma variável ao modelo de regressão sempre aumenta a soma quadrática da regressão e sempre diminui a soma quadrática do erro. Temos de decidir se o aumento na soma quadrática da regressão é grande o suficiente para justificar o uso de uma variável adicional no modelo. Além disso, a adição de uma variável não importante ao modelo pode na verdade aumentar a soma quadrática do erro, indicando que a adição de tal variável fez realmente o modelo apresentar um ajuste mais pobre dos dados.

Testando a Significância de Qualquer Coeficiente Individual de Regressão, β_j

Hipótese nula: $\qquad H_0: \beta_j = 0$

Hipótese alternativa: $\qquad H_1: \beta_j \neq 0$ $\qquad$ (6-37)

Estatística de teste: $\quad T_0 = \dfrac{\hat{\beta}_j}{\sqrt{\hat{\sigma}^2 C_{jj}}}$ $\qquad$ (6-38)

sendo C_{jj} o elemento da diagonal de $(\mathbf{X'X})^{-1}$, correspondendo a $\hat{\beta}_j$.

Critério de rejeição: $\quad t_0 > t_{\alpha/2,n-p}$ ou $t_0 < -t_{\alpha/2,n-p}$

Note que o denominador da Eq. 6-38 é o erro-padrão estimado do coeficiente de regressão $\hat{\beta}_j$.

Se $H_0: \beta_j = 0$ não for rejeitada, então isso indica que o regressor x_j poderá ser retirado do modelo. Esse teste é chamado de **teste parcial ou marginal**, porque o coeficiente de regressão $\hat{\beta}_j$ depende de todos os outros regressores x_i ($i \neq j$) que estão no modelo. Será dito mais sobre isso no Exemplo 6-6.

EXEMPLO 6-5

Considere os dados sobre a pureza do oxigênio e suponha que queiramos testar a hipótese do coeficiente de regressão para x ser zero. As hipóteses são

$$H_0: \beta_1 = 0$$

$$H_1: \beta_1 \neq 0$$

Dos Exemplos 6-1 e 6-4, encontramos que $\hat{\beta}_1 = 14,97$ e que $ep(\hat{\beta}_1) = 1,31$; logo, a estatística t na Eq. 6-38 é

$$t_0 = \frac{14,97}{1,31} = 11,43$$

Já que $t_{0,025;18} = 2,101$, rejeitamos $H_0: \beta_1 = 0$ e concluímos que há uma significativa relação linear entre a pureza do oxigênio e os níveis de hidrocarboneto. Note que o valor calculado de t_0, encontrado na parte superior da Tabela 6-2, é 11,35; novamente, a diferença é devida ao arredondamento. É também importante notar que t_0^2 é igual (exceto pelo arredondamento) à razão $f_0 = 128,86$. É verdade, em geral, que o quadrado de uma variável aleatória t, com ν graus de liberdade, seja uma variável aleatória F, com um e ν graus de liberdade no numerador e no denominador, respectivamente. Assim, na regressão linear simples, o teste usando T_0 é equivalente ao teste baseado em F_0.

EXEMPLO 6-6

Considere novamente os dados da resistência ao puxamento do fio e suponha que queiramos testar a hipótese de que o coeficiente de regressão para x_2 (altura da garra) seja zero. As hipóteses são

$$H_0: \beta_2 = 0$$
$$H_1: \beta_2 \neq 0$$

O elemento da diagonal principal da matriz $(\mathbf{X}'\mathbf{X})^{-1}$ correspondente a $\hat{\beta}_2$ é $C_{22} = 0,0000015$, assim, a estatística t na Eq. 6-38 é

$$t_0 = \frac{\hat{\beta}_2}{\sqrt{\hat{\sigma}^2 C_{22}}} = \frac{0,01253}{\sqrt{(5,2352)(0,0000015)}} = 4,4767$$

Já que $t_{0,025;22} = 2,074$, rejeitamos $H_0: \beta_2 = 0$ e concluímos que a variável x_2 (altura da garra) contribui significativamente para o modelo. Poderíamos ter usado também um valor P para tirar conclusões. O valor P para $t_0 = 4,4767$ é $P = 0,0002$, logo, com $\alpha = 0,05$, rejeitaríamos a hipótese nula. Note que esse teste mede a contribuição marginal ou parcial de x_2, dado que x_1 está no modelo. Ou seja, o teste t mede a contribuição da adição da variável x_2 = altura da garra, para o modelo que já contém x_1 = comprimento do fio. A Tabela 6-6 mostra o valor do teste t calculado pelo Minitab. Observe que o computador produz um teste t para cada coeficiente de regressão no modelo. Esses testes t indicam que ambos os regressores contribuem para o modelo.

EXERCÍCIOS PARA AS SEÇÕES 6-3 E 6-4

6-12. Considere os dados do Exercício 6-1 sobre misturas e curas de concreto.
(a) Teste a significância da regressão, usando $\alpha = 0,05$. Encontre o valor P para esse teste. Você pode concluir que o modelo especifica uma relação linear útil entre essas duas variáveis?
(b) Estime σ^2.

6-13. Considere os dados do Exercício 6-2 sobre x = temperatura da superfície da estrada e y = deflexão no pavimento.
(a) Teste a significância da regressão, usando $\alpha = 0,05$. Encontre o valor P para esse teste. Que conclusões você pode tirar?
(b) Estime σ^2.

6-14. Considere os dados da Liga Nacional de Futebol Americano, LNFA, apresentados no Exercício 6-4.
(a) Estime σ^2.
(b) Teste a significância da regressão, usando $\alpha = 0,01$. Ou, equivalentemente, teste (usando $\alpha = 0,01$) $H_0: \beta_1 = 0,0$ contra $H_1: \beta_1 \neq 0,0$. Você concordaria com a colocação de que esse é um teste da seguinte afirmação: se você puder diminuir o campo de ação de conquista do oponente em 100 jardas, o time ganhará mais um jogo?

6-15. Considere os dados do Exercício 6-5 sobre y = condutividade térmica e x = densidade do produto.
(a) Teste $H_0: \beta_1 = 0$ usando o teste t com $\alpha = 0,05$.
(b) Teste $H_0: \beta_1 = 0$ usando a análise de variância com $\alpha = 0,05$. Você vê alguma relação desse teste com o teste do item (a)? Explique sua resposta.
(c) Estime σ^2.

6-16. Considere os dados do Exercício 6-6 sobre y = consumo de vapor e x = temperatura média.
(a) Teste a significância da regressão, usando $\alpha = 0,01$. Qual é o valor P para esse teste. Estabeleça as conclusões que resultam desse teste?
(b) Estime σ^2.

6-17. Considere os dados do índice de absorção no Exercício 6-7. A soma quadrática total para y é $SQ_T = 742,00$.
(a) Teste a significância da regressão, usando $\alpha = 0,01$. Qual é o valor P para esse teste?
(b) Estime σ^2
(c) Teste a hipótese $H_0: \beta_1 = 0$ contra $H_1: \beta_1 \neq 0$, usando $\alpha = 0,01$. Qual é o valor P para esse teste? Que conclusão você pode tirar acerca da utilidade de x_1 como um regressor nesse modelo?

6-18. Um modelo de regressão $Y = \beta_0 + \beta_1 x_1 + \beta_2 x_2 + \beta_3 x_3 + \epsilon$ foi ajustado a uma amostra de $n = 25$ observações. As razões calculadas t $\hat{\beta}_j / ep(\hat{\beta}_j)$, $j = 1, 2, 3$ são dadas por: para β_1, $t_0 = 4,82$; para β_2, $t_0 = 8,21$ e para β_3, $t_0 = 0,98$.
(a) Encontre os valores P para cada uma das estatísticas t.
(b) Usando $\alpha = 0,05$, que conclusões você pode tirar a respeito do regressor x_3? Parece provável que esse regressor contribua significativamente para o modelo?

6-19. Considere os dados do consumo de energia elétrica no Exercício 6-11.
(a) Teste a significância da regressão, usando $\alpha = 0,01$. Qual é o valor P para esse teste?
(b) Estime σ^2.
(c) Use o teste t com a finalidade de quantificar a contribuição de cada regressor para o modelo. Usando $\alpha = 0,01$, que conclusões você pode tirar?

6-20. Considere os dados de desgaste do mancal no Exercício 6-8, sem interação.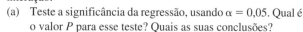
(a) Teste a significância da regressão, usando $\alpha = 0,05$. Qual é o valor P para esse teste? Quais as suas conclusões?
(b) Calcule a estatística t para cada coeficiente de regressão. Usando $\alpha = 0,05$, que conclusões você pode tirar?

6-21. Reconsidere os dados de desgaste do mancal dos Exercícios 6-8 e 6-20.

(a) Ajuste novamente o modelo com um termo de interação. Teste a significância da regressão, usando α = 0,05.
(b) Use o teste *t* para determinar se o termo de interação contribui significativamente para o modelo. Use α = 0,05.
(c) Estime σ^2 para o modelo com interação. Compare esse valor com a estimativa de σ^2 do modelo no Exercício 6-20.

6-22. Reconsidere os dados do semicondutor no Exercício 6-10.
(a) Teste a significância da regressão, usando α = 0,05. Que conclusões você pode tirar?
(b) Estime σ^2 para esse modelo.
(c) Calcule a estatística *t* para cada coeficiente de regressão. Usando α = 0,05, que conclusões você pode tirar?

6-5 INTERVALOS DE CONFIANÇA NA REGRESSÃO LINEAR

6-5.1 Intervalos de Confiança para os Coeficientes Individuais de Regressão

Nos modelos de regressão linear, é freqüentemente útil construir estimativas de intervalos de confiança para os coeficientes de regressão $\{\beta_j\}$. O desenvolvimento de um procedimento para obter esses intervalos de confiança requer que os erros $\{\epsilon_i\}$ sejam normal e independentemente distribuídos, com média zero e variância σ^2. Essa é a mesma suposição requerida no teste de hipóteses. Logo, as observações $\{Y_i\}$ são normal e independentemente distribuídas, com média $\beta_0 + \sum_{j=1}^{k} \beta_j x_{ij}$ e variância σ^2.

Uma vez que o estimador de mínimos quadrados $\hat{\boldsymbol{\beta}}$ é uma combinação linear das observações, segue que $\hat{\boldsymbol{\beta}}$ é normalmente distribuído com vetor médio $\boldsymbol{\beta}$ e matriz de covariância $\sigma^2(\mathbf{X}'\mathbf{X})^{-1}$. Então, cada uma das estatísticas

$$\frac{\hat{\beta}_j - \beta_j}{\sqrt{\hat{\sigma}^2 C_{jj}}} \quad j = 0, 1, \ldots, k \quad (6\text{-}39)$$

tem uma distribuição *t*, com $n - p$ graus de liberdade, sendo C_{jj} o *jj*-ésimo elemento da matriz $(\mathbf{X}'\mathbf{X})^{-1}$ e $\hat{\sigma}^2$ a estimativa da variância do erro, obtida da Eq. 6-24. Isso conduz ao intervalo de confiança de $100(1 - \alpha)\%$ para o coeficiente de regressão β_j, $j = 0, 1, \ldots, k$.

Regressão Linear Múltipla

Um **intervalo de confiança** de $100(1 - \alpha)\%$ **para o coeficiente de regressão** β_j, $j = 0, 1, \ldots, k$, no modelo de regressão linear múltipla é dado por

$$\hat{\beta}_j - t_{\alpha/2, n-p}\sqrt{\hat{\sigma}^2 C_{jj}} \leq \beta_j \leq \hat{\beta}_j + t_{\alpha/2, n-p}\sqrt{\hat{\sigma}^2 C_{jj}} \quad (6\text{-}40)$$

Para o caso da regressão linear simples, os erros-padrão das estimativas de β_0 e β_1 são dados nas Eqs. 6-28 e 6-29. As seguintes equações resultam da substituição.

Regressão Linear Simples

Sob a suposição de que as observações sejam normal e independentemente distribuídas, um **intervalo de confiança** de $100(1 - \alpha)\%$ **para a inclinação** β_1 na regressão linear simples é

$$\hat{\beta}_1 - t_{\alpha/2, n-2}\sqrt{\frac{\hat{\sigma}^2}{S_{xx}}} \leq \beta_1 \leq \hat{\beta}_1 + t_{\alpha/2, n-2}\sqrt{\frac{\hat{\sigma}^2}{S_{xx}}} \quad (6\text{-}41)$$

Similarmente, um **intervalo de confiança** de $100(1 - \alpha)\%$ **para a interseção** β_0 na regressão linear simples é

$$\hat{\beta}_0 - t_{\alpha/2, n-2}\sqrt{\hat{\sigma}^2\left[\frac{1}{n} + \frac{\bar{x}^2}{S_{xx}}\right]} \leq \beta_0 \leq \hat{\beta}_0$$
$$+ t_{\alpha/2, n-2}\sqrt{\hat{\sigma}^2\left[\frac{1}{n} + \frac{\bar{x}^2}{S_{xx}}\right]} \quad (6\text{-}42)$$

Usando os resultados do Exemplo 6-4, deixamos para o leitor a confirmação de que os limites inferior e superior do intervalo de confiança de 95% para a inclinação da linha de regressão β_1 dos dados de pureza do oxigênio são 12,21 e 17,73, respectivamente. Ilustraremos agora a construção do intervalo de confiança para o caso da regressão múltipla.

198 CAPÍTULO SEIS

EXEMPLO 6-7

Construiremos um intervalo de confiança de 95% para o parâmetro β_1 no problema da resistência ao puxamento do fio. Observe que a estimativa de β_1 é $\hat{\beta}_1 = 2,74427$ e que o elemento da diagonal de $(\mathbf{X}'\mathbf{X})^{-1}$ correspondente a β_1 é $C_{11} = 0,001671$. A estimativa de σ^2 é 5,2352, sendo $t_{0,025;22} = 2,074$. Portanto, o intervalo de confiança de 95% para β_1 é calculado a partir da Eq. 6-40, como

$$2,74427 - (2,074)\sqrt{(5,2352)(0,001671)} \leq \beta_1 \leq 2,74427$$
$$+ (2,074)\sqrt{(5,2352)(0,001671)}$$

que reduz para

$$2,55029 \leq \beta_1 \leq 2,93825$$

6-5.2 INTERVALO DE CONFIANÇA PARA A RESPOSTA MÉDIA

Podemos obter também um intervalo de confiança para a resposta média em um determinado ponto, como $x_{01}, x_{02}, ..., x_{0k}$. Para estimar a resposta média nesse ponto, defina o vetor

$$\mathbf{x}_0 = \begin{bmatrix} 1 \\ x_{01} \\ x_{02} \\ \vdots \\ x_{0k} \end{bmatrix}$$

A resposta média nesse ponto é $E(Y|\mathbf{x}_0) = \mu_{Y|\mathbf{x}_0} = \mathbf{x}_0'\boldsymbol{\beta}$, que é estimada por

$$\hat{\mu}_{Y|\mathbf{x}_0} = \mathbf{x}_0'\hat{\boldsymbol{\beta}} \tag{6-43}$$

Esse estimador é não tendencioso, uma vez que $E(\mathbf{x}_0'\hat{\boldsymbol{\beta}}) = \mathbf{x}_0'\boldsymbol{\beta} = E(Y|\mathbf{x}_0) = \mu_{Y|\mathbf{x}_0}$, sendo a variância de $\hat{\mu}_{Y|\mathbf{x}_0}$ igual a

$$V(\hat{\mu}_{Y|\mathbf{x}_0}) = \sigma^2 \mathbf{x}_0'(\mathbf{X}'\mathbf{X})^{-1}\mathbf{x}_0 \tag{6-44}$$

Um intervalo de confiança de $100(1-\alpha)\%$ para $\mu_{Y|\mathbf{x}_0}$ pode ser construído a partir da estatística

$$\frac{\hat{\mu}_{Y|\mathbf{x}_0} - \mu_{Y|\mathbf{x}_0}}{\sqrt{\hat{\sigma}^2 \mathbf{x}_0'(\mathbf{X}'\mathbf{X})^{-1}\mathbf{x}_0}} \tag{6-45}$$

Regressão Linear Múltipla

Para um modelo de regressão linear múltipla, um **intervalo de confiança** de $100(1-\alpha)\%$ **para a resposta média** no ponto $x_{01}, x_{02}, ..., x_{0k}$ é

$$\hat{\mu}_{Y|\mathbf{x}_0} - t_{\alpha/2, n-p}\sqrt{\hat{\sigma}^2 \mathbf{x}_0'(\mathbf{X}'\mathbf{X})^{-1}\mathbf{x}_0}$$
$$\leq \mu_{Y|\mathbf{x}_0} \leq \hat{\mu}_{Y|\mathbf{x}_0} + t_{\alpha/2, n-p}\sqrt{\hat{\sigma}^2 \mathbf{x}_0'(\mathbf{X}'\mathbf{X})^{-1}\mathbf{x}_0} \tag{6-46}$$

No caso de regressão linear simples, a Eq. 6-46 produz um intervalo de confiança para a resposta média em um ponto particular na linha de regressão. Seja x_0 o valor do regressor x de nosso interesse. A estimativa pontual de $\mu_{Y|x_0}$ é

$$\hat{\mu}_{Y|x_0} = \hat{\beta}_0 + \hat{\beta}_1 x_0$$

Podemos mostrar que a Eq. 6-46 se reduz à seguinte expressão.

Regressão Linear Simples

Um **intervalo de confiança** de $100(1-\alpha)\%$ **em torno da resposta média** no valor de $x = x_0$, como $\mu_{Y|x_0}$, é dado por

$$\hat{\mu}_{Y|x_0} - t_{\alpha/2, n-2}\sqrt{\hat{\sigma}^2\left[\frac{1}{n} + \frac{(x_0 - \bar{x})^2}{S_{xx}}\right]}$$

$$\leq \mu_{Y|x_0} \leq \hat{\mu}_{Y|x_0} + t_{\alpha/2, n-2}\sqrt{\hat{\sigma}^2\left[\frac{1}{n} + \frac{(x_0 - \bar{x})^2}{S_{xx}}\right]} \tag{6-47}$$

sendo $\hat{\mu}_{Y|x_0} = \hat{\beta}_0 + \hat{\beta}_1 x_0$ calculado a partir do modelo ajustado de regressão.

Observe que a largura do intervalo de confiança para $\mu_{Y|x_0}$ é uma função do valor especificado para x_0. A largura do intervalo é mínima para $x_0 = \bar{x}$ e se alarga à medida que $|x_0 - \bar{x}|$ aumenta.

Exemplo 6-8

Construiremos um intervalo de confiança de 95% em torno da resposta média para os dados da pureza do oxigênio no Exemplo 6-1. O modelo ajustado é $\hat{\mu}_{Y|x_0} = 74{,}3 + 14{,}9x_0$, a estimativa de σ^2 é $\hat{\sigma}^2 = 1{,}18$ (da Tabela 6-2) e o intervalo de confiança de 95% para $\mu_{Y|x_0}$ é encontrado da Eq. 6-47 como

$$\hat{\mu}_{Y|x_0} \pm 2{,}101 \sqrt{1{,}18 \left[\frac{1}{20} + \frac{(x_0 - 1{,}20)^2}{0{,}68} \right]}$$

Suponha que estejamos interessados em prever a pureza média do oxigênio quando $x_0 = 1{,}00\%$. Então,

$$\hat{\mu}_{Y|x_0} = 74{,}3 + 14{,}9(1{,}00) = 89{,}2$$

e o intervalo de confiança de 95% é

$$\left[89{,}17 \pm 2{,}101 \sqrt{1{,}18 \left[\frac{1}{20} + \frac{(1{,}00 - 1{,}20)^2}{0{,}68} \right]} \right]$$

ou

$$89{,}2 \pm 0{,}75$$

Por conseguinte, o intervalo de confiança de 95% para $\mu_{Y|1,00}$ é

$$88{,}45 \leq \mu_{Y|1,00} \leq 89{,}95$$

Repetindo esses cálculos para vários valores diferentes de x_0, podemos obter limites de confiança para cada valor correspondente de $\mu_{Y|x_0}$. A Fig. 6-10 apresenta o diagrama de dispersão com o modelo ajustado e os correspondentes limites de confiança de 95% plotados como linhas superior e inferior. O nível de confiança de 95% se aplica apenas ao intervalo obtido em um valor de x e não ao conjunto inteiro de níveis de x. Note que a largura do intervalo de confiança para $\mu_{Y|x_0}$ aumenta à medida que $|x_0 - \bar{x}|$ aumenta.

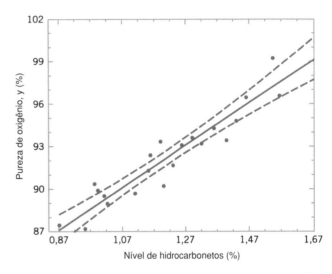

Fig. 6-10 Diagrama de dispersão dos dados de pureza de oxigênio do Exemplo 6-8, com a linha ajustada de regressão e os limites de confiança de 95% para $\mu_{Y|x_0}$.

Ilustraremos agora a construção desse intervalo de confiança no caso da regressão múltipla.

Exemplo 6-9

O engenheiro no Exemplo 6-2 gostaria de construir um intervalo de confiança de 95% para a resistência média ao puxamento de um fio, quando $x_1 = 8$ e $x_2 = 275$. Conseqüentemente,

$$\mathbf{x}_0 = \begin{bmatrix} 1 \\ 8 \\ 275 \end{bmatrix}$$

A resposta média estimada nesse ponto é encontrada na Eq. 6-43 como

$$\hat{\mu}_{Y|\mathbf{x}_0} = \mathbf{x}_0' \hat{\boldsymbol{\beta}} = \begin{bmatrix} 1 & 8 & 275 \end{bmatrix} \begin{bmatrix} 2{,}26379 \\ 2{,}74427 \\ 0{,}01253 \end{bmatrix} = 27{,}66 \text{ psi}$$

A variância de $\hat{\mu}_{Y|x_0}$ é estimada por

$$\hat{\sigma}^2 \mathbf{x}_0' (\mathbf{X}'\mathbf{X})^{-1} \mathbf{x}_0 = 5{,}2352 \begin{bmatrix} 1 & 8 & 275 \end{bmatrix}$$

$$\times \begin{bmatrix} 0{,}214653 & -0{,}007491 & -0{,}000340 \\ -0{,}007491 & 0{,}001671 & -0{,}000019 \\ -0{,}000340 & -0{,}000019 & 0{,}0000015 \end{bmatrix}$$

$$\times \begin{bmatrix} 1 \\ 8 \\ 275 \end{bmatrix}$$

$$= 5{,}2352 (0{,}04444) = 0{,}23266$$

Desse modo, um intervalo de confiança de 95% para a resistência média ao puxamento do fio nesse ponto é encontrado na Eq. 6-46 como

$$27{,}66 - 2{,}074\sqrt{0{,}23266} \le \mu_{Y|\mathbf{x}_0} \le 27{,}66 + 2{,}074\sqrt{0{,}23266}$$

que reduz a

$$26{,}66 \le \mu_{Y|\mathbf{x}_0} \le 28{,}66$$

6-6 PREDIÇÃO DE NOVAS OBSERVAÇÕES

Um modelo de regressão pode ser usado para prever futuras observações para a variável de resposta Y, correspondendo a valores particulares das variáveis independentes, como, $x_{01}, x_{02}, ..., x_{0k}$. Se $\mathbf{x}_0' = [1, x_{01}, x_{02}, ..., x_{0k}]$, então uma estimativa da futura observação Y_0 nos pontos $x_{01}, x_{02}, ..., x_{0k}$ é

$$\hat{y}_0 = \mathbf{x}_0'\hat{\boldsymbol{\beta}} \qquad (6.48)$$

Apresentamos agora um intervalo de previsão de $100(1 - \alpha)\%$ para essa futura observação.

Regressão Linear Múltipla

Um **intervalo de previsão** de $100(1 - \alpha)\%$ **para essa futura observação** de Y no ponto $x = x_0$ na regressão linear múltipla é

$$\hat{y}_0 - t_{\alpha/2, n-p}\sqrt{\hat{\sigma}^2(1 + \mathbf{x}_0'(\mathbf{X}'\mathbf{X})^{-1}\mathbf{x}_0)}$$
$$\le y_0 \le \hat{y}_0 + t_{\alpha/2, n-p}\sqrt{\hat{\sigma}^2(1 + \mathbf{x}_0'(\mathbf{X}'\mathbf{X})^{-1}\mathbf{x}_0)} \qquad (6\text{-}49)$$

Se você comparar a equação do intervalo de previsão, Eq. 6-49, com a expressão para o intervalo de confiança para a média, Eq. 6-46, você observará que o intervalo de previsão é sempre mais largo do que o intervalo de confiança. O intervalo de confiança expressa o erro na estimação da média de uma distribuição, enquanto o intervalo de previsão expressa o erro na previsão de uma observação futura da distribuição no ponto $\mathbf{x}_0$. O intervalo de previsão tem de incluir o erro na estimação da média naquele ponto, assim como a variabilidade inerente na variável aleatória Y no mesmo valor $\mathbf{x} = \mathbf{x}_0$.

Na previsão de novas observações e na estimação da resposta média em um dado ponto $x_{01}, x_{02}, ..., x_{0k}$, temos de ser cuidadosos na extrapolação além da região contendo as observações originais. É bem possível que um modelo que ajuste bem na região dos dados originais, não ajuste de forma satisfatória fora daquela faixa. Em regressão múltipla, é freqüentemente fácil extrapolar inadvertidamente, uma vez que os níveis das variáveis $(x_{i1}, x_{i2}, ..., x_{ik})$, $i = 1, 2, ..., n$, definem conjuntamente a região contendo os dados. Como exemplo, considere a Fig. 6-11, que ilustra a região contendo as observações para um modelo de regressão com duas variáveis. Note que o ponto (x_{01}, x_{02}) está dentro das faixas de ambos os regressores x_1 e x_2, porém está fora da região que é realmente englobada pelas observações originais. Assim, a previsão do valor de uma nova observação ou a estimação da resposta média nesse ponto é uma extrapolação do modelo original de regressão.

No caso da regressão linear simples, o intervalo de previsão na Eq. 6-49 se reduz ao seguinte.

Regressão Linear Simples

Um **intervalo de previsão** de $100(1 - \alpha)\%$ **para uma observação futura** y_0 no valor x_0 na regressão linear simples é dado por

$$\hat{y}_0 - t_{\alpha/2, n-2}\sqrt{\hat{\sigma}^2\left[1 + \frac{1}{n} + \frac{(x_0 - \bar{x})^2}{S_{xx}}\right]}$$
$$\le y_0 \le \hat{y}_0 + t_{\alpha/2, n-2}\sqrt{\hat{\sigma}^2\left[1 + \frac{1}{n} + \frac{(x_0 - \bar{x})^2}{S_{xx}}\right]} \qquad (6\text{-}50)$$

O valor $\hat{y}_0$ é calculado a partir do modelo de regressão $\hat{y}_0 = \hat{\beta}_0 + \hat{\beta}_1 x_0$.

Note que o intervalo de previsão tem largura mínima em $x_0 = \bar{x}$ e alarga quando $|x_0 - \bar{x}|$ aumenta. Comparando as Eqs. 6-50 e

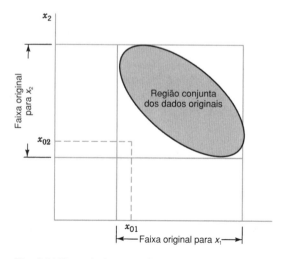

Fig. 6-11 Exemplo de extrapolação em regressão múltipla.

6-47, observamos que o intervalo de previsão no ponto x_0 é sempre mais largo que o intervalo de confiança em x_0. Isso resulta porque o intervalo de previsão depende tanto do erro do modelo ajustado como do erro associado às futuras observações.

Exemplo 6-10

Para ilustrar a construção de um intervalo de previsão, suponha que usemos os dados no Exemplo 6-1 para encontrar um intervalo de previsão de 95% para a próxima observação da pureza de oxigênio em $x_0 = 1,00\%$. Usando a Eq. 6-50 e lembrando, do Exemplo 6-8, que $\hat{y}_0 = 89,2$, encontramos que o intervalo de previsão é

$$89,2 - 2,101\sqrt{1,18\left[1 + \frac{1}{20} + \frac{(1,00 - 1,20)^2}{0,68}\right]}$$
$$\leq y_0 \leq 89,2 + 2,101\sqrt{1,18\left[1 + \frac{1}{20} + \frac{(1,00 - 1,20)^2}{0,68}\right]}$$

que simplifica para

$$86,80 \leq y_0 \leq 91,60$$

Repetindo os cálculos anteriores para diferentes valores de x_0, podemos obter os intervalos de previsão de 95%, mostrados graficamente na Fig. 6-12 através das linhas superior e inferior em torno do modelo ajustado de regressão. Observe que esse gráfico mostra também os limites de confiança de 95% para $\mu_{Y|x_0}$ calculado no Exemplo 6-8. Ele ilustra o fato de os limites de previsão serem sempre mais largos que os limites de confiança.

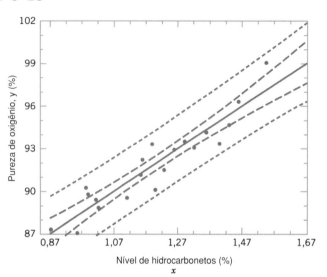

Fig. 6-12 Diagrama de dispersão dos dados de pureza de oxigênio do Exemplo 6-1, com a linha ajustada de regressão e os limites de previsão (linhas mais externas) de 95% e de confiança de 95% para $\mu_{Y|x_0}$.

Exemplo 6-11

Suponha que o engenheiro no Exemplo 6-1 deseje construir um intervalo de previsão de 95% para a resistência média ao puxamento do fio, quando o comprimento do fio for $x_1 = 8$ e a altura da garra for $x_2 = 275$. Note que $\mathbf{x}_0' = [1\ 8\ 275]$ e a estimativa da resistência ao puxamento é $\hat{y}_0 = \mathbf{x}_0'\hat{\boldsymbol{\beta}} = 27,66$. Também, no Exemplo 6-9, calculamos $\mathbf{x}_0'(\mathbf{X}'\mathbf{X})^{-1}\mathbf{x}_0 = 0,04444$. Por conseguinte, da Eq. 6-49, temos

$$27,66 - 2,074\sqrt{5,2352(1 + 0,04444)} \leq y_0 \leq 27,66$$
$$+ 2,074\sqrt{5,2352(1 + 0,04444)}$$

sendo o intervalo de previsão de 95%

$$22,81 \leq y_0 \leq 32,51$$

Observe que o intervalo de previsão é mais largo do que o intervalo de confiança para a resposta média no mesmo ponto, calculado no Exemplo 6-9.

EXERCÍCIOS PARA AS SEÇÕES 6-5 E 6-6

6-23. Considere os dados no Exercício 6-1 sobre misturas e curas de concreto.
(a) Encontre um intervalo de confiança de 95% para a inclinação.
(b) Encontre um intervalo de confiança de 95% para a interseção.
(c) Encontre um intervalo de confiança de 95% para o valor médio de y, quando $x = 2,5$.
(d) Encontre um intervalo de previsão de 95% para y, quando $x = 2,5$. Explique por que esse intervalo é mais largo do que o intervalo no item (c).

6-24. O Exercício 6-2 apresentou dados sobre a temperatura da superfície de uma auto-estrada, x, e a deflexão no pavimento, y.
(a) Encontre um intervalo de confiança de 99% para a inclinação.
(b) Encontre um intervalo de confiança de 99% para a interseção.
(c) Encontre um intervalo de confiança de 99% para a deflexão média quando a temperatura for $x = 85°F$.
(d) Encontre um intervalo de previsão de 99% para a deflexão no pavimento quando a temperatura for 90ºF.

6-25. O Exercício 6-4 apresentou dados sobre o número de jogos ganhos pelos times da LNFA em 1976.
(a) Encontre um intervalo de confiança de 95% para a inclinação e a interseção. (Use os erros-padrão provenientes de sua análise no computador.)
(b) Encontre um intervalo de confiança de 95% para o número médio de jogos ganhos quando a área de corrida dos oponentes for limitada a $x = 1.800$.
(c) Encontre um intervalo de previsão de 95% para o número de jogos ganhos quando a área de corrida dos oponentes for limitada a $x = 1.800$.

6-26. Considere os dados sobre y = condutividade térmica e x = densidade do produto no Exercício 6-5.
(a) Encontre um intervalo de confiança de 95% para β_1 e β_0. (Use os erros-padrão de sua análise no computador.)
(b) Encontre um intervalo de confiança de 95% para a condutividade térmica média, quando a densidade do produto for $x = 0,2350$.
(c) Calcule o intervalo de previsão de 95% para a condutividade térmica, quando a densidade do produto for $x = 0,2350$.

6-27. O Exercício 6-6 apresentou dados sobre y = consumo de vapor e x = temperatura média mensal.
(a) Encontre um intervalo de confiança de 99% para β_1.
(b) Encontre um intervalo de confiança de 99% para β_0.
(c) Encontre um intervalo de confiança de 95% para o consumo médio de vapor, quando a temperatura média for 55°F.
(d) Encontre um intervalo de previsão de 95% para o consumo de vapor, quando a temperatura for 55°F. Explique por que esse intervalo é mais largo do que o intervalo no item (c).

6-28. Considere os dados sobre a absorção do solo no Exercício 6-7.
(a) Encontre um intervalo de confiança de 95% para o coeficiente de regressão β_1.
(b) Encontre um intervalo de confiança de 95% para o índice de absorção média do solo, quando $x_1 = 200$ e $x_2 = 50$.
(c) Encontre um intervalo de previsão de 95% para o índice de absorção do solo, quando $x_1 = 200$ e $x_2 = 50$.

6-29. Considere os dados sobre o consumo de energia elétrica no Exercício 6-11.
(a) Encontre os intervalos de confiança de 95% para β_1, β_2, β_3 e β_4.
(b) Encontre um intervalo de confiança de 95% para a média de Y, quando $x_1 = 75$, $x_2 = 24$, $x_3 = 90$ e $x_4 = 98$.
(c) Encontre um intervalo de previsão de 95% para o consumo de energia, quando $x_1 = 75$, $x_2 = 24$, $x_3 = 90$ e $x_4 = 98$.

6-30. Considere os dados sobre o desgaste nos mancais no Exercício 6-8.
(a) Encontre os intervalos de confiança de 99% para β_1 e β_2.
(b) Recalcule os intervalos de confiança do item (a), depois da adição do termo de interação x_1x_2 ao modelo. Compare os comprimentos desses intervalos de confiança com aqueles calculados no item (a). Os comprimentos desses intervalos fornecem qualquer informação sobre a contribuição para o modelo do termo de interação?

6-31. Considere os dados a respeito dos semicondutores no Exercício 6-10.
(a) Encontre os intervalos de confiança de 99% para os coeficientes de regressão.
(b) Encontre um intervalo de previsão de 99% para HFE, quando $x_1 = 14,5$, $x_2 = 220$ e $x_3 = 5,0$.
(c) Encontre um intervalo de confiança de 99% para HFE médio, quando $x_1 = 14,5$, $x_2 = 220$ e $x_3 = 5,0$.

6-7 VERIFICANDO A ADEQUAÇÃO DO MODELO DE REGRESSÃO

Ajustar um modelo de regressão requer várias suposições. A estimação dos parâmetros do modelo requer a suposição de que os erros sejam variáveis aleatórias não correlacionadas, com média zero e variância constante. Os testes de hipóteses e a estimação do intervalo requerem que os erros sejam normalmente distribuídos. Adicionalmente, consideramos que a ordem do modelo esteja correta, isto é, se ajustarmos um modelo de regressão linear simples, então estaremos supondo que o fenômeno se comporte realmente de uma maneira linear ou de primeira ordem.

O analista deve sempre duvidar da validade dessas suposições e conduzir análises para examinar a adequação do modelo que se está testando. Nesta seção, discutiremos métodos úteis sobre essa questão.

6-7.1 ANÁLISE RESIDUAL

Os resíduos de um modelo de regressão são $e_i = y_i - \hat{y}_i$, $i = 1, 2, ..., n$, em que y_i é uma observação real e $\hat{y}_i$ é o valor ajustado correspondente, proveniente do modelo de regressão. A análise dos resíduos é freqüentemente útil na verificação da suposição de que os erros sejam distribuídos de forma aproximadamente normal, com variância constante, assim como na determinação da utilidade dos termos adicionais no modelo.

Como uma verificação aproximada da normalidade, o experimentalista pode construir um histograma de freqüência dos resíduos ou um **gráfico de probabilidade normal dos resíduos**. Muitos programas computacionais produzirão um gráfico de probabilidade normal dos resíduos e, uma vez que os tamanhos das amostras na regressão são freqüentemente muito pequenos para um histograma ser significativo, o método de plotar a probabilidade normal é preferido. É necessário um julgamento para assegurar a anormalidade de tais gráficos. (Reporte-se à discussão do método do "lápis gordo" no Cap. 3.)

Podemos também **padronizar** os resíduos, calculando $d_i = e_i/\sqrt{\hat{\sigma}^2}$, $i = 1, 2, ..., n$. Se os erros forem distribuídos normalmente, então aproximadamente 95% dos resíduos padronizados devem cair no intervalo $(-2, +2)$. Os resíduos que estiverem bem fora desse intervalo podem indicar a presença de um *outlier*, ou seja, uma observação que não é típica do resto dos dados. Várias regras têm sido propostas para descartar *outliers*. Entretanto, algumas vezes *outliers* fornecem informações de interesse para os experimentalistas sobre circunstâncias não usuais, não devendo assim ser descartados. Para mais discussão sobre *outliers*, ver Montgomery e Peck (1992).

É freqüentemente útil plotar os resíduos (1) em uma seqüência temporal (se conhecida), (2) contra os valores de $\hat{y}_i$ e (3) contra a variável independente x. Esses gráficos geralmente se parecem com um dos quatro padrões gerais de comportamento mostrados na Fig. 6-13. O padrão (*a*), na Fig. 6-13, representa a situação ideal, enquanto os padrões (*b*), (*c*) e (*d*) representam as anomalias. Se os resíduos aparecerem como em (*b*), a variância das observações pode estar crescendo com o tempo ou com a magnitude de y_i ou x_i. A transformação de dados na resposta y é freqüentemente usada para eliminar esse problema. As transformações largamente usadas para estabilizar a variância incluem o uso de $\sqrt{y}$, $\ln y$ ou $1/y$ como a resposta. Ver Montgomery e Peck (1992) para maiores detalhes relativos aos métodos para selecionar uma transformação apropriada. Se um gráfico dos resíduos contra o tempo tiver a aparência de (*b*), então a variância das observações estará crescendo com o tempo. Os gráficos de resíduos contra $\hat{y}_i$ e x_i que pare-

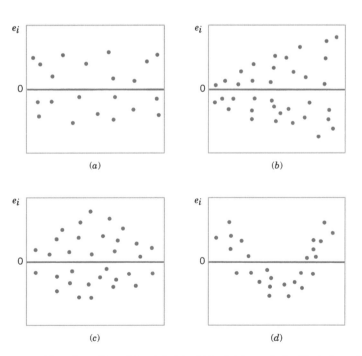

Fig. 6-13 Padrões de comportamento para gráficos de resíduos: (a) satisfatório, (b) funil, (c) arco duplo, (d) não linear. O eixo horizontal pode ser o tempo, y_i, $\hat{y}_i$ ou x_i. [Adaptado de Montgomery e Peck (1992).]

çam com (*c*) também indicam desigualdade de variância. Os gráficos residuais que pareçam com (*d*) indicam modelo não adequado, isto é, termos de ordens maiores devem ser adicionados ao modelo, uma transformação sobre a variável *x* ou a variável *y* (ou ambas) deve ser considerada ou outros regressores devem ser adicionados.

Exemplo 6-12

Os resíduos para o modelo do Exemplo 6-2 são mostrados na Tabela 6-5. Um gráfico de probabilidade normal desses resíduos é mostrado na Fig. 6-14. Nenhum desvio sério da normalidade é aparentemente óbvio, embora os dois maiores resíduos (e_{15} = 5,88 e e_{17} = 4,33) não caiam extremamente perto de uma linha reta desenhada através dos resíduos restantes.

Como notado anteriormente, os resíduos padronizados d_i = $e_i/\sqrt{MQ_E}$ são freqüentemente mais úteis do que os resíduos normais, quando se verifica a magnitude residual. Os resíduos padronizados, correspondentes a e_{15} e e_{17}, são d_{15} = 5,84/$\sqrt{5,2}$ = 2,58 e d_{17} = 4,33/$\sqrt{5,2}$ = 2,56, não parecendo ser incomumente grandes. Uma inspeção dos dados não revela qualquer erro na coleta das observações 15 e 17, nem há qualquer razão para descartar ou modificar esses dois pontos.

Os resíduos são plotados contra $\hat{y}$ na Fig. 6-15 e contra x_1 e x_2 nas Figs. 6-16 e 6-17, respectivamente. Os dois maiores resíduos, e_{15} e e_{17}, são aparentes. A Figura 6-15 fornece alguma indicação de que o modelo superestima os valores intermediários da resistência ao puxamento do fio e para valores menores e

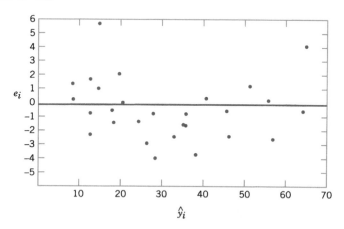

Fig. 6-15 Gráfico dos resíduos *versus* $\hat{y}$.

maiores da resistência. A Fig. 6-16 sugere um efeito não linear do comprimento do fio. A relação entre a resistência ao puxamento e o comprimento do fio pode ser não linear (requerendo que o termo envolvendo x_1^2, por exemplo, seja adicionado ao modelo) ou outros regressores, não presentes no modelo, afetaram a resposta.

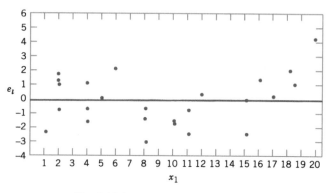

Fig. 6-16 Gráfico dos resíduos *versus* x_1.

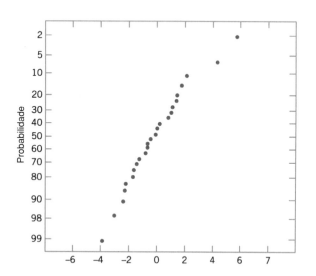

Fig. 6-14 Gráfico de probabilidade normal dos resíduos.

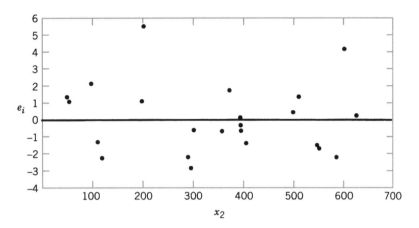

Fig. 6-17 Gráfico dos resíduos *versus* x_2.

No Exemplo 6-12, usamos os resíduos padronizados $d_i = e_i/\sqrt{\hat{\sigma}^2}$ como uma medida da magnitude residual. Alguns analistas preferem plotar resíduos padronizados em vez de resíduos comuns, porque os resíduos padronizados são escalonados de modo que seus desvios-padrão sejam aproximadamente iguais a um. Portanto, os resíduos grandes (que podem indicar possíveis *outliers* ou observações não usuais) serão mais óbvios a partir da inspeção dos gráficos residuais.

Muitos programas computacionais de regressão calculam outros tipos de resíduos escalonados. Um dos mais populares é o **resíduo na forma de Student**, definido como segue.

O resíduo na forma de Student é
$$r_i = \frac{e_i}{\sqrt{\hat{\sigma}^2(1 - h_{ii})}} \qquad i = 1, 2, \ldots, n \qquad (6-51)$$
em que h_{ii} é o *i*-ésimo elemento da diagonal da matriz
$$\mathbf{H} = \mathbf{X}(\mathbf{X}'\mathbf{X})^{-1}\mathbf{X}'$$

A matriz **H** é algumas vezes chamada de matriz "chapéu", uma vez que
$$\begin{aligned}\hat{\mathbf{y}} &= \mathbf{X}\hat{\boldsymbol{\beta}} \\ &= \mathbf{X}(\mathbf{X}'\mathbf{X})^{-1}\mathbf{X}'\mathbf{y} \\ &= \mathbf{H}\mathbf{y}\end{aligned}$$

Logo, **H** transforma os valores observados de **y** em um vetor de valores ajustados $\hat{\mathbf{y}}$.

Uma vez que cada linha da matriz **X** corresponde a um vetor, digamos $\mathbf{x}_i' = [1, x_{i1}, x_{i2}, \ldots, x_{ik}]$, então uma outra maneira de escrever os elementos da diagonal da matriz chapéu é

$$h_{ii} = \mathbf{x}_i'(\mathbf{X}'\mathbf{X})^{-1}\mathbf{x}_i \qquad (6-52)$$

Observe que além de σ^2, h_{ii} é a variância do valor ajustado $\hat{y}_i$. As grandezas h_{ii} foram usadas no cálculo do intervalo de confiança para a resposta média na Seção 6-5.2.

Sob as suposições usuais de que os erros do modelo são independentemente distribuídos, com média zero e variância σ^2, podemos mostrar que a variância do *i*-ésimo resíduo e_i é

$$V(e_i) = \sigma^2(1 - h_{ii}) \qquad i = 1, 2, \ldots, n$$

Além disso, os elementos h_{ii} têm de estar no intervalo
$$0 < h_{ii} \leq 1$$

Isso implica que os resíduos padronizados subestimam a magnitude residual verdadeira, assim, os resíduos na forma de Student seriam uma melhor estatística para avaliar os *outliers* em potencial.

6-7.2 Coeficiente de Determinação Múltipla

O coeficiente de determinação múltipla R^2 é definido conforme segue.

> **R^2**
>
> O **coeficiente de determinação múltipla** é
>
> $$R^2 = \frac{SQ_R}{SQ_T} = 1 - \frac{SQ_E}{SQ_T} \qquad (6\text{-}53)$$

R^2 é uma medida da fração da variabilidade nas observações y, obtida pela equação de regressão usando as variáveis $x_1, x_2, ..., x_k$. Por causa da identidade de análise de variância, temos de ter $0 \le R^2 \le 1$. Entretanto, um valor grande de R^2 não implica necessariamente que o modelo de regressão seja bom. A adição de uma variável ao modelo sempre aumentará R^2, independente da variável adicional ser ou não estatisticamente significativa. Assim, os modelos que tenham valores grandes de R^2 podem resultar em previsões pobres de novas observações ou de estimativas da resposta média.

A raiz quadrada positiva de R^2 é chamada de **coeficiente de correlação múltipla** entre y e o conjunto de regressores $x_1, x_2, ..., x_k$. Ou seja, R é uma medida da associação linear entre y e $x_1, x_2, ..., x_k$. Quando $k = 1$, ele se torna r_{xy}, a correlação simples entre y e x mencionada na Seção 6-1.

Exemplo 6-13

O coeficiente de determinação múltipla para o modelo de regressão ajustado aos dados de resistência ao puxamento do fio colado no Exemplo 6-2 é

$$R^2 = \frac{SQ_R}{SQ_T} = \frac{5990,8}{6105,9} = 0,981$$

Isto é, cerca de 98,1% da variabilidade na resistência ao puxamento y são explicadas quando os dois regressores, o comprimento do fio (x_1) e a altura da garra (x_2) são usados. Para ilustrar como R^2 aumenta à medida que as variáveis são adicionadas a um modelo de regressão, suponha que consideremos uma equação de regressão envolvendo y (resistência) e somente x_1 (comprimento do fio). Podemos mostrar que o valor de R^2 para esse modelo é $R^2 = 0,964$. Dessa forma, a adição da variável x_2 ao modelo aumentou R^2 de 0,964 para 0,981.

Pelo fato de R^2 sempre aumentar quando um regressor é adicionado a um modelo de regressão, ele nem sempre é um bom indicador da adequação do modelo. Muitos programas computacionais reportam uma estatística **R^2 ajustado**, definida como segue.

> **R^2 Ajustado**
>
> O **coeficiente ajustado de determinação múltipla** é
>
> $$R^2_{\text{ajustado}} = 1 - \frac{SQ_E/(n - p)}{SQ_T/(n - 1)} \qquad (6\text{-}54)$$

O R^2 ajustado reflete melhor a proporção da variabilidade explicada por um modelo de regressão, porque ele considera o número de regressores. Em geral, a estatística R^2 ajustado nem sempre aumentará quando uma variável for adicionada a um modelo. R^2_{ajustado} sempre aumentará somente se a adição da variável produzir uma redução na soma quadrática residual, que seja grande o suficiente para compensar a perda de um grau de liberdade no resíduo.

De modo a ilustrar esses pontos, considere um modelo de regressão para os dados da resistência ao puxamento do fio, tendo somente um regressor, x_1 (comprimento do fio). O valor da soma quadrática residual para esse modelo é $SQ_E = 220,09$. Da Eq. 6-54, o valor de R^2 ajustado é

$$\begin{aligned}
R^2_{\text{ajustado}} &= 1 - \frac{SQ_E/(n - p)}{SQ_T/(n - 1)} \\
&= 1 - \frac{220,09/(25 - 2)}{6105,94/(25 - 1)} \\
&= 0,9624
\end{aligned}$$

O R^2 ajustado para o modelo da resistência ao puxamento do fio, tendo os regressores x_1 (comprimento do fio) e x_2 (altura da garra) é dado na Tabela 6-6 como $R^2_{\text{ajustado}} = 97,9\%$. Uma vez que R^2 ajustado aumentou com a adição do regressor x_2, concluímos que a adição dessa variável ao modelo foi uma boa idéia. O teste t para a variável x_2 na Tabela 6-6 confirma que x_2 é um regressor útil, já que o valor P é pequeno o suficiente para concluirmos que $\beta_2 \ne 0$. Além disso, para o modelo de regressão linear simples tendo x_1, a média quadrática residual é 9,57, enquanto que, da Tabela 6-6, vemos que, para o modelo com x_1 e x_2, a média quadrática residual é 5,2. Quando se comparam os modelos de regressão, a média quadrática residual é uma medida útil, visto que o modelo com a menor média quadrática residual explica mais da variabilidade em y.

6-7.3 OBSERVAÇÕES INFLUENTES

Quando se usa a regressão múltipla, ocasionalmente encontramos a influência incomum de algum subconjunto de observações. Algumas vezes, essas observações influentes estão relativamente longe da vizinhança onde o resto dos dados foi coletado. Uma situação hipotética para duas variáveis é mostrada na Fig. 6-18, onde uma observação no espaço x está distante do resto dos dados. A disposição dos pontos no espaço x é importante na determinação das propriedades do modelo. Por exemplo, o ponto (x_{i1}, x_{i2}) na Fig. 6-18 pode exercer muita influência na determinação de R^2, nas estimativas dos coeficientes de regressão e na magnitude da média quadrática dos erros.

Gostaríamos de examinar os pontos influentes de modo a determinar se eles controlam muitas propriedades do modelo. Se esses pontos influentes forem pontos "ruins", ou errôneos de algum modo, então eles devem ser eliminados. Por outro lado, pode não haver algo errado com esses pontos, porém, no mínimo, gostaríamos de determinar se eles produzem ou não resultados consistentes com o resto dos dados. Em qualquer evento, mesmo que um ponto influente seja válido, se ele controlar importantes propriedades do modelo, gostaríamos de saber isso, uma vez que ele poderia ter um impacto no uso do modelo.

Um método útil é inspecionar os h_{ii}, os elementos da diagonal da matriz chapéu. O valor de h_{ii} pode ser interpretado como uma medida da distância do ponto $\mathbf{x}_i = (x_{i1}, x_{i2}, ..., x_{ik})$ em relação à média de todos os pontos $\mathbf{x}$ no conjunto de dados. O valor de h_{ii} não é a medida usual da distância, mas tem propriedades similares. Conseqüentemente, um grande valor para h_{ii} implica que $\mathbf{x}_i$ está longe do centro dos dados (como na Fig. 6-18). Uma regra prática é que os valores de h_{ii} maiores do que $2p/n$ devem ser investigados. Um $\mathbf{x}_i$ que exceda esse valor é considerado como um **ponto influente**. Pelo fato de estar longe, ele tem poder substancial ou potencial para mudar a análise de regressão. Com alguma álgebra matricial, pode ser mostrado que o valor médio de h_{ii} em qualquer conjunto de dados é p/n. Logo, a regra sinaliza valores maiores do que duas vezes a média. Note que os h_{ii} são calculados exclusivamente a partir das variáveis preditoras (as $\mathbf{x}_i$). Os y não entram nos cálculos.

Montgomery e Peck (1992) e Myers (1990) descrevem vários métodos de detecção de observações influentes. Um excelente diagnóstico é a medida da distância desenvolvida por Dennis R. Cook. Essa é uma medida da distância ao quadrado entre a estimativa usual de mínimos quadrados de $\hat{\boldsymbol{\beta}}$, baseada em todas

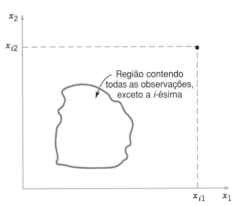

Fig. 6-18 Ponto que está longe no espaço x.

n observações, e a estimativa obtida quando o i-ésimo ponto for removido, como $\hat{\boldsymbol{\beta}}_{(i)}$.

> **A medida da distância Cook** é
> $$D_i = \frac{(\hat{\boldsymbol{\beta}}_{(i)} - \hat{\boldsymbol{\beta}})\mathbf{X}'\mathbf{X}(\hat{\boldsymbol{\beta}}_{(i)} - \hat{\boldsymbol{\beta}})}{p\hat{\sigma}^2} \quad i = 1, 2, \ldots, n \quad (6\text{-}55)$$
> $$= \frac{r_i^2}{p} \frac{h_{ii}}{(1 - h_{ii})} \quad i = 1, 2, \ldots, n$$

Claramente, se o i-ésimo ponto exercer influência, sua remoção resultará em $\hat{\boldsymbol{\beta}}_{(i)}$ variando consideravelmente em relação ao valor $\hat{\boldsymbol{\beta}}$. Logo, um grande valor de D_i implica que o i-ésimo ponto exerce influência. A estatística D_i é realmente calculada usando a Eq. 6-55. Vemos que D_i consiste no quadrado do resíduo na forma de Student, que reflete quão bem o modelo ajusta a i-ésima observação y_i [lembre-se que $r_i = e_i/\sqrt{\hat{\sigma}^2(1 - h_{ii})}$ na Eq. 6-51] e um componente que mede quão longe aquele ponto está do resto dos dados [$h_{ii}/(1 - h_{ii})$ é uma medida da distância do i-ésimo ponto do centróide dos $n - 1$ pontos restantes]. Um valor de $D_i > 1$ indica que o ponto exerce influência. Cada componente de D_i (ou ambos) pode contribuir para um grande valor.

Exemplo 6-14

A Tabela 6-8 lista os valores das diagonais da matriz chapéu, h_{ii}, e a medida da distância Cook, D_i, para os dados da resistência ao puxamento do fio colado no Exemplo 6-2. Para ilustrar os cálculos, considere a primeira observação:

$$D_1 = \frac{r_1^2}{p} \cdot \frac{h_{11}}{(1 - h_{11})}$$

$$= \frac{[e_1/\sqrt{MS_E(1 - h_{11})}]^2}{p} \cdot \frac{h_{11}}{(1 - h_{11})}$$

$$= \frac{[1{,}57/\sqrt{5{,}2352(1 - 0{,}1573)}]^2}{3} \cdot \frac{0{,}1573}{(1 - 0{,}1573)}$$

$$= 0{,}035$$

A medida da distância Cook D_i não identifica nos dados quaisquer observações potencialmente influentes, uma vez que nenhum valor de D_i excede a unidade.

TABELA 6-8 Diagnóstico de Pontos Influentes para os Dados da Resistência ao Puxamento do Fio no Exemplo 6-2

Observações i	h_{ii}	Medida da Distância Cook D_i
1	0,1573	0,035
2	0,1116	0,012
3	0,1419	0,060
4	0,1019	0,021
5	0,0418	0,024
6	0,0749	0,007
7	0,1181	0,036
8	0,1561	0,020
9	0,1280	0,160
10	0,0413	0,001
11	0,0925	0,013
12	0,0526	0,001
13	0,0820	0,001
14	0,1129	0,003
15	0,0737	0,187
16	0,0879	0,001
17	0,2593	0,565
18	0,2929	0,155
19	0,0962	0,018
20	0,1473	0,000
21	0,1296	0,052
22	0,1358	0,028
23	0,1824	0,002
24	0,1091	0,040
25	0,0729	0,000

EXERCÍCIOS PARA A SEÇÃO 6-7

6-32. Considere o modelo de regressão para os dados da LNFA no Exercício 6-4.
   (a) Calcule R^2 e R^2 ajustado para esse modelo e forneça uma interpretação prática dessas grandezas.
   (b) Prepare um gráfico de probabilidade normal dos resíduos a partir do modelo de mínimos quadrados. A suposição de normalidade parece ser satisfeita?
   (c) Plote os resíduos contra $\hat{y}$ e contra x. Interprete esses gráficos.

6-33. Considere os dados no Exercício 6-5, sobre a condutividade térmica, y, e a densidade do produto, x.
   (a) Encontre os resíduos para o modelo de mínimos quadrados.
   (b) Prepare um gráfico de probabilidade normal dos resíduos e o interprete.
   (c) Plote os resíduos contra $\hat{y}$ e contra x. A suposição de variância constante parece ser satisfeita?

   (d) Que proporção da variabilidade total é explicada pelo modelo de regressão?

6-34. O Exercício 6-6 apresenta dados sobre y = consumo de vapor e x = temperatura média mensal.
   (a) Que proporção da variabilidade total é explicada pelo modelo de regressão linear simples?
   (b) Prepare um gráfico de probabilidade normal dos resíduos e interprete.
   (c) Plote os resíduos contra $\hat{y}$ e contra x. As suposições da regressão parecem ser satisfeitas?

6-35. Considere os dados de desgaste no Exercício 6-8.
   (a) Encontre os valores de R^2 e de R^2 ajustado, quando o modelo usa os regressores x_1 e x_2.
   (b) O que acontece com os valores de R^2 e de R^2 ajustado, quando um termo de interação $x_1 x_2$ for adicionado ao modelo? Isso implica necessariamente que a adição de um termo de interação seja uma boa idéia?

6-36. Considere o modelo de regressão para os dados sobre o consumo de potência elétrica no Exercício 6-11.

(a) Plote os resíduos contra $\hat{y}$ e contra os regressores usados no modelo. Que informação esses gráficos fornecem?
(b) Construa um gráfico de probabilidade normal dos resíduos. Existem razões para duvidar da suposição de normalidade para esse modelo?
(c) Use os resíduos padronizados para determinar se há qualquer indicação de observações influentes nos dados.

6-37. Considere os dados HFE dos semicondutores no Exercício 6-10.
(a) Plote os resíduos desse modelo contra $\hat{y}$. Comente a informação obtida através desse gráfico.
(b) Quais são os valores de R^2 e de R^2 ajustado para esse modelo?
(c) Reajuste o modelo usando log(HFE) como variável de resposta.
(d) Plote os resíduos *versus* valores previstos de log(HFE) para o modelo no item (c). Isso fornece qualquer informação acerca de qual modelo seja preferível?
(e) Plote os resíduos do modelo no item (d) *versus* o regressor x_3. Comente esse gráfico.
(f) Reajuste o modelo para log(HFE), usando x_1, x_2 e $1/x_3$ como regressores. Comente o efeito dessa mudança no modelo.

Exercícios Suplementares

6-38. Um engenheiro industrial, em uma planta de fabricação de móveis, deseja investigar como o consumo de eletricidade depende da produção da planta. Ele suspeita que haja uma relação linear simples entre a produção medida como o valor em milhões de dólares de móveis produzidos naquele mês (x) e o consumo de eletricidade em kWh (quilowatts-horas, y). Os seguintes dados foram coletados:

Dólares	kWh
4,70	2,59
4,00	2,61
4,59	2,66
4,70	2,58
4,65	2,32
4,19	2,31
4,69	2,52
3,95	2,32
4,01	2,65
4,31	2,64
4,51	2,38
4,46	2,41
4,55	2,35
4,14	2,55
4,25	2,34

(a) Desenhe um diagrama de dispersão desses dados. Uma relação linear parece plausível?
(b) Ajuste um modelo de regressão linear simples a esses dados.
(c) Teste a significância da regressão, usando $\alpha = 0{,}05$. Qual é o valor P para esse teste?
(d) Encontre um intervalo de confiança de 95% para a inclinação.
(e) Teste a hipótese H_0: $\beta_1 = 0$ *versus* H_1: $\beta_1 \neq 0$, usando $\alpha = 0{,}05$. Que conclusão você pode tirar sobre o coeficiente da inclinação?
(f) Teste a hipótese H_0: $\beta_0 = 0$ *versus* H_1: $\beta_0 \neq 0$, usando $\alpha = 0{,}05$. Que conclusões você pode tirar a respeito do melhor modelo?

6-39. Mostre que uma maneira equivalente de definir o teste para a significância de regressão em uma regressão linear simples está baseada no teste de R^2, como segue: para testar H_0: $\beta_1 = 0$ contra H_1: $\beta_1 \neq 0$, calcule

$$F_0 = \frac{R^2(n-2)}{1-R^2}$$

e rejeite H_0: $\beta_1 = 0$ se o valor calculado $f_0 > f_{\alpha,1,n-2}$.

6-40. Suponha que o modelo de regressão linear simples tenha sido ajustado para $n = 25$ observações e $R^2 = 0{,}90$.
(a) Teste a significância da regressão para $\alpha = 0{,}05$. Use os resultados do Exercício 6-39.
(b) Qual é o menor valor de R^2 que levaria à conclusão de uma regressão significante se $\alpha = 0{,}05$?

6-41. Resíduos na forma de Student. Mostre que, em um modelo de regressão linear simples, a variância do i-ésimo resíduo é

$$V(e_i) = \sigma^2 \left[1 - \left(\frac{1}{n} + \frac{(x_i - \bar{x})^2}{S_{xx}} \right) \right]$$

Sugestão:

$$\text{cov}(Y_i, \hat{Y}_i) = \sigma^2 \left[\frac{1}{n} + \frac{(x_i - \bar{x})^2}{S_{xx}} \right]$$

O i-ésimo resíduo na forma de Student para esse modelo é definido como

$$r_i = \frac{e_i}{\sqrt{\hat{\sigma}^2 \left[1 - \left(\frac{1}{n} + \frac{(x_i - \bar{x})^2}{S_{xx}} \right) \right]}}$$

(a) Explique porque r_i tem unidade de desvio-padrão.
(b) Os resíduos padronizados têm unidades de desvio-padrão?
(c) Discuta o comportamento do resíduo padronizado quando o valor x_i da amostra estiver muito próximo do meio da faixa de x.
(d) Discuta o comportamento do resíduo na forma de Student quando o valor x_i da amostra estiver muito próximo de uma extremidade da faixa de x.

6-42. Os seguintes dados são a saída de corrente contínua de um moinho de vento, (y), e a velocidade do vento, (x).
(a) Desenhe um diagrama de dispersão desses dados. Que tipo de relação parece apropriada para relacionar y e x?
(b) Ajuste um modelo de regressão linear simples para esses dados.
(c) Teste a significância da regressão, usando $\alpha = 0{,}05$. Que conclusões você pode tirar?
(d) Plote os resíduos do modelo de regressão linear simples *versus* $\hat{y}_i$ e *versus* a velocidade do vento x. O que você conclui a respeito da adequação do modelo?

Número da Observação	Velocidade do Vento (mph), x_i	Saída da Corrente Contínua, y_i
1	5,00	1,582
2	6,00	1,822
3	3,40	1,057
4	2,70	0,500
5	10,00	2,236
6	9,70	2,386
7	9,55	2,294
8	3,05	0,558
9	8,15	2,166
10	6,20	1,866
11	2,90	0,653
12	6,35	1,930
13	4,60	1,562
14	5,80	1,737
15	7,40	2,088
16	3,60	1,137
17	7,85	2,179
18	8,80	2,112
19	7,00	1,800
20	5,45	1,501
21	9,10	2,303
22	10,20	2,310
23	4,10	1,194
24	3,95	1,144
25	2,45	0,123

(e) Baseado na análise, proponha um outro modelo relacionando y e x. Justifique por que esse modelo parece razoável.

(f) Ajuste o modelo de regressão que você propôs no item (e). Teste a significância da regressão (use $\alpha = 0,05$) e analise graficamente os resíduos desse modelo. O que você conclui a respeito da adequação do modelo?

6-43. Os elementos da diagonal da matriz chapéu são freqüentemente usados para denotar **influência**, ou seja, um ponto que não é usual em sua localização no espaço x e que pode exercer influência. Geralmente, o i-ésimo ponto é chamado de um **ponto influente** se sua diagonal chapéu h_{ii} exceder $2p/n$, que é duas vezes o tamanho médio de todas as diagonais da matriz chapéu. Lembre-se de que $p = k + 1$.

(a) A Tabela 6-8 contém a diagonal da matriz chapéu para os dados da resistência ao puxamento do fio colado usados no Exemplo 6-2. Encontre o tamanho médio desses elementos.

(b) Baseado no critério dado, há no conjunto de dados quaisquer observações que sejam pontos influentes?

6-44. Os dados mostrados na Tabela 6-9 representam o empuxo de um motor de um avião a jato (y) e seis candidatos a regressor: $x_1 =$ velocidade principal de rotação, $x_2 =$ velocidade secundária de rotação, $x_3 =$ vazão de combustível, $x_4 =$ pressão, $x_5 =$ temperatura de exaustão e $x_6 =$ temperatura ambiente no momento do teste.

(a) Ajuste um modelo de regressão linear múltipla, usando como regressores $x_3 =$ vazão de combustível, $x_4 =$ pressão e $x_5 =$ temperatura de exaustão.

TABELA 6-9 Dados para o Exercício 6-44

Número da Observação	y	x_1	x_2	x_3	x_4	x_5	x_6
1	4540	2140	2.0640	3.0250	205	1732	99
2	4315	2016	2.0280	3.0010	195	1697	100
3	4095	1905	1.9860	2.9780	184	1662	97
4	3650	1675	1.8980	2.9330	164	1598	97
5	3200	1474	1.8100	2.8960	144	1541	97
6	4833	2239	2.0740	3.0083	216	1709	87
7	4617	2120	2.0305	2.9831	206	1669	87
8	4340	1990	1.9961	2.9604	196	1640	87
9	3820	1702	1.8916	2.9088	171	1572	85
10	3368	1487	1.8012	2.8675	149	1522	85
11	4445	2107	2.0520	3.0120	195	1740	101
12	4188	1973	2.0130	2.9920	190	1711	100
13	3981	1864	1.9780	2.9720	180	1682	100
14	3622	1674	1.9020	2.9370	161	1630	100
15	3125	1440	1.8030	2.8940	139	1572	101
16	4560	2165	2.0680	3.0160	208	1704	98
17	4340	2048	2.0340	2.9960	199	1679	96
18	4115	1916	1.9860	2.9710	187	1642	94
19	3630	1658	1.8950	2.9250	164	1576	94
20	3210	1489	1.8700	2.8890	145	1528	94
21	4330	2062	2.0500	3.0190	193	1748	101
22	4119	1929	2.0050	2.9960	183	1713	100
23	3891	1815	1.9680	2.9770	173	1684	100
24	3467	1595	1.8890	2.9360	153	1624	99
25	3045	1400	1.7870	2.8960	134	1569	100
26	4411	2047	2.0540	3.0160	193	1746	99
27	4203	1935	2.0160	2.9940	184	1714	99
28	3968	1807	1.9750	2.9760	173	1679	99
29	3531	1591	1.8890	2.9350	153	1621	99
30	3074	1388	1.7870	2.8910	133	1561	99
31	4350	2071	2.0460	3.0180	198	1729	102
32	4128	1944	2.0010	2.9940	186	1692	101
33	3940	1831	1.9640	2.9750	178	1667	101
34	3480	1612	1.8710	2.9360	156	1609	101
35	3064	1410	1.7780	2.8900	136	1552	101
36	4402	2066	2.0520	3.0170	197	1758	100
37	4180	1954	2.0150	2.9950	188	1729	99
38	3973	1835	1.9750	2.9740	178	1690	99
39	3530	1616	1.8850	2.9320	156	1616	99
40	3080	1407	1.7910	2.8910	137	1569	100

(b) Teste a significância da regressão, usando $\alpha = 0,01$. Encontre o valor P para esse teste. Quais são as suas conclusões?

(c) Encontre a estatística t para cada regressor. Usando $\alpha = 0,01$, explique cuidadosamente a conclusão que você pode tirar dessas estatísticas.

(d) Encontre R^2 e a estatística ajustada para esse modelo. Comente o significado de cada valor e a sua utilidade na verificação do modelo.

(e) Construa um gráfico de probabilidade normal dos resíduos e interprete esse gráfico.

(f) Plote os resíduos *versus* $\hat{y}$. Há alguma indicação de desigualdade de variância ou não linearidade?

(g) Plote os resíduos *versus* x_3. Há alguma indicação de não linearidade?

(h) Preveja o empuxo para um motor no qual $x_3 = 1.670$, $x_4 = 170$ e $x_5 = 1.589$.

6-45. Considere os dados sobre o empuxo do motor no Exercício 6-44. Refaça o modelo, usando $y^* = \ln y$ como a variável de resposta e $x_3^* = \ln x_3$ como o regressor (juntamente com x_4 e x_5).
(a) Teste a significância da regressão, usando $\alpha = 0,01$. Encontre o valor P para esse teste e estabeleça suas conclusões.
(b) Use a estatística t para testar H_0: $\beta_j = 0$ contra H_1: $\beta_j \neq 0$ para cada variável no modelo. Se $\alpha = 0,01$, que conclusões você pode tirar?
(c) Plote os resíduos contra $\hat{y}^*$ e contra x_3^*. Comente esses gráficos. Como eles se comparam com os seus correlatos nos itens (f) e (g) do Exercício 6-44?

6-46. A seguir, estão os dados sobre y = licor verde (g/l) e x = velocidade (ft/min) de uma máquina de papel Kraft. (Os dados foram lidos a partir de um gráfico em um artigo na revista *Tappi Journal*, março de 1986.)

y	16,0	15,8	15,6	15,5	14,8
x	1.700	1.720	1.730	1.740	1.750

y	14,0	13,5	13,0	12,0	11,0
x	1.760	1.770	1.780	1.790	1.795

(a) Ajuste o modelo $Y = \beta_0 + \beta_1 x + \beta_2 x^2 + \epsilon$, usando o método dos mínimos quadrados.
(b) Teste a significância da regressão, usando $\alpha = 0,05$. Quais são as suas conclusões?
(c) Teste a contribuição do termo quadrático para o modelo, em relação à contribuição do termo linear, usando um teste t. Se $\alpha = 0,05$, que conclusões você pode tirar?
(d) Plote os resíduos do modelo do item (a) contra $\hat{y}$. O gráfico revela qualquer inadequação?
(e) Construa um gráfico de probabilidade normal dos resíduos. Comente a suposição de normalidade.

6-47. Um artigo no *Journal of Environmental Engineering* (Vol. 115, No. 3, 1989, pp. 608-619) reportou os resultados de um estudo a respeito da ocorrência de sódio e cloreto nas correntes superficiais de um rio na parte central de Rhode Island. Os dados a seguir se referem à concentração de cloreto (em mg/l), y, e à área (em %) das encostas exploradas para análise, x.

y	4,4	6,6	9,7	10,6	10,8
x	0,19	0,15	0,57	0,70	0,67

y	10,9	11,8	12,1	14,3	14,7
x	0,63	0,47	0,70	0,60	0,78

y	15,0	17,3	19,2	23,1	27,4
x	0,81	0,78	0,69	1,30	1,05

y	27,7	31,8	39,5
x	1,06	1,74	1,62

(a) Desenhe um diagrama de dispersão dos dados. Um modelo de regressão linear simples parece apropriado aqui?
(b) Ajuste um modelo de regressão linear simples usando o método dos mínimos quadrados.
(c) Estime a concentração média de cloreto para 1% da área das encostas exploradas.
(d) Encontre o valor ajustado correspondente a $x = 0,47$ e o resíduo associado.
(e) Suponha que desejemos ajustar um modelo de regressão, cuja linha verdadeira de regressão passe através do ponto (0,0). O modelo apropriado é $Y = \beta x + \epsilon$. Considere que tenhamos n pares de dados $(x_1, y_1), (x_2, y_2), ..., (x_n, y_n)$. Mostre que a estimativa de mínimos quadrados de β é $\sum y_i x_i / \sum x_i^2$.
(f) Use os resultados do item (e) para ajustar o modelo $Y = \beta x + \epsilon$ aos dados da área da estrada-concentração de cloreto neste exercício. Plote o modelo ajustado em um diagrama de dispersão dos dados e comente se o modelo é adequado.

6-48. Considere o modelo sem interseção $Y = \beta x + \epsilon$, com os ϵ's sendo $N(0,\sigma^2)$. A estimativa de σ^2 é $s^2 = \sum_{i=1}^{n}(y_i - \hat{\beta}x_i)^2/(n-1)$ e $V(\hat{\beta}) = \sigma^2 / \sum_{i=1}^{n} x_i^2$.
(a) Planeje uma estatística de teste para H_0: $\beta = 0$ contra H_1: $\beta \neq 0$.
(b) Aplique o teste no item (a) para o modelo do item (f) do Exercício 6-47.

Um motor de um foguete é fabricado ligando-se dois tipos de propelentes: um iniciador e um mantenedor. Pensa-se que a tensão cisalhante na ligação, y, seja uma função linear da idade do propelente, x, quando o motor for moldado. Vinte observações são mostradas na tabela seguinte.

Número da Observação	Resistência y (psi)	Idade x (semanas)
1	2.158,70	15,50
2	1.678,15	23,75
3	2.316,00	8,00
4	2.061,30	17,00
5	2.207,50	5,00
6	1.708,30	19,00
7	1.784,70	24,00
8	2.575,00	2,50
9	2.357,90	7,50
10	2.277,70	11,00
11	2.165,20	13,00
12	2.399,55	3,75
13	1.779,80	25,00
14	2.336,75	9,75
15	1.765,30	22,00
16	2.053,50	18,00
17	2.414,40	6,00
18	2.200,50	12,50
19	2.654,20	2,00
20	1.753,70	21,50

(a) Desenhe um diagrama de dispersão dos dados. Um modelo de regressão linear simples parece plausível?

212 Capítulo Seis

(b) Pelo método dos mínimos quadrados, encontre as estimativas da inclinação e da interseção para o modelo de regressão linear simples.

(c) Estime a tensão média cisalhante de um motor feito a partir de um propelente com 20 semanas.

(d) Obtenha os valores ajustados, $\hat{y}_i$, que correspondam a cada valor observado y_i. Plote $\hat{y}_i$ *versus* y_i e comente o que esse gráfico pareceria se a relação linear entre a tensão cisalhante e a idade fosse perfeitamente determinística (sem erro). Esse gráfico indica que a idade seja uma escolha razoável de regressor nesse modelo?

6-50. Considere o modelo de regressão linear simples $Y = \beta_0 + \beta_1 x + \epsilon$. Suponha que o analista queira usar $z = x - \bar{x}$ como o regressor.

(a) Usando os dados no Exercício 6-49, construa um gráfico de dispersão dos pontos (x_i, y_i) e então um outro dos pontos $(z_i = x_i - \bar{x}, y_i)$. Use os dois gráficos para explicar intuitivamente como os dois modelos, $Y = \beta_0 + \beta_1 x + \epsilon$ e $Y = \beta_0^* + \beta_1^* z + \epsilon$ estão relacionados.

(b) Encontre as estimativas de mínimos quadrados de β_0^* e β_1^* no modelo $Y = \beta_0^* + \beta_1^* z + \epsilon$. Como elas estão relacionadas às estimativas de mínimos quadrados $\hat{\beta}_0$ e $\hat{\beta}_1$?

6-51. Suponha que cada valor de x_i seja multiplicado por uma constante positiva a e que cada valor de y_i seja multiplicado por uma outra constante positiva b. Mostre que a estatística t para testar H_0: $\beta_1 = 0$ contra H_1: $\beta_1 \neq 0$ não tem seu valor alterado.

6-52. Lembre-se do teste de hipóteses, H_0: $\beta_1 = 0,0$ contra H_1: $\beta_1 \neq 0,0$, feito para o coeficiente de regressão β_1 do modelo de regressão simples dos dados da Liga Nacional de Futebol Americano, no Exercício 6-4.

(a) Proponha uma nova estatística de teste para testar H_0: $\beta_1 = -0,01$ contra H_1: $\beta_1 \neq -0,01$. Faça o teste de hipóteses, usando $\alpha = 0,01$. Encontre também o valor P para esse teste.

(b) Você concordaria com a colocação de que esse é um teste da afirmação de que, se você pudesse diminuir o espaço de corrida do oponente por 100 jardas, o time ganharia mais um jogo?

6-53. Similarmente ao item (a) do Exercício 6-52, teste a hipótese H_0: $\beta_1 = 10$ contra H_1: $\beta_1 \neq 10$ (usando $\alpha = 0,01$) para os dados de consumo de vapor no Exercício 6-6, usando uma nova estatística de teste. Encontre também o valor P para esse teste.

Exercício em Equipe

6-54. Identifique a situação em que duas ou mais variáveis de interesse possam estar relacionadas, porém não se conhece o modelo mecanístico, relacionando as variáveis. Colete uma amostra aleatória de dados para essas variáveis e faça as seguintes análises.

(a) Construa um modelo de regressão linear simples ou múltipla.

(b) Teste a significância do modelo de regressão.

(c) Teste a significância dos coeficientes individuais de regressão.

(d) Construa o intervalo de confiança para os coeficientes individuais de regressão.

(e) Construa o intervalo de confiança para a resposta média.

(f) Selecione dois valores para os regressores e use o modelo para fazer previsões.

(g) Faça uma análise residual e calcule o coeficiente de determinação múltipla.

CAPÍTULO 7

PLANEJAMENTO DE EXPERIMENTOS EM ENGENHARIA

ESQUEMA DO CAPÍTULO

7-1 ESTRATÉGIA DOS EXPERIMENTOS
7-2 ALGUMAS APLICAÇÕES DAS TÉCNICAS DE PLANEJAMENTO DE EXPERIMENTOS
7-3 EXPERIMENTOS FATORIAIS
7-4 PLANEJAMENTO FATORIAL 2^k
    7-4.1 Exemplo de 2^2
    7-4.2 Análise Estatística
    7-4.3 Análise Residual e Verificação do Modelo
7-5 PLANEJAMENTO 2^k PARA $\kappa \geq 3$ FATORES
7-6 RÉPLICA ÚNICA DO PLANEJAMENTO 2^k
7-7 PONTOS CENTRAIS E BLOCAGEM EM PLANEJAMENTOS 2^k
    7-7.1 Adição de Pontos Centrais

    7-7.2 Blocagem e Superposição
7-8 REPLICAÇÃO FRACIONÁRIA DE UM PLANEJAMENTO 2^k
    7-8.1 Uma Meia-Fração de um Planejamento 2^k
    7-8.2 Frações Menores: Planejamento Fatorial Fracionário 2^{k-p}
7-9 MÉTODOS E PLANEJAMENTOS DE SUPERFÍCIE DE RESPOSTA
    7-9.1 Método da Ascendente de Maior Inclinação (*Steepest Ascent*)
    7-9.2 Análise de uma Superfície de Resposta de Segunda Ordem
7-10 PLANEJAMENTOS FATORIAIS COM MAIS DE DOIS NÍVEIS

7-1 ESTRATÉGIA DOS EXPERIMENTOS

Lembre-se do Cap. 1, no qual engenheiros conduzem testes ou **experimentos** como uma parte natural de seu trabalho. Técnicas de planejamento experimental baseadas em estatística são particularmente úteis no mundo da engenharia para melhorar o desempenho de um processo de fabricação. Elas têm também aplicação intensiva no desenvolvimento de novos processos. A maioria dos processos pode ser descrita em termos de muitas **variáveis controláveis**, tais como temperatura, pressão e taxa de alimentação. Através do uso de experimentos planejados, os engenheiros podem determinar que subconjunto das variáveis de processo tem a maior influência no desempenho do processo. Os resultados de tal experimento podem conduzir a

1. Melhor rendimento do processo
2. Redução na variabilidade do processo e uma melhor obediência aos requerimentos nominais ou alvos
3. Redução nos tempos de projeto e de desenvolvimento
4. Redução nos custos de operação

Métodos de planejamento de experimentos são úteis também em atividades de **projeto de engenharia**, em que novos produtos sejam desenvolvidos e produtos já existentes sejam melhorados. Algumas aplicações típicas de experimentos planejados estatisticamente em projeto de engenharia incluem

1. Avaliação e comparação de configurações básicas de projeto
2. Avaliação de materiais diferentes
3. Seleção de parâmetros de projeto de modo que o produto trabalhe bem sob uma ampla variedade de condições de campo (ou de modo que o projeto seja robusto)
4. Determinação dos parâmetros de projeto dos produtos chaves que afetem o desempenho do produto

O uso de planejamento de experimentos no projeto de engenharia pode resultar em produtos que sejam mais fáceis de fabricar, em produtos que tenham melhores desempenhos no campo e melhor confiabilidade do que seus competidores e em produtos que possam ser projetados, desenvolvidos e produzidos em menos tempo.

    Experimentos planejados são geralmente empregados **seqüencialmente**. Isto é, o primeiro experimento com um sistema complexo (talvez um processo de fabricação), que tenha muitas variáveis controláveis, é freqüentemente um **experimento de seleção ou exploratório** (*screening experiment*) projetado para determinar que variáveis são mais importantes. Experimentos subseqüentes são usados para refinar essa informação e determinar quais ajustes são requeridos nessas variáveis críticas, de modo a melhorar o processo. Finalmente, o objetivo do experimentalista é a otimização, ou seja, determinar quais os níveis resultantes das variáveis críticas no melhor desempenho do processo.

214 CAPÍTULO SETE

Esse é o princípio do MPS: "mantenha-o pequeno e seqüencial". Quando pequenas etapas são completadas, o conhecimento ganho pode melhorar os experimentos subseqüentes.

Cada experimento envolve uma seqüência de atividades:

1. **Conjectura** — a hipótese original que motiva o experimento.
2. **Experimento** — o teste feito para investigar a conjectura.
3. **Análise** — a análise estatística dos dados do experimento.
4. **Conclusão** — o que se aprendeu acerca da conjectura original do experimento levará a uma conjectura revisada, a um novo experimento e assim por diante.

Os métodos estatísticos são essenciais para um bom experimento. Todos os experimentos são planejados; infelizmente, alguns deles são pobremente planejados e, como resultado, fontes valiosas são usadas ineficientemente. Os experimentos estatisticamente planejados permitem eficiência e economia no processo experimental e o uso de métodos estatísticos no exame de dados resulta na **objetividade científica** quando da obtenção de conclusões.

Neste capítulo, focaremos os experimentos com dois ou mais fatores que o experimentalista pensa serem importantes. O **planejamento fatorial de experimentos** será introduzido como uma técnica poderosa para esse tipo de problema. Geralmente, em um planejamento fatorial de experimentos, tentativas (ou corridas) experimentais são feitas em todas as combinações dos níveis dos fatores. Por exemplo, se um engenheiro químico estiver interessado em investigar os efeitos do tempo de reação e da temperatura de reação no rendimento de um processo, e se dois níveis do tempo (1 h e 1,5 h) e dois níveis da temperatura (125°F e 150°F) forem considerados importantes, então um experimento fatorial consistiria em fazer as corridas experimentais em cada uma das quatro combinações possíveis desses níveis do tempo e da temperatura de reação.

A maioria dos conceitos estatísticos introduzidos previamente pode ser estendida aos experimentos fatoriais deste capítulo. Introduziremos também vários métodos gráficos na análise de dados provenientes dos experimentos planejados.

7-2 ALGUMAS APLICAÇÕES DAS TÉCNICAS DE PLANEJAMENTO DE EXPERIMENTOS

O planejamento de experimentos é uma ferramenta extremamente importante para engenheiros e cientistas que estejam interessados em melhorar o desempenho de um processo de fabricação.

Ele também tem uma extensiva aplicação no desenvolvimento de novos processos e no planejamento de novos produtos. Daremos agora alguns exemplos.

EXEMPLO 7-1

Um Experimento de Caracterização de um Processo

Um time de engenheiros de desenvolvimento está trabalhando em um novo processo de soldagem de componentes eletrônicos em placas de circuitos impressos. Especificamente, o time está trabalhando com um novo tipo de máquina de soldagem contínua que deve reduzir o número de defeitos nas juntas soldadas. (Uma máquina de soldagem contínua preaquece as placas de circuito impresso, colocando-as então em contato com uma onda do líquido de soldagem. Essa máquina faz todas as conexões elétricas e a maioria das conexões mecânicas dos componentes na placa de circuito impresso. Defeitos de soldagem requerem retocagem ou retrabalho, que adiciona custo e danifica freqüentemente as placas.) O processo terá várias (talvez muitas) variáveis, em que nem todas são igualmente importantes. A lista inicial de variáveis candidatas a serem incluídas no experimento é construída pela combinação de conhecimento e informação acerca do processo de todos os membros do time. Neste exemplo, os engenheiros conduziram uma sessão para discutir idéias (*brainstorming*) e convidaram para participar o plantel de fabricação

com experiência no uso de vários tipos de equipamento de soldagem contínua. O time determinou que a máquina de soldagem contínua tem muitas variáveis que podem ser controladas. Elas são

1. Temperatura de soldagem
2. Temperatura de preaquecimento
3. Velocidade da esteira
4. Tipo de fluxo
5. Densidade do fluxo
6. Profundidade da onda de soldagem
7. Ângulo da esteira

Em adição a esses fatores controláveis, há vários outros fatores que não podem ser facilmente controláveis, uma vez que a máquina entra em uma rotina de fabricação, incluindo

1. Espessura da placa de circuito impresso
2. Tipos de componentes usados na placa
3. Disposição dos componentes na placa
4. Operador

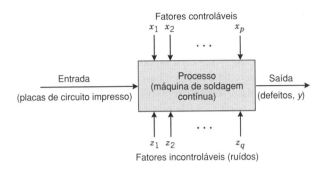

Fig. 7-1 O experimento de soldagem contínua.

5. Fatores ambientais
6. Taxa de produção

Algumas vezes, chamamos os fatores incontroláveis de *ruídos*. Uma representação esquemática do processo é mostrada na Fig. 7.1.

Nessa situação, o engenheiro está interessado em **caracterizar** a máquina de soldagem contínua; ou seja, ele está interessado em determinar que fatores (os controláveis e incontroláveis) afetam a ocorrência de defeitos nas placas de circuito impresso. Com o objetivo de determinar esses fatores, ele pode planejar um experimento que o capacitará a estimar a magnitude e a direção dos efeitos dos fatores. Algumas vezes, chamamos tal experimento de um **experimento de seleção ou exploratório** (*screening experiment*). A informação desse estudo de caracterização ou de experimento de seleção pode ajudar a determinar as variáveis críticas do processo, assim como a direção de ajuste para esses fatores, de modo a reduzir o número de defeitos e ajudar na determinação de quais variáveis de processo devem ser cuidadosamente controladas durante a fabricação, a fim de prevenir altos níveis de defeitos e desempenho errático do processo.

EXEMPLO 7-2

Um Experimento de Otimização

Em um experimento de caracterização, estamos interessados em determinar que fatores afetam a resposta. Uma próxima etapa lógica é determinar a região nos fatores importantes que conduz a uma **resposta ótima**. Por exemplo, se a resposta for custo, procuraremos por uma região de custo mínimo.

Como ilustração, suponha que o rendimento de um processo químico seja influenciado pela temperatura de operação e pelo tempo de reação. Estamos no momento operando o processo a 155°F e 1,7 h de tempo de reação, tendo um rendimento em torno de 75%. A Fig. 7.2 mostra uma visão do espaço tempo-temperatura. Nesse gráfico, conectamos com linhas os pontos de rendimento constante. Essas linhas são os **contornos** de rendimento e mostramos os contornos em 60, 70, 80, 90 e 95% de rendimento. Para localizar o ótimo, podemos começar com um experimento fatorial, como aquele descrito no Exercício 7.1, com os dois fatores, tempo e temperatura, sendo corridos em dois níveis cada, a 10°F e 0,5 hora acima e abaixo das condições operacionais. Esse planejamento com dois fatores é mostrado na Fig. 7.2. As respostas médias observadas nos quatro pontos do experimento (145°F; 1,2 hora; 145°F, 2,2 horas; 165°F, 1,2 h e 165°F, 2,2 horas) indicam que nos devemos mover na direção geral de aumentar a temperatura e de diminuir o tempo de reação para aumentar o rendimento. Umas poucas corridas adicionais poderiam ser feitas nessa direção, com o objetivo de localizar a região de rendimento máximo.

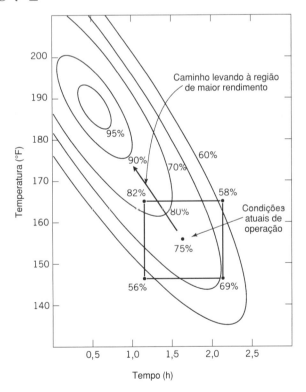

Fig. 7-2 Gráfico de curvas de nível do rendimento, como uma função do tempo e da temperatura de reação, ilustrando um experimento de otimização.

Exemplo 7-3

Um Exemplo de Planejamento de Produto

Podemos usar também o planejamento de experimentos no desenvolvimento de novos produtos. Por exemplo, suponha que um grupo de engenheiros esteja desenvolvendo uma dobradiça de uma porta de um automóvel. A característica do produto é o esforço de uma parada súbita ou a habilidade de retenção do trinco que previna a oscilação da porta quando o veículo estiver estacionado em um morro. O mecanismo de verificação consiste em um feixe de molas e um rolamento. Quando a porta estiver aberta, o rolamento viajará através de um arco, fazendo com que a mola seja comprimida. Para fechar a porta, a mola deve ser forçada de lado, criando assim o esforço de verificação. O grupo de engenheiros pensa que o esforço de verificação seja uma função dos seguintes fatores:

1. Distância de deslocamento do rolamento
2. Altura da mola do pivô à base
3. Distância horizontal do pivô à mola
4. Altura livre da mola de reforço
5. Altura livre da mola principal

Os engenheiros podem construir um protótipo do mecanismo da dobradiça, em que todos esses fatores podem ser variados ao longo de certas faixas. Uma vez que níveis apropriados para esses cinco fatores tenham sido identificados, um experimento pode ser projetado, consistindo em várias combinações dos níveis dos fatores, podendo o protótipo ser testado nessas combinações. Isso produzirá informações relativas a que fatores mais influenciam o esforço de verificação. Através da análise dessa informação, o projeto do trinco pode ser melhorado.

Esses exemplos ilustram somente três aplicações dos métodos de planejamento de experimentos. No ambiente de engenharia, são numerosas as aplicações de planejamento de experimentos. Algumas áreas potenciais de uso são

1. Identificação de problemas do processo
2. Desenvolvimento e otimização de processos
3. Avaliação do material e alternativas
4. Confiabilidade e teste de durabilidade

5. Teste de desempenho
6. Configuração do projeto do produto
7. Determinação da tolerância do componente

Os métodos de planejamento de experimentos permitem resolver, eficientemente, esses problemas durante os estágios iniciais do ciclo do produto. Isso tem o potencial de baixar dramaticamente o custo global do produto e reduzir o tempo de desenvolvimento.

7-3 EXPERIMENTOS FATORIAIS

Quando vários fatores são de interesse, um experimento fatorial deve ser usado. Como notado previamente, fatores são variados conjuntamente nesses experimentos.

> Por um **experimento fatorial**, queremos dizer que, em cada réplica completa do experimento, todas as combinações possíveis dos níveis dos fatores são investigadas.

Assim, se houver dois fatores A e B, com a níveis do fator A e b níveis do fator B, então cada réplica conterá todas as ab combinações de tratamentos.

O efeito de um fator é definido como a variação na resposta produzida pela mudança no nível do fator. Ele é chamado de um **efeito principal** porque ele se refere a fatores primários no estudo. Por exemplo, considere os dados na Tabela 7.1. Esse é o experimento fatorial com dois fatores A e B, cada um com dois níveis (A_{baixo}, A_{alto}, B_{baixo}, B_{alto}). O efeito principal do fator A é a diferença entre a resposta média no nível alto de A e a resposta média no nível baixo de A ou

$$A = \frac{30 + 40}{2} - \frac{10 + 20}{2} = 20$$

Ou seja, a variação no fator A do nível baixo para o nível alto faz a resposta média aumentar de 20 unidades. Similarmente, o efeito principal de B é

$$B = \frac{20 + 40}{2} - \frac{10 + 30}{2} = 10$$

TABELA 7-1 Experimento Fatorial sem Interação

Fator A	Fator B	
	B_{baixo}	B_{alto}
A_{baixo}	10	20
A_{alto}	30	40

TABELA 7-2 Experimento Fatorial com Interação

Fator A	Fator B	
	B_{baixo}	B_{alto}
A_{baixo}	10	20
A_{alto}	30	0

Em alguns experimentos, a diferença na resposta entre os níveis de um fator não é a mesma em todos os níveis dos outros fatores. Quando isto ocorre há uma **interação** entre os fatores. Por exemplo, considere os dados na Tabela 7.2. No nível baixo do fator B, o efeito de A é

$$A = 30 - 10 = 20$$

e no nível alto do fator B, o efeito de A é

$$A = 0 - 20 = -20$$

Uma vez que o efeito de A depende do nível escolhido para o fator B, há interação entre A e B.

Quando uma interação é grande, os efeitos principais correspondentes têm muito pouco significado prático. Por exemplo, usando os dados na Tabela 7.2, encontramos o efeito principal de A como

$$A = \frac{30 + 0}{2} - \frac{10 + 20}{2} = 0$$

o que nos deixa tentados a concluir assim que não há efeito do fator A. No entanto, quando examinamos os efeitos de A em *diferentes níveis do fator B*, vimos que esse não foi o caso. O efeito do fator A depende dos níveis do fator B. Assim, o conhecimento da interação AB é mais útil que o conhecimento do efeito principal. Uma interação significativa pode mascarar o significado dos efeitos principais. Conseqüentemente, quando a interação está presente, os efeitos principais dos fatores envolvidos na interação podem não ter muito significado.

É fácil estimar o efeito de interação nos experimentos fatoriais, como aqueles ilustrados nas Tabelas 7.1 e 7.2. Nesse tipo de experimento, quando ambos os fatores têm dois níveis, o efeito de interação AB é a diferença nas médias da diagonal. Isso representa metade da diferença entre os efeitos A nos dois níveis de B. Por exemplo, na Tabela 7.1, encontramos o efeito de interação AB como sendo

$$AB = \frac{20 + 30}{2} - \frac{10 + 40}{2} = 0$$

Assim, não há interação entre A e B. Na Tabela 7.2, o efeito de interação AB é

$$AB = \frac{20 + 30}{2} - \frac{10 + 0}{2} = 20$$

Como notamos antes, o efeito de interação nesses dados é muito grande.

O conceito de interação pode ser ilustrado graficamente de várias maneiras. A Fig. 7.3 plota os dados da Tabela 7.1 contra os níveis de A para ambos os níveis de B. Note que as linhas de B_{baixo} e B_{alto} são aproximadamente paralelas, indicando que os fatores AB não interagem significativamente. A Fig. 7.4 apresentou gráfico similar para os dados da Tabela 7.2. Nesse gráfico, as linhas de

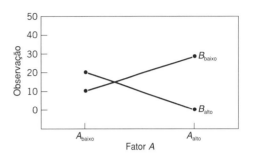

Fig. 7-4 Experimento fatorial com interação.

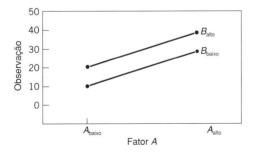

Fig. 7-3 Experimento fatorial sem interação.

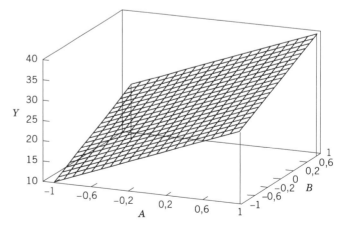

Fig. 7-5 Gráfico tridimensional da superfície dos dados da Tabela 7.1, mostrando os efeitos principais dos dois fatores A e B.

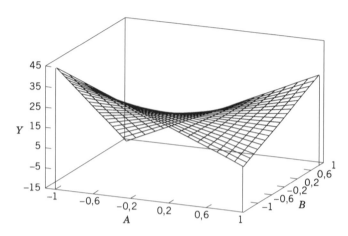

Fig. 7-6 Gráfico tridimensional da superfície dos dados da Tabela 7.2, mostrando o efeito de interação entre A e B.

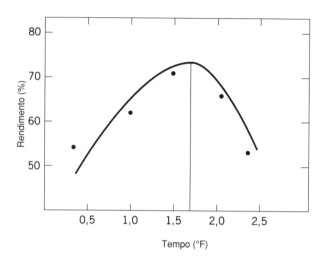

Fig. 7-7 Rendimento em função do tempo de reação, com temperatura constante em 155°F.

B_{baixo} e B_{alto} não são paralelas, indicando a interação entre os fatores A e B. Tais gráficos são chamados de **gráficos de interação de segunda ordem**. Eles são freqüentemente úteis na apresentação dos resultados dos experimentos planejados e muitos programas computacionais usados para analisar dados a partir de experimentos planejados construirão esses gráficos automaticamente.

As Figs. 7.5 e 7.6 apresentam uma outra ilustração gráfica dos dados das Tabelas 7.1 e 7.2. Na Fig. 7.5, mostramos um **gráfico tridimensional de superfície** dos dados da Tabela 7.1, em que os níveis baixo e alto são estabelecidos como −1 e +1, respectivamente, para ambos A e B. As equações para essas superfícies serão discutidas mais adiante no capítulo. Esses dados não contêm interação e o gráfico de superfície é um plano repousando acima do espaço A-B. A inclinação do plano nas direções A e B é proporcional aos efeitos principais dos fatores para A e B, respectivamente. A Fig. 7.6 é um gráfico de superfície dos dados da Tabela 7.2. Note que o efeito da interação nesses dados é "torcer" o plano, o que provoca uma curvatura na função de resposta. **Experimentos fatoriais são a única maneira de descobrir interações entre as variáveis.**

Uma alternativa ao planejamento fatorial, que é (infelizmente) usada na prática, é a mudança dos fatores *um de cada vez* em vez de variá-los simultaneamente. De modo a ilustrar esse pro-

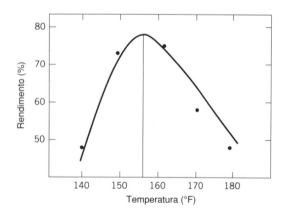

Fig. 7-8 Rendimento em função da temperatura, com tempo de reação constante em 1,7 hora.

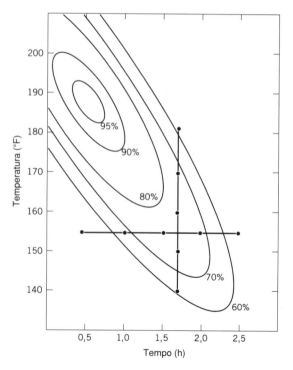

Fig. 7-9 Experimento de otimização usando o método de um-fator-de-cada-vez.

cedimento de um-fator-de-cada-vez, considere o experimento de otimização descrito no Exemplo 7.2. O engenheiro está interessado em encontrar os valores da temperatura e da pressão que maximizam o rendimento. Suponha que fixemos a temperatura em 155°F (o nível atual de operação) e façamos cinco corridas em diferentes níveis de tempo, isto é, 0,5 h; 1 h; 1,5 h; 2 h e 2,5 h. Os resultados dessa série de corridas são mostrados na Fig. 7.7. Essa figura indica que o rendimento máximo é encontrado em torno de 1,7 h do tempo de reação. Com a finalidade de otimizar a temperatura, o engenheiro fixa, então, o tempo em torno de 1,7 h (o ótimo aparente) e realiza cinco corridas em temperaturas diferentes, como 140°F, 150°F, 160°F, 170°F e 180°F. Os resultados dessa série de corridas são plotados na Fig. 7.8. O rendimento máximo ocorre em torno de 155°F. Por conseguinte, concluiríamos que correr o processo a 155°F e com 1,7 hora seria o melhor conjunto de condições operacionais, resultando em rendimentos em torno de 75%.

A Fig. 7.9 mostra o gráfico das curvas de nível do rendimento como uma função da temperatura e do tempo, com os experimentos de um-fator-de-cada-vez superpostos nos contornos. Claramente, essa abordagem de um-fator-de-cada-vez falhou dramaticamente aqui, uma vez que o ótimo verdadeiro é, no mínimo, 20 pontos maior e ocorre em tempos bem menores e em temperaturas bem maiores. A falha em descobrir a importância de tempos menores de reação é particularmente importante uma vez que isso poderia ter impacto significativo no volume ou na capacidade de produção, no planejamento da produção, no custo de fabricação e na produtividade total.

A abordagem de um-fator-de-cada-vez falhou aqui porque ela não pôde detectar a interação entre a temperatura e o tempo. Experimentos fatoriais são a única maneira de detectar interações. Além disso, o método de um-fator-de-cada-vez é ineficiente. Ele necessitará de mais experimentos do que um planejamento fatorial e, como acabamos de ver, não há garantia de produzir resultados corretos.

7-4 PLANEJAMENTO FATORIAL 2^k

Planejamentos fatoriais são freqüentemente usados nos experimentos envolvendo vários fatores em que é necessário estudar o efeito conjunto dos fatores sobre uma resposta. Entretanto, vários casos especiais do planejamento fatorial geral são importantes pelo fato de eles serem largamente empregados em trabalhos de pesquisa e devido ao fato de eles formarem a base de outros planejamentos de considerável valor prático.

O mais importante desses casos especiais é aquele de k fatores, cada um com somente dois níveis. Esses níveis podem ser quantitativos, tais como dois valores da temperatura, pressão ou tempo, ou eles podem ser qualitativos, tais como duas máquinas, dois operadores, os níveis "alto" e "baixo" de um fator, ou talvez a presença e ausência de um fator. Uma réplica completa de tal planejamento requer $2 \times 2 \times \ldots \times 2 = 2^k$ observações, sendo chamada de um **planejamento fatorial 2^k**.

O planejamento 2^k é particularmente útil nos estágios iniciais de um trabalho experimental, quando muitos fatores são prováveis de ser investigados. Ele fornece o menor número de corridas para as quais os k fatores podem ser estudados em um planejamento fatorial completo. Porque há somente dois níveis de cada fator, temos de supor que a resposta seja aproximadamente linear na faixa dos níveis dos fatores escolhidos. O planejamento 2^k é um bloco básico de construção que é usado para começar o estudo de um sistema.

7-4.1 Exemplo de 2^2

O tipo mais simples de planejamento 2^k é o 2^2, ou seja, dois fatores A e B, cada um com dois níveis. Geralmente, pensamos sobre esses níveis como os níveis baixo e alto do fator. O planejamento 2^2 é mostrado na Fig. 7.10. Note que o planejamento pode ser representado geometricamente como um quadrado, com $2^2 = 4$ corridas, ou combinações de tratamentos, formando os vértices do quadrado. No planejamento 2^2, é costume denotar os níveis baixo e alto dos fatores A e B pelos sinais $-$ e $+$, respectivamente. Isso é algumas vezes chamado de **notação geométrica** para o planejamento.

Uma notação especial é usada para marcar as combinações dos tratamentos. Em geral, uma combinação de tratamentos é representada por uma série de letras minúsculas. Se uma letra estiver presente, então o fator correspondente é corrido no nível

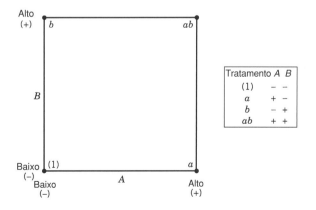

Fig. 7-10 Planejamento fatorial 2^2.

220 CAPÍTULO SETE

alto naquela combinação de tratamentos; se ela estiver ausente, o fator é corrido em seu nível baixo. Por exemplo, a combinação de tratamentos *a* indica que o fator *A* está em seu nível alto e o fator *B* está em seu nível baixo. A combinação de tratamentos com ambos os fatores no nível baixo é representada por (1). Essa notação será usada em toda a série de planejamentos 2^k. Por exemplo, a combinação de tratamentos em um 2^4, com *A* e *C* no nível alto e *B* e *D* no nível baixo é denotada por *ac*.

Os efeitos de interesse no planejamento 2^2 são os efeitos principais *A* e *B* e o fator de interação de segunda ordem *AB*. Faça as letras (1), *a*, *b* e *ab* representarem também os totais de todas as *n* observações tomadas nesses pontos do planejamento. É fácil estimar os efeitos desses fatores. Para estimar o efeito principal do fator *A*, devemos fazer a média das observações do lado direito do quadrado na Fig. 7.10, estando *A* no nível alto, e subtrair desse valor a média das observações do lado esquerdo do quadrado, em que *A* está no nível baixo ou

---

Efeito Principal de *A*

$$A = \bar{y}_{A+} - \bar{y}_{A-} = \frac{a + ab}{2n} - \frac{b + (1)}{2n}$$

$$= \frac{1}{2n}[a + ab - b - (1)] \qquad (7\text{-}1)$$

Similarmente, o efeito principal de *B* é encontrado fazendo a média das observações no topo do quadrado, estando *B* no nível alto, e subtraindo a média das observações na parte inferior do quadrado, estando *B* no nível baixo:

Efeito Principal de *B*

$$B = \bar{y}_{B+} - \bar{y}_{B-} = \frac{b + ab}{2n} - \frac{a + (1)}{2n}$$

$$= \frac{1}{2n}[b + ab - a - (1)] \qquad (7\text{-}2)$$

Finalmente, a interação *AB* é estimada tomando a diferença das médias das diagonais na Fig. 7.10 ou

---

Efeito de Interação de *AB*

$$AB = \frac{ab + (1)}{2n} - \frac{a + b}{2n} = \frac{1}{2n}[ab + (1) - a - b] \qquad (7\text{-}3)$$

As grandezas entre colchetes nas Eqs. 7.1, 7.2 e 7.3 são chamadas de **contrastes**. Por exemplo, o contraste de *A* é

$$\text{Contraste}_A = a + ab - b - (1)$$

Nessas equações, os coeficientes dos contrastes são sempre $+1$ ou -1. Uma tabela de sinais mais e menos, tal como a Tabela 7.3, pode ser usada para determinar o sinal de cada combinação de tratamentos para um contraste particular. Os nomes das colunas para a Tabela 7.3 são os efeitos principais *A* e *B*, a interação *AB* e *I*, que representa o total. Os nomes das linhas são as combinações dos tratamentos. Note que os sinais na coluna *AB* são o produto de sinais das colunas *A* e *B*. Para gerar o contraste a partir dessa tabela, multiplique os sinais na coluna apropriada da Tabela 7.3 pelas combinações dos tratamentos listadas nas linhas e some-as. Por exemplo, contraste$_{AB}$ = [(1)] + [−*a*] + [−*b*] + [*ab*] = *ab* + (1) −*a* −*b*.

TABELA 7-3 Sinais para os Efeitos no Planejamento 2^2

Combinação dos Tratamentos	Efeito Fatorial			
	I	*A*	*B*	*AB*
(1)	+	−	−	+
a	+	+	−	−
b	+	−	+	−
ab	+	+	+	+

EXEMPLO 7-4

Um artigo no periódico *AT&T Technical Journal* (Vol. 65, Março/Abril 1986, pp. 39-50) descreve a aplicação dos planejamentos fatoriais com dois níveis para a fabricação de circuitos integrados. Uma etapa básica do processo nessa indústria é fazer crescer uma camada epitaxial em pastilhas polidas de silicone. As pastilhas são montadas em uma base e posicionadas no interior de um recipiente em forma de sino. Vapores químicos são introduzidos através de bocais próximos ao topo do recipiente.

A base é girada e calor é aplicado. Essas condições são mantidas até que a camada epitaxial seja suficientemente espessa.

A Tabela 7.4 apresenta os resultados de um planejamento fatorial 2^2, com $n = 4$ réplicas, usando os fatores *A* = tempo de deposição e *B* = vazão de arsênico. Os dois níveis do tempo de deposição são − = curto e + = longo; os dois níveis da vazão de arsênico são − = 55% e + = 59%. A variável de resposta é a espessura (μm) da camada epitaxial. Podemos encontrar as estimativas dos efeitos, usando as Eqs. 7.1, 7.2 e 7.3, conforme segue:

$$A = \frac{1}{2n} [a + ab - b - (1)]$$

$$= \frac{1}{2(4)} [59{,}299 + 59{,}156 - 55{,}686 - 56{,}081] = 0{,}836$$

$$B = \frac{1}{2n} [b + ab - a - (1)]$$

$$= \frac{1}{2(4)} [55{,}686 + 59{,}156 - 59{,}299 - 56{,}081] = -0{,}067$$

$$AB = \frac{1}{2n} [ab + (1) - a - b]$$

$$= \frac{1}{2(4)} [59{,}156 + 56{,}081 - 59{,}299 - 55{,}686] = 0{,}032$$

As estimativas numéricas dos efeitos indicam que o efeito do tempo de deposição é grande e tem uma direção positiva (aumentando o tempo de deposição, aumenta a espessura), uma vez que variando o tempo de deposição do nível baixo para o nível alto muda a espessura média da camada epitaxial de 0,836 μm. Os efeitos da vazão do arsênico (B) e da interação AB parecem pequenos.

TABELA 7-4 Planejamento 2^2 para o Experimento do Processo da Camada Epitaxial

Combinação dos Tratamentos	Efeito Fatorial			Espessura (μm)				Espessura (μm)		
	A	B	AB					Total	Média	Variância
(1)	−	−	+	14,037	14,165	13,972	13,907	56,081	14,020	0,0121
a	+	−	−	14,821	14,757	14,843	14,878	59,299	14,825	0,0026
b	−	+	−	13,880	13,860	14,032	13,914	55,686	13,922	0,0059
ab	+	+	+	14,888	14,921	14,415	14,932	59,156	14,789	0,0625

7-4.2 Análise Estatística

Apresentamos dois métodos relacionados para determinar que efeitos são significativamente diferentes de zero. No primeiro método, a magnitude de um efeito é comparada a seu erro-padrão estimado. No segundo método, um modelo de regressão é usado no qual cada efeito está associado com um coeficiente de regressão. Então, os resultados da regressão desenvolvida no Cap. 6 podem ser usados com a finalidade de conduzir a análise. Os dois métodos produzem resultados idênticos para planejamentos de dois níveis. Pode-se escolher o método que seja mais fácil de interpretar ou aquele que seja usado pelo programa computacional disponível. Um terceiro método que usa gráficos de probabilidade normal é discutido mais adiante neste capítulo.

Erros-Padrão dos Efeitos

A magnitude dos efeitos no Exemplo 7.4 pode ser julgada pela comparação de cada efeito com seu erro-padrão. Em um planejamento 2^k com n réplicas, há um total de $N = n2^k$ medidas. Uma estimativa do efeito é a diferença entre duas médias e cada média é calculada a partir da metade das medidas. Portanto, a variância de uma estimativa do efeito é

$$V(\text{Efeito}) = \frac{\sigma^2}{N/2} + \frac{\sigma^2}{N/2} = \frac{2\sigma^2}{N/2} = \frac{\sigma^2}{n2^{k-2}} \qquad (7\text{-}4)$$

De modo a obter o erro-padrão estimado de um efeito, troque σ^2 por uma estimativa $\hat{\sigma}^2$ e extraia a raiz quadrada da Eq. 7.4.

Se houver n réplicas em cada uma das 2^k corridas no planejamento e se $y_{i1}, y_{i2}, ..., y_{in}$ forem as observações na i-ésima corrida, então

$$\hat{\sigma}_i^2 = \frac{\sum_{j=1}^{n} (y_{ij} - \bar{y}_{i.})^2}{(n-1)} \qquad i = 1, 2, \ldots, 2^k$$

é uma estimativa da variância na i-ésima corrida. As estimativas das 2^k variâncias podem ser combinadas (uma média pode ser feita) de modo a fornecer uma estimativa global

$$\hat{\sigma}^2 = \sum_{i=1}^{2^k} \frac{\hat{\sigma}_i^2}{2^k} \qquad (7\text{-}5)$$

Cada $\hat{\sigma}_i^2$ está associado com $n-1$ graus de liberdade e assim $\hat{\sigma}^2$ está associado com $2^k(n-1)$ graus de liberdade.

Para ilustrar essa abordagem para o experimento do processo da camada epitaxial, encontramos

$$\hat{\sigma}^2 = \frac{0{,}0121 + 0{,}0026 + 0{,}0059 + 0{,}0625}{4} = 0{,}0208$$

222 CAPÍTULO SETE

TABELA 7-5 Testes *t* dos Efeitos para o Exemplo 7.4

Efeito	Estimativa do Efeito	Erro-Padrão Estimado	Razão *t*	Valor *P*	Efeito ± Dois Erros-Padrão Estimados
A	0,836	0,072	11,61	0,00	0,836 ± 0,144
B	−0,067	0,072	−0,93	0,38	−0,067 ± 0,144
AB	0,032	0,072	0,44	0,67	0,032 ± 0,144

Graus de Liberdade = 12.

e o erro-padrão estimado de cada efeito é

$$ep(\text{Efeito}) = \sqrt{[\hat{\sigma}^2/(n2^{k-2})]} = \sqrt{[0{,}0208/(4 \cdot 2^{2-2})]} = 0{,}072$$

Na Tabela 7.5, cada efeito é dividido por seu erro-padrão estimado e a razão resultante *t* é comparada a uma distribuição *t*, com $2^2 \cdot 3 = 12$ graus de liberdade. Lembre-se de que a razão *t* é usada para julgar se o efeito é significativamente diferente de zero. Os efeitos significativos são aqueles importantes no experimento. Os limites de dois erros-padrão para as estimativas dos efeitos são também mostrados na Tabela 7.5. Esses são intervalos aproximados com 95% de confiança.

A magnitude e a direção dos efeitos foram examinadas previamente e a análise na Tabela 7.5 confirma aquelas conclusões pressupostas. O tempo de deposição é o único fator que afeta significativamente a espessura da camada epitaxial e, a partir da direção das estimativas dos efeitos, sabemos que tempos maiores de deposição conduzem a camadas epitaxiais mais espessas.

Análise de Regressão
Em qualquer experimento planejado, é importante examinar um modelo para prever respostas. Além disso, há uma relação forte entre a análise de um experimento planejado e uma análise de regressão que pode ser usada facilmente para obter as previsões de um experimento 2^k. Para o experimento do processo da camada epitaxial, um modelo inicial de regressão é

$$Y = \beta_0 + \beta_1 x_1 + \beta_2 x_2 + \beta_{12} x_1 x_2 + \epsilon$$

O tempo de deposição e a vazão de arsênico são representados pelas variáveis codificadas x_1 e x_2, respectivamente. Os níveis baixo e alto do tempo de deposição são valores denotados por $x_1 = -1$ e $x_1 = +1$, respectivamente. Os níveis baixo e alto da vazão de arsênico são valores denotados por $x_2 = -1$ e $x_2 = +1$, respectivamente. O termo do produto cruzado $x_1 x_2$ representa o efeito da interação entre essas variáveis.

O modelo de mínimos quadrados é

$$\hat{y} = 14{,}389 + \left(\frac{0{,}836}{2}\right)x_1 + \left(\frac{-0{,}067}{2}\right)x_2 + \left(\frac{0{,}032}{2}\right)x_1 x_2$$

em que a interseção $\hat{\beta}_0$ é a média global de todas as 16 observações. O coeficiente estimado de x_1 é a metade da estimativa do efeito para o tempo de deposição. O coeficiente estimado é a metade da estimativa do efeito, visto que os coeficientes de regressão medem o efeito de uma variação unitária em x_1 sobre a média de *Y* e a estimativa do efeito está baseada na variação de

TABELA 7-6 Análise de Regressão para o Exemplo 7.4. A Equação de Regressão é Espessura = 14,4 + 0,418A − 0,0336B + 0,0158A*B

		Análise de Variância			
Fonte	Soma Quadrática	Graus de Liberdade	Média Quadrática	f_0	Valor *P*
Modelo	2,81764	3	0,93921	45,18	0,000
Erro	0,24948	12	0,02079		
Total	3,06712	15			

Variável Independente	Estimativa do Coeficiente	Erro-padrão do Coeficiente	*t* para H_0: Coeficiente = 0	Valor *P*
Interseção	14,3889	0,0360	399,17	0,000
A	0,41800	0,03605	11,60	0,000
B	−0,03363	0,03605	−0,93	0,369
AB	0,01575	0,03605	0,44	0,670

duas unidades de -1 a $+1$. Similarmente, o coeficiente estimado de x_2 é a metade da vazão do arsênico, sendo o coeficiente estimado do termo do produto cruzado igual à metade do efeito de interação.

A análise de regressão é mostrada na Tabela 7.6. Note que a média quadrática do erro é igual à estimativa de σ^2 calculada previamente. Pelo fato do valor P associado ao teste F para o modelo ser pequeno (menor do que 0,05), concluímos que um ou mais dos efeitos são importantes. O teste t para a hipótese H_0: $\beta_i = 0$ *versus* H_1: $\beta_i \neq 0$ (para cada coeficiente β_1, β_2 e β_3 na análise de regressão) é idêntico àquele computado a partir do erro-padrão dos efeitos na Tabela 7.5. Conseqüentemente, os resultados na Tabela 7.5 podem ser interpretados como testes t dos coeficientes de regressão. Devido a cada coeficiente estimado de regressão ser metade da estimativa do efeito, os erros-padrão na Tabela 7.6 são a metade daqueles na Tabela 7.5. O teste t de uma análise de regressão é idêntico ao teste t obtido a partir do erro-padrão de um efeito em um planejamento 2^k toda vez que a estimativa $\hat{\sigma}^2$ for a mesma em ambas as análises.

Similarmente à análise de regressão, um modelo mais simples que use somente os efeitos importantes é a escolha preferida para prever a resposta. Visto que os testes t para o efeito principal de B e para o efeito de interação AB não são significativos, esses termos são removidos do modelo, tornando-se então

$$\hat{y} = 14{,}389 + \left(\frac{0{,}836}{2}\right)x_1$$

Ou seja, o coeficiente estimado de regressão para qualquer efeito é o mesmo, independente do modelo considerado. Embora isso não seja verdade em geral para uma análise de regressão, um coeficiente estimado de regressão não depende do modelo em um experimento fatorial. Portanto, é fácil verificar mudanças no modelo quando dados são coletados em um desses experimentos. Pode-se também rever a estimativa de σ^2, usando a média quadrática do erro obtida da tabela da ANOVA para o modelo mais simples.

Esses métodos de análise estão resumidos a seguir.

Fórmulas para Experimentos Fatoriais com Dois Níveis e k Fatores, Cada Um Tendo Dois Níveis e N Tentativas Totais

$$\text{Coeficiente} = \frac{\text{efeito}}{2}$$

$$ep(\text{Efeito}) = \sqrt{\frac{2\hat{\sigma}^2}{N/2}} = \sqrt{\frac{\hat{\sigma}^2}{n2^{k-2}}}$$

$$ep(\text{Coeficiente}) = \frac{1}{2}\sqrt{\frac{2\hat{\sigma}^2}{N/2}} = \frac{1}{2}\sqrt{\frac{\hat{\sigma}^2}{n2^{k-2}}} \qquad (7\text{-}6)$$

$$\text{razão } t = \frac{\text{efeito}}{ep(\text{efeito})} = \frac{\text{coeficiente}}{ep(\text{coeficiente})}$$

$$\hat{\sigma}^2 = \text{média quadrática do erro}$$

7-4.3 ANÁLISE RESIDUAL E VERIFICAÇÃO DO MODELO

A análise de um planejamento 2^k considera que as observações sejam normal e independentemente distribuídas, com a mesma variância para cada tratamento ou nível do fator. Essas suposições devem ser verificadas examinando os resíduos. Os resíduos são calculados da mesma forma que na análise de regressão. Um **resíduo** é a diferença entre uma observação y e seu valor estimado (ou ajustado) a partir do modelo estatístico sendo estudado, denotado como $\hat{y}$. Cada resíduo é

$$e = y - \hat{y}$$

A suposição de normalidade pode ser verificada pela construção de um gráfico de probabilidade normal dos resíduos. Para verificar a suposição de igualdade de variâncias em cada nível do fator, plote os resíduos contra os níveis do fator e compare a dispersão dos resíduos. É também útil plotar os resíduos contra $\hat{y}$; a variabilidade nos resíduos não deve depender de jeito algum do valor de $\hat{y}$. Quando um padrão de comportamento aparece nesses gráficos, isso geralmente sugere a necessidade de

transformação, ou seja, analisar os dados sob uma métrica diferente. Por exemplo, se a variabilidade nos resíduos aumentar com $\hat{y}$, então uma transformação tal como $\log y$ ou $\sqrt{y}$ deve ser considerada. Em alguns problemas, a dependência da dispersão dos resíduos com o valor ajustado $\hat{y}$ é uma informação muito importante. Pode ser desejável selecionar o nível do fator que resulta na resposta máxima; no entanto, esse nível pode também causar mais variação na resposta, de corrida a corrida.

A suposição de independência pode ser verificada plotando-se os resíduos contra o tempo ou contra a ordem da corrida na qual o experimento foi feito. Um padrão de comportamento nesse gráfico, tal como as seqüências de resíduos positivos e negativos, pode indicar que as observações não são independentes. Isso sugere que o tempo ou a ordem da corrida é importante ou que as variáveis que variam com o tempo são importantes e não foram incluídas no planejamento de experimentos. Esse fenômeno deve ser estudado em um novo experimento.

É fácil obter os resíduos a partir de um planejamento 2^k, através do ajuste de um modelo de regressão aos dados. Para o experimento do processo da camada epitaxial no Exemplo 7.4, o modelo de regressão é

$$\hat{y} = 14{,}389 + \left(\frac{0{,}836}{2}\right)x_1$$

já que a única variável ativa é o tempo de deposição.

Esse modelo pode ser usado para obter os valores previstos nos quatro pontos que formam os vértices do quadrado no planejamento. Por exemplo, considere o ponto com baixo tempo de deposição ($x_1 = -1$) e baixa vazão de arsênico. O valor previsto é

$$\hat{y} = 14{,}389 + \left(\frac{0{,}836}{2}\right)(-1) = 13{,}971 \ \mu m$$

e os resíduos são

$$e_1 = 14{,}037 - 13{,}971 = 0{,}066$$
$$e_2 = 14{,}165 - 13{,}971 = 0{,}194$$
$$e_3 = 13{,}972 - 13{,}971 = 0{,}001$$
$$e_4 = 13{,}907 - 13{,}971 = -0{,}064$$

É fácil verificar que os valores previstos e os resíduos restantes são, para tempo baixo de deposição ($x_1 = -1$) e alta vazão de arsênico, $\hat{y} = 14{,}389 + (0{,}836/2)(-1) = 13{,}971 \ \mu m$

$$e_5 = 13{,}880 - 13{,}971 = -0{,}091$$
$$e_6 = 13{,}860 - 13{,}971 = -0{,}111$$
$$e_7 = 14{,}032 - 13{,}971 = 0{,}061$$
$$e_8 = 13{,}914 - 13{,}971 = -0{,}057$$

para tempo alto de deposição ($x_1 = +1$) e baixa vazão de arsênico, $\hat{y} = 14{,}389 + (0{,}836/2)(+1) = 14{,}807 \ \mu m$

$$e_9 = 14{,}821 - 14{,}807 = 0{,}014$$
$$e_{10} = 14{,}757 - 14{,}807 = -0{,}050$$
$$e_{11} = 14{,}843 - 14{,}807 = 0{,}036$$
$$e_{12} = 14{,}878 - 14{,}807 = 0{,}071$$

e para tempo alto de deposição ($x_1 = +1$) e alta vazão de arsênico, $\hat{y} = 14{,}389 + (0{,}836/2)(+1) = 14{,}807 \ \mu m$

$$e_{13} = 14{,}888 - 14{,}807 = 0{,}081$$
$$e_{14} = 14{,}921 - 14{,}807 = 0{,}114$$
$$e_{15} = 14{,}415 - 14{,}807 = -0{,}392$$
$$e_{16} = 14{,}932 - 14{,}807 = 0{,}125$$

A Fig. 7.11 mostra um gráfico de probabilidade normal desses resíduos. Esse gráfico indica que o resíduo $e_{15} = -0{,}392$ é um *outlier*. O exame das quatro corridas com tempo alto de deposição e vazão alta de arsênico revela que a observação $y_{15} = 14{,}415$ é consideravelmente menor do que as outras três observações naquela combinação de tratamentos. Isso confere alguma evidência adicional à conclusão de que a observação 15 é um *outlier*. Uma outra possibilidade é que algumas variáveis de processo afetam a *variabilidade* na espessura da camada epitaxial.

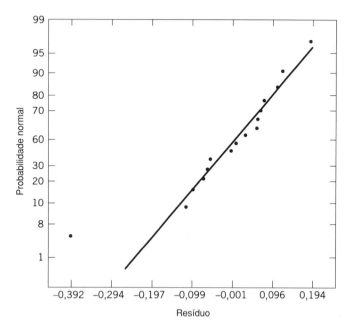

Fig. 7-11 Gráfico de probabilidade normal de resíduos para o experimento do processo da camada epitaxial.

Se pudéssemos descobrir quais variáveis produzem esse efeito, então poderíamos talvez ajustar essas variáveis a níveis que minimizariam a variabilidade na espessura da camada epitaxial. Isso poderia ter importantes implicações nos estágios subseqüentes de fabricação. As Figs. 7.12 e 7.13 são gráficos de resíduos em função do tempo de deposição e da vazão de arsênico, respectivamente. Com a exceção daquele resíduo incomumente grande associado com y_{15}, não há forte evidência de que o tempo de deposição ou a vazão de arsênico influenciem a variabilidade na espessura da camada epitaxial.

A Fig. 7.14 mostra o desvio-padrão da espessura da camada epitaxial em todas as quatro corridas no planejamento 2^2. Es-

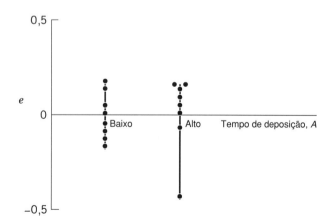

Fig. 7-12 Gráfico de resíduos contra tempo de deposição.

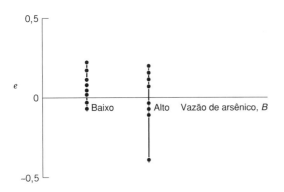

Fig. 7-13 Gráfico de resíduos contra vazão de arsênico.

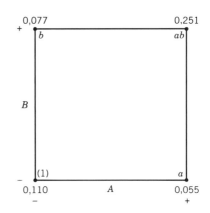

Fig. 7-14 Desvio-padrão da espessura da camada epitaxial, nas quatro corridas no planejamento 2^2.

ses desvios-padrão foram calculados usando os dados na Tabela 7.4. Note que o desvio-padrão das quatro observações com A e B no nível alto é consideravelmente maior do que os desvios-padrão em qualquer um dos outros três pontos do planejamento. A maior parte dessa diferença é atribuída à medida incomumente baixa da espessura associada com y_{15}. O desvio-padrão das quatro observações com A e B no nível baixo é também um pouco maior do que os desvios-padrão nas duas corridas restantes. Isso pode indicar que outras variáveis de processo não incluídas nesse experimento podem afetar a variabilidade na espessura da camada epitaxial. Um outro experimento para estudar essa possibilidade, envolvendo outras variáveis de processo, poderia ser planejado e conduzido. (O trabalho original na revista *AT&T Technical Journal* mostra que dois fatores adicionais, não considerados nesse exemplo, afetam a variabilidade do processo.)

EXERCÍCIOS PARA A SEÇÃO 7-4

Para cada um dos seguintes planejamentos nos Exercícios 7.1 a 7.8, responda as seguintes questões.
(a) Calcule as estimativas dos efeitos e seus erros-padrão para esse planejamento.
(b) Construa os gráficos da interação de segunda ordem e comente a interação dos fatores.
(c) Use a razão *t* para determinar a significância de cada efeito, com $\alpha = 0,05$.
(d) Para cada efeito, calcule um intervalo aproximado com confiança de 95%.
(e) Faça uma análise de variância do modelo apropriado de regressão para esse planejamento. Inclua em sua análise testes de hipóteses para cada coeficiente, assim como uma análise residual. Estabeleça suas conclusões finais sobre a adequação do modelo. Compare seus resultados com o do item (c) e comente.

7-1. Um experimento envolve uma bateria usada no mecanismo de lançamento de um míssil. Dois tipos de materiais podem ser usados para fazer as placas da bateria. O objetivo é projetar uma bateria que não seja relativamente afetada pela temperatura ambiente. A resposta da saída da bateria é a vida efetiva em horas. Dois níveis de temperatura são selecionados e um experimento fatorial com quatro réplicas é corrido. Os dados são mostrados a seguir.

	Temperatura (°F)			
Material	Baixo		Alto	
1	130	155	20	70
	74	180	82	58
2	138	110	96	104
	168	160	82	60

7-2. Um engenheiro suspeita que o acabamento de uma superfície de peças metálicas seja influenciado pelo tipo de tinta usada e pelo tempo de secagem. Ele seleciona dois tempos de secagem — 20 e 30 minutos — e usa dois tipos de tinta. Três peças são testadas com cada combinação de tipo de tinta e de tempo de secagem. Os dados são apresentados a seguir.

	Tempo de Secagem (min)	
Tinta	20	30
1	74	78
	64	85
	50	92
2	92	66
	86	45
	68	85

7-3. Um experimento foi planejado para identificar uma melhor membrana de ultrafiltração para separar proteínas e drogas peptídicas de mosto fermentado. Dois níveis de um aditivo PVP (% peso) e a duração do tempo (horas) foram investigados para determinar a melhor membrana. Os valores de separação (medidos em %) resultantes dessas corridas experimentais são dados a seguir:

PVP (% em peso)	Tempo (horas)	
	1	3
2	69,6	80,0
	71,5	81,6
	70,0	83,0
	69,0	84,3
5	91,0	92,3
	93,2	93,4
	93,0	88,5
	87,2	95,6

7-4. Um experimento foi conduzido para determinar se a temperatura de queima ou a posição da fornalha afetam a densidade de um ânodo de carbono. Os dados são mostrados a seguir.

Posição	Temperatura (°C)	
	800	825
1	570	1.063
	565	1.080
	583	1.043
2	528	988
	547	1.026
	521	1.004

7-5. Johnson e Leone (*Statistics and Experimental Design in Engineering and the Physical Sciences*, John Wiley, 1977) descrevem um experimento conduzido para investigar a torção das placas de cobre. Os dois fatores estudados foram temperatura e teor de cobre nas placas. A variável de resposta é a intensidade da torção. Alguns dados são mostrados a seguir.

Temperatura (°C)	Conteúdo de Cobre (%)	
	40	80
50	17, 20	24, 22
100	16, 12	25, 23

7-6. Um artigo na revista *Journal of Testing and Evaluation* (Vol. 16, no. 6, 1988, pp. 508-515) investigou, para um material particular, os efeitos da freqüência cíclica de carregamento e das condições ambientais no crescimento da fratura por fadiga, a uma tensão constante de 22 MPa. Os dados do experimento são mostrados a seguir. A variável de resposta é a taxa de crescimento da fratura por fadiga.

Freqüência	Ambiente	
	H_2O	Água salgada
10	2,06	1,90
	2,05	1,93
	2,23	1,75
	2,03	2,06
1	3,20	3,10
	3,18	3,24
	3,96	3,98
	3,64	3,24

7-7. Um artigo no periódico *IEEE Transactions on Electron Devices* (Novembro de 1986, p. 1754) descreve um estudo sobre os efeitos de duas variáveis — tratamento com polissilicone e condições de têmpera (tempo e temperatura) — sobre a corrente de um transistor bipolar. Alguns dados desse experimento estão na tabela a seguir.

Tratamento de polissilicone	Têmpera (temperatura/ tempo)	
	900/180	1000/15
1×10^{20}	8,30	10,29
	8,90	10,30
2×10^{20}	7,81	10,19
	7,75	10,10

7-8. Um artigo no periódico *IEEE Transactions on Semiconductor Manufacturing* (Vol. 5, n.º 3, 1992, pp. 214-222) descreve um experimento para investigar a carga na superfície sobre uma pastilha de silicone. Pensa-se que os fatores influentes na carga induzida na superfície sejam o método de limpeza (enxágüe rotacional seco ou ERS e rotação seca ou RS) e a posição na pastilha onde a carga foi medida. Os dados de resposta da carga ($\times 10^{11}$ q/cm³) na superfície são mostrados conforme segue.

Método de Limpeza	Posição de Teste	
	E	D
RS	1,66	1,84
	1,90	1,84
	1,92	1,62
ERS	−4,21	−7,58
	−1,35	−2,20
	−2,08	−5,36

7-5 PLANEJAMENTO 2^k PARA $k \geq 3$ FATORES

Os métodos apresentados na seção prévia para planejamentos fatoriais com $k = 2$ fatores, cada um com dois níveis, podem ser facilmente estendidos para mais de dois fatores. Por exemplo, considere $k = 3$ fatores, cada um com dois níveis. Esse planejamento é um planejamento fatorial 2^3 e tem oito corridas ou combinações de tratamentos. Geometricamente, o planejamento é um cubo, conforme mostrado na Fig. 7.15, com oito corridas formando os vértices do cubo. Esse planejamento permite que três efeitos principais (A, B e C) sejam estimados, juntamente com as interações de segunda ordem (AB, AC e BC) e de terceira ordem (ABC).

Os efeitos principais podem ser facilmente estimados. Lembre-se de que as letras minúsculas (1), a, b, ab, c, ac, bc e abc, representam o total de todas as n réplicas em cada uma das oito corridas no planejamento. Como visto na Fig. 7.16a, note que o efeito principal A pode ser estimado calculando a média das qua-

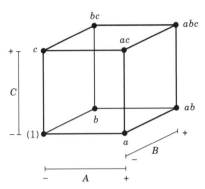

Fig. 7-15 O planejamento 2^3.

tro combinações de tratamentos no lado direito do cubo, quando A estiver no nível alto, e subtraindo dessa grandeza a média das

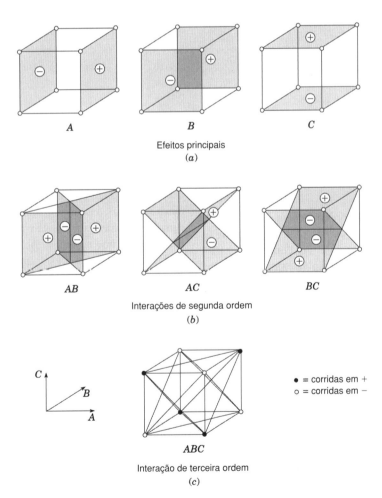

Fig. 7-16 Apresentação geométrica de contrastes correspondendo aos efeitos principais e às interações no planejamento 2^3. (a) Efeitos principais. (b) Interações de segunda ordem. (c) Interação de terceira ordem.

quatro combinações de tratamentos no lado esquerdo do cubo, onde A está no nível baixo. Isso fornece

$$A = \bar{y}_{A+} - \bar{y}_{A-}$$
$$= \frac{a + ab + ac + abc}{4n} - \frac{(1) + b + c + bc}{4n}$$

Essa equação pode ser rearranjada como

$$A = \bar{y}_{A+} - \bar{y}_{A-}$$
$$= \frac{1}{4n}[a + ab + ac + abc - (1) - b - c - bc] \qquad (7\text{-}7)$$

De uma maneira similar, o efeito de B é a diferença nas médias entre as quatro combinações de tratamentos na face posterior do cubo (Fig. 7.16a) e as quatro na face anterior do cubo. Isso resulta

$$B = \bar{y}_{B+} - \bar{y}_{B-}$$
$$= \frac{1}{4n}[b + ab + bc + abc - (1) - a - c - ac] \qquad (7\text{-}8)$$

O efeito de C é a diferença na resposta média entre as quatro combinações de tratamentos na face superior do cubo (Fig. 7.16a) e as quatro na face inferior do cubo; ou seja,

$$C = \bar{y}_{C+} - \bar{y}_{C-}$$
$$= \frac{1}{4n}[c + ac + bc + abc - (1) - a - b - ab] \qquad (7\text{-}9)$$

Os efeitos de interação de segunda ordem podem ser facilmente calculados. Uma medida da interação AB é a diferença entre os efeitos médios de A nos dois níveis de B. Por convenção, metade dessa diferença é chamada de interação AB. Simbolicamente,

B	Efeito Médio de A
Alto (+)	$\dfrac{[(abc - bc) + (ab - b)]}{2n}$
Baixo (−)	$\dfrac{\{(ac - c) + [a - (1)]\}}{2n}$
Diferença	$\dfrac{[abc - bc + ab - b - ac + c - a + (1)]}{2n}$

Visto que a interação AB é metade dessa diferença, então

$$AB = \frac{1}{4n}[abc - bc + ab - b - ac + c - a + (1)] \qquad (7\text{-}10)$$

Poderíamos escrever a Eq. 7.10 como segue:

$$AB = \frac{abc + ab + c + (1)}{4n} - \frac{bc + b + ac + a}{4n}$$

Nessa forma, a interação AB é facilmente vista ser a diferença nas médias entre corridas em dois planos diagonais no cubo na Fig. 7.16b. Usando uma lógica similar e referindo-se à Fig. 7.16b, encontramos que as interações AC e BC são

$$AC = \frac{1}{4n}[(1) - a + b - ab - c + ac - bc + abc] \qquad (7\text{-}11)$$

$$BC = \frac{1}{4n}[(1) + a - b - ab - c - ac + bc + abc] \qquad (7\text{-}12)$$

A interação ABC é definida como a diferença média entre a interação AB para os diferentes níveis de C. Assim,

$$ABC = \frac{1}{4n}\{[abc - bc] - [ac - c] - [ab - b] + [a - (1)]\}$$

ou

$$ABC = \frac{1}{4n}[abc - bc - ac + c - ab + b + a - (1)] \qquad (7\text{-}13)$$

Como antes, podemos interpretar a interação ABC como a diferença nas duas médias. Se as corridas nas duas médias forem isoladas, elas definirão os vértices dos dois tetraedros que compreendem o cubo na Fig. 7.16c.

Nas Eqs. 7.7 a 7.13, as grandezas nos colchetes são os contrastes nas combinações dos tratamentos. Uma tabela de sinais mais e menos pode ser desenvolvida a partir dos contrastes, resultando na Tabela 7.7. Os sinais para os efeitos principais são determinados pela associação do sinal mais ao nível alto e do sinal menos ao nível baixo. Uma vez que os sinais para os efeitos principais tenham sido estabelecidos, os sinais para as colunas restantes podem ser obtidos pela multiplicação das colunas precedentes apropriadas, linha por linha. Por exemplo, os sinais na coluna AB são os produtos dos sinais das colunas A e B em cada linha. O contraste para qualquer efeito pode ser facilmente obtido a partir dessa tabela.

TABELA 7-7 Sinais Algébricos para o Cálculo dos Efeitos no Planejamento 2^3

Combinações dos Tratamentos	Efeito Fatorial							
	I	A	B	AB	C	AC	BC	ABC
(1)	+	−	−	+	−	+	+	−
a	+	+	−	−	−	−	+	+
b	+	−	+	−	−	+	−	+
ab	+	+	+	+	−	−	−	−
c	+	−	−	+	+	−	−	+
ac	+	+	−	−	+	+	−	−
bc	+	−	+	−	+	−	+	−
abc	+	+	+	+	+	+	+	+

A Tabela 7.7 tem várias propriedades interessantes:

1. Exceto para a coluna identidade I, cada coluna tem um número igual de sinais mais e menos.
2. A soma dos produtos dos sinais em quaisquer duas colunas é zero, isto é, as colunas na tabela são **ortogonais**.
3. A multiplicação de qualquer coluna pela coluna I deixa a coluna inalterada; ou seja, I é um **elemento identidade**.
4. O produto de quaisquer duas colunas resulta em uma coluna na tabela, por exemplo, $A \times B = AB$ e $AB \times ABC =$

$A^2B^2C = C$, já que qualquer coluna multiplicada por ela mesma é a coluna identidade.

A estimativa de qualquer efeito principal ou interação em um planejamento 2^k é determinada pela multiplicação das combinações dos tratamentos na primeira coluna da tabela pelos sinais na coluna do efeito principal ou da interação correspondente, pela adição do resultado de modo a produzir um contraste e, então, pela divisão do contraste pela metade do número total de corridas no experimento.

EXEMPLO 7-5

Um engenheiro mecânico está estudando a rugosidade da superfície de uma peça produzida em uma operação de usinagem de metal. Um planejamento fatorial 2^3 é corrido nos fatores taxa de alimentação (A), profundidade do corte (B) e ângulo da ferramen-

ta (C), com $n = 2$ réplicas. Os níveis para os três fatores são: $A_{\text{baixo}} = 20$ in/min e $A_{\text{alto}} = 30$ in/min; $B_{\text{baixo}} = 0,025$ in e $B_{\text{alto}} = 0,040$ in; $C_{\text{baixo}} = 15°$ e $C_{\text{alto}} = 25°$C. A Tabela 7.8 apresenta os dados observados da rugosidade da superfície.

TABELA 7-8 Dados de Rugosidade da Superfície para o Exemplo 7.5

Combinações dos Tratamentos	Fatores do Planejamento			Rugosidade da Superfície	Total	Média	Variância
	A	B	C				
(1)	−1	−1	−1	9,7	16	8	2,0
a	1	−1	−1	10,12	22	11	2,0
b	−1	1	−1	9,11	20	10	2,0
ab	1	1	−1	12,15	27	13,5	4,5
c	−1	−1	1	11,10	21	11,5	0,5
ac	1	−1	1	10,13	23	12,5	4,5
bc	−1	1	1	10,8	18	9	2,0
abc	1	1	1	16,14	30	15	2,0
Média						11,065	2,4375

Os efeitos principais podem ser estimados usando as Eqs. 7.7 a 7.13. O efeito de A, por exemplo, é

$$A = \frac{1}{4n}[a + ab + ac + abc - (1) - b - c - bc]$$

$$= \frac{1}{4(2)}[22 + 27 + 23 + 30 - 16 - 20 - 21 - 18]$$

$$= \frac{1}{8}[27] = 3{,}375$$

É fácil verificar que os outros efeitos são

B	=	1,625	C	= 0,875
AB	=	1,375	AC	= 0,125
BC	=	$-0{,}625$	ABC	= 1,125

Examinando a magnitude dos efeitos, observa-se claramente que a taxa de alimentação (A) é dominante, seguida pela profundidade do corte (B) e pela interação AB, embora o efeito de interação seja relativamente pequeno.

Para o experimento da rugosidade na superfície, combinando as variâncias em cada um dos oito tratamentos como na Eq. 7.5, encontramos $\hat{\sigma}^2 = 2{,}4375$, sendo o erro-padrão de cada efeito igual a

$$ep(\text{efeito}) = \sqrt{\frac{\hat{\sigma}^2}{n2^{k-2}}} = \sqrt{\frac{2{,}4375}{2 \cdot 2^{3-2}}} = 0{,}78$$

Logo, usando limites iguais a duas vezes o erro-padrão para as estimativas dos efeitos, temos

A:	$3{,}375 \pm 1{,}56$		B:	$1{,}625 \pm 1{,}56$
C:	$0{,}875 \pm 1{,}56$		AB:	$1{,}375 \pm 1{,}56$
AC:	$0{,}125 \pm 1{,}56$		BC:	$-0{,}625 \pm 1{,}56$
ABC:	$1{,}125 \pm 1{,}56$			

Esses são intervalos aproximados de confiança de 95%. Eles indicam que os dois efeitos principais A e B são importantes, porém os outros efeitos não são, visto que os intervalos para todos os efeitos, exceto A e B, incluem o zero.

Essa abordagem de intervalo de confiança é um bom método de análise. Com modificações relativamente simples, pode ser usada em situações em que somente alguns pontos do planejamento foram replicados. Gráficos de probabilidade normal podem ser também usados para julgar a significância dos efeitos. Ilustraremos esse método na próxima seção.

Modelo de Regressão e Análise Residual

Podemos obter os resíduos de um planejamento 2^k, usando o método demonstrado anteriormente para o planejamento 2^2. Como exemplo, considere o experimento da rugosidade da superfície. Os três maiores efeitos foram A, B e a interação AB. O modelo de regressão para obter os valores previstos é

$$Y = \beta_0 + \beta_1 x_1 + \beta_2 x_2 + \beta_{12} x_1 x_2 + \epsilon$$

em que x_1 representa o fator A, x_2 representa o fator B e $x_1 x_2$ representa a interação AB. Os coeficientes de regressão β_1, β_2 e β_{12} são estimados como sendo metade das estimativas dos efeitos correspondentes e β_0 é a média global. Por conseguinte

$$\hat{y} = 11{,}0625 + \left(\frac{3{,}375}{2}\right)x_1 + \left(\frac{1{,}625}{2}\right)x_2 + \left(\frac{1{,}375}{2}\right)x_1 x_2$$

e os valores previstos seriam obtidos pela substituição dos níveis baixo e alto de A e B nessa equação. A fim de ilustrar isso, na combinação dos tratamentos em que A, B e C estiverem todos no nível baixo, o valor previsto será

$$\hat{y} = 11{,}065 + \left(\frac{3{,}375}{2}\right)(-1) + \left(\frac{1{,}625}{2}\right)(-1) + \left(\frac{1{,}375}{2}\right)(-1)(-1)$$

$$= 9{,}25$$

Visto que os valores observados nessa corrida são 9 e 7, os resíduos são $9 - 9{,}25 = -0{,}25$ e $7 - 9{,}25 = -2{,}25$. Os resíduos para as outras 14 corridas são obtidos similarmente.

Um gráfico de probabilidade normal dos resíduos é mostrado na Fig. 7.17. Uma vez que os resíduos estão aproximadamente

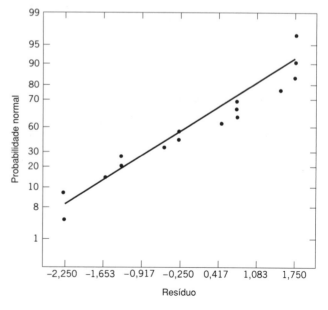

Fig. 7-17 Gráfico de probabilidade normal dos resíduos, a partir do experimento da rugosidade na superfície.

PLANEJAMENTO DE EXPERIMENTOS EM ENGENHARIA **231**

ao longo de uma linha reta, não suspeitamos de qualquer problema com a normalidade dos dados. Não há indicações de *outliers* graves. Seria útil também plotar os resíduos em função dos valores previstos e em função de cada um dos fatores A, B e C.

Projeção de Planejamentos 2^k

Qualquer planejamento 2^k resultará ou se projetará em um outro planejamento 2^k com menos variáveis, se um ou mais dos fatores originais forem retirados. Algumas vezes, isso pode fornecer um discernimento adicional nos fatores restantes. Por exemplo, considere o experimento da rugosidade na superfície. Visto que o fator C e todas as suas interações são desprezíveis, podemos eliminar o fator C do planejamento. O resultado é a transformação do cubo na Fig. 7.15 em um quadrado no plano A-B; desse modo, cada uma das quatro corridas no novo planejamento terá quatro réplicas. Em geral, se retirarmos h fatores de modo que $r = k - h$ fatores permaneçam, o planejamento original 2^k com n réplicas resultará em um planejamento 2^r com $n2^h$ réplicas.

7-6 RÉPLICA ÚNICA DO PLANEJAMENTO 2^k

À medida que o número de fatores cresce em um experimento fatorial, o número de efeitos que podem ser estimados também cresce. Por exemplo, um experimento 2^4 tem 4 efeitos principais, 6 interações de segunda ordem, 4 interações de terceira ordem e 1 interação de quarta ordem, enquanto um experimento 2^6 tem 6 efeitos principais, 15 interações de segunda ordem, 20 interações de terceira ordem, 15 interações de quarta ordem, 6 interações de quinta ordem e 1 interação de sexta ordem. Na maioria das situações, o **princípio da esparsidade dos efeitos** se aplica; ou seja, o sistema é geralmente dominado pelos efeitos principais e interações de ordens baixas. As interações de terceira ordem e superiores são geralmente negligenciadas. Conseqüentemente, quando o número de fatores for moderadamente grande, como $k \geq 4$ ou 5, uma prática comum é correr somente uma réplica do planejamento 2^k e então combinar as interações de ordens mais altas como uma estimativa do erro. Algumas vezes, uma única réplica de um planejamento 2^k é chamada de planejamento fatorial 2^k **sem réplicas**.

Quando se analisam dados provenientes de planejamentos fatoriais sem réplicas, as interações reais de ordens altas existem ocasionalmente. O uso de uma média quadrática do erro, obtida pela combinação de interações de ordens altas, não é apropriado nesses casos. Um método simples de análise pode ser usado para superar esse problema. Construa um gráfico das estimativas dos efeitos em uma escala de probabilidade normal. Os efeitos que forem negligenciáveis são normalmente distribuídos, com média zero, e tenderão a cair ao longo de uma linha reta nesse gráfico, enquanto os efeitos significativos não terão média zero e não repousarão ao longo da linha reta. Ilustraremos esse método no próximo exemplo.

EXEMPLO 7-6

Um artigo no periódico *Solid State Technology* ("Orthogonal Design for Process Optimization and Its Application in Plasma Etching", Maio 1987, pp. 127-132) descreve a aplicação de planejamentos fatoriais no desenvolvimento de um processo de ataque químico por nitreto sobre uma sonda de plasma de pastilha única. O processo usa C_2F_6 como o gás reagente. É possível variar a vazão do gás, a potência aplicada ao cátodo, a pressão na câmara do reator e o espaçamento entre o ânodo e o cátodo. Muitas variáveis de resposta geralmente seriam de interesse nesse processo, mas, nesse exemplo, concentraremos na taxa de ataque do nitreto de silicone.

Usaremos uma única réplica de um planejamento 2^4 para investigar esse processo. Já que é improvável que as interações de terceira e quarta ordens sejam significativas, tentaremos combiná-las como uma estimativa do erro. Os níveis dos fatores usados no planejamento são mostrados a seguir:

	Fator do Planejamento			
Nível	Espaçamento (cm)	Pressão (mTorr)	Vazão de C_2F_6 (cm³/s)	Potência (W)
Baixo ($-$)	0,80	450	125	275
Alto ($+$)	1,20	550	200	325

A Tabela 7.9 apresenta os dados das 16 corridas do planejamento 2^4. A Tabela 7.10 é aquela dos sinais mais e menos para o planejamento 2^4. Os sinais nas colunas dessa tabela podem ser usa-

TABELA 7-9 Planejamento 2^4 para o Experimento de Ataque por Plasma

A (espaçamento)	B (pressão)	C (vazão de C_2F_6)	D (potência)	Taxa de Ataque Químico (Å/min)
−1	−1	−1	−1	550
1	−1	−1	−1	669
−1	1	−1	−1	604
1	1	−1	−1	650
−1	−1	1	−1	633
1	−1	1	−1	642
−1	1	1	−1	601
1	1	1	−1	635
−1	−1	−1	1	1.037
1	−1	−1	1	749
−1	1	−1	1	1.052
1	1	−1	1	868
−1	−1	1	1	1.075
1	−1	1	1	860
−1	1	1	1	1.063
1	1	1	1	729

dos para estimar os efeitos dos fatores. Por exemplo, a estimativa do fator A é

$$A = \frac{1}{8}[a + ab + ac + abc + ad + abd + acd + abcd$$
$$- (1) - b - c - bc - d - bd - cd - bcd]$$
$$= \frac{1}{8}[669 + 650 + 642 + 635 + 749 + 868 + 860 + 729$$
$$- 550 - 604 - 633 - 601 - 1.037 - 1.052$$
$$- 1.075 - 1.063]$$
$$= -101,625$$

Assim, o efeito de aumentar o espaçamento entre o ânodo e o cátodo de 0,80 cm para 1,20 cm é diminuir a taxa de ataque químico por 101,625 Å/min.

É fácil verificar que o conjunto completo das estimativas dos efeitos é

A	= −101,625	B	=	−1,625
AB	= −7,875	C	=	7,375
AC	= −24,875	BC	=	−43,875
ABC	= −15,625	D	=	306,125
AD	= −153,625	BD	=	−0,625
ABD	= 4,125	CD	=	−2,125
ACD	= 5,625	BCD	=	−25,375
ABCD	= −40,125			

O gráfico de probabilidade normal desses efeitos, a partir do experimento do ataque por plasma, é mostrado na Fig. 7.18. Claramente, os efeitos principais de A e D e a interação AD são significativos, porque eles caem longe da linha passando através dos outros pontos. A análise de variância resumida na Tabela 7.11 confirma essas afirmações. Note que, na análise de variância, combinamos as interações de terceira e quarta ordens para formar a média quadrática do erro. Se o gráfico de probabilidade normal tivesse indicado que qualquer uma dessas interações tivesse sido importante, então elas não teriam sido incluídas no termo do erro. Portanto

$$\hat{\sigma}^2 = 2.037,4 \text{ e } ep(\text{coeficiente}) = \frac{1}{2}\sqrt{\frac{2(2.037,4)}{16/2}} = 11,28$$

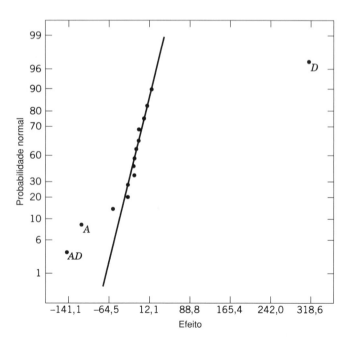

Fig. 7-18 Gráfico de probabilidade normal dos efeitos, a partir do experimento de ataque por plasma.

TABELA 7-10 Constantes dos Contrastes para o Planejamento 2^4

							Efeito Fatorial								
	A	B	AB	C	AC	BC	ABC	D	AD	BD	ABD	CD	ACD	BCD	$ABCD$
(1)	−	−	+	−	+	+	−	−	+	+	−	+	−	−	+
a	+	−	−	−	−	+	+	−	−	+	+	+	+	−	−
b	−	+	−	−	+	−	+	−	+	−	+	+	−	+	−
ab	+	+	+	−	−	−	−	−	−	−	−	+	+	+	+
c	−	−	+	+	−	−	+	−	+	+	−	−	+	+	−
ac	+	−	−	+	+	−	−	−	−	+	+	−	−	+	+
bc	−	+	−	+	−	+	−	−	+	−	+	−	+	−	+
abc	+	+	+	+	+	+	+	−	−	−	−	−	−	−	−
d	−	−	+	−	+	+	−	+	−	−	+	−	+	+	−
ad	+	−	−	−	−	+	+	+	+	−	−	−	−	+	+
bd	−	+	−	−	+	−	+	+	−	+	−	−	+	−	+
abd	+	+	+	−	−	−	−	+	+	+	+	−	−	−	−
cd	−	−	+	+	−	−	+	+	−	−	+	+	−	−	+
acd	+	−	−	+	+	−	−	+	+	−	−	+	+	−	−
bcd	−	+	−	+	−	+	−	+	−	+	−	+	−	+	−
$abcd$	+	+	+	+	+	+	+	+	+	+	+	+	+	+	+

Uma vez que $A = -101,625$, o efeito de aumentar o espaçamento entre o cátodo e o ânodo é diminuir a taxa de ataque químico. Entretanto, $D = 306,125$; assim, a aplicação de potências mais elevadas causará um aumento na taxa de ataque químico. A Fig. 7.19 é um gráfico da interação AD. Esse gráfico indica que o efeito de mudar a largura do espaçamento, em potências baixas, é pequeno. Porém, o aumento do espaçamento, em potências altas, reduz dramaticamente a taxa de ataque. Altas taxas de ataque químico são obtidas em potências altas e pequenas larguras do espaçamento.

Os resíduos do experimento podem ser obtidos a partir do modelo de regressão

TABELA 7-11 Análise para o Exemplo 7.6

	Análise de Variância				
Fonte	Soma Quadrática	Graus de Liberdade	Média Quadrática	f_0	Valor P
Modelo	521.234	10	52.123,40	25,58	0,000
Erro	10.187	5	2.037,40		
Total	531.421	15			

Variável Independente	Estimativa do Efeito	Estimativa do Coeficiente	Erro-padrão do Coeficiente	t para H_0: Coeficiente $= 0$	Valor P
Interseção		776,06	11,28	68,77	0,000
A	−101,63	−50,81	11,28	−4,50	0,006
B	−1,63	−0,81	11,28	−0,07	0,945
C	7,38	3,69	11,28	0,33	0,757
D	306,12	153,06	11,28	13,56	0,000
AB	−7,88	−3,94	11,28	−0,35	0,741
AC	−24,87	−12,44	11,28	−1,10	0,321
AD	−153,62	−76,81	11,28	−6,81	0,001
BC	−43,87	−21,94	11,28	−1,94	0,109
BD	−0,62	−0,31	11,28	−0,03	0,979
CD	−2,12	−1,06	11,28	−0,09	0,929

$$\hat{y} = 776{,}0625 - \left(\frac{101{,}625}{2}\right)x_1 + \left(\frac{306{,}125}{2}\right)x_4 - \left(\frac{153{,}625}{2}\right)x_1x_4$$

Por exemplo, quando A e D estão no nível baixo, o valor previsto é

$$\hat{y} = 776{,}0625 - \left(\frac{101{,}625}{2}\right)(-1) + \left(\frac{306{,}125}{2}\right)(-1)$$
$$- \left(\frac{153{,}625}{2}\right)(-1)(-1)$$
$$= 597$$

e os quatro resíduos nessa combinação de tratamentos são

$$e_1 = 550 - 597 = -47$$
$$e_2 = 604 - 597 = 7$$
$$e_3 = 633 - 597 = 36$$
$$e_4 = 601 - 597 = 4$$

Os resíduos nas outras três combinações de tratamentos (A alto, D baixo), (A baixo, D alto) e (A alto, D alto) são obtidos similarmente. Um gráfico de probabilidade normal dos resíduos é mostrado na Fig. 7.20. O gráfico é satisfatório. Seria útil também plotar os resíduos contra os valores previstos e contra cada um dos fatores.

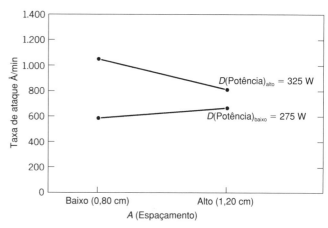

Fig. 7-19 Interação AD (espaçamento-potência) do experimento de ataque por plasma.

7-7 PONTOS CENTRAIS E BLOCAGEM EM PLANEJAMENTOS 2^k

7-7.1 Adição de Pontos Centrais

Uma preocupação potencial no uso de planejamentos fatoriais com dois níveis é a suposição de linearidade nos efeitos dos fatores. Naturalmente, a linearidade perfeita é desnecessária e o sistema 2^k trabalhará bem mesmo quando a suposição de linearidade se mantiver apenas aproximadamente. No entanto, há um método de replicar certos pontos no fatorial 2^k que dará proteção contra a curvatura assim como permitirá uma estimativa independente do erro a ser obtido. O método consiste em adicionar **pontos centrais** ao planejamento 2^k. Esses consistem em n_C réplicas corridas no ponto $x_i = 0$, $i = 1, 2, ..., k$. Uma razão importante para adicionar as corridas replicadas no centro do planejamento é que os pontos centrais não repercutem nas estimativas usuais dos efeitos em um planejamento 2^k. Consideramos que os k fatores sejam quantitativos. Se alguns dos fatores forem categóricos (tais como a Ferramenta A e a Ferramenta B), o método pode ser modificado.

Para ilustrar a abordagem, considere um planejamento 2^2 com uma observação em cada um dos pontos fatoriais $(-,-)$, $(+,-),(-,+)$ e $(+,+)$ e n_C observações nos pontos centrais $(0,0)$. A Fig. 7.21 ilustra a situação. Seja $\bar{y}_F$ a média das quatro corridas nos quatro pontos fatoriais e seja $\bar{y}_C$ a média das n_C corridas

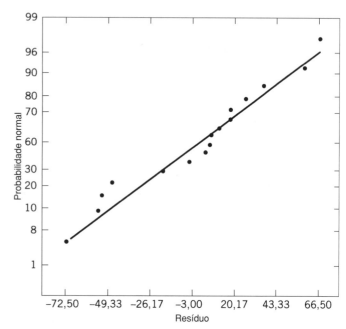

Fig. 7-20 Gráfico de probabilidade normal dos resíduos do experimento de ataque por plasma.

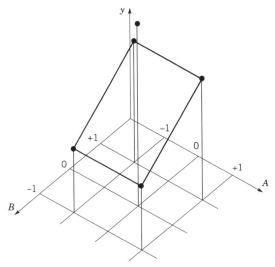

Fig. 7-21 Planejamento 2^2 com pontos centrais.

Uma **estatística de teste t** para curvatura é dada por

$$t_{\text{Curvatura}} = \frac{\bar{y}_F - \bar{y}_C}{\sqrt{\hat{\sigma}^2\left(\dfrac{1}{n_F} + \dfrac{1}{n_C}\right)}} \qquad (7\text{-}14)$$

em que, em geral, n_F é o número de pontos do planejamento fatorial. Mais especificamente, quando pontos são adicionados ao centro do planejamento 2^k, então o modelo que podemos ter é

$$Y = \beta_0 + \sum_{j=1}^{k} \beta_j x_j + \sum\sum_{i<j} \beta_{ij} x_i x_j + \sum_{j=1}^{k} \beta_{jj} x_j^2 + \epsilon \qquad (7\text{-}15)$$

sendo os β_{jj} os efeitos quadráticos puros. O teste para curvatura realmente testa as hipóteses

$$H_0: \sum_{j=1}^{k} \beta_{jj} = 0 \qquad H_1: \sum_{j=1}^{k} \beta_{jj} \neq 0 \qquad (7\text{-}16)$$

Além disso, se os pontos fatoriais no planejamento não forem replicados, podemos usar os n_C pontos centrais para construir uma estimativa de erro com $n_C - 1$ graus de liberdade. Isso é dito ser uma estimativa do **erro puro**.

no ponto central. Se a diferença $\bar{y}_F - \bar{y}_C$ for pequena, então os pontos centrais estarão no ou próximo do plano passando através dos pontos fatoriais, não havendo, portanto, curvatura. Por outro lado, se $\bar{y}_F - \bar{y}_C$ for grande, então a curvatura estará presente.

Exemplo 7-7

Um engenheiro químico está estudando a conversão percentual ou o rendimento de um processo. Há duas variáveis de interesse: o tempo e a temperatura de reação. Pelo fato de não ter certeza em relação à suposição de linearidade ao longo da região de exploração, o engenheiro decide conduzir um planejamento 2^2 (com uma única réplica de cada corrida fatorial) aumentado com cinco pontos centrais. O planejamento e os dados de rendimento são mostrados na Fig. 7.22.

A Tabela 7.12 resume a análise para esse experimento. A estimativa do erro puro é calculada a partir dos pontos centrais, conforme segue:

$$\hat{\sigma}^2 = \frac{\sum_{\text{pontos centrais}} (y_i - \bar{y}_C)^2}{n_C - 1} = \frac{\sum_{i=1}^{5} (y_i - 40{,}46)^2}{4} = \frac{0{,}1720}{4}$$

$$= 0{,}0430$$

A média dos pontos na porção fatorial do planejamento é $\bar{y}_F = 40{,}425$ e a média dos pontos centrais é $\bar{y}_C = 40{,}46$. A diferença $\bar{y}_F - \bar{y}_C = 40{,}425 - 40{,}46 = -0{,}035$ parece ser pequena. A razão t da curvatura é calculada da Eq. 7.14 como segue:

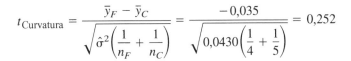

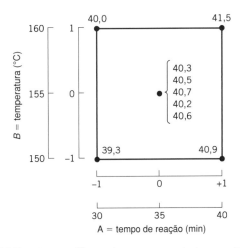

Fig. 7-22 Planejamento 2^2 com cinco pontos centrais para o Exemplo 7.7.

A análise indica que não há evidência de curvatura na resposta na região de exploração; ou seja, a hipótese nula, $H_0: \sum_{j=1}^{2} \beta_{jj} = 0$, não pode ser rejeitada.

A Tabela 7.12 apresenta a saída do Minitab para esse exemplo. O efeito de A é $(41,5 + 40,9 - 40,0 - 39,3)/2 = 1,55$ e os outros efeitos são obtidos de modo similar. A estimativa do erro puro $(0,043)$ concorda com o nosso resultado anterior. Lembre-se, da modelagem por regressão, de que o quadrado da razão t é uma razão F. Portanto, o Minitab usa $0,252^2 = 0,06$ como uma razão F para obter um teste idêntico para a curvatura. A soma quadrática para a curvatura é uma etapa intermediária no cálculo da razão F, que é igual ao quadrado da razão t quando a estimativa de σ^2 é omitida. Ou seja,

$$SQ_{\text{Curvatura}} = \frac{(\bar{y}_F - \bar{y}_C)^2}{\dfrac{1}{n_F} + \dfrac{1}{n_C}} \qquad (7\text{-}17)$$

Além disso, o Minitab adiciona a soma quadrática para a curvatura e para o erro puro para obter a soma quadrática residual $(0,17472)$ com 5 graus de liberdade. A média quadrática residual $(0,03494)$ é uma estimativa combinada de σ^2 e é usada no cálculo da razão t para os efeitos A, B e AB. O valor da estimativa combinada está próximo ao valor da estimativa do erro puro nesse exemplo porque a curvatura é desprezível. Se a curvatura fosse significativa, a combinação na variância não seria apropriada. A estimativa da interseção β_0 $(40,444)$ é a média de todas as nove medidas.

TABELA 7-12 Análise para o Exemplo 7.17, proveniente do Minitab

Planejamento Fatorial

Planejamento Fatorial Completo

Fatores:	2	Planejamento Base:	2, 4
Corridas:	9	Réplicas:	1
Blocos:	nenhum	Pontos centrais (total):	5

Todos os termos estão livres de associação

Ajuste do Fatorial Fracionário

Efeitos Estimados e Coeficientes para y

Termo	Efeito	Coef.	Desvio-padrão do Coef.	T	P
Constante		40,4444	0,06231	649,07	0,000
A	1,5500	0,7750	0,09347	8,29	0,000
B	0,6500	0,3250	0,09347	3,48	0,018
A*B	−0,0500	−0,0250	0,09347	−0,27	0,800

Análise de Variância para y

Fonte	GL	SQ Seq.	SQ Ajustada	MQ Ajustada	F	P
Efeitos Principais	2	2,82500	2,82500	1,41250	40,42	0,001
Interações de Segunda Ordem	1	0,00250	0,00250	0,00250	0,07	0,800
Erro Residual	5	0,17472	0,17472	0,03494		
Curvatura	1	0,00272	0,00272	0,00272	0,06	0,814
Erro puro	4	0,17200	0,17200	0,04300		
Total	8	3,00222				

7-7.2 BLOCAGEM E SUPERPOSIÇÃO

É freqüentemente impossível correr todas as observações em um planejamento fatorial 2^k sob condições homogêneas. Blocagem é a técnica de planejamento que é apropriada para essa situação geral. Entretanto, em muitas situações, o tamanho do bloco é menor do que o número de corridas na réplica completa. Nesses casos, a **superposição*** é um procedimento útil para correr o planejamento 2^k em 2^p blocos, sendo o número de corridas em um bloco menor do que o número de combinações de tratamentos em uma réplica completa. A técnica faz com que certos efeitos de interação fiquem indistingüíveis dos blocos ou **superpostos (confundidos) com os blocos**. Ilustraremos a superposição no planejamento fatorial 2^k em 2^p blocos, sendo $p < k$.

Considere um planejamento 2^2. Suponha que cada uma das $2^2 = 4$ combinações de tratamentos requeira quatro horas de análises no laboratório. Dessa forma, dois dias são requeridos para realizar o experimento. Se dias forem considerados como blocos, então teremos de atribuir duas das quatro combinações de tratamentos em cada dia.

Esse planejamento é mostrado na Fig. 7.23. Note que o bloco 1 contém as combinações de tratamentos (1) e ab e que o bloco 2 contém a e b. Os contrastes para estimar os efeitos principais dos fatores A e B são

$$\text{Contraste}_A = ab + a - b - (1)$$
$$\text{Contraste}_B = ab + b - a - (1)$$

Note que esses contrastes não são afetados pela blocagem, uma vez que em cada contraste há uma combinação de tratamentos mais e outra menos, provenientes de cada bloco. Ou seja, qualquer diferença entre o bloco 1 e o bloco 2 que aumente as leituras em um bloco por uma constante aditiva é eliminada. O contraste para a interação AB é

$$\text{Contraste}_{AB} = ab + (1) - a - b$$

Já que as duas combinações de tratamentos com sinal mais, ab e (1), estão no bloco 1 e as duas com sinal menos, a e b, estão no bloco 2, os efeitos do bloco e da interação AB são idênticos. Isto é, a interação AB é superposta com os blocos.

A razão para isso é aparente da tabela de sinais mais e menos para o planejamento 2^2 mostrado na Tabela 7.3. Da tabela, vemos que todas as combinações de tratamentos que tenham um sinal mais em AB são atribuídas ao bloco 1, enquanto todas as combinações de tratamentos que tenham um sinal menos em AB são atribuídas ao bloco 2.

Esse esquema pode ser usado para superpor qualquer planejamento 2^k em dois blocos. Como segundo exemplo, considere o planejamento 2^3, corrido em dois blocos. Da tabela de sinais mais e menos, mostrada na Tabela 7.7, atribuímos as combinações de tratamentos que sejam menos na coluna ABC ao bloco 1 e aquelas que sejam mais na coluna ABC ao bloco 2. O planejamento resultante é mostrado na Fig. 7.24.

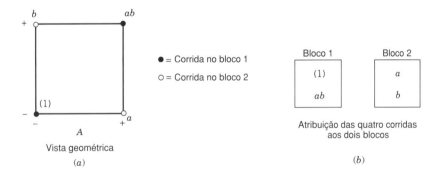

Fig. 7-23 Planejamento 2^2 em dois blocos. (a) Vista geométrica. (b) Atribuição das quatro corridas aos dois blocos.

EXEMPLO 7-8

Um experimento é realizado para investigar o efeito de quatro fatores sobre o desvio, em relação ao alvo, no disparo de um míssil. Os quatro fatores são tipo de alvo (A), tipo de rastreador (B), altitude do alvo (C) e distância ao alvo (D). Cada fator pode ser convenientemente medido em dois níveis e o sistema óptico de rastreamento permitirá medir o desvio no disparo com a precisão de um pé. Dois operadores ou atiradores diferentes são usados no teste de vôo e, já que há diferenças entre operadores, os engenheiros de teste decidiram conduzir o planejamento 2^4 em dois blocos com $ABCD$ superposto.

---

*Alguns autores brasileiros chamam de **confundimento**. (N.T.)

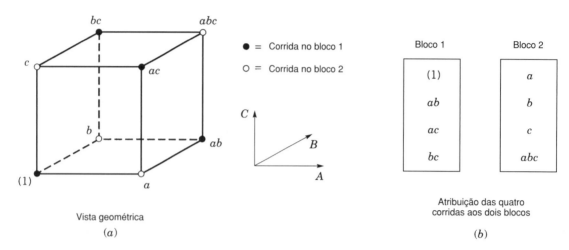

Fig. 7-24 Planejamento 2^3 em dois blocos, com ABC superposto. (a) Vista geométrica. (b) Atribuição das oito corridas aos dois blocos.

O planejamento experimental e os dados resultantes são mostrados na Fig. 7.25. As estimativas dos efeitos obtidos pelo Minitab são mostradas na Tabela 7.13. Um gráfico de probabilidade normal dos efeitos na Fig. 7.26 revela que A (tipo de alvo), D (amplitude do alvo), AD e AC têm efeitos grandes. Uma análise de variância de confirmação, combinando as interações de terceira ordem como erro, é mostrada na Tabela 7.14. Uma vez que as interações AC e AD são significativas, é lógico concluir que A (tipo de alvo), C (altitude do alvo) e D (amplitude do alvo) têm efeitos importantes sobre o desvio e que há interações entre tipo de alvo e altitude e entre tipo de alvo e amplitude. Note que o efeito $ABCD$ é tratado como bloco nessa análise.

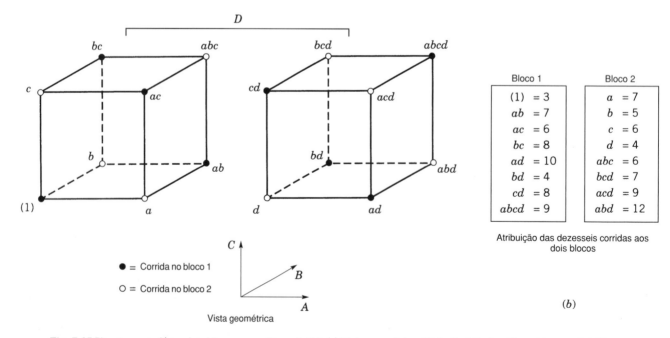

Fig. 7-25 Planejamento 2^4 em dois blocos para o Exemplo 7.8. (a) Vista geométrica. (b) Atribuição das 16 corridas aos dois blocos.

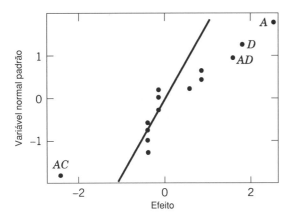

Fig. 7-26 Gráfico de probabilidade normal dos efeitos, Exemplo 7.8, proveniente do Minitab.

TABELA 7-13 Estimativas do Minitab para os Efeitos do Exemplo 7.8

Efeitos Estimados e Coeficientes para a Distância

Termo	Efeito	Coef.
Constante		6,938
Bloco		0,063
A	2,625	1,312
B	0,625	0,313
C	0,875	0,438
D	1,875	0,938
A*B	−0,125	−0,063
A*C	−2,375	−1,187
A*D	1,625	0,813
B*C	−0,375	−0,188
B*D	−0,375	−0,187
C*D	−0,125	−0,062
A*B*C	−0,125	−0,063
A*B*D	0,875	0,438
A*C*D	−0,375	−0,187
B*C*D	−0,375	−0,187

É possível superpor o planejamento 2^k em quatro blocos de 2^{k-2} observações cada. Para construir o planejamento, dois efeitos são escolhidos para superpor com blocos. Um terceiro efeito, a **interação generalizada** dos dois efeitos inicialmente escolhidos, é também superposto com blocos. A interação generalizada dos dois efeitos é encontrada multiplicando-se suas respectivas letras e reduzindo-se os expoentes de módulo 2.

Por exemplo, considere o planejamento 2^4 em quatro blocos. Se AC e BD forem superpostos com blocos, sua interação generalizada será $(AC)(BD) = ABCD$. O planejamento é construído pela divisão dos tratamentos de acordo com os sinais de AC e BD. É fácil verificar que os quatro blocos são

Bloco 1	Bloco 2	Bloco 3	Bloco 4
$AC+$, $BD+$	$AC-$, $BD+$	$AC+$, $BD-$	$AC-$, $BD-$
(1)	a	b	ab
ac	c	abc	bc
bd	abd	d	ad
abcd	bcd	acd	cd

TABELA 7-14 Análise de Variância para o Exemplo 7.8

Fonte de Variação	Soma Quadrática	Graus de Liberdade	Média Quadrática	f_0	Valor P
Bloco (ABCD)	0,0625	1	0,0625	0,06	—
A	27,5625	1	27.5625	25,94	0,0070
B	1,5625	1	1,5625	1,47	0,2920
C	3,0625	1	3,0625	2,88	0,1648
D	14,0625	1	14,0625	13,24	0,0220
AB	0,0625	1	0,0625	0,06	—
AC	22,5625	1	22,5625	21,24	0,0100
AD	10,5625	1	10,5625	9,94	0,0344
BC	0,5625	1	0,5625	0,53	—
BD	0,5625	1	0,5625	0,53	—
CD	0,0625	1	0,0625	0,06	—
Erro (ABC + ABD + ACD + BCD)	4,2500	4	1,0625		
Total	84,9375	15			

240 CAPÍTULO SETE

Esse procedimento geral pode ser estendido à superposição do planejamento 2^k em 2^p blocos, sendo $p < k$. Comece selecionando p efeitos a serem superpostos, tal que nenhum efeito escolhido seja uma interação generalizada dos outros. Então, os blocos podem ser construídos a partir de p contrastes de definição, $L_1, L_2, ..., L_p$, que estejam associados a esses efeitos. Em adição aos p efeitos escolhidos para serem superpostos, exatamente $2^p - p - 1$ efeitos adicionais são superpostos com blocos; essas são as interações generalizadas dos p efeitos originais escolhidos. Deve-se tomar cuidado para não superpor efeitos de interesse potencial.

Para mais informação sobre superposição no planejamento fatorial 2^k, consulte Montgomery (1997, Cap. 8). Esse livro contém um roteiro para selecionar fatores para superpor com blocos, de modo que os efeitos principais e os termos de interação de ordem baixa não sejam superpostos. Em particular, o livro contém uma tabela de esquemas sugeridos de superposição para planejamentos com até sete fatores e uma faixa de tamanhos de blocos, algumas das quais tão pequenas quanto duas corridas.

EXERCÍCIOS PARA AS SEÇÕES 7-5, 7-6 e 7-7

7-9. Um engenheiro está interessado no efeito da velocidade de corte (A), na dureza do metal (B) e no ângulo de corte (C) sobre a vida de uma ferramenta de corte. Dois níveis de cada fator são escolhidos e duas réplicas de um planejamento fatorial 2^3 são corridas. Os dados da vida (em horas) da ferramenta são mostrados na seguinte tabela.

Combinação dos Tratamentos	Réplica	
	I	II
(1)	221	311
a	325	435
b	354	348
ab	552	472
c	440	453
ac	406	377
bc	605	500
abc	392	419

(a) Analise os dados desse experimento, usando razões t com $\alpha = 0,05$.
(b) Encontre um modelo apropriado de regressão que explique a vida da ferramenta em termos das variáveis usadas no experimento.
(c) Analise os resíduos desse experimento.

7-10. Pensa-se que quatro fatores influenciem o sabor de um refrigerante: tipo de adoçante (A), razão entre xarope e água (B), nível de carbonatação (C) e temperatura (D). Cada fator pode ser executado em dois níveis, produzindo um planejamento 2^4. Em cada execução do planejamento, amostras de refrigerante são dadas a 20 pessoas para testar. Cada pessoa atribui uma pontuação de 1 a 10 ao refrigerante. A pontuação total é a variável de resposta e o objetivo é encontrar uma formulação que maximize a pontuação total. Duas réplicas desse planejamento são executadas e os resultados são mostrados. Analise os dados usando as razões t e tire as conclusões. Use $\alpha = 0,05$ nos testes estatísticos.

7-11. Considere o experimento no Exercício 7.10. Determine um modelo apropriado e plote os resíduos contra os níveis dos fatores A, B, C e D. Construa também um gráfico de probabilidade normal dos resíduos. Faça comentários sobre esses gráficos e sobre os fatores mais importantes que influenciam o sabor.

Combinação dos Tratamentos	Réplica	
	I	II
(1)	159	163
a	168	175
b	158	163
ab	166	168
c	175	178
ac	179	183
bc	173	168
abc	179	182
d	164	159
ad	187	189
bd	163	159
abd	185	191
cd	168	174
acd	197	199
bcd	170	174
$abcd$	194	198

7-12. Os dados mostrados aqui representam uma única réplica de um planejamento 2^5 que é usado em um experimento para estudar a resistência compressiva de concreto. Os fatores são mistura (A), tempo (B), laboratório (C), temperatura (D) e tempo de secagem (E).

(1)	=	700	e	=	800
a	=	900	ae	=	1.200
b	=	3.400	be	=	3.500
ab	=	5.500	abc	=	6.200
c	=	600	ce	=	600
ac	=	1.000	ace	=	1.200
bc	=	3.000	bce	=	3.000
abc	=	5.300	$abce$	=	5.500
d	=	1.000	de	=	1.900
ad	=	1.100	ade	=	1.500
bd	=	3.000	bde	=	4.000
abd	=	6.100	$abde$	=	6.500
cd	=	800	cde	=	1.500
acd	=	1.100	$acde$	=	2.000
bcd	=	3.300	$bcde$	=	3.400
$abcd$	=	6.000	$abcde$	=	6.800

(a) Estime os efeitos dos fatores.

(b) Que efeitos parecem importantes? Use um gráfico de probabilidade normal.

(c) Determine um modelo apropriado e analise os resíduos desse experimento. Comente a adequação do modelo.

(d) Se for desejado maximizar a resistência, em que direção você ajustará as variáveis de processo?

7-13. Considere um experimento famoso reportado por O. L. Davies (ed.), *The Design and Analysis of Industrial Experiments* (1956). Os seguintes dados foram coletados de um experimento sem réplicas, em que o investigador estava interessado em determinar o efeito de quatro fatores no rendimento de um derivado de isatina, usado em um processo de tingimento de tecidos. Os quatro fatores são corridos em dois níveis, conforme indicado: (A) resistência a ácido: 87% e 93%, (B) tempo de reação: 15 min e 30 min, (C) quantidade de ácido: 35 ml e 45 ml, e (D) temperatura de reação: 60°C e 70°C. A resposta é o rendimento de isatina em gramas por 100 gramas de material base. Os dados são:

(1)	=	6,08	d	=	6,79
a	=	6,04	ad	=	6,68
b	=	6,53	bd	=	6,73
ab	=	0,43	abd	=	6,08
c	=	6,31	cd	=	6,77
ac	=	6,09	acd	=	6,38
bc	=	6,12	bcd	=	6,49
abc	=	6,36	$abcd$	=	6,23

(a) Estime os efeitos e prepare um gráfico de probabilidade normal dos efeitos. Que termos de interação são negligenciáveis? Use as razões t para confirmar o que você achou.

(b) Baseado nos seus resultados no item (a), construa um modelo e analise os resíduos.

7-14. Um experimento foi realizado em uma planta de fabricação de semicondutores, com um esforço de aumentar o rendimento. Cinco fatores, cada um com dois níveis, foram estudados. Os fatores (e níveis) foram A = abertura (pequena, grande), B = tempo de exposição (20% abaixo do valor nominal, 20% acima do valor nominal), C = tempo de desenvolvimento (30 s e 45 s), D = dimensão da máscara (pequena, grande) e E = tempo de ataque químico (14,5 min, 15,5 min). Foi realizado o planejamento 2^5, sem réplicas, mostrado a seguir.

(1)	=	7	e	=	8
a	=	9	ae	=	12
b	=	34	be	=	35
ab	=	55	abe	=	52
c	=	16	ce	=	15
ac	=	20	ace	=	22
bc	=	40	bce	=	45
abc	=	60	$abce$	=	65
d	=	8	de	=	6
ad	=	10	ade	=	10
bd	=	32	bde	=	30
abd	=	50	$abde$	=	53
cd	=	18	cde	=	15
acd	=	21	$acde$	=	20
bcd	=	44	$bcde$	=	41
$abcd$	=	61	$abcde$	=	63

(a) Construa um gráfico de probabilidade normal das estimativas dos efeitos. Que efeitos parecem ser grandes?

(b) Estime σ^2 e use razões t para confirmar as suas descobertas no item (a).

(c) Plote os resíduos de um modelo apropriado no papel de probabilidade normal. O gráfico é satisfatório?

(d) Plote os resíduos em função dos rendimentos previstos e em função de cada um dos cinco fatores. Comente os gráficos.

(e) Interprete qualquer interação significativa.

(f) Quais são as suas recomendações relativas às condições operacionais do processo?

(g) Projete o planejamento 2^5 desse problema em um planejamento 2^r, para $r < 5$, nos fatores importantes. Esquematize o planejamento e mostre a média e a amplitude de rendimentos em cada corrida. Esse esquema ajuda na interpretação dos dados?

7-15. Considere o experimento do semicondutor no Exercício 7.14. Suponha que um ponto central (replicado cinco vezes) poderia ser adicionado a esse planejamento e que as respostas no centro fossem 45, 40, 41, 47 e 43.

(a) Estime o erro usando os pontos centrais. Como essa estimativa se compara à estimativa obtida no Exercício 7.14?

(b) Calcule a razão t para a curvatura e teste em $\alpha = 0,05$.

7-16. Considere apenas a réplica I dos dados no Exercício 7.9. Suponha que um ponto central (com quatro réplicas) seja adicionado a essas oito corridas. A resposta da vida da ferramenta no ponto central é 425, 400, 437 e 418.

(a) Estime os efeitos dos fatores.

(b) Estime o erro puro usando os pontos centrais.

(c) Calcule a razão t para a curvatura e teste em $\alpha = 0,05$.

(d) Teste os efeitos principais e de interação, usando $\alpha = 0,05$.

(e) Forneça o modelo de regressão e analise os resíduos desse experimento.

7-17. Considere os dados da primeira réplica do Exercício 7.9. Suponha que todas essas observações não possam ser corridas sob as mesmas condições. Estabeleça um planejamento para correr essas observações em dois blocos de quatro observações cada, com ABC superposto. Analise os dados.

7-18. Considere os dados da primeira réplica do Exercício 7.10. Construa um planejamento com dois blocos de oito observações cada, com $ABCD$ superposto. Analise os dados.

7-19. Repita o exercício prévio considerando que quatro blocos sejam requeridos. Superponha ABD e ABC (e portanto CD) com blocos.

7-20. Construa um planejamento 2^5 em dois blocos. Selecione a interação $ABCDE$ para ser superposta com blocos.

7-21. Construa um planejamento 2^5 em quatro blocos. Selecione os efeitos apropriados para serem superpostos, de modo que as interações de ordens mais altas possíveis sejam superpostas com blocos.

7-22. Considere os dados do Exercício 7.13. Construa o planejamento que teria sido usado para correr esse experimento em dois blocos de oito corridas cada. Analise os dados e tire conclusões.

242 Capítulo Sete

7-8 REPLICAÇÃO FRACIONÁRIA DE UM PLANEJAMENTO 2^k

À medida que o número de fatores em um planejamento fatorial 2^k aumenta, o número requerido de corridas aumenta rapidamente. Por exemplo, 2^5 requer 32 corridas. Nesse planejamento, somente 5 graus de liberdade correspondem aos efeitos principais e 10 graus de liberdade correspondem às interações de segunda ordem. Dezesseis dos 31 graus de liberdade são usados para estimar interações de ordens altas, ou seja, interações de terceira ordem e superiores. Freqüentemente, há pouco interesse nessas interações de ordens altas, particularmente quando começamos a estudar um processo ou um sistema. Se pudermos considerar que certas interações de ordens altas sejam negligenciáveis, então um **planejamento fatorial fracionário**, envolvendo menos corridas que um conjunto completo de 2^k corridas, poderá ser usado para obter informação sobre os efeitos principais e interações de ordens baixas. Nesta seção, introduziremos as replicações fracionárias do planejamento 2^k.

Os fatoriais fracionários têm um uso importante nos experimentos de seleção (*screening experiments*). Esses são experimentos em que muitos fatores são considerados, com a finalidade de identificar aqueles fatores (se algum) que têm efeitos grandes. Experimentos de seleção são geralmente feitos nos estágios iniciais de um projeto, quando é provável que muitos dos fatores inicialmente considerados tenham pouco ou nenhum efeito na resposta. Os fatores que forem identificados como importantes serão então investigados mais profundamente em experimentos subseqüentes.

7-8.1 UMA MEIA-FRAÇÃO DE UM PLANEJAMENTO 2^k

Uma meia-fração do planejamento 2^k contém 2^{k-1} corridas, sendo o planejamento freqüentemente chamado de fatorial fracionário 2^{k-1}. Como exemplo, considere o planejamento 2^{3-1}, isto é, uma meia-fração de 2^3. Esse planejamento tem somente quatro corridas, em contraste ao planejamento completo, que requer oito corridas. A tabela de sinais mais e menos para o planejamento 2^3 é mostrada na Tabela 7.15. Suponha que selecionemos as quatro combinações de tratamentos a, b, c e abc como nossa meia-fração. Essas combinações de tratamentos são mostradas na metade superior da Tabela 7.15 e na Fig. 7.27a. Continuaremos a usar a notação de letras minúsculas (a, b, c, ...) e a notação geométrica ou de mais e menos para as combinações de tratamentos.

Note que o planejamento 2^{3-1} é formado selecionando-se somente aquelas combinações de tratamentos que resultam em sinal positivo para o efeito ABC. Logo, ABC é chamado de o **gerador** dessa fração particular. Além disso, o elemento identidade I tem também o sinal mais para as quatro corridas; sendo assim,

$$I = ABC$$

que é a **relação de definição** para o planejamento.

As combinações de tratamentos nos planejamentos 2^{3-1} resultam em três graus de liberdade associados com os efeitos principais. Da metade superior da Tabela 7.15, obtemos as estimativas dos efeitos principais como combinações lineares das observações,

$$A = \tfrac{1}{2}[a - b - c + abc]$$
$$B = \tfrac{1}{2}[-a + b - c + abc]$$
$$C = \tfrac{1}{2}[-a - b + c + abc]$$

Também é fácil verificar que as estimativas das interações de segunda ordem devem ser as seguintes combinações lineares das observações:

TABELA 7-15 Sinais Mais e Menos para o Planejamento Fatorial 2^3

Combinações dos Tratamentos	Efeitos Fatoriais							
	I	A	B	C	AB	AC	BC	ABC
a	+	+	−	−	−	−	+	+
b	+	−	+	−	−	+	−	+
c	+	−	−	+	+	−	−	+
abc	+	+	+	+	+	+	+	+
ab	+	+	+	−	+	−	−	−
ac	+	+	−	+	−	+	−	−
bc	+	−	+	+	−	−	+	−
(1)	+	−	−	−	+	+	+	−

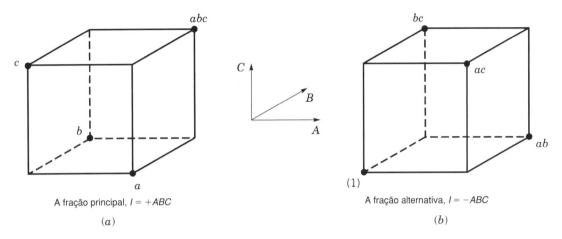

Fig. 7-27 Meias-frações do planejamento 2^3. (a) A fração principal, $I = +ABC$. (b) A fração alternativa, $I = -ABC$.

$$BC = \tfrac{1}{2}[a - b - c + abc]$$
$$AC = \tfrac{1}{2}[-a + b - c + abc]$$
$$AB = \tfrac{1}{2}[-a - b + c + abc]$$

Dessa maneira, a combinação linear das observações na coluna A, ℓ_A, estima tanto o efeito de A como a interação BC. Ou seja, a combinação linear ℓ_A estima a soma desses dois efeitos $A + BC$. Similarmente, ℓ_B estima $B + AC$ e ℓ_C estima $C + AB$. Dois ou mais efeitos que tenham essa propriedade são chamados de **pares associados** (*aliases*). Em nosso planejamento 2^{3-1}, A e BC, B e AC e C e AB são pares associados. A associação é o resultado direto da replicação fracionária. Em muitas situações práticas, será possível selecionar a fração de modo que os efeitos principais e as interações de ordem baixa de interesse estejam associados somente com interações de ordem alta (que são provavelmente negligenciáveis).

A estrutura associada para esse planejamento é encontrada usando a relação de definição $I = ABC$. A multiplicação de qualquer efeito pela relação de definição resulta nos pares associados para aquele efeito. Em nosso exemplo, o par associado de A é

$$A = A \cdot ABC = A^2 BC = BC$$

visto que $A \cdot I = A$ e $A^2 = I$. Os pares associados de B e C são

$$B = B \cdot ABC = AB^2 C = AC$$

e

$$C = C \cdot ABC = ABC^2 = AB$$

Suponha agora que tivéssemos escolhido a outra meia-fração, isto é, as combinações de tratamentos na Tabela 7.15 associadas com o sinal menos de ABC. Essas quatro corridas são mostradas na metade inferior da Tabela 7.15 e na Fig. 7.27b. A relação de definição para esse planejamento é $I = -ABC$. Os pares associados são $A = -BC$, $B = -AC$ e $C = -AB$. Assim, as estimativas de A, B e C que resultam dessa fração estimam realmente $A - BC$, $B - AC$ e $C - AB$. Na prática, geralmente não interessa qual meia-fração selecionemos. A fração com sinal mais na relação de definição é geralmente chamada de **fração principal** e a outra fração é geralmente chamada de **fração alternativa**.

Note que se tivéssemos escolhido AB como o gerador para o planejamento fracionário, então

$$A = A \cdot AB = B$$

e os dois efeitos principais de A e B estariam associados. Isso tipicamente perde informação importante.

Algumas vezes usamos **seqüências** de planejamentos fatoriais fracionários para estimar os efeitos. Por exemplo, suponha que tivéssemos corrido a fração principal do planejamento 2^{3-1} com o gerador ABC. Entretanto, se depois de correr a fração principal os efeitos importantes estiverem associados, é possível estimá-los correndo a fração *alternativa*. Então, o planejamento fatorial completo é completado e os efeitos podem ser estimados pelo cálculo usual. Pelo fato de o planejamento ter sido dividido em dois períodos de tempo, ele foi superposto com blocos. Pode-se estar preocupado que mudanças nas condições experimentais possam conferir tendenciosidade às estimativas dos efeitos. No entanto, pode ser mostrado que, se o resultado de uma mudança nas condições experimentais for adicionar uma constante a todas as respostas, somente o efeito de interação ABC será tendencioso como um resultado da superposição; os efeitos restantes não serão afetados. Assim, combinando uma seqüência de dois planejamentos fatoriais fracionários, podemos isolar tanto os efeitos como as interações de segunda ordem. Essa propriedade faz o planejamento fatorial fracionário ser altamente útil em problemas experimentais, uma vez que podemos correr seqüências de experimentos pequenos e eficientes, combinar informações através de *vários* experimentos e tirar vantagem de aprender sobre o processo que estamos experimentando à medida que continuamos. Essa é uma ilustração do conceito de experiência seqüencial.

244 Capítulo Sete

Um planejamento 2^{k-1} pode ser construído escrevendo as combinações dos tratamentos para um fatorial completo com $k - 1$ fatores, chamado de **planejamento básico**, e então adicionando o k-ésimo fator, identificando seus níveis alto e baixo com os sinais mais e menos da interação de mais alta ordem. Por conseguinte, um fatorial fracionário 2^{3-1} é construído escrevendo o planejamento básico como um fatorial 2^2 e então igualando o fator C com a interação $\pm AB$. Assim, para construir a fração principal, usaremos $C = +AB$ conforme segue:

Planejamento Básico		Planejamento Fracionário		
2^2 Completo		$2^{3-1}, I = +ABC$		
A	B	A	B	C = AB
−	−	−	−	+
+	−	+	−	−
−	+	−	+	−
+	+	+	+	+

Para obter a fração alternativa, igualamos a última coluna $C = -AB$.

Exemplo 7-9

Para ilustrar o uso de uma meia-fração, considere o experimento do ataque por plasma, descrito no Exemplo 7.6. Suponha que decidamos usar o planejamento 2^{4-1}, com $I = ABCD$, para investigar os quatro fatores: espaçamento (A), pressão (B), vazão de C_2F_6 (C) e potência (D). Esse planejamento seria construído como o planejamento básico 2^3 nos fatores A, B e C e então estabelecendo os níveis do quarto fator $D = ABC$. O planejamento e a taxa de ataque para cada tentativa são mostrados na Tabela 7.16. O planejamento é mostrado graficamente na Fig. 7.28.

Nesse planejamento, os efeitos principais estão associados com as interações de terceira ordem; note que o par associado de A é

$$A \cdot I = A \cdot ABCD$$
$$A = A^2BCD = BCD$$

e similarmente

$$B = ACD, C = ABD \text{ e } D = ABC.$$

As interações de segunda ordem estão associadas entre si. Por exemplo, o par associado de AB é CD:

$$AB \cdot I = AB \cdot ABCD$$
$$AB = A^2B^2CD = CD$$

Os outros pares associados são

$$AC = BD \text{ e } AD = BC.$$

As estimativas dos efeitos principais e de seus pares associados são encontradas usando as quatro colunas de sinais na Tabela 7.16. Por exemplo, da coluna A, obtemos o efeito estimado como a diferença entre as médias das quatro corridas + e das quatro corridas −.

$$\ell_A = A + BCD = \tfrac{1}{4}(-550 + 749 - 1052 + 650 - 1075 + 642 - 601 + 729) = -127,00$$

As outras colunas produzem

$$\ell_B = B + ACD = 4,00$$
$$\ell_C = C + ABD = 11,50$$

e

$$\ell_D = D + ABC = 290,50$$

Claramente, ℓ_A e e ℓ_D são grandes e se acreditarmos que as interações de terceira ordem sejam desprezíveis, então os efeitos principais A (espaçamento) e D (potência) afetarão significativamente a taxa de ataque.

As interações são estimadas formando as colunas AB, AC e AD e adicionando-as à tabela. Por exemplo, os sinais na coluna AB são +, −, −, +, +, −, −, + e essa coluna produz a estimativa

$$\ell_{AB} = AB + CD = \tfrac{1}{4}(550 - 749 - 1052 + 650 + 1075 - 642 - 601 + 729) = -10,00$$

Das colunas AC e AD, encontramos

$$\ell_{AC} = AC + BD = -25,50$$
$$\ell_{AD} = AD + BC = -197,50$$

Sendo a estimativa ℓ_{AD} grande, a interpretação mais direta dos resultados é: uma vez que A e D são grandes, a interação AD é grande. Dessa forma, os resultados obtidos no planejamento 2^{4-1} concordam com os resultados do fatorial completo no Exemplo 7.6.

TABELA 7-16 Planejamento 2^{4-1} com Relação de Definição $I = ABCD$

A	B	C	D = ABC	Combinação dos Tratamentos	Taxa de Ataque Químico
−	−	−	−	(1)	550
+	−	−	+	ad	749
−	+	−	+	bd	1.052
+	+	−	−	ab	650
−	−	+	+	cd	1.075
+	−	+	−	ac	642
−	+	+	−	bc	601
+	+	+	+	abcd	729

Gráficos de Probabilidade Normal e Resíduos

O gráfico de probabilidade normal é muito útil na verificação da significância de efeitos provenientes do planejamento fatorial fracionário, particularmente quando muitos efeitos devem ser estimados. Recomendamos, fortemente, essa abordagem. Os resíduos podem ser obtidos a partir de um planejamento fatorial fracionário através do método do modelo de regressão mostrado previamente. Os resíduos devem ser analisados graficamente, conforme discutimos antes, de modo a verificar a validade das suposições do modelo em questão e a ganhar entendimento adicional da situação experimental.

Projeção do Planejamento 2^{k-1}

Se um ou mais fatores de uma meia-fração de um 2^k puder ser descartado, o planejamento se projetará em um planejamento fatorial completo. Por exemplo, a Fig. 7.29 apresenta um planejamento 2^{3-1}. Note que esse planejamento se projetará em um fatorial completo em quaisquer dois dos três fatores originais. Assim, se pensarmos que no máximo dois dos três fatores sejam importantes, o planejamento 2^{3-1} será um excelente planejamento para identificar os fatores significativos. Essa **propriedade de projeção** é altamente útil na seleção (*screening*) de fatores, pois isso permite que os fatores negligenciáveis sejam eliminados, resultando em um experimento mais forte nos fatores ativos que restam.

No planejamento 2^{4-1} usado no experimento do ataque químico por plasma no Exemplo 7.9, encontramos que dois dos quatro fatores (*B* e *C*) puderam ser descartados. Se eliminarmos esses dois fatores, as colunas restantes na Tabela 7.16 formarão um planejamento 2^2 nos fatores *A* e *D*, com duas réplicas. Esse planejamento é mostrado na Fig. 7.30. Os efeitos principais de *A* e *D* e a forte interação de segunda ordem *AD* são claramente evidentes a partir desse gráfico.

Resolução de um Planejamento

O conceito de resolução de um planejamento é uma maneira útil de catalogar planejamentos fatoriais fracionários de acordo com os padrões de associação que eles produzem. Planejamentos de resolução III, IV e V são particularmente importantes. A seguir, estão as definições desses termos e um exemplo de cada.

1. **Planejamentos de Resolução III.** Esses são planejamentos em que nenhum efeito principal está associado com qualquer outro efeito principal, porém os efeitos principais estão associados com interações de segunda ordem e al-

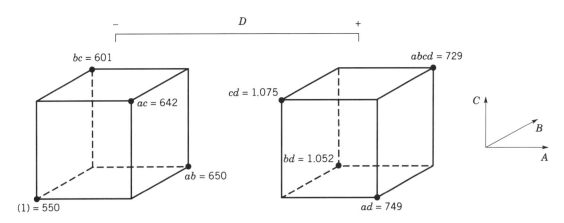

Fig. 7-28 Planejamento 2^{4-1} para o experimento do Exemplo 7.9.

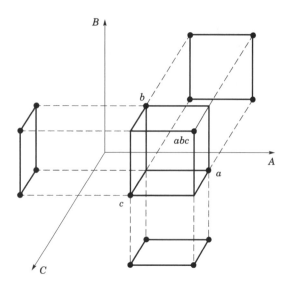

Fig. 7-29 Projeção de um planejamento 2^{3-1} em três planejamentos 2^2.

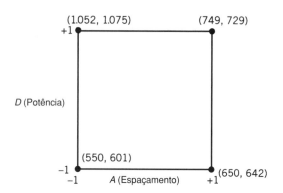

Fig. 7-30 Planejamento 2^2 obtido pela eliminação dos fatores B e C do experimento de ataque por plasma no Exemplo 7.9.

gumas interações de segunda ordem podem estar associadas entre si. O planejamento 2^{3-1}, com $I = ABC$, é um planejamento de resolução III. Geralmente empregamos um subscrito numeral romano para indicar a resolução do planejamento; logo, essa meia-fração é um planejamento 2^{3-1}_{III}.

2. **Planejamentos de Resolução IV.** Esses são planejamentos em que nenhum efeito principal está associado com qualquer outro efeito principal ou com interações de segunda ordem, porém interações de segunda ordem estão associadas entre si. O planejamento 2^{4-1}, com $I = ABCD$, usado no Exemplo 7.9, é um planejamento de resolução IV (2^{4-1}_{IV}).

3. **Planejamentos de Resolução V.** Esses são planejamentos em que nenhum efeito principal ou qualquer interação de segunda ordem estão associados com qualquer outro efeito principal ou com interações de segunda ordem, porém interações de segunda ordem estão associadas com interações de terceira ordem. Um planejamento 2^{5-1}, com $I = ABCDE$, é um planejamento de resolução V (2^{5-1}_V).

Planejamentos de resolução III e IV são particularmente úteis em experimentos de seleção (*screening*) de fatores. Um planejamento de resolução IV fornece boas informações acerca dos efeitos principais e fornecerá alguma informação sobre as interações de segunda ordem.

7-8.2 Frações Menores: Planejamento Fatorial Fracionário 2^{k-p}

Embora o planejamento 2^{k-1} seja valioso em reduzir o número requerido de corridas para um experimento, encontramos freqüentemente frações menores que fornecerão quase tanta informação útil quanto antes, com até mesmo uma maior economia. Em geral, um planejamento 2^k pode ser corrido em uma fração $1/2^p$, chamada de um planejamento fatorial fracionário 2^{k-p}. Desse modo, uma fração 1/4 é chamada de um planejamento 2^{k-2}, uma fração 1/8 é chamada de um planejamento 2^{k-3}, uma fração 1/16 é chamada de um planejamento 2^{k-4} e assim por diante.

Com o objetivo de ilustrar a fração 1/4, considere um experimento com seis fatores e suponha que o engenheiro esteja interessado, principalmente, nos efeitos principais como também em conseguir alguma informação a respeito das interações de segunda ordem. Um planejamento 2^{6-1} iria requerer 32 corridas e necessitaríamos de 31 graus de liberdade para estimar os efeitos.

Uma vez que há somente 6 efeitos principais e 15 interações de segunda ordem, a meia-fração é ineficiente — ela requer muitas corridas. Suponha que consideremos uma fração 1/4 ou um planejamento 2^{6-2}. Esse planejamento contém 16 corridas e, com 15 graus de liberdade, permitirá que todos os 6 efeitos principais sejam estimados, com alguma capacidade para examinar as interações de segunda ordem.

De modo a gerar esse planejamento, escreveremos um planejamento 2^4 nos fatores A, B, C e D, como o planejamento básico, e então adicionaremos duas colunas para E e F. Para encontrar as novas colunas, selecionamos os dois **geradores do planejamento**, $I = ABCE$ e $I = BCDF$. Assim, a coluna E será encontrada a partir de $E = ABC$ e a coluna F a partir de $F = BCD$. Ou seja, as colunas $ABCE$ e $BCDF$ são iguais à coluna identidade. No entanto, sabemos que o produto de quaisquer duas colunas na tabela de sinais mais e menos para um planejamento 2^k é simplesmente uma outra coluna na tabela; conseqüentemente, o produto de $ABCE$ e $BCDF$, que é igual a $ABCE(BCDF) = AB^2C^2DEF = ADEF$, é também uma coluna identidade. Por conseguinte, a **relação completa de definição** para o planejamento 2^{6-2} é

$$I = ABCE = BCDF = ADEF$$

Referimo-nos a cada termo em uma relação de definição (tal como $ABCE$) como uma **palavra**. Para encontrar o par associado de qualquer efeito, simplesmente multiplicamos o efeito de cada palavra na relação prévia de definição. Por exemplo, o par associado de A é

$$A = BCE = ABCDF = DEF$$

As relações completas de associações para esse planejamento são mostradas na Tabela 7.17. Em geral, a resolução de um planejamento 2^{k-p} é igual ao número de letras na palavra mais curta na relação completa de definição. Logo, esse é um planejamento de resolução IV. Os efeitos principais estão associados

TABELA 7-17 Estrutura de Associação para o Planejamento 2_{IV}^{6-2}, com $I = ABCE = BCDF = ADEF$

$A = BCE = DEF = ABCDF$	$AB = CE = ACDF = BDEF$
$B = ACE = CDF = ABDEF$	$AC = BE = ABDF = CDEF$
$C = ABE = BDF = ACDEF$	$AD = EF = BCDE = ABCF$
$D = BCF = AEF = ABCDE$	$AE = BC = DF = ABCDEF$
$E = ABC = ADF = BCDEF$	$AF = DE = BCEF = ABCD$
$F = BCD = ADE = ABCEF$	$BD = CF = ACDE = ABEF$
$ABD = CDE = ACF = BEF$	$BF = CD = ACEF = ABDE$
$ACD = BDE = ABF = CEF$	

com interações de terceira ordem e mais altas e interações de segunda ordem estão associadas entre si. Esse planejamento fornecerá boa informação sobre os efeitos principais e dará alguma idéia sobre a força das interações de segunda ordem. A construção e a análise do planejamento são ilustradas no Exemplo 7.10.

EXEMPLO 7-10

Peças fabricadas em um processo de moldagem por injeção estão apresentando um encolhimento excessivo, que está causando problemas nas operações de arranjo antes da área de moldagem por injeção. Em um esforço de reduzir o encolhimento, uma equipe qualificada em melhorias decidiu usar um experimento planejado para estudar o processo de moldagem por injeção. A equipe investigou seis fatores — temperatura do molde (A), velocidade do parafuso (B), tempo de retenção (C), tempo do ciclo (D), tamanho do ponto de injeção (E) e pressão de retenção (F) —

cada um com dois níveis, tendo como objetivo aprender como cada fator afeta o encolhimento e obter informações preliminares sobre como os fatores interagem.

A equipe decide usar um planejamento fatorial fracionário, com dois níveis e 16 corridas, para esses seis fatores. O planejamento é construído escrevendo um 2^4 como um planejamento básico nos fatores A, B, C e D e estabelecendo $E = ABC$ e $F = BCD$, como discutido antes. A Tabela 7.18 mostra o planejamento, juntamente com o encolhimento ($\times 10$) observado,

TABELA 7-18 Planejamento 2_{IV}^{6-2} para o Experimento de Moldagem por Injeção no Exemplo 7.10

Corrida	A	B	C	D	$E = ABC$	$F = BCD$	Encolhimento Observado ($\times 10$)
1	−	−	−	−	−	−	6
2	+	−	−	−	+	−	10
3	−	+	−	−	+	+	32
4	+	+	−	−	−	+	60
5	−	−	+	−	+	+	4
6	+	−	+	−	−	+	15
7	−	+	+	−	−	−	26
8	+	+	+	−	+	−	60
9	−	−	−	+	−	+	8
10	+	−	−	+	+	+	12
11	−	+	−	+	+	−	34
12	+	+	−	+	−	−	60
13	−	−	+	+	+	−	16
14	+	−	+	+	−	−	5
15	−	+	+	+	−	+	37
16	+	+	+	+	+	+	52

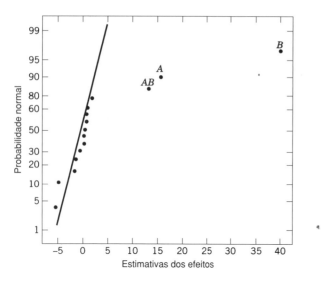

Fig. 7-31 Gráfico de probabilidade normal dos efeitos para o Exemplo 7.10.

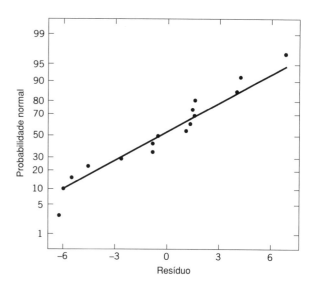

Fig. 7-33 Gráfico de probabilidade normal dos resíduos para o Exemplo 7.10.

para o teste da peça produzida em cada uma das 16 corridas no planejamento.

Um gráfico de probabilidade normal das estimativas dos efeitos desse experimento é mostrado na Fig. 7.31. A saída do Minitab é mostrada no final deste capítulo na Tabela 7.33. Os únicos efeitos grandes são A (temperatura do molde), B (velocidade do parafuso) e a interação AB. Levando em consideração as relações de associações na Tabela 7.17, parece razoável tentar adotar essas conclusões. O gráfico da interação AB na Fig. 7.32 mostra que o processo será insensível à temperatura, se a velocidade do parafuso estiver no nível baixo, mas será sensível à temperatura se a velocidade do parafuso estiver no nível alto. Com a velocidade do parafuso no nível baixo, o processo deve produzir um encolhimento médio de cerca de 10%, independente do nível escolhido de temperatura.

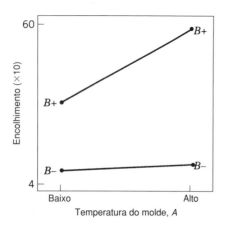

Fig. 7-32 Gráfico da interação AB (temperatura do molde-velocidade do parafuso) para o Exemplo 7.10.

Baseado nessa análise inicial, a equipe decide estabelecer a temperatura do molde e a velocidade do parafuso nos níveis baixos. Esse conjunto de condições deve reduzir o encolhimento médio das peças para cerca de 10%. Entretanto, a variabilidade de peça a peça no encolhimento é ainda um problema em potencial. De fato, o encolhimento médio pode ser reduzido adequadamente pelas modificações anteriores; no entanto, a variabilidade peça a peça no encolhimento ao longo da produção pode ainda causar problemas no arranjo. Uma maneira de analisar esse fato é olhar se qualquer um dos fatores do processo afeta a variabilidade no encolhimento das peças.

A Fig. 7.33 apresenta o gráfico de probabilidade normal dos resíduos. Esse gráfico parece satisfatório. Os gráficos de resíduos em função de cada fator foram então construídos. Um desses gráficos, aquele para resíduos *versus* o fator C (tempo de retenção), é mostrado na Fig. 7.34. O gráfico revela muito menos dispersão nos resíduos no tempo baixo do que no tempo alto de retenção. Esses resíduos foram obtidos da maneira usual, a partir de um modelo para prever encolhimento

$$\hat{y} = \hat{\beta}_0 + \hat{\beta}_1 x_1 + \hat{\beta}_2 x_2 + \hat{\beta}_{12} x_1 x_2$$
$$= 27{,}3125 + 6{,}9375 x_1 + 17{,}8125 x_2 + 5{,}9375 x_1 x_2$$

sendo x_1, x_2 e $x_1 x_2$ as variáveis codificadas que correspondem aos fatores A e B e à interação AB. Os resíduos são então

$$e = y - \hat{y}$$

O modelo de regressão usado para produzir os resíduos remove essencialmente os efeitos de localização de A, B e AB provenientes dos dados; os resíduos contêm, portanto, informação sobre a variabilidade não explicada. A Fig. 7.34 indica que há um

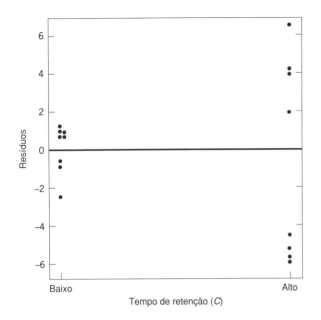

Fig. 7-34 Resíduos contra tempo de retenção (C) para o Exemplo 7.10.

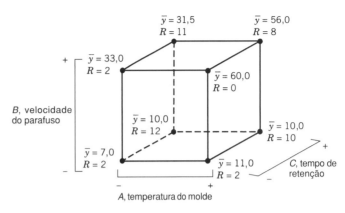

Fig. 7-35 Encolhimento médio e faixa de encolhimento nos fatores A, B e C para o Exemplo 7.10.

padrão de comportamento na variabilidade e que a variabilidade no encolhimento das peças poderá ser menor quando o tempo de retenção estiver no nível baixo.

A Fig. 7.35 mostra os dados desse experimento projetados em um cubo nos fatores A, B e C. O encolhimento médio observado e a faixa de encolhimento observado são mostrados em cada vértice do cubo. Inspecionando essa figura, vemos que correr o processo com a velocidade do parafuso (B) no nível baixo é a chave para reduzir o encolhimento das peças. Se B estiver no nível baixo, virtualmente, qualquer combinação de temperatura (A) e tempo de retenção (C) resultará em valores baixos de encolhimento médio das peças. Entretanto, examinando as faixas dos valores de encolhimento em cada vértice do cubo, é imediatamente claro que o estabelecimento do tempo de retenção (C) no nível baixo será a escolha mais apropriada, se desejarmos manter baixa a variabilidade peça a peça no encolhimento durante uma corrida de produção.

Os conceitos usados na construção do planejamento fatorial fracionário 2^{k-2} no Exemplo 7.10 podem ser estendidos à construção de qualquer planejamento fatorial fracionário 2^{k-p}. Em geral, um planejamento fatorial fracionário 2^k, contendo 2^{k-p} corridas, é chamado de uma fração $1/2^p$ do planejamento 2^k ou, mais simplesmente, um planejamento fatorial fracionário 2^{k-p}. Esses planejamentos requerem a seleção de p geradores independentes. A relação de definição para o planejamento consiste nos p geradores, inicialmente escolhidos, e nas suas $2^p - p - 1$ interações generalizadas.

A estrutura de associação pode ser encontrada multiplicando cada coluna de efeito pela relação de definição. Cuidado deve ser tomado ao escolher os geradores de modo que os efeitos de interesse potencial não estejam associados entre si. Cada efeito tem $2^p - 1$ pares associados. Para valores moderadamente grandes de k, geralmente consideramos desprezíveis interações de ordens mais altas (como, terceira ou quarta ou maior), simplificando grandemente a estrutura de associação.

É importante selecionar os p geradores para o planejamento fatorial fracionário 2^{k-p} de tal maneira que obtenhamos as melhores relações possíveis de associação. Um critério razoável é selecionar os geradores de modo que o planejamento 2^{k-p} resultante tenha a mais alta resolução possível. Montgomery (1997) apresenta uma tabela de geradores recomendados para os planejamentos fatoriais fracionários 2^{k-p} para $k \leq 11$ fatores e até $n \leq 128$ corridas. Sua tabela é reproduzida aqui como Tabela 7.19. Nessa tabela, os geradores são mostrados com as escolhas + ou −; a seleção de todos os geradores como + fornecerão uma fração principal, enquanto se qualquer gerador for escolha −, o planejamento será uma das frações alternativas para a mesma família. Os geradores sugeridos nessa tabela resultarão em um planejamento da mais alta resolução possível. Montgomery (1997) fornece também uma tabela de relações de associação para esses planejamentos.

TABELA 7-19 Planejamentos Fatoriais Fracionários Selecionados 2^{k-p}

Número de Fatores K	Fração	Número de Corridas	Geradores do Planejamento
3	2_{III}^{3-1}	4	$C = \pm AB$
4	2_{IV}^{4-1}	8	$D = \pm ABC$
5	2_{V}^{5-1}	16	$E = \pm ABCD$
	2_{III}^{5-2}	8	$D = \pm AB$ $E = \pm AC$
6	2_{VI}^{6-1}	32	$F = \pm ABCDE$
	2_{IV}^{6-2}	16	$E = \pm ABC$ $F = \pm BCD$
	2_{III}^{6-3}	8	$D = \pm AB$ $E = \pm AC$ $F = \pm BC$
7	2_{VII}^{7-1}	64	$G = \pm ABCDEF$
	2_{IV}^{7-2}	32	$E = \pm ABC$ $G = \pm ABDE$
	2_{IV}^{7-3}	16	$E = \pm ABC$ $F = \pm BCD$ $G = \pm ACD$
	2_{III}^{7-4}	8	$D = \pm AB$ $E = \pm AC$ $F = \pm BC$ $G = \pm ABC$
8	2_{V}^{8-2}	64	$G = \pm ABCD$ $H = \pm ABEF$
	2_{IV}^{8-3}	32	$F = \pm ABC$ $G = \pm ABD$ $H = \pm BCDE$
	2_{IV}^{8-4}	16	$E = \pm BCD$ $F = \pm ACD$ $G = \pm ABC$ $H = \pm ABD$
9	2_{VI}^{9-2}	128	$H = \pm ACDFG$ $J = \pm BCEFG$
	2_{IV}^{9-3}	64	$G = \pm ABCD$ $H = \pm ACEF$ $J = \pm CDEF$
	2_{IV}^{9-4}	32	$F = \pm BCDE$ $G = \pm ACDE$ $H = \pm ABDE$ $J = \pm ABCE$

(Continua)

PLANEJAMENTO DE EXPERIMENTOS EM ENGENHARIA **251**

TABELA 7-19 Planejamentos Fatoriais Fracionários Selecionados 2^{k-p} *(Continuação)*

Número de Fatores K	Fração	Número de Corridas	Geradores do Planejamento
	2^{9-5}_{III}	16	$E = \pm ABC$ $F = \pm BCD$ $G = \pm ACD$ $H = \pm ABD$ $J = \pm ABCD$
10	2^{10-3}_{V}	128	$H = \pm ABCG$ $J = \pm ACDE$ $K = \pm ACDF$
	2^{10-4}_{IV}	64	$G = \pm BCDF$ $H = \pm ACDF$ $J = \pm ABDE$ $K = \pm ABCE$
	2^{10-5}_{IV}	32	$F = \pm ABCD$ $G = \pm ABCE$ $H = \pm ABDE$ $J = \pm ACDE$ $K = \pm BCDE$
	2^{10-6}_{III}	16	$E = \pm ABC$ $F = \pm BCD$ $G = \pm ACD$ $H = \pm ABD$ $J = \pm ABCD$ $K = \pm AB$
11	2^{11-5}_{IV}	64	$G = \pm CDE$ $H = \pm ABCD$ $J = \pm ABF$ $K = \pm BDEF$ $L = \pm ADEF$
	2^{11-6}_{IV}	32	$F = \pm ABC$ $G = \pm BCD$ $H = \pm CDE$ $J = \pm ACD$ $K = \pm ADE$ $L = \pm BDE$
	2^{11-7}_{III}	16	$E = \pm ABC$ $F = \pm BCD$ $G = \pm ACD$ $H = \pm ABD$ $J = \pm ABCD$ $K = \pm AB$ $L = \pm AC$

Fonte: Montgomery (1997).

252 Capítulo Sete

Exemplo 7-11

Com a finalidade de ilustrar o uso da Tabela 7.19, suponha que tenhamos sete fatores e que estejamos interessados em estimar os sete efeitos principais e em obter algum entendimento relativo às interações de segunda ordem. Estamos dispostos a considerar que as interações de terceira ordem e maiores sejam desprezíveis. Essa informação sugere que um planejamento de resolução IV seria apropriado.

A Tabela 7.19 mostra que duas frações de resolução IV estão disponíveis: a 2_{IV}^{7-2}, com 32 corridas, e a 2_{IV}^{7-3}, com 16 corridas. As relações de associações, envolvendo efeitos principais e interações de segunda e terceira ordens para o planejamento com 16 corridas, são apresentadas na Tabela 7.20. Observe que todos os sete efeitos principais estão associados com interações de terceira ordem. Todas as interações de segunda ordem estão associadas em grupos de três. Conseqüentemente, esse planejamento satisfará nossos objetivos, isto é, ele permitirá a estimação dos efeitos principais e fornecerá algum entendimento relativo às

interações de segunda ordem. Não é necessário correr o planejamento 2_{IV}^{7-2}, o que requereria 32 corridas. A construção do planejamento 2_{IV}^{7-3} é mostrada na Tabela 7.21. Note que ele foi construído começando com o planejamento 2^4 de 16 corridas em A, B, C e D, como o planejamento básico e então adicionando-se as três colunas $E = ABC$, $F = BCD$ e $G = ACD$, como sugerido na Tabela 7.19. Assim, os geradores para esse planejamento são $I = ABCE$, $I = BCDF$ e $I = ACDG$. A relação completa de definição é $I = ABCE = BCDF = ADEF = ACDG = BDEG = CEFG = ABFG$. Essa relação de definição foi usada para produzir os pares associados na Tabela 7.20. Por exemplo, a relação de associação de A é

$$A = BCE = ABCDF = DEF = CDG = ABDEG = ACEFG$$
$$= BFG$$

o que, se ignorarmos as interações maiores do que três fatores, concorda com a Tabela 7.20.

Tabela 7-20 Geradores, Relação de Definição e Pares Associados para o Planejamento Fatorial Fracionário 2_{IV}^{7-3}

Geradores e Relação de Definição

$$E = ABC \qquad F = BCD \qquad G = ACD$$

$$I = ABCE = BCDF = ADEF = ACDG = BDEG = ABFG = CEFG$$

Pares Associados

$A = BCE = DEF = CDG = BFG$	$AB = CE = FG$
$B = ACE = CDF = DEG = AFG$	$AC = BE = DG$
$C = ABE = BDF = ADG = EFG$	$AD = EF = CG$
$D = BCF = AEF = ACG = BEG$	$AE = BC = DF$
$E = ABC = ADF = BDG = CFG$	$AF = DE = BG$
$F = BCD = ADE = ABG = CEG$	$AG = CD = BF$
$G = ACD = BDE = ABF = CEF$	$BD = CF = EG$

$$ABD = CDE = ACF = BEF = BCG = AEG = DFG$$

		Planejamento Básico					
Corrida	A	B	C	D	$E = ABC$	$F = BCD$	$G = ACD$
1	−	−	−	−	−	−	−
2	+	−	−	−	+	−	+
3	−	+	−	−	+	+	−
4	+	+	−	−	−	+	+
5	−	−	+	−	+	+	+
6	+	−	+	−	−	+	−
7	−	+	+	−	−	−	+
8	+	+	+	−	+	−	−
9	−	−	−	+	−	+	−
10	+	−	−	+	+	+	−
11	−	+	−	+	+	−	+
12	+	+	−	+	−	−	−
13	−	−	+	+	+	−	−
14	+	−	+	+	−	−	+
15	−	+	+	+	−	+	−
16	+	+	+	+	+	+	+

TABELA 7-21 Planejamento Fatorial Fracionário 2_{IV}^{7-3}

Para sete fatores, podemos reduzir o número de corridas ainda mais. O planejamento 2^{7-4} é um experimento com 8 corridas, acomodando sete variáveis. Essa é uma fração 1/16 e é obtida escrevendo primeiro um planejamento 2^3 como o planejamento básico nos fatores A, B e C e então formando as quatro novas colunas a partir de $I = ABD$, $I = ACE$, $I = BCF$ e $I = ABCG$, conforme sugerido na Tabela 7.19. O planejamento está mostrado na Tabela 7.22.

TABELA 7-22 Planejamento Fatorial Fracionário 2_{III}^{7-4}

A	B	C	$D = AB$	$E = AC$	$F = BC$	$G = ABC$
−	−	−	+	+	+	−
+	−	−	−	−	+	+
−	+	−	−	+	−	+
+	+	−	+	−	−	−
−	−	+	+	−	−	+
+	−	+	−	−	−	−
−	+	+	−	+	+	−
+	+	+	+	+	+	+

A relação completa de definição é encontrada multiplicando os geradores junto com dois, três e finalmente quatro de cada vez, produzindo

$I = ABD = ACE = BCF = ABCG = BCDE = ACDF =$
$= CDG = ABEF = BEG = AFG = DEF = ADEG =$
$= CEFG = BDFG = ABCDEFG$

O par associado de qualquer efeito principal é encontrado multiplicando aquele efeito por cada termo na relação de definição. Por exemplo, o par associado de A é

$A = BD = CE = ABCF = BCG = ABCDE = CDF =$
$= ACDG = BEF = ABEG = FG = ADEF = DEG =$
$= ACEFG = ABDFG = BCDEFG$

254 CAPÍTULO SETE

Esse planejamento é de resolução III, uma vez que o efeito principal está associado com interações de segunda ordem. Se considerarmos que todas as interações de terceira ordem e mais altas forem negligenciáveis, os pares associados dos sete efeitos principais serão

$$\ell_A = A + BD + CE + FG$$
$$\ell_B = B + AD + CF + EG$$
$$\ell_C = C + AE + BF + DG$$
$$\ell_D = D + AB + CG + EF$$

$$\ell_E = E + AC + BG + DF$$
$$\ell_F = F + BC + AG + DE$$
$$\ell_G = G + CD + BE + AF$$

Esse planejamento 2_{III}^{7-4} é chamado de **fatorial fracionário saturado**, porque todos os graus de liberdade disponíveis são usados para estimar os efeitos principais. É possível combinar seqüências desses fatoriais fracionários de resolução III de modo a separar os efeitos principais das interações de segunda ordem. O procedimento está ilustrado em Montgomery (1997).

EXERCÍCIOS PARA A SEÇÃO 7-8

7-23. R. D. Snee ("Experimenting with a Large Number of Variables", em *Experiments in Industry: Design, Analysis and Interpretation of Results*, por R. D. Snee, L. D. Hare e J. B. Trout, eds., ASQC, 1985) descreve um experimento em que um planejamento 2^{5-1}, com $I = ABCDE$, foi usado para investigar os efeitos de cinco fatores sobre a cor de um produto químico. Os fatores são $A =$ solvente/reagente, $B =$ catalisador/reagente, $C =$ temperatura, $D =$ pureza do reagente e $E =$ pH do reagente. Os resultados obtidos são:

e	$= -0,63$	d	$= 6,79$
a	$= 2,51$	ade	$= 6,47$
b	$= -2,68$	bde	$= 3,45$
abe	$= 1,66$	abd	$= 5,68$
c	$= 2,06$	cde	$= 5,22$
ace	$= 1,22$	acd	$= 4,38$
bce	$= -2,09$	bcd	$= 4,30$
abc	$= 1,93$	$abcde$	$= 4,05$

(a) Escreva a relação completa de definição e os pares associados do planejamento.

(b) Estime os efeitos e prepare um gráfico de probabilidade normal dos efeitos. Que efeitos são ativos?

(c) Interprete os efeitos e desenvolva um modelo apropriado para a resposta.

(d) Plote os resíduos de seu modelo em função dos valores previstos. Construa também um gráfico de probabilidade normal dos resíduos. Comente os resultados.

7-24. Montgomery (1997) descreve um planejamento fatorial fracionário 2^{4-1}, usado para estudar quatro fatores em um processo químico. Os fatores são $A =$ temperatura, $B =$ pressão, $C =$ concentração e $D =$ taxa de agitação, sendo a resposta a taxa de filtração. O planejamento e os dados estão mostrados na Tabela 7.23.

(a) Escreva a relação completa de definição e os pares associados do planejamento.

(b) Estime os efeitos e prepare um gráfico de probabilidade normal dos efeitos. Que efeitos são ativos?

(c) Interprete os efeitos e desenvolva um modelo apropriado para a resposta.

(d) Plote os resíduos de seu modelo em função dos valores previstos. Construa também um gráfico de probabilidade normal dos resíduos. Comente os resultados.

7-25. Um artigo em *Industrial and Engineering Chemistry* ("More on Planning Experiments to Increase Research Efficiency", 1970, pp. 60-65) usa um planejamento 2^{5-2} para investigar o efeito no rendimento do processo de $A =$ temperatura de condensação, $B =$ quantidade de material 1, $C =$ volume do solvente, $D =$ tempo de condensação e $E =$ quantidade de material 2. Os resultados obtidos são:

e	$= 23,2$	cd	$= 23,8$
ab	$= 15,5$	ace	$= 23,4$
ad	$= 16,9$	bde	$= 16,8$
bc	$= 16,2$	$abcde$	$= 18,1$

(a) Escreva a relação completa de definição e os pares associados do planejamento. Verifique que os geradores usados do planejamento foram $I = ACE$ e $I = BDE$.

(b) Estime os efeitos e prepare um gráfico de probabilidade normal dos efeitos. Que efeitos são ativos? Verifique que as interações AB e AD estão disponíveis para usar como erro.

(c) Interprete os efeitos e desenvolva um modelo apropriado para a resposta.

(d) Plote os resíduos de seu modelo em função dos valores previstos. Construa também um gráfico de probabilidade normal dos resíduos. Comente os resultados.

7-26. Suponha que no Exercício 7.10 tenha sido possível correr somente uma meia-fração da réplica I para o planejamento 2^4. Construa o planejamento e use somente os dados das oito corridas que você tenha gerado para fazer a análise.

7-27. Suponha que no Exercício 7.12 somente duas meias-frações (ou 1/4) do planejamento 2^5 puderam ser corridas. Construa o planejamento e analise os dados que são obtidos selecionando-se somente a resposta para as oito corridas no seu planejamento.

7-28. Construa a tabela das combinações de tratamentos testadas para o planejamento 2_{IV}^{6-2} recomendado na Tabela 7.17.

7-29. Construa um planejamento fatorial fracionário 2_{III}^{6-3}. Escreva os pares associados, considerando que somente os efeitos principais e as interações de segunda ordem sejam de interesse.

TABELA 7-23 Dados para o Exercício 7.24

Corrida	A	B	C	D = ABC	Combinação dos Tratamentos	Taxa de Filtração
1	−	−	−	−	(1)	45
2	+	−	−	+	ad	100
3	−	+	−	+	bd	45
4	+	+	−	−	ab	65
5	−	−	+	+	cd	75
6	+	−	+	−	ac	60
7	−	+	+	−	bc	80
8	+	+	+	+	abcd	96

7-9 MÉTODOS E PLANEJAMENTOS DE SUPERFÍCIE DE RESPOSTA

A metodologia da superfície de resposta, ou MSR, é uma coleção de técnicas matemáticas e estatísticas que são úteis para modelagem e análise nas aplicações em que a resposta de interesse seja influenciada por muitas variáveis e o objetivo seja **otimizar** essa resposta. Por exemplo, suponha que um engenheiro químico deseje encontrar os níveis de temperatura (x_1) e concentração da alimentação (x_2) que maximizem o rendimento (y) de um processo. O rendimento de um processo é uma função dos níveis de temperatura e concentração de alimentação, como

$$Y = f(x_1, x_2) + \epsilon \qquad (7\text{-}18)$$

em que ϵ representa o ruído ou erro observado na resposta Y. Se denotarmos a resposta esperada por $E(Y) = f(x_1,x_2)$, então a superfície representada por $f(x_1,x_2)$ é chamada de **superfície de resposta**.

Podemos representar graficamente a superfície de resposta conforme mostrado na Fig. 7.36, sendo $f(x_1,x_2)$ plotado em função dos níveis de x_1 e x_2. Note que a resposta é representada como um gráfico de superfície em um espaço tridimensional. Com o objetivo de visualizar a forma de uma superfície de resposta, freqüentemente plotamos os contornos da superfície de resposta como mostrado na Fig. 7.37. No gráfico dos contornos, conhecido como gráfico das curvas de nível (*contour plot*), linhas de resposta constante são desenhadas no plano x_1,x_2. Cada contorno corresponde a uma altura particular da superfície de resposta. O gráfico das curvas de nível é útil no estudo dos níveis de x_1 e

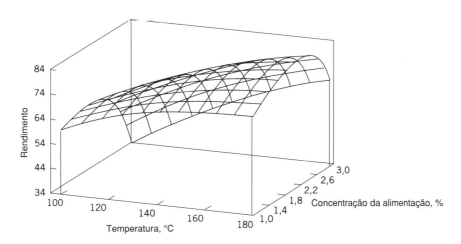

Fig. 7-36 Superfície tridimensional de resposta, mostrando o rendimento esperado, como uma função da temperatura e da concentração de alimentação.

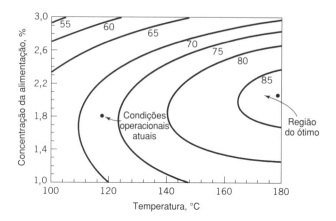

Fig. 7-37 Curvas de nível da superfície de resposta na Fig. 7.36.

x_2 que resultam nas mudanças na forma ou na altura da superfície de resposta.

Na maioria dos problemas de MSR, a forma da relação entre a resposta e as variáveis independentes é desconhecida. Assim, a primeira etapa na MSR é encontrar uma aproximação adequada para a relação verdadeira entre Y e as variáveis independentes. Geralmente, emprega-se um polinômio de baixo grau em alguma região das variáveis independentes. Se a resposta for bem modelada por uma função linear das variáveis independentes, então a função de aproximação será o **modelo de primeira ordem**

$$Y = \beta_0 + \beta_1 x_1 + \beta_2 x_2 + \ldots + \beta_k x_k + \epsilon$$

Se houver curvatura no sistema, então um polinômio de maior grau tem de ser usado, tal como o **modelo de segunda ordem**

$$Y = \beta_0 + \sum_{i=1}^{k} \beta_i x_i + \sum_{i=1}^{k} \beta_{ii} x_i^2 + \sum\sum_{i<j} \beta_{ij} x_i x_j + \epsilon \qquad (7\text{-}19)$$

Muitos problemas de MSR utilizam uma ou ambas dessas aproximações polinomiais. Naturalmente, é improvável que um modelo polinomial seja uma aproximação razoável da relação funcional verdadeira sobre o espaço inteiro das variáveis independentes, porém para uma região relativamente pequena, elas geralmente funcionarão muito bem.

O método dos mínimos quadrados, discutido no Cap. 6, é usado para estimar os parâmetros nas aproximações polinomiais. A análise de superfície de resposta é então feita em termos da superfície ajustada. Se a superfície ajustada for uma aproximação adequada da função verdadeira de resposta, então a análise da superfície ajustada será aproximadamente equivalente à análise do sistema real.

MSR é um procedimento **seqüencial**. Freqüentemente, quando estivermos em um ponto na superfície de resposta longe do ótimo, tais como as condições operacionais atuais na Fig. 7.37, há pouca curvatura no sistema e o modelo de primeira ordem será apropriado. Nosso objetivo aqui é levar o experimentalista rápida e eficientemente à vizinhança geral do ótimo. Uma vez que a região do ótimo tenha sido encontrada, um modelo mais elaborado, tal como o modelo de segunda ordem, pode ser empregado e uma análise pode ser feita para localizar o máximo. Da Fig. 7.37, vemos que a análise de uma superfície de resposta pode ser pensada como "subindo um morro", onde o topo do morro representa o ponto de resposta máxima. Se o ótimo verdadeiro for um ponto de resposta mínima, então podemos pensar como "descendo para um vale".

O objetivo final do MSR é determinar as condições operacionais ótimas para o sistema ou determinar uma região do espaço fatorial, em que as especificações operacionais sejam satisfeitas. Note também que a palavra "ótimo" na MSR é usada em um sentido especial. Os procedimentos da MSR de "subir o morro" garantem convergência para somente um ótimo local.

7-9.1 Método da Ascendente de Maior Inclinação (*Steepest Ascent*)

Freqüentemente, a estimativa inicial das condições operacionais ótimas para o sistema estará longe do ótimo real. Em tais circunstâncias, o objetivo do experimentalista é se mover rapidamente em direção à vizinhança geral do ótimo. Desejamos usar um procedimento experimental simples e eficiente economicamente. Quando estivermos longe do ótimo, geralmente consideramos um modelo de primeira ordem como uma aproximação adequada da superfície verdadeira em uma região pequena dos x's.

O **método da ascendente de maior inclinação** é um procedimento para se mover seqüencialmente ao longo do caminho ascendente de maior inclinação, ou seja, na direção de aumento máximo na resposta. Naturalmente, se a **minimização** for desejada, então estamos falando sobre o **método da descendente de maior inclinação**. O modelo ajustado de primeira ordem é

$$\hat{y} = \hat{\beta}_0 + \sum_{i=1}^{k} \hat{\beta}_i x_i \qquad (7\text{-}20)$$

e a superfície de resposta de primeira ordem, isto é, os contornos de $\hat{y}$, é uma série de linhas paralelas, tais como aquelas mostradas na Fig. 7.38. A direção da ascendente de maior inclina-

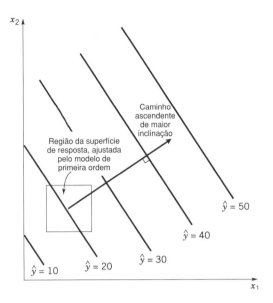

Fig. 7-38 Superfície de resposta de primeira ordem e caminho ascendente de maior inclinação.

ção é a direção em que $\hat{y}$ cresce mais rapidamente. Essa direção é normal aos contornos da superfície ajustada de resposta. Geralmente, tomamos como o **caminho ascendente de maior inclinação**, a linha que passa através do centro da região de interesse e que é normal aos contornos da superfície ajustada. Conforme mostrado no Exemplo 7.12, as etapas ao longo do caminho são proporcionais aos coeficientes de regressão $\{\hat{\beta}_i\}$. O experimentalista determina o tamanho real da etapa, baseado no conhecimento do processo ou em outras considerações práticas.

Os experimentos são conduzidos ao longo do caminho ascendente de maior inclinação até que mais nenhum aumento seja observado na resposta. Então, um novo modelo de primeira ordem pode ser usado, uma nova direção da ascendente de maior inclinação é determinada e mais experimentos são conduzidos naquela direção, até que o experimentalista sinta que o processo está próximo do ótimo.

Exemplo 7-12

No Exemplo 7.7, descrevemos um experimento sobre um processo químico em que dois fatores, tempo de reação (x_1) e temperatura de reação (x_2), afetavam a conversão percentual ou o rendimento (Y). A Fig. 7.22 mostra o planejamento 2^2 mais cinco pontos centrais usados nesse estudo. O engenheiro encontrou que ambos os fatores foram importantes, que não houve interação e que não houve curvatura na superfície de resposta. Por conseguinte, o modelo de primeira ordem

$$Y = \beta_0 + \beta_1 x_1 + \beta_2 x_2 + \epsilon$$

deve ser apropriado. Agora, a estimativa do efeito do tempo é 1,55 e a estimativa do efeito da temperatura é 0,65; visto que os coeficientes de regressão $\hat{\beta}_1$ e $\hat{\beta}_2$ são iguais à metade das estimativas dos efeitos correspondentes, o modelo ajustado de primeira ordem é

$$\hat{y} = 40,44 + 0,775 x_1 + 0,325 x_2$$

As Figs. 7.39a e b mostram as curvas de nível e o gráfico tridimensional da superfície desse modelo. A Fig. 7.39 mostra também a relação entre as **variáveis codificadas** x_1 e x_2 (que definiram os níveis alto e baixo dos fatores) e as variáveis originais, tempo (em minutos) e temperatura (em °F).

Examinando esses gráficos (ou o modelo ajustado), vemos que de modo a se mover para fora do centro do planejamento — o ponto ($x_1 = 0, x_2 = 0$) — ao longo do caminho ascendente de maior inclinação, moveríamos 0,775 unidade na direção x_1 para cada 0,325 unidade na direção x_2. Desse modo, o caminho ascendente de maior inclinação passa através do ponto ($x_1 = 0, x_2 = 0$) e tem uma inclinação 0,325/0,775. O engenheiro decide usar 5 minutos de tempo de reação como o tamanho básico do passo. Agora, 5 minutos de tempo de reação é equivalente a uma etapa na variável *codificada* x_1 de $\Delta x_1 = 1$. Conseqüentemente, as etapas ao longo do caminho ascendente de maior inclinação são

$$\Delta x_1 = 1,000$$
$$\Delta x_2 = (\hat{\beta}_2/\hat{\beta}_1)\Delta x_1 = (0,325/0,775)\Delta x_1 = 0,42 \quad (7.21)$$

Uma mudança de $\Delta x_2 = 0,42$ na variável codificada x_2 é equivalente a aproximadamente 2°F na variável original da temperatura. Logo, o engenheiro se moverá ao longo do caminho ascendente de maior inclinação, aumentando o tempo de reação em 5 minutos e a temperatura em 2°F. Uma observação real do rendimento será determinada em cada ponto.

A Fig. 7.40 mostra vários pontos ao longo do caminho ascendente de maior inclinação e os rendimentos realmente observados do processo naqueles pontos. Nos pontos A-D, o rendimento observado aumenta estacionariamente; porém, além do ponto D, o rendimento diminui. Logo, a ascendente de maior inclinação terminaria na vizinhança de 55 minutos de tempo de reação e de 163°F, com uma conversão percentual observada de 67%.

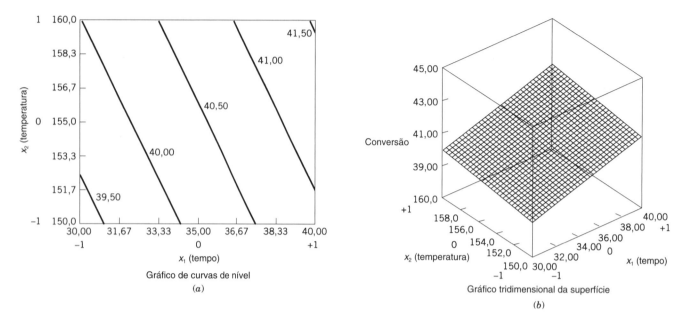

Fig. 7-39 Gráficos da superfície de resposta para o modelo de primeira ordem do tempo de reação e da temperatura.

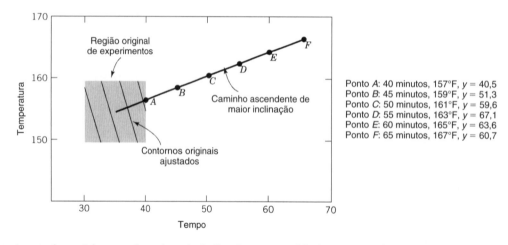

Fig. 7-40 Experimento do caminho ascendente de maior inclinação para o modelo de primeira ordem do tempo e da temperatura de reação.

PLANEJAMENTO DE EXPERIMENTOS EM ENGENHARIA **259**

7-9.2 ANÁLISE DE UMA SUPERFÍCIE DE RESPOSTA DE SEGUNDA ORDEM

Quando o experimentalista estiver relativamente próximo do ótimo, um modelo de segunda ordem é geralmente requerido para aproximar a resposta, por causa da curvatura na verdadeira superfície de resposta. O modelo ajustado de segunda ordem é

$$\hat{y} = \hat{\beta}_0 + \sum_{i=1}^{k} \hat{\beta}_i x_i + \sum_{i=1}^{k} \hat{\beta}_{ii} x_i^2 + \sum\sum_{i<j} \hat{\beta}_{ij} x_i x_j \qquad (7\text{-}22)$$

em que $\hat{\beta}$ denota a estimativa de mínimos quadrados de β. Nesta seção, mostraremos como usar esse modelo ajustado para encontrar o conjunto ótimo de condições operacionais para os x's e para caracterizar a natureza da superfície de resposta.

EXEMPLO 7-13

Continuação do Exemplo 7.12

O método da ascendente de maior inclinação terminou em um tempo de reação de 55 minutos e em uma temperatura de 163°F. O experimentalista decide ajustar um modelo de segunda ordem nessa região. A Tabela 7.24 e a Fig. 7.41 mostram o planejamento experimental, que consiste em um planejamento 2^2, centralizado em 55 minutos e 165°F, em cinco pontos centrais e em quatro corridas ao longo dos eixos coordenados, chamadas de corridas axiais. Esse tipo de planejamento é chamado de um **planejamento composto central** (*central composite design*) e é um planejamento muito popular para ajustar superfícies de resposta de segunda ordem.

Duas variáveis de resposta foram medidas durante essa fase do experimento: conversão (rendimento) percentual e viscosida-

de. O modelo quadrático de mínimos quadrados para a resposta rendimento é

$$\hat{y}_1 = 69,1 + 1,633x_1 + 1,083x_2 - 0,969x_1^2 - 1,219x_2^2 + 0,225x_1 x_2$$

A análise de variância para esse modelo é mostrada na Tabela 7.25. Uma vez que o coeficiente do termo $x_1 x_2$ não é significativo, podemos remover esse termo do modelo.

A Fig. 7.42 mostra as curvas de nível da superfície de resposta e o gráfico tridimensional da superfície de resposta para esse modelo. Examinando-se esses gráficos, o rendimento máximo é de cerca de 70%, obtido aproximadamente em 60 minutos de tempo de reação e 167°F.

TABELA 7-24 Planejamento Composto Central para o Exemplo 7.13

Número da Observação	Tempo (minutos)	Temperatura (°F)	Variáveis Codificadas x_1	x_2	Resposta 1: Conversão (percentagem)	Resposta 2: Viscosidade (mPa·s)
1	50	160	−1	−1	65,3	35
2	60	160	1	−1	68,2	39
3	50	170	−1	1	66	36
4	60	170	1	1	69,8	43
5	48	165	−1,414	0	64,5	30
6	62	165	1,414	0	69	44
7	55	158	0	−1,414	64	31
8	55	172	0	1,414	68,5	45
9	55	165	0	0	68,9	37
10	55	165	0	0	69,7	34
11	55	165	0	0	68,5	35
12	55	165	0	0	69,4	36
13	55	165	0	0	69	37

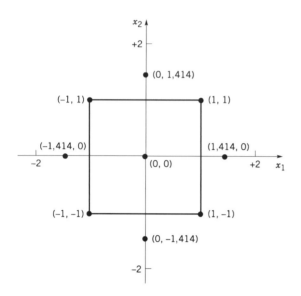

Fig. 7-41 Planejamento composto central para o Exemplo 7.13.

A resposta viscosidade é adequadamente descrita pelo modelo de primeira ordem

$$\hat{y}_2 = 37{,}08 + 3{,}85x_1 + 3{,}10x_2$$

A Tabela 7.26 resume a análise de variância para esse modelo. A superfície de resposta é mostrada graficamente na Fig. 7.43. Note que a viscosidade aumenta à medida que o tempo e a temperatura aumentam.

Como na maioria dos problemas de superfície de resposta, o experimentalista nesse exemplo teve objetivos conflitantes em relação às duas respostas. O objetivo era maximizar o rendimento, porém a faixa aceitável para a viscosidade era $38 \leq y_2 \leq 42$. Quando houver somente poucas variáveis independentes, uma maneira fácil de resolver esse problema é sobrepor as superfícies de respostas para encontrar o ótimo. A Fig. 7.44 mostra o gráfico da superposição de ambas as respostas, ressaltando os contornos $y_1 = 69\%$ de conversão, $y_2 = 38$ e $y_2 = 42$. As áreas sombreadas nesse gráfico identificam combinações não exeqüíveis de tempo e de temperatura. Esse gráfico mostra que várias combinações de tempo e de temperatura serão satisfatórias.

TABELA 7-25 Análise de Variância para o Modelo Quadrático, Resposta: Rendimento

Fonte de Variação	Soma Quadrática	Graus de Liberdade	Média Quadrática	f_0	Valor P
Modelo	45,89	5	9,178	14,93	0,0013
Resíduo	4,30	7	0,615		
Total	50,19	12			

Variável Independente	Estimativa do Coeficiente	Erro-Padrão	t para H_0: Coeficiente = 0	Valor P
Interseção	69,100	0,351	197,1	0,0000
x_1	1,633	0,277	5,891	0,0006
x_2	1,083	0,277	3,907	0,0058
x_1^2	−0,969	0,297	−3,259	0,0139
x_2^2	−1,219	0,297	−4,100	0,0046
$x_1 x_2$	0,225	0,392	0,5740	0,5839

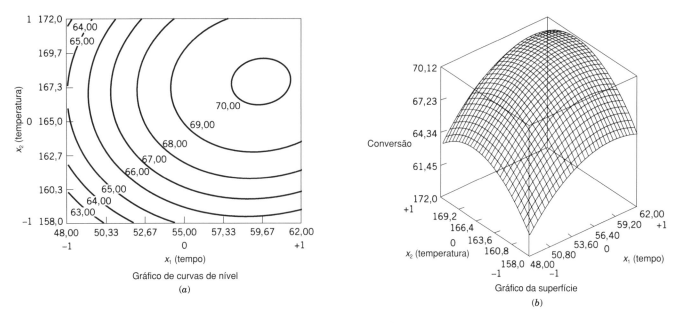

Fig. 7-42 Gráficos da superfície de resposta de segunda ordem para o rendimento, Exemplo 7.13.

TABELA 7-26 Análise de Variância para o Modelo de Primeira Ordem, Resposta: Viscosidade

Fonte	Soma Quadrática	Graus de Liberdade	Média Quadrática	f_0	Valor P
Modelo	195,4	2	97,72	15,89	0,0008
Resíduo	61,5	10	6,15		
Total	256,9	12			

Variável Independente	Estimativa do Coeficiente	Graus de Liberdade	Erro-Padrão do Coeficiente	t para H_0: Coeficiente $= 0$	Valor P
Interseção	37,08	1	0,69	53,91	
x_1	3,85	1	0,88	4,391	0,0014
x_2	3,10	1	0,88	3,536	0,0054

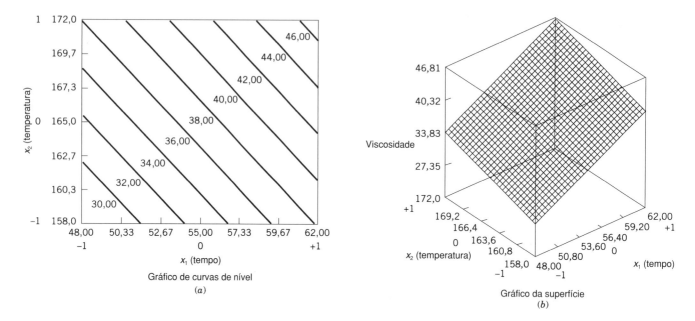

Fig. 7-43 Gráficos da superfície de resposta para a viscosidade.

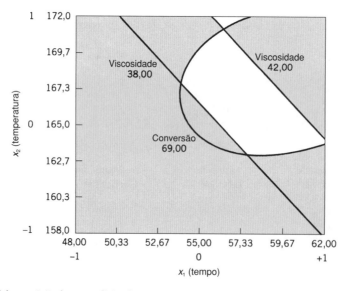

Fig. 7-44 Sobreposição das superfícies de respostas para o rendimento e a viscosidade, Exemplo 7.13.

O Exemplo 7.13 ilustra o uso de um planejamento composto central (PCC) para ajustar um modelo de superfície de resposta de segunda ordem. Esses planejamentos são largamente usados na prática porque eles são relativamente eficientes com respeito ao número de corridas requeridas. Em geral, um PCC com k fatores requer 2^k corridas fatoriais, $2k$ corridas axiais e no mínimo um ponto central (3 a 5 pontos centrais são tipicamente usados). Planejamentos para $k = 2$ e $k = 3$ fatores são mostrados na Fig. 7.45.

O planejamento composto central pode ser feito **rotacionável** escolhendo-se apropriadamente o espaçamento axial α na Fig. 7.45. Se o planejamento for rotacionável, o desvio-padrão da resposta prevista $\hat{y}$ será constante em todos os pontos que estiverem à mesma distância do centro do planejamento. Para rotabilidade, escolha $\alpha = (F)^{1/4}$, sendo F o número de pontos na porção fatorial do planejamento (geralmente, $F = 2^k$). Para o caso de $k = 2$ fatores, $\alpha = (2^2)^{1/4} = 1,414$, como foi usado no planejamento do Exemplo 7.13. A Fig. 7.46 apresenta um gráfico das curvas de nível e um gráfico de superfície do desvio-padrão da previsão do modelo quadrático usado para a resposta rendimento. Note que os contornos são círculos concêntricos, implicando que o rendimento é previsto com igual precisão para todos os pontos que estejam à mesma distância do centro do planejamento. Também, como se poderia esperar, a precisão diminui com o aumento da distância a partir do centro do planejamento.

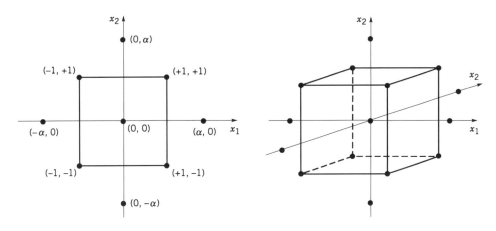

Fig. 7-45 Planejamentos compostos centrais para $k = 2$ e $k = 3$.

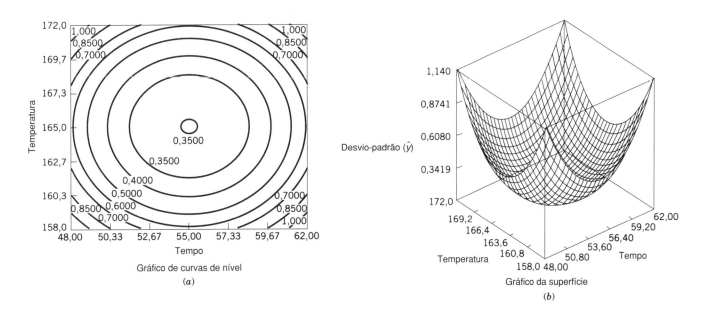

Fig. 7-46 Gráficos do desvio-padrão de $\hat{y}$ para um planejamento composto central rotacionável.

EXERCÍCIOS PARA A SEÇÃO 7-9

7-30. Um artigo em *Rubber Age* (Vol. 89, 1961, pp. 453-458) descreve um experimento sobre a fabricação de um produto, em que dois fatores foram variados. Os fatores são o tempo de reação (h) e a temperatura (°C). Esses fatores são codificados como $x_1 =$ (tempo $-$ 12)/8 e $x_2 =$ (temperatura $-$ 250)/30. Os dados a seguir foram observados, sendo y o rendimento (em percentagem).

Número da Corrida	x_1	x_2	y
1	-1	0	83,8
2	1	0	81,7
3	0	0	82,4
4	0	0	82,9
5	0	-1	84,7
6	0	1	75,9
7	0	0	81,2
8	$-1,414$	$-1,414$	81,3
9	$-1,414$	1,414	83,1
10	1,414	$-1,414$	85,3
11	1,414	1,414	72,7
12	0	0	82,0

(a) Plote os pontos nos quais as corridas experimentais foram feitas.
(b) Ajuste um modelo de segunda ordem aos dados. O modelo de segunda ordem é adequado?
(c) Plote a superfície de resposta do rendimento. Que recomendações você faria acerca das condições operacionais para esse processo?

7-31. Considere o planejamento de experimentos da tabela dada a seguir. Esse planejamento foi corrido em um processo químico.
(a) A resposta y_1 é a viscosidade do produto. Ajuste um modelo apropriado de superfície de resposta.
(b) A resposta y_2 é a conversão, dada em gramas. Ajuste um modelo apropriado de superfície de resposta.
(c) Que valores de x_1, x_2 e x_3 você recomendaria, se o objetivo fosse maximizar a conversão, enquanto mantendo a viscosidade na faixa de $450 < y_1 < 500$?

x_1	x_2	x_3	y_1	y_2
-1	-1	-1	480	68
0	-1	-1	530	95
1	-1	-1	590	86
-1	0	-1	490	184
0	0	-1	580	220
1	0	-1	660	230
-1	1	-1	490	220
0	1	-1	600	280
1	1	-1	720	310
-1	-1	0	410	134
0	-1	0	450	189
1	-1	0	530	210

x_1	x_2	x_3	y_1	y_2
-1	0	0	400	230
0	0	0	510	300
1	0	0	590	330
-1	1	0	420	270
0	1	0	540	340
1	1	0	640	380
-1	-1	1	340	164
0	-1	1	390	250
1	-1	1	450	300
-1	0	1	340	250
0	0	1	420	340
1	0	1	520	400
-1	1	1	360	250
0	1	1	470	370
1	1	1	560	440

7-32. Um fabricante de ferramentas de corte desenvolveu duas equações empíricas para a vida da ferramenta (y_1) e o seu custo (y_2). Ambos os modelos são funções da dureza da ferramenta (x_1) e do tempo de fabricação (x_2). As equações são

$$\hat{y}_1 = 10 + 5x_1 + 2x_2$$
$$\hat{y}_2 = 23 + 3x_1 + 4x_2$$

sendo ambas as equações válidas ao longo da faixa $-1,5 \leq x_i \leq 1,5$. Suponha que a vida da ferramenta tenha de exceder 12 e que o custo deva estar abaixo de R$ 27,50.
(a) Existe um conjunto exeqüível de condições operacionais?
(b) Onde você correria esse processo?

7-33. Um artigo em *Tappi* (Vol. 43, 1960, pp. 38-44) descreve um experimento que investigou o valor da cinza da polpa de papel (uma medida de impurezas inorgânicas). Duas variáveis, temperatura T, em graus Celsius, e tempo t, em horas, foram estudadas, sendo alguns resultados mostrados na tabela seguinte. As variáveis preditoras codificadas mostradas são

$$x_1 = \frac{(T - 775)}{115} \qquad x_2 = \frac{(t - 3)}{1,5}$$

e a resposta y é (valor da cinza seca em %) $\times 10^3$.

x_1	x_2	y
-1	-1	211
1	-1	92
-1	1	216
1	1	99
$-1,5$	0	222
1,5	0	48
0	$-1,5$	168
0	1,5	179
0	0	122
0	0	175
0	0	157
0	0	146

(a) Que tipo de planejamento foi usado nesse estudo? Esse planejamento é rotacionável?
(b) Ajuste um modelo quadrático aos dados. Esse modelo é satisfatório?
(c) Se for importante minimizar o valor da cinza, onde você correria esse processo?

7-34. Em seu livro *Empirical Model Building and Response Surfaces* (John Wiley, 1987), G. E. P. Box e N. R. Draper descrevem um experimento com três fatores. Os dados mostrados na tabela a seguir são uma variação do experimento original na página 247 de seu livro. Suponha que esses dados tenham sido coletados em um processo de fabricação de semicondutores.

x_1	x_2	x_3	y_1	y_2
-1	-1	-1	24,00	12,49
0	-1	-1	120,33	8,39
1	-1	-1	213,67	42,83
-1	0	-1	86,00	3,46
0	0	-1	136,63	80,41
1	0	-1	340,67	16,17
-1	1	-1	112,33	27,57
0	1	-1	256,33	4,62
1	1	-1	271,67	23,63
-1	-1	0	81,00	0,00
0	-1	0	101,67	17,67

x_1	x_2	x_3	y_1	y_2
1	-1	0	357,00	32,91
-1	0	0	171,33	15,01
0	0	0	372,00	0,00
1	0	0	501,67	92,50
-1	1	0	264,00	63,50
0	1	0	427,00	88,61
1	1	0	730,67	21,08
-1	-1	1	220,67	133,82
0	-1	1	239,67	23,46
1	-1	1	422,00	18,52
-1	0	1	199,00	29,44
0	0	1	485,33	44,67
1	0	1	673,67	158,21
-1	1	1	176,67	55,51
0	1	1	501,00	138,94
1	1	1	1010,00	142,45

(a) A resposta y_1 é a média de três leituras da resistividade para uma única pastilha. Ajuste um modelo quadrático para essa resposta.
(b) A resposta y_2 é o desvio-padrão das três medidas da resistividade. Ajuste um modelo linear para essa resposta.
(c) Onde você recomendaria que estabelecêssemos x_1, x_2 e x_3, se o objetivo fosse manter a resistividade média em 500 e minimizar o desvio-padrão?

7-10 PLANEJAMENTOS FATORIAIS COM MAIS DE DOIS NÍVEIS

Os planejamentos fatoriais completo 2^k e fracionário são geralmente usados nos estágios iniciais do experimento. Depois dos efeitos mais importantes terem sido identificados, pode-se correr um experimento fatorial com mais de dois níveis com a finalidade de obter detalhes da relação entre a resposta e os fatores. A análise de variância básica pode ser modificada de modo a analisar os resultados desse tipo de experimento.

A análise de variância decompõe a variabilidade total dos dados em componentes e então compara os vários elementos dessa decomposição. Para um experimento com dois fatores (com a níveis para o fator A e b níveis para o fator B), a variabilidade total é medida pela soma quadrática total das observações

$$SQ_T = \sum_{i=1}^{a} \sum_{j=1}^{b} \sum_{k=1}^{n} (y_{ijk} - \bar{y}_{...})^2 \qquad (7\text{-}23)$$

sendo a decomposição da soma quadrática dada a seguir. A notação é definida na Tabela 7.27.

A **identidade da soma quadrática para uma análise de variância com dois fatores** é

$$\sum_{i=1}^{a} \sum_{j=1}^{b} \sum_{k=1}^{n} (y_{ijk} - \bar{y}_{...})^2 = bn \sum_{i=1}^{a} (\bar{y}_{i..} - \bar{y}_{...})^2$$
$$+ an \sum_{j=1}^{b} (\bar{y}_{.j.} - \bar{y}_{...})^2$$
$$+ n \sum_{i=1}^{a} \sum_{j=1}^{b} (\bar{y}_{ij.} - \bar{y}_{i..} - \bar{y}_{.j.} + \bar{y}_{...})^2$$
$$+ \sum_{i=1}^{a} \sum_{j=1}^{b} \sum_{k=1}^{n} (y_{ijk} - \bar{y}_{ij.})^2 \qquad (7\text{-}24)$$

TABELA 7-27 Arranjo de Dados para um Planejamento Fatorial com Dois Fatores

		Fator B					
		1	2	...	b	Totais	Médias
Fator A	1	$y_{111}, y_{112},$ ..., y_{11n}	$y_{121}, y_{122},$ ..., y_{12n}		$y_{1b1}, y_{1b2},$ ..., y_{1bn}	$y_{1..}$	$\bar{y}_{1..}$
	2	$y_{211}, y_{212},$ ..., y_{21n}	$y_{221}, y_{222},$ ..., y_{22n}		$y_{2b1}, y_{2b2},$ ..., y_{2bn}	$y_{2..}$	$\bar{y}_{2..}$
	. . .						
	a	$y_{a11}, y_{a12},$ ..., y_{a1n}	$y_{a21}, y_{a22},$ ..., y_{a2n}		$y_{ab1}, y_{ab2},$ ..., y_{abn}	$y_{a...}$	$\bar{y}_{a..}$
Médias		$y_{.1.}$	$y_{.2.}$		$y_{.b.}$	$y_{...}$	
Totais		$\bar{y}_{.1.}$	$\bar{y}_{.2.}$		$\bar{y}_{.b.}$		$\bar{y}_{...}$

A identidade da soma quadrática pode ser escrita simbolicamente como

$$SQ_T = SQ_A + SQ_B + SQ_{AB} + SQ_E$$

correspondendo a cada um dos termos na Eq. 7.24. Há $abn - 1$ graus de liberdade no total. Os efeitos principais A e B têm $a - 1$ e $b - 1$ graus de liberdade, enquanto o efeito de interação AB tem $(a - 1)(b - 1)$ graus de liberdade. Dentro de cada uma das ab células na Tabela 7.26, existem $n - 1$ graus de liberdade para as n réplicas; as observações na mesma célula podem diferir somente devido ao erro aleatório. Portanto, há $ab(n - 1)$ graus de liberdade para o erro. Logo, os graus de liberdade são divididos de acordo com

$$abn - 1 = (a - 1) + (b - 1) + (a - 1)(b - 1) + ab(n - 1)$$

Se dividirmos cada uma das somas quadráticas pelo número correspondente de graus de liberdade, obteremos as médias quadráticas para A, B, a interação e o erro:

$$MQ_A = \frac{SQ_A}{a - 1} \qquad MQ_B = \frac{SQ_B}{b - 1}$$

$$MQ_{AB} = \frac{SQ_{AB}}{(a - 1)(b - 1)} \qquad MQ_E = \frac{SQ_E}{ab(n - 1)} \qquad (7\text{-}25)$$

Para testar o fato dos efeitos da linha, da coluna e da interação serem iguais a zero, usamos as razões

$$F_0 = \frac{MQ_A}{MQ_E} \qquad F_0 = \frac{MQ_B}{MQ_E} \qquad F_0 = \frac{MQ_{AB}}{MQ_E} \qquad (7\text{-}26)$$

respectivamente. Cada uma é comparada a uma distribuição F com $a - 1$, $b - 1$ e $(a - 1) \times (b - 1)$ graus de liberdade no numerador e $ab(n - 1)$ graus de liberdade no denominador. Essa análise é resumida na Tabela 7.28.

Geralmente, é melhor conduzir primeiro o teste para interação e então avaliar os efeitos principais. Se a interação não for significativa, a interpretação dos testes a respeito dos efeitos principais é direta. No entanto, quando a interação é significativa, os efeitos principais dos fatores envolvidos na interação podem não ter muito valor prático interpretativo. O conhecimento da interação é geralmente mais importante do que o conhecimento acerca dos efeitos principais.

TABELA 7-28 Tabela de Análise de Variância para um Fatorial com Dois Fatores

Fonte de Variação	Soma Quadrática	Graus de Liberdade	Média Quadrática	F_0
A Tratamentos	SQ_A	$a - 1$	$MQ_A = \dfrac{SQ_A}{a = 1}$	$\dfrac{MQ_A}{MQ_E}$
B Tratamentos	SQ_B	$b - 1$	$MQ_B = \dfrac{SQ_B}{b - 1}$	$\dfrac{MQ_B}{MQ_E}$
Interação	SQ_{AB}	$(a - 1)(b - 1)$	$MQ_{AB} = \dfrac{SQ_{AB}}{(a - 1)(b - 1)}$	$\dfrac{MQ_{AB}}{MQ_E}$
Erro	SQ_E	$ab(n - 1)$	$MQ_E = \dfrac{SQ_E}{ab(n - 1)}$	
Total	SQ_T	$abn - 1$		

EXEMPLO 7-14

Tintas zarcões para aviões são aplicadas em superfícies de alumínio por dois métodos: imersão e aspersão. A finalidade do zarcão é melhorar a adesão da tinta e algumas peças podem ser pintadas usando cada um dos métodos de aplicação. O grupo de engenharia de processo, responsável por essa operação, está interessado em saber se existe diferença entre três zarcões diferentes, em relação a suas propriedades de adesão. Um experimento fatorial foi realizado para investigar o efeito do tipo de zarcão e o método de aplicação sobre a adesão da tinta. Três corpos de prova foram pintados com cada zarcão usando cada um dos métodos de aplicação. Uma tinta de acabamento foi aplicada e a força de adesão foi medida. Os dados dos experimentos estão mostrados na Tabela 7.29. Os números dentro dos círculos são os totais das células, y_{ij}. As somas quadráticas necessárias à elaboração da análise de variância são calculadas por um programa computacional e resumidas na Tabela 7.30. O experimentalista decidiu usar

$\alpha = 0,05$. Uma vez que $f_{0,05;\,2;\,12} = 3,89$ e $f_{0,05;\,1;\,12} = 4,75$, concluímos que os efeitos principais do tipo de zarcão e do método de aplicação afetam a força de adesão. Além disso, já que $1,5 < f_{0,05;\,2;\,12}$, não há indicação de interação entre esses fatores. A última coluna da Tabela 7.30 mostra os valores P para cada razão F. Note que os valores P para as duas estatísticas de teste para os efeitos principais são consideravelmente menores que 0,05, enquanto o valor P para a estatística de teste para a interação é maior do que 0,05.

A Fig. 7.47 mostra um gráfico das médias da força de adesão $\{\hat{y}_{ij.}\}$ em função do tipo de zarcão para cada método de aplicação. As médias são disponíveis na saída computacional vista na Tabela 7.32. A conclusão de nenhuma interação é óbvia nesse gráfico, porque as duas curvas são aproximadamente paralelas. Além disso, uma vez que uma grande resposta indica maior força de adesão, concluímos que a aspersão é o melhor método de aplicação e que o zarcão tipo 2 é mais efetivo.

TABELA 7-29 Dados da Força de Adesão para o Exemplo 7.14 para o Tipo de Zarcão ($i = 1, 2, 3$) e para o Método de Aplicação ($j = 1, 2$), com $n = 3$ Réplicas

	Tipo de Zarcão	Imersão	Aspersão	$y_{i.\,\text{totais}}$
	1	4,0; 4,5; 4,3 $(12,8)$	5,4; 4,9; 5,6 $(15,9)$	28,7
	2	5,6; 4,9; 5,4 $(15,9)$	5,8; 6,1; 6,3 $(18,2)$	34,1
	3	3,8; 3,7; 4,0 $(11,5)$	5,5; 5,0; 5,0 $(15,5)$	27,0
Totais	$y_{.j.}$	40,2	49,6	$y_{...} = 89,8$

TABELA 7-30 Análise de Variância para o Exemplo 7.14

Fonte de Variação	Soma Quadrática	Graus de Liberdade	Média Quadrática	f_0	Valor P
Tipos de zarcão	4,58	2	2,29	28,63	$2{,}7 \times$ E-5
Métodos de aplicação	4,91	1	4,91	61,38	$5{,}0 \times$ E-7
Interação	0,24	2	0,12	1,50	0,2621
Erro	0,99	12	0,08		
Total	10,72	17			

Verificação da Adequação do Modelo

Igualmente como nos outros experimentos discutidos neste capítulo, os resíduos de um experimento fatorial desempenham um importante papel na verificação da adequação de um modelo. Em geral, os resíduos de um fatorial com dois fatores são

$$e_{ijk} = y_{ijk} - \bar{y}_{ij\cdot}$$

Ou seja, os resíduos são apenas a diferença entre as observações e as médias das células correspondentes. Se a interação for desprezível, então as médias das células poderão ser trocadas por um melhor preditor, porém consideramos somente o caso mais simples.

A Tabela 7.31 apresenta os resíduos para os dados do zarcão usado em aviões no Exemplo 7.14. O gráfico de probabilidade normal desses resíduos é mostrado na Fig. 7.48. Esse gráfico tem extremidades que não caem exatamente ao longo da linha reta que passa através do centro do gráfico, indicando alguns problemas potenciais com a suposição de normalidade; porém, o desvio da normalidade não parece ser grande. As Figs. 7.49 e 7.50

TABELA 7-31 Resíduos para o Experimento do Zarcão em Aviões no Exemplo 7.14

Tipo de Zarcão	Método de Aplicação	
	Imersão	Aspersão
1	−0,27; 0,23; 0,03	0,10; −0,40; 0,30
2	0,30; −0,40; 0,10	−0,27; 0,03; 0,23
3	−0,03; −0,13; 0,17	0,33; −0,17; −0,17

plotam os resíduos em função dos níveis dos tipos de zarcão e dos métodos de aplicação, respectivamente. Existe alguma indicação de que o zarcão tipo 3 resulta em uma variabilidade levemente menor na força de adesão do que os outros dois tipos de

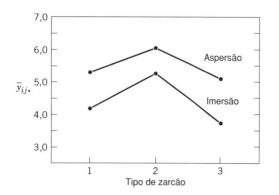

Fig. 7-47 Gráfico da força média de adesão em função dos tipos de zarcões para ambos os métodos de aplicação.

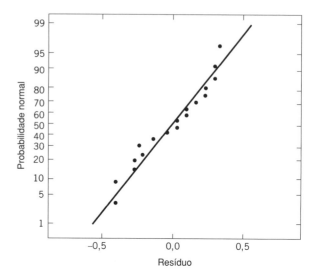

Fig. 7-48 Gráfico de probabilidade normal dos resíduos do Exemplo 7.14.

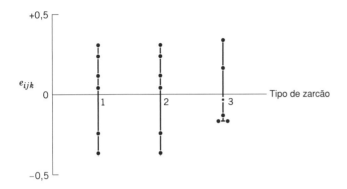

Fig. 7-49 Gráfico de resíduos em função do tipo de zarcão.

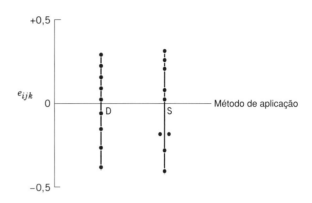

Fig. 7-50 Gráfico de resíduos em função do método de aplicação.

zarcão. O gráfico dos resíduos contra os valores ajustados na Fig. 7.51 não revela qualquer padrão não usual.

Saída Computacional
A Tabela 7.32 mostra alguma coisa da saída do procedimento de análise de variância no Minitab para o experimento do zarcão no Exemplo 7.14.

Essa tabela de médias apresenta as médias das amostras por tipo de zarcão, por método de aplicação e por célula (AB). O erro-padrão para cada média é calculado como $\sqrt{MQ_E/m}$, sendo m o número de observações em cada média da amostra. Por exemplo, cada célula tem $m = 3$ observações; assim, o erro-padrão de uma média da célula é $\sqrt{MQ_E/3} = \sqrt{0,0822/3} = 0,1655$. Um intervalo de confiança de 95% pode ser determinado a partir da média mais ou menos o erro-padrão vezes o multiplicador $t_{0,025;12} = 2,179$. O Minitab (e muitos outros programas) produzirão também os gráficos de resíduos e o gráfico de interação mostrados anteriormente.

A Tabela 7.33 mostra a saída do Minitab para o experimento fatorial fracionário no Exemplo 7.10. Os geradores do planejamento e os pares associados são apresentados quando o planejamento é criado no Minitab. Os efeitos e a tabela da ANOVA são exibidos quando o planejamento é analisado. Os testes F não são mostrados porque os efeitos não são ainda combinados na estimativa do erro.

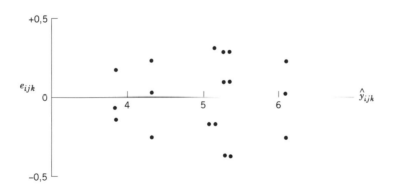

Fig. 7-51 Gráfico de resíduos em função dos valores previstos $\hat{y}_{ijkk}$.

TABELA 7-32 Análise de Variância do Minitab para o Exemplo 7.14

Análise de Variância (Planejamentos Balanceados)

Fator	Tipo	Níveis	Valores		
zarção	fixo	3	1	2	3
método	fixo	2	1	2	

Análise de Variância para y

Fonte	GL	SQ	MQ	F	P
zarção	2	4,5811	2,2906	27,86	0,000
método	1	4,9089	4,9089	59,70	0,000
zarção*método	2	0,2411	0,1206	1,47	0,269
Erro	12	0,9867	0,0822		
Total	17	10,7178			

Médias

zarção	N	y
1	6	4,7833
2	6	5,6833
3	6	4,5000

método	N	y
1	9	4,4667
2	9	5,5111

zarção	método	N	y
1	1	3	4,2667
1	2	3	5,3000
2	1	3	5,3000
2	2	3	6,0667
3	1	3	3,8333
3	2	3	5,1667

TABELA 7-33 Análise do Minitb para o Experimento Fatorial Fracionário do Exemplo 7.10

Planejamento Fatorial

Planejamento Fatorial Fracionário

Fatores:	6	Planejamento Base:	6, 16	Resolução: IV
Corridas:	16	Réplicas:	1	Fração: 1/4
Blocos:	nenhum	Pontos centrais (total):	0	

Geradores do Planejamento: E = ABC F = BCD

Estrutura Associada

I + ABCE + ADEF + BCDF
A + BCE+ DEF+ ABCDF
B + ACE + CDF + ABDEF
C + ABE + BDF + ACDEF
D + AEF + BCF + ABCDE
E + ABC + ADF + BCDEF
F + ADE + BCD+ ABCEF
AB + CE + ACDF + BDEF
AC + BE + ABDF + CDEF
AD + EF + ABCF + BCDE
AE + BC + DF + ABCDEF
AF + DE + ABCD + BCEF
BD + CF + ABEF+ ACDE
BF + CD + ABDE + ACEF
ABD + ACF+ BEF + CDE
ABF + ACD + BDE + CEF

Ajuste do Fatorial Fracionário

Efeitos Estimados e Coeficientes para y

Termo	Efeito	Coef.
Constante		27,313
A	13,875	6,938
B	35,625	17,812
C	−0,875	−0,438
D	1,375	0,687
E	0,375	0,187
F	0,375	0,188
A*B	11,875	5,938
A*C	−1,625	−0,813
A*D	−5,375	−2,688
A*E	−1,875	−0,937
A*F	0,625	0,313
B*D	−0,125	−0,062
B*F	−0,125	−0,062
A*B*D	0,125	0,062
A*B*F	−4,875	−2,437

(Continua)

272 CAPÍTULO SETE

TABELA 7-33 Análise do Minitb para o Experimento Fatorial Fracionário do Exemplo 7.10 (*Continuação*)

Análise de Variância para y

Fonte	GL	SQ Seq.	SQ Ajustada	MQ Ajustada	F	P
Efeitos Principais	6	5.858,37	5.858,37	976,40	**	
Interações de Segunda Ordem	7	705,94	705,94	100,85	**	
Interações de Terceira Ordem	2	95,12	95,12	47,56	**	
Erro Residual	0	0,00	0,00	0,00		
Total	15	6.659,44				

EXERCÍCIOS PARA A SEÇÃO 7-10

7-35. Considere o experimento no Exercício 7.2. Suponha que o experimento tenha sido realmente realizado com três tipos de tempos de secagem e com dois tipos de tinta. Os dados são:

	Tempo de Secagem (min)		
Tinta	20	25	30
1	74	73	78
	64	61	85
	50	44	92
2	99	98	66
	86	73	45
	68	88	85

(a) Faça a análise de variância com $\alpha = 0,05$. Qual é a sua conclusão acerca da significância do efeito de interação?

(b) Verifique a adequação do modelo, analisando os resíduos. Qual é a sua conclusão?

(c) Se valores menores forem desejáveis, que níveis dos fatores você recomenda usar de modo a obter o acabamento necessário na superfície?

7-36. Considere o experimento no Exercício 7.4. Suponha que o experimento tenha sido realmente realizado com três níveis de temperatura e com duas posições. Os dados são:

	Temperatura (°C)		
Posição	800	825	850
1	570	1.063	565
	565	1.080	510
	583	1.043	590
2	528	988	526
	547	1.026	538
	521	1.004	532

(a) Faça a análise de variância com $\alpha = 0,05$. Qual é a sua conclusão acerca da significância do efeito de interação?

(b) Verifique a adequação do modelo, analisando os resíduos. Qual é a sua conclusão?

(c) Se valores maiores de densidade forem desejáveis, que níveis dos fatores você recomenda?

7-37. A percentagem de concentração de madeira de lei na polpa virgem, a dificuldade de drenagem e o tempo de cozimento da polpa estão sendo investigados pelos seus efeitos sobre a resistência do papel. Os dados de um experimento fatorial com três fatores são mostrados na Tabela 7.34.

TABELA 7-34 Dados para o Exercício 7.37

Percentagem de Concentração de Madeira de Lei	**Tempo de Cozimento: 1,5 hora** **Dificuldade de Drenagem**			**Tempo de Cozimento: 2,0 horas** **Dificuldade de Drenagem**		
	350	500	650	350	500	650
10	96,6	97,7	99,4	98,4	99,6	100,6
	96,0	96,0	99,8	98,6	100,4	100,9
15	98,5	96,0	98,4	97,5	98,7	99,6
	97,2	96,9	97,6	98,1	96,0	99,0
20	97,5	95,6	97,4	97,6	97,0	98,5
	96,6	96,2	98,1	98,4	97,8	99,8

(a) Use um pacote computacional estatístico para fazer a análise de variância. Use $\alpha = 0,05$.

(b) Encontre os valores P para as razões F no item (a) e interprete seus resultados.

(c) Os resíduos são encontrados por $e_{ijkl} = Y_{ijkl} - \overline{Y}_{ijk}$. Analise graficamente os resíduos desse experimento.

7-38. O departamento de controle de qualidade de uma planta de uma fábrica está estudando os efeitos de vários fatores na tintura para um tecido misto de fibra de algodão e de fibra sintética, usado na fabricação de camisas. Três operadores, três tempos de ciclo e duas temperaturas foram selecionados e três pequenos pedaços de tecido foram tingidos sob um conjunto de condições. O tecido acabado foi comparado com um padrão e uma escala numérica foi atribuída. Os resultados são mostrados na Tabela 7.35.

(a) Faça a análise de variância com $\alpha = 0,05$. Interprete seus resultados.

(b) Os resíduos podem ser obtidos a partir de $e_{ijkl} = Y_{ijkl} - \overline{Y}_{ijk\cdot}$. Analise graficamente os resíduos desse experimento.

Exercícios Suplementares

7-39. Um artigo em *Process Engineering* (N.º 71, 1992, pp. 46-47) apresenta um experimento fatorial, com dois fatores, usado para investigar o efeito do pH e da concentração de catalisador sobre a viscosidade (cSt) do produto. Os dados são

	Concentração de Catalisador	
	2,5	2,7
pH 5,6	192, 199, 189, 198	178, 186, 179, 188
5,9	185, 193, 185, 192	197, 196, 204, 204

(a) Teste os efeitos principais e as interações, usando $\alpha = 0,05$. Quais são as suas conclusões?

(b) Faça um gráfico da interação e discuta a informação fornecida por esse gráfico.

(c) Analise os resíduos desse experimento.

7-40. O tratamento térmico de peças metálicas é um processo de fabricação largamente utilizado. Um artigo no *Journal of Metals* (Vol. 41, 1989) descreve um experimento para investigar a distorção da característica plana do tratamento térmico para três tipos de engrenagens e dois tempos de tratamento térmico. Os dados são mostrados a seguir.

Tipo de Engrenagem	Tempo (minutos)	
	90	120
20 dentes	0,0265	0,0560
	0,0340	0,0650
24 dentes	0,0430	0,0720
	0,0510	0,0880

(a) Há alguma evidência de que a distorção da característica plana seja diferente para diferentes tipos de engrenagens? Há alguma indicação de que o tempo de tratamento térmico afete a distorção da característica plana? Use $\alpha = 0,05$.

(b) Construa gráficos dos efeitos dos fatores que ajudem a tirar conclusões desse experimento.

(c) Analise os resíduos desse experimento. Comente a validade das suposições em foco.

7-41. Um artigo na revista *Textile Research Institute Journal* (Vol. 54, 1984, pp. 171-179) reportou os resultados de um experimento que estudou os efeitos de tratar tecidos com sais inorgânicos selecionados sobre a flamabilidade do material. Foram estudados dois níveis de aplicação de cada sal e um teste de queima vertical foi usado em cada amostra. (Esse teste determina a temperatura na qual cada amostra se incendeia.) Os dados do teste de queima são mostrados na Tabela 7.36.

TABELA 7-35 Dados para o Exercício 7.38

	Temperatura					
	300°			350°		
	Operador			Operador		
Tempo do Ciclo	1	2	3	1	2	3
40	23	27	31	24	38	34
	24	28	32	23	36	36
	25	26	28	28	35	39
50	36	34	33	37	34	34
	35	38	34	39	38	36
	36	39	35	35	36	31
60	28	35	26	26	36	28
	24	35	27	29	37	26
	27	34	25	25	34	34

TABELA 7-36 Dados para o Exercício 7.41

			Sal			
Nível	Não tratado	$MgCl_2$	NaCl	$CaCO_3$	$CaCl_2$	Na_2CO_3
1	812	752	739	733	725	751
	827	728	731	728	727	761
	876	764	726	720	719	755
2	945	794	741	786	756	910
	881	760	744	771	781	854
	919	757	727	779	814	848

(a) Teste a diferença entre os sais, entre os níveis de aplicação e entre as interações. Use $\alpha = 0,01$.

(b) Desenhe um gráfico da interação entre o sal e o nível de aplicação. Que conclusões você pode tirar desse gráfico?

(c) Analise os resíduos desse experimento.

7-42. Um artigo no periódico *IEEE Transactions on Components, Hybrids, and Manufacturing Technology* (Vol. 15, 1992) descreve um experimento para investigar um método de alinhamento de *chips* ópticos em placas de circuitos. O método envolve colocar pingos de solda no fundo do *chip*. O experimento usou dois tamanhos de pingos de solda e dois métodos de alinhamento. A variável de resposta é a exatidão do alinhamento (μm). Os dados são

Tamanho dos Pingos de Solda (diâmetro em μm)	Método de Alinhamento	
	1	2
75	4,60	1,05
	4,53	1,00
130	2,33	0,82
	2,44	0,95

(a) Há qualquer indicação de que tanto o tamanho dos pingos de solda como o método de alinhamento afetem a exatidão do alinhamento? Há qualquer evidência de interação entre esses fatores? Use $\alpha = 0,05$.

(b) Que recomendações você faria a respeito desse processo?

(c) Analise os resíduos desse experimento. Comente a adequação do modelo.

7-43. Um artigo na revista *Solid State Technology* (Vol. 29, 1984, pp. 281-284) descreve o uso de planejamentos fatoriais em fotolitografia, uma importante etapa no processo de fabricação de circuitos integrados. As variáveis nesse experimento (todas com dois níveis) são temperatura de pré-cozimento (A), tempo de pré-cozimento (B) e energia de exposição (C); a variável de resposta é a largura da linha delta, a diferença entre a linha na máscara e a linha impressa no aparelho. Os dados são: $(1) = -2,30$; $a = -9,87$; $b = -18,20$; $ab = -30,20$; $c = -23,80$; $ac = -4,30$; $bc = -3,80$ e $abc = -14,70$.

(a) Estime os efeitos dos fatores.

(b) Suponha que um ponto central seja adicionado a esse planejamento e que quatro réplicas sejam obtidas: $-10,50$; $-5,30$; $-11,60$ e $-7,30$. Calcule uma estimativa do erro experimental.

(c) Teste a significância dos efeitos principais, das interações e da curvatura. Se $\alpha = 0,05$, que conclusões você pode tirar?

(d) Que modelo você recomendaria para prever a resposta largura da linha delta, baseado nos resultados desse experimento?

(e) Analise os resíduos desse experimento e comente a adequação do modelo.

7-44. Um artigo no periódico *Journal of Coatings Technology* (Vol. 60, 1988, pp. 27-32) descreve um planejamento fatorial 2^4, usado para estudar uma tinta, à base de prata, para automóveis. A variável de resposta é a propriedade de distinguir imagens (PDI). As variáveis usadas no experimento são

A = Percentagem de poliéster por peso de poliéster/melanina (nível baixo = 50%; nível alto = 70%)

B = Percentagem de carboxilato butirato acetato de celulose (nível baixo = 15%; nível alto = 30%)

C = Percentagem de estearato de alumínio (nível baixo = 1%; nível alto = 3%)

D = Percentagem de catalisador ácido (nível baixo = 0,25%; nível alto = 0,50%)

As respostas são: $(1) = 63,8$; $a = 77,6$; $b = 68,8$; $ab = 76,5$; $c = 72,5$; $ac = 77,2$; $bc = 77,7$; $abc = 84,5$; $d = 60,6$; $ad = 64,9$; bd 72,7; $abd = 73,3$; $cd = 68,0$; $acd = 76,3$; $bcd = 76,0$ e $abcd = 75,9$.

(a) Estime os efeitos dos fatores.

(b) A partir do gráfico de probabilidade normal dos efeitos, tente um modelo para os dados desse experimento.

(c) Usando os fatores aparentemente negligenciáveis como uma estimativa de erro, teste a significância dos fatores identificados no item (b). Use $\alpha = 0,05$.

(d) Baseado nesse experimento, que modelo você usaria para descrever o processo? Interprete o modelo.

(e) Analise os resíduos do modelo no item (d) e comente as suas descobertas.

7-45. Um artigo na revista *Journal of Manufacturing Systems* (Vol. 10, 1991, pp. 32-40) descreve um experimento para investigar o efeito de quatro fatores P = pressão do jato de água, F = vazão de

abrasivo, G = tamanho do grão abrasivo e V = velocidade transversal do jato de água sobre a rugosidade de uma superfície. Um planejamento 2^4 com sete pontos centrais é mostrado na Tabela 7.37.
(a) Estime os efeitos dos fatores.
(b) Tente um modelo através do exame de um gráfico de probabilidade normal dos efeitos.
(c) O modelo do item (b) é uma descrição razoável do processo? Use $\alpha = 0,05$.
(d) Interprete os resultados desse experimento.
(e) Analise os resíduos desse experimento.

7-46. Construa um planejamento 2_{IV}^{4-1} para o problema no Exercício 7.44. Selecione os dados para as oito corridas requeridas para esse planejamento. Analise essas corridas e compare suas conclusões com aquelas obtidas no Exercício 7.44 para o planejamento completo.

7-47. Construa um planejamento 2_{IV}^{4-1} para o problema no Exercício 7.45. Selecione os dados para as oito corridas requeridas para esse planejamento, mais os pontos centrais. Analise esses dados e compare suas conclusões com aquelas obtidas no Exercício 7.45 para o planejamento completo.

7-48. Construa um planejamento 2_{IV}^{8-4} em 16 corridas. Quais são as relações de associação nesse planejamento?

7-49. Construa um planejamento 2_{III}^{5-2} em 8 corridas. Quais são as relações de associação nesse planejamento?

7-50. Em um estudo de desenvolvimento de um processo a respeito de rendimento, quatro fatores foram estudados, cada um tendo dois níveis: tempo (A), concentração (B), pressão (C) e temperatura (D). Uma única réplica de um planejamento 2^4 foi realizada, sendo os dados resultantes mostrados na Tabela 7.38.
(a) Plote as estimativas dos efeitos sobre uma escala de probabilidade normal. Que fatores parecem ter efeitos grandes?
(b) Conduza uma análise de variância usando o gráfico de probabilidade normal do item (a), de modo a guiar a formação do termo do erro. Quais são as suas conclusões?
(c) Analise os resíduos desse experimento. Sua análise indica alguns problemas em potencial?
(d) Esse planejamento pode ser reduzido a um planejamento 2^3, com duas réplicas? Se afirmativo, esquematize o planejamento com a média e a amplitude do rendimento mostrado em cada ponto no cubo. Interprete os resultados.

7-51. Considere o experimento descrito no Exercício 7.50. Encontre os intervalos de confiança de 95% para os efeitos dos fatores que parecem ser importantes. Use o gráfico de probabilidade normal para fornecer um guia relativo aos efeitos que podem ser combinados para obter uma estimativa do erro.

7-52. Um artigo na revista *Journal of Quality Technology* (Vol. 17, 1985, pp. 198-206) descreve o uso de um planejamento fatorial fracionário com réplicas, com o objetivo de investigar o efeito de cinco fatores sobre a altura livre de molas usadas em uma aplicação automotiva. Os fatores são A = temperatura do forno,

TABELA 7-37 Dados para o Exercício 7.45

		Fatores			
Corrida	V (in/min)	F (lb/min)	P (kpsi)	G (mesh)	Rugosidade da Superfície (μm)
1	6	2,0	38	80	104
2	2	2,0	38	80	98
3	6	2,0	30	80	103
4	2	2,0	30	80	96
5	6	1,0	38	80	137
6	2	1,0	38	80	112
7	6	1,0	30	80	143
8	2	1,0	30	80	129
9	6	2,0	38	170	88
10	2	2,0	38	170	70
11	6	2,0	30	170	110
12	2	2,0	30	170	110
13	6	1,0	38	170	102
14	2	1,0	38	170	76
15	6	1,0	30	170	98
16	2	1,0	30	170	68
17	4	1,5	34	115	95
18	4	1,5	34	115	98
19	4	1,5	34	115	100
20	4	1,5	34	115	97
21	4	1,5	34	115	94
22	4	1,5	34	115	93
23	4	1,5	34	115	91

276 CAPÍTULO SETE

TABELA 7-38 Dados para o Exercício 7.50

Número da Corrida	Ordem Real da Corrida	A	B	C	D	Rendimento (libras)	Níveis dos Fatores		
								Baixo (−)	Alto (+)
1	5	−	−	−	−	12	A (h)	2,5	3
2	9	+	−	−	−	18	B (%)	14	18
3	8	−	+	−	−	13	C (psi)	60	80
4	13	+	+	−	−	16	D (°C)	225	250
5	3	−	−	+	−	17			
6	7	+	−	+	−	15			
7	14	−	+	+	−	20			
8	1	+	+	+	−	15			
9	6	−	−	−	+	10			
10	11	+	−	−	+	25			
11	2	−	+	−	+	13			
12	15	+	+	−	+	24			
13	4	−	−	+	+	19			
14	16	+	−	+	+	21			
15	10	−	+	+	+	17			
16	12	+	+	+	+	23			

B = tempo de aquecimento, C = tempo de transferência, D = tempo de retenção e E = temperatura de arrefecimento do óleo. Os dados são mostrados na tabela seguinte.

A	B	C	D	E	Altura Livre		
−	−	−	−	−	7,78	7,78	7,81
+	−	−	+	−	8,15	8,18	7,88
−	+	−	+	−	7,50	7,56	7,50
+	+	−	−	−	7,59	7,56	7,75
−	−	+	+	−	7,54	8,00	7,88
+	−	+	−	−	7,69	8,09	8,06
−	+	+	−	−	7,56	7,52	7,44
+	+	+	+	−	7,56	7,81	7,69
−	−	−	−	+	7,50	7,56	7,50
+	−	−	+	+	7,88	7,88	7,44
−	+	−	+	+	7,50	7,56	7,50
+	+	−	−	+	7,63	7,75	7,56
−	−	+	+	+	7,32	7,44	7,44
+	−	+	−	+	7,56	7,69	7,62
−	+	+	−	+	7,18	7,18	7,25
+	+	+	+	+	7,81	7,50	7,59

(a) Qual é o gerador para essa fração? Escreva a estrutura de associação.

(b) Analise os dados. Que fatores influenciam a altura livre média?

(c) Calcule a amplitude da altura livre para cada corrida. Há qualquer indicação de que qualquer um desses fatores afete a variabilidade na altura livre?

(d) Analise os resíduos desse experimento e comente as suas descobertas.

7-53. Um artigo no periódico *Rubber Chemistry and Technology* (Vol. 47, 1974, pp. 825-836) descreve um experimento que estuda a viscosidade Mooney da borracha, em relação a muitas variáveis, incluindo a carga de sílica (percentagem) e carga de óleo (percentagem). Alguns dos dados desse experimento são mostrados a seguir, sendo

$$x_1 = \frac{\text{sílica} - 60}{15} \qquad x_2 = \frac{\text{óleo} - 21}{15}$$

Níveis Codificados		
x_1	x_2	y
−1	−1	13,71
1	−1	14,15
−1	1	12,87
1	1	13,53
−1,4	0	12,99
1,4	0	13,89
0	−1,4	14,16
0	1,4	12,90
0	0	13,75
0	0	13,66
0	0	13,86
0	0	13,63
0	0	13,74

Ajuste um modelo quadrático para esses dados. Que valores de x_1 e x_2 maximizarão a viscosidade Mooney?

Exercício em Equipe

7-54. O projeto consiste em planejar, projetar, conduzir e analisar um experimento, usando princípios apropriados de planejamento de experimentos. O contexto do projeto está limitado somente por sua imaginação. Os estudantes conduziram experimentos diretamente ligados a seus próprios interesses de pesquisa: um projeto em que eles estejam envolvidos no trabalho (alguma coisa para participantes em indústrias ou os que trabalham meio-expediente em indústrias pensarem) ou se todos os outros falharem, você poderia conduzir um experimento "caseiro" (exemplo: como a variação de fatores, tais como tipo de óleo de cozimento, quantidade de óleo, temperatura de cozimento, tipo de panela, marca da pipoca etc., afetam o rendimento e sabor da pipoca).

A maior exigência é que o experimento tem de envolver no mínimo três fatores. Cada uma das etapas intermediárias requer informação sobre o problema, os fatores, as respostas que serão observadas e os detalhes específicos do planejamento que serão usados. Seu relatório final deve incluir objetivos claros, os procedimentos e as técnicas usadas, análises adequadas e conclusões específicas que estabeleçam o que foi aprendido do experimento.

CAPÍTULO 8

CONTROLE ESTATÍSTICO DA QUALIDADE

ESQUEMA DO CAPÍTULO

8-1 MELHORIA E ESTATÍSTICA DA QUALIDADE
8-2 CONTROLE ESTATÍSTICO DA QUALIDADE
8-3 CONTROLE ESTATÍSTICO DE PROCESSO
8-4 INTRODUÇÃO AOS GRÁFICOS DE CONTROLE
  8-4.1 Princípios Básicos
  8-4.2 Projeto de um Gráfico de Controle
  8-4.3 Subgrupos Racionais
  8-4.4 Análise de Padrões de Comportamento para Gráficos de Controle

8-5 GRÁFICOS DE CONTROLE $\overline{X}$ E R
8-6 GRÁFICOS DE CONTROLE PARA MEDIDAS INDIVIDUAIS
8-7 CAPACIDADE DE PROCESSO
8-8 GRÁFICOS DE CONTROLE PARA ATRIBUTOS
  8-8.1 Gráfico P (Gráfico de Controle para Proporções) e o Gráfico nP
  8-8.2 Gráfico U (Gráfico de Controle para Número Médio de Defeitos por Unidade) e Gráfico C

8-9 DESEMPENHO DOS GRÁFICOS DE CONTROLE

8-1 MELHORIA E ESTATÍSTICA DA QUALIDADE

Hoje em dia, a qualidade de produtos e de serviços tem se tornado um importante fator de decisão na maioria dos negócios. Independentemente de o consumidor ser ou não um indivíduo, uma corporação, um programa de defesa militar ou uma loja de varejo, quando o consumidor estiver fazendo decisões de compra, ele ou ela estará propenso a considerar a qualidade com a mesma importância que o custo e o prazo de entrega. Conseqüentemente, **a melhoria da qualidade** tem se tornado uma preocupação importante para muitas corporações americanas. Este capítulo é sobre **controle estatístico da qualidade**, uma coleção de ferramentas que são essenciais nas atividades de melhoria da qualidade.

Qualidade significa **adequação ao uso**. Por exemplo, você ou eu podemos comprar automóveis que esperamos estar livres de defeitos de fabricação e que devem prover transporte confiável e econômico; um varejista compra itens acabados na esperança de que eles estejam embalados apropriadamente e arrumados de modo a se ter fácil estocagem e disposição; ou um fabricante compra matéria-prima e espera processá-la sem retrabalho ou perda. Em outras palavras, todos os consumidores esperam que os produtos e serviços que eles compram encontrem seus requisitos, aqueles que definem a adequação para uso.

Qualidade ou adequação ao uso é determinada através da interação da **qualidade de projeto** e da **qualidade de conformidade**. Por qualidade de projeto, queremos dizer os diferentes graus ou níveis de desempenho, de confiabilidade, de serviço e

de função que são o resultado de decisões deliberadas de engenharia e de gerência. Por qualidade de conformidade, queremos dizer a **redução** sistemática **de variabilidade** e **a eliminação de defeitos** até que cada unidade produzida seja idêntica e livre de defeitos.

Existe alguma confusão em nossa sociedade acerca da melhoria da qualidade; algumas pessoas ainda pensam que ela significa revestir de ouro um produto ou gastar mais dinheiro para desenvolver um produto ou processo. Esse pensamento está errado. Melhoria da qualidade significa a **eliminação de resíduos**. Exemplos de resíduos incluem perda e retrabalho na fabricação, na inspeção e no teste, erros em documentos (tais como desenhos de engenharia, cheques, ordens de pagamento e planos), serviço de atendimento a consumidores, custos de garantia e o tempo requerido para repetir coisas que poderiam ter sido feitas direito desde a primeira vez. Um esforço vitorioso de melhoria da qualidade pode eliminar muito desse resíduo e conduzir a custos menores, produtividades maiores, consumidores mais satisfeitos, aumento da reputação dos negócios, maior divisão de mercado e, por último, maiores lucros para a companhia.

Os métodos estatísticos desempenham um papel vital na melhoria da qualidade. Algumas aplicações são dadas a seguir:

1. No planejamento e desenvolvimento de produtos, métodos estatísticos, incluindo experimentos planejados, podem ser usados para comparar diferentes materiais, componentes ou ingredientes, e ajudar a determinar as tolerâncias do sistema e dos componentes. Essa aplicação pode baixar, significativamente, os custos de desenvolvimento e reduzir o tempo de desenvolvimento.

2. Os métodos estatísticos podem ser usados para determinar a capacidade de um processo de fabricação. O controle estatístico de processo pode ser usado para melhorar sistematicamente um processo, pela redução da variabilidade.

3. Os métodos de planejamento de experimentos podem ser usados para investigar melhorias no processo. Essas melhorias podem conduzir a maiores rendimentos e menores custos de fabricação.

4. Os testes de vida fornecem confiabilidade e outros dados de desempenho sobre o produto. Isso pode levar a novos

e melhores projetos e produtos que tenham vidas úteis mais longas e menores custos operacionais e de manutenção.

Algumas dessas aplicações foram ilustradas em capítulos anteriores deste livro. É essencial que engenheiros, cientistas e gerentes tenham um profundo entendimento dessas ferramentas estatísticas em qualquer indústria ou negócio em que queiram ser produtores de alta qualidade e com baixo custo. Neste capítulo, forneceremos uma introdução aos métodos básicos de controle estatístico da qualidade que, juntamente com planejamento de experimentos, formam a base de um esforço vitorioso de melhoria da qualidade.

8-2 CONTROLE ESTATÍSTICO DA QUALIDADE

O campo de controle estatístico da qualidade pode ser largamente definido como aqueles métodos estatísticos e de engenharia que são usados na medida, na monitorização, no controle e na melhoria da qualidade. O controle estatístico da qualidade é um campo relativamente novo, datando dos anos 20. Dr. Walter A. Shewhart, dos Laboratórios da Companhia Telefônica Bell (*Bell Telephone Laboratories*), foi um dos pioneiros do campo. Em 1924, ele escreveu um memorando mostrando um moderno gráfico de controle (ou carta de controle), uma das ferramentas básicas de controle estatístico de processo. Harold F. Dodge e Harry G. Romig, dois empregados do Sistema Bell (*Bell System*), forneceram muito da liderança no desenvolvimento da amostragem com base estatística e métodos de inspeção. O trabalho desses três homens forma muito da base do campo moderno do controle estatístico da qualidade. A II Guerra Mundial viu a larga in-

trodução desses métodos nas indústrias americanas. Dr. W. Edwards Deming e Dr. Joseph M. Juran têm sido instrumentos na difusão de métodos de controle estatístico da qualidade, desde a II Guerra Mundial.

Os japoneses foram particularmente vitoriosos na aplicação dos métodos de controle estatístico da qualidade e usaram métodos estatísticos para ganhar vantagem significativa sobre seus competidores. Nos anos 70, a indústria americana sofreu bastante com os competidores japoneses (e outros estrangeiros); isso levou, por sua vez, a renovar o interesse em métodos de controle estatístico da qualidade nos Estados Unidos. Muito desse interesse está focalizado no *controle estatístico de processo e planejamento de experimentos*. Muitas companhias americanas começaram programas extensivos para implementar esses métodos na sua fabricação, engenharia e outras organizações comerciais.

8-3 CONTROLE ESTATÍSTICO DE PROCESSO

É impraticável inspecionar qualidade em um produto; ele tem de ser feito corretamente já na primeira vez. O processo de fabricação tem, por conseguinte, de ser estável ou capaz de ser repetido e capaz de operar com pouca variabilidade ao redor do alvo ou dimensão nominal. O controle estatístico de processo em tempo real (*on-line*) é uma ferramenta poderosa para encontrar a estabilidade de um processo e para melhorar a capacidade através da redução da variabilidade.

É costume pensar sobre o **controle estatístico de processo (CEP)** como um conjunto de ferramentas para resolver problemas, que pode ser aplicado a qualquer processo. As ferramentas mais importantes do CEP[1] são

1. Histograma
2. Gráfico de Pareto
3. Diagrama de causa e efeito

---

[1]Alguns preferem incluir os métodos de planejamento de experimentos, discutidos no Cap. 7, como parte do conjunto de ferramentas do CEP. Não fizemos assim, porque pensamos o CEP como uma abordagem *on-line* para melhoria da qualidade, usando técnicas fundamentadas em observações passivas do processo, enquanto o planejamento de experimentos é uma abordagem ativa, em que mudanças deliberadas são feitas nas variáveis de processo. Como tal, experimentos planejados são freqüentemente referidos como controle de qualidade *off-line*.

4. Diagrama de defeito-concentração
5. Gráfico de controle
6. Diagrama de dispersão
7. Folha de verificação

Embora essas ferramentas sejam uma parte importante do CEP, elas compreendem apenas o aspecto técnico do assunto. Um elemento igualmente importante do CEP é a atitude — um desejo de todos os indivíduos na organização para a melhoria contínua na qualidade e produtividade através da redução sistemática de variabilidade. O gráfico de controle é a mais poderosa das ferramentas do CEP. Para uma discussão completa desses métodos, ver Montgomery (1996).

8-4 INTRODUÇÃO AOS GRÁFICOS DE CONTROLE

8-4.1 Princípios Básicos

Em qualquer processo de produção, independentemente de quão bem projetado ou cuidadosamente mantido ele seja, uma certa quantidade de variabilidade inerente ou natural sempre existirá. Essa variabilidade natural ou "ruído de fundo" é o efeito cumulativo de muitas causas pequenas, essencialmente inevitáveis. Quando o ruído de fundo em um processo for relativamente pequeno, geralmente o consideramos em um nível aceitável de desempenho do processo. No âmbito de controle estatístico da qualidade, essa variabilidade natural é freqüentemente chamada de "um sistema estável de causas casuais". Um processo que esteja operando somente com **causas casuais** de variação presente é dito sob controle estatístico. Em outras palavras, as causas casuais são uma parte inerente do processo.

Outros tipos de variabilidade podem ocasionalmente estar presentes na saída de um processo. Essa variabilidade nas características-chave da qualidade geralmente aparecem de três fontes: máquinas não propriamente ajustadas, erros dos operadores ou matérias-primas defeituosas. Tal variabilidade é geralmente grande quando comparada ao ruído de fundo, representando usualmente um nível inaceitável de desempenho de processo. Referimo-nos a essas fontes de variabilidade, que não são parte do padrão de causas comuns, como **causas atribuídas**. Um processo que esteja operando na presença de causas atribuídas é dito fora de controle.[2]

Os processos de produção operarão, freqüentemente, em um estado sob controle, produzindo produtos aceitáveis durante períodos relativamente longos de tempo. Ocasionalmente, no entanto, causas atribuídas ocorrerão aparentemente ao acaso, resultando em uma "mudança" para um estado fora de controle, em que uma grande proporção da saída do processo não atende aos requisitos. Um objetivo importante de controle estatístico da qualidade é detectar rapidamente a ocorrência de causas atribuídas ou mudanças no processo, de modo que uma investigação do processo e uma ação corretiva possam ser empreendidas antes que muitas unidades não conformes sejam fabricadas. O gráfico de controle é uma técnica de monitorização *on-line* do processo, largamente usada para essa finalidade.

Lembre o seguinte fato do Cap. 1. As Figs. 1.14(a) e (b) ilustram que ajustes às causas comuns de variação aumentam a variação de um processo, enquanto que as Figs. 1.15(a) e (b) ilustram que ações devem ser tomadas em resposta às causas atribuídas de variação. Os gráficos de controle podem também ser usados para estimar parâmetros de um processo de produção e, através dessa informação, determinar a capacidade de um processo de atingir as especificações. O gráfico de controle pode também fornecer informação que seja útil na melhoria de um processo. Finalmente, lembre-se de que o objetivo final de controle estatístico de processo é a *eliminação de variabilidade no processo*. Embora possa não ser possível eliminar completamente a variabilidade, o gráfico de controle ajuda a reduzi-la tanto quanto possível.

Um gráfico típico de controle é mostrado na Fig. 8.1, que é uma disposição gráfica de uma característica da qualidade, que foi medida ou calculada a partir de uma amostra, em função do número da amostra ou tempo. Freqüentemente, as amostras são selecionadas em intervalos periódicos, tal como a cada hora. O gráfico contém uma linha central (LC), que representa o valor médio da característica da qualidade correspondendo ao estado sob controle. (Ou seja, somente causas casuais estão presentes.) Duas outras linhas horizontais, chamadas de limite superior de controle (LSC) e de limite inferior de controle (LIC), são também mostradas no gráfico. Esses limites de controle são escolhidos de modo que, se o pro-

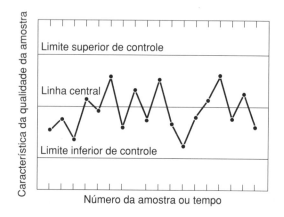

Fig. 8-1 Gráfico típico de controle.

---

[2] A terminologia causas *casuais* e *atribuídas* foi desenvolvida por Dr. Walter A. Shewhart. Hoje em dia, alguns escritores usam causa *comum* em vez de causa *casual* e causa *especial* em vez de causa *atribuída*.

cesso estiver sob controle, aproximadamente todos os pontos da amostra cairão entre eles. Em geral, desde que os pontos estejam plotados dentro dos limites de controle, o processo é considerado sob controle e nenhuma ação é necessária. Entretanto, um ponto que caia fora dos limites de controle é interpretado como evidência de que o processo está fora de controle, necessitando-se de investigação e ação corretiva para encontrar e eliminar a causa atribuída ou causas responsáveis para esse comportamento. Os pontos da amostra no gráfico de controle são geralmente conectados com segmentos de linha reta, de modo que é mais fácil visualizar como a seqüência de pontos tem evoluído ao longo do tempo.

Mesmo que todos os pontos estejam dentro dos limites de controle, se eles se comportarem de maneira sistemática ou não aleatória, então isso será uma indicação de que o processo está fora de controle. Por exemplo, se 18 dos 20 últimos pontos estivessem acima da linha central, porém abaixo do limite superior de controle, e somente dois desses pontos estivessem abaixo da linha central, porém acima do limite inferior de controle, ficaríamos muito desconfiados de que alguma coisa estaria errada. Se o processo estiver sob controle, todos os pontos plotados deverão ter um padrão de comportamento essencialmente aleatório. Métodos planejados para encontrar seqüências ou padrões não aleatórios de comportamento podem ser aplicados aos gráficos de controle como uma ajuda na detecção de condições fora de controle. Um determinado padrão de comportamento não aleatório geralmente aparece em um gráfico de controle por uma razão e se essa razão puder ser encontrada e eliminada, o desempenho do processo poderá ser melhorado.

Há uma forte conexão entre gráficos de controle e testes de hipóteses. Essencialmente, o gráfico de controle é um teste da hipótese de que o processo está em um estado de controle estatístico. Um ponto situado dentro dos limites de controle é equivalente a falhar em rejeitar a hipótese de controle estatístico e um ponto situado fora dos limites de controle é equivalente a rejeitar a hipótese de controle estatístico.

Podemos dar um *modelo* geral para um gráfico de controle.

Modelo Geral para um Gráfico de Controle

Seja W uma estatística da amostra que mede alguma característica da qualidade de interesse e suponha que a média de W seja μ_W e o desvio-padrão de W seja σ_W.[3] Então a linha central, o limite superior de controle e o limite inferior de controle se tornam

$$LSC = \mu_W + k\sigma_W$$
$$LC = \mu_W$$
$$LIC = \mu_W - k\sigma_W \qquad (8\text{-}1)$$

sendo k a "distância" dos limites de controle a partir da linha central, expressa em unidades de desvio-padrão.

Uma escolha comum é $k = 3$. Essa teoria geral de gráficos de controle foi primeiro proposta por Dr. Walter A. Shewhart e os gráficos de controle desenvolvidos de acordo com esses princípios são freqüentemente chamados de **gráficos de controle de Shewhart**.

O gráfico de controle é um instrumento para descrever exatamente o que se entende por controle estatístico; como tal, ele pode ser usado em uma variedade de maneiras. Em muitas aplicações, ele é usado para monitorização *on-line* de processo. Ou seja, dados da amostra são coletados e usados para construir o gráfico de controle e se os valores amostrais de $\bar{x}$ (por exemplo) caírem dentro dos limites de controle e não exibirem qualquer padrão sistemático de comportamento, diremos que o processo está sob controle no nível indicado pelo gráfico. Note que podemos estar interessados aqui em determinar *ambos*: se os dados passados vieram de um processo que estava sob controle e se as amostras futuras, provenientes desse processo, indicam controle estatístico.

O uso mais importante de um gráfico de controle é *melhorar* o processo. Encontramos que, geralmente:

1. A maioria dos processos não opera em um estado de controle estatístico.
2. Por conseguinte, o uso rotineiro e cauteloso dos gráficos de controle identificará causas atribuídas. Se essas causas puderem ser eliminadas do processo, a variabilidade será reduzida e o processo será melhorado.

Essa atividade de melhoria de um processo, usando gráficos de controle, é ilustrada na Fig. 8.2. Note que:

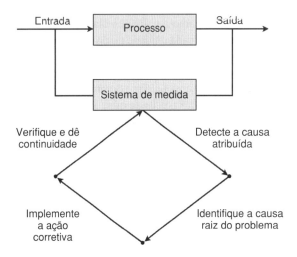

Fig. 8-2 Melhoria de processo usando o gráfico de controle.

---
[3]Note que "sigma" se refere ao desvio-padrão da estatística plotada no gráfico (isto é, σ_W), e não ao desvio-padrão da característica da qualidade.

3. O gráfico de controle somente *detectará* causas atribuídas. A *ação* do gerente, do operador e do engenheiro será geralmente necessária para eliminar a causa atribuída. É vital um plano de ação para responder aos sinais do gráfico de controle.

Na identificação e na eliminação das causas atribuídas, é importante encontrar a **causa raiz** em foco do problema e atacá-la. Uma solução cosmética não resultará, a longo prazo, em qualquer melhoria real do processo. O desenvolvimento de um sistema efetivo para a ação corretiva é um componente essencial de uma implementação efetiva de CEP.

Podemos também usar o gráfico de controle como um *instrumento de estimação*. Isto é, a partir de um gráfico de controle que exiba controle estatístico, podemos estimar certos parâmetros de processo, tais como a média, o desvio-padrão e a fração não conforme. Essas estimativas podem então ser usadas para determinar a *capacidade* do processo para produzir produtos aceitáveis. Tais **estudos de capacidade de processo** têm impacto considerável em muitos problemas de decisão de gerência que ocorrem ao longo do ciclo do produto, incluindo decisões fazer-ou-comprar, melhorias da planta e de processo que reduzam a variabilidade do processo e as concordâncias contratuais com consumidores ou fornecedores relativos à qualidade do produto.

Os gráficos de controle podem ser classificados em dois tipos gerais. Muitas características da qualidade podem ser medidas e expressas como números em alguma escala contínua de medida. Em tais casos, é conveniente descrever a característica da qualidade com uma medida de tendência central e uma medida de variabilidade. Os gráficos de controle para tendência central e variabilidade são coletivamente chamados de **gráficos de controle para variáveis**. O gráfico $\bar{X}$ é o gráfico mais largamente usado para monitorar a tendência central, enquanto gráficos baseados na amplitude da amostra ou no desvio-padrão da amostra são usados para controlar a variabilidade do processo. Muitas características da qualidade não são medidas em uma escala contínua ou mesmo em uma escala quantitativa. Nesses casos, podemos julgar cada unidade do produto como conforme ou não conforme, com base no fato de possuir ou não certos atributos ou podemos contar o número de não conformidades (defeitos) aparecendo em uma unidade do produto. Os gráficos de controle para tais características da qualidade são chamados de **gráficos de controle para atributos**.

Os gráficos de controle têm tido uma longa história de uso na indústria. Há, no mínimo, cinco razões para sua popularidade.

1. Gráficos de controle são uma técnica comprovada para melhoria da produtividade. Um programa vitorioso de gráfico de controle reduzirá a perda ou retrabalho, que são os principais destruidores da produtividade em *qualquer* operação. Se você reduzir a perda e o retrabalho, então a produtividade aumenta, o custo diminui e a capacidade de produção (medida no número de itens *bons* por hora) aumenta.

2. Gráficos de controle são efetivos na prevenção de defeitos. O gráfico de controle ajuda a manter o processo sob controle, o que é consistente com a filosofia de "faça certo na primeira vez". Nunca é mais barato separar depois as unidades "boas" das unidades "ruins", em vez de fazer correto desde o início. Se você não tiver um controle efetivo do processo, estará pagando a alguém para fazer um produto não conforme.

3. Gráficos de controle previnem ajustes desnecessários no processo. Um gráfico de controle pode distinguir entre ruído de fundo e variação anormal; nenhum outro instrumento, incluindo um operador humano, é tão efetivo em fazer essa distinção. Se os operadores ajustarem o processo, baseados em testes periódicos não relacionados a um programa de gráfico de controle, eles freqüentemente reagirão em demasia ao ruído de fundo e farão ajustes desnecessários. Esses ajustes desnecessários podem geralmente resultar em uma deterioração do desempenho do processo. Em outras palavras, o gráfico de controle é consistente com a filosofia de "se ele não estiver quebrado, não o conserte".

4. Gráficos de controle fornecem informação diagnosticadora. Freqüentemente, o padrão de comportamento dos pontos em um gráfico de controle conterá informação que tem um valor diagnosticador para um engenheiro ou operador experientes. Essa informação permite ao operador implementar uma mudança no processo que melhorará seu desempenho.

5. Gráficos de controle fornecem informação sobre a capacidade de processo. O gráfico de controle fornece informação sobre o valor de importantes parâmetros do processo e sua estabilidade ao longo do tempo. Isso permite fazer uma estimativa da capacidade de processo. Essa informação é de tremendo uso para projetistas de produto e de processo.

Gráficos de controle estão entre as ferramentas mais efetivas de controle gerencial, sendo importantes como controladoras de custo e de materiais. A tecnologia moderna com-putacional tornou fácil a implementação de gráficos de controle em qualquer tipo de processo e para coleção de dados, podendo a análise ser feita em um microcomputador ou em um terminal de rede local em tempo real no centro de trabalho.

8-4.2 Projeto de um Gráfico de Controle

A fim de ilustrar essas idéias, damos um exemplo simplificado de um gráfico de controle. Na fabricação de anéis de pistão de motores automotivos, o diâmetro interno dos anéis é uma característica crítica da qualidade. O diâmetro médio interno do anel no processo é 74 mm e sabe-se que o desvio-padrão do diâmetro do anel é 0,01 mm. Um gráfico de controle para o diâmetro médio do anel é mostrado na Fig. 8.3. A cada hora, uma amostra aleatória de cinco anéis é retirada, o diâmetro médio ($\bar{x}$) do anel da amostra é calculado e $\bar{x}$ é plotado no gráfico. Devido a esse gráfico de controle utilizar a média $\bar{X}$ amostral para monitorar a média do processo, ele é geralmente chamado de um gráfico de controle $\bar{X}$. Note que todos os pontos caem dentro dos limites de controle, de modo que o gráfico indica que o processo está sob controle estatístico.

Considere como os limites de controle foram determinados. A média do processo é 74 mm e o desvio-padrão do processo é $\sigma = 0{,}01$ mm. Agora, se amostras de tamanho $n = 5$ forem retiradas, o desvio-padrão da média amostral $\bar{X}$ será

$$\sigma_{\bar{X}} = \frac{\sigma}{\sqrt{n}} = \frac{0{,}01}{\sqrt{5}} = 0{,}0045$$

Conseqüentemente, se o processo estiver sob controle com um diâmetro médio de 74 mm, usando o teorema central do limite para considerar que $\bar{X}$ seja distribuído de forma aproximadamente normal, esperaríamos que cerca de $100(1 - \alpha)\%$ dos diâmetros médios $\bar{X}$ das amostras caíssem entre $74 + z_{\alpha/2}(0{,}0045)$ e $74 - z_{\alpha/2}(0{,}0045)$. Como discutido anteriormente, estamos acostumados a escolher a constante $z_{\alpha/2}$ como 3, de modo que os limites superior e inferior de controle se tornam

$$LSC = 74 + 3(0{,}0045) = 74{,}0135$$

e

$$LIC = 74 - 3(0{,}0045) = 73{,}9865$$

como mostrado no gráfico de controle. Esses são os limites de controle 3 sigmas, referidos anteriormente. Note que o uso dos limites 3 sigmas implica que $\alpha = 0{,}0027$; ou seja, a probabilidade do ponto cair fora dos limites de controle quando o processo estiver sob controle é 0,0027. A largura dos limites de controle está inversamente relacionada ao tamanho n da amostra, para um dado múltiplo de sigma. A escolha dos limites de controle é equivalente a estabelecer a região crítica para o teste de hipóteses

$$H_0: \mu = 74$$
$$H_1: \mu \neq 74$$

sendo $\sigma = 0{,}01$ conhecido. Essencialmente, o gráfico de controle testa essa hipótese repetidamente, em diferentes pontos no tempo.

No projeto de um gráfico de controle, temos de especificar tanto o tamanho da amostra a usar, como a freqüência de amostragem. Em geral, amostras maiores tornarão mais fácil detectar pequenas mudanças no processo. Quando se escolhe o tamanho da amostra, temos de manter em mente o tamanho da mudança que estamos tentando detectar. Se estivermos interessados em detectar uma mudança relativamente grande no processo, então usamos amostras de tamanhos menores do que aquela que empregaríamos se a mudança de interesse fosse relativamente pequena.

Temos também de determinar a freqüência de amostragem. A situação mais desejável, do ponto de vista de detectar mudanças, seria retirar amostras grandes muito freqüentemente. Entretanto, isso não é, em geral, economicamente viável. O problema geral é aquele de *alocar esforço de amostragem*. Isto é, retiramos pequenas amostras em curtos intervalos ou amostras maiores em intervalos mais longos. A prática corrente nas indústrias tende a favorecer amostras menores e mais freqüentes, particularmente em processos de fabricação de alta produção ou onde muitos tipos de causas atribuídas possam ocorrer. Além disso, à medida que os sensores automáticos e a tecnologia de medição se desenvolvem, torna-se possível aumentar grandemente as freqüências. Por último, cada unidade pode ser testada à medida que ela for fabricada. Essa capacidade não eliminará a necessidade de gráficos de controle porque o sistema de teste não prevenirá defeitos. Mais dados aumentarão a eficiência do controle de processo e a qualidade.

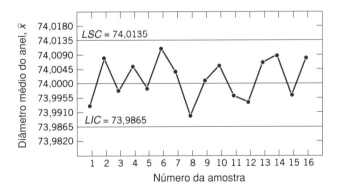

Fig. 8-3 Gráfico de controle $\bar{X}$ para o diâmetro do anel do pistão.

8-4.3 Subgrupos Racionais

Uma idéia fundamental no uso de gráficos de controle é coletar dados amostrais de acordo com o que Shewhart chamou de conceito de **subgrupo racional**. Geralmente, isso significa que subgrupos ou amostras devam ser selecionados de modo que, à medida do possível, a variabilidade das observações dentro de um subgrupo deva incluir toda a variabilidade casual ou natural e excluir a variabilidade atribuída. Então, os limites de controle representarão fronteiras para toda a variabilidade casual e não à variabilidade atribuída. Por conseguinte, causas atribuídas tenderão a gerar pontos que estejam fora dos limites de controle, enquanto a variabilidade casual tenderá a gerar pontos que estejam dentro dos limites de controle.

Quando gráficos de controle são aplicados a processos de produção, a ordem horária de produção é uma base lógica para subgrupar racionalmente. Muito embora a ordem horária seja preservada, ainda é possível formar erroneamente subgrupos. Se algumas das observações no subgrupo forem retiradas no final de uma mudança de 8 horas e as observações restantes forem retiradas no começo da próxima mudança de 8 horas, então qualquer diferença entre as mudanças não deve ser detectada. A ordem horária é freqüentemente uma boa base para formar subgrupos, porque ela nos permite detectar causas atribuídas que ocorrem ao longo do tempo.

Duas abordagens gerais são usadas com o objetivo de construir subgrupos racionais. Na primeira abordagem, cada subgrupo consiste em unidades que foram produzidas ao mesmo tempo (ou tão próximas quanto possível). Essa abordagem é usada quando a finalidade primária do gráfico de controle é detectar mudança no processo. Isso minimiza a variabilidade devido às causas atribuídas *dentro* (*within*) de uma amostra e maximiza a variabilidade *entre* (*between*) amostras, se causas atribuídas estiverem presentes. Ela também fornece estimativas melhores do desvio-padrão do processo no caso de gráficos de controle para variáveis. Essa abordagem de subgrupar racionalmente fornece essencialmente um "instantâneo" do processo em cada ponto no tempo onde a amostra é coletada.

Na segunda abordagem, cada amostra consiste em unidades de produtos que são representativas de *todas* as unidades que foram produzidas desde a última amostra ter sido coletada. Essencialmente, cada subgrupo é uma *amostra aleatória* de *toda* a saída do processo, ao longo do intervalo de amostragem. Esse método de subgrupar racionalmente é freqüentemente usado quando o gráfico de controle for empregado para tomar decisões acerca da aceitação de todas as unidades do produto que foram produzidas desde a última amostra. De fato, se o processo mudar para um estado fora de controle e então voltar a ficar sob controle *entre* amostras, prova-se, algumas vezes, que o primeiro método de elaborar subgrupos racionais, definido anteriormente, não será efetivo contra esses tipos de mudanças, tendo-se de usar o segundo método.

Quando o subgrupo racional for uma amostra aleatória de todas as unidades produzidas ao longo do intervalo de amostragem, cuidado considerável tem de ser tomado na interpretação dos gráficos de controle. Se a média do processo mudar entre vários níveis durante o intervalo entre amostras, a amplitude das observações dentro da amostra pode, portanto, ser relativamente grande. É a variabilidade dentro da amostra que determina a largura dos limites de controle em um gráfico $\overline{X}$; assim, essa prática resultará em limites mais largos no gráfico $\overline{X}$. Isso torna mais difícil detectar mudanças na média. De fato, podemos freqüentemente fazer *qualquer* processo parecer estar sob controle estatístico, apenas distendendo o intervalo entre observações na amostra. É também possível, para mudanças na média do processo, ter pontos no gráfico de controle para a amplitude ou para o desvio-padrão que estejam fora de controle, muito embora nenhuma mudança na variabilidade do processo tenha existido.

Existem outras bases para formar subgrupos racionais. Por exemplo, suponha que um processo consista em várias máquinas que combinem sua saída em uma corrente comum. Se amostrarmos a partir dessa corrente comum de saída, será muito difícil detectar se alguma das máquinas está ou não fora de controle. Uma abordagem lógica para subgrupar racionalmente aqui é aplicar técnicas de gráficos de controle à saída de cada máquina individual. Algumas vezes, esse conceito necessita ser aplicado a cabeçotes diferentes na mesma máquina, a diferentes estações de trabalho, a diferentes operadores e assim por diante.

O conceito de subgrupo racional é muito importante. A seleção apropriada de amostras requer consideração cuidadosa do processo, com o objetivo de obter tanta informação útil quanto possível a partir da análise do gráfico de controle.

8-4.4 Análise de Padrões de Comportamento para Gráficos de Controle

Um gráfico de controle pode indicar uma condição fora de controle quando um ou mais pontos caírem além dos limites de controle ou quando os pontos plotados exibirem algum padrão não aleatório de comportamento. Por exemplo, considere o gráfico $\bar{X}$ mostrado na Fig. 8.4. Embora todos os 25 pontos caiam dentro dos limites de controle, os pontos não indicam controle estatístico devido a seu padrão de comportamento ser muito não aleatório na aparência. Especificamente, notamos que 19 dos 25 pontos estão abaixo da linha central, enquanto somente 6 deles estão acima. Se os pontos forem verdadeiramente aleatórios, devemos esperar uma distribuição mais uniforme deles acima e abaixo da linha central. Observamos também que, depois do quarto ponto, cinco pontos em uma linha crescem em magnitude. Esse arranjo de pontos é chamado de uma **corrida** (*run*). Uma vez que as observações estão crescendo, poderíamos chamá-las de uma corrida para cima; similarmente, uma seqüência de pontos decrescentes é chamada de uma corrida para baixo. Esse gráfico de controle tem uma longa corrida para cima, que não é usual (começando com o quarto ponto) e uma longa corrida para baixo, que não é usual (começando com o décimo oitavo ponto).

Em geral, definimos uma corrida como uma seqüência de observações do mesmo tipo. Em adição às corridas para cima e para baixo, poderíamos definir os tipos de observações como aquelas acima e abaixo da linha central, respectivamente, de modo que dois pontos em uma linha acima da linha central representariam uma corrida de comprimento 2.

Uma corrida de comprimento 8 ou mais pontos tem uma probabilidade muito baixa de ocorrência em uma amostra aleatória de pontos. Conseqüentemente, qualquer tipo de corrida de comprimento 8 ou mais é freqüentemente tomada como um sinal de uma condição fora de controle. Por exemplo, 8 pontos consecutivos em um lado da linha central indicarão que o processo está fora de controle.

Embora as corridas sejam uma importante medida de comportamento não aleatório de um gráfico de controle, outros tipos de padrões podem também indicar uma condição fora de controle. Por exemplo, considere o gráfico $\bar{X}$ na Fig. 8.5. Note que as médias amostrais plotadas exibem um comportamento cíclico, ainda que todas elas caiam dentro dos limites de controle. Tal padrão de comportamento pode indicar um problema com o processo, tal como a fadiga do operador, as entregas de matéria-prima e o desenvolvimento de calor ou tensão. O resultado pode ser melhorado, eliminando ou reduzindo as fontes de variabilidade causando esse comportamento cíclico (ver Fig. 8.6). Na Fig. 8.6, *LSE* e *LIE* denotam os limites superior e inferior de especificação do processo, respectivamente. Esses limites representam as fronteiras dentro das quais um produto aceitável tem de cair e eles são freqüentemente baseados nas exigências do consumidor.

O problema é **reconhecer o padrão de comportamento**; isto é, reconhecer os padrões sistemáticos ou não aleatórios no gráfico de controle e identificar a razão para esse comportamento. A habilidade para interpretar um padrão particular de comportamento em termos de causas atribuídas requer experiência e conhecimento do processo. Ou seja, temos não somente de conhecer os princípios estatísticos de gráficos de controle, mas também temos de ter um bom entendimento do processo.

O *Western Electric Handbook* (1956) sugere um conjunto de regras de decisão para detectar padrões não aleatórios de comportamento nos gráficos de controle. As regras são dadas a seguir:

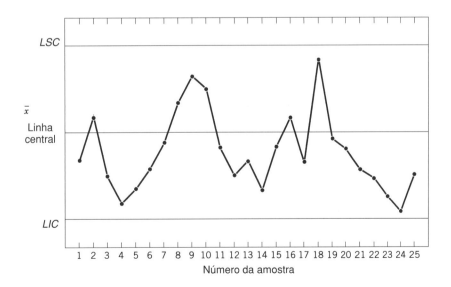

Fig. 8-4 Gráfico de controle $\bar{X}$.

286 Capítulo Oito

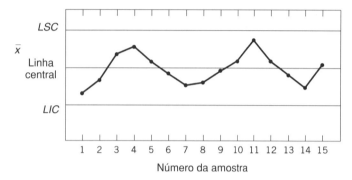

Fig. 8-5 Gráfico $\overline{X}$ com um padrão cíclico de comportamento.

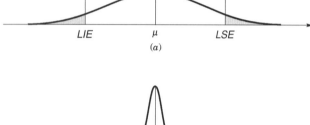

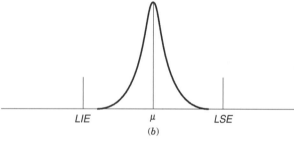

Fig. 8-6 (a) Variabilidade com padrão cíclico de comportamento. (b) Variabilidade com padrão cíclico eliminado.

> As **regras** *Western Electric* concluiriam que o processo estaria fora de controle se um dos fatos acontecesse.
>
> 1. Um ponto cair fora dos limites de 3 sigmas.
> 2. Dois de três pontos consecutivos caírem além do limite de 2 sigmas.

> 3. Quatro de cinco pontos consecutivos caírem a uma distância de 1 sigma ou além da linha central.
> 4. Oito pontos consecutivos caírem em um lado da linha central.

Na prática, essas regras são muito efetivas para aumentar a sensibilidade dos gráficos de controle. As regras 2 e 3 se aplicam a um lado da linha central de cada vez. Ou seja, um ponto acima do limite *superior* de 2 sigmas, seguido imediatamente por um ponto abaixo do limite *inferior* de 2 sigmas não sinalizariam um alarme de fora de controle.

A Fig. 8.7 mostra um gráfico de controle $\overline{X}$ para o processo do anel do pistão com limites de 1 sigma, 2 sigmas e 3 sigmas, usados no procedimento *Western Electric*. Observe que esses limites internos (alguns chamados de **limites de advertência**) dividem o gráfico de controle em três zonas A, B e C, em cada lado da linha central. Por conseguinte, as regras *Western Electric* são algumas vezes chamadas de **regras das zonas** para os gráficos de controle. Note que os quatro últimos pontos caem na zona B ou além. Assim, uma vez que quatro dos cinco pontos consecutivos excederem o limite de 1 sigma, o procedimento *Western Electric* concluirá que o padrão de comportamento é não aleatório, estando o processo fora de controle.

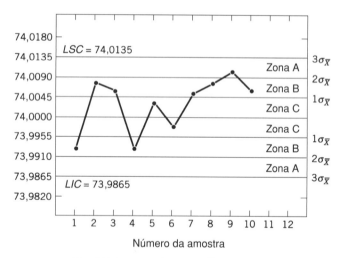

Fig. 8-7 As regras das zonas *Western Electric*.

8-5 GRÁFICOS DE CONTROLE $\overline{X}$ E R

Quando se lida com uma característica da qualidade que pode ser expressa como uma medida, é costume monitorar tanto o valor médio da característica de qualidade como sua variabilidade. O controle sobre a qualidade média é exercido pelo gráfico de controle para médias, geralmente chamado de gráfico $\overline{X}$. A variabilidade do processo pode ser controlada pelo gráfico da amplitude (gráfico *R*) ou pelo gráfico do desvio-padrão (gráfico *S*), dependendo de como o desvio-padrão da população seja estimado. Discutiremos somente o gráfico *R*.

Suponha que a média e o desvio-padrão do processo, μ e σ, sejam conhecidos e que possamos considerar que a característica da qualidade tenha uma distribuição normal. Considere o gráfico $\overline{X}$. Como discutido anteriormente, podemos usar μ como a linha central para o gráfico de controle e podemos colocar os limites superior e inferior 3 sigmas em $LSC = \mu + 3\sigma/\sqrt{n}$ e em $LIC = \mu - 3\sigma/\sqrt{n}$, respectivamente.

Quando os parâmetros μ e σ forem desconhecidos, geralmente os estimamos com base nas amostras preliminares, retiradas quando o processo estava aparentemente sob controle. Recomendamos o uso de no mínimo 20 a 25 amostras preliminares. Suponha que m amostras preliminares estejam disponíveis, cada uma de tamanho n. Tipicamente, n será 4, 5 ou 6; essas amostras relativamente pequenas são largamente usadas e freqüentemente aparecem a partir da construção de subgrupos racionais.

Média Global

Seja $\overline{X}_i$ a média amostral para a i-ésima amostra. Então estimamos a média da população, μ, pela *média global*

$$\overline{\overline{X}} = \frac{1}{m} \sum_{i=1}^{m} \overline{X}_i \qquad (8\text{-}2)$$

Logo, podemos considerar $\overline{\overline{X}}$ como a linha central no gráfico de controle $\overline{X}$.

Podemos estimar σ a partir do desvio-padrão ou da amplitude das observações dentro de cada amostra. Já que ele é mais freqüentemente usado na prática, restringiremos a nossa discussão ao método da amplitude. O tamanho da amostra é relativamente pequeno; assim, há pouca perda de eficiência em estimar σ a partir das amplitudes das amostras.

Necessita-se da relação entre a amplitude R de uma amostra proveniente de uma população normal, com parâmetros conhecidos, e o desvio-padrão daquela população. Uma vez que R é uma variável aleatória, a grandeza $W = R/\sigma$, chamada de amplitude relativa, é também uma variável aleatória. Os parâmetros da distribuição de W foram determinados para qualquer amostra de tamanho n.

A média da distribuição de W é chamada de d_2 e a tabela de d_2 para vários n é dada na Tabela VI do Apêndice A. O desvio-padrão de W é chamado de d_3. Como $R = \sigma W$,

$$\mu_R = d_2\sigma$$
$$\sigma_R = d_3\sigma$$

Amplitude Média e Estimador de σ

Seja R_i a amplitude da i-ésima amostra e seja

$$\overline{R} = \frac{1}{m} \sum_{i=1}^{m} R_i \qquad (8\text{-}3)$$

a amplitude média. Então, $\overline{R}$ é um estimador de μ_R e um estimador de σ é

$$\hat{\sigma} = \frac{\overline{R}}{d_2} \qquad (8\text{-}4)$$

Desse modo, podemos usar nossos limites superior e inferior de controle para o gráfico $\overline{X}$

$$LSC = \overline{\overline{X}} + \frac{3}{d_2\sqrt{n}}\overline{R}$$

$$LIC = \overline{\overline{X}} - \frac{3}{d_2\sqrt{n}}\overline{R} \qquad (8\text{-}5)$$

Defina a constante

$$A_2 = \frac{3}{d_2\sqrt{n}} \qquad (8\text{-}6)$$

Agora, uma vez que tenhamos calculado os valores $\overline{\overline{x}}$ e $\overline{r}$ da amostra, os parâmetros do gráfico de controle $\overline{X}$ podem ser definidos como segue:

Gráfico de Controle $\overline{X}$

A linha central e os limites superior e inferior de controle para o gráfico de controle $\overline{X}$ são

$$LSC = \overline{\overline{x}} + A_2\overline{r}$$
$$LC = \overline{\overline{x}}$$
$$LIC = \overline{\overline{x}} - A_2\overline{r} \qquad (8\text{-}7)$$

em que a constante A_2 é tabelada, para vários tamanhos de amostra, na Tabela VI do Apêndice A.

Os parâmetros do gráfico R podem também ser facilmente determinados. A linha central, obviamente, será $\overline{R}$. Para determinar os limites de controle, necessitamos de uma estimativa de σ_R, o desvio-padrão de R. Uma vez mais, considerando que o processo esteja sob controle, a distribuição da amplitude relativa, W, será útil. Devido a σ ser desconhecido, podemos estimar σ_R como

$$\hat{\sigma}_R = d_3\frac{\overline{R}}{d_2}$$

e usaríamos como limites superior e inferior no gráfico R

$$LSC = \overline{R} + \frac{3d_3}{d_2}\overline{R} = \left(1 + \frac{3d_3}{d_2}\right)\overline{R}$$

$$LIC = \overline{R} - \frac{3d_3}{d_2}\overline{R} = \left(1 - \frac{3d_3}{d_2}\right)\overline{R}$$

Estabelecendo $D_3 = 1 - 3d_3/d_2$ e $D_4 = 1 + 3d_3/d_2$ tem-se a seguinte definição.

Gráfico de Controle R

A linha central e os limites superior e inferior de controle para o gráfico R são

$$LSC = D_4\overline{r}$$
$$LC = \overline{r} \qquad (8\text{-}8)$$
$$LIC = D_3\overline{r}$$

em que $\overline{r}$ é a amplitude média da amostra e as constantes D_3 e D_4 são tabeladas, para vários tamanhos de amostra, na Tabela XII do Apêndice A.

Quando amostras preliminares são usadas para construir os limites dos gráficos de controle, esses limites são comumente tratados como valores tentativas. Conseqüentemente, as m médias e amplitudes amostrais devem ser plotadas nos gráficos apropriados e quaisquer pontos que excedam os limites de controle devem ser investigados. Se causas atribuídas para esses pontos forem descobertas, elas deverão ser eliminadas e novos limites devem ser determinados para os gráficos de controle. Dessa maneira, o processo pode ser finalmente trazido para o controle estatístico e suas inerentes capacidades verificadas. Outras mudanças na centralização e dispersão do processo podem então ser contempladas. Freqüentemente, estudamos também primeiro o gráfico R, porque se a variabilidade do processo não for constante ao longo do tempo, os limites de controle calculados para o gráfico $\overline{X}$ podem estar errados.

EXEMPLO 8-1

Uma peça componente de um motor de avião a jato é fabricada por um processo de fundição do invólucro. A abertura do rotor nessa fundição é um importante parâmetro funcional da peça. Ilustraremos o uso de gráficos de controle $\overline{X}$ e R para verificar a estabilidade estatística desse processo. A Tabela 8.1 apresenta 20 amostras de cinco peças cada uma. Os valores dados na tabela foram codificados pelo uso dos três últimos dígitos da dimensão; isto é, 31,6 deve ser 0,50316 polegada.

As quantidades $\overline{\overline{x}} = 33,3$ e $\overline{r} = 5,8$ são mostradas na parte inferior da Tabela 8.1. O valor de A_2 para amostras de tamanho 5 é $A_2 = 0,577$. Então, os limites tentativas de controle para o gráfico $\overline{X}$ são

$$\overline{\overline{x}} \pm A_2\overline{r} = 33,32 \pm (0,577)(5,8) = 33,32 \pm 3,35$$

ou

$$LSC = 36,67$$
$$LIC = 29,97$$

Para o gráfico R, os limites tentativas de controle são

$$LSC = D_4\overline{r} = (2,115)(5,8) = 12,27$$
$$LIC = D_3\overline{r} = (0)(5,8) = 0$$

Os gráficos de controle $\overline{X}$ e R com esses limites tentativas de controle são mostrados na Fig. 8.8. Note que as amostras 6, 8, 11 e 19 estão fora de controle no gráfico $\overline{X}$ e que a amostra 9 está fora de controle no gráfico R. (Esses pontos estão marcados com um "1" porque eles violam a primeira regra *Western Electric*.) Suponha que todas essas causas atribuídas existam por causa de uma ferramenta defeituosa na área de moldagem de cera. Devemos descartar essas cinco amostras e recalcular os limites para os gráficos $\overline{X}$ e R. Esses novos limites revistos são, para o gráfico $\overline{X}$,

$$LSC = \overline{\overline{x}} + A_2\overline{r} = 33,21 + (0,577)(5,0) = 36,10$$
$$LIC = \overline{\overline{x}} - A_2\overline{r} = 33,21 - (0,577)(5,0) = 30,33$$

e para o gráfico R,

$$LSC = D_4\overline{r} = (2,115)(5,0) = 10,57$$
$$LSIC = D_3\overline{r} = (0)(5,0) = 0$$

Os gráficos revistos de controle são mostrados na Fig. 8.9. Note que tratamos as 20 primeiras amostras preliminares como **dados de estimação**, com os quais estabelecemos os limites de controle. Esses limites podem agora ser usados para julgar o controle estatístico da produção futura. À medida que cada nova amostra se torne disponível, os valores de $\overline{x}$ e r devem ser calculados e plotados nos gráficos de controle. Pode ser desejável rever periodicamente os limites, mesmo que o processo permaneça estável. Os limites devem sempre ser revistos quando melhorias no processo são feitas.

TABELA 8.1 — Medidas de Abertura do Rotor

Número da Amostra	x_1	x_2	x_3	x_4	x_5	$\bar{x}$	r
1	33	29	31	32	33	31,6	4
2	33	31	35	37	31	33,4	6
3	35	37	33	34	36	35,0	4
4	30	31	33	34	33	32,2	4
5	33	34	35	33	34	33,8	2
6	38	37	39	40	38	38,4	3
7	30	31	32	34	31	31,6	4
8	29	39	38	39	39	36,8	10
9	28	33	35	36	43	35,0	15
10	38	33	32	35	32	34,0	6
11	28	30	28	32	31	29,8	4
12	31	35	35	35	34	34,0	4
13	27	32	34	35	37	33,0	10
14	33	33	35	37	36	34,8	4
15	35	37	32	35	39	35,6	7
16	33	33	27	31	30	30,8	6
17	35	34	34	30	32	33,0	5
18	32	33	30	30	33	31,6	3
19	25	27	34	27	28	28,2	9
20	35	35	36	33	30	33,8	6
						$\bar{\bar{x}} = 33,32$	$\bar{r} = 5,8$

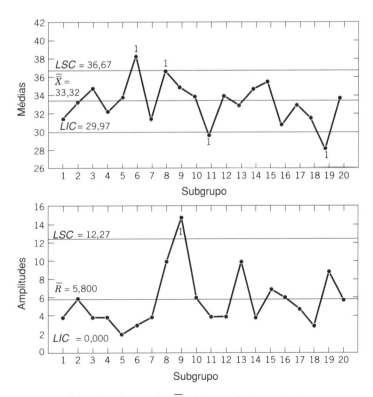

Fig. 8-8 Gráficos de controle $\bar{X}$ e R para a abertura do rotor.

Construção por Computador dos Gráficos de Controle $\overline{X}$ e R
Muitos programas computacionais constroem gráficos de controle $\overline{X}$ e R. As Figs. 8.8 e 8.9 mostram gráficos similares àqueles produzidos pelo Minitab para os dados da abertura do rotor no Exemplo 8.1. Esse programa permitirá ao usuário selecionar qualquer múltiplo de sigma como a largura dos limites de controle e permitirá utilizar as regras *Western Electric* para detectar pontos fora de controle. O programa preparará também um relatório resumido, como o da Tabela 8.2, e excluirá os subgrupos do cálculo dos limites de controle.

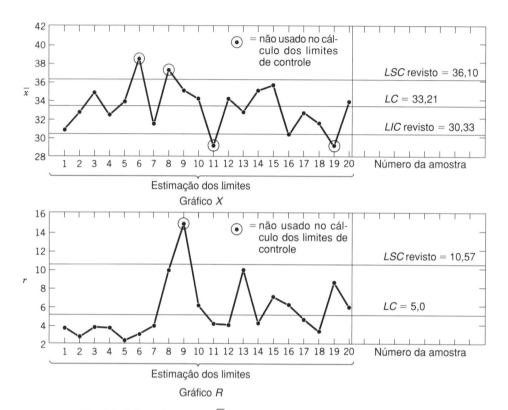

Fig. 8-9 Gráficos de controle $\overline{X}$ e R para a abertura do rotor, limites revistos.

TABELA 8.2 Relatório Resumido do Minitab para os Dados de Abertura do Rotor no Exemplo 8.1

Resultados do Teste para o Gráfico Xbarra
TESTE 1. Um ponto a uma distância de mais de 3,00 sigmas da linha do centro
O Teste Falhou nos Pontos: 6 8 11 19

Resultados do Teste para o Gráfico R
TESTE 1. Um ponto a uma distância de mais de 3,00 sigmas da linha do centro.
O Teste Falhou nos Pontos: 9

EXERCÍCIOS PARA A SEÇÃO 8-5

8-1. Um molde para extrusão é usado para produzir bastões de alumínio. O diâmetro dos bastões é uma característica crítica da qualidade. A seguinte tabela mostra os valores para 20 amostras de três bastões cada. Especificações sobre os bastões são 0,4030 ± 0,0010 polegada. Os valores dados são os três últimos dígitos da medida, ou seja, 36 é lido como 0,4036.

	Observação		
Amostra	1	2	3
1	36	33	34
2	30	34	31
3	33	32	29
4	35	30	34
5	33	31	33
6	32	34	33
7	27	36	35
8	32	36	41
9	32	33	39
10	36	40	37
11	20	30	33
12	30	32	38
13	34	35	30
14	36	39	37
15	38	33	34
16	33	43	35
17	36	39	37
18	35	34	31
19	36	33	37
20	34	33	31

(a) Usando todos os dados, encontre os limites tentativas de controle para os gráficos $\overline{X}$ e R, construa o gráfico e plote os dados.

(b) Use os limites tentativas de controle do item (a) para identificar os pontos fora de controle. Se necessário, reveja seus limites de controle, considerando que quaisquer amostras fora dos limites de controle poderão ser eliminadas.

8-2. Vinte amostras de tamanho 4 são retiradas de um processo, em intervalos de uma hora, sendo obtidos os seguintes dados:

$$\sum_{i=1}^{20} \overline{x}_i = 378{,}50 \qquad \sum_{i=1}^{20} r_i = 7{,}80$$

Encontre os limites tentativas de controle para os gráficos $\overline{X}$ e R.

8-3. O comprimento global de um parafuso usado em um dispositivo para troca de articulações é monitorado usando gráficos $\overline{X}$ e R. A seguinte tabela fornece o comprimento para 20 amostras de tamanho 4. (As medidas são codificadas a partir de 2,00 mm, isto é, 15 é 2,15 mm.)

	Observação			
Amostra	1	2	3	4
1	16	18	15	13
2	16	15	17	16
3	15	16	20	16
4	14	16	14	12
5	14	15	13	16
6	16	14	16	15
7	16	16	14	15
8	17	13	17	16
9	15	11	13	16
10	15	18	14	13
11	14	14	15	13
12	15	13	15	16
13	13	17	16	15
14	11	14	14	21
15	14	15	14	13
16	18	15	16	14
17	14	16	19	16
18	16	14	13	19
19	17	19	17	13
20	12	15	12	17

(a) Usando todos os dados, encontre os limites tentativas de controle para os gráficos $\overline{X}$ e R, construa o gráfico e plote os dados.

(b) Use os limites tentativas de controle do item (a) para identificar pontos fora de controle. Se necessário, reveja seus limites de controle, considerando que quaisquer amostras fora dos limites de controle poderão ser eliminadas.

8-4. A cada hora, amostras de tamanho $n = 6$ são coletadas de um processo. Depois de 20 amostras serem coletadas, calculamos $\overline{\overline{x}} = 20{,}0$ e $\overline{r}/d_2 = 1{,}4$. Encontre os limites tentativas de controle para os gráficos $\overline{X}$ e R.

8-5. Gráficos de controle $\overline{X}$ e R devem ser estabelecidos para uma importante característica da qualidade. O tamanho da amostra é $n = 4$ e $\overline{x}$ e r são calculados para cada uma das 25 amostras preliminares. Os dados resumidos são

$$\sum_{i=1}^{25} \overline{x}_i = 7.657 \qquad \sum_{i=1}^{25} r_i = 1.180$$

(a) Encontre os limites tentativas de controle para os gráficos $\overline{X}$ e R.

(b) Considerando que o processo esteja sob controle, estime a média e o desvio-padrão do processo.

8-6. A espessura de uma peça metálica é um importante parâmetro da qualidade. Dados sobre a espessura (em polegadas) são dados na tabela a seguir, para 25 amostras de cinco peças cada uma.

Número da Amostra	x_1	x_2	x_3	x_4	x_5
1	0,0629	0,0636	0,0640	0,0635	0,0640
2	0,0630	0,0631	0,0622	0,0625	0,0627
3	0,0628	0,0631	0,0633	0,0633	0,0630
4	0,0634	0,0630	0,0631	0,0632	0,0633
5	0,0619	0,0628	0,0630	0,0619	0,0625
6	0,0613	0,0629	0,0634	0,0625	0,0628
7	0,0630	0,0639	0,0625	0,0629	0,0627
8	0,0628	0,0627	0,0622	0,0625	0,0627
9	0,0623	0,0626	0,0633	0,0630	0,0624
10	0,0631	0,0631	0,0633	0,0631	0,0630
11	0,0635	0,0630	0,0638	0,0635	0,0633
12	0,0623	0,0630	0,0630	0,0627	0,0629
13	0,0635	0,0631	0,0630	0,0630	0,0630
14	0,0645	0,0640	0,0631	0,0640	0,0642
15	0,0619	0,0644	0,0632	0,0622	0,0635
16	0,0631	0,0627	0,0630	0,0628	0,0629
17	0,0616	0,0623	0,0631	0,0620	0,0625
18	0,0630	0,0630	0,0626	0,0629	0,0628
19	0,0636	0,0631	0,0629	0,0635	0,0634
20	0,0640	0,0635	0,0629	0,0635	0,0634
21	0,0628	0,0625	0,0616	0,0620	0,0623
22	0,0615	0,0625	0,0619	0,0619	0,0622
23	0,0630	0,0632	0,0630	0,0631	0,0630
24	0,0635	0,0629	0,0635	0,0631	0,0633
25	0,0623	0,0629	0,0630	0,0626	0,0628

Amostra	Observação 1	2	3
1	5,10	6,10	5,50
2	5,70	5,59	5,29
3	6,31	5,00	6,07
4	6,83	8,10	7,96
5	5,42	5,29	6,71
6	7,03	7,29	7,54
7	6,57	5,89	7,08
8	5,96	7,52	7,29
9	8,15	6,69	6,06
10	6,11	5,14	6,68
11	6,49	5,68	5,51
12	5,12	4,26	4,49
13	5,59	5,21	4,94
14	7,59	7,93	6,90
15	6,72	6,79	5,23
16	6,30	5,37	7,08
17	6,33	6,33	5,80
18	6,91	6,05	6,03
19	8,05	6,52	8,51
20	6,39	5,07	6,86
21	5,63	6,42	5,39
22	6,51	6,90	7,40
23	6,91	6,87	6,83
24	6,28	6,09	6,71
25	5,07	7,17	6,11

(a) Usando todos os dados, encontre os limites tentativas de controle para os gráficos $\overline{X}$ e R, construa o gráfico e plote os dados. O processo está sob controle estatístico?
(b) Use os limites tentativas de controle do item (a) para identificar pontos fora de controle. Liste os números das amostras com pontos fora de controle.

8-7. O teor de cobre de um banho de chapeamento é medido três vezes ao dia, sendo os resultados reportados em ppm. Os valores para 25 dias são mostrados na seguinte tabela.

(a) Usando todos os dados, encontre os limites tentativas de controle para os gráficos $\overline{X}$ e R, construa o gráfico e plote os dados. O processo está sob controle estatístico?
(b) Se necessário, reveja os limites de controle calculados no item (a), considerando que quaisquer amostras fora dos limites de controle poderão ser eliminadas. Continue a eliminar pontos fora dos limites de controle e reveja até que todos os pontos estejam entre os limites de controle.

8-6 GRÁFICOS DE CONTROLE PARA MEDIDAS INDIVIDUAIS

Em muitas situações, o tamanho da amostra usada para o controle de processo é $n = 1$; ou seja, a amostra consiste em uma unidade individual. Alguns exemplos dessas situações são dados a seguir.

1. Inspeção automática e tecnologia de medida são usadas e cada unidade fabricada é analisada.
2. A taxa de produção é muito lenta, sendo inconveniente acumular amostras de tamanho $n > 1$ antes de serem analisadas.
3. Medidas repetidas no processo diferem somente por causa do erro no laboratório ou na análise, como em muitos processos químicos.
4. Em plantas de processo, tal como na fábrica de papel, as medidas de alguns parâmetros, como a espessura de revestimento *através* do rolo, diferirão muito pouco, produzindo um desvio-padrão que será muito pequeno se o objetivo for controlar a espessura do revestimento *ao longo* do rolo.

Em tais situações, o **gráfico de controle para medidas individuais** é útil. O gráfico de controle para medidas individuais usa a **amplitude móvel** de duas observações sucessivas para estimar a variabilidade do processo. A amplitude móvel é definida como $AM_i = |X_i - X_{i-1}|$. É também possível estabelecer um gráfico de controle para a amplitude móvel. Os parâmetros para esses gráficos são definidos como segue.

Gráfico de Controle para Medidas Individuais

A linha central e os limites superior e inferior de controle para o gráfico de controle para as medidas individuais são

$$LSC = \bar{x} + 3\frac{\overline{am}}{d_2}$$

$$LC = \bar{x} \quad\quad\quad (8\text{-}9)$$

$$LIC = \bar{x} - 3\frac{\overline{am}}{d_2}$$

e para o gráfico de controle para amplitudes móveis

$$LSC = D_4 \overline{am}$$
$$LC = \overline{am}$$
$$LIC = D_3 \overline{am}$$

O procedimento é ilustrado no seguinte exemplo.

TABELA 8.3 Medidas de Concentrações do Processo Químico

Observação	Concentração x	Amplitude Móvel am
1	102,0	
2	94,8	7,2
3	98,3	3,5
4	98,4	0,1
5	102,0	3,6
6	98,5	3,5
7	99,0	0,5
8	9,7	1,3
9	100,0	2,3
10	98,1	1,9
11	101,3	3,2
12	98,7	2,6
13	101,1	2,4
14	98,4	2,7
15	97,0	1,4
16	96,7	0,3
17	100,3	3,6
18	101,4	1,1
19	97,2	4,2
20	101,0	3,8
	$\bar{x} = 99,1$	$\overline{am} = 2,59$

EXEMPLO 8-2

A Tabela 8.3 mostra 20 observações da concentração na saída de um processo químico. As observações são retiradas em intervalos de uma hora. Se várias observações forem retiradas ao mesmo tempo, a leitura da concentração observada diferirá somente por causa do erro de medida. Uma vez que o erro de medida é pequeno, somente uma observação é retirada a cada hora.

Com a finalidade de estabelecer o gráfico de controle para medidas individuais, note que a média amostral das 20 leituras da concentração é $\bar{x} = 99,1$ e que as amplitudes móveis das duas observações são mostradas na última coluna da Tabela 8.3. A média das 19 amplitudes móveis é $\overline{am} = 2,59$. De modo a estabelecer o gráfico da amplitude móvel, notamos que $D_3 = 0$ e $D_4 = 3,267$ para

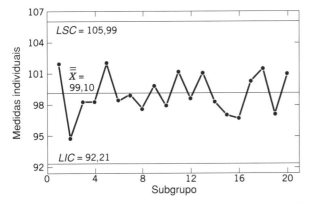
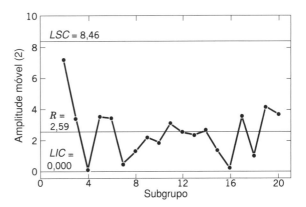

Fig. 8-10 Gráficos de controle para medidas individuais e para a amplitude móvel (do Minitab), para os dados de concentração do processo químico no Exemplo 8.2.

$n = 2$. Logo, o gráfico da amplitude móvel tem linha central $\overline{am} = 2{,}59$, $LIC = 0$ e $LSC = D_4 \overline{am} = (3{,}267)(2{,}59) = 8{,}46$. O gráfico de controle é mostrado na parte inferior da Fig. 8.10. Esse gráfico de controle foi construído pelo Minitab. Pelo fato de nenhum ponto exceder o limite superior de controle, podemos agora estabelecer o gráfico de controle para medidas individuais da concentração. Se uma amplitude móvel de $n = 2$ observações for usada, então $d_2 = 1{,}128$. Para os dados na Tabela 8.3, temos

$$LSC = \overline{x} + 3\frac{\overline{am}}{d_2} = 99{,}1 + 3\frac{2{,}59}{1{,}128} = 105{,}99$$

$$LC = \overline{x} = 99{,}1$$

$$LIC = \overline{x} - 3\frac{\overline{am}}{d_2} = 99{,}1 - 3\frac{2{,}59}{1{,}128} = 92{,}21$$

O gráfico de controle para medidas individuais da concentração é mostrado na parte superior na Fig. 8.10. Não há indicação de uma condição fora de controle.

O gráfico para medidas individuais pode ser interpretado como um gráfico de controle comum $\overline{X}$. Uma mudança na média do processo resultará em um ponto (ou pontos) fora dos limites de controle ou em um padrão de comportamento consistindo em uma corrida em um lado da linha central.

Algum cuidado se deve ter na interpretação dos padrões de comportamento do gráfico da amplitude móvel. As amplitudes móveis são correlacionadas e essa correlação pode freqüentemente induzir um padrão de comportamento de corridas ou ciclos no gráfico. As medidas individuais são consideradas não correlacionadas; no entanto, qualquer padrão aparente no gráfico de controle das medidas individuais deve ser investigado cuidadosamente.

O gráfico de controle para medidas individuais é muito insensível a pequenas mudanças na média do processo. Por exemplo, se o tamanho da mudança na média for um desvio-padrão, o número médio de pontos para detectar essa mudança é 43,9. Esse resultado será mostrado mais adiante no capítulo. Embora o desempenho do gráfico de controle para medidas individuais seja muito melhor para grandes mudanças, em muitas situações a mudança de interesse não é grande e uma detecção mais rápida dessa mudança é desejável. Nesses casos, recomendamos o *gráfico de controle da soma cumulativa* ou um *gráfico da média móvel ponderada exponencialmente* (Montgomery, 1996).

Alguns indivíduos sugeriram que limites mais estreitos do que 3 sigmas sejam usados no gráfico para medidas individuais, a fim de aumentar sua habilidade de detectar pequenas mudanças no processo. Essa é uma sugestão perigosa, pois limites mais estreitos aumentarão dramaticamente os alarmes falsos de tal modo que os gráficos podem ser ignorados tornando-se inúteis. Se você estiver interessado em detectar pequenas mudanças, use o gráfico de controle da soma cumulativa ou da média móvel ponderada exponencialmente, referido anteriormente.

EXERCÍCIOS PARA A SEÇÃO 8-6

8-8. Vinte medidas sucessivas de dureza são feitas em uma liga metálica, sendo os dados mostrados na seguinte tabela.

Observação	Dureza
1	54
2	52
3	54
4	52
5	51
6	55
7	54
8	62
9	49
10	54
11	49
12	53
13	55
14	54
15	56
16	52
17	55
18	51
19	55
20	52

(a) Usando todos os dados, calcule os limites tentativas de controle para os gráficos das observações individuais e da amplitude móvel com $n = 2$. Construa o gráfico e plote os dados. Determine se o processo está sob controle estatístico. Se não, considere que causas atribuídas possam ser encontradas para eliminar essas amostras e reveja os limites de controle.

(b) Estime a média e o desvio-padrão do processo quando ele estiver sob controle.

8-9. A pureza de um produto químico é medida a cada hora. As determinações de pureza para as últimas 24 horas são mostradas na seguinte tabela.

CONTROLE ESTATÍSTICO DA QUALIDADE **295**

Observação	Pureza
1	81
2	83
3	82
4	80
5	84
6	76
7	83
8	85
9	79
10	82
11	75
12	80
13	83
14	86
15	84
16	85
17	81
18	83
19	77
20	82
21	75
22	83
23	85
24	86

(a) Usando todos os dados, calcule os limites tentativas de controle para os gráficos das observações individuais e da amplitude móvel com $n = 2$. Construa o gráfico e plote os dados. Determine se o processo está sob controle estatístico. Se não, considere que causas atribuídas possam ser encontradas para eliminar essas amostras e reveja os limites de controle.

(b) Estime a média e o desvio-padrão do processo quando ele estiver sob controle.

8-10. O diâmetro de orifícios individuais é medido em ordem consecutiva por um sensor automático. Os resultados da medição de 25 orifícios estão na seguinte tabela.

Amostra	Diâmetro
1	14,06
2	23,70
3	15,10
4	22,46
5	35,26
6	22,74
7	20,14
8	11,62
9	10,21
10	8,29
11	16,49
12	15,34
13	14,08
14	20,68
15	16,33
16	16,29

Amostra	Diâmetro
17	9,59
18	15,83
19	15,65
20	19,80
21	21,64
22	28,38
23	21,58
24	8,38
25	17,00

(a) Usando todos os dados, calcule os limites tentativas de controle para os gráficos das observações individuais e da amplitude móvel com $n = 2$. Construa o gráfico de controle e plote os dados. Determine se o processo está sob controle estatístico. Se não, considere que causas atribuídas possam ser encontradas para eliminar essas amostras e reveja os limites de controle.

(b) Estime a média e o desvio-padrão do processo quando ele estiver sob controle.

8-11. A viscosidade de um intermediário químico é medida a cada hora. Vinte amostras consistindo em uma observação única estão na seguinte tabela.

Amostra	Viscosidade
1	378
2	438
3	487
4	515
5	485
6	474
7	486
8	548
9	502
10	440
11	462
12	502
13	449
14	470
15	501
16	470
17	512
18	530
19	462
20	491

(a) Usando todos os dados, calcule os limites tentativas de controle para os gráficos das observações individuais e da amplitude móvel com $n = 2$. Determine se o processo está sob controle estatístico. Se não, considere que causas atribuídas possam ser encontradas para eliminar essas amostras e reveja os limites de controle.

(b) Estime a média e o desvio-padrão do processo quando ele estiver sob controle.

8-7 CAPACIDADE DE PROCESSO

É geralmente necessário obter alguma informação acerca da **capacidade** de processo, ou seja, o desempenho do processo quando estiver operando sob controle. Duas ferramentas gráficas, o **gráfico de tolerância** (ou gráfico de amarração) e o **histograma** são úteis na estimação da capacidade de processo. O gráfico de tolerância, para todas as 20 amostras provenientes do processo de fabricação do rotor, é mostrado na Fig. 8.11. As especificações da abertura do rotor são 0,5030±0,0010 polegada. Em termos dos dados codificados, o limite superior de especificação é $LSE = 40$ e o limite inferior de especificação é $LIE = 20$; esses limites são mostrados no gráfico na Fig. 8.11. Cada medida é plotada no gráfico de tolerância. Medidas provenientes do mesmo subgrupo são conectadas com linhas. O gráfico de tolerância é útil em revelar padrões de comportamento ao longo do tempo nas medidas individuais ou ele pode mostrar que um valor particular de $\bar{x}$ e r foi produzido por uma ou duas observações não usuais na amostra. Por exemplo, note as duas observações não usuais na amostra 9 e a única observação não usual na amostra 8. Note também que é apropriado plotar os limites de especificação no gráfico de tolerância, uma vez que ele é um gráfico de medidas individuais. **Nunca é apropriado plotar os limites de especificação em um gráfico de controle ou usar as especificações na determinação dos limites de controle.** Os limites de especificação e os limites de controle não são relacionados. Finalmente, note da Fig. 8.11 que o processo está correndo fora do centro da dimensão nominal de 30 (ou 0,5030 polegada).

O histograma para as medidas de abertura do rotor é mostrado na Fig. 8.12. As observações das amostras 6, 8, 9, 11 e 19 (correspondendo aos pontos fora de controle nos gráficos de $\bar{X}$ e R) foram eliminadas desse histograma. A impressão geral do exame desse histograma é que o processo é capaz de encontrar a especificação, mas que ele está correndo fora do centro.

Uma outra maneira de expressar a capacidade de processo é em termos de um índice que seja definido como segue.

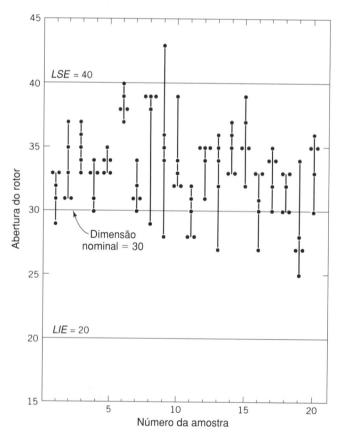

Fig. 8-11 Diagrama de tolerância das aberturas do rotor.

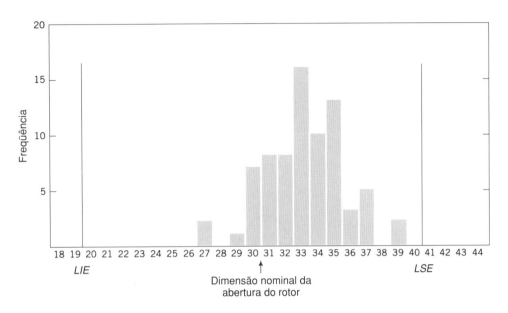

Fig. 8-12 Histograma para a abertura do rotor.

A **razão da capacidade de processo** (*RCP*) é

$$RCP = \frac{LSE - LIE}{6\sigma} \quad (8\text{-}10)$$

O numerador de *RCP* é a largura das especificações. Os limites 3σ em cada lado da média do processo são algumas vezes chamados de **limites naturais de tolerância**, pelo fato de eles representarem os limites que um processo sob controle deve encontrar com a maioria das unidades produzidas. Conseqüentemente, 6σ é freqüentemente referido como a largura do processo. Para a abertura do rotor, em que nossa amostra tem tamanho 5, poderíamos estimar σ como

$$\hat{\sigma} = \frac{\bar{r}}{d_2} = \frac{5,0}{2,326} = 2,15$$

Por conseguinte, a *RCP* é estimada como

$$\widehat{RCP} = \frac{LSE - LIE}{6\hat{\sigma}}$$
$$= \frac{40 - 20}{6(2,15)}$$
$$= 1,55$$

A *RCP* tem uma interpretação natural: $(1/RCP)100$ é simplesmente a percentagem da largura das especificações usadas pelo processo. Assim, o processo de abertura do rotor usa aproximadamente $(1/1,55)100 = 64,5\%$ da largura das especificações.

A Fig. 8.13(a) mostra um processo para o qual a *RCP* excede a unidade. Uma vez que os limites naturais de tolerância do processo estão dentro das especificações, muito poucas unidades defeituosas ou não conformes serão produzidas. Se *RCP* = 1, como mostrado na Fig. 8.13*b*, mais unidades não conformes resultam. De fato, para um processo normalmente distribuído, se *RCP* = 1, a fração não conforme é 0,27% ou 2.700 partes por milhão. Finalmente, quando a *RCP* for menor do que a unidade, como na Fig. 8.13*c*, o processo é muito sensível ao resultado e um grande número de unidades não conformes será produzido.

A definição da *RCP* dada na Eq. 8.10 considera implicitamente que o processo esteja centralizado na dimensão nominal. Se o processo for corrido fora do centro, sua **capacidade real** será menor do que a indicada pela *RCP*. É conveniente pensar sobre *RCP* como uma medida de **capacidade potencial**, ou seja, a capacidade com um processo centralizado. Se o processo não estiver centralizado, então uma medida de capacidade real será freqüentemente usada. Essa razão, chamada de RCP_k, é definida a seguir.

$$RCP_k = \min\left[\frac{LSE - \mu}{3\sigma}, \frac{\mu - LIE}{3\sigma}\right] \quad (8\text{-}11)$$

Na verdade, RCP_k é uma razão unilateral da capacidade de processo, que é calculada relativa ao limite de especificação mais próximo da média do processo. Para o processo de abertura do

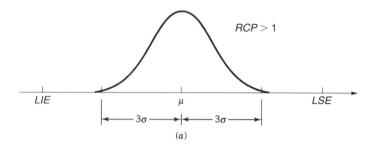
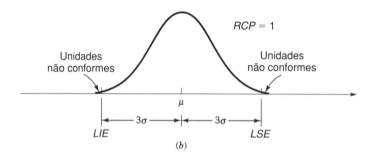
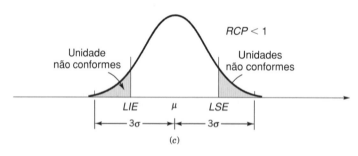

Fig. 8-13 Fração não conforme do processo e razão da capacidade de processo (RCP).

rotor, encontramos que a estimativa da razão da capacidade de processo RCP_k é

$$\widehat{RCP_k} = \min\left[\frac{LSE - \overline{\overline{x}}}{3\hat{\sigma}}, \frac{\overline{\overline{x}} - LIE}{3\hat{\sigma}}\right]$$

$$= \min\left[\frac{40 - 33,19}{3(2,15)} = 1,06, \frac{33,19 - 20}{3(2,15)} = 2,04\right]$$

$$= 1,06$$

Note que se $RCP = RCP_k$, o processo estará centralizado na dimensão nominal. Uma vez que $\widehat{RCP_k} = 1,06$ para o processo de abertura do rotor e $\widehat{RCP} = 1,55$, o processo está sendo obviamente corrido fora do centro, como foi primeiro notado nas Figs. 8.11 e 8.12. Essa operação não centralizada foi finalmente analisada para uma nova ferramenta. A mudança da ferramenta resultou em uma melhoria substancial no processo (Montgomery, 1996).

As frações da saída não conforme abaixo do limite inferior de especificação e acima do limite superior de especificação são constantemente de interesse. Suponha que a saída de um processo, distribuído normalmente, em controle estatístico seja denotada como X. As frações são determinadas a partir de

$$P(X < LSE) = P(Z < (LSE - \mu)/\sigma)$$
$$P(X > LIE) = P(Z > (LIE - \mu)/\sigma)$$

Exemplo 8-3

Para um processo eletrônico de fabricação, uma corrente tem especificações de 100 ± 10 miliampères. A média μ e o desvio-padrão σ do processo são 107,0 e 1,5, respectivamente. Por conseguinte,

$$RCP = (110 - 90)/(6 \cdot 1,5) = 2,22 \text{ e}$$
$$RCP_k = (110 - 107)/(3 \cdot 1,5) = 0,67$$

O pequeno valor de RCP_k indica que o processo está propenso a produzir correntes fora dos limites de especificações. A partir da distribuição normal na Tabela I do Apêndice A

$$P(X < LSE) = P(Z < (90 - 107)/1,5) = P(Z < -11,33) = 0$$
$$P(X > LIE) = P(Z > (110 - 107)/1,5) = P(Z > 2) = 0,023$$

Para esse exemplo, a probabilidade relativamente alta de exceder o *LSE* é uma advertência de problemas potenciais com esse critério, mesmo se nenhuma das observações medidas em uma amostra preliminar exceder esse limite. Enfatizamos que o cálculo da fração não conforme considera que as observações sejam normalmente distribuídas e o processo esteja sob controle. Os desvios da normalidade podem afetar seriamente os resultados. O cálculo deve ser interpretado como uma norma aproximada para o desempenho do processo. Para piorar a questão, μ e σ necessitam ser estimados a partir dos dados disponíveis e uma amostra de tamanho pequeno pode resultar em estimativas pobres que degradam mais o cálculo.

Montgomery (1996) fornece normas sobre os valores apropriados da *RCP* e uma tabela relacionando os itens não conformes para um processo normalmente distribuído sob controle estatístico com o valor de *RCP*. Muitas companhias americanas usam $RCP = 1,33$ como um alvo mínimo aceitável e $RCP = 1,66$ como um alvo mínimo para resistência, segurança ou características críticas. Algumas companhias requerem que os processos internos e aqueles nos fornecedores atinjam uma $RCP_k = 2,0$. A Fig. 8.14 ilustra um processo com $RCP = RCP_k = 2,0$. Considerando uma distribuição normal, a saída não conforme calculada para esse processo é 0,0018 parte por milhão. Um processo com $RCP_k = 2,0$ é referido como um **processo seis sigmas**, porque a distância a partir da média do processo até a especificação mais próxima é seis desvios-padrão. A razão pela qual tal capacidade grande de processo é freqüentemente requisitada deve-se à dificuldade de manter uma média do processo no centro das especificações por longos períodos de tempo. Um modelo comum que é usado para justificar a importância de um processo seis sigmas é ilustrado na Fig. 8.14. Se a média do processo se deslocar do centro por 1,5 desvio-padrão, o RCP_k diminuirá para $4,5\sigma/3\sigma = 1,5$. Considerando um processo distribuído normalmente, a fração não conforme do processo deslocado é **3,4 partes por milhão**. Por conseguinte, a média de um processo seis sigmas pode se deslocar de 1,5 desvio-padrão do centro das especificações e ainda manter uma fração não conforme de 3,4 partes por milhão.

Além disso, algumas companhias americanas, particularmente a indústria automobilística, têm adotado a terminologia japonesa $C_p = RCP$ e $C_{pk} = RCP_k$. Devido a C_p ter um outro significado em estatística (em regressão múltipla), preferimos a notação tradicional *RCP* e RCP_k.

Repetimos que os cálculos da capacidade de processo são significativos somente para processos estáveis, isto é, processos que estejam sob controle. Uma razão da capacidade de processo indica se a variabilidade natural ou casual em um processo é ou não aceitável em relação às especificações.

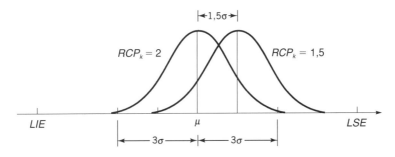

Fig. 8-14 Deslocamento da média de um processo seis sigmas por 1,5 desvio-padrão.

300 CAPÍTULO OITO

EXERCÍCIOS PARA A SEÇÃO 8-7

8-12. Um processo normalmente distribuído usa 66,7% da banda de especificação. Ele está centralizado na dimensão nominal, localizada na metade do caminho entre os limites superior e inferior de especificação.
   (a) Estime RCP e RCP_k. Interprete essas razões.
   (b) Qual o nível produzido de fração defeituosa (*fallout*)?

8-13. Reconsidere o Exercício 8.1. Use os limites revistos de controle e as estimativas de processo.
   (a) Estime RCP e RCP_k. Interprete essas razões.
   (b) Qual a percentagem de itens defeituosos que está sendo produzida por esse processo?

8-14. Reconsidere o Exercício 8.2, em que os limites de especificação são $18,50 \pm 0,50$.
   (a) Que conclusões podem ser tiradas sobre a habilidade do processo para operar dentro desses limites? Estime a percentagem de itens defeituosos que serão produzidos.
   (b) Estime RCP e RCP_k. Interprete essas razões.

8-15. Reconsidere o Exercício 8.3. Usando as estimativas do processo, qual será o nível de fração defeituosa, se as especificações codificadas forem 15 ± 4 mm? Estime RCP e interprete essa razão.

8-16. Um processo normalmente distribuído usa 85% da banda de especificação. Ele está centralizado na dimensão nominal, locali-

zada na metade do caminho entre os limites superior e inferior de especificação.
   (a) Estime RCP e RCP_k. Interprete essas razões.
   (b) Qual o nível produzido de fração defeituosa?

8-17. Reconsidere o Exercício 8.5. Suponha que a característica da qualidade seja normalmente distribuída, com especificação em 300 ± 40. Qual é o nível de fração defeituosa? Estime RCP e RCP_k e interprete essas razões.

8-18. Reconsidere o Exercício 8.4. Considerando que ambos os gráficos exibam controle estatístico e que as especificações de processo sejam 20 ± 5, estime RCP e RCP_k e interprete essas razões.

8-19. Reconsidere o Exercício 8.7. Dado que as especificações sejam $6,0 \pm 1,0$, estime RCP e RCP_k para o processo sob controle e interprete essas razões.

8-20. Reconsidere o Exercício 8.6. Quais são os limites naturais de tolerância desse processo?

8-21. Reconsidere o Exercício 8.11. As especificações da viscosidade são 500 ± 25. Calcule as estimativas das razões das capacidades de processo, RCP e RCP_k, para esse processo sob controle usando todos os dados e forneça uma interpretação.

8-8 GRÁFICOS DE CONTROLE PARA ATRIBUTOS

8-8.1 GRÁFICO **P** (GRÁFICO DE CONTROLE PARA PROPORÇÕES) E O GRÁFICO **nP**

Freqüentemente, deseja-se classificar um produto como defeituoso ou não defeituoso, baseado na comparação com um padrão. Essa classificação é geralmente feita para atingir economia e simplicidade na operação de inspeção. Por exemplo, o diâmetro de um mancal de esferas pode ser verificado determinando-se se ele passa através de um medidor consistindo em orifícios circulares cortados em um molde. Esse tipo de medida seria muito mais simples que medir diretamente o diâmetro com um instrumento tal como o micrômetro. Gráficos de controle para atributos são usados nessas situações. Gráficos de controle para atributos requerem constantemente uma amostra de tamanho consideravelmente maior do que as correspondentes medidas de variáveis. Nesta seção, discutiremos o **gráfico de controle da fração defeituosa** ou **gráfico P**. Algumas vezes, o gráfico *P* é chamado de **gráfico de controle para a fração não conforme**.

Suponha que *D* seja o número de unidades defeituosas em uma amostra aleatória de tamanho *n*. Consideremos que *D* seja uma variável aleatória binomial com parâmetro desconhecido *p*. A fração defeituosa

$$\hat{P} = \frac{D}{n}$$

de cada amostra é plotada no gráfico. Além disso, a variância da estatística $\hat{P}$ é

$$\sigma_{\hat{P}}^2 = \frac{p(1-p)}{n}$$

Conseqüentemente, um gráfico *P* para a fração defeituosa poderia ser construído usando *p* como a linha central e os limites de controle em

$$LSC = p + 3\sqrt{\frac{p(1-p)}{n}}$$

$$LIC = p - 3\sqrt{\frac{p(1-p)}{n}} \qquad (8\text{-}12)$$

Entretanto, a verdadeira fração defeituosa do processo é quase sempre desconhecida e tem de ser estimada usando os dados das amostras preliminares.

Suponha que m amostras preliminares, cada uma de tamanho n, estejam disponíveis e seja D_i o número de defeitos na i-ésima amostra. A $\hat{P}_i = D_i/n$ é a fração defeituosa amostral na i-ésima amostra. A fração defeituosa média é

$$\overline{P} = \frac{1}{m} \sum_{i=1}^{m} \hat{P}_i = \frac{1}{mn} \sum_{i=1}^{m} D_i \qquad (8\text{-}13)$$

Agora, $\overline{P}$ pode ser usado como um estimador de p nos cálculos da linha central e dos limites de controle.

Gráfico P

A linha central e os limites superior e inferior de controle para o gráfico P são

$$LSC = \overline{p} + 3\sqrt{\frac{\overline{p}(1-\overline{p})}{n}}$$

$$LC = \overline{p}$$

$$LIC = \overline{p} - 3\sqrt{\frac{\overline{p}(1-\overline{p})}{n}} \qquad (8\text{-}14)$$

sendo $\overline{p}$ o valor observado da fração defeituosa média.

Esses limites de controle são baseados na aproximação da distribuição binomial pela normal. Quando p é pequena, a aproximação normal pode não ser sempre adequada. Em tais casos, podemos usar os limites de controle obtidos diretamente de uma tabela de probabilidades binomiais. Se $\overline{p}$ for pequena, o limite inferior de controle poderá ser um número negativo. Se isso ocorrer, é comum considerar zero como o limite inferior de controle.

EXEMPLO 8-4

Suponha que desejemos construir um gráfico de controle da fração defeituosa para uma linha de produção de substrato cerâmico. Temos 20 amostras preliminares, cada uma de tamanho 100; o número dos defeitos em cada amostra é apresentado na Tabela 8.4. Considere que as amostras sejam numeradas na seqüência de produção. Note que $\overline{p} = (800/2.000) = 0{,}40$; logo, os parâmetros tentativas para o gráfico de controle são

$$LSC = 0{,}40 + 3\sqrt{\frac{(0{,}40)(0{,}60)}{100}} = 0{,}55$$

$$LC = 0{,}40$$

$$LIC = 0{,}40 - 3\sqrt{\frac{(0{,}40)(0{,}60)}{100}} = 0{,}25$$

O gráfico de controle é mostrado na Fig. 8.15. Todas as amostras estão sob controle. Se elas não estivessem, procuraríamos as causas atribuídas de variação e revisaríamos os limites. Esse gráfico pode ser usado para controlar a produção futura.

Embora esse processo exiba controle estatístico, sua taxa de defeitos ($\overline{p} = 0{,}40$) é muito alta. Devemos considerar etapas apropriadas para investigar o processo de modo a determinar por que um número grande de unidades defeituosas está sendo produzido. Unidades defeituosas devem ser analisadas para determinar os tipos específicos de defeitos presentes. Uma vez que os tipos de defeitos sejam conhecidos, mudanças no processo devem ser investigadas para determinar seus impactos nos níveis dos defeitos. Experimentos planejados podem ser úteis nesse aspecto.

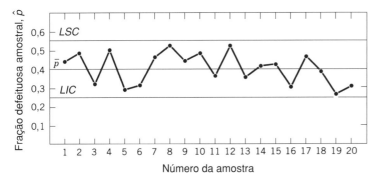

Fig. 8-15 Gráfico P para o substrato cerâmico.

Pacotes computacionais produzem também um *gráfico nP*. Esse é apenas um gráfico de controle $n\hat{P} = D$, o número de defeitos em uma amostra. Os pontos, a linha central e os limites de controle para esse gráfico são múltiplos (vezes n) dos elementos correspondentes de um gráfico P. O uso de um gráfico nP evita as frações em um gráfico P.

Gráfico nP

A linha central e os limites superior e inferior de controle para o gráfico nP são

$$LSC = n\bar{p} + 3\sqrt{n\bar{p}(1-\bar{p})}$$

$$LC = n\bar{p}$$

$$LIC = n\bar{p} - 3\sqrt{n\bar{p}(1-\bar{p})}$$

sendo $\bar{p}$ o valor observado da fração média defeituosa.

Para os dados no Exemplo 8.4, a linha central é $n\bar{p} = 100(0,4) = 40$ e os limites superior e inferior de controle para o gráfico $n\bar{p}$ são $LSC = 100(0,4) + \sqrt{100(0,4)(0,6)} = 44,9$ e $LIC = 100(0,4) - \sqrt{100(0,4)(0,6)} = 35,1$. O número de defeitos na Tabela 8.4 seria plotado em tal gráfico.

8-8.2 GRÁFICO U (GRÁFICO DE CONTROLE PARA NÚMERO MÉDIO DE DEFEITOS POR UNIDADE) E GRÁFICO C

Algumas vezes, é necessário monitorar o número de defeitos em uma unidade de produto em vez da fração defeituosa. Suponha que na produção de tecido seja necessário controlar o número de defeitos por jarda, ou que na montagem de uma asa de avião, o número de rebites perdidos tenha de ser controlado. Nessas situações, podemos usar o gráfico de controle para os defeitos por unidade ou o **gráfico U**. Muitas situações de defeitos por unidade podem ser modeladas pela distribuição de Poisson.

Se cada amostra consistir em n unidades e se houver um total de C defeitos na amostra, então

$$U = \frac{C}{n}$$

será o número médio de defeitos por unidade. Um gráfico U pode ser construído para tais dados. Se houver m amostras, o número de defeitos por unidade nessas amostras será C_1, C_2, ..., C_m; então o estimador do número médio de defeitos por unidade é

$$\overline{U} = \frac{1}{m}\sum_{i=1}^{m} U_i = \frac{1}{mn}\sum_{i=1}^{m} C_i \tag{8-15}$$

Os parâmetros do gráfico U são definidos a seguir.

Gráfico U

A linha central e os limites superior e inferior de controle para o gráfico U são

$$LSC = \bar{u} + 3\sqrt{\frac{\bar{u}}{n}}$$

$$LC = \bar{u}$$

$$LIC = \bar{u} - 3\sqrt{\frac{\bar{u}}{n}} \tag{8-16}$$

sendo $\bar{u}$ o número médio de defeitos por unidade.

TABELA 8.4	Número de Defeitos em Amostras de 100 Substratos Cerâmicos		
Amostra	N.º de Defeitos	Amostra	N.º de Defeitos
1	44	11	36
2	48	12	52
3	32	13	35
4	59	14	41
5	29	15	42
6	31	16	30
7	46	17	46
8	52	18	38
9	44	19	26
10	48	20	30

CONTROLE ESTATÍSTICO DA QUALIDADE **303**

Se o número de defeitos em uma unidade for uma variável aleatória de Poisson, com parâmetro λ, então a média e a variância dessa distribuição serão ambas iguais a λ. Cada ponto no gráfico é U, o número médio de defeitos por unidade. Conseqüentemente, a média de U é λ e a variância de U é λ/n. Geralmente, λ é desconhecido e $\overline{U}$ é o estimador de λ, que é usado para estabelecer os limites de controle.

Esses limites de controle são baseados na aproximação da distribuição de Poisson pela normal. Quando λ é pequeno, a aproximação normal pode não ser sempre adequada. Em tais casos, podemos usar os limites de controle obtidos diretamente de uma tabela de probabilidades de Poisson. Se $\overline{u}$ for pequeno, o limite inferior de controle, obtido da aproximação normal, poderá ser um número negativo. Se isso ocorrer, é costume considerar o limite inferior de controle como zero.

EXEMPLO 8-5

Placas de circuito impresso são montadas combinando-se as montagens manual e automática. Uma máquina de soldagem contínua é usada para fazer as conexões mecânicas e elétricas dos componentes de chumbo na placa. Essas placas são passadas, quase continuamente, através do processo de soldagem e, a cada hora, cinco placas são selecionadas e inspecionadas para finalidades de controle de processo. O número de defeitos em cada amostra de cinco placas é anotado. Os resultados para 20 amostras são mostrados na Tabela 8.5.

A linha central para o gráfico U é

$$\overline{u} = \frac{1}{20} \sum_{i=1}^{20} u_i = \frac{32}{20} = 1,6$$

e os limites superior e inferior de controle são

$$LSC = \overline{u} + 3\sqrt{\frac{\overline{u}}{n}} = 1,6 + 3\sqrt{\frac{1,6}{5}} = 3,3$$

$$LIC = \overline{u} - 3\sqrt{\frac{\overline{u}}{n}} = 1,6 - 3\sqrt{\frac{1,6}{5}} = 0$$

O gráfico de controle é plotado na Fig. 8.16. Pelo fato de LIC ser negativo, ele é estabelecido igual a zero. A partir do gráfico de controle na Fig. 8.16, vemos que o processo está sob controle. No entanto, oito defeitos por grupo de cinco placas de circuito é um número alto (cerca de $8/5 = 1,6$ defeito/placa), necessitando o processo de melhorias. Necessita-se fazer uma investigação dos tipos específicos de defeitos encontrados nas placas de circuitos impressos. Essa investigação geralmente sugerirá maneiras potenciais para melhoria do processo.

Pacotes computacionais também produzem um **gráfico C**. Esse é apenas um gráfico de controle C, o total de defeitos em uma amostra. O uso de um gráfico C evita as frações que podem ocorrer em um gráfico U.

Gráfico C

A linha central e os limites superior e inferior de controle para o gráfico C são

---

TABELA 8.5 Número de Defeitos nas Amostras de Cinco Placas de Circuito Impresso

Amostra	Número de Defeitos, c_i	Defeitos por Unidade, u_i	Amostra	Número de Defeitos, c_i	Defeitos por Unidade, u_i
1	6	1,2	11	9	1,8
2	4	0,8	12	15	3,0
3	8	1,6	13	8	1,6
4	10	2,0	14	10	2,0
5	9	1,8	15	8	1,6
6	12	2,4	16	2	0,4
7	16	3,2	17	7	1,4
8	2	0,4	18	1	0,2
9	3	0,6	19	7	1,4
10	10	2,0	20	13	2,6

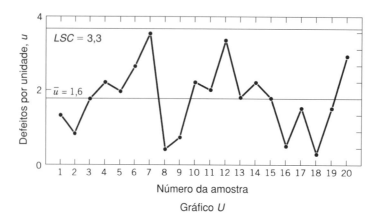

Fig. 8-16 Gráfico U de defeitos por unidade nas placas de circuito impresso.

$$LSC = \bar{c} + 3\sqrt{\bar{c}}$$
$$LC = \bar{c} \qquad (8\text{-}17)$$
$$LIC = \bar{c} - 3\sqrt{\bar{c}}$$

sendo $\bar{c}$ o número médio de defeitos em uma amostra.

Para os dados no Exemplo 8.5

$$\bar{c} = \frac{1}{20}\sum_{i=1}^{20} c_i = \left(\frac{1}{20}\right)160 = 8$$

e os limites superior e inferior de controle para o gráfico C são $LSC = 8 + 3\sqrt{8} = 16,5$ e $LIC = 8 - 3\sqrt{8} = -0,5$, que é dito zero. O número de defeitos na Tabela 8.5 seria plotado em tal gráfico.

EXERCÍCIOS PARA A SEÇÃO 8-8

8-22. Suponha que a seguinte fração defeituosa tenha sido encontrada em sucessivas amostras de tamanho 100 (lidas para baixo):

6	6	10
7	9	8
3	6	7
9	10	7
6	9	7
9	2	6
4	8	14
14	4	18
3	8	13
5	10	6

(a) Usando todos os dados, calcule os limites tentativas de controle para o gráfico de controle da fração defeituosa, construa o gráfico e plote os dados.

(b) Determine se o processo está sob controle estatístico. Se não, considere que causas atribuídas possam ser encontradas e que pontos fora de controle possam ser eliminados. Reveja os limites de controle.

8-23. Os números a seguir representam o número de defeitos de soldagem observados em 24 amostras de quatro placas de circuito impresso: 7, 6, 8, 10, 24, 6, 5, 4, 8, 11, 15, 8, 4, 16, 11, 12, 8, 6, 5, 9, 7, 14, 8, 21.

(a) Usando todos os dados, calcule os limites tentativas de controle para um gráfico de controle U, construa o gráfico e plote os dados.

(b) Podemos concluir que o processo está sob controle, usando um gráfico U? Se não, considere que causas atribuídas possam ser encontradas, liste pontos e reveja os limites de controle.

8-24. Os números a seguir representam o número de defeitos por 1.000 pés em um fio recoberto com borracha: 1, 1, 3, 7, 8, 10, 5, 13, 0, 19, 24, 6, 9, 11, 15, 8, 3, 6, 7, 4, 9, 20, 11, 7, 18, 10, 6, 4, 0, 9, 7, 3, 1, 8, 12. Os dados são provenientes de um processo controlado?

8-25. Considere os dados no Exercício 8.23. Estabeleça um gráfico C para esse processo. Compare-o ao gráfico U no Exercício 8.23. Comente os seus achados.

8-26. Os seguintes números representam as juntas defeituosas de solda, encontradas durante sucessivas amostras de 500 juntas de solda.

Dia	Número de Defeitos	Dia	Número de Defeitos
1	106	12	37
2	116	13	25
3	164	14	88
4	89	15	101

Dia	Número de Defeitos	Dia	Número de Defeitos
5	99	16	64
6	40	17	51
7	112	18	74
8	36	19	71
9	69	20	43
10	74	21	80
11	42		

(a) Usando todos os dados, calcule os limites tentativas de controle para os gráficos P e nP, construa os gráficos e plote os dados.

(b) Determine se o processo está sob controle estatístico. Se não, considere que causas atribuídas possam ser encontradas e que pontos fora de controle possam ser eliminados. Reveja os limites de controle.

8-9 DESEMPENHO DOS GRÁFICOS DE CONTROLE

A especificação dos limites de controle é uma das decisões críticas que tem de ser feita no projeto de um gráfico de controle. Movendo os limites de controle para mais longe da linha central, diminuímos o risco de um erro tipo I, ou seja, o risco de um ponto cair além dos limites de controle, indicando a condição de falta de controle quando nenhuma causa atribuída estiver presente. No entanto, o alargamento dos limites de controle aumentará também o risco de um erro tipo II, isto é, o risco de um ponto cair entre os limites de controle, quando o processo estiver realmente fora de controle. Se movermos os limites de controle para mais perto da linha central, o efeito oposto será obtido: O risco do erro tipo I é aumentado, enquanto o risco do erro tipo II é diminuído.

Os limites de controle no gráfico de controle de Shewhart são usualmente localizados, a partir da linha central, a uma distância de mais ou menos três desvios-padrão da variável plotada no gráfico. Ou seja, a constante k na Eq. 8.1 deve ser estabelecida igual a 3. Esses limites são chamados de **limites de controle 3 sigmas**.

Uma maneira de avaliar as decisões relativas ao tamanho da amostra e à freqüência de amostragem é através do **comprimento médio de corrida (CMC)** do gráfico de controle. Essencialmente, o CMC é o número médio de pontos que tem de ser plotado antes de um ponto indicar uma condição fora de controle. Para qualquer gráfico de controle de Shewhart, o CMC pode ser calculado a partir da média de uma variável aleatória geométrica (Montgomery 1996) como

$$CMC = \frac{1}{P} \qquad (8\text{-}18)$$

em que p é a probabilidade de que qualquer ponto exceda os limites de controle. Desse modo, para um gráfico $\overline{X}$ com limites 3 sigmas, $p = 0,0027$ é a probabilidade de que um único ponto caia fora dos limites de controle, quando o processo estiver sob controle; logo

$$CMC = \frac{1}{p} = \frac{1}{0,0027} \cong 370$$

é o comprimento médio de corrida do gráfico $\overline{X}$, quando o processo está sob controle. Ou seja, mesmo se o processo permane-

cer sob controle, um sinal de fora de controle será gerado a cada 370 pontos, em média.

Considere o processo do anel do pistão, discutido anteriormente, e suponha que estejamos amostrando a cada hora. Dessa maneira, teremos um **alarme falso** aproximadamente a cada 370 horas, em média. Suponha que estejamos usando um tamanho de amostra de $n = 5$ e que, quando o processo estiver fora de controle, a média se desloque para 74,0135 mm. Então, a probabilidade de que $\overline{X}$ caia entre os limites de controle da Fig. 8.3 será igual a

$$P[73,9865 \le \overline{X} \le 74,0135 \text{ quando } \mu = 74,0135]$$

$$= P\left[\frac{73,9865 - 74,0135}{0,0045} \le Z \le \frac{74,0135 - 74,0135}{0,0045}\right]$$

$$= P[-6 \le Z \le 0] = 0,5$$

Por conseguinte, p na Eq. 8.17 é 0,50 e o CMC na condição de fora de controle é

$$CMC = \frac{1}{P} = \frac{1}{0,5} = 2$$

Ou seja, o gráfico de controle requererá duas amostras para detectar a mudança no processo, em média; logo, passarão duas horas entre a mudança e sua detecção (*novamente em média*). Suponha que esse fato seja inaceitável, porque a produção dos anéis do pistão, com um diâmetro médio de 74,0135 mm, resultará em custos excessivos de perda e em atrasos na montagem final do motor. Como podemos reduzir o tempo necessário para detectar a condição de fora de controle? Um método é amostrar mais freqüentemente. Por exemplo, se amostrarmos a cada meia hora, então somente uma hora passará (em média) entre a mudança e a sua detecção. A segunda possibilidade é aumentar o tamanho da amostra. Por exemplo, se usarmos $n = 10$, então os limites de controle na Fig. 8.3 se estreitarão para 73,9905 e 74,0095. A probabilidade de $\overline{X}$ cair entre os limites de controle quando a média do processo for 74,0135 mm será aproximadamente 0,1, de modo que $p = 0,9$ e o CMC na condição de fora de controle será

$$CMC = \frac{1}{p} = \frac{1}{0,9} = 1,11$$

Desse modo, uma amostra de tamanho maior permitiria detectar a mudança cerca de duas vezes mais rápido do que a amostra anterior. Se se tornar importante detectar a mudança na primeira hora depois de ela ter ocorrido, dois projetos de gráficos de controle funcionarão:

Projeto 1	Projeto 2
Tamanho da amostra: $n = 5$	Tamanho da amostra: $n = 10$
Freqüência de amostragem: a cada meia hora	Freqüência de amostragem: a cada hora

A Tabela 8.6 fornece comprimentos médios de corrida para um gráfico $\overline{X}$ com limites de controle 3 sigmas. Os comprimentos médios de corrida são calculados para mudanças na média do processo de 0 para 3,0σ e para amostras de tamanho de $n = 1$ e $n = 4$, usando $1/p$, sendo p a probabilidade de que um ponto caia fora dos limites de controle. A Fig. 8.17 ilustra uma mudança de 2σ na média do processo.

Tabela 8.6 Comprimento Médio de Corrida (CMC) para um gráfico $\overline{X}$, com Limites de Controle de 3 Sigmas

Magnitude da Mudança no Processo	CMC $n = 1$	CMC $n = 4$
0	370,4	370,4
0,5σ	155,3	43,9
1,0σ	43,9	6,3
1,5σ	15,0	2,0
2,0σ	6,3	1,2
3,0σ	2,0	1,0

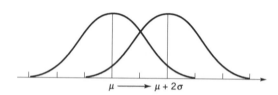

Fig. 8-17 Deslocamento de 2σ na média do processo.

EXERCÍCIOS PARA A SEÇÃO 8-9

8-27. Considere o gráfico de controle $\overline{X}$ na Fig. 8.3. Suponha que a média se desloque para 74,010 mm.
   (a) Qual é a probabilidade dessa mudança ser detectada na próxima amostra?
   (b) Qual é o CMC depois da mudança?

8-28. Um gráfico $\overline{X}$ usa amostras de tamanho 6. A linha central está em 100 e os limites 3 sigmas, superior e inferior de controle estão em 106 e 94, respectivamente.
   (a) Qual é o σ do processo?
   (b) Suponha que a média do processo se desloque para 105. Encontre a probabilidade dessa mudança ser detectada na próxima amostra.
   (c) Encontre o CMC para detectar a mudança no item (b).

8-29. Considere o gráfico revisto de controle $\overline{X}$ no Exercício 8.1, com $\hat{\sigma} = 2,922$, $LSC = 39,34$, $LIC = 29,22$ e $n = 3$. Suponha que a média se desloque para 38.
   (a) Qual é a probabilidade dessa mudança ser detectada na próxima amostra?
   (b) Qual é o CMC depois da mudança?

8-30. Considere o gráfico de controle $\overline{X}$ no Exercício 8.2, com $\overline{r} = 0,39$, $LSC = 19,209$, $LIC = 18,641$ e $n = 4$. Suponha que a média se desloque para 18,7.
   (a) Qual é a probabilidade dessa mudança ser detectada na próxima amostra?
   (b) Qual é o CMC depois da mudança?

8-31. Considere o gráfico de controle $\overline{X}$ no Exercício 8.3, com $\overline{r} = 3,895$, $LSC = 17,98$, $LIC = 12,31$ e $n = 4$. Suponha que a média se desloque para 14,5.
   (a) Qual é a probabilidade dessa mudança ser detectada na próxima amostra?
   (b) Qual é o CMC depois da mudança?

8-32. Considere o gráfico de controle $\overline{X}$ no Exercício 8.4, com $\hat{\sigma} = 1,40$, $LSC = 21,77$, $LIC = 18,29$ e $n = 6$. Suponha que a média se desloque para 19.
   (a) Qual é a probabilidade dessa mudança ser detectada na próxima amostra?
   (b) Qual é o CMC depois da mudança?

8-33. Considere o gráfico de controle $\overline{X}$ no Exercício 8.5, com $\overline{r} = 47,2$, $LSC = 340,69$, $LIC = 271,87$ e $n = 4$. Suponha que a média se desloque para 300.
   (a) Qual é a probabilidade dessa mudança ser detectada na próxima amostra?
   (b) Qual é o CMC depois da mudança?

8-34. Considere o gráfico revisto de controle $\overline{X}$ no Exercício 8.6, com $\hat{\sigma} = 0,00024$, $LSC = 0,06331$, $LIC = 0,06266$ e $n = 5$. Suponha que a média se desloque para 0,06280.
   (a) Qual é a probabilidade dessa mudança ser detectada na próxima amostra?

CONTROLE ESTATÍSTICO DA QUALIDADE **307**

(b) Qual é o CMC depois da mudança?

8-35. Considere o gráfico revisto de controle $\overline{X}$ no Exercício 8.7, com $\hat{\sigma} = 0,671$, $LSC = 7,385$, $LIC = 5,061$ e $n = 3$. Suponha que a média se desloque para 5,5.

(a) Qual é a probabilidade dessa mudança ser detectada na próxima amostra?

(b) Qual é o CMC depois da mudança?

Exercícios Suplementares

8-36. O diâmetro dos pinos de fusíveis, usados em uma aplicação de um motor de avião, é uma característica importante da qualidade. Vinte e cinco amostras, de três pinos cada uma, são mostradas a seguir (em mm).

Número da Amostra	Diâmetro		
1	64,030	64,002	64,019
2	63,995	63,992	64,001
3	63,988	64,024	64,021
4	64,002	6,996	63,993
5	63,992	64,007	64,015
6	64,009	63,994	63,997
7	63,995	64,006	63,994
8	63,985	64,003	63,993
9	64,008	63,995	64,009
10	63,998	74,000	63,990
11	63,994	63,998	63,994
12	64,004	64,000	64,007
13	63,983	64,002	63,998
14	64,006	63,967	63,994
15	64,012	64,014	63,998
16	64,000	63,984	64,005
17	63,994	64,012	63,986
18	64,006	64,010	64,018
19	63,984	64,002	64,003
20	64,000	64,010	64,013
21	63,988	64,001	64,009
22	64,004	63,999	63,990
23	64,010	63,989	63,990
24	64,015	64,008	63,993
25	63,982	63,984	63,995

(a) Estabeleça os gráficos $\overline{X}$ e R para esse processo. Se necessário, reveja os limites de modo que nenhuma observação esteja fora de controle.

(b) Estime a média e o desvio-padrão do processo.

(c) Suponha que as especificações do processo sejam $64 \pm 0,02$. Calcule uma estimativa de RCP. O processo encontra um nível mínimo de capacidade de $RCP \geq 1,33$?

(d) Calcule uma estimativa de RCP_k. Use essa razão para tirar conclusões sobre a capacidade de processo.

(e) De modo a tornar esse um processo seis sigmas, a variância σ^2 teria de ser diminuída tal que $RCP_k = 2,0$. Qual deve ser o valor da nova variância?

(f) Suponha que a média se desloque para 64,005. Qual é a probabilidade desse deslocamento ser detectado na próxima amostra? Qual é o CMC depois desse deslocamento?

8-37. Garrafas de plástico para detergentes líquidos de lavanderia são formadas pela moldagem a sopro. Vinte amostras de $n = 100$ garrafas são inspecionadas em uma ordem de tempo de produção, sendo a fração defeituosa reportada em cada amostra. Os dados são mostrados a seguir:

Amostra	Número de Defeitos
1	9
2	11
3	10
4	8
5	3
6	8
7	8
8	10
9	3
10	5
11	9
12	8
13	8
14	8
15	6
16	10
17	17
18	11
19	9
20	10

(a) Estabeleça um gráfico P para esse processo. O processo está sob controle estatístico?

(b) Suponha que em vez de $n = 100$, $n = 200$. Use os dados fornecidos para estabelecer um gráfico P para esse processo. O processo está sob controle estatístico?

(c) Compare seus limites de controle para os gráficos P nos itens (a) e (b). Explique por que eles diferem. Explique, também, por que sua verificação sobre o controle estatístico difere para os dois tamanhos de n.

8-38. Capas para um computador pessoal são fabricadas por moldagem por injeção. As amostras de cinco capas são retiradas periodicamente do processo e o número de defeitos é anotado. Vinte e cinco amostras são mostradas a seguir.

Amostra	Número de Defeitos
1	3
2	2
3	0
4	1
5	4
6	3
7	2

Amostra	Número de Defeitos
8	4
9	1
10	0
11	2
12	3
13	2
14	8
15	0
16	2
17	4
18	3
19	5
20	0
21	2
22	1
23	9
24	3
25	2

(a) Usando todos os dados, encontre os limites tentativas de controle para esse gráfico U para o processo.

(b) Use os limites tentativas de controle do item (a) para identificar pontos fora de controle. Se necessário, reveja seus limites de controle.

(c) Suponha que em vez de amostras de 5 capas, o tamanho da amostra tenha sido 10. Repita os itens (a) e (b). Explique como essa mudança altera suas respostas para os itens (a) e (b).

8-39. Considere os dados no Exercício 8.38.
(a) Usando todos os dados, encontre os limites tentativas de controle para o gráfico C para esse processo.
(b) Use os limites tentativas de controle do item (a) para identificar pontos fora de controle. Se necessário, reveja seus limites de controle.
(c) Suponha que em vez de amostras de 5 capas, o tamanho da amostra tenha sido 10. Repita os itens (a) e (b). Explique como essa mudança altera suas respostas para os itens (a) e (b).

8-40. Suponha que um processo esteja sob controle e um gráfico $\bar{X}$ seja usado com um tamanho de amostra de 4 para monitorar o processo. Há um deslocamento repentino de 1,75.
(a) Se os limites de controle de 3 sigmas estiverem em uso no gráfico $\bar{X}$, qual será a probabilidade de que esse deslocamento permaneça sem ser detectado por três amostras consecutivas?
(b) Se os limites de controle de 2 sigmas estiverem em uso no gráfico $\bar{X}$, qual será a probabilidade de que esse deslocamento permaneça sem ser detectado por três amostras consecutivas?
(c) Compare suas respostas nos itens (a) e (b) e explique por que elas diferem. Também, que limites você recomendaria usar e por quê?

8-41. Considere o gráfico de controle para medidas individuais, com limites de 3 sigmas.
(a) Suponha que um deslocamento de magnitude σ ocorra na média no processo. Verifique que o CMC para detectar o deslocamento é CMC = 43,9.

(b) Encontre o CMC para detectar um deslocamento de magnitude 2σ na média do processo.
(c) Encontre o CMC para detectar um deslocamento de magnitude 3σ na média do processo.
(d) Compare suas respostas nos itens (a), (b) e (c) e explique por que o CMC para detecção está diminuindo à medida que a magnitude de deslocamento aumenta.

8-42. Considere o gráfico de controle para medidas individuais, aplicado a um processo químico contínuo (24 horas), com observações tomadas a cada hora.
(a) Se o gráfico tiver limites de 3 sigmas, verifique que o CMC sob controle será CMC = 370. Quantos alarmes falsos, em média, ocorreriam a cada mês de 30 dias com esse gráfico?
(b) Suponha que o gráfico tenha limites de 2 sigmas. Isso reduz o CMC para detectar um deslocamento de magnitude σ na média? (Lembre-se de que o CMC para detectar esse deslocamento com os limites de 3 sigmas é 43,9.)
(c) Encontre o CMC sob controle, se os limites de 2 sigmas forem usados no gráfico. Quantos alarmes falsos ocorrerão a cada mês com esse gráfico? O desempenho desse CMC sob controle é satisfatório? Explique sua resposta.

8-43. A profundidade de uma fechadura é uma característica importante da qualidade da peça. Amostras de tamanho $n = 5$ são retiradas do processo a cada quatro horas, sendo 20 amostras resumidas a seguir.
(a) Usando todos os dados, encontre os limites tentativas de controle para os gráficos $\bar{X}$ e R. O processo está sob controle?
(b) Use os limites tentativas de controle do item (a) para identificar pontos fora de controle. Se necessário, reveja seus limites de controle e estime, então, o desvio-padrão do processo.
(c) Suponha que as especificações sejam 140 ± 2. Usando os resultados do item (b), que afirmações você pode fazer acerca da capacidade do processo? Calcule as estimativas das razões apropriadas da capacidade de processo.

Amostra	\multicolumn{5}{c}{Observação}
	1	2	3	4	5
1	139,9	138,8	139,85	141,1	139,8
2	140,7	139,3	140,55	141,6	140,1
3	140,8	139,8	140,15	141,9	139,9
4	140,6	141,1	141,05	141,2	139,6
5	139,8	138,9	140,55	141,7	139,6
6	139,8	139,2	140,55	141,2	139,4
7	140,1	138,8	139,75	141,2	138,8
8	140,3	140,6	140,65	142,5	139,9
9	140,1	139,1	139,05	140,5	139,1
10	140,3	141,1	141,25	142,6	140,9
11	138,4	138,1	139,25	140,2	138,6
12	139,4	139,1	139,15	140,3	137,8
13	138,0	137,5	138,25	141,0	140,0
14	138,0	138,1	138,65	139,5	137,8
15	141,2	140,5	141,45	142,5	141,0
16	141,2	141,0	141,95	141,9	140,1
17	140,2	40,3	141,45	142,3	139,6
18	139,6	140,3	139,55	141,7	139,4
19	136,2	137,2	137,75	138,3	137,7
20	138,8	137,7	140,05	140,8	138,9

CONTROLE ESTATÍSTICO DA QUALIDADE **309**

(d) De modo a tornar esse um processo seis sigmas, a variância σ^2 teria de ser diminuída para que $RCP_K = 2,0$. Qual deveria ser o valor dessa nova variância?

(e) Suponha que a média se desloque para 139,7. Qual é a probabilidade de que esse deslocamento seja detectado na próxima amostra? Qual é o CMC depois do deslocamento?

8-44. Um processo é controlado por um gráfico P, usando amostras de tamanho 100. A linha central no gráfico é 0,05.

(a) Qual é a probabilidade de que o gráfico de controle detecte um deslocamento para 0,07 na primeira amostra seguinte ao deslocamento?

(b) Qual é a probabilidade do gráfico de controle não detectar um deslocamento para 0,07 na primeira amostra seguinte ao deslocamento, mas detecte-o na segunda amostra?

(c) Suponha que, em vez de um deslocamento para 0,07, a média se desloque para 0,10. Repita os itens (a) e (b).

(d) Compare suas respostas entre um deslocamento para 0,07 e um deslocamento para 0,10. Explique por que eles diferem. Explique também por que um deslocamento para 0,10 é mais fácil de detectar.

8-45. Suponha que o número médio de defeitos em uma unidade seja 8. Se o número médio de defeitos em uma unidade se deslocar para 16, qual é a probabilidade de que ele seja detectado pelo gráfico U na primeira amostra seguinte ao deslocamento

(a) se o tamanho da amostra for $n = 4$?

(b) se o tamanho da amostra for $n = 10$?

Use a aproximação normal para U.

8-46. Suponha que o número médio de defeitos em uma unidade seja 10. Se o número médio de defeitos em uma unidade se deslocar para 14, qual é a probabilidade de que ele seja detectado pelo gráfico U na primeira amostra seguinte ao deslocamento

(a) se o tamanho da amostra for $n = 1$?

(b) se o tamanho da amostra for $n = 5$?

Use a aproximação normal para U.

8-47. Suponha que um gráfico de controle $\overline{X}$, com limites de 2 sigmas, seja usado para controlar um processo. Encontre a probabilidade de que um sinal de alarme falso de processo fora de controle seja produzido na próxima amostra. Compare essa com a probabilidade correspondente para o gráfico com limites de 3 sigmas e discuta. Faça comentários sobre quando você preferiria usar os limites de 2 sigmas em vez dos limites de 3 sigmas.

8-48. Considere um gráfico de controle $\overline{X}$, com limites de k sigmas. Desenvolva uma expressão geral para a probabilidade de que um ponto caia fora dos limites de controle, quando a média do processo tiver se deslocado de δ unidades a partir da linha central.

8-49. Considere o gráfico de controle $\overline{X}$, com limites de 2 sigmas, do Exercício 8.47.

(a) Encontre a probabilidade de não haver sinal na primeira amostra, mas haver na segunda.

(b) Qual é a probabilidade de não haver um sinal em três amostras?

8-50. Suponha um processo com $RCP = 2$, mas com média igual a exatamente três desvios-padrão acima do limite superior de especificação. Qual é a probabilidade de fazer um produto fora dos limites de especificação?

Exercício em Equipe

8-51. Obtenha dados ordenados no tempo provenientes de um processo de interesse. Use os dados para construir gráficos apropriados de controle e comente o controle do processo. Você pode fazer alguma recomendação para melhorar o processo? Se apropriado, calcule medidas adequadas da capacidade de processo.

APÊNDICES

APÊNDICE A. TABELAS E GRÁFICOS ESTATÍSTICOS

Tabela I   Distribuição Normal Padrão Cumulativa
Tabela II   Pontos Percentuais $t_{\alpha, \nu}$ da Distribuição t
Tabela III   Pontos Percentuais $\chi^2_{\alpha, \nu}$ da Distribuição Qui-Quadrado
Tabela IV   Pontos Percentuais $f_{\alpha, u, \nu}$ da Distribuição F
Gráfico V   Curvas Características Operacionais para o Teste t
Tabela VI   Fatores para Construção de Gráficos de Controle para Variáveis

APÊNDICE B. BIBLIOGRAFIA

APÊNDICE C. RESPOSTAS PARA OS PROBLEMAS SELECIONADOS

APÊNDICE A

TABELAS E GRÁFICOS ESTATÍSTICOS

Tabela I Distribuição Normal Padrão Cumulativa

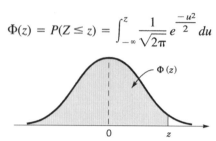

$$\Phi(z) = P(Z \leq z) = \int_{-\infty}^{z} \frac{1}{\sqrt{2\pi}} e^{\frac{-u^2}{2}} du$$

z	−0,09	−0,08	−0,07	−0,06	−0,05	−0,04	−0,03	−0,02	−0,01	−0,00	z
−3,9	0,000033	0,000034	0,000036	0,000037	0,000039	0,000041	0,000042	0,000044	0,000046	0,000048	−3,9
−3,8	0,000050	0,000052	0,000054	0,000057	0,000059	0,000062	0,000064	0,000067	0,000069	0,000072	−3,8
−3,7	0,000075	0,000078	0,000082	0,000085	0,000088	0,000092	0,000096	0,000100	0,000104	0,000108	−3,7
−3,6	0,000112	0,000117	0,000121	0,000126	0,000131	0,000136	0,000142	0,000147	0,000153	0,000159	−3,6
−3,5	0,000165	0,000172	0,000179	0,000185	0,000193	0,000200	0,000208	0,000216	0,000224	0,000233	−3,5
−3,4	0,000242	0,000251	0,000260	0,000270	0,000280	0,000291	0,000302	0,000313	0,000325	0,000337	−3,4
−3,3	0,000350	0,000362	0,000376	0,000390	0,000404	0,000419	0,000434	0,000450	0,000467	0,000483	−3,3
−3,2	0,000501	0,000519	0,000538	0,000557	0,000577	0,000598	0,000619	0,000641	0,000664	0,000687	−3,2
−3,1	0,000711	0,000736	0,000762	0,000789	0,000816	0,000845	0,000874	0,000904	0,000935	0,000968	−3,1
−3,0	0,001001	0,001035	0,001070	0,001107	0,001144	0,001183	0,001223	0,001264	0,001306	0,001350	−3,0
−2,9	0,001395	0,001441	0,001489	0,001538	0,001589	0,001641	0,001695	0,001750	0,001807	0,001866	−2,9
−2,8	0,001926	0,001988	0,002052	0,002118	0,002186	0,002256	0,002327	0,002401	0,002477	0,002555	−2,8
−2,7	0,002635	0,002718	0,002803	0,002890	0,002980	0,003072	0,003167	0,003264	0,003364	0,003467	−2,7
−2,6	0,003573	0,003681	0,003793	0,003907	0,004025	0,004145	0,004269	0,004396	0,004527	0,004661	−2,6
−2,5	0,004799	0,004940	0,005085	0,005234	0,005386	0,005543	0,005703	0,005868	0,006037	0,006210	−2,5
−2,4	0,006387	0,006569	0,006756	0,006947	0,007143	0,007344	0,007549	0,007760	0,007976	0,008198	−2,4
−2,3	0,008424	0,008656	0,008894	0,009137	0,009387	0,009642	0,009903	0,010170	0,010444	0,010724	−2,3
−2,2	0,011011	0,011304	0,011604	0,011911	0,012224	0,012545	0,012874	0,013209	0,013553	0,013903	−2,2
−2,1	0,014262	0,014629	0,015003	0,015386	0,015778	0,016177	0,016586	0,017003	0,017429	0,017864	−2,1
−2,0	0,018309	0,018763	0,019226	0,019699	0,020182	0,020675	0,021178	0,021692	0,022216	0,022750	−2,0
−1,9	0,023295	0,023852	0,024419	0,024998	0,025588	0,026190	0,026803	0,027429	0,028067	0,028717	−1,9
−1,8	0,029379	0,030054	0,030742	0,031443	0,032157	0,032884	0,033625	0,034379	0,035148	0,035930	−1,8
−1,7	0,036727	0,037538	0,038364	0,039204	0,040059	0,040929	0,041815	0,042716	0,043633	0,044565	−1,7
−1,6	0,045514	0,046479	0,047460	0,048457	0,049471	0,050503	0,051551	0,052616	0,053699	0,054799	−1,6
−1,5	0,055917	0,057053	0,058208	0,059380	0,060571	0,061780	0,063008	0,064256	0,065522	0,066807	−1,5
−1,4	0,068112	0,069437	0,070781	0,072145	0,073529	0,074934	0,076359	0,077804	0,079270	0,080757	−1,4
−1,3	0,082264	0,083793	0,085343	0,086915	0,088508	0,090123	0,091759	0,093418	0,095098	0,096801	−1,3
−1,2	0,098525	0,100273	0,102042	0,103835	0,105650	0,107488	0,109349	0,111233	0,113140	0,115070	−1,2
−1,1	0,117023	0,119000	0,121001	0,123024	0,125072	0,127143	0,129238	0,131357	0,133500	0,135666	−1,1
−1,0	0,137857	0,140071	0,142310	0,144572	0,146859	0,149170	0,151505	0,153864	0,156248	0,158655	−1,0
−0,9	0,161087	0,163543	0,166023	0,168528	0,171056	0,173609	0,176185	0,178786	0,181411	0,184060	−0,9
−0,8	0,186733	0,189430	0,192150	0,194894	0,197662	0,200454	0,203269	0,206108	0,208970	0,211855	−0,8
−0,7	0,214764	0,217695	0,220650	0,223627	0,226627	0,229650	0,232695	0,235762	0,238852	0,241964	−0,7
−0,6	0,245097	0,248252	0,251429	0,254627	0,257846	0,261086	0,264347	0,267629	0,270931	0,274253	−0,6
−0,5	0,277595	0,280957	0,284339	0,287740	0,291160	0,294599	0,298056	0,301532	0,305026	0,308538	−0,5
−0,4	0,312067	0,315614	0,319178	0,322758	0,326355	0,329969	0,333598	0,337243	0,340903	0,344578	−0,4
−0,3	0,348268	0,351973	0,355691	0,359424	0,363169	0,366928	0,370700	0,374484	0,378281	0,382089	−0,3
−0,2	0,385908	0,389739	0,393580	0,397432	0,401294	0,405165	0,409046	0,412936	0,416834	0,420740	−0,2
−0,1	0,424655	0,428576	0,432505	0,436441	0,440382	0,444330	0,448283	0,452242	0,456205	0,460172	−0,1
0,0	0,464144	0,468119	0,472097	0,476078	0,480061	0,484047	0,488033	0,492022	0,496011	0,500000	0,0

Tabela I Distribuição Normal Padrão Cumulativa (*continuação*)

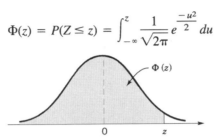

$$\Phi(z) = P(Z \le z) = \int_{-\infty}^{z} \frac{1}{\sqrt{2\pi}} e^{\frac{-u^2}{2}} du$$

z	0,00	0,01	0,02	0,03	0,04	0,05	0,06	0,07	0,08	0,09	z
0,0	0,500000	0,503989	0,507978	0,511967	0,515953	0,519939	0,523922	0,527903	0,531881	0,535856	0,0
0,1	0,539828	0,543795	0,547758	0,551717	0,555760	0,559618	0,563559	0,567495	0,571424	0,575345	0,1
0,2	0,579260	0,583166	0,587064	0,590954	0,594835	0,598706	0,602568	0,606420	0,610261	0,614092	0,2
0,3	0,617911	0,621719	0,625516	0,629300	0,633072	0,636831	0,640576	0,644309	0,648027	0,651732	0,3
0,4	0,655422	0,659097	0,662757	0,666402	0,670031	0,673645	0,677242	0,680822	0,684386	0,687933	0,4
0,5	0,691462	0,694974	0,698468	0,701944	0,705401	0,708840	0,712260	0,715661	0,719043	0,722405	0,5
0,6	0,725747	0,729069	0,732371	0,735653	0,738914	0,742154	0,745373	0,748571	0,751748	0,754903	0,6
0,7	0,758036	0,761148	0,764238	0,767305	0,770350	0,773373	0,776373	0,779350	0,782305	0,785236	0,7
0,8	0,788145	0,791030	0,793892	0,796731	0,799546	0,802338	0,805106	0,807850	0,810570	0,813267	0,8
0,9	0,815940	0,818589	0,821214	0,823815	0,826391	0,828944	0,831472	0,833977	0,836457	0,838913	0,9
1,0	0,841345	0,843752	0,846136	0,848495	0,850830	0,853141	0,855428	0,857690	0,859929	0,862143	1,0
1,1	0,864334	0,866500	0,868643	0,870762	0,872857	0,874928	0,876976	0,878999	0,881000	0,882977	1,1
1,2	0,884930	0,886860	0,888767	0,890651	0,892512	0,894350	0,896165	0,897958	0,899727	0,901475	1,2
1,3	0,903199	0,904902	0,906582	0,908241	0,909877	0,911492	0,913085	0,914657	0,916207	0,917736	1,3
1,4	0,919243	0,920730	0,922196	0,923641	0,925066	0,926471	0,927855	0,929219	0,930563	0,931888	1,4
1,5	0,933193	0,934478	0,935744	0,936992	0,938220	0,939429	0,940620	0,941792	0,942947	0,944083	1,5
1,6	0,945201	0,946301	0,947384	0,948449	0,949497	0,950529	0,951543	0,952540	0,953521	0,954486	1,6
1,7	0,955435	0,956367	0,957284	0,958185	0,959071	0,959941	0,960796	0,961636	0,962462	0,963273	1,7
1,8	0,964070	0,964852	0,965621	0,966375	0,967116	0,967843	0,968557	0,969258	0,969946	0,970621	1,8
1,9	0,971283	0,971933	0,972571	0,973197	0,973810	0,974412	0,975002	0,975581	0,976148	0,976705	1,9
2,0	0,977250	0,977784	0,978308	0,978822	0,979325	0,979818	0,980301	0,980774	0,981237	0,981691	2,0
2,1	0,982136	0,982571	0,982997	0,983414	0,983823	0,984222	0,984614	0,984997	0,985371	0,985738	2,1
2,2	0,986097	0,986447	0,986791	0,987126	0,987455	0,987776	0,988089	0,988396	0,988696	0,988989	2,2
2,3	0,989276	0,989556	0,989830	0,990097	0,990358	0,990613	0,990863	0,991106	0,991344	0,991576	2,3
2,4	0,991802	0,992024	0,992240	0,992451	0,992656	0,992857	0,993053	0,993244	0,993431	0,993613	2,4
2,5	0,993790	0,993963	0,994132	0,994297	0,994457	0,994614	0,994766	0,994915	0,995060	0,995201	2,5
2,6	0,995339	0,995473	0,995604	0,995731	0,995855	0,995975	0,996093	0,996207	0,996319	0,996427	2,6
2,7	0,996533	0,996636	0,996736	0,996833	0,996928	0,997020	0,997110	0,997197	0,997282	0,997365	2,7
2,8	0,997445	0,997523	0,997599	0,997673	0,997744	0,997814	0,997882	0,997948	0,998012	0,998074	2,8
2,9	0,998134	0,998193	0,998250	0,998305	0,998359	0,998411	0,998462	0,998511	0,998559	0,998605	2,9
3,0	0,998650	0,998694	0,998736	0,998777	0,998817	0,998856	0,998893	0,998930	0,998965	0,998999	3,0
3,1	0,999032	0,999065	0,999096	0,999126	0,999155	0,999184	0,999211	0,999238	0,999264	0,999289	3,1
3,2	0,999313	0,999336	0,999359	0,999381	0,999402	0,999423	0,999443	0,999462	0,999481	0,999499	3,2
3,3	0,999517	0,999533	0,999550	0,999566	0,999581	0,999596	0,999610	0,999624	0,999638	0,999650	3,3
3,4	0,999663	0,999675	0,999687	0,999698	0,999709	0,999720	0,999730	0,999740	0,999749	0,999758	3,4
3,5	0,999767	0,999776	0,999784	0,999792	0,999800	0,999807	0,999815	0,999821	0,999828	0,999835	3,5
3,6	0,999841	0,999847	0,999853	0,999858	0,999864	0,999869	0,999874	0,999879	0,999883	0,999888	3,6
3,7	0,999892	0,999896	0,999900	0,999904	0,999908	0,999912	0,999915	0,999918	0,999922	0,999925	3,7
3,8	0,999928	0,999931	0,999933	0,999936	0,999938	0,999941	0,999943	0,999946	0,999948	0,999950	3,8
3,9	0,999952	0,999954	0,999956	0,999958	0,999959	0,999961	0,999963	0,999964	0,999966	0,999967	3,9

Tabela II Pontos Percentuais $t_{\alpha,\nu}$ da Distribuição t

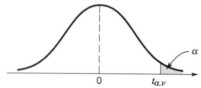

ν \ α	0,40	0,25	0,10	0,05	0,025	0,01	0,005	0,0025	0,001	0,0005
1	0,325	1,000	3,078	6,314	12,706	31,821	63,657	127,32	318,31	636,62
2	0,289	0,816	1,886	2,920	4,303	6,965	9,925	14,089	23,326	31,598
3	0,277	0,765	1,638	2,353	3,182	4,541	5,841	7,453	10,213	12,924
4	0,271	0,741	1,533	2,132	2,776	3,747	4,604	5,598	7,173	8,610
5	0,267	0,727	1,476	2,015	2,571	3,365	4,032	4,773	5,893	6,869
6	0,265	0,718	1,440	1,943	2,447	3,143	3,707	4,317	5,208	5,959
7	0,263	0,711	1,415	1,895	2,365	2,998	3,499	4,029	4,785	5,408
8	0,262	0,706	1,397	1,860	2,306	2,896	3,355	3,833	4,501	5,041
9	0,261	0,703	1,383	1,833	2,262	2,821	3,250	3,690	4,297	4,781
10	0,260	0,700	1,372	1,812	2,228	2,764	3,169	3,581	4,144	4,587
11	0,260	0,697	1,363	1,796	2,201	2,718	3,106	3,497	4,025	4,437
12	0,259	0,695	1,356	1,782	2,179	2,681	3,055	3,428	3,930	4,318
13	0,259	0,694	1,350	1,771	2,160	2,650	3,012	3,372	3,852	4,221
14	0,258	0,692	1,345	1,761	2,145	2,624	2,977	3,326	3,787	4,140
15	0,258	0,691	1,341	1,753	2,131	2,602	2,947	3,286	3,733	4,073
16	0,258	0,690	1,337	1,746	2,120	2,583	2,921	3,252	3,686	4,015
17	0,257	0,689	1,333	1,740	2,110	2,567	2,898	3,222	3,646	3,965
18	0,257	0,688	1,330	1,734	2,101	2,552	2,878	3,197	3,610	3,922
19	0,257	0,688	1,328	1,729	2,093	2,539	2,861	3,174	3,579	3,883
20	0,257	0,687	1,325	1,725	2,086	2,528	2,845	3,153	3,552	3,850
21	0,257	0,686	1,323	1,721	2,080	2,518	2,831	3,135	3,527	3,819
22	0,256	0,686	1,321	1,717	2,074	2,508	2,819	3,119	3,505	3,792
23	0,256	0,685	1,319	1,714	2,069	2,500	2,807	3,104	3,485	3,767
24	0,256	0,685	1,318	1,711	2,064	2,492	2,797	3,091	3,467	3,745
25	0,256	0,684	1,316	1,708	2,060	2,485	2,787	3,078	3,450	3,725
26	0,256	0,684	1,315	1,706	2,056	2,479	2,779	3,067	3,435	3,707
27	0,256	0,684	1,314	1,703	2,052	2,473	2,771	3,057	3,421	3,690
28	0,256	0,683	1,313	1,701	2,048	2,467	2,763	3,047	3,408	3,674
29	0,256	0,683	1,311	1,699	2,045	2,462	2,756	3,038	3,396	3,659
30	0,256	0,683	1,310	1,697	2,042	2,457	2,750	3,030	3,385	3,646
40	0,255	0,681	1,303	1,684	2,021	2,423	2,704	2,971	3,307	3,551
60	0,254	0,679	1,296	1,671	2,000	2,390	2,660	2,915	3,232	3,460
120	0,254	0,677	1,289	1,658	1,980	2,358	2,617	2,860	3,160	3,373
∞	0,253	0,674	1,282	1,645	1,960	2,326	2,576	2,807	3,090	3,291

ν = graus de liberdade.

Tabela III Pontos Percentuais $\chi^2_{\alpha,\nu}$ da Distribuição Qui-Quadrado

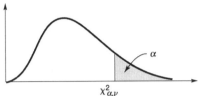

ν \ α	0,995	0,990	0,975	0,950	0,900	0,500	0,100	0,050	0,025	0,010	0,005
1	0,00+	0,00+	0,00+	0,00+	0,02	0,45	2,71	3,84	5,02	6,63	7,88
2	0,01	0,02	0,05	0,10	0,21	1,39	4,61	5,99	7,38	9,21	10,60
3	0,07	0,11	0,22	0,35	0,58	2,37	6,25	7,81	9,35	11,34	12,84
4	0,21	0,30	0,48	0,71	1,06	3,36	7,78	9,49	11,14	13,28	14,86
5	0,41	0,55	0,83	1,15	1,61	4,35	9,24	11,07	12,83	15,09	16,75
6	0,68	0,87	1,24	1,64	2,20	5,35	10,65	12,59	14,45	16,81	18,55
7	0,99	1,24	1,69	2,17	2,83	6,35	12,02	14,07	16,01	18,48	20,28
8	1,34	1,65	2,18	2,73	3,49	7,34	13,36	15,51	17,53	20,09	21,96
9	1,73	2,09	2,70	3,33	4,17	8,34	14,68	16,92	19,02	21,67	23,59
10	2,16	2,56	3,25	3,94	4,87	9,34	15,99	18,31	20,48	23,21	25,19
11	2,60	3,05	3,82	4,57	5,58	10,34	17,28	19,68	21,92	24,72	26,76
12	3,07	3,57	4,40	5,23	6,30	11,34	18,55	21,03	23,34	26,22	28,30
13	3,57	4,11	5,01	5,89	7,04	12,34	19,81	22,36	24,74	27,69	29,82
14	4,07	4,66	5,63	6,57	7,79	13,34	21,06	23,68	26,12	29,14	31,32
15	4,60	5,23	6,27	7,26	8,55	14,34	22,31	25,00	27,49	30,58	32,80
16	5,14	5,81	6,91	7,96	9,31	15,34	23,54	26,30	28,85	32,00	34,27
17	5,70	6,41	7,56	8,67	10,09	16,34	24,77	27,59	30,19	33,41	35,72
18	6,26	7,01	8,23	9,39	10,87	17,34	25,99	28,87	31,53	34,81	37,16
19	6,84	7,63	8,91	10,12	11,65	18,34	27,20	30,14	32,85	36,19	38,58
20	7,43	8,26	9,59	10,85	12,44	19,34	28,41	31,41	34,17	37,57	40,00
21	8,03	8,90	10,28	11,59	13,24	20,34	29,62	32,67	35,48	38,93	41,40
22	8,64	9,54	10,98	12,34	14,04	21,34	30,81	33,92	36,78	40,29	42,80
23	9,26	10,20	11,69	13,09	14,85	22,34	32,01	35,17	38,08	41,64	44,18
24	9,89	10,86	12,40	13,85	15,66	23,34	33,20	36,42	39,36	42,98	45,56
25	10,52	11,52	13,12	14,61	16,47	24,34	34,28	37,65	40,65	44,31	46,93
26	11,16	12,20	13,84	15,38	17,29	25,34	35,56	38,89	41,92	45,64	48,29
27	11,81	12,88	14,57	16,15	18,11	26,34	36,74	40,11	43,19	46,96	49,65
28	12,46	13,57	15,31	16,93	18,94	27,34	37,92	41,34	44,46	48,28	50,99
29	13,12	14,26	16,05	17,71	19,77	28,34	39,09	42,56	45,72	49,59	52,34
30	13,79	14,95	16,79	18,49	20,60	29,34	40,26	43,77	46,98	50,89	53,67
40	20,71	22,16	24,43	26,51	29,05	39,34	51,81	55,76	59,34	63,69	66,77
50	27,99	29,71	32,36	34,76	37,69	49,33	63,17	67,50	71,42	76,15	79,49
60	35,53	37,48	40,48	43,19	46,46	59,33	74,40	79,08	83,30	88,38	91,95
70	43,28	45,44	48,76	51,74	55,33	69,33	85,53	90,53	95,02	100,42	104,22
80	51,17	53,54	57,15	60,39	64,28	79,33	96,58	101,88	106,63	112,33	116,32
90	59,20	61,75	65,65	69,13	73,29	89,33	107,57	113,14	118,14	124,12	128,30
100	67,33	70,06	74,22	77,93	82,36	99,33	118,50	124,34	129,56	135,81	140,17

ν = graus de liberdade.

Tabela IV Pontos Percentuais $f_{\alpha,u,v}$ da Distribuição F

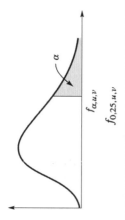

$f_{0,25,u,v}$

Graus de liberdade para o numerador (u)

v \ u	1	2	3	4	5	6	7	8	9	10	12	15	20	24	30	40	60	120	∞
1	5,83	7,50	8,20	8,58	8,82	8,98	9,10	9,19	9,26	9,32	9,41	9,49	9,58	9,63	9,67	9,71	9,76	9,80	9,85
2	2,57	3,00	3,15	3,23	3,28	3,31	3,34	3,35	3,37	3,38	3,39	3,41	3,43	3,43	3,44	3,45	3,46	3,47	3,48
3	2,02	2,28	2,36	2,39	2,41	2,42	2,43	2,44	2,44	2,44	2,45	2,46	2,46	2,46	2,47	2,47	2,47	2,47	2,47
4	1,81	2,00	2,05	2,06	2,07	2,08	2,08	2,08	2,08	2,08	2,08	2,08	2,08	2,08	2,08	2,08	2,08	2,08	2,08
5	1,69	1,85	1,88	1,89	1,89	1,89	1,89	1,89	1,89	1,89	1,89	1,89	1,88	1,88	1,88	1,88	1,87	1,87	1,87
6	1,62	1,76	1,78	1,79	1,79	1,78	1,78	1,78	1,77	1,77	1,77	1,76	1,76	1,75	1,75	1,75	1,74	1,74	1,74
7	1,57	1,70	1,72	1,72	1,71	1,71	1,70	1,70	1,70	1,69	1,68	1,68	1,67	1,67	1,66	1,66	1,65	1,65	1,65
8	1,54	1,66	1,67	1,66	1,66	1,65	1,64	1,64	1,63	1,63	1,62	1,62	1,61	1,60	1,60	1,59	1,59	1,58	1,58
9	1,51	1,62	1,63	1,63	1,62	1,61	1,60	1,60	1,59	1,59	1,58	1,57	1,56	1,56	1,55	1,54	1,54	1,53	1,53
10	1,49	1,60	1,60	1,59	1,59	1,58	1,57	1,56	1,56	1,55	1,54	1,53	1,52	1,52	1,51	1,51	1,50	1,49	1,48
11	1,47	1,58	1,58	1,57	1,56	1,55	1,54	1,53	1,53	1,52	1,51	1,50	1,49	1,49	1,48	1,47	1,47	1,46	1,45
12	1,46	1,56	1,56	1,55	1,54	1,53	1,52	1,51	1,51	1,50	1,49	1,48	1,47	1,46	1,45	1,45	1,44	1,43	1,42
13	1,45	1,55	1,55	1,53	1,52	1,51	1,50	1,49	1,49	1,48	1,47	1,46	1,45	1,44	1,43	1,42	1,42	1,41	1,40
14	1,44	1,53	1,53	1,52	1,51	1,50	1,49	1,48	1,47	1,46	1,45	1,44	1,43	1,42	1,41	1,41	1,40	1,39	1,38
15	1,43	1,52	1,52	1,51	1,49	1,48	1,47	1,46	1,46	1,45	1,44	1,43	1,41	1,41	1,40	1,39	1,38	1,37	1,36
16	1,42	1,51	1,51	1,50	1,48	1,47	1,46	1,45	1,44	1,44	1,43	1,41	1,40	1,39	1,38	1,37	1,36	1,35	1,34
17	1,42	1,51	1,50	1,49	1,47	1,46	1,45	1,44	1,43	1,43	1,41	1,40	1,39	1,38	1,37	1,36	1,35	1,34	1,33
18	1,41	1,50	1,49	1,48	1,46	1,45	1,44	1,43	1,42	1,42	1,40	1,39	1,38	1,37	1,36	1,35	1,34	1,33	1,32
19	1,41	1,49	1,49	1,47	1,46	1,44	1,43	1,42	1,41	1,41	1,40	1,38	1,37	1,36	1,35	1,34	1,33	1,32	1,30
20	1,40	1,49	1,48	1,47	1,45	1,44	1,43	1,42	1,41	1,40	1,39	1,37	1,36	1,35	1,34	1,33	1,32	1,31	1,29
21	1,40	1,48	1,48	1,46	1,44	1,43	1,42	1,41	1,40	1,39	1,38	1,37	1,35	1,34	1,33	1,32	1,31	1,30	1,28
22	1,40	1,48	1,47	1,45	1,44	1,42	1,41	1,40	1,39	1,39	1,37	1,36	1,34	1,33	1,32	1,31	1,30	1,29	1,28
23	1,39	1,47	1,47	1,45	1,43	1,42	1,41	1,40	1,39	1,38	1,37	1,35	1,34	1,33	1,32	1,31	1,30	1,28	1,27
24	1,39	1,47	1,46	1,44	1,43	1,41	1,40	1,39	1,38	1,38	1,36	1,35	1,33	1,32	1,31	1,30	1,29	1,28	1,26
25	1,39	1,47	1,46	1,44	1,42	1,41	1,40	1,39	1,38	1,37	1,36	1,34	1,33	1,32	1,31	1,29	1,28	1,27	1,25
26	1,38	1,46	1,45	1,44	1,42	1,41	1,39	1,38	1,37	1,37	1,35	1,34	1,32	1,31	1,30	1,29	1,28	1,26	1,25
27	1,38	1,46	1,45	1,43	1,42	1,40	1,39	1,38	1,37	1,36	1,35	1,33	1,32	1,31	1,30	1,28	1,27	1,26	1,24
28	1,38	1,46	1,45	1,43	1,41	1,40	1,39	1,38	1,37	1,36	1,34	1,33	1,31	1,30	1,29	1,28	1,27	1,25	1,24
29	1,38	1,45	1,45	1,43	1,41	1,40	1,38	1,37	1,36	1,35	1,34	1,32	1,31	1,30	1,29	1,27	1,26	1,25	1,23
30	1,38	1,45	1,44	1,42	1,41	1,39	1,38	1,37	1,36	1,35	1,34	1,32	1,30	1,29	1,28	1,27	1,26	1,24	1,23
40	1,36	1,44	1,42	1,40	1,39	1,37	1,36	1,35	1,34	1,33	1,31	1,30	1,28	1,26	1,25	1,24	1,22	1,21	1,19
60	1,35	1,42	1,41	1,38	1,37	1,35	1,33	1,32	1,31	1,30	1,29	1,27	1,25	1,24	1,22	1,21	1,19	1,17	1,15
120	1,34	1,40	1,39	1,37	1,35	1,33	1,31	1,30	1,29	1,28	1,26	1,24	1,22	1,21	1,19	1,18	1,16	1,13	1,10
∞	1,32	1,39	1,37	1,35	1,33	1,31	1,29	1,28	1,27	1,25	1,24	1,22	1,19	1,18	1,16	1,14	1,12	1,08	1,00

Graus de liberdade para o denominador (v)

Tabela IV Pontos Percentuais $f_{\alpha, u, v}$ da Distribuição F (*continuação*)

$$f_{0,10,u,v}$$

v \ u	Graus de liberdade para o numerador (u)																		
	1	2	3	4	5	6	7	8	9	10	12	15	20	24	30	40	60	120	∞
1	39,86	49,50	53,59	55,83	57,24	58,20	58,91	59,44	59,86	60,19	60,71	61,22	61,74	62,00	62,26	62,53	62,79	63,06	63,33
2	8,53	9,00	9,16	9,24	9,29	9,33	9,35	9,37	9,38	9,39	9,41	9,42	9,44	9,45	9,46	9,47	9,47	9,48	9,49
3	5,54	5,46	5,39	5,34	5,31	5,28	5,27	5,25	5,24	5,23	5,22	5,20	5,18	5,18	5,17	5,16	5,15	5,14	5,13
4	4,54	4,32	4,19	4,11	4,05	4,01	3,98	3,95	3,94	3,92	3,90	3,87	3,84	3,83	3,82	3,80	3,79	3,78	3,76
5	4,06	3,78	3,62	3,52	3,45	3,40	3,37	3,34	3,32	3,30	3,27	3,24	3,21	3,19	3,17	3,16	3,14	3,12	3,10
6	3,78	3,46	3,29	3,18	3,11	3,05	3,01	2,98	2,96	2,94	2,90	2,87	2,84	2,82	2,80	2,78	2,76	2,74	2,72
7	3,59	3,26	3,07	2,96	2,88	2,83	2,78	2,75	2,72	2,70	2,67	2,63	2,59	2,58	2,56	2,54	2,51	2,49	2,47
8	3,46	3,11	2,92	2,81	2,73	2,67	2,62	2,59	2,56	2,54	2,50	2,46	2,42	2,40	2,38	2,36	2,34	2,32	2,29
9	3,36	3,01	2,81	2,69	2,61	2,55	2,51	2,47	2,44	2,42	2,38	2,34	2,30	2,28	2,25	2,23	2,21	2,18	2,16
10	3,29	2,92	2,73	2,61	2,52	2,46	2,41	2,38	2,35	2,32	2,28	2,24	2,20	2,18	2,16	2,13	2,11	2,08	2,06
11	3,23	2,86	2,66	2,54	2,45	2,39	2,34	2,30	2,27	2,25	2,21	2,17	2,12	2,10	2,08	2,05	2,03	2,00	1,97
12	3,18	2,81	2,61	2,48	2,39	2,33	2,28	2,24	2,21	2,19	2,15	2,10	2,06	2,04	2,01	1,99	1,96	1,93	1,90
13	3,14	2,76	2,56	2,43	2,35	2,28	2,23	2,20	2,16	2,14	2,10	2,05	2,01	1,98	1,96	1,93	1,90	1,88	1,85
14	3,10	2,73	2,52	2,39	2,31	2,24	2,19	2,15	2,12	2,10	2,05	2,01	1,96	1,94	1,91	1,89	1,86	1,83	1,80
15	3,07	2,70	2,49	2,36	2,27	2,21	2,16	2,12	2,09	2,06	2,02	1,97	1,92	1,90	1,87	1,85	1,82	1,79	1,76
16	3,05	2,67	2,46	2,33	2,24	2,18	2,13	2,09	2,06	2,03	1,99	1,94	1,89	1,87	1,84	1,81	1,78	1,75	1,72
17	3,03	2,64	2,44	2,31	2,22	2,15	2,10	2,06	2,03	2,00	1,96	1,91	1,86	1,84	1,81	1,78	1,75	1,72	1,69
18	3,01	2,62	2,42	2,29	2,20	2,13	2,08	2,04	2,00	1,98	1,93	1,89	1,84	1,81	1,78	1,75	1,72	1,69	1,66
19	2,99	2,61	2,40	2,27	2,18	2,11	2,06	2,02	1,98	1,96	1,91	1,86	1,81	1,79	1,76	1,73	1,70	1,67	1,63
20	2,97	2,59	2,38	2,25	2,16	2,09	2,04	2,00	1,96	1,94	1,89	1,84	1,79	1,77	1,74	1,71	1,68	1,64	1,61
21	2,96	2,57	2,36	2,23	2,14	2,08	2,02	1,98	1,95	1,92	1,87	1,83	1,78	1,75	1,72	1,69	1,66	1,62	1,59
22	2,95	2,56	2,35	2,22	2,13	2,06	2,01	1,97	1,93	1,90	1,86	1,81	1,76	1,73	1,70	1,67	1,64	1,60	1,57
23	2,94	2,55	2,34	2,21	2,11	2,05	1,99	1,95	1,92	1,89	1,84	1,80	1,74	1,72	1,69	1,66	1,62	1,59	1,55
24	2,93	2,54	2,33	2,19	2,10	2,04	1,98	1,94	1,91	1,88	1,83	1,78	1,73	1,70	1,67	1,64	1,61	1,57	1,53
25	2,92	2,53	2,32	2,18	2,09	2,02	1,97	1,93	1,89	1,87	1,82	1,77	1,72	1,69	1,66	1,63	1,59	1,56	1,52
26	2,91	2,52	2,31	2,17	2,08	2,01	1,96	1,92	1,88	1,86	1,81	1,76	1,71	1,68	1,65	1,61	1,58	1,54	1,50
27	2,90	2,51	2,30	2,17	2,07	2,00	1,95	1,91	1,87	1,85	1,80	1,75	1,70	1,67	1,64	1,60	1,57	1,53	1,49
28	2,89	2,50	2,29	2,16	2,06	2,00	1,94	1,90	1,87	1,84	1,79	1,74	1,69	1,66	1,63	1,59	1,56	1,52	1,48
29	2,89	2,50	2,28	2,15	2,06	1,99	1,93	1,89	1,86	1,83	1,78	1,73	1,68	1,65	1,62	1,58	1,55	1,51	1,47
30	2,88	2,49	2,28	2,14	2,03	1,98	1,93	1,88	1,85	1,82	1,77	1,72	1,67	1,64	1,61	1,57	1,54	1,50	1,46
40	2,84	2,44	2,23	2,09	2,00	1,93	1,87	1,83	1,79	1,76	1,71	1,66	1,61	1,57	1,54	1,51	1,47	1,42	1,38
60	2,79	2,39	2,18	2,04	1,95	1,87	1,82	1,77	1,74	1,71	1,66	1,60	1,54	1,51	1,48	1,44	1,40	1,35	1,29
120	2,75	2,35	2,13	1,99	1,90	1,82	1,77	1,72	1,68	1,65	1,60	1,55	1,48	1,45	1,41	1,37	1,32	1,26	1,19
∞	2,71	2,30	2,08	1,94	1,85	1,77	1,72	1,67	1,63	1,60	1,55	1,49	1,42	1,38	1,34	1,30	1,24	1,17	1,00

Graus de liberdade para o denominador (v)

Tabela IV Pontos Percentuais $f_{\alpha, u, \nu}$ da Distribuição F (*continuação*)

$$f_{0,05,\, u,\, \nu}$$

ν \ u	Graus de liberdade para o numerador (u)																		
	1	2	3	4	5	6	7	8	9	10	12	15	20	24	30	40	60	120	∞
1	161,4	199,5	215,7	224,6	230,2	234,0	236,8	238,9	240,5	241,9	243,9	245,9	248,0	249,1	250,1	251,1	252,2	253,3	254,3
2	18,51	19,00	19,16	19,25	19,30	19,33	19,35	19,37	19,38	19,40	19,41	19,43	19,45	19,45	19,46	19,47	19,48	19,49	19,50
3	10,13	9,55	9,28	9,12	9,01	8,94	8,89	8,85	8,81	8,79	8,74	8,70	8,66	8,64	8,62	8,59	8,57	8,55	8,53
4	7,71	6,94	6,59	6,39	6,26	6,16	6,09	6,04	6,00	5,96	5,91	5,86	5,80	5,77	5,75	5,72	5,69	5,66	5,63
5	6,61	5,79	5,41	5,19	5,05	4,95	4,88	4,82	4,77	4,74	4,68	4,62	4,56	4,53	4,50	4,46	4,43	4,40	4,36
6	5,99	5,14	4,76	4,53	4,39	4,28	4,21	4,15	4,10	4,06	4,00	3,94	3,87	3,84	3,81	3,77	3,74	3,70	3,67
7	5,59	4,74	4,35	4,12	3,97	3,87	3,79	3,73	3,68	3,64	3,57	3,51	3,44	3,41	3,38	3,34	3,30	3,27	3,23
8	5,32	4,46	4,07	3,84	3,69	3,58	3,50	3,44	3,39	3,35	3,28	3,22	3,15	3,12	3,08	3,04	3,01	2,97	2,93
9	5,12	4,26	3,86	3,63	3,48	3,37	3,29	3,23	3,18	3,14	3,07	3,01	2,94	2,90	2,86	2,83	2,79	2,75	2,71
10	4,96	4,10	3,71	3,48	3,33	3,22	3,14	3,07	3,02	2,98	2,91	2,85	2,77	2,74	2,70	2,66	2,62	2,58	2,54
11	4,84	3,98	3,59	3,36	3,20	3,09	3,01	2,95	2,90	2,85	2,79	2,72	2,65	2,61	2,57	2,53	2,49	2,45	2,40
12	4,75	3,89	3,49	3,26	3,11	3,00	2,91	2,85	2,80	2,75	2,69	2,62	2,54	2,51	2,47	2,43	2,38	2,34	2,30
13	4,67	3,81	3,41	3,18	3,03	2,92	2,83	2,77	2,71	2,67	2,60	2,53	2,46	2,42	2,38	2,34	2,30	2,25	2,21
14	4,60	3,74	3,34	3,11	2,96	2,85	2,76	2,70	2,65	2,60	2,53	2,46	2,39	2,35	2,31	2,27	2,22	2,18	2,13
15	4,54	3,68	3,29	3,06	2,90	2,79	2,71	2,64	2,59	2,54	2,48	2,40	2,33	2,29	2,25	2,20	2,16	2,11	2,07
16	4,49	3,63	3,24	3,01	2,85	2,74	2,66	2,59	2,54	2,49	2,42	2,35	2,28	2,24	2,19	2,15	2,11	2,06	2,01
17	4,45	3,59	3,20	2,96	2,81	2,70	2,61	2,55	2,49	2,45	2,38	2,31	2,23	2,19	2,15	2,10	2,06	2,01	1,96
18	4,41	3,55	3,16	2,93	2,77	2,66	2,58	2,51	2,46	2,41	2,34	2,27	2,19	2,15	2,11	2,06	2,02	1,97	1,92
19	4,38	3,52	3,13	2,90	2,74	2,63	2,54	2,48	2,42	2,38	2,31	2,23	2,16	2,11	2,07	2,03	1,98	1,93	1,88
20	4,35	3,49	3,10	2,87	2,71	2,60	2,51	2,45	2,39	2,35	2,28	2,20	2,12	2,08	2,04	1,99	1,95	1,90	1,84
21	4,32	3,47	3,07	2,84	2,68	2,57	2,49	2,42	2,37	2,32	2,25	2,18	2,10	2,05	2,01	1,96	1,92	1,87	1,81
22	4,30	3,44	3,05	2,82	2,66	2,55	2,46	2,40	2,34	2,30	2,23	2,15	2,07	2,03	1,98	1,94	1,89	1,84	1,78
23	4,28	3,42	3,03	2,80	2,64	2,53	2,44	2,37	2,32	2,27	2,20	2,13	2,05	2,01	1,96	1,91	1,86	1,81	1,76
24	4,26	3,40	3,01	2,78	2,62	2,51	2,42	2,36	2,30	2,25	2,18	2,11	2,03	1,98	1,94	1,89	1,84	1,79	1,73
25	4,24	3,39	2,99	2,76	2,60	2,49	2,40	2,34	2,28	2,24	2,16	2,09	2,01	1,96	1,92	1,87	1,82	1,77	1,71
26	4,23	3,37	2,98	2,74	2,59	2,47	2,39	2,32	2,27	2,22	2,15	2,07	1,99	1,95	1,90	1,85	1,80	1,75	1,69
27	4,21	3,35	2,96	2,73	2,57	2,46	2,37	2,31	2,25	2,20	2,13	2,06	1,97	1,93	1,88	1,84	1,79	1,73	1,67
28	4,20	3,34	2,95	2,71	2,56	2,45	2,36	2,29	2,24	2,19	2,12	2,04	1,96	1,91	1,87	1,82	1,77	1,71	1,65
29	4,18	3,33	2,93	2,70	2,55	2,43	2,35	2,28	2,22	2,18	2,10	2,03	1,94	1,90	1,85	1,81	1,75	1,70	1,64
30	4,17	3,32	2,92	2,69	2,53	2,42	2,33	2,27	2,21	2,16	2,09	2,01	1,93	1,89	1,84	1,79	1,74	1,68	1,62
40	4,08	3,23	2,84	2,61	2,45	2,34	2,25	2,18	2,12	2,08	2,00	1,92	1,84	1,79	1,74	1,69	1,64	1,58	1,51
60	4,00	3,15	2,76	2,53	2,37	2,25	2,17	2,10	2,04	1,99	1,92	1,84	1,75	1,70	1,65	1,59	1,53	1,47	1,39
120	3,92	3,07	2,68	2,45	2,29	2,17	2,09	2,02	1,96	1,91	1,83	1,75	1,66	1,61	1,55	1,55	1,43	1,35	1,25
∞	3,84	3,00	2,60	2,37	2,21	2,10	2,01	1,94	1,88	1,83	1,75	1,67	1,57	1,52	1,46	1,39	1,32	1,22	1,00

Graus de liberdade para o denominador (ν)

Tabela IV Pontos Percentuais $f_{\alpha, u, \nu}$ da Distribuição F (*continuação*)

$$f_{0,025,u,\nu}$$

ν \ u	1	2	3	4	5	6	7	8	9	10	12	15	20	24	30	40	60	120	∞
1	647,8	799,5	864,2	899,6	921,8	937,1	948,2	956,7	963,3	968,6	976,7	984,9	993,1	997,2	1001	1006	1010	1014	1018
2	38,51	39,00	39,17	39,25	39,30	39,33	39,36	39,37	39,39	39,40	39,41	39,43	39,45	39,46	39,46	39,47	39,48	39,49	39,50
3	17,44	16,04	15,44	15,10	14,88	14,73	14,62	14,54	14,47	14,42	14,34	14,25	14,17	14,12	14,08	14,04	13,99	13,95	13,90
4	12,22	10,65	9,98	9,60	9,36	9,20	9,07	8,98	8,90	8,84	8,75	8,66	8,56	8,51	8,46	8,41	8,36	8,31	8,26
5	10,01	8,43	7,76	7,39	7,15	6,98	6,85	6,76	6,68	6,62	6,52	6,43	6,33	6,28	6,23	6,18	6,12	6,07	6,02
6	8,81	7,26	6,60	6,23	5,99	5,82	5,70	5,60	5,52	5,46	5,37	5,27	5,17	5,12	5,07	5,01	4,96	4,90	4,85
7	8,07	6,54	5,89	5,52	5,29	5,12	4,99	4,90	4,82	4,76	4,67	4,57	4,47	4,42	4,36	4,31	4,25	4,20	4,14
8	7,57	6,06	5,42	5,05	4,82	4,65	4,53	4,43	4,36	4,30	4,20	4,10	4,00	3,95	3,89	3,84	3,78	3,73	3,67
9	7,21	5,71	5,08	4,72	4,48	4,32	4,20	4,10	4,03	3,96	3,87	3,77	3,67	3,61	3,56	3,51	3,45	3,39	3,33
10	6,94	5,46	4,83	4,47	4,24	4,07	3,95	3,85	3,78	3,72	3,62	3,52	3,42	3,37	3,31	3,26	3,20	3,14	3,08
11	6,72	5,26	4,63	4,28	4,04	3,88	3,76	3,66	3,59	3,53	3,43	3,33	3,23	3,17	3,12	3,06	3,00	2,94	2,88
12	6,55	5,10	4,47	4,12	3,89	3,73	3,61	3,51	3,44	3,37	3,28	3,18	3,07	3,02	2,96	2,91	2,85	2,79	2,72
13	6,41	4,97	4,35	4,00	3,77	3,60	3,48	3,39	3,31	3,25	3,15	3,05	2,95	2,89	2,84	2,78	2,72	2,66	2,60
14	6,30	4,86	4,24	3,89	3,66	3,50	3,38	3,29	3,21	3,15	3,05	2,95	2,84	2,79	2,73	2,67	2,61	2,55	2,49
15	6,20	4,77	4,15	3,80	3,58	3,41	3,29	3,20	3,12	3,06	2,96	2,86	2,76	2,70	2,64	2,59	2,52	2,46	2,40
16	6,12	4,69	4,08	3,73	3,50	3,34	3,22	3,12	3,05	2,99	2,89	2,79	2,68	2,63	2,57	2,51	2,45	2,38	2,32
17	6,04	4,62	4,01	3,66	3,44	3,28	3,16	3,06	2,98	2,92	2,82	2,72	2,62	2,56	2,50	2,44	2,38	2,32	2,25
18	5,98	4,56	3,95	3,61	3,38	3,22	3,10	3,01	2,93	2,87	2,77	2,67	2,56	2,50	2,44	2,38	2,32	2,26	2,19
19	5,92	4,51	3,90	3,56	3,33	3,17	3,05	2,96	2,88	2,82	2,72	2,62	2,51	2,45	2,39	2,33	2,27	2,20	2,13
20	5,87	4,46	3,86	3,51	3,29	3,13	3,01	2,91	2,84	2,77	2,68	2,57	2,46	2,41	2,35	2,29	2,22	2,16	2,09
21	5,83	4,42	3,82	3,48	3,25	3,09	2,97	2,87	2,80	2,73	2,64	2,53	2,42	2,37	2,31	2,25	2,18	2,11	2,04
22	5,79	4,38	3,78	3,44	3,22	3,05	2,93	2,84	2,76	2,70	2,60	2,50	2,39	2,33	2,27	2,21	2,14	2,08	2,00
23	5,75	4,35	3,75	3,41	3,18	3,02	2,90	2,81	2,73	2,67	2,57	2,47	2,36	2,30	2,24	2,18	2,11	2,04	1,97
24	5,72	4,32	3,72	3,38	3,15	2,99	2,87	2,78	2,70	2,64	2,54	2,44	2,33	2,27	2,21	2,15	2,08	2,01	1,94
25	5,69	4,29	3,69	3,35	3,13	2,97	2,85	2,75	2,68	2,61	2,51	2,41	2,30	2,24	2,18	2,12	2,05	1,98	1,91
26	5,66	4,27	3,67	3,33	3,10	2,94	2,82	2,73	2,65	2,59	2,49	2,39	2,28	2,22	2,16	2,09	2,03	1,95	1,88
27	5,63	4,24	3,65	3,31	3,08	2,92	2,80	2,71	2,63	2,57	2,47	2,36	2,25	2,19	2,13	2,07	2,00	1,93	1,85
28	5,61	4,22	3,63	3,29	3,06	2,90	2,78	2,69	2,61	2,55	2,45	2,34	2,23	2,17	2,11	2,05	1,98	1,91	1,83
29	5,59	4,20	3,61	3,27	3,04	2,88	2,76	2,67	2,59	2,53	2,43	2,32	2,21	2,15	2,09	2,03	1,96	1,89	1,81
30	5,57	4,18	3,59	3,25	3,03	2,87	2,75	2,65	2,57	2,51	2,41	2,31	2,20	2,14	2,07	2,01	1,94	1,87	1,79
40	5,42	4,05	3,46	3,13	2,90	2,74	2,62	2,53	2,45	2,39	2,29	2,18	2,07	2,01	1,94	1,88	1,80	1,72	1,64
60	5,29	3,93	3,34	3,01	2,79	2,63	2,51	2,41	2,33	2,27	2,17	2,06	1,94	1,88	1,82	1,74	1,67	1,58	1,48
120	5,15	3,80	3,23	2,89	2,67	2,52	2,39	2,30	2,22	2,16	2,05	1,94	1,82	1,76	1,69	1,61	1,53	1,43	1,31
∞	5,02	3,69	3,12	2,79	2,57	2,41	2,29	2,19	2,11	2,05	1,94	1,83	1,71	1,64	1,57	1,48	1,39	1,27	1,00

Graus de liberdade para o numerador (u)

Graus de liberdade para o denominador (ν)

Tabela IV Pontos Percentuais $f_{\alpha, u, \nu}$ da Distribuição F (*continuação*)

$$f_{0,01,u,\nu}$$

ν \ u						Graus de liberdade para o numerador (u)													
	1	2	3	4	5	6	7	8	9	10	12	15	20	24	30	40	60	120	∞
1	4052	4999,5	5403	5625	5764	5859	5928	5982	6022	6056	6106	6157	6209	6235	6261	6287	6313	6339	6366
2	98,50	99,00	99,17	99,25	99,30	99,33	99,36	99,37	99,39	99,40	99,42	99,43	99,45	99,46	99,47	99,47	99,48	99,49	99,50
3	34,12	30,82	29,46	28,71	28,24	27,91	27,67	27,49	27,35	27,23	27,05	26,87	26,69	26,00	26,50	26,41	26,32	26,22	26,13
4	21,20	18,00	16,69	15,98	15,52	15,21	14,98	14,80	14,66	14,55	14,37	14,20	14,02	13,93	13,84	13,75	13,65	13,56	13,46
5	16,26	13,27	12,06	11,39	10,97	10,67	10,46	10,29	10,16	10,05	9,89	9,72	9,55	9,47	9,38	9,29	9,20	9,11	9,02
6	13,75	10,92	9,78	9,15	8,75	8,47	8,26	8,10	7,98	7,87	7,72	7,56	7,40	7,31	7,23	7,14	7,06	6,97	6,88
7	12,25	9,55	8,45	7,85	7,46	7,19	6,99	6,84	6,72	6,62	6,47	6,31	6,16	6,07	5,99	5,91	5,82	5,74	5,65
8	11,26	8,65	7,59	7,01	6,63	6,37	6,18	6,03	5,91	5,81	5,67	5,52	5,36	5,28	5,20	5,12	5,03	4,95	4,46
9	10,56	8,02	6,99	6,42	6,06	5,80	5,61	5,47	5,35	5,26	5,11	4,96	4,81	4,73	4,65	4,57	4,48	4,40	4,31
10	10,04	7,56	6,55	5,99	5,64	5,39	5,20	5,06	4,94	4,85	4,71	4,56	4,41	4,33	4,25	4,17	4,08	4,00	3,91
11	9,65	7,21	6,22	5,67	5,32	5,07	4,89	4,74	4,63	4,54	4,40	4,25	4,10	4,02	3,94	3,86	3,78	3,69	3,60
12	9,33	6,93	5,95	5,41	5,06	4,82	4,64	4,50	4,39	4,30	4,16	4,01	3,86	3,78	3,70	3,62	3,54	3,45	3,36
13	9,07	6,70	5,74	5,21	4,86	4,62	4,44	4,30	4,19	4,10	3,96	3,82	3,66	3,59	3,51	3,43	3,34	3,25	3,17
14	8,86	6,51	5,56	5,04	4,69	4,46	4,28	4,14	4,03	3,94	3,80	3,66	3,51	3,43	3,35	3,27	3,18	3,09	3,00
15	8,68	6,36	5,42	4,89	4,36	4,32	4,14	4,00	3,89	3,80	3,67	3,52	3,37	3,29	3,21	3,13	3,05	2,96	2,87
16	8,53	6,23	5,29	4,77	4,44	4,20	4,03	3,89	3,78	3,69	3,55	3,41	3,26	3,18	3,10	3,02	2,93	2,84	2,75
17	8,40	6,11	5,18	4,67	4,34	4,10	3,93	3,79	3,68	3,59	3,46	3,31	3,16	3,08	3,00	2,92	2,83	2,75	2,65
18	8,29	6,01	5,09	4,58	4,25	4,01	3,84	3,71	3,60	3,51	3,37	3,23	3,08	3,00	2,92	2,84	2,75	2,66	2,57
19	8,18	5,93	5,01	4,50	4,17	3,94	3,77	3,63	3,52	3,43	3,30	3,15	3,00	2,92	2,84	2,76	2,67	2,58	2,59
20	8,10	5,85	4,94	4,43	4,10	3,87	3,70	3,56	3,46	3,37	3,23	3,09	2,94	2,86	2,78	2,69	2,61	2,52	2,42
21	8,02	5,78	4,87	4,37	4,04	3,81	3,64	3,51	3,40	3,31	3,17	3,03	2,88	2,80	2,72	2,64	2,55	2,46	2,36
22	7,95	5,72	4,82	4,31	3,99	3,76	3,59	3,45	3,35	3,26	3,12	2,98	2,83	2,75	2,67	2,58	2,50	2,40	2,31
23	7,88	5,66	4,76	4,26	3,94	3,71	3,54	3,41	3,30	3,21	3,07	2,93	2,78	2,70	2,62	2,54	2,45	2,35	2,26
24	7,82	5,61	4,72	4,22	3,90	3,67	3,50	3,36	3,26	3,17	3,03	2,89	2,74	2,66	2,58	2,49	2,40	2,31	2,21
25	7,77	5,57	4,68	4,18	3,85	3,63	3,46	3,32	3,22	3,13	2,99	2,85	2,70	2,62	2,54	2,45	2,36	2,27	2,17
26	7,72	5,53	4,64	4,14	3,82	3,59	3,42	3,29	3,18	3,09	2,96	2,81	2,66	2,58	2,50	2,42	2,33	2,23	2,13
27	7,68	5,49	4,60	4,11	3,78	3,56	3,39	3,26	3,15	3,06	2,93	2,78	2,63	2,55	2,47	2,38	2,29	2,20	2,10
28	7,64	5,45	4,57	4,07	3,75	3,53	3,36	3,23	3,12	3,03	2,90	2,75	2,60	2,52	2,44	2,35	2,26	2,17	2,06
29	7,60	5,42	4,54	4,04	3,73	3,50	3,33	3,20	3,09	3,00	2,87	2,73	2,57	2,49	2,41	2,33	2,23	2,14	2,03
30	7,56	5,39	4,51	4,02	3,70	3,47	3,30	3,17	3,07	2,98	2,84	2,70	2,55	2,47	2,39	2,30	2,21	2,11	2,01
40	7,31	5,18	4,31	3,83	3,51	3,29	3,12	2,99	2,89	2,80	2,66	2,52	2,37	2,29	2,20	2,11	2,02	1,92	1,80
60	7,08	4,98	4,13	3,65	3,34	3,12	2,95	2,82	2,72	2,63	2,50	2,35	2,20	2,12	2,03	1,94	1,84	1,73	1,60
120	6,85	4,79	3,95	3,48	3,17	2,96	2,79	2,66	2,56	2,47	2,34	2,19	2,03	1,95	1,86	1,76	1,66	1,53	1,38
∞	6,63	4,61	3,78	3,32	3,02	2,80	2,64	2,51	2,41	2,32	2,18	2,04	1,88	1,79	1,70	1,59	1,47	1,32	1,00

Graus de liberdade para o denominador (ν)

Gráfico V Curvas Características Operacionais para o Teste *t*

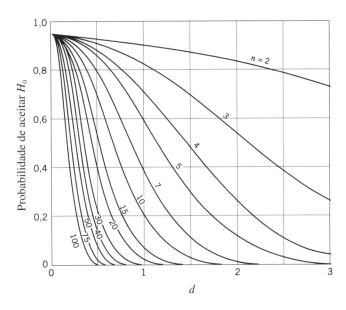

(*a*) Curvas *CO* para diferentes valores de *n* para o teste *t* bilateral, com um nível de significância de α = 0,05.

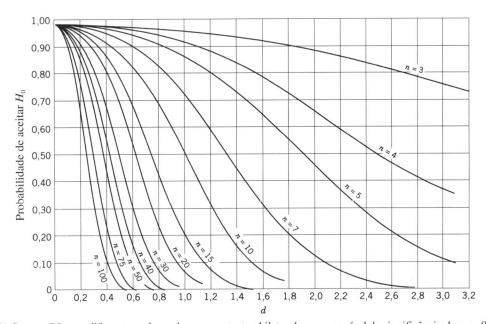

(*b*) Curvas *CO* para diferentes valores de *n* para o teste *t* bilateral, com um nível de significância de α = 0,01.

Fonte: Esses gráficos foram reproduzidos com permissão de "Operating Characteristics for the Common Statistical Tests of Significance", by C. L. Ferris, F. E. Grubbs and C. L. Weaver, *Annals of Mathematical Statistics*, June 1946 e de *Engineering Statistics*, 2nd Edition, by A. H. Bowker and G. J. Lieberman, Prentice-Hall, 1972.

Gráfico V Curvas Características Operacionais para o Teste *t* (*continuação*)

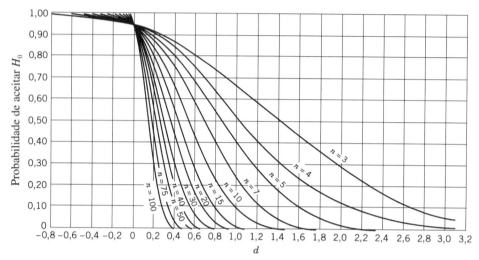

(*c*) Curvas *CO* para diferentes valores de *n* para o teste *t* unilateral, com um nível de significância de $\alpha = 0{,}05$.

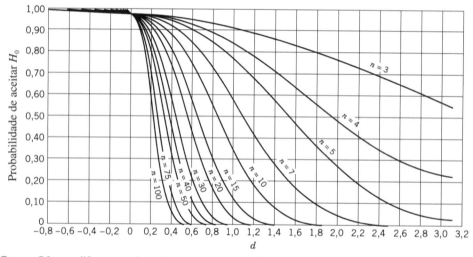

(*d*) Curvas *CO* para diferentes valores de *n* para o teste *t* unilateral, com um nível de significância de $\alpha = 0{,}01$.

Tabela VI Fatores para Construção de Gráficos de Controle para Variáveis

	Gráfico $\overline{X}$			Gráfico R		
	Fatores para os Limites de Controle			Fatores para os Limites de Controle		
n^a	A_1	A_2	d_2	D_3	D_4	n
2	3,760	1,880	1,128	0	3,267	2
3	2,394	1,023	1,693	0	2,575	3
4	1,880	0,729	2,059	0	2,282	4
5	1,596	0,577	2,326	0	2,115	5
6	1,410	0,483	2,534	0	2,004	6
7	1,277	0,419	2,704	0,076	1,924	7
8	1,175	0,373	2,847	0,136	1,864	8
9	1,094	0,337	2,970	0,184	1,816	9
10	1,028	0,308	3,078	0,223	1,777	10
11	0,973	0,285	3,173	0,256	1,744	11
12	0,925	0,266	3,258	0,284	1,716	12
13	0,884	0,249	3,336	0,308	1,692	13
14	0,848	0,235	3,407	0,329	1,671	14
15	0,816	0,223	3,472	0,348	1,652	15
16	0,788	0,212	3,532	0,364	1,636	16
17	0,762	0,203	3,588	0,379	1,621	17
18	0,738	0,194	3,640	0,392	1,608	18
19	0,717	0,187	3,689	0,404	1,596	19
20	0,697	0,180	3,735	0,414	1,586	20
21	0,679	0,173	3,778	0,425	1,575	21
22	0,662	0,167	3,819	0,434	1,566	22
23	0,647	0,162	3,858	0,443	1,557	23
24	0,632	0,157	3,895	0,452	1,548	24
25	0,619	0,153	3,931	0,459	1,541	25

[a]$n > 25$: $A_1 = 3/\sqrt{n}$, sendo n = número de observações na amostra.

APÊNDICE B

BIBLIOGRAFIA

TRABALHOS INTRODUTÓRIOS E MÉTODOS GRÁFICOS

Chambers, J., Cleveland, W., Kleiner, B., and P. Tukey (1983), *Graphical Methods for Data Analysis*, Wadsworth & Brooks/Cole, Pacific Grove, CA. Uma apresentação muito bem escrita de métodos gráficos em estatística.

Freedman, D., Pisani, R., Purves R., and A. Adbikari (1991), *Statistics*, 2nd ed., Norton, New York. Uma excelente introdução ao pensamento estatístico, requerendo mínimo conhecimento de matemática.

Hoaglin, D., Mosteller, F., and J. Tukey (1983), *Understanding Robust and Exploratory Data Analysis,* John Wiley & Sons, New York. Boa discussão e ilustração de técnicas tais como diagramas de ramo e folhas e diagramas de caixa.

Tanur, J., et al. (eds.) (1989), *Statistics: A Guide to the Unknown*, 3rd ed., Wadsworth & Brooks/Cole, Pacific Grove, CA. Contém uma coleção de artigos curtos, não matemáticos, descrevendo diferentes aplicações de estatística.

Tukey, j. (1977), *Exploratory Data Analysis*, Addison-Wesley, Reading, MA. Introduz muitos métodos novos descritivos e analíticos. Não são extremamente fáceis de ler.

PROBABILIDADE

Derman, C., Gleser, L., and I. Olkin (1980), *Probability Models and Applications*, Macmillan, New York. Um tratamento geral de probabilidade, em um nível de matemática mais elevado do que neste livro.

Hoel, P. G., Port, S. C., and C. J. Stone (1971), *Introduction to Probability Theory*, Houghton Mifflin, Boston. Um tratamento bem escrito e geral de teoria de probabilidade e das distribuições padrões discretas e contínuas.

Mosteller, F., Rourke, R., and G. Thomas (1970), *Probability with Statistical Applications*, 2nd ed., Addison-Wesley, Reading, MA. Uma introdução ao cálculo de probabilidade, com muitos exemplos excelentes.

Ross, S. (1985), *A First Course in Probability*, 3rd ed., Macmillan, New York. Mais sofisticado matematicamente que este livro, tendo porém muitos exemplos e exercícios excelentes.

ESTATÍSTICA PARA ENGENHARIA

Devore, J. L., (1995), *Probability and Statistics for Engineering and the Sciences*, 4th ed., Wadsworth & Brooks/Cole, Pacific Grove, CA. Um livro mais geral que cobre muitos dos mesmos tópicos que este livro, mas em um nível matemático levemente maior. Muitos dos exemplos e exercícios envolvem aplicações às ciências biológicas e da vida.

Hines, W. W., and D. C. Montgomery (1990), *Probability and Statistics in Engineering and Management Science*, 3rd ed., John Wiley & Sons, New York. Cobre muitos dos mesmos tópicos que este livro. Mais ênfase em probabilidade e com um nível mais alto de matemática.

Ross, S. (1987), *Introduction to Probability and Statistics for Engineers and Scientists*, John Wiley & Sons, New York. Escrito de forma mais concisa e mais orientado matematicamente do que este livro, contendo porém alguns bons exemplos.

Walpole, R. E., Myers, R. H., and S. L. Myers (1998), *Probability and Statistics for Engineers and Scientists*, 6th ed., Macmillan, New York. Um livro bem escrito, tendo cerca do mesmo nível que este livro.

Montgomery, D. C., and G. C. Runger (1999), *Applied Statistics and Probability for Engineers*, 2nd ed., John Wiley & Sons, New York. Um livro mais geral sobre estatística para engenharia, tendo cerca do mesmo nível que este livro.

CONSTRUÇÃO DE MODELOS EMPÍRICOS

Daniel, C., and F. Wood (1980), *Fitting Equations to Data*, 2nd ed., John Wiley & Sons, New York. Uma excelente referência, contendo muitas idéias sobre análise de dados.

Draper, N., and H. Smith (1998), *Applied Regression Analysis*, 3rd ed., John Wiley & Sons, New York. Um livro geral sobre regressão, escrito para leitores voltados para estatística.

Montgomery, D. C., and E. A. Peck (1992), *Introduction to Linear Regression Analysis*, 2nd ed., John Wiley & Sons, New York. Um livro geral sobre regressão, escrito para engenheiros e cientistas físicos.

Myers, R. H. (1990), *Classical and Modern Regression with Applications*, 2nd ed., PWS-Kent,,Boston. Contém muitos exemplos com saída SAS. Muito bem escrito.

PLANEJAMENTO DE EXPERIMENTOS

Box, G. E. P., Hunter, W. G., and J. S. Hunter (1978), *Statistics for Experimenters*, John Wiley & Sons, New York. Uma excelente introdução ao assunto para aqueles leitores que desejem um tratamento voltado para estatística. Contém muitas sugestões úteis para análise de dados.

Montgomery, D. C., (1997), *Design and analysis of Experiments*, 4th ed., John Wiley & Sons, New York. Escrito no mesmo nível que o livro de Box, Hunter e Hunter, mas focado nas aplicações de engenharia.

CONTROLE ESTATÍSTICO DA QUALIDADE E MÉTODOS RELACIONADOS

Ducan, A. J. (1974), *Quality Control and Industrial Statistics*, 4th ed., Richard D. Irwin, Homewood, Illinois. Um livro clássico sobre o assunto.

Grant, E. L., and R. S. Leavenworth (1988), *Statistical Quality Control*, 6th ed., McGraw-Hill, New York. Um dos primeiros livros sobre o assunto; contém muitos exemplos bons.

John, P. W. M. (1990), *Statistical Methods in Engineering and Quality Improvement*, John Wiley & Sons, New York. Não é um livro de métodos, porém uma apresentação bem escrita de metodologia estatística para a melhoria da qualidade.

Montgomery, D. C. (1996), *Introduction to Statistical Quality Control*, 3rd ed., John Wiley & Sons, New York. Um tratamento geral e moderno do assunto, escrito no mesmo nível deste livro.

Ryan, T. P. (2000), *Statistical Methods for Quality Improvement*, 2nd ed., John Wiley & Sons, New York. Fornece ampla cobertura do campo, com alguma ênfase nas técnicas mais novas.

Western Electric Company (1956), *Statistical Quality Control Handbook*, Western Electric Company, Inc., Indianapolis, Indiana. Um velho, mas bom livro.

Apêndice C

RESPOSTAS PARA OS PROBLEMAS SELECIONADOS

CAPÍTULO 2

Seção 2.1

2.1 4,375, 4,658
2.3 1288,4, 15,8
2.5 43,975, 12,294

Seção 2.2

2.13 M = 1436,5, Q_1 = 1097,8, Q_3 = 1735,0
2.15 M = 89,250, Q_1 = 86,100, Q_3 = 93,125

Seção 2.4

2.23 **a.** $\bar{x} = 4$ **b.** $s^2 = 0,867$, $s = 0,931$
2.25 **a.** $\bar{x} = 952,44$, $s^2 = 9,55$, $s = 3,09$
  b. M = 953, Qualquer aumento
2.27 **a.** $\bar{x} = 48,125$, M = 49 **b.** $s^2 = 7,247$, $s = 2,692$
  d. 5.º percentil: 44, 95.º percentil: 52

Exercícios Suplementares

2.35 **a.** $s^2 = 19,89\Omega^2$, $s = 4,46\Omega$
  b. $\bar{x} = 41,5$, $s^2 = 19,89\Omega^2$, $s = 4,46\Omega$
  c. Nenhum efeito **d.** $s^2 = 1989\Omega^2$, $s = 44,6\Omega$
2.39 **a.** Amostra 1 Amplitude = 4,
   Amostra 2 Amplitude = 4, Sim
  b. Amostra 1 $s = 1,604$, Amostra 2 $s = 1,852$, Não
2.41 **b.** $\bar{x} = 9,3$, $s = 4,56$

CAPÍTULO 3

Seção 3.2

3.1 Contínua
3.3 Contínua
3.5 Discreta
3.7 Discreta

Seção 3.3

3.9 **a.** Sim **b.** 0,6 **c.** 0,4 **d.** 1
3.11 **a.** 0,7 **b.** 0,9 **c.** 0,2 **d.** 0,5
3.13 **a.** 0,55 **b.** 0,95 **c.** 0,50

Seção 3.4

3.15 **a.** $k = 3/64$, $E(X) = 3$, $V(X) = 0,6$
  b. $k = 1/6$, $E(X) = 1,22$, $V(X) = 0,284$
  c. $k = 1$, $E(X) = 1$, $V(X) = 1$
3.17 **a.** 1 **b.** 0,8647 **c.** 0,8647 **d.** 0,1353 **e.** $x = 9$
3.19 **a.** 0,7165 **b.** 0,2031 **c.** 0,6321 **d.** $x = 316,2$
  e. $E(X) = 77,865$, $V(X) = 31627$
3.21 **a.** 0,5 **b.** 0,5 **c.** 0,2 **d.** 0,4
3.23 **b.** 2,0 **c.** 0,96 **d.** 0,0204
3.25 **a.** 0,8 **b.** 0,5
3.27 **a.** 0 **b.** 0,75 **c.** 0,5
  d. $E(X) = 3,33$, $V(X) = 0,22$

Seção 3.5

3.29 **a.** $z = 0$ **b.** $z = -3,09$ **c.** $z = -1,18$ **d.** $z = -1,11$
  e. $z = 1,75$
3.31 **a.** 0,9773 **b.** 0,8413 **c.** 0,6827 **d.** 0,9973
  e. 0,4773 **f.** 0,4987
3.33 **a.** 0,9773 **b.** 0,9998 **c.** 0,4773 **d.** 0,8413
  e. 0,6853
3.35 **a.** 0,9938 **b.** 0,1359 **c.** $x = 5835,51$
3.37 **a.** 0,0082 **b.** 0,7211 **c.** $x = 0,5641$
3.39 **a.** 12,309 **b.** 12,155
3.41 **a.** 0,1587 **b.** 90 **c.** 0,9973
3.43 **a.** 0,8186 **b.** 72,85
3.45 **a.** 0,0668 **b.** 0,8664 **c.** 0,000214

Seção 3.6

3.47 Distribuída normalmente
3.49 A variabilidade é grandemente reduzida.

RESPOSTAS PARA OS PROBLEMAS SELECIONADOS **327**

Seção 3.7

3.51 **a.** 0,433   **b.** 0,409   **c.** 0,316
   d. $E(X) = 3,319, V(X) = 3,7212$
3.53 **a.** 4/7   **b.** 3/7   **c.** $E(X) = 11/7, V(X) = 26/49$
3.55 **a.** 0,17   **b.** 0,10   **c.** 0,91
   d. $E(X) = 9,92, V(X) = 1,954$

Seção 3.8

3.75 **a.** Razoável   **b.** Não razoável   **c.** Não razoável
   d. Não razoável **e.** Não razoável   **f.** Razoável
   g. Razoável   **h.** Não razoável   **i.** Não razoável
3.59 **a.** 0,2461   **b.** 0,0547   **c.** 0,0108   **d.** 0,3223
3.61 **a.** 0,0015   **b.** 0,9298   **c.** 0   **d.** 0,5852
3.63 **a.** 0,0043
3.65 **a.** $n = 50, p = 0,1$ **b.** 0,1117   **c.** 0
3.67 **a.** 0,9961   **b.** 0,0039   **c.** $E(X) = 112,5 \; \sigma_x = 3,354$
3.69 0,0595

Seção 3.9

3.71 **a.** 0,7408   **b.** 0,9997   **c.** 0   **d.** 0,0333
3.73 $E(X) = V(X) = 4,017$
3.75 **a.** 0,0844   **b.** 0,0103   **c.** 0,0185   **d.** 0,1251
3.77 **a.** 0   **b.** 0,6321
3.79 **a.** 0,7261   **b.** 0,0731
3.81 **a.** 0,2941
3.83 **a.** 0,0076   **b.** 0,1462
3.85 **a.** 0,3679   **b.** 0,0489   **c.** 0,0183   **d.** 14,979
3.87 **a.** 30 segundos   **b.** 30 segundos   **c.** 1,5 minuto
3.89 **a.** 0,3012   **b.** 0,7981
3.91 **a.** 0,1353   **b.** 0,2707   **c.** 5 milhas
3.93 **a.** 0,3679   **b.** 0,3679   **c.** 2 horas
3.95 **a.** 0,1218 ano ou 1,4 mês   **b.** $\lambda = 33,3$ anos

Seção 3.10

3.97 **a.** 0,075   **b.** 0,851
3.99 **a.** 0,129   **b.** 0,488
3.101 0,839
3.103 **a.** 0,119   **b.** 0,079   **c.** 0,118   **d.** 0,995
   e. 0,983

Seção 3.11

3.105 **a.** 0,247   **b.** 0,764   **c.** 0,574   **d.** 0,185
3.107 **a.** 0,372   **b.** 0,140   **c.** 0,344   **d.** 0,578
3.109 **a.** 0,840   **b.** 0,403   **c.** 0
3.111 **a.** 0,032   **b.** 0,973
3.113 **a.** 0,874   **b.** 0,126
3.115 **a.** 0,15   **b.** 0,08   **c.** 0,988

Seção 3.12

3.117 **a.** 46   **b.** 40   **c.** 0,041   **d.** 0,171
3.119 **a.** $E(T) = 3mm, \sigma_T = 0,141$ mm   **b.** 0,0169
3.121 **a.** $E(D) = 6mm, \sigma_D = 0,123$ mm   **b.** 0,207
3.123 **a.** 0,002   **b.** 6
3.125 0,431
3.127 **a.** 0,176   **b.** 0,824   **c.** 0,0005
3.129 **a.** 0,079   **b.** 0,104   **c.** 0,187

Exercícios Suplementares

3.131 **a.** 0,777   **b.** 0,777   **c.** 0,173   **d.** 0
   e. 0,050
3.133 **a.** 0,6   **b.** 0,8   **c.** 0,7   **d.** 3,9
   e. 3,09
3.135 O tubo do competidor
3.137 **a.** 0,130   **b.** 0,897   **c.** 42,5   **d.** 0,151, 0,736
3.139 **a.** Exponencial com uma média de 12 minutos
   b. 0,287   **c.** 0,341   **d.** 0,436
3.141 **a.** Exponencial com uma média de 100   **b.** 0,632
   c. 0,135   **d.** 0,607
3.143 **a.** 0,098   **b.** 0,0006   **c.** 0,00005
3.145 **a.** 33,3 psi **b.** 22,36 psi
3.147 **a.** $E(W + X + Y) = 240, V(W + X + Y) = 0,42$
   b. 0,001
3.149 **a.** 0,008   **b.** 0
3.151 **a.** 18 ppm   **b.** 3,4 ppm
3.153 **a.** 0,919   **b.** 0,402   **c.** A máquina 1 é preferível
   d. 0,252
3.155 **a.** Não   **b.** Não
3.157 $5,74 \times 10^{-14}$
3.159 1×10^{-8}
3.161 **a.** 0,898, 0,098, 0,005, 0,102
   b. 0,853, 0,145, 0,0025, 0,147
   c. Melhorar o componente em série
3.163 **a.** Não   **b.** Os dados parecem normais   **c.** 312,825
3.165 **a.** O ajuste é adequado **b.** 0,38   **c.** 8,65

CAPÍTULO 4

Seção 4.2

4.1 $\overline{X}_1$ é o melhor estimador
4.5   0,5

4.9   **b.** $-\dfrac{\sigma^2}{n}$ **c.** diminui

Seção 4.3

4.11   **a.** 0,013   **b.** 0,068

328 APÊNDICE C

4.13   13,69

4.15   **a.** 0,024   **b.** 0,012   **c.** 0

4.17   **a.** 0,057   **b.** 0,057

4.19   **a.** 0,023   **b.** 0,023

4.21   **a.** 0,058   **b.** 0,265

4.23   8,85, 9,16

Seção 4.4

4.25   **a.** Não rejeitar H_0 **b.** 0,274   **c.** 5   **d.** 0,681
    e. (87,85, 93,11)

4.27   **a.** Rejeitar H_0 **b.** 0,001   **c.** (74,035, 74,037)
    d. 74,036

4.29   **a.** Rejeitar H_0 **b.** 0   **c.** (3237,53, 3273,31)
    d. (3231,96, 3278,88)

4.31   16

Seção 4.5

4.33   **a.** Não rejeitar H_0 **b.** Não   **c.** (59321, 63663)

4.35   **a.** Rejeitar H_0 **b.** $0,025 <$ valor $P < 0,50$
    c. $5522,3 \leq \mu$

4.37   **a.** Não rejeitar H_0 **b.** (2231,0, 2271,8)
    c. $2234,8 \leq \mu$

4.39   **a.** Rejeitar H_0, $0,0005 <$ valor $P < 0,001$
    b. (4,025, 4,092)

4.41   **a.** Rejeitar H_0 **b.** Rejeitar H_0
    c. Sim, Potência $= 1$ **d.** (1,091, 1,105)

Seção 4.6

4.43   **a.** Não rejeitar H_0 **b.** $0,5 <$ valor $P < 0,9$
    c. 0,012

4.45   **a.** Não rejeitar H_0 **b.** $0,50 \leq$ valor $P \leq 0,90$
    c. 2214

4.47   **a.** Rejeitar H_0 **b.** (0,31, 0,46)

Seção 4.7

4.49   622

4.51   666

4.53   2401

4.55   **a.** 0,8288   **b.** 4543

4.57   **a.** Não rejeitar H_0 **b.** 0,732   **c.** 0,1314   **d.** 473

4.59   **a.** 0,085   **b.** 0

Seção 4.9

4.61   **a.** Não rejeitar H_0 **b.** 0,7185

4.63   **a.** Não rejeitar H_0 **b.** 0,5475

4.65   **a.** Rejeitar H_0 **b.** 0,0155

Exercícios Suplementares

4.69   O intervalo simétrico é mais curto

4.71   **a.** $0,05 < P(X_{15}^2 \leq 7,68) < 0,10$
    b. $0,01 < P(X_{29}^2 \leq 14,85) < 0,025$
    c. $P(X_{70}^2 \leq 35,84) < 0,005$

4.73   **b.** 17   **c.** (17, 33,25)   **d.** 343,7   **e.** (28,23, 343,74)
    f. (16,82, 28,98); (15,80, 192,44)
    g. (16,88, 33,12); (28,16, 342,92)

4.77   **a.** 0,452   **b.** 0,102   **c.** 0,014

4.79   **a.** Rejeitar H_0 **b.** 0   **c.** $590,44 \leq \mu$
    d. (153,63, 712,24)

4.81   **b.** Rejeitar H_0, Normalidade

4.83   **a.** Não rejeitar   **b.** Rejeitar

4.85   **a.** Não rejeitar H_0, Normalidade

4.87   **a.** Não rejeitar H_0

4.89   **a.** (0,554, 0,720)   **b.** (0,538, 0,734)   **d.** Sim

4.91   **a.** 0,026   **b.** 0,131   **c.** 0,869

4.93   **a.** Não rejeitar H_0 **b.** 0,641

CAPÍTULO 5

Seção 5.2

5.1   **a.** Não rejeitar H_0 **b.** 0,3222   **c.** 0,977
    d. $(-0,0098, 0,0298)$ **e.** 12

5.3   **a.** Rejeitar H_0 **b.** 0   **c.** 0,2483
    d. $(-8,21, -4,49)$

5.5   **a.** Rejeitar H_0 **b.** 0   **c.** 9

5.7   8

5.9 $(-21,08, 7,72)$

5.11   **a.** Rejeitar H_0 **b.** 0,02872

Seção 5.3

5.13   **a.** Não rejeitar H_0 **b.** Valor $P > 0,80$
    c. $(-0,394, 0,494)$

5.15   **a.** Rejeitar H_0 **b.** $(-5,151, -1,209)$

5.17   **a.** Rejeitar H_0 **b.** $0,01 <$ valor $P < 0,02$
    c. $(-0,749, -0,111)$

5.19   **a.** Rejeitar H_0 **b.** $0,001 <$ valor $P < 0,005$
    c. (0,045, 0,240)

5.21   38

5.23   **a.** Não rejeitar H_0; $0,40 <$ valor P

5.25   (5,14;11,82); Limite inferior: 5,71

Seção 5.4

5.31   **a.** $(-1,216, 2,550)$
    b. A suposição de normalidade se mantém

RESPOSTAS PARA OS PROBLEMAS SELECIONADOS **329**

5.33   **a.** Não rejeitar H_0 **b.** $(-13,790, 2,810)$
5.35   Rejeitar H_0
5.37 $n = 5$, Sim

Seção 5.5

5.39   **a.** 1,47   **b.** 2,19   **c.** 4,41   **d.** 0,595
       e. 0,439   **f.** 0,297
5.41   Não rejeitar H_0
5.43   **a.** (0,0844, 8,9200)   **b.** (0,145, 13,400)
       c. Limite inferior: 0,582
5.45   Não rejeitar H_0
5.47   Rejeitar H_0
5.49   (0,255, 2,000)

Seção 5.6

5.51   **a.** 0,819   **b.** 383
5.53   Rejeitar H_0
5.55 $(-0,045, 0,021)$

Seção 5.8

5.57   **a.** Rejeitar H_0
5.59   **a.** Rejeitar H_0 **b.** Valor $P = 0$
5.61   **a.** Rejeitar H_0
5.63   **a.** Não rejeitar H_0
5.65   **a.** Não rejeitar H_0

Exercícios Suplementares

5.67   **b.** Não rejeitar H_0
5.69   **a.** (0,1583, 5,1570)
       b. As variâncias não diferem significativamente
5.71   **a.** $(-5,362, -0,638)$ **b.** $(-6,340, 0,340)$
5.73   **a.** Rejeitar H_0 **b.** Rejeitar H_0
5.75   **a.** Não rejeitar H_0 **b.** Não rejeitar H_0
       c. As conclusões são as mesmas
       d. Não rejeitar H_0
5.77   **a.** Rejeitar H_0 **b.** As conclusões são as mesmas
5.79   21
5.81   **a.** 16   **b.** $n = 5$ é suficiente
5.83   **a.** Respostas dadas em negrito

Fonte de Variação	Soma Quadrática	Graus de Liberdade	Média Quadrática	F_0
Tratamentos	95,129	**4**	**23,782**	**4,112**
Erro	**86,752**	**15**	**5,783**	
Total	**181,881**	19		

       b. Não rejeitar H_0
5.85   **a.** A normalidade é válida

       b. Valor $P > 0,80$, Não rejeitar H_0 **c.** 40
5.87   **a.** Rejeitar H_0 **b.** Valor $P = 0,002$

CAPÍTULO 6

Seção 6.2

6.1   **a.** $\hat{y} = 48,013 - 2,330x$ **b.** 37,994   **c.** 39,392
      d. 6,708
6.3   **a.** $\hat{y} = 0,4631476 + 0,0074902x$ **b.** 0,00749
6.5   **a.** $\hat{y} = 0,0249 + 0,1290x$ **b.** 0,055   **c.** 0,054
6.7   **a.** $\hat{\beta}_0 = -1,9122$, $\hat{\beta}_1 = 0,0931$, $\hat{\beta}_2 = 0,2532$
      b. 29,37
6.9   **a.** $\hat{y} = 108 + 2x_1$ $\hat{y} = 101 + 5,5x_1$ para $x_2 = 2$
         $\hat{y} = 132 + 2x_1$ $\hat{y} = 119 + 17,5x_1$ para $x_2 = 8$
      b. 2, não
      c. $x_2 = 5, 11,5$; $x_2 = 2, 5,5$; $x_2 = 8, 17,5$; Sim
6.11   **a.** $\hat{y} = -102,713 + 0,605x_1 + 8,924x_2 +$
           $+ 1,438x_3 + 0,0136x_4$ **b.** 287,6

Seções 6.3 e 6.4

6.13   **a.** Rejeitar H_0 **b.** 0,008
6.15   **a.** Rejeitar H_0 **b.** Rejeitar H_0 **c.** 0,000000342
6.17   **a.** Rejeitar H_0, valor $P \cong 0$ **b.** 8,06
      c. Rejeitar H_0, valor $P \cong 0$
6.19   **a.** Não rejeitar H_0, valor $P = 0,0303$ **b.** 242,716
      c. Não rejeitar H_0 para qualquer regressor
6.21   **a.** Não rejeitar H_0 **b.** Não rejeitar H_0
      c. Modelo de interação: 561,28,
        Nenhuma interação: 650,14

Seções 6.5 e 6.6

6.23   **a.** $(-2,92, 1,74)$ **b.** (46,71, 49,31)
      c. (41,285, 43,095)   **d.** (39,096, 45,284)
6.25   **a.** $(-0,00961, -0,00444)$ **b.** (16,2448, 27,3318)
      c. (7,914, 10,372)   **d.** (4,072, 14,214)
6.27   **a.** (9,101, 9,315)   **b.** $(-11,622, -1,049)$
      c. (498,720, 501,528)   **d.** (495,573, 504,674)
6.29   **a.** β_1: $(-0,2672, 1,478)$ β_2: $(-3,614, 21,4610)$
        β_3: $(-4,219, 7,094)$ β_4: $(-1,722, 1,749)$
      b. (263,78, 311,34)   **c.** (243,711, 331,413)
6.31   **a.** (14,4015, 22,07)   **b.** (77,74, 105,10)
      c. (82,27, 100,58)

Seção 6.7

6.33   **d.** 98,6%

330 APÊNDICE C

6.35   **a.** $R^2 = 0,86179$, adj $R^2 = 0,76965$
     b. $R^2 = 0,9205$, adj $R^2 = 0,8011$

6.37   **b.** $R^2 = 0,9937$, adj $R^2 = 0,9925$

     c. $\hat{y}* = 6,225 - 0,1665x_1 - 0,000228x_2 + 0,1573x_3$

Exercícios Suplementares

6.43   **a.** Tamanho médio = 0,12   **b.** Pontos 17, 18
6.45   **a.** Rejeitar H_0, valor $P \cong 0$
     b. Não rejeitar H_0: $\beta_3 = 0$
       Rejeitar H_0: $\beta_4 = 0$
       Não rejeitar H_0: $\beta_5 = 0$
6.47   **b.** $\hat{y} = 0,4705 + 20,5673x$ **c.** 21,038   **d.** 1,6629

     f. $\hat{y} = 21,03146x$

6.49   **b.** $\hat{y} = 2625,39 - 36,962x$ **c.** 1886,154
6.53   Rejeitar H_0, valor $P \cong 0$

CAPÍTULO 7

Seção 7.4

7.1   **a.**

Termo	Coef.	EP (coef.)
Material	9,313	7,730
Temperatura	−33,938	7,730
Mat*Temp	4,678	7,730

     c. Somente Temperatura é significativa
     d. Material: (12,294; 49,546)
       Temperatura: (−98,796; 39,956)
       Material*Temperatura: (−21,546; 40,294)

7.3   **a.**

Termo	Coef.	EP (coef.)
PVP	7,8250	0,5744
Tempo	3,3875	0,5744
PVP*Tempo	−2,7125	0,5744

     c. Todos são significativos
     d. PVP: (13,352, 17,948)   Tempo: (4,477, 9,073)
       PVP*Tempo: (−7,723; −3,127)

7.5   **a.**

Termo	Coef.	EP (coef.)
Temp.	−0,875	0,7181
% de Cobre	3,625	0,7181
Temp. *Cobre	1,375	0,7181

     c. A % de Cobre é significativa

     d. Temperatura: (−4,622, 1,122)
       % de Cobre: (4,378; 10,122)
       Temperatura*% de Cobre: (−0,122; 5,622)

7.7   **a.**

Termo	Coef.	EP (coef.)
Tratamento com polissilicone	−0,2425	−0,07622
Têmpera	1,015	0,07622
Tratamento com polissilicone*Têmpera	0,1675	0,07622

     c. O Tratamento com polissilicone e a Têmpera são
       ambos significativos.
     d. Tratamento com polissilicone: (−0,7898; −0,1802)
       Têmpera: (1,725; 2,34)
       Tratamento com polissilicone*Têmpera:
       (0,0302; 0,6398)

Seções 7.5, 7.6 e 7.7

7.9   **a.**

Termo	Efeito	Coef.
A	18,25	9,13
B	84,25	42,13
C	71,75	35,88
AB	−11,25	−5,62
AC	−119,25	−59,62
BC	−24,25	−12,12
ABC	−34,75	−17,38

     b. Vida da Ferramenta = 413 + 9,1 A + 42,1 B +
       + 35,9 C − 59,6 AC

7.11   Pontuação = 175 + 8,50 A + 5,44 C + 4,19 D +
      + 4,56 AD
7.13   **a.** Nenhum termo é significativo.
     b. Não há modelo apropriado.
7.15   **a.** $\hat{\sigma}^2 = 8,2$
     b. $t = -9,20$, a curvatura não é significativa.
7.17   **a.** Bloco 1: (1) ab ac bc; Bloco 2: a b c abc;
       Nenhum dos fatores ou das interações parece ser
       significativo usando somente a Réplica 1.
7.19   Bloco 1: (1) acd bcd ab; Bloco 2: a, b, cd, abcd;
     Bloco 3: d ac bc abd;
     Bloco 4: c ad bd abc
     Os fatores A, C e D e as interações AD e ACD são
     significativos.
7.21   ABC, CDE

RESPOSTAS PARA OS PROBLEMAS SELECIONADOS **331**

Seção 7.8

7.23 **a.** I = ABCDE
b.

Termo	A	B	C	D	E	AB	AC	AD	AE	BC	BD	BE
Efeito	1,435	−1,47	−0,273	4,545	−0,703	1,15	−0,91	−1,23	0,427	0,293	0,12	0,16

c. cor = 2,77 + 0,718A − 0,732B + 2,27D + 0,575AB − 0,615AD

7.25 **a.** I = ACE = BDE = ABCD
b. Efeitos Estimados

Termo	A	B	C	D	E	AB	AC
Efeito	−1,525	−5,175	2,275	−0,675	2,275	1,825	−1,275

c. O fator B é significativo (usando AB e AD para o erro)

7.27 Resistência = 3.025 + 725 A + 1.825 B + 875 D + 325 E

Seção 7.9

7.31 **a.** $y_1 = 499,26 − 85x_1 + 35x_2 − 71,67x_3 + 25,83x_1x_2$
b. $y_2 = 299 + 50,89x_1 + 75,78x_2 + 59,5x_3 − 17,33x_1^2$
$− 34 x_2^2 − 17,17x_3^2 + 13,33x_1x_2 + 26,83x_1x_3 −$
$− 17,92x_2x_3$

7.33 **a.** Planejamento composto central, não rotacionável
b. O modelo quadrático não é razoável
c. Aumentar x_1

Seção 7.11

7.35 **a.** A interação é significativa
c. Tipo de tinta = 1, Tempo de secagem = 25 minutos.

7.37 **a.**

Fonte	F
Madeira de lei	7,55
tempo de cozimento	31,31
dificuldade de drenagem	19,71
Madeira de lei*tempo de cozimento	2,89
Madeira de lei*dificuldade de drenagem	2,94
tempo de cozimento*dificuldade de drenagem	0,95
Madeira de lei*tempo de cozimento* dificuldade de drenagem	0,94

b. Madeira de lei, tempo de cozimento, dificuldade de drenagem e madeira de lei*dificuldade de drenagem são significativos.

Exercícios Suplementares

7.39 **a.**

Fonte	pH	Catalisador	pH*Catalisador
t_0	2,54	−0,05	5,02

pH e pH*Catalisador são significativos
c. Viscosidade = 191,563 + 2,937 pH − 0,062 Catalisador + 5,812 pH*Catalisador

7.41 **a.**

Fonte	Nível	Sal	Nível*Sal
f_0	63,24	39,75	5,29

Nível, Sal e Nível*Sal são todos significativos
b. O Nível de aplicação 1 aumenta a média da inflamabilidade.

7.43 a.

Termo	A	B	C	AB	AC	BC	ABC
Efeito	$-2,74$	$-6,66$	$3,49$	-871	$7,04$	$11,46$	$-6,49$

b. $\sigma_c^2 = 8,40$

c. As interações de segunda ordem são significativas (especialmente a interação BC).

d. linha delta $= -11,8 - 1,37$ A $- 3,33$ B $+ 1,75$ C $- 4,35$ AB $+ 3,52$ AC $+ 5,73$ BC

7.45 a.

Termo	Efeito	Termo	Efeito
V	15,75	FP	$-6,00$
F	$-10,75$	FG	19,25
P	$-8,75$	PG	$-3,75$
G	$-25,00$	VFP	1,25
VF	$-8,00$	VFG	$-1,50$
VP	3,00	VPG	0,50
VG	2,75		

b. V, F, P, G, VF e FGP são possivelmente significativos.

Termo	V	F	P	G	FPG	VF
f_0	2,71	$-1,85$	$-1,51$	$-4,31$	$-2,15$	$-1,38$

V, G, e FPG são significativos.

Rugosidade da superfície $= 101 + 7,88$ V $- 5,37$ F $- 4,38$ P $- 12,5$ G $- 6,25$ FPG

7.47

Termo	V	F	P	G	VF	VP	VG
t_0	54,38	$-0,94$	$-3,62$	$-3,62$	$-2,53$	4,21	$-0,84$

Os fatores F, P, G, VF e VP são significativos.

7.53 Modelo: $y = 13,728 + 0,2966x_1 - 0,4052x_2 - 0,1240\,x_1^2 - 0,079x_2^2$

A viscosidade máxima é 14,425 usando $x_1 = 1,19$ e $x_2 = -2,56$

CAPÍTULO 8

8.1 a. Gráfico $\bar{x}$: $LSC = 39,42$; $LIC = 28,48$
Gráfico R: $LSC = 13,77$; $LIC = 0$
b. Gráfico $\bar{x}$: $LSC = 39,34$; $LIC = 29,22$
Gráfico R: $LSC = 12,74$; $LIC = 0$

8.3 a. Gráfico $\bar{x}$: $LSC = 18,20$; $LIC = 12,08$
Gráfico R: $LSC = 9,581$; $LIC = 0$
b. Gráfico $\bar{x}$: $LSC = 17,98$; $LIC = 12,31$
Gráfico R: $LSC = 8,885$; $LIC = 0$

8.5 a. Gráfico $\bar{x}$: $LSC = 340,69$; $LIC = 271,87$
Gráfico R: $LSC = 107,71$; $LIC = 0$

b. $\hat{\mu} = \bar{\bar{x}} = 306,28$ $\hat{\sigma} = \dfrac{\bar{r}}{d_2} = \dfrac{47,2}{2,059} = 22,92$

8.7 a. Gráfico $\bar{x}$: $LSC = 7,511$; $LIC = 5,137$
Gráfico R: $LSC = 2,986$; $LIC = 0$
b. Gráfico $\bar{x}$: $LSC = 7,385$; $LIC = 5,061$
Gráfico R: $LSC = 2,924$; $LIC = 0$

8.9 a. Gráfico $\bar{x}$: $LSC = 92,19$; $LIC = 71,144$

Gráfico AM: $LSC = 12,93$; $LIC = 0$
b. $\hat{\mu} = \bar{x} = 81,67$ $\hat{\sigma} = 3,51$

8.11 a. Gráfico $\bar{x}$: $LSC = 580,2$; $LIC = 380$
Gráfico AM: $LSC = 123$; $LIC = 0$
Limites Revistos:
Gráfico $\bar{x}$: $LSC = 582,3$; $LIC = 388$
Gráfico AM: $LSC = 118,9$; $LIC = 0$
b. $\hat{\mu} = \bar{x} = 485,5$ $\hat{\sigma} = 32,26$

Seção 8.7

8.13 a. $RCP = 1,141$, $RCP_k = 0,5932$ **b.** 0,0376
8.15 A fração não conforme é 0,034937, $RCP = 0,705$.
A capacidade de processo parece ser ruim.
8.17 A fração não conforme é 0,0925, $RCP = 0,582$, $RCP_k = 0,490$
8.19 $RCP = 0,497$, $RCP_k = 0,386$
8.21 $RCP = 0,258$, $RCP_k = 0,108$
8.23 a. $LSC = 5,380$; $LIC = 0,3167$

b. Limites revistos: $LSC = 5,237$; $LIC = 0,2625$

8.25 $LSC = 21,52$; $LIC = 1,267$
Limites revistos: $LSC = 20,95$; $LIC = 1,050$

Seção 8.9

8.27	**a.** 0,2177	**b.** 4,6
8.29	**a.** 0,2148	**b.** 4,6
8.31	**a.** 0,0103	**b.** 97,1
8.33	**a.** 0,00734	**b.** 136,24
8.35	**a.** 0,1292	**b.** 7,74

Exercícios Suplementares

8.37 $LSC = 0,1694$; $LIC = 0,0016$

Limites revistos: $LSC = 0,0856$; $LIC = 0$

8.39 $LSC = 7,514$; $LIC = 0$
Limites revistos: $LSC = 6,509$; $LIC = 0$

8.41   **a.** 43,9   **b.** 6,30   **c.** 2,00

8.43   **a.** Gráfico $\bar{x}$: $LSC = 141,2$; $LIC = 138,6$
Gráfico R: $LSC = 4,832$; $LIC = 0$

b. Limites revistos: Gráfico $\bar{x}$: $LSC = 141,5$;
$LIC = 138,8$ Gráfico R: $LSC = 4,922$; $LIC = 0$

$\hat{\sigma} = 1$

c. $RCP = 0,67$, $RCP_k = 0,60$

d. Diminui para $\hat{\sigma}^2 = 0,135$ **e.** $CMC = 43,96$

8.45   **a.** 0,96995   **b.** 1

8.47   0,0455

8.49   **a.** 0,0434   **b.** 0,8696

ÍNDICE

A

Ajuste, testando a adequação do, 123
Alarmes falsos nos gráficos de controle, 305
Amostras, 12
    aleatórias, 75
Amplitude, 17, 287
    interquartil, 18
    móvel, 292-293
Análise
    da capacidade de processo, 282, 296
    de regressão, 181, 222
    de superfície de resposta de segunda ordem, 259
    de variância, 157, 161, 193, 265
    residual, 163, 169, 182, 203, 223, 230, 268
Aproximação da distribuição
    binomial pela normal, 67
    de Poisson pela normal, 67
Ascendente de maior inclinação, 256

B

Blocagem, 165, 237

C

Carta de controle, 9
Causas de variabilidade
    atribuídas, 280
    casuais, 280
Coeficiente
    de confiança, 103
    de correlação múltipla, 206
    de determinação múltipla, 206
    de regressão, 178
Comparações
    emparelhadas, 147
    múltiplas, 163
Comprimento médio de corrida (CMC), 305
Confiabilidade, 73
Controle
    em excesso de um processo, 9
    estatístico
        da qualidade e melhoria, 278
        de processo, 11, 279
Correlação, 181
Curvas características operacionais, 111
Curvatura na função resposta, 234-235

D

Desvio-padrão
    da amostra, 13
    da população, 14
Diagrama
    de caixa, 23
    de pontos, 2
    de ramo e folhas, 15, 17
Distância de Cook, 207
Distribuição
    amostral, 75, 76, 98
    binomial, 54, 56
    de freqüência, 20
    de Poisson, 59, 60

de probabilidade, 35
exponencial, 64
F, 150
gaussiana. *Ver* distribuição normal
normal, 40-41
qui-quadrado, 114
t, 108

E

Efeito principal de um fator, 216, 220, 229
Eficiência relativa de um estimador, 89
Equações normais para os mínimos quadrados, 182, 184
Erro
    quadrático médio de um estimador, 89
    tipo I, 92
    tipo II, 92
Erro-padrão, 89
    estimado, 89, 191, 192, 221
Estatística, 1, 75
    de teste, 98
Estimação
    de parâmetros, 86, 87
    pontual, 87
Estimador
    combinado de variância, 137
    não tendencioso, 88, 89, 98
    não tendencioso de variância mínima, 89
Estudo(s)
    analítico, 11
    enumerativo, 11
    observacionais, 3
Eventos, 34
Experimento(s), 30, 158, 213
    aleatório, 30
    com blocos completos aleatorizados, 165, 167
    comparativo, 91
    completamente aleatorizado, 3, 158, 159
    de otimização. *Ver também* métodos de superfície de
        resposta, 215
    de seleção, 213
    desbalanceado, 162
    fatorial, 6, 216
    planejamento de, 157, 213
    seqüenciais, 213, 243, 256

F

Fator perturbador, 165
Fatorial fracionário, 7, 242, 246
Fontes potenciais de variabilidade, 2
Fração
    alternativa, 243
    principal, 243
Freqüência relativa, 33
Função
    de probabilidade, 51-52
    densidade de probabilidade, 35
        conjunta, 70
    distribuição cumulativa, 37, 52

G

Gerador de planejamento, 242, 246, 249
Gráfico(s)

C, 302, 303
de controle, 9, 280, 281, 282, 287
    da soma cumulativa, 294
    de Shewhart. *Ver também* Gráficos de controle, 281
    nP, 302
    para atributos, 282, 300
    para fração não conforme, 300
    para medidas individuais, 292-293
    para variáveis, 281
de freqüência cumulativa, 21
de interação, 218
de média móvel ponderada exponencialmente, 294
de probabilidade, 48
    normal, 49, 110, 143, 231, 232
de tolerância, 296
digiponto, 25
P, 300
R, 286, 288
U, 302
    286, 287
Grau
    de crença, 33
    de liberdade, 15

H

Hipótese
    alternativa, 91
        bilateral, 91, 96
        unilateral, 91, 96
    estatística, 91
    nula, 91
Histograma, 20, 296

I

Independência, 70, 71
Inferência estatística, 2, 86
Interação, 7, 179, 217, 218, 220, 228
    generalizada, 239
Intervalo
    de confiança, 103
        comparações emparelhadas, 147
        e precisão de estimação, 104, 105
        para a diferença nas médias com variâncias
            conhecidas, 134
            desconhecidas, 141, 142
        para a média com variância
            conhecida, 104, 106
            desconhecida, 112
        para a razão de duas variâncias normais, 152
        para a variância de uma distribuição normal, 116
        para duas proporções binomiais, 156
        para uma proporção binomial, 120
        relação com teste de hipótese, 105
        na regressão, 197-198
    de previsão na regressão, 200

L

Limites
    de advertência nos gráficos de controle, 286
    de confiança, 103
    naturais de tolerância de um processo, 297
Localização, 2

M

Matriz
    chapéu, 205
    simétrica de covariância, 191
Média
    da amostra, 12
    de uma variável aleatória, 38, 39, 52
    populacional, 13
    reduzida, 28
Mediana, 17
Médias quadráticas, 160, 166, 194, 266
Método(s)
    científico, 1
    de engenharia, 1
    de superfície de resposta, 255
    geral para deduzir um intervalo de confiança, 106
Mínimos quadrados, 5, 181, 183, 184
Modelo
    de primeira ordem para a superfície de resposta, 256
    de probabilidade, 30
    de regressão, 5, 230
        linear
            múltipla, 179
            simples, 178, 181
        múltipla, 179, 184
        observações influentes, 207
    de segunda ordem de superfície de resposta, 256
    empírico, 4, 5, 177
    linear
        estatístico, 159, 165
        probabilístico, 178
    mecanístico, 4, 177

N

Nível de significância, 92
Notação geométrica para fatoriais, 219

O

Outliers, 23, 203

P

Padrões de comportamento para gráficos de controle, 284
Pares associados, 243
Percentis, 18
Planejamento(s)

básico, 244
composto central, 259
de experimentos, 4, 6-8
fatorial, 219, 265
    de experimento, 214
ortogonais, 229
rotacionável, 263
sem réplicas. *Ver também* réplica única de um
    planejamento fatorial, 231
Plotagem de probabilidade, 123
Pontos
    centrais nos fatoriais, 234
    influentes, 207
Potência, 95
Precisão da estimação, 90
Princípio da esparsidade dos efeitos, 231
Probabilidade, 33
    mutuamente excludentes, 33
Procedimento para teste de hipóteses, 97
Processo
    de Poisson, 59
    seis sigmas, 299
Propriedade
    de falta de memória da exponencial, 65
    de projeção de fatoriais fracionários, 245
    da probabilidade, 33

Q

Quartis, 17, 23

R

R^2, 206
    ajustado, 206
Razões da capacidade de processo, 297
Região
    crítica, 92, 98
    de aceitação, 92
Regras
    das zonas para os gráficos de controle, 286
    Western Electric para gráficos de controle, 286
Relação de definição, 243, 247
Réplica, 6, 158
    única de um planejamento fatorial, 231
Resíduo
    na forma de Student, 205
    padronizado, 203
Resolução de planejamento, 245

S

Séries temporais, 24
Significância prática *versus* significância estatística, 102
Subgrupos racionais, 284
Superposição, 237

T

Tamanho da amostra
    para intervalo de confiança para a média, 105, 136
    para teste de hipóteses
        para a média, 100-102, 111, 133, 140
        para proporções binomiais, 119, 155, 156
Tendenciosidade na estimação, 88
Tentativa de Bernoulli, 54
Teorema central do limite, 78
Teste(s)
    de hipótese, 4, 86, 91
        para a diferença nas médias com variâncias
            conhecidas, 132-133
            desconhecidas, 137
        para a média com variância
            conhecida, 98, 99
            desconhecida, 109
        para a razão de duas variâncias normais, 150
        para a regressão, 192, 195
        para a variância de uma distribuição normal, 116
        para duas proporções binomiais, 154
        para o teste t emparelhado, 146
        para uma proporção binomial, 118
    para curvatura na função de resposta, 235
    qui-quadrado para adequação de ajuste, 123
    t combinado, 138
Tratamento, 158

V

Valor(es)
    esperado, 38, 39
    P, 100, 110
Variabilidade, 1, 2
Variância
    da amostra, 13
    da população, 14
    de uma variável aleatória, 38, 39, 52
Variável(is) aleatória(s), 2, 32
    contínua, 32
    discreta, 32
    independentes, 71
    normal padrão, 42

Resumo dos Procedimentos dos Testes de Hipóteses para Duas Amostras

Caso	Hipótese Nula	Estatística de Teste	Hipótese Alternativa	Critérios para Rejeição	Parâmetro de Curva CO	Curva CO Apêndice A Gráfico IV
1.	$H_0: \mu_1 = \mu_2$ σ_1^2 e σ_2^2 conhecida	$z_0 = \dfrac{\bar{x}_1 - \bar{x}_2}{\sqrt{\dfrac{\sigma_1^2}{n_1} + \dfrac{\sigma_2^2}{n_2}}}$	$H_1: \mu_1 \neq \mu_2$ $H_1: \mu_1 > \mu_2$ $H_1: \mu_1 < \mu_2$	$\lvert z_0 \rvert > z_{\alpha/2}$ $z_0 > z_\alpha$ $z_0 < -z_\alpha$	— — —	— — —
2.	$H_0: \mu_1 = \mu_2$ $\sigma_1^2 = \sigma_2^2$ desconhecida	$t_0 = \dfrac{\bar{x}_1 - \bar{x}_2}{s_p \sqrt{\dfrac{1}{n_1} + \dfrac{1}{n_2}}}$	$H_1: \mu_1 \neq \mu_2$ $H_1: \mu_1 > \mu_2$ $H_1: \mu_1 < \mu_2$	$\lvert t_0 \rvert > t_{\alpha/2,\,n_1+n_2-2}$ $t_0 > t_{\alpha,\,n_1+n_2-2}$ $t_0 < -t_{\alpha,\,n_1+n_2-2}$	$d = \lvert \mu - \mu_0 \rvert / 2\sigma$ $d = (\mu - \mu_0)/2\sigma$ $d = (\mu_0 - \mu)/2\sigma$	a, b c, d c, d
3.	$H_0: \mu_1 = \mu_2$ $\sigma_1^2 \neq \sigma_2^2$ desconhecida	$t_0 = \dfrac{\bar{x}_1 - \bar{x}_2}{\sqrt{\dfrac{s_1^2}{n_1} + \dfrac{s_2^2}{n_2}}}$ $v = \dfrac{\left(\dfrac{s_1^2}{n_1} + \dfrac{s_2^2}{n_2}\right)^2}{\dfrac{(s_1^2/n_1)^2}{n_1+1} + \dfrac{(s_2^2/n_2)^2}{n_2+1}} - 2$	$H_1: \mu_1 \neq \mu_2$ $H_1: \mu_1 > \mu_2$ $H_1: \mu_1 < \mu_2$	$\lvert t_0 \rvert > t_{\alpha/2,\,v}$ $t_0 > t_{\alpha,\,v}$ $t_0 < -t_{\alpha,\,v}$	— — —	— — —
4.	Dados emparelhados $H_0: \mu_D = 0$	$t_0 = \dfrac{\bar{d}}{s_d/\sqrt{n}}$	$H_1: \mu_d \neq 0$ $H_1: \mu_d > 0$ $H_1: \mu_d < 0$	$\lvert t_0 \rvert > t_{\alpha/2,\,n-1}$ $t_0 > t_{\alpha,\,n-1}$ $t_0 < -t_{\alpha,\,n-1}$	— — —	— — —
5.	$H_0: \sigma_1^2 = \sigma_2^2$	$f_0 = s_1^2/s_2^2$	$H_1: \sigma_1^2 \neq \sigma_2^2$ $H_1: \sigma_1^2 > \sigma_2^2$	$f_0 > f_{\alpha/2,\,n_1-1,\,n_2-1}$ ou $f_0 < f_{1-\alpha/2,\,n_1-1,\,n_2-1}$ $f_0 > f_{\alpha,\,n_1-1,\,n_2-1}$	— — —	— — —
6.	$H_0: p_1 = p_2$	$z_0 = \dfrac{\hat{p}_1 - \hat{p}_2}{\sqrt{\hat{p}(1-\hat{p})\left[\dfrac{1}{n_1} + \dfrac{1}{n_2}\right]}}$	$H_1: p_1 \neq p_2$ $H_1: p_1 > p_2$ $H_1: p_1 < p_2$	$\lvert z_0 \rvert > z_{\alpha/2}$ $z_0 > z_\alpha$ $z_0 < -z_\alpha$	— — —	— — —